电路设计与制板

# Protel 99 SE 基础教程（修订版）

■ 老虎工作室

王青林　张伟　赵景波　编著

人 民 邮 电 出 版 社

北　京

图书在版编目（CIP）数据

电路设计与制板. Protel 99 SE基础教程 / 王青林，张伟，赵景波编著. -- 2版（修订本）. -- 北京 : 人民邮电出版社，2012.7（2022.12重印）
ISBN 978-7-115-28716-8

Ⅰ. ①电… Ⅱ. ①王… ②张… ③赵… Ⅲ. ①印刷电路－计算机辅助设计－应用软件 Ⅳ. ①TN410.2

中国版本图书馆CIP数据核字(2012)第132223号

## 内容提要

本书从初学者学习和认知电路板设计的特点出发，首先介绍电路板设计的基础知识；然后通过精心选择的实例介绍原理图设计与电路板设计的基本流程，并介绍电路板设计过程中一些实用的设计技巧，使读者能够在较短的时间内掌握设计电路板的基本方法。

全书共分 15 章，章 1 章和章 2 章分别介绍电路板设计和 Protel 99 SE 设计浏览器的基础知识；第 3 章至第 7 章介绍原理图编辑器的基本功能、原理图的设计方法、原理图符号的制作方法以及有关原理图设计的报表文件、原理图仿真等内容；第 8 章至第 12 章介绍 PCB 编辑器的基本功能以及元器件布局、电路板布线、元器件封装、PCB 编辑器的报表文件等知识；第 13 章专门介绍管理元器件库的方法；第 14 章介绍电路板设计中的常用技巧；第 15 章以无线电发射和接收电路的电路板设计为例，详细介绍数字电路和模拟电路的电路板设计，通过实战练习，总结和巩固全书所学的知识。

为了方便读者学习，本书附有一张光盘，收录了书中典型实例的源文件和多媒体动画演示。

本书特别适合初学者学习使用，对 Protel 99 SE 有一定基础的读者也能从中找到自己感兴趣的内容。此外，本书还可以作为各类培训班及高等院校相关专业的学习用书。

◆ 编　　著　老虎工作室 王青林 张伟 赵景波
责任编辑　李永涛
◆ 人民邮电出版社出版发行　　北京市丰台区成寿寺路 11 号
邮编　100164　　电子邮件　315@ptpress.com.cn
网址　http://www.ptpress.com.cn
北京七彩京通数码快印有限公司印刷
◆ 开本：787×1092　1/16
印张：22.75　　2012 年 7 月第 2 版
字数：566 千字　　2022 年 12 月北京第 33 次印刷

ISBN 978-7-115-28716-8

定价：45.00 元（附光盘）

读者服务热线：(010)81055410　印装质量热线：(010)81055316
反盗版热线：(010)81055315
广告经营许可证：京东市监广登字20170147号

## 老虎工作室

# 关于本书

## 内容和特点

Protel 99 SE 是 Protel 系列产品中功能较为完备的版本，其功能强大，获得了广大硬件设计人员的青睐，是目前众多 EDA 软件中用户最多的产品之一。

本书针对初学者的学习特点，首先介绍电路板设计和 Protel 99 SE 设计浏览器的基础知识，然后以精心选取的典型实例为主线贯穿全书，由浅入深地介绍绘制原理图和设计电路板的基础知识，最后以无线电发射和接收电路的电路板设计为例，详细地介绍了数字电路和模拟电路的电路板设计。

本书分为 15 章，主要内容介绍如下。

- 第 1 章：介绍有关电路板设计的基础知识。
- 第 2 章：介绍 Protel 99 SE 设计浏览器的基础知识。
- 第 3 章：介绍原理图编辑器的基本功能。
- 第 4 章：以“指示灯显示电路”为例，介绍原理图设计的全过程。
- 第 5 章：介绍原理图符号的制作方法。
- 第 6 章：介绍如何生成原理图编辑器中的各种报表文件。
- 第 7 章：介绍原理图的仿真方法。
- 第 8 章：介绍 PCB 编辑器的使用方法。
- 第 9 章：以“指示灯显示电路”为例，介绍元器件的布局操作。
- 第 10 章：以“指示灯显示电路”为例，介绍电路板的布线操作。
- 第 11 章：介绍创建元器件封装的方法。
- 第 12 章：介绍如何生成 PCB 编辑器中的各种报表文件。
- 第 13 章：专门介绍管理元器件库的方法。
- 第 14 章：介绍电路板设计中的常见问题和常用技巧。
- 第 15 章：介绍无线收发电路的设计过程，以巩固本书所学的知识。

## 读者对象

本书特别适合初学者学习使用，对 Protel 99 SE 有一定基础的读者也能从中找到自己感兴趣的内容。此外，本书还可以作为各类培训班及高等院校相关专业的学习用书。

## 附盘内容

为了方便读者学习，本书附有一张光盘，光盘中的内容如下。

1. **实例**

本书以“指示灯显示电路”为例，介绍了电路板设计过程，并在最后一章介绍了无线电发射和接收电路的电路板设计过程。这几个实例及其相关的原理图符号、元器件封装等设计文件都收录在光盘中的“\实例”文件夹下。

2. **录像**

本书所有实例都录制成了“*.avi”动画文件，并按章收录在光盘中的“\录像”文件夹下。

注意：播放文件前先要安装光盘根目录下的“AVI_TSCC”插件。

## 叙述约定

为了方便读者阅读，我们在书中设计了两个小图标。

要点提示 要点提示：用于介绍重要的知识点。

操作实例：用于引出一个操作实例和相应的一组操作步骤。

本书在编写过程中得到了黄业清同志的大力支持和帮助，在此表示衷心的感谢。

感谢您选择了本书，也请您把对本书的意见和建议告诉我们。

老虎工作室网站 www.ttketang.com，电子函件 ttketang@163.com。

老虎工作室

2012 年 5 月

# 目 录

# 第1章 解析电路板设计

随着新技术和新材料的出现，电子工业得到了蓬勃发展，各种大规模和超大规模集成电路的出现使电路板变得越来越复杂。在这种情况下，电路板设计工作已经很难单纯依靠手工来完成，计算机辅助电路设计已经成为电路板设计的必然趋势，Protel 正是在这样的大环境下产生和发展的。

在 Protel 系列产品中，Protel 99 SE 以其强大的功能、方便快捷的设计模式和人性化的设计环境，赢得了众多电路板设计人员的青睐，成为当前电路板设计软件的主流产品，是目前影响最大、用户最多的电子线路 CAD（计算机辅助设计）软件包之一。Protel 99 SE 最主要的特点就是将电路原理图编辑、电路功能仿真测试、PLD（可编程逻辑器件）设计及 PCB（印制电路板）设计等功能融为一体，从而实现了电子设计的自动化。

在正式开始学习 Protel 99 SE 之前，读者先要对电路板有个粗略的了解，为后面的学习奠定基础。本章主要向读者介绍电路板的类型，电路板的选型及其原则，电路板设计的基本步骤，电路板设计过程中常用的编辑器，电路板的工作层面以及电气的构成等知识。通过本章的学习，读者将会从感性上建立对电路板的认识，对电路板不再陌生。

## 1.1 本章学习重点和难点

- 本章学习重点。
  本章重点介绍电路板的类型，电路板设计的基本步骤，电路板设计过程中常用的编辑器，电路板选型的原则，电路板的工作层面以及电气的构成等知识。读者在学习过程中应了解电路板的类型有哪些，熟悉电路板设计的基本流程、设计过程中常用的编辑器以及它们之间的关系，掌握在实际电路设计中选择电路板类型的原则，此外还要掌握电路板的工作层面、图件的种类及其作用等内容。
- 本章学习难点。
  本章的学习难点是如何根据电路板选型原则来选择电路板，并了解常用的编辑器以及它们之间的关系。

## 1.2 认识电路板

通常意义上说的电路板指的就是印制电路板，即完成了印制线路或印制电路加工的板子，包括印制线路和印制元器件或者由两者组合而成的电路。具体来讲，一个完整的电路板应当包括一些具有特定电气功能的元器件和建立起这些元器件电气连接的铜箔、焊盘及过孔等导电图件。

根据工作层面的多少可将电路板分为单面板、双面板和多层板 3 类，下面简要介绍。

- 【Single Sided Board】（单面板）：仅一个面上有导电图形的电路板，如图 1-1 所示。单面板中只有一个面需要进行光绘等制造工艺处理，根据用户的具体设计要求，需要处理的面可能是【Top Layer】（顶层），也可能是【Bottom Layer】（底层）。元器件一般插在没有导电图形的一面，以便于焊接。单面板的制造成本相对来说要低一些，但这种电路板的所有走线都必须放置在一个面上，因此单面板的布线相对来说比较困难，只适用于比较简单的电路设计。

（a）显示单面板顶层

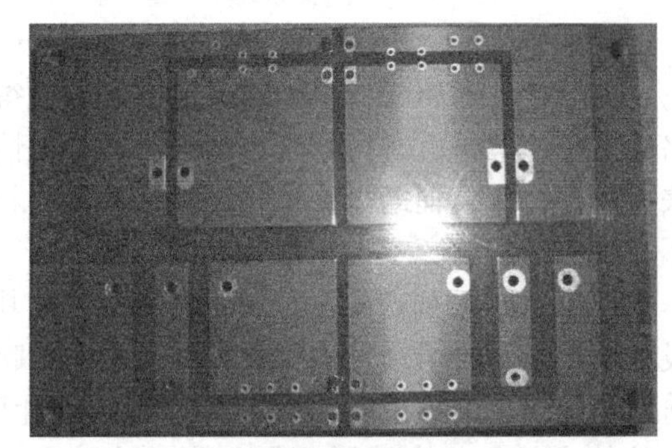

（b）显示单面板底层

图1-1　单面板示意图

- 【Double Sided Board】（双面板）：两面都有导电图形的电路板，如图 1-2 所示。双面板在电路板的两个面上都进行布线，这两个面分别为【Top Layer】和【Bottom Layer】，顶层和底层间的电气主要通过过孔连接，中间为绝缘层。因为双面都可以走线，所以布线的难度大大降低了，因而使用非常广泛。

（a）显示顶层

（b）显示底层

图1-2　双面板示意图

- 【Multilayer Printed Board】（多层板）：由 3 层或 3 层以上的导电图形层与其间的绝缘材料层相隔离、层压后结合而成的电路板，其各层间的导电图形按要求互连。目前常用的是 4 层板，包括顶层、低层、内电层 1（+12V）和内电层 2（GND），其示意图如图 1-3（a）所示。图 1-3（b）所示是一个设计好的多层板。在电路设计中，多层板一般指的是 4 层板或 4 层以上的电路板。随着电子技术的飞速发展，芯片的集成度越来越高，多层板的应用也越来越广泛。

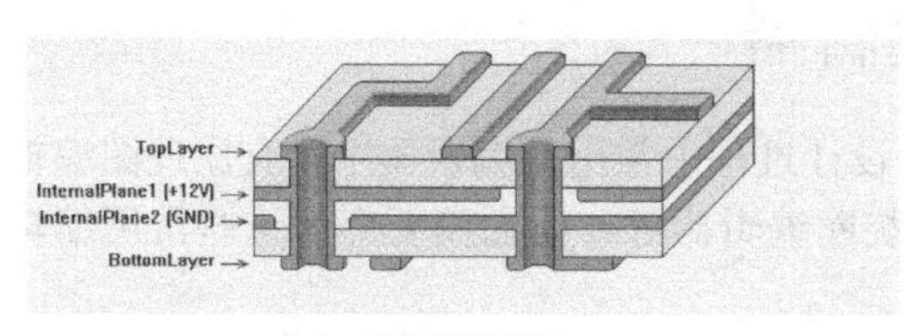


(a) 多层板示意图

(b) 设计好的多层板

图1-3 多层板示意图

## 1.3 电路板设计的基本步骤

电路板设计过程就是将设计者的电路设计思路变为可以制作电路板文件的过程，其基本步骤如图 1-4 所示。

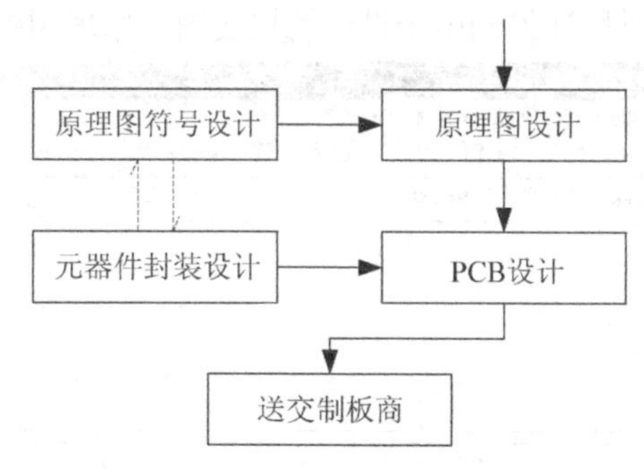


图1-4 电路板设计的基本步骤

(1) 原理图设计。

在设计电路板之前，往往需要先设计原理图，为电路板的设计做准备。所谓原理图设计就是将设计者的思路或草图变成规范的电路图，为电路板设计准备网络连接和元器件封装。

(2) 原理图符号设计。

在设计原理图的过程中常常会遇到有的原理图符号在系统提供的原理图库中找不到的情况，这时就需要用户自己动手设计原理图符号。

(3) PCB 设计。

在准备好网络标号和元器件封装之后，就可以进行 PCB 设计了。PCB 设计是在 PCB 编辑器中完成的，其主要任务是按照一定的要求对电路板上的元器件进行布局，然后用导线将相应的网络连接起来。

(4) 元器件封装设计。

设计电路板时经常会用到一些异形的、不常用的元器件，这些元器件封装在系统提供的元器件封装库中是找不到的，因此需要用户自己进行设计。

需要说明的是，元器件封装与原理图符号是相互对应的。在一个电路板设计中，一个原理图符号一定有与之对应的元器件封装，并且该原理图符号中具有相同序号的引脚与元器件封装中具有相同序号的焊盘是一一对应的，它们具有相同的网络标号。

(5) 送交制板商。

电路板设计好后，将设计文件导出并送交制板商，即可制作出满足设计要求的电路板。

# 1.4　电路板设计过程中常用的编辑器

从电路板设计的基本步骤可以看出，电路板设计过程中常用的编辑器主要有原理图编辑器、原理图库编辑器、PCB 编辑器和元器件封装库编辑器等。下面简要介绍这些常用编辑器的主要功能。

## 1.4.1　原理图编辑器

在介绍电路板设计的基本流程时提到，一个完整的电路板必须经过原理图设计和 PCB 设计两个阶段。电路板设计的第一个阶段（即原理图的绘制）就是在原理图编辑器中完成的。

原理图编辑器的主要功能是设计原理图。此外，在原理图编辑器中利用原理图库提供的大量元器件原理图符号，还可以快速绘制电子设计的接线图。原理图编辑器如图 1-5 所示。

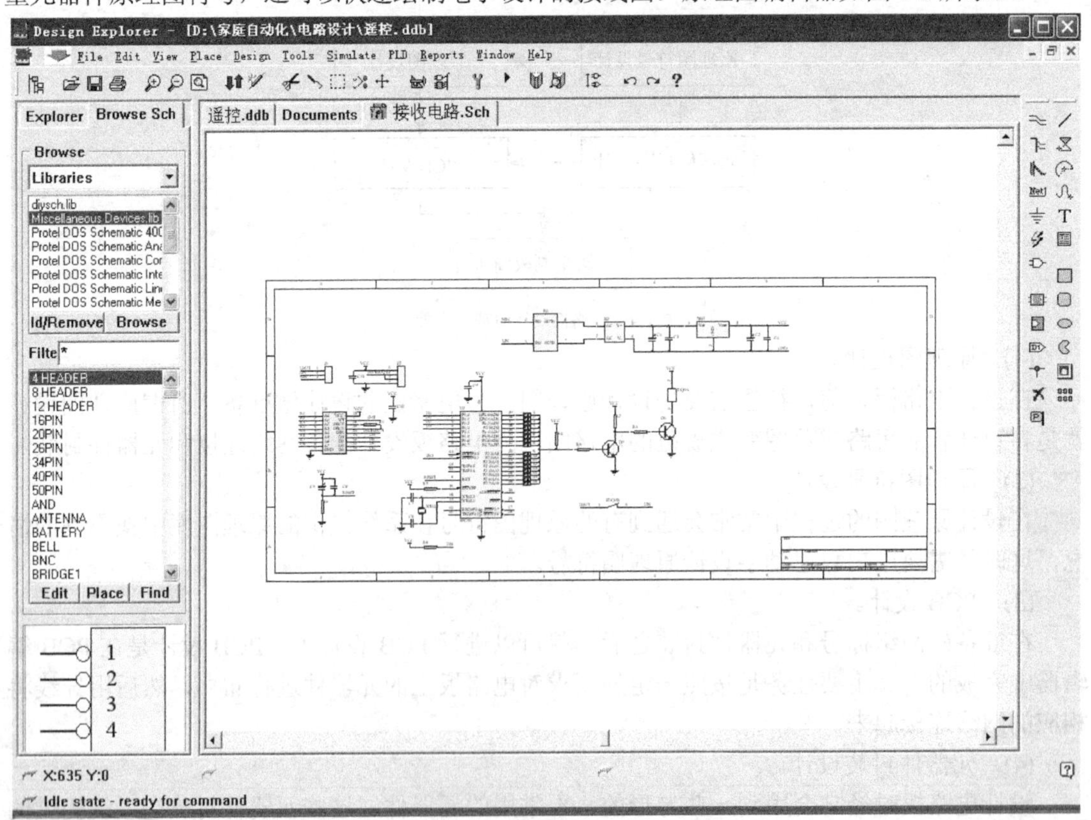


图1-5　原理图编辑器

## 一、 设置图纸区域的栅格参数

在绘制原理图之前对原理图编辑器工作窗口中图纸区域的栅格参数进行合理的设置，可以提高绘图效率，使原理图绘制工作变得更加轻松。

图纸区域内的栅格参数包括以下 3 个方面的内容。

- 【Visible】(可视栅格)：原理图编辑器工作窗口中图纸区域内由纵横线交错而成的格点的距离，系统默认的单位是“mil”。
- 【Snap】(捕捉栅格)：此项设置将影响放置原理图中项目的最小步长，也可以认为是原理图中各种要素坐标值的最小单位，系统默认的单位为“mil”。
- 【Electrical Grid】(电气栅格)：自动寻找电气节点。选中该选项后，在绘制导线时系统会以【Grid】(栅格)栏中的设定值为半径，以鼠标箭头为圆心，向周围搜索电气节点。当找到了此范围内最近的节点后，系统就会将鼠标光标移动到该节点上，并显示出一个“×”。

选取菜单命令【Design】/【Options】(图纸选项)，即可打开图纸选项参数设置对话框，如图 1-6 所示。在该对话框的【Grids】选项组中，可以对可视栅格、捕捉栅格和电气栅格进行设置。

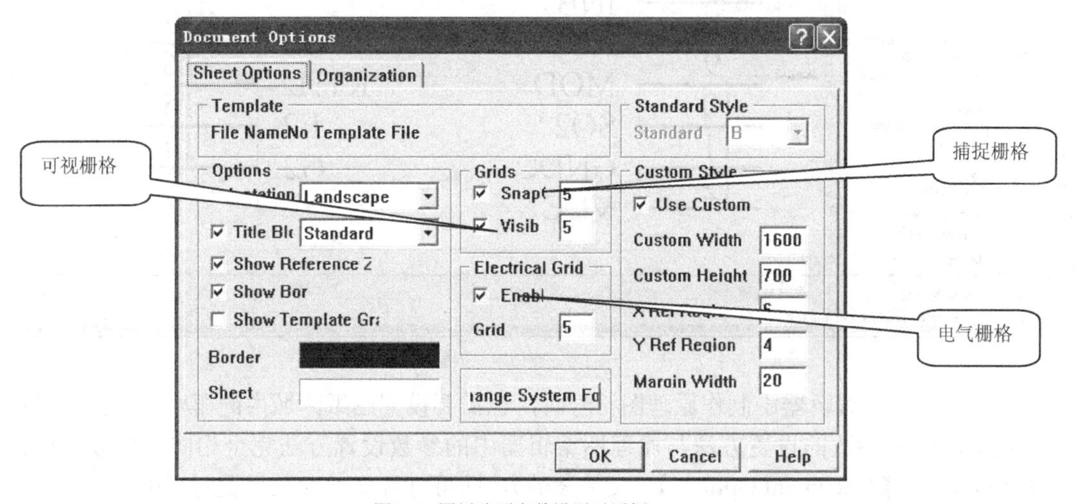


图1-6 图纸选项参数设置对话框

图纸区域栅格参数的设置方法是，首先选中相应选项前的复选框，也就是使选项前面的复选框内出现“√”，然后在其后的文本框中输入所要设定的值，具体的设定值可以在绘制原理图的过程中根据需要进行调整。

## 二、 放置工具栏和画图工具栏

原理图编辑器与其他编辑器的菜单栏和工具栏大致相同，只是放置工具栏和画图工具栏差异较大。放置工具栏如图 1-7 所示，画图工具栏如图 1-8 所示。读者在设计电路板的过程中应当注意不同编辑器中画图工具栏和放置工具栏的区别。

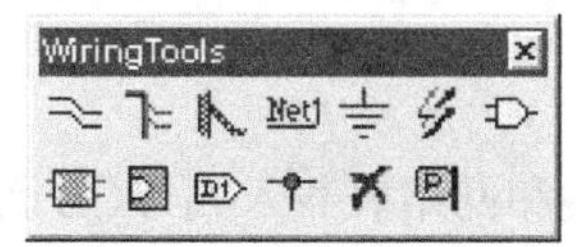


图1-7 原理图编辑器中的放置工具栏

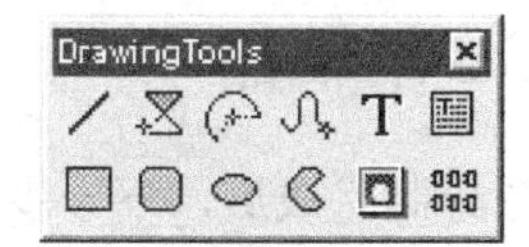


图1-8 原理图编辑器中的画图工具栏

## 1.4.2 原理图库编辑器

在绘制原理图的过程中，经常需要用户自己动手制作原理图符号。在正式制作原理图符号之前，需要创建一个原理图库文件，用于存放即将制作的原理图符号，这时就需要激活原理图库编辑器，如图 1-9 所示。

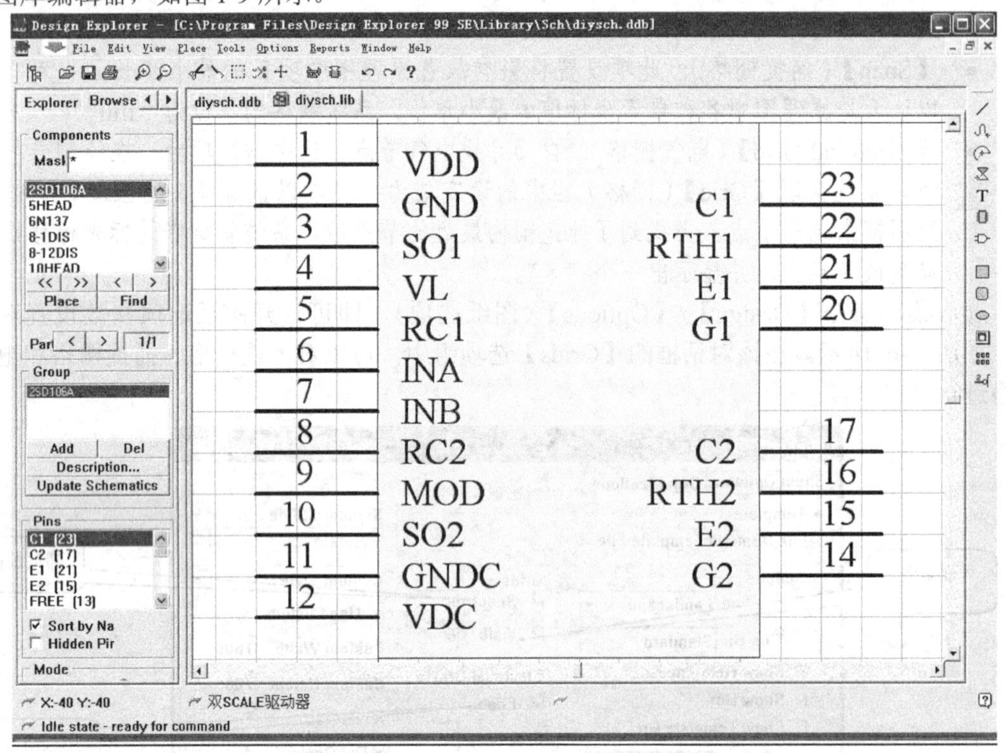

图1-9　原理图库编辑器

在原理图库编辑器中制作原理图符号时，也需要设置图纸区域内的栅格参数，以提高制作效率，这些参数的设置方法与原理图编辑器中的参数设置方法完全相同。选取菜单命令【Options】/【Document Options】（文件参数），即可打开文件参数设置对话框。

此外，在原理图库编辑器中没有放置工具栏，只有原理图库画图工具栏，如图 1-10 所示。

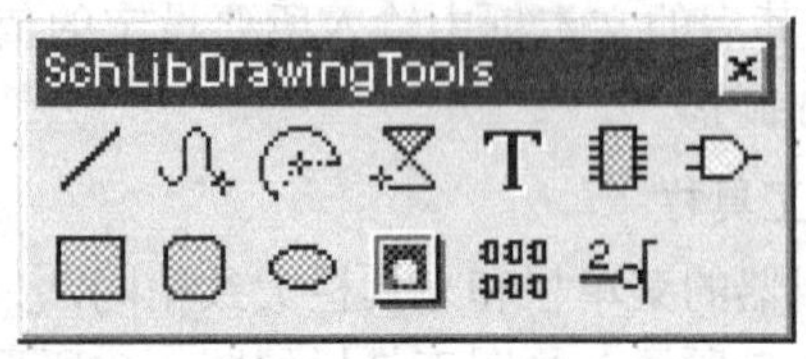

图1-10　原理图库画图工具栏

## 1.4.3 PCB 编辑器

在原理图绘制完成后，下一步工作就是将元器件封装和网络表载入到 PCB 编辑器中，进行电路板的布局和布线设计。

可以通过打开已经存在的 PCB 文件或者通过创建新的 PCB 文件来激活 PCB 编辑器。打开一个已经存在的 PCB 文件，如图 1-11 所示。

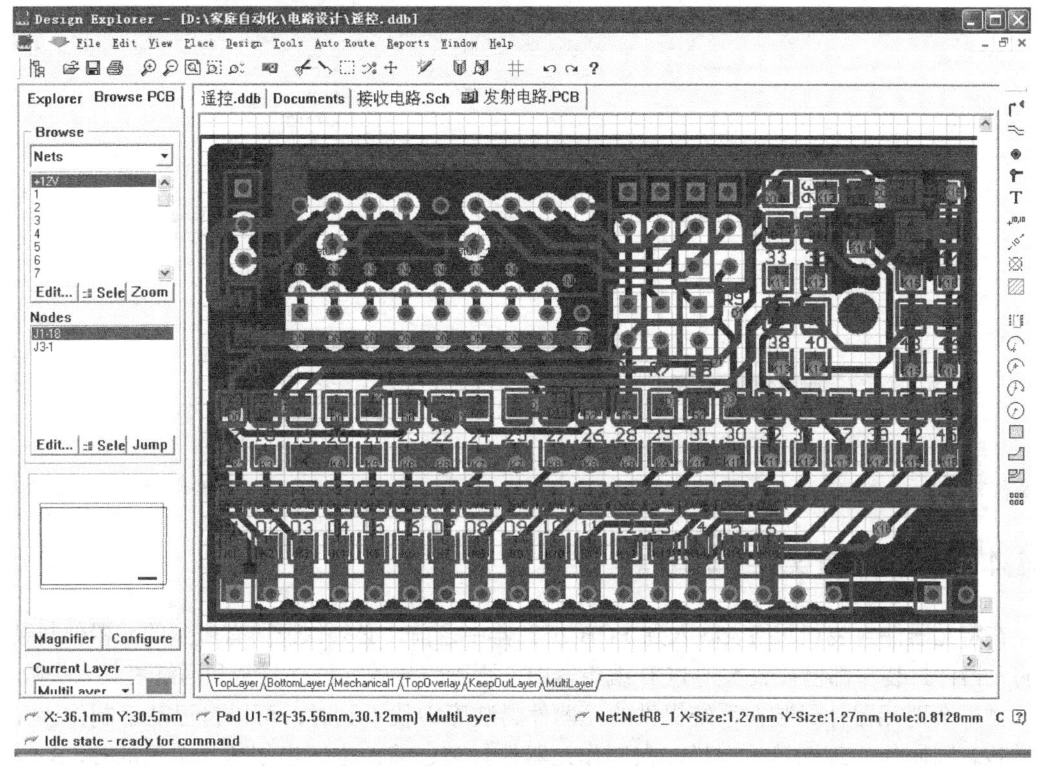


图1-11 PCB 编辑器

在 PCB 编辑器中主要完成电路板设计中第二个阶段的任务，即根据原理图设计完成电路板的制作。电路板制作主要包括电路板选型、规划电路板的外形、元器件布局、电路板布线、覆铜和设计规则校验等工作。

## 一、 设置电路板图纸区域的栅格参数

图纸区域内栅格参数设置的好坏直接影响到电路板设计的全过程，尤其是对于手动布局和手工布线的用户而言，一定要给予足够的重视。

栅格参数的设置包括以下几项。

- 【Snap Grid】：光标捕捉栅格。
- 【Electric Grid】：电气捕捉栅格。
- 【Component Grid】：元器件捕捉栅格。
- 【Visible Grid】：可视栅格。

选取菜单命令【Design】/【Options】，即可打开图纸选项参数设置对话框，具体的参数设置将在后面章节中详细介绍。

## 二、 放置工具栏

PCB 编辑器中的放置工具栏如图 1-12 所示。

放置工具栏中各按钮的功能可以通过菜单命令来实现，选取菜单命令【Place】，即可弹出放置菜单，如图 1-13 所示。

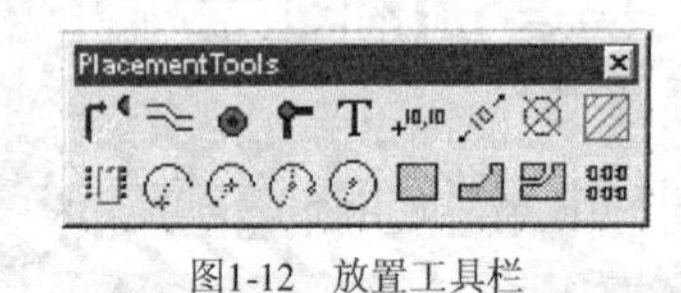


图1-12　放置工具栏

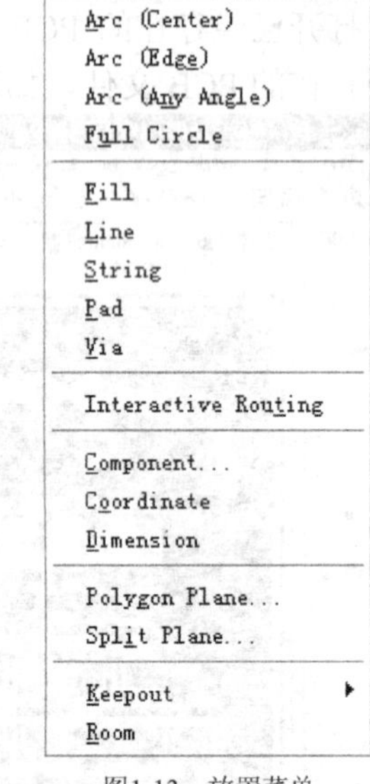


图1-13　放置菜单

## 1.4.4　元器件封装库编辑器

在将元器件封装和网络表载入到 PCB 编辑器中之前，必须保证所有用到的元器件封装所在的元器件封装库都已被载入到PCB编辑器中，否则将导致元器件封装和网络表载入失败。

如果个别元器件封装在系统提供的元器件封装库中找不到时，可以自己动手制作该元器件封装。同制作原理图符号一样，在制作元器件封装之前，也应当创建一个新的 PCB 元器件封装库文件，或者是打开一个已经存在的元器件封装库。元器件封装库编辑器如图 1-14 所示。

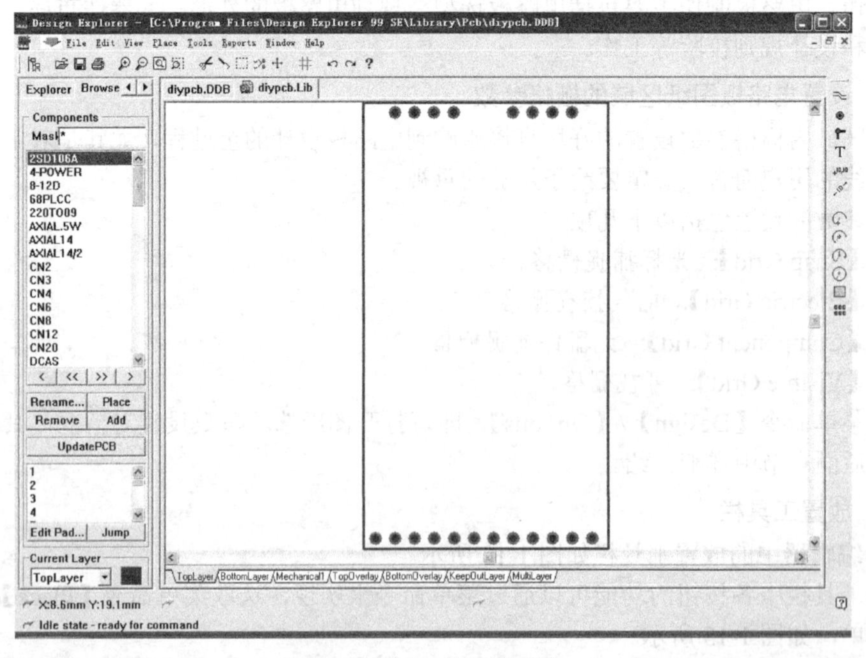


图1-14　元器件封装库编辑器

### 一、 元器件封装库放置工具栏

在元器件封装库编辑器中，系统提供了放置工具栏，如图1-15 所示。

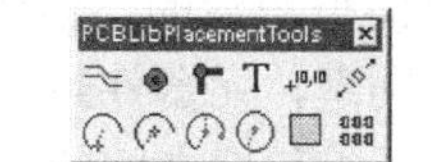

图1-15 元器件封装库放置工具栏

利用放置工具栏制作元器件封装时，一定要建立电路板工作层面的概念。比如放置线段，如果当前的工作层面处在【Top Layer】(顶层)，则绘制的线段就属于导电图件；如果当前的工作层面处在【Top Overlay】(丝印层)，则绘制的线段就不具有导电的属性。因此在制作元器件的外形时应当将工作层面切换到丝印层，而在制作导电图件时则应当将工作层面切换到相应的导电图层，比如常用的顶层和底层等。

### 二、 设置坐标参考点

元器件封装指的是将元器件安装到电路板上时，在电路板上所显示的外形和焊点的位置关系。因此在制作元器件封装的过程中，需要对元器件焊盘之间的相对位置，以及焊盘与元器件外形之间的相对位置进行精确定位，否则在将制作好的元器件封装放到电路板上之后，在电路板装配过程中将导致元器件之间的相互干涉，或者是元器件没法安装到电路板上。

如果单纯依靠手工移动来调整焊盘或者外形线的位置，要做到精确定位会是非常困难的。如果设置坐标的参考点，然后利用焊盘或导线在相对坐标系中的坐标来定位，则可以事半功倍，这样不仅可以提高制作元器件封装的效率，而且也能从根本上保证元器件封装的精度。具体的操作方法将在后面的章节中介绍。

## 1.4.5 常用编辑器之间的关系

原理图编辑器、原理图库编辑器、PCB 编辑器和元器件封装库编辑器贯穿了电路板设计的全过程。根据电路板设计不同阶段的要求，用户可以激活相应的编辑器来完成特定的任务。

在电路板设计过程中，4 个常用编辑器之间的关系可通过如图 1-16 所示的示意图来表示。

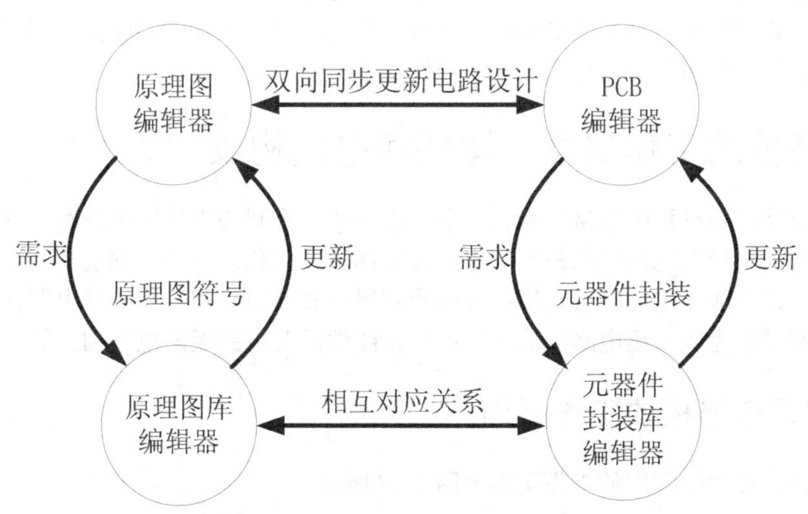

图1-16 4 个常用编辑器之间的关系

由图 1-16 可以看出，原理图编辑器和 PCB 编辑器是进行电路板设计的两个基本工作平

台，而且原理图和电路板的更新是实时同步的。原理图库编辑器是根据原理图设计过程中的需求而被激活的，修改完原理图符号后，一定要存储修改结果并更新原理图中的原理图符号。同理，元器件封装库也是在需要制作或修改元器件封装的时候才会被激活。

从编辑器之间的关系来看，原理图库编辑器服务于原理图编辑器，主要是用来制作原理图符号的，以保证原理图设计的顺利完成；元器件封装库编辑器则服务于 PCB 编辑器，主要是用来制作元器件封装的，以保证所有的元器件都能有对应的元器件封装，使原理图设计能够顺利地转入到电路板设计。原理图设计是电路设计者设计思路的图纸化，是电路板设计过程中的准备阶段，PCB 设计是整个电路板设计过程中的实现阶段，而元器件封装和网络表则是联系原理图编辑器和 PCB 编辑器的桥梁和纽带。

## 1.5 电路板类型的选择

用户在选择电路板的类型时要从电路板的可靠性、工艺性和经济性等方面综合考虑，尽量从这几个方面的最佳结合点出发来选择电路板的类型。

电路板的可靠性是影响电子设备和仪器可靠性的重要因素。从设计角度考虑，影响电路板可靠性的首要因素是所选电路板的类型，即电路板是单面板、双面板，还是多层板。通过国内外长期实践证明，电路板的类型越复杂，可靠性就越低。各类型电路板的可靠性由高到低的顺序是单面板→双面板→多层板，多层板的可靠性会随着层数的增加而降低。

在设计电路板的整个过程中，设计人员应当始终考虑电路板的制造工艺要求和装配工艺要求，要便于后面的制造和装配操作。在布线密度较低的情况下可考虑设计成单面板或双面板，而在布线密度很高、制造困难较大且可靠性不易保证的情况下，则应考虑设计成印制导线宽度和间距都比较宽的多层板。对于多层板层数的选择，同样既要考虑可靠性，又要考虑制造和安装的工艺性。

电路板设计人员也应当把产品的经济性纳入到设计范畴中，这在商品竞争激烈的今天尤为必要。电路板的经济性与电路板的类型、基材选择、制造工艺方法和技术要求等内容密切相关。就电路板类型而言，其成本递增的顺序一般也是单面板→双面板→多层板。但是在布线密度高到一定程度时，与其将电路板设计成复杂的、制造困难的双面板，倒不如设计成较为简单的、低层次的多层板，这样也可以降低成本。

## 1.6 电路板的工作层面、图件和电气构成

在绘制电路板的过程中通常要用到许多工作层面，不同的工作层面具有不同的功能。比如顶层丝印层用来绘制元器件的外形、放置元器件的序号和注释等；顶层和底层信号层则用来放置导线，以构成一定的电气连接；多层面则用来放置焊盘和过孔等导电图件。

下面以双面板为例介绍电路板的工作层面、图件以及电路板的电气构成等。

### 1.6.1 初识电路板的工作层面

双面板设计过程中常用的工作层面如图 1-17 所示。

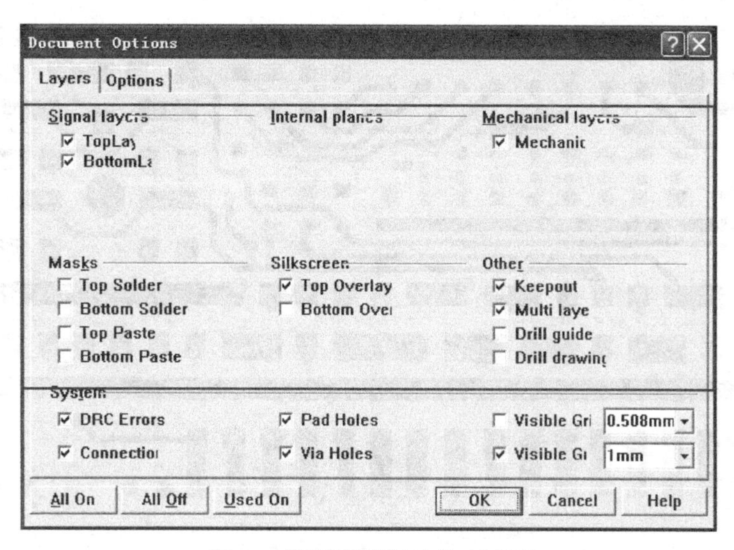


图1-17 普通双面板所包含的工作层面

图 1-17 中方框选中的工作层面即为双面板设计中用到的工作层面。下面以如图 1-18 所示的双面板为例，简单介绍一下电路板上的工作层面。

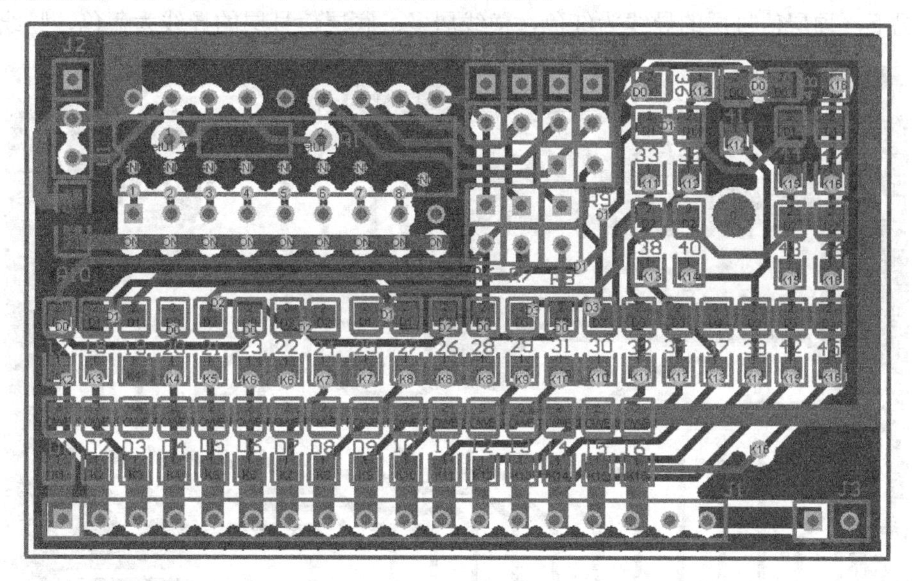

图1-18 双面板示例

在 Protel 99 SE 的 PCB 编辑器中按下 Shift+S 键，将电路板的显示模式切换到单层显示模式，即可逐层显示电路板上的工作层面。

利用快捷键 Shift+S 将电路板切换到单层显示模式时，应当将输入法设置为英文输入方式。

(1) 【Top Layer】(顶层信号层)。

在双面板中，顶层信号层用来放置铜箔导线，以连接不同的元器件、焊盘和过孔等，实现特定的电气功能，如图 1-19 所示。

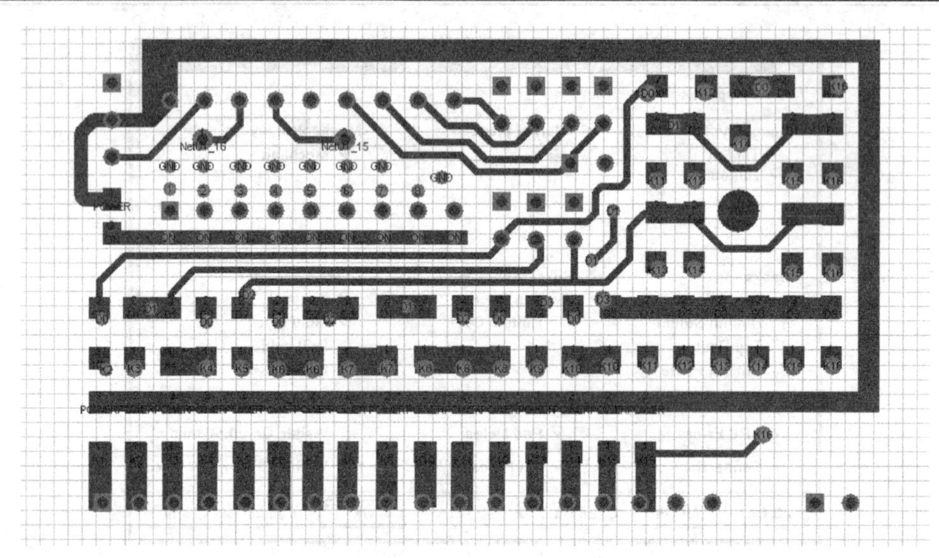

图1-19　顶层信号层

(2) 【Bottom Layer】(底层信号层)。

底层信号层的功能与顶层信号层的功能相同，也是用来放置导线的，如图 1-20 所示。一般情况下，顶层信号层的导线为红色，横线居多；底层信号层的导线为蓝色，竖线居多。

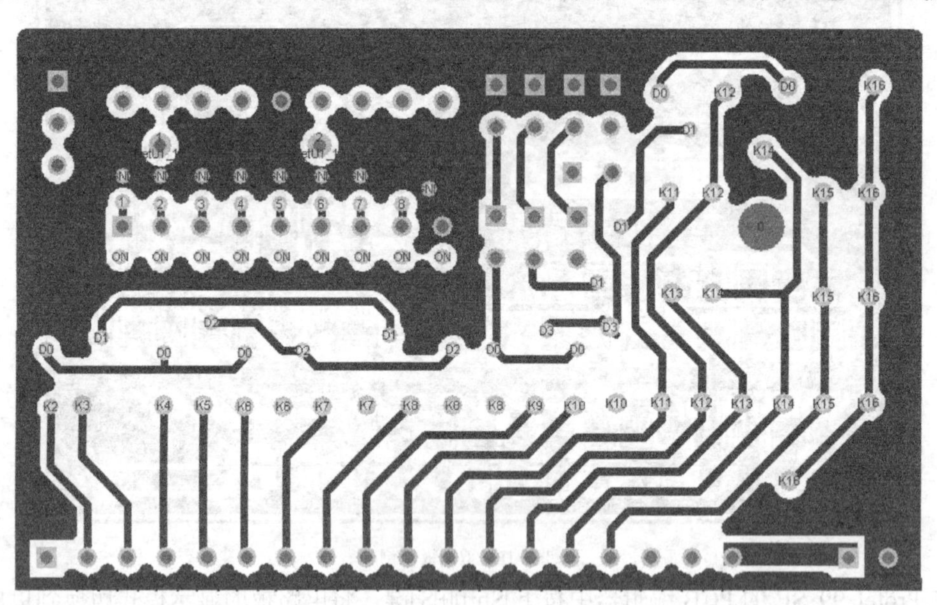

图1-20　底层信号层

(3) 【Mechanical1】(机械层)。

机械层主要用来对电路板进行机械定义，包括确定电路板的物理边界、标注尺寸及对齐标志等。不过在电路板设计过程中，通常将电路板的物理边界等同于电路板的电气边界，而不对电路板的物理边界进行规划。

(4) 【Top Overlay】(顶层丝印层)。

顶层丝印层主要用来绘制元器件的外形和注释文字，如图 1-21 所示。

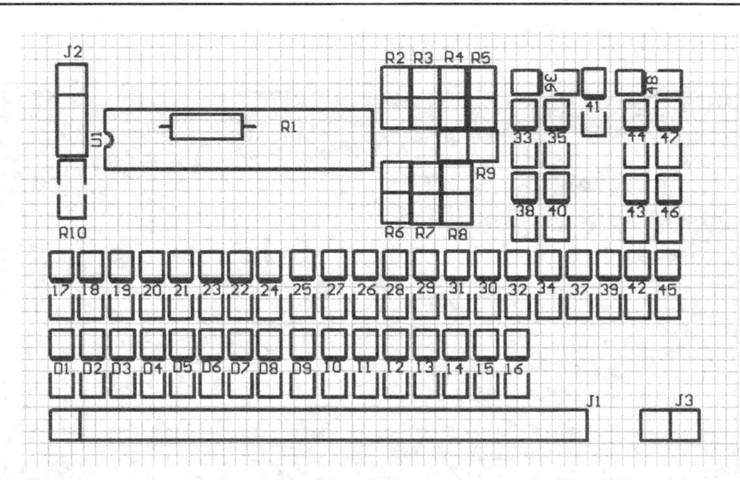


图1-21 顶层丝印层

如果在双面板的底层还放置有元器件，那么用户还应当激活【Bottom Overlay】(底层丝印层)。

(5) 【KeepOut Layer】(禁止布线层)。

禁止布线层主要用来规划电路板的电气边界，电路板上的所有导电图件均不能超出该边界，否则系统在进行 DRC 设计校验时将报错。图 1-22 所示为一个规划好的电路板电气边界。

(6) 【MultiLayer】(多层面)。

多层面主要用来放置元器件的焊盘及连接不同工作层面上导电图件的过孔等图件，如图 1-23 所示。

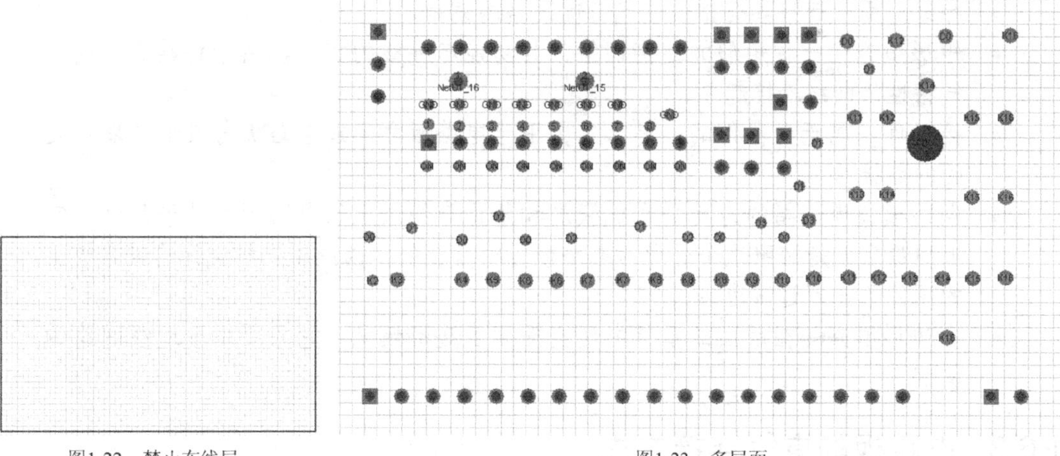

图1-22 禁止布线层　　　　图1-23 多层面

单面板只有一个信号层，通常选用底层信号层；而多层板除了增加内部电源层外，层数较多的多面板上可能还有多个信号层。

## 1.6.2 认识电路板上的图件

电路板上的图件包括两大类，即导电图件和非导电图件。导电图件主要包括焊盘、过孔、导线、多边形填充和矩形填充等，非导电图件主要包括介质、抗蚀剂、阻焊图形等。

图 1-24 所示为一个电路板的 PCB 文件，该电路板上的导电图件主要有焊盘、过孔、导

线和矩形填充等。下面分别介绍这些图件的功能。

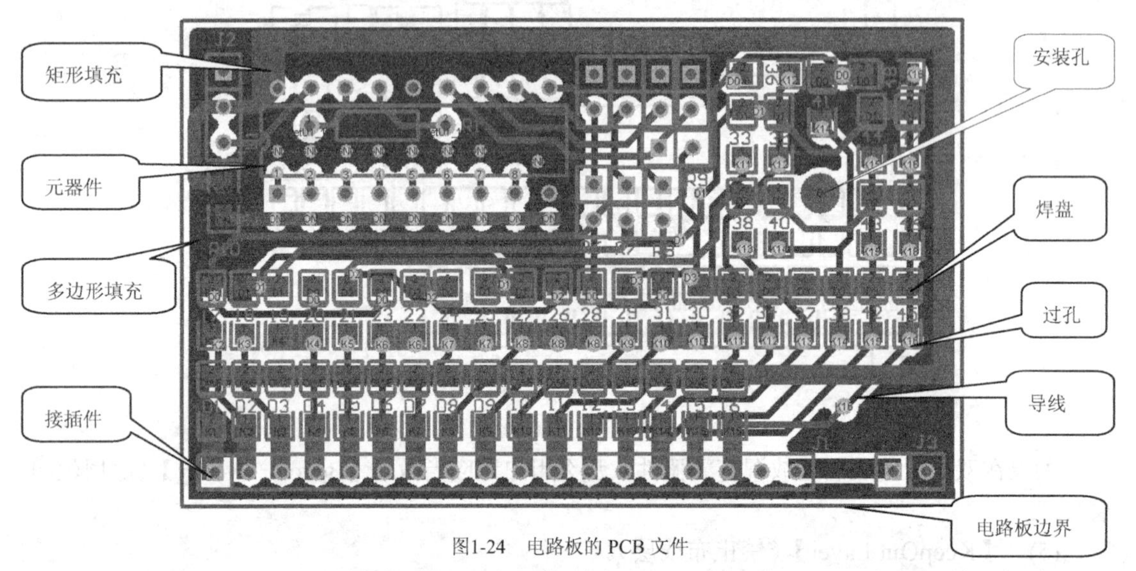


图1-24　电路板的 PCB 文件

- 安装孔：主要用来将电路板固定到机箱上，图 1-24 中所示的安装孔是用焊盘制作的。
- 焊盘：用于安装和焊接元器件引脚的金属化孔。
- 过孔：用于连接顶层、底层或中间层导电图件的金属化孔。
- 元器件：这里指的是元器件封装，一般由元器件的外形和焊盘组成。
- 导线：用于连接具有相同电气特性网络的铜箔。
- 矩形填充：一种矩形的连接铜箔，其功能与导线的相同，用于将具有相同电气特性的网络连接起来。
- 接插件：属于元器件的一种，主要用于电路板之间或电路板与其他元器件之间的连接。
- 电路板边界：指的是定义在机械层和禁止布线层上的电路板的外形尺寸。制板商最后就是按照这个外形对电路板进行剪裁的，因此用户所设计的电路板上的图件不能超过该边界。
- 多边形填充：在后面的章节中还会提到多边形填充，它主要用于地线网络的覆铜。

## 1.6.3　电路板的电气连接方式

电路板的电气连接方式主要有两种，即板内互连和板间互连。

电路板内的电气构成主要包括两部分，即电路板上具有电气特性的点（包括焊盘、过孔以及由焊盘的集合组成的元器件）和将这些点互连的连接铜箔（包括导线、矩形填充和多边形填充）。具有电气特性的点是电路板上的实体，而连接铜箔是将这些点连接到一起实现特定电气功能的手段。

总的来说，通过连接铜箔将电路板上具有相同电气特性的点连接起来实现一定的电气功能，然后再将无数的电气功能集合便构成了整块电路板。

以上介绍的电路板电气构成属于电路板内的互连，还有一种电气连接是属于板间互连的。板间互连指的是多块电路板之间的电气连接，主要采用接插件或者接线端子来实现连接。

## 1.7 实例辅导

本节实例辅导的内容是让读者认识电路板及电路板上的图件。

1. 请指出图 1-25 中所示电路板中各标示所指的图件都是什么。
2. 指出该电路板的结构类型。
3. 为什么该电路板要选择这种结构类型？请结合本章的知识进行分析。
4. 图 1-25 中所示的电气连接有何特点？

**实例辅导解答**

1. 回答：1 是电路板上的安装孔；2 是元器件的焊盘；3 是元器件；4 是矩形填充；5 是用于板间互连的接插件，也属于元器件。
2. 回答：该实例中的电路板类型属于单面板。

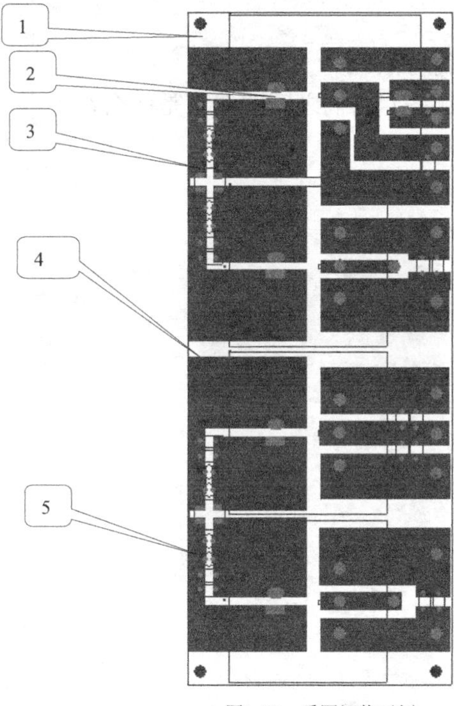


图1-25　看图识物示例

3. 回答：选择电路板的主要依据是电路板的可靠性、工艺性和经济性。可靠性是选择电路板结构类型的首要前提，工艺性是电路板能够加工成型的保证，经济性则是锦上添花。在电路设计中用户应当根据实际电路板的需要正确选择电路板的类型。在本例中，元器件是常见的 DC-DC 模块，它具有引脚少、布线空间大的特点，采用单面电路板既可靠，又经济实用，并且便于工艺制作。
4. 回答：本例中的电气连接完全采用矩形填充铜箔进行连接，连接方式更加灵活，与普通的导线连接相比，增加了导电面积。

## 1.8 小结

- 本章对电路板的分类方法进行了介绍。电路板的分类一般是按照电路板层数的多少进行的，主要可以分为 3 类，即单面板、双面板和多层板。
- 简要介绍了电路板设计的基本步骤。
- 介绍了电路板设计过程中常用的编辑器和常用编辑器之间的关系。
- 介绍了电路板选型的原则。电路板选型原则：可靠性是选择电路板结构类型的首要前提，工艺性是电路板能够加工成型的保证，经济性则是锦上添花。在电路设计中用户应当根据实际情况灵活选择电路板的类型。
- 以典型的双面板设计为例，介绍了电路板设计过程中常用的工作层面以及电路板上的具体图件，目的是让读者认识电路板及电路板上的图件。
- 介绍了电路板的电气构成。电路板的连接方式主要有板内互连和板间互连两种。

## 1.9 习题

1. 简述单面板、双面板和多层板的特点。
2. 电路板设计中常用的编辑器有哪些？它们之间的关系是什么？

# 第2章 初识 Protel 99 SE

从本章开始将正式介绍 Protel 99 SE，使它真正成为电路板设计的好帮手。本章主要内容包括 Protel 99 SE 的启动方式、Protel 99 SE 设计浏览器菜单和工具栏快捷方式的使用、文件的组织方式、启动各种常用编辑器的方法、文件自动存盘功能和设计数据库文件的加密等。

## 2.1 本章学习重点和难点

- 本章学习重点。
  本章的学习重点包括设计浏览器中常用菜单命令的使用、文件的组织方式和各种常用编辑器的启动等。
- 本章学习难点。
  本章的学习难点是理解、掌握文件的自动存盘功能和设计数据库文件的加密操作。

## 2.2 启动 Protel 99 SE

启动 Protel 99 SE 的方法同启动其他应用程序的方法一样，只要运行 Protel 99 SE 的可执行程序就可以了。

### 启动 Protel 99 SE

1. 在 Windows 桌面上选取菜单命令【开始】/【程序】/【Protel 99 SE】/【Protel 99 SE】，即可启动 Protel 99 SE，如图 2-1 所示。

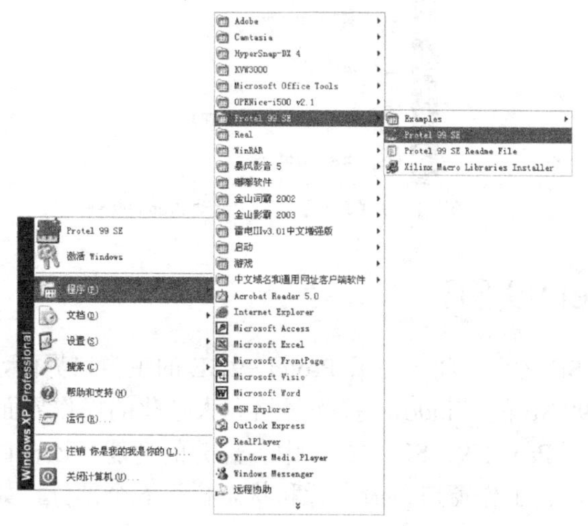


图2-1 启动 Protel 99 SE 的菜单命令

2. 在启动 Protel 99 SE 应用程序的过程中，屏幕上将弹出 Protel 99 SE 的启动画面，如图 2-2 所示。接下来系统便会打开 Protel 99 SE 的主窗口，如图 2-3 所示。

图2-2　Protel 99 SE 的启动画面

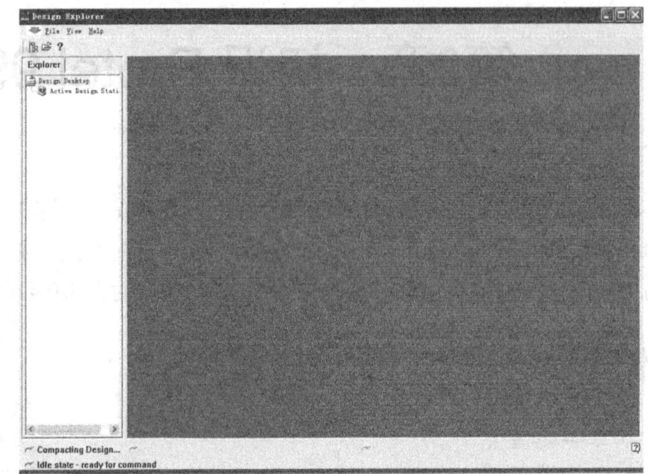


图2-3　Protel 99 SE 的主窗口

此外，还可以通过以下两种方法来启动 Protel 99 SE。

(1)　如果在安装 Protel 99 SE 的过程中在桌面上创建了快捷方式，那么双击 Windows 桌面上的 Protel 99 SE 图标也可以启动 Protel 99 SE。

(2)　直接单击【开始】菜单中的 Protel 99 SE 图标也可以启动 Protel 99 SE，如图 2-4 所示。

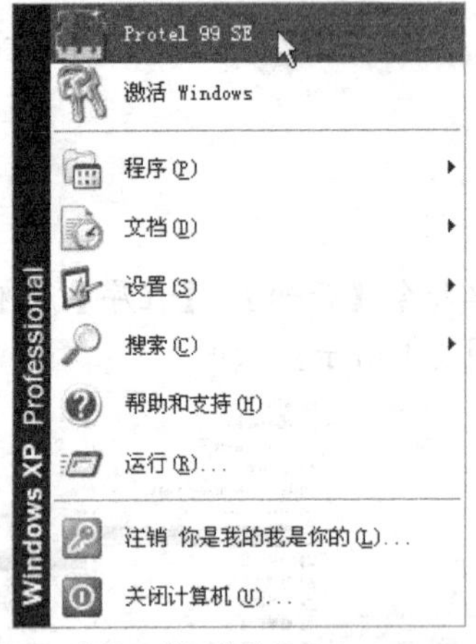


图2-4　从【开始】菜单中启动 Protel 99 SE

## 2.3　初识 Protel 99 SE

在启动 Protel 99 SE 之后，将会打开 Protel 99 SE 的主窗口界面，如图 2-3 所示，读者可以从中领略到 Protel 99 SE 的 Windows 操作风格和人性化的操作界面。

下面简单介绍一下 Protel 99 SE 主窗口中各部分的功能。该窗口中主要包含菜单栏、工具栏、浏览器管理窗口、工作窗口、命令行和状态栏等 6 个部分，如图 2-5 所示。

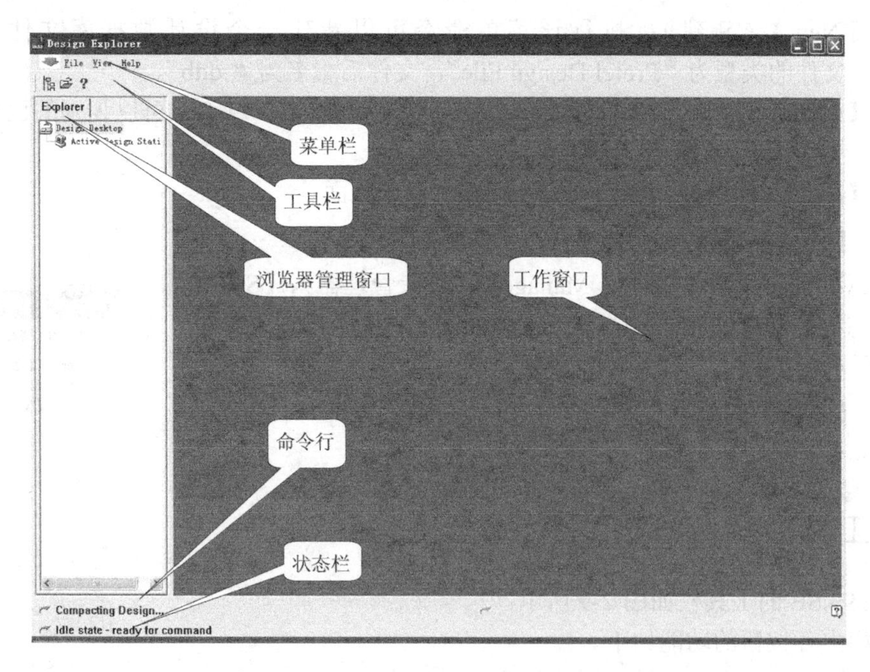


图2-5 Protel 99 SE 主窗口

## 2.3.1 菜单栏

Protel 99 SE 主窗口界面中的菜单栏是用户启动各种编辑器和设置系统参数的入口，主要包括【File】（文件）、【View】（视图）和【Help】（帮助）等 3 个主菜单，如图 2-6 所示。

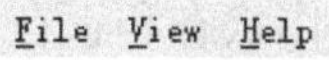

File View Help

图2-6 Protel 99 SE 设计浏览器中的菜单栏

下面分别对这 3 个主菜单进行简要介绍。

### 一、【File】菜单

【File】菜单主要用于文件的管理，通常包括新建设计文件、打开已有的设计文件和保存当前设计文件等功能，其菜单命令如图 2-7 所示。

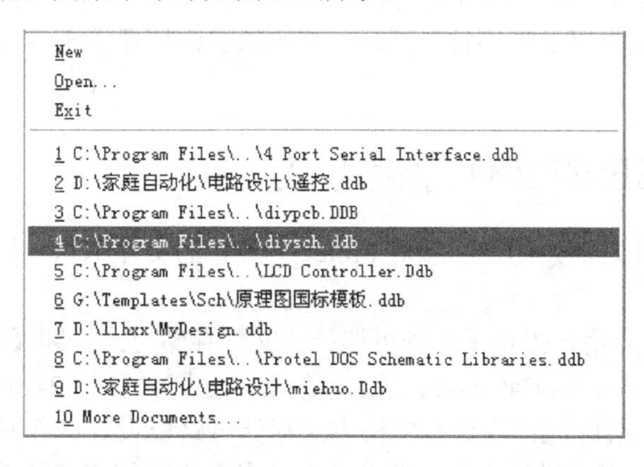


图2-7 【File】菜单命令

【File】菜单中各菜单命令的功能如下。

(1)　【New】（新建）：执行该菜单命令可以新建一个设计数据库文件（Design database），文件的类型为“Protel Design File”，文件后缀名为“.ddb”。

(2)　【Open】（打开）：执行该菜单命令可以打开 Protel 99 SE 可以识别的已有设计文件。

(3)　【Exit】（退出）：退出 Protel 99 SE 主窗口界面。

二、　【View】菜单

【View】菜单用于【Design Manager】（设计管理器）、【Status Bar】（状态栏）和【Command Status】（命令行）的打开与关闭，如图 2-8 所示。

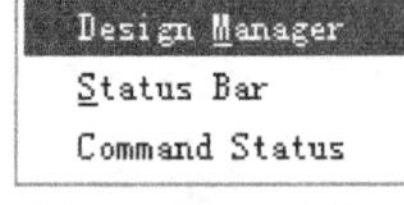


图2-8　【View】菜单

三、　【Help】菜单

【Help】菜单主要用于打开帮助文件。

### 2.3.2　工具栏

Protel 99 SE 的工具栏如图 2-9 所示。

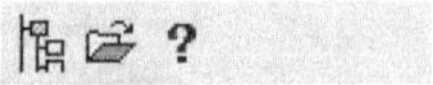

图2-9　工具栏

工具栏中各按钮的功能如下。

- 按钮：打开或关闭文件管理器。
- 按钮：打开一个设计文件。
- 按钮：打开帮助文件。

### 2.3.3　状态栏和命令行

状态栏和命令行用于显示当前的工作状态和正在执行的命令。状态栏和命令行的打开与关闭可利用【View】菜单进行设置。

### 2.3.4　浏览器管理窗口和工作窗口

在 Protel 99 SE 主窗口界面中，如果不激活任何设计服务程序，则浏览器管理窗口和工作窗口将处于空闲状态，其内容不可编辑。只有当原理图设计、原理图符号设计、PCB 设计或元器件封装库设计等服务程序被激活时，才可以在浏览器管理窗口中浏览图件，以及在工作窗口中进行设计。

## 2.4　Protel 99 SE 的文件存储方式

在进行电路板设计之前，用户应该对 Protel 99 SE 的文件组织结构和管理方法有一个大致的了解。

Protel 99 SE 系统为用户提供了两种可选择的文件存储方式，即【Windows File System】（文档方式）和【MS Access Database】（设计数据库方式），如图 2-10 所示。

【Windows File System】：当选择文档方式存储电路板设计文件时，系统将会首先创建一个文件夹，而后将所有的设计文件存储在该文件夹下。系统在存储设计文件时，不仅存储一个集成数据库文件，而且还会将数据库文件中的所有设计文件都独立地存储在该文件夹下，如图 2-11 所示。

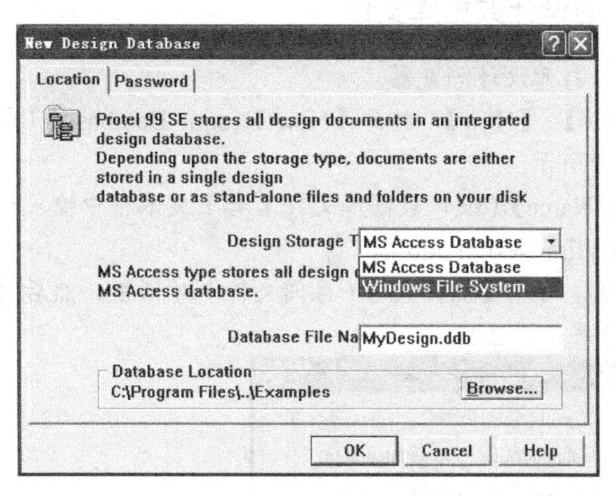


图2-10　文件存储方式

图2-11　以文档方式存储电路板设计文件

【MS Access Database】：当选择设计数据库方式存储电路板设计文件时，系统只在读者指定的硬盘空间上存储一个设计数据库文件。

不管选用哪一种文件存储方式，Protel 99 SE 都使用设计浏览器来组织设计文档，即在设计浏览器下创建文件，并将所有设计文件都存储在一个设计数据库文件中。

在 Protel 99 SE 中设计电路板时，通常选用设计数据库的方式来组织和管理设计文件。

# 2.5　启动常用的编辑器

下面介绍如何通过创建一个新的设计数据文件、原理图设计文件、原理图库设计文件、PCB 设计文件和元器件封装库设计文件来启动相应的编辑器。此外，用户也可以使用类似的方法来启动其他类型的编辑器，当然也可以通过打开已有的设计文件来启动编辑器。

## 2.5.1　创建一个设计数据库文件

Protel 99 SE 采用设计数据库的方式来组织和管理设计文件，将所有的设计文档和分析文档都放在一个设计数据库文件中进行统一管理。设计数据库文件相当于一个文件夹，在该文件夹下可以创建新的设计文件，也可以创建下一级文件夹。这种管理方法在设计一个大型的电路系统时非常实用，设计者在电路板设计过程中应当掌握这种分门别类的管理方法。下面介绍如何创建一个新的设计数据库文件。

## 创建一个新的设计数据库文件

1. 启动 Protel 99 SE，打开设计浏览器。
2. 选取菜单命令【File】/【New】，打开【New Design Database】(新建设计数据库文件)对话框，如图 2-12 所示。
3. 在【Database File Name】(设计数据库文件名称)文本框中输入设计文件的名称，本例将文件命名为“MyfirstDesign.ddb”。
4. 单击 Browse... 按钮，打开【Save As】(存储文件)对话框，然后将存储位置定位到指定的硬盘空间上，结果如图 2-13 所示。

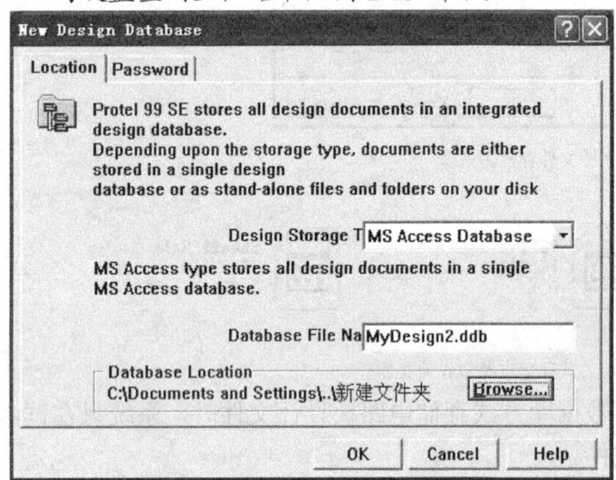


图2-12　新建设计数据库文件对话框

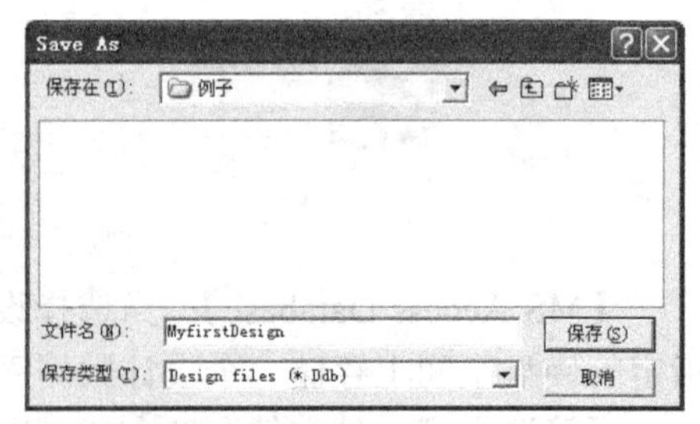


图2-13　保存后的设计文件

5. 单击 保存(S) 按钮，回到新建设计数据库文件对话框，确认各项设置无误后单击 OK 按钮，即可创建一个新的设计数据库文件，结果如图 2-14 所示。

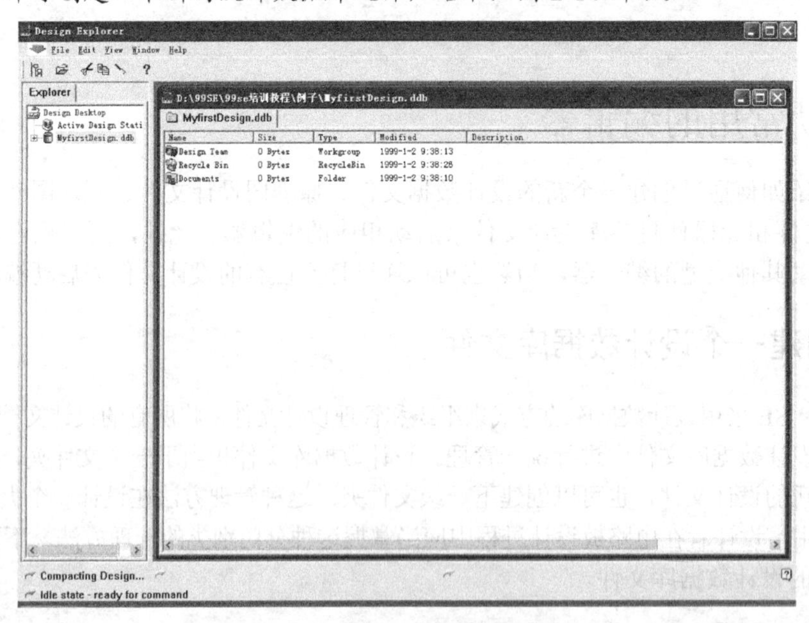


图2-14　新建的设计数据库文件

## 2.5.2 启动原理图编辑器

启动原理图编辑器的方法非常简单，新建一个原理图设计文件或者打开已有的原理图设计文件，就能启动原理图编辑器。下面介绍如何新建一个原理图设计文件。

### 新建一个原理图设计文件

1. 双击图 2-14 中所示的 Documents 图标，打开该文件夹，将新建的原理图设计文件放置在该文件夹下。
2. 选取菜单命令【File】/【New...】，打开【New Document】(新建设计文件)对话框，如图 2-15 所示。

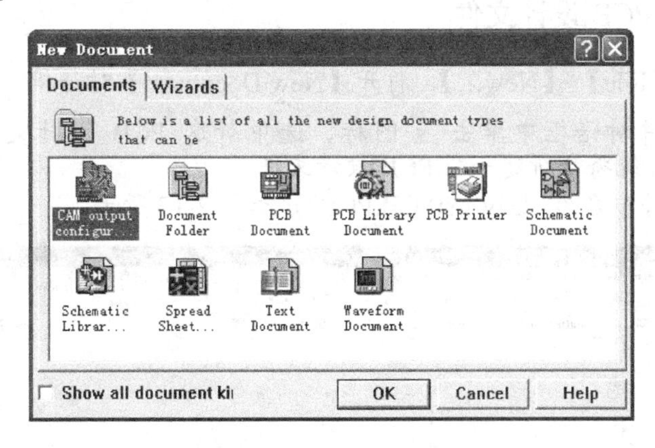


图2-15 新建设计文件对话框

3. 在新建设计文件对话框中单击 Schematic Document 图标，选中新建原理图设计文件选项，然后单击 OK 按钮，新建一个原理图设计文件，结果如图 2-16 所示。

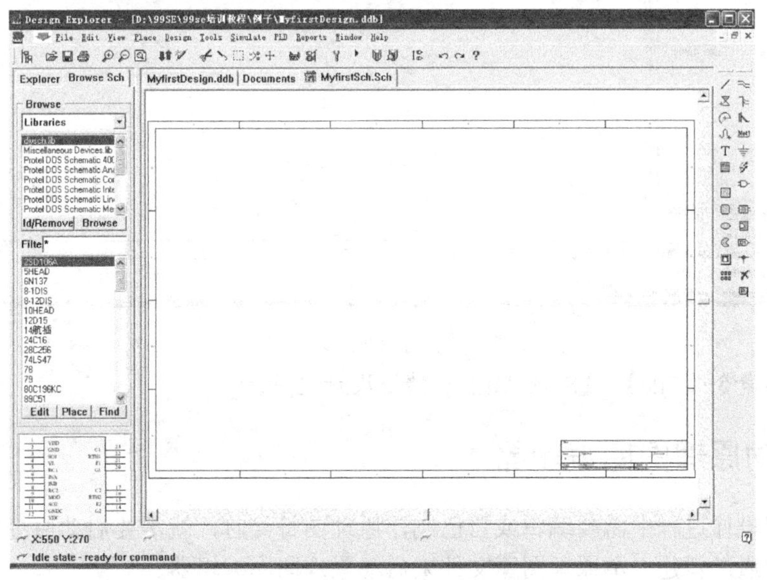


图2-16 新建的原理图设计文件

4. 将原理图设计文件命名为“MyfirstSch.Sch”。
5. 选取菜单命令【File】/【Save All】存储该设计文件，并将该文件放置在当前的设计数据库文件中。

## 2.5.3 启动 PCB 编辑器

在完成了电路板原理图的设计之后，就要将网络表和元器件封装导入到 PCB 编辑器中进行电路板的设计，这时需要启动 PCB 编辑器，其方法同启动原理图编辑器的方法一样，新建一个 PCB 设计文件或者打开一个已经存在的 PCB 设计文件，即可启动 PCB 编辑器。下面介绍如何新建 PCB 设计文件。

### 新建一个 PCB 设计文件

1. 选取菜单命令【File】/【New...】，打开【New Document】对话框，如图 2-15 所示。
2. 在新建设计文件对话框中单击 图标，选中新建 PCB 设计文件选项，然后单击 OK 按钮，系统将会新建一个 PCB 设计文件。
3. 将 PCB 设计文件命名为“MyfirstPCB.PCB”，如图 2-17 所示。

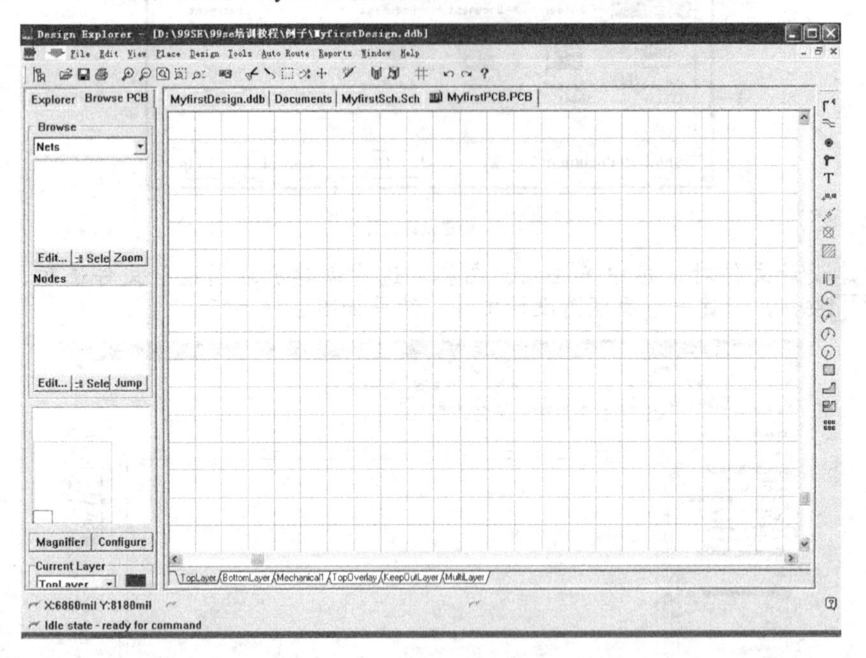


图2-17　新建的 PCB 设计文件

4. 选取菜单命令【File】/【Save All】存储该设计文件。

## 2.5.4 启动原理图库编辑器

当原理图设计过程中需要编辑或自己制作原理图符号时，就需要启动原理图库编辑器。下面介绍如何通过新建一个原理图库文件来启动原理图库编辑器。

### 新建一个原理图库设计文件

1. 选取菜单命令【File】/【New…】，打开新建设计文件对话框，如图 2-15 所示。
2. 在新建设计文件对话框中单击 Schematic Library 图标，选中新建原理图库设计文件选项，然后单击 OK 按钮，系统将会新建一个原理图库设计文件。
3. 将原理图库设计文件命名为“MyfirstSchLib.Lib”，如图 2-18 所示。

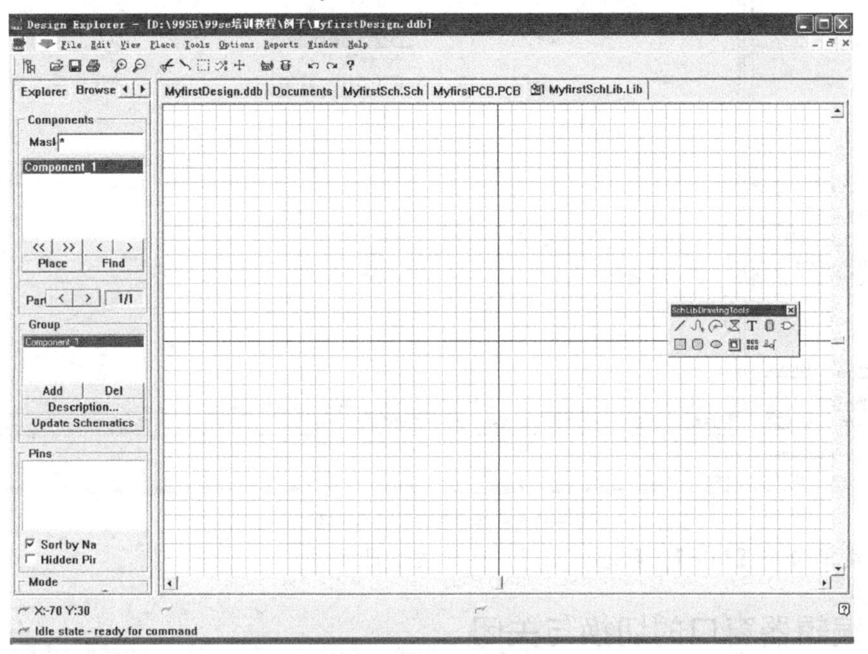


图2-18　新建的原理图库设计文件

4. 选取菜单命令【File】/【Save All】，存储该原理图库设计文件。

## 2.5.5 启动元器件封装库编辑器

在将原理图导入到 PCB 编辑器中时，如果原理图设计中的元器件没有对应的元器件封装，则会导致元器件和网络表导入失败。

在进行 PCB 设计的过程中，有的元器件封装在系统提供的元器件封装库中找不到，这时就需要设计者自己制作元器件封装。元器件封装的制作是在元器件封装库中完成的。下面介绍如何通过新建一个元器件封装库设计文件来启动元器件封装库编辑器。

### 新建一个元器件封装库设计文件

1. 选取菜单命令【File】/【New…】，打开新建设计文件对话框，如图 2-15 所示。
2. 在新建设计文件对话框中单击 PCB Library Document 图标，选中新建元器件封装库设计文件选项，然后单击 OK 按钮，系统将会新建一个元器件封装库设计文件。
3. 将元器件封装库设计文件命名为“MyfirstPCBLib.LIB”，如图 2-19 所示。

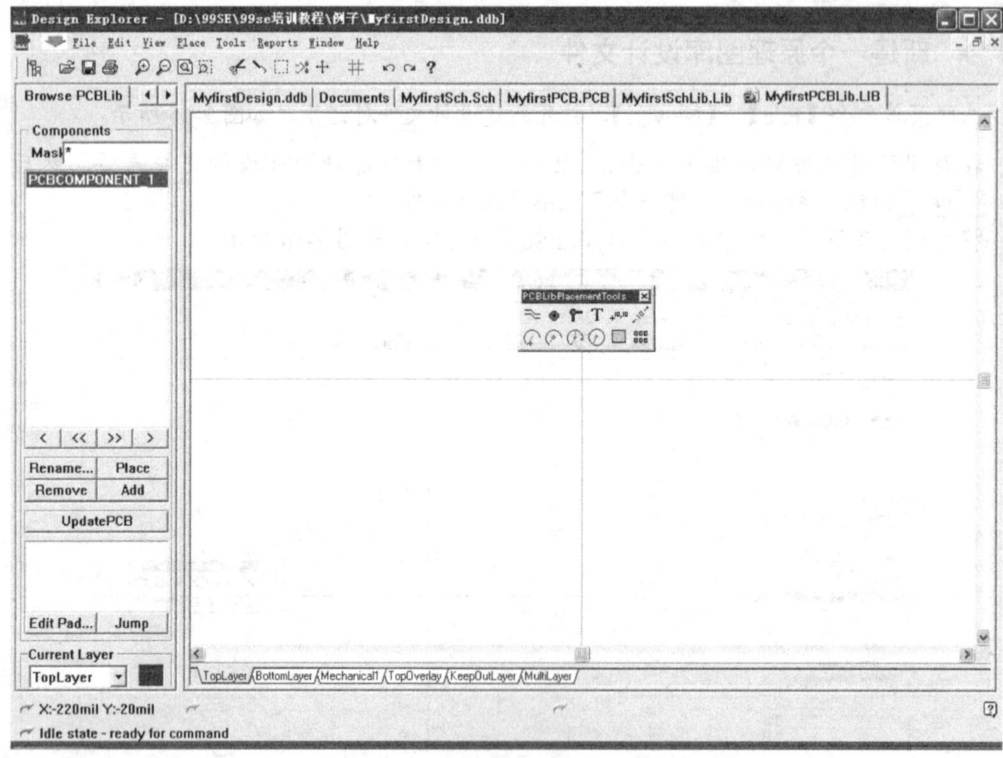


图2-19　新建的元器件封装库设计文件

4. 选取菜单命令【File】/【Save All】，存储该设计文件。

## 2.5.6 编辑器窗口的切换与关闭

在创建不同类型的文件或相同类型的不同文件并打开相应的编辑器时会发现，在工作窗口上部会相应地增加不同的标签。单击这些标签就可以在不同类型的编辑器或相同类型的不同文件之间进行切换。要关闭其中的一个文件，可以在标签上单击鼠标右键，在弹出的快捷菜单中选择【Close】选项，即可关闭相应的设计文件，如图 2-20 所示。

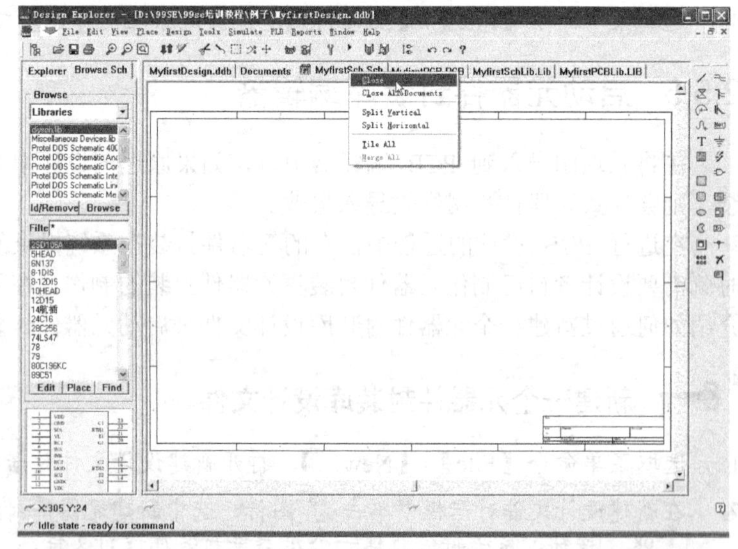


图2-20　关闭设计文件

要打开设计库文件中的一个文件，首先要将显示窗口切换到【Documents】文件夹下，然后双击要打开的文件，即可打开相应的文件，如图 2-21 所示。

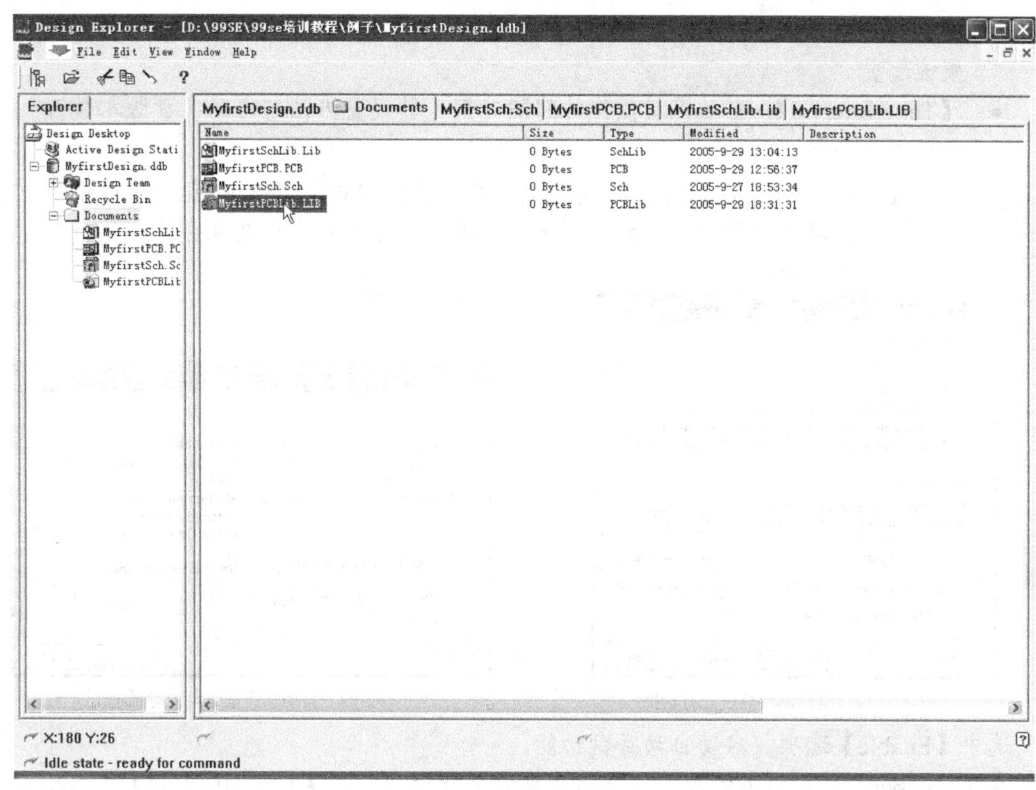

图2-21 打开设计文件

## 2.6 文件自动存盘功能

电路板的设计过程往往很长，如果在设计过程中遇到一些突发事件，如停电、运行程序出错等，就会使正在进行的设计工作被迫终止而又无法存盘，使得已经完成的工作全部丢失。为了避免这种情况发生，就需要在设计过程中不断存盘。

Protel 99 SE 具有文件自动存盘功能，通过对自动存盘参数进行设置，就可以满足文件备份的要求。这样既保证了设计文件的安全性，又省去了许多麻烦。下面介绍如何设置文件自动存盘参数。

### 自动存盘参数的设置

1. 单击菜单栏上的按钮，选取菜单命令【Preferences...】，打开设计浏览器参数设置对话框，如图 2-22 所示。
2. 单击uto-Save Setting按钮，打开自动存盘参数设置对话框，如图 2-23 所示。

   该对话框中各选项参数的意义如下。

   - 选中【Enable】选项前的复选框，表示启用自动存盘功能，并且在后面的选项框中可以设定自动存盘的间隔时间。用户一旦启用了自动存盘功能，并且设定了相应的存储间隔时间，则系统将会在用户指定的时间内自动对当前工作窗口中激活的设计文件进行存盘。
   - 【Number】：设计文件自动存盘的数目，系统提供的存盘数目最多可达 10

份。用户可以在文本框中直接输入数字或单击文本框后面的增加或减少按钮来设置该选项。

- 【Time Interval】：自动存盘操作的间隔时间，其设置方法与自动存盘版本数目的设置方法相同。
- 选中【Use backup folder】该项前的复选框，然后单击 Browse... 按钮，可以指定设计文件自动存盘的目录。如果不选中该项，则系统将会把文件存储到数据库文件所在的目录之下。

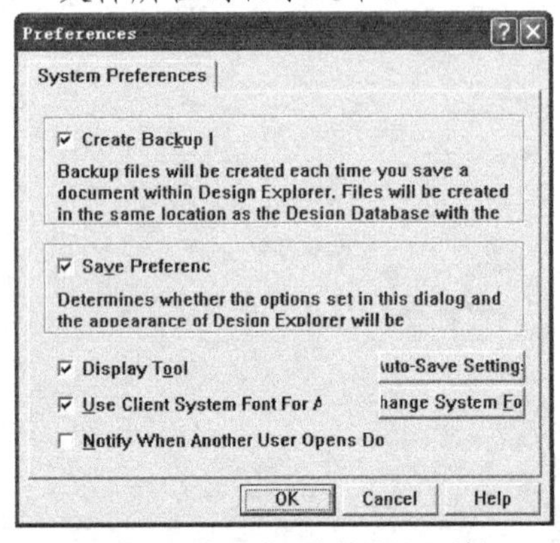


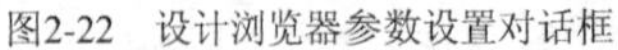

图2-22　设计浏览器参数设置对话框

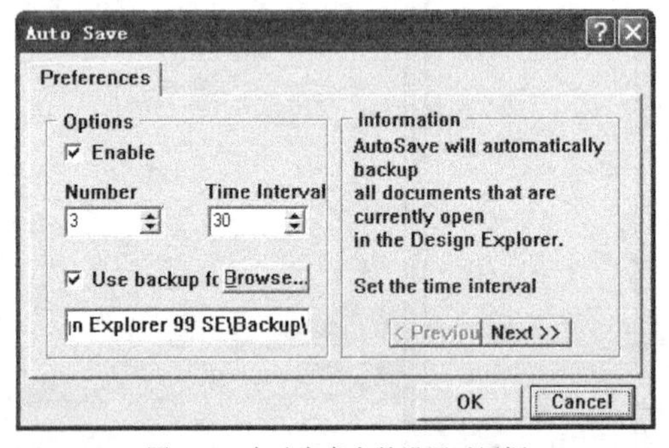


图2-23　自动存盘参数设置对话框

3. 选中【Enable】选项，启动自动存盘功能。
4. 在【Number】文本框中输入文件自动存盘的个数为 3，在【Time Interval】文本框中输入自动存盘的间隔时间为 30（单位为分钟）。
5. 选中【Use backup folder】选项，指定保存路径。
6. 完成自动存盘参数设置后单击 OK 按钮，关闭参数设置对话框。

一旦启用了自动存盘功能，系统就会在设定的时间间隔内自动将设计浏览器中处于打开状态的设计文件自动保存到指定目录下，其文件名的后缀分别为“BK1”、“BK2”等。

## 2.7 设计数据库文件的加密

Protel 99 SE 引入了权限管理的概念，设计者可以对设计数据库文件进行加密操作，以防止图纸泄密。

### 设置访问密码

1. 选取菜单命令【File】/【New Design】，打开新建设计数据库文件对话框，如图 2-24 所示，在该对话框中可以设置数据文件的名称和存储路径。
2. 单击【Password】选项卡，打开设置设计数据库文件访问密码对话框。在该对话框中选中【Yes】选项，然后在【Password】文本框中输入需要设定的密码，在【Confirm Password】文本框中再次输入上述密码进行确认，如图 2-25 所示。
3. 单击 OK 按钮，即可完成设计数据库文件访问密码的设置。

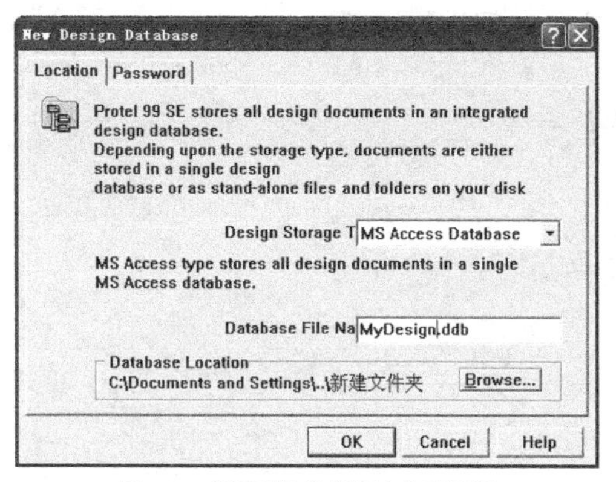


图2-24　新建设计数据库文件对话框

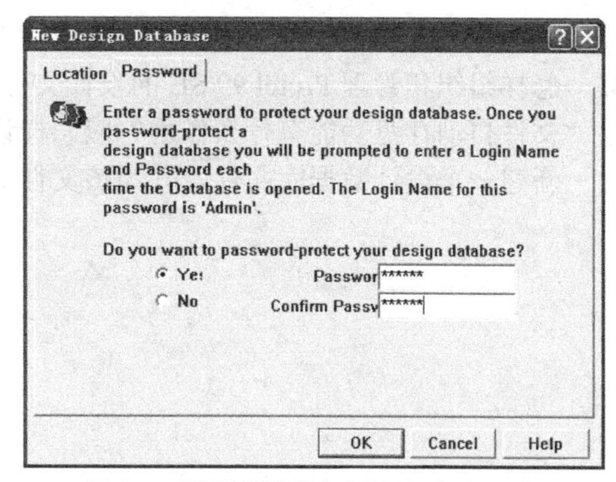


图2-25　设置设计数据库文件访问密码对话框

一旦对一个设计数据库文件设置了访问密码，当再次打开该设计文件时就会打开一个对话框，要求输入用户名和访问密码，如图 2-26 所示。

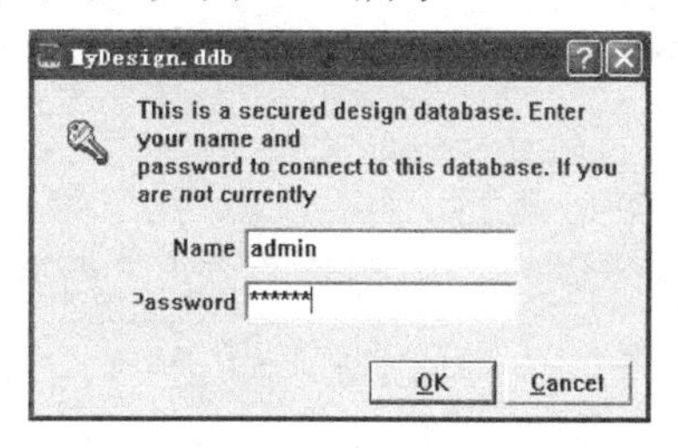


图2-26　打开具有访问密码的设计数据库文件

**要点提示** 设计数据库文件的用户名为“admin”，密码为第一次创建设计数据库文件时设定的密码，通常这些密码是不可以更改的。

## 2.8 小结

本章介绍了 Protel 99 SE 设计浏览器的基本操作，为电路板的设计工作做准备。

- 启动 Protel 99 SE。启动 Protel 99 SE 的方法多种多样，读者可以根据自己的需要选择启动 Protel 99 SE 的方法。
- 初识 Protel 99 SE。介绍了 Protel 99 SE 的菜单栏、工具栏、设计管理器、状态栏、命令行以及浏览器的工作窗口等。
- 介绍了 Protel 99 SE 中的文件组织结构和管理方法。在 Protel 99 SE 中使用设计数据库文件来管理各种电路板设计文件。
- 启动常用的编辑器。主要介绍了各种常用编辑器的启动方法和各编辑器之间的切换。
- 文件自动存盘功能。介绍了文件自动存盘功能的相关参数设置。
- 设计数据库文件的加密。介绍了为设计数据库文件加密的方法。

## 2.9 习题

1. 试用 3 种不同的方法启动 Protel 99 SE。
2. 熟悉 Protel 99 SE 的菜单栏。

3. 如何在不同类型的编辑器或相同类型的不同文件之间进行切换？
4. 怎样组织和管理 Protel 99 SE 的设计文件？
5. 文件自动存盘功能有什么作用？应怎样设置？
6. 新建一个设计数据库文件，并为该文件加密。

# 第3章 原理图编辑器

在开始学习绘制原理图之前，首先学习如何使用 Protel 99 SE 的原理图编辑器，这对于读者以后绘制原理图将大有益处。本章主要介绍原理图编辑器中原理图管理窗口的运用、工具栏的管理、工作窗口中的画面管理以及原理图的打印输出等内容。

## 3.1 本章学习重点和难点

- 本章学习重点。
  本章通过具体的实例向读者介绍原理图编辑器的各种基本功能，为后面的原理图绘制打下基础。读者要重点掌握原理图管理窗口的运用，熟悉工具栏的打开与关闭、原理图编辑器的画面管理、图纸区域栅格参数的定义以及原理图的打印输出等内容。
- 本章学习难点。
  本章的学习难点在于学会如何运用原理图管理窗口，这需要读者在学习过程中用心去体会。

## 3.2 原理图管理窗口

Protel 99 SE 专门为用户提供了原理图管理窗口，以便对原理图设计进行管理。在原理图设计过程中，通过原理图管理窗口可以载入、删除原理图库文件，浏览、查找元器件库中的原理图符号以及对图纸上的图件进行操作等。下面介绍原理图管理窗口的运用。

在正式介绍原理图管理窗口的运用之前，首先打开一个原理图设计文件，并以该原理图为例，向读者介绍原理图编辑器的使用。

### 打开原理图设计文件

1. 选取菜单命令【File】/【Open...】，在 Protel 99 SE 的安装目录下找到并选中“Design Explorer 99 SE\Examples\LCD Controller.Ddb”，如图 3-1 所示。
2. 单击 打开(O) 按钮，即可将“LCD Controller.Ddb”设计数据库文件打开，结果如图 3-2 所示。

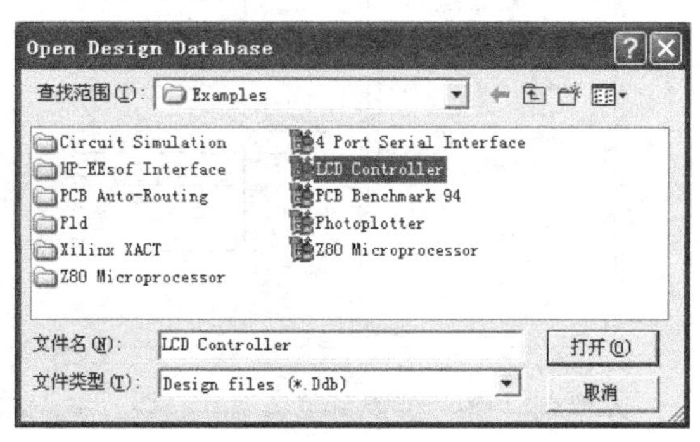

图3-1 打开原理图设计文件

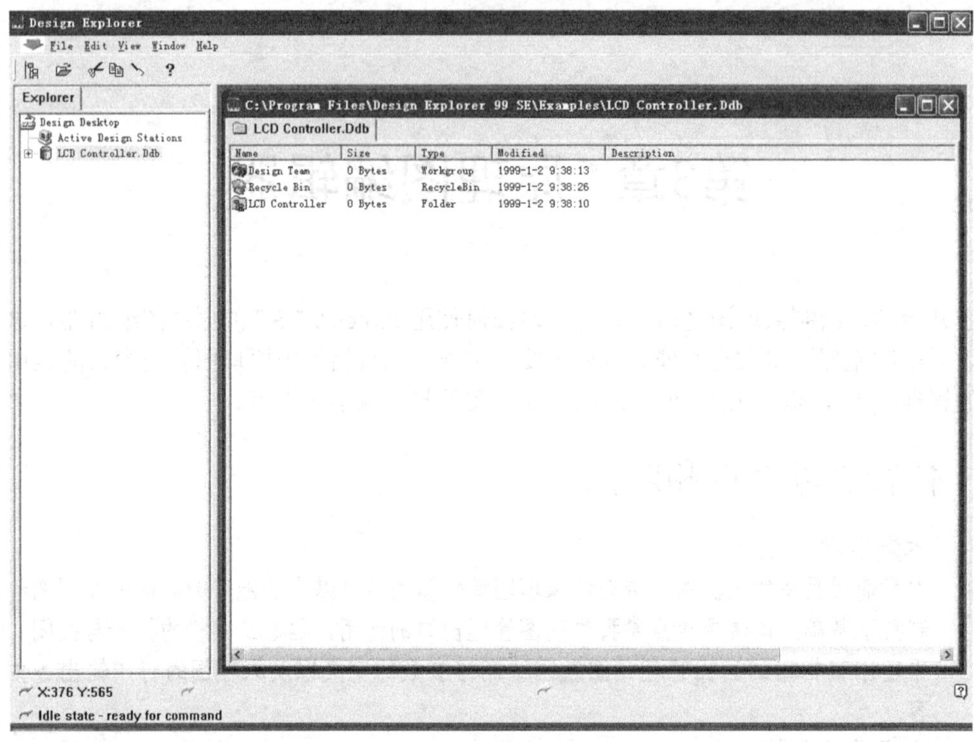


图3-2　打开设计数据库文件

3. 打开“LCD Controller”文件夹，然后双击RBG DAC.Sch 图标，打开原理图编辑器，其布局如图 3-3 所示。

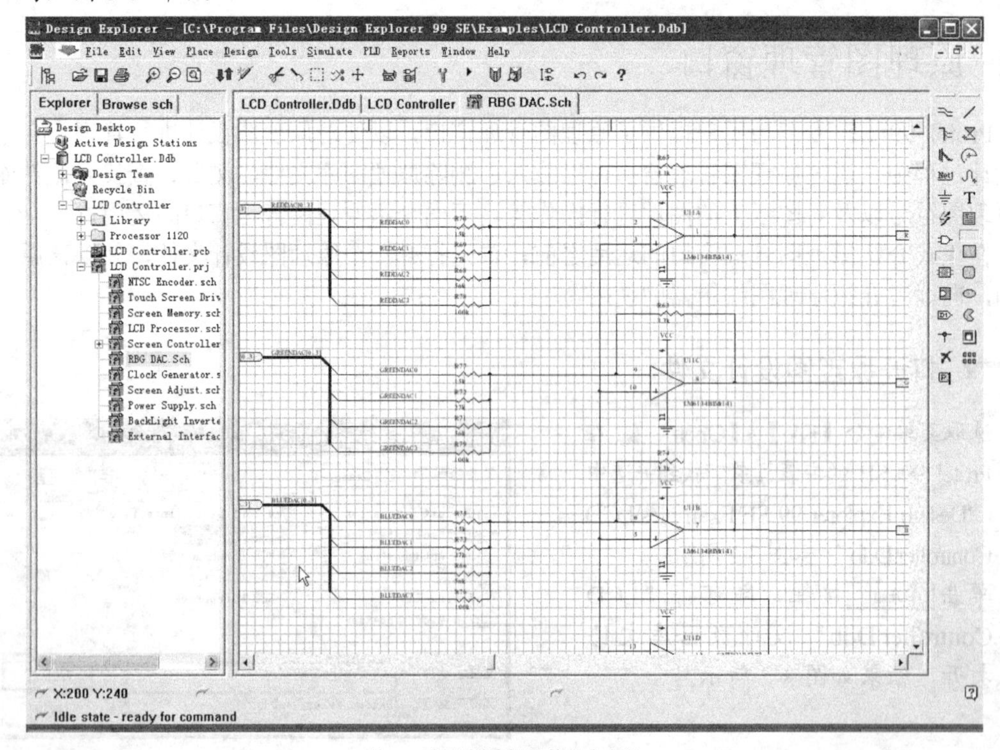


图3-3　原理图编辑器的基本布局

这样就打开了一个原理图设计文件，同时也启动了原理图编辑器，图 3-3 所示为原理图编辑器的基本布局。单击 Browse sch 按钮将浏览器管理窗口切换到【Browse sch】（浏览原理图管理）窗口，如图 3-4 所示。

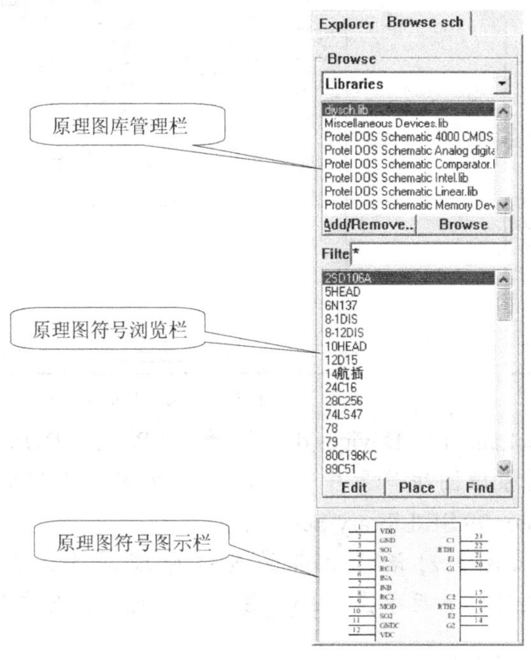


图3-4 原理图管理窗口

原理图管理窗口中各栏的意义如下。

- 原理图库管理栏：在该栏中可以浏览已经载入到原理图编辑器中的原理图库。
- 原理图符号浏览栏：该栏用于显示原理图库管理栏中所选原理图库里包含的元器件，并且可以通过【Filter】（过滤筛除）功能快速查找原理图库中的元器件。单击该栏下方的 Edit 按钮，可以打开原理图库编辑该元器件的原理图符号，单击 Place 按钮可以将当前选中的元器件放置到原理图设计中，单击 Find 按钮即可打开查找元器件对话框。
- 原理图符号图示栏：该栏显示实际的原理图符号。

## 3.2.1 载入/删除原理图库文件

在原理图库管理栏中单击 Add/Remove.. 按钮，可以打开载入/删除原理图库文件对话框，下面介绍有关载入/删除原理图库文件的操作。

### 打开原理图设计文件

1. 在原理图库管理栏中单击 Add/Remove.. 按钮，打开【Change Library File List】（载入/删除原理图库文件）对话框，如图 3-5 所示。

可以从该对话框上部窗口所列的原理图库中选择需要载入的库文件，也可以从下部窗口所列的已有库文件中删除选中的库文件。

2. 选中【Change Library File List】对话框中【Selected Files】（已选中的原理图库文件）

栏里的原理图库文件，然后单击 Remove 按钮，即可将选中的文件从当前窗口中删除，结果如图 3-6 所示。

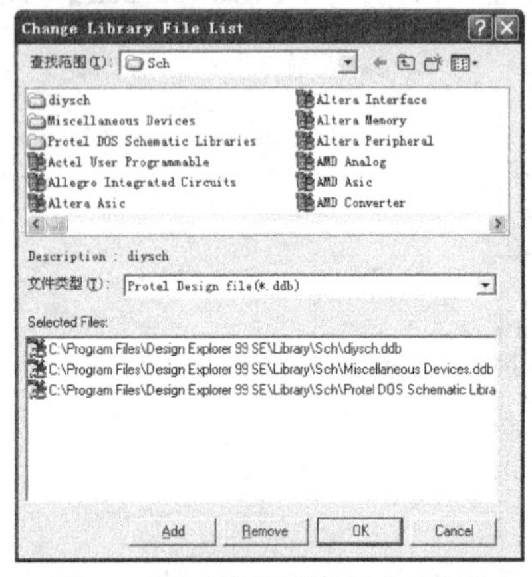


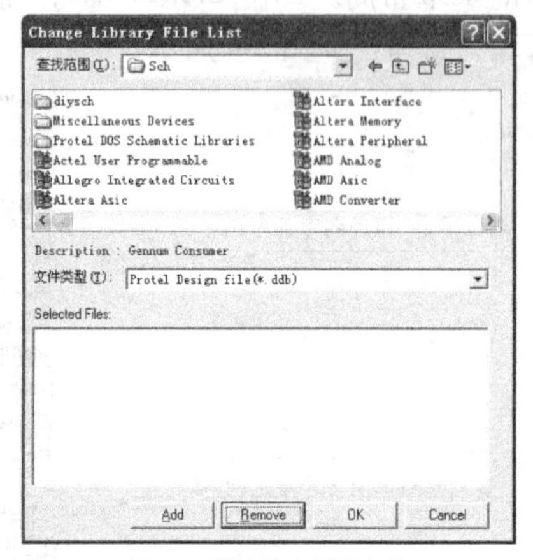

图3-5　载入/删除原理图库文件对话框　　　　图3-6　删除选中的库文件

3. 下面重新将名称为“Miscellaneous Devices.ddb”和“Protel DOS Schematic Libraries.ddb”的库文件载入到原理图编辑器中，这两个库文件在系统的安装目录“…:\Program Files\Design Explorer 99 SE\Library\Sch”下。

(1) 首先在【Change Library File List】对话框上部的查找原理图库文件栏中选中“Miscellaneous Devices.ddb”文件，然后单击 Add 按钮，即可将该库文件载入到对话框下部的选中库文件栏中。

(2) 重复上面的操作，载入“Protel DOS Schematic Libraries.ddb”库文件。

(3) 单击 OK 按钮，即可返回原理图编辑器，结果如图 3-7 所示。

**要点提示** 名称为“Miscellaneous Devices.ddb”和“Protel DOS Schematic Libraries.ddb”的库文件中包含了原理图设计中常用的原理图符号，可以满足一般原理图的设计需要。

此外，在原理图库文件管理窗口中单击 Browse 按钮，即可在弹出的【Browse Libraries】（浏览原理图库文件）对话框中直接浏览、查找该库文件下的所有元器件，如图 3-8 所示。

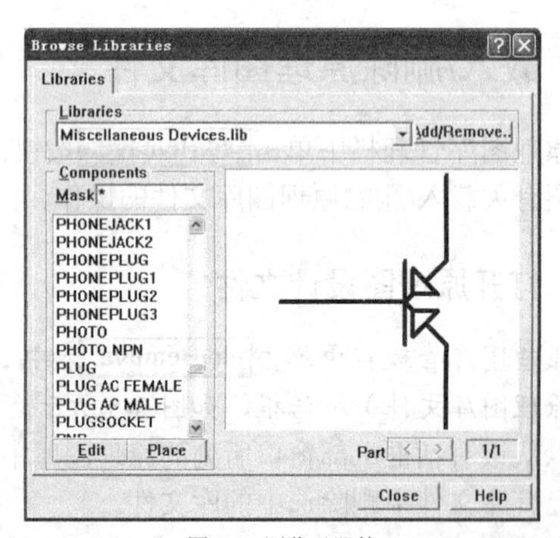


图3-7　重新载入库文件后的原理图管理窗口　　　　图3-8　浏览元器件

## 3.2.2 查找元器件

元器件的种类繁多，在设计原理图的过程中，设计者经常会遇到不知道名称的元器件，这时就需要根据有限的信息在库文件中查找元器件。查找元器件的方法主要有两种，即逐一浏览元器件库文件和关键字查找元器件。

下面详细介绍这两种查找元器件的方法。

### 一、 浏览元器件库查找元器件

原理图符号只是表征元器件电气特性的一种符号。在原理图设计过程中，选择原理图符号的基本原则是：原理图符号引脚的序号必须与元器件封装的焊盘序号对应，而其外在的表达形式只要直观、明了即可。

在设计原理图的过程中如果对元器件的信息了解的不多，则可以根据元器件的引脚电气功能来选择原理图符号，这种情况下就可以采取浏览元器件库的方法来查找元器件。浏览元器件库文件的方法主要有两种，一种是通过原理图管理窗口中的原理图符号浏览栏来浏览元器件，另一种就是通过如图 3-8 所示的浏览元器件库文件窗口来浏览元器件。

这两种浏览方法的操作基本相同，只是浏览窗口有所不同而已。下面以浏览“Miscellaneous Devices.ddb”元器件库为例，向读者介绍如何在原理图管理窗口中浏览原理图符号。

#### 浏览元器件库文件

1. 通过原理图管理窗口载入“Miscellaneous Devices.ddb”原理图库。
2. 在原理图管理窗口中的【Browse】下拉列表框中选择“Libraries”，这时原理图管理窗口中将列出当前原理图编辑器中载入的原理图库文件。
3. 在原理图库列表中选中“Miscellaneous Devices.lib”库文件，此时在原理图符号浏览栏中将显示出该库文件中的原理图符号。
4. 在元器件列表栏中单击鼠标左键，选中第一个元器件。
5. 按↑键或↓键即可逐一浏览元器件库中的元器件，此时在原理图符号图示栏中可以浏览当前所选元器件中的原理图符号，如图 3-9 所示。

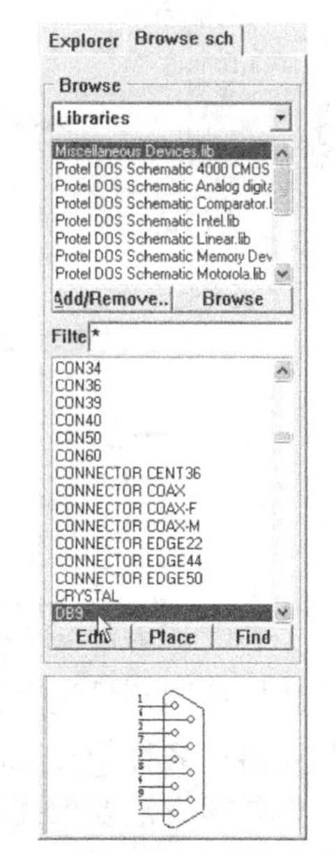


图3-9 浏览元器件中的原理图符号

### 二、 关键字查找元器件

使用此方法查找元器件中的原理图符号时，首先必须知道原理图符号的名称或者是名称中的关键字，然后才能根据关键字进行查找。

关键字查找元器件的方法有两种，一种是通过元器件的首字母查找元器件，另一种是通过任意字母查找元器件。

## 通过元器件的首字母查找元器件

本例以查找普通电阻的原理图符号为例，向读者介绍通过元器件首字母查找元器件的方法。电阻的英文名称为“Resistance”，在 Protel 99 SE 中缩写为“Res”，因此其首字母为“R”。

1. 打开一个原理图设计文件，载入原理图符号可能所在的原理图库“Miscellaneous Devices. ddb”。
2. 将【Filter】文本框中的“*”替换为“R*”，如图 3-10 所示。
3. 在原理图库管理栏中选中除“Miscellaneous Devices.lib”以外的任意原理图库文件，然后再次选中“Miscellaneous Devices.lib”库文件，则原理图符号浏览栏中将会显示出该库文件里所有首字母为“R”的原理图符号，如图 3-11 所示。

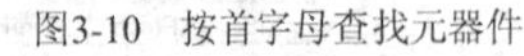
图3-10　按首字母查找元器件

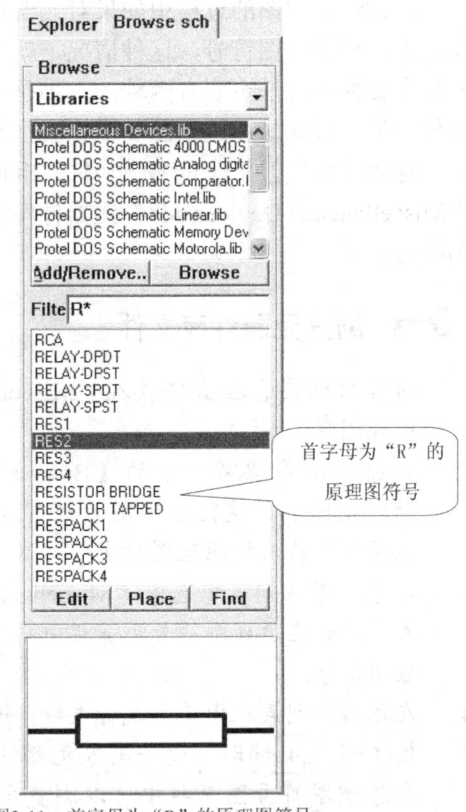


图3-11　首字母为“R”的原理图符号

在原理图符号浏览栏中任意选中一个原理图符号，则在原理图符号图示栏中将同时显示出与元器件名称相对应的原理图符号。这种方法适用于在已载入的元器件库中查找原理图符号，但是该方法要求读者必须知道元器件的首字母。

此外，还可以配合鼠标和键盘来实现元器件的快速查找。下面介绍如何利用鼠标+键盘+首字母的方式实现电阻（RES2）原理图符号的快速查找。

## 利用鼠标+键盘+首字母的方式查找电阻（RES2）的原理图符号

1. 在原理图库管理栏中载入“Miscellaneous Devices.ddb”库文件。

2. 在原理图库管理栏中选中“Miscellaneous Devices.lib”。
3. 将鼠标光标移动到原理图符号浏览栏中，在任意的元器件上单击鼠标左键，激活原理图符号浏览栏。
4. 按R键，系统将自动执行首字母为“R”的元器件的查找，结果如图 3-12 所示。
5. 用鼠标左键按住原理图符号浏览栏右边的滚动条往下滚动，即可找到电阻的原理图符号，如图 3-13 所示。

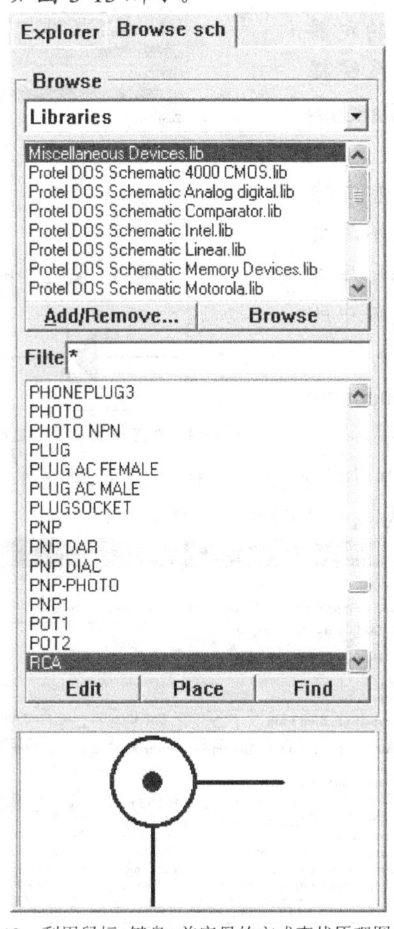


图3-12 利用鼠标+键盘+首字母的方式查找原理图符号

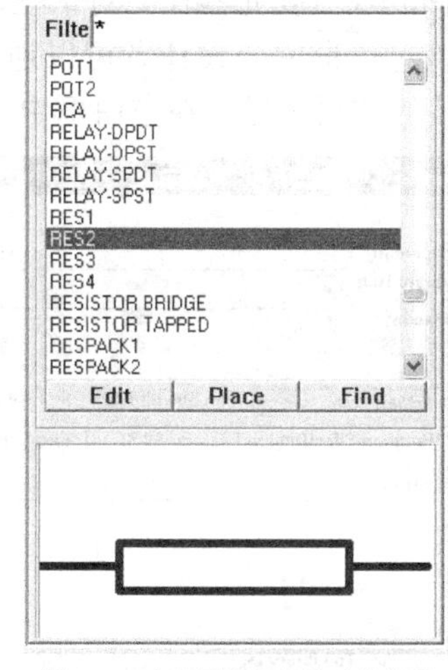


图3-13 查找原理图符号后的结果

如果在操作中直接按R+E+S键，则系统将会自动跳转到前 3 个字母为“RES”的元器件处。

当设计者不知道元器件的首字母时也不用犯愁，只要知道该元器件中的任意字母，就能很快查找到所需的原理图符号，其查找方法与首字母的查找方法大致相同，只不过这里是在“*”前面或后面输入原理图符号的关键字，主要的匹配方式有以下几种。

- 元器件的关键字在前面：“XXX*”。
- 元器件的关键字在后面：“*XXX”。
- 元器件的关键字在前面和后面：“XX*X”。

下面以元器件的关键字在前面的形式（XXX*）为例，介绍通过任意字母匹配查找元器件的方法。

### 通过任意字母匹配查找元器件

本例以查找齐纳二极管为例，介绍通过任意字母匹配查找元器件的方法。齐纳二极管的英文名为“Zener”，因此读者可以用“Zen”去匹配查找该元器件的原理图符号。

1. 打开原理图编辑器，载入原理图设计中所需的元器件库。齐纳二极管属于常用的元器件，应从系统提供的杂库中查找，因此应载入“Miscellaneous Devices.lib”库文件。
2. 在【Filter】文本框中输入“Zen*”，然后选中除“Miscellaneous Devices.lib”以外的任意原理图库文件，之后再次选中“Miscellaneous Devices.lib”库文件，则原理图符号浏览栏中将会显示出该库文件中所有首字母为“Zen”的原理图符号，如图 3-14 所示。

图3-14 通过任意字母匹配查找元器件

此外，单击 Find 按钮还可以打开【Find Schematic Component】（查找元器件）对话框，如图 3-15 所示。

在该对话框中，设计者可以通过设定待查元器件的名称，在指定的原理图库中进行查找，查找的结果将显示在空白框中。图 3-16 所示为输入“RES*”后的查找结果。

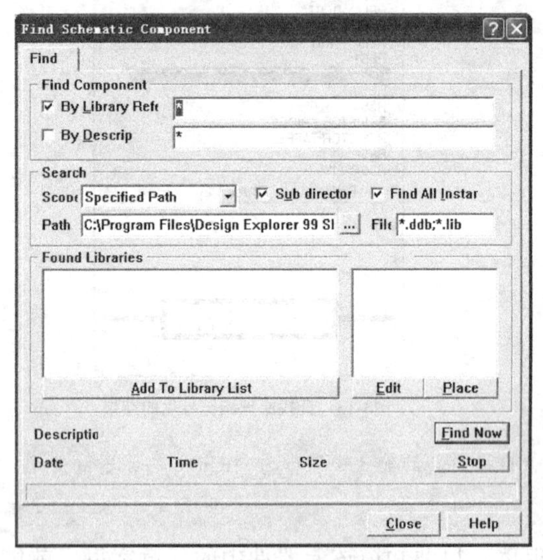


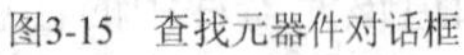

图3-15 查找元器件对话框

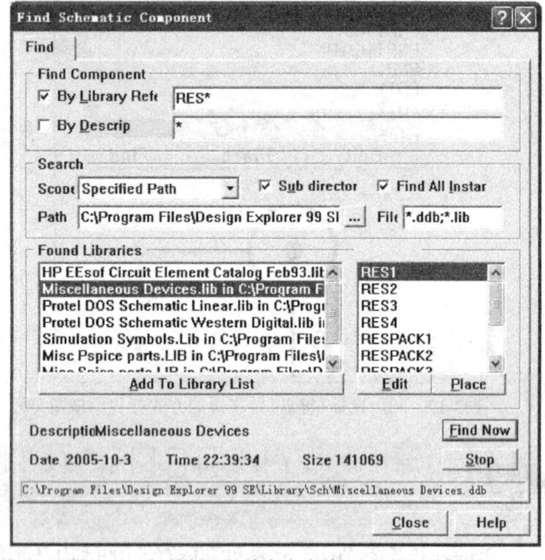


图3-16 在所有元器件库中查找“RES*”的结果

关于在【Find Schematic Component】对话框中查找元器件的具体操作，读者可以在今后的实践中不断学习，这里就不再介绍了。

## 3.2.3 查看原理图设计图件

在原理图库管理栏中单击【Browse】区域内文本框后的下拉按钮，即可弹出如图 3-17 所示的切换浏览器窗口菜单。在该菜单中选择“Primitives”（图件）选项，即可将原理图管理窗口切换为浏览原理图设计图件模式，如图 3-18 所示。该模式下的原理图管理窗口主要包括两部分内容，即图件分类列表栏和图件列表栏。

- 图件分类列表栏。该栏中罗列出了原理图设计中的所有图件，包括【Parts】（元器件）、【Net Labels】（网络标号）和【Wires】（导线）等。在该栏中选中某一选项，即可在图件列表栏中显示出原理图设计中的有关图件，比如本例中选择“Parts”选项，即可在图件列表栏中显示出原理图设计中的所有元器件，如图 3-19 所示。
- 图件列表栏。该栏将显示图件分类列表栏中所选图件的所有元器件，如图 3-19 所示。

  在该栏中选中某一图件，单击 Text 按钮，可以打开如图 3-20 所示的修改图件序号对话框，在该对话框中可以编辑图件的序号。单击 Jump 按钮可以将工作窗口中的画面定位到图件所在的位置，如图 3-21 所示。单击 Edit 按钮可以打开编辑图件属性对话框，如图 3-22 所示。

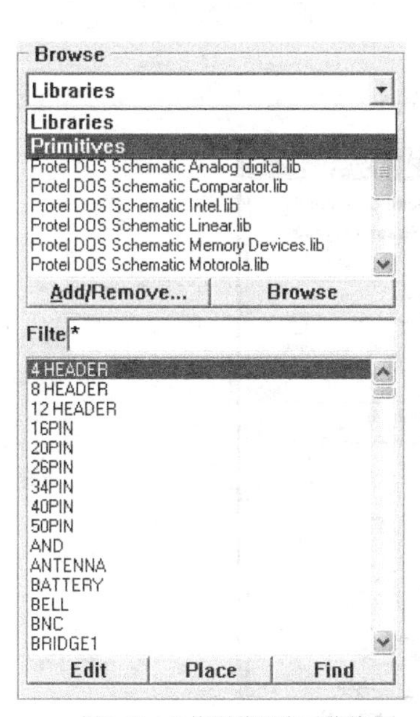


图3-17　切换浏览器窗口菜单

图3-18　浏览原理图设计图件模式

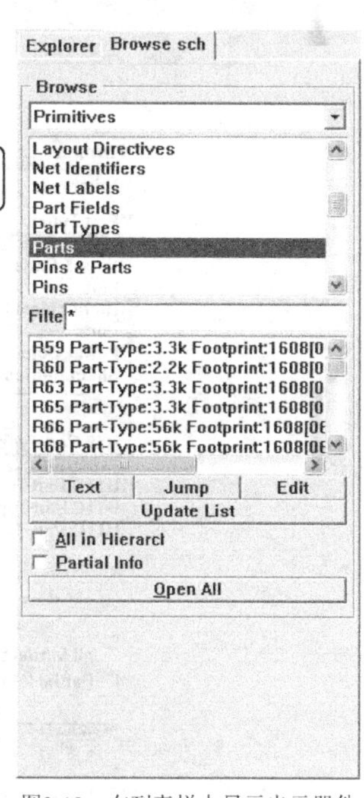


图3-19　在列表栏中显示出元器件

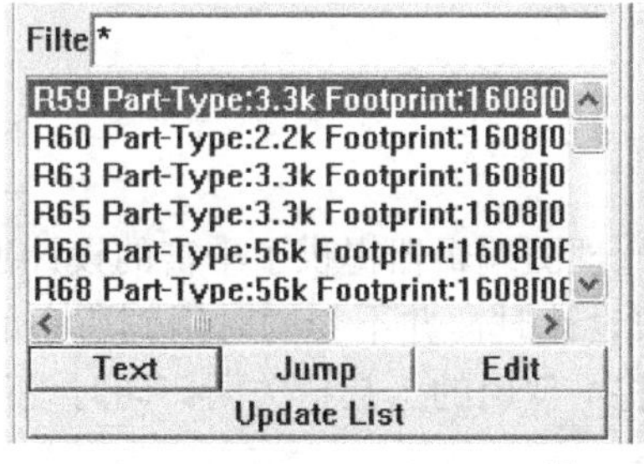


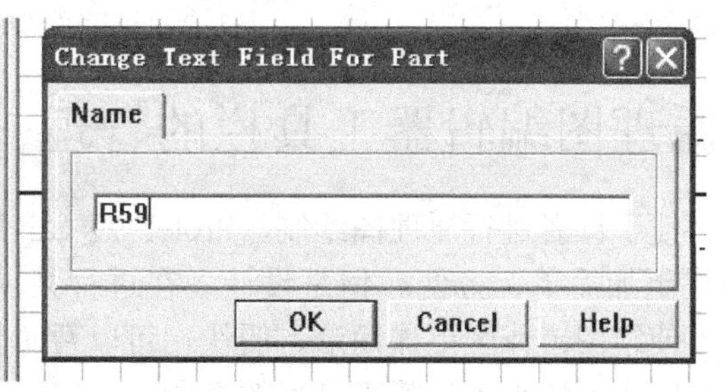


图3-20　修改图件序号对话框

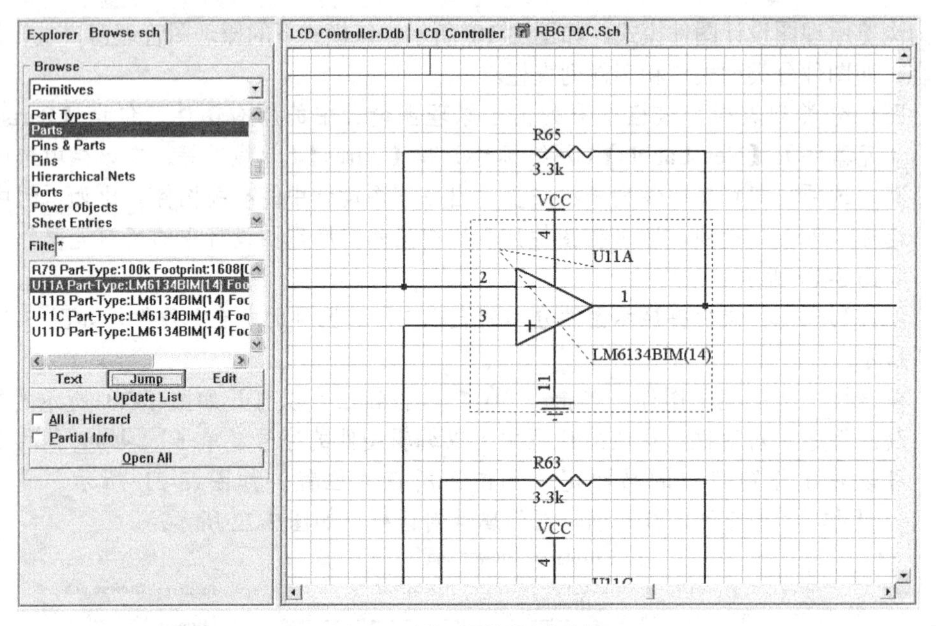


图3-21　定位到图件所在的位置

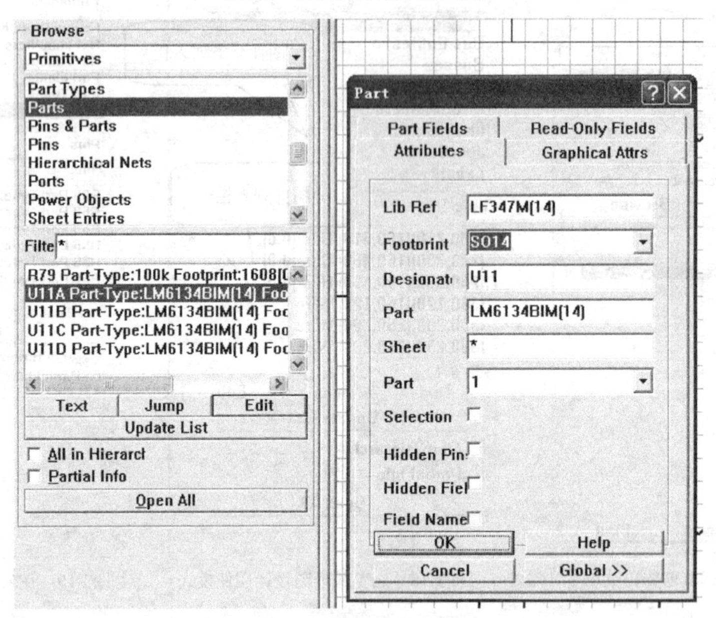


图3-22　编辑图件属性对话框

## 3.3 原理图编辑器工具栏的管理

为了便于读者进行原理图绘制，Protel 99 SE 原理图编辑器提供了丰富的设计工具，从而使操作更加简单、方便。但是设计者在进行某项设计时，并不会同时用到所有的设计工具，为了使绘图工作区更加简洁、明快，可以暂时将不使用的工具栏关闭。同时设计者还可以根据不同的习惯重新调整工具栏的布局。

综上所述，工具栏的管理包括打开与关闭工具栏及调整工具栏的布局等内容。

## 3.3.1 工具栏的打开与关闭

选取菜单命令【View】/【Toolbars】，弹出如图3-23所示的菜单命令选项。选择并执行相应的命令，即可打开或关闭对应的工具栏。Protel 99 SE提供的工具栏具有开关特性，即如果某一工具栏处于打开状态，则再次执行相应的菜单命令就可以关闭该工具栏。

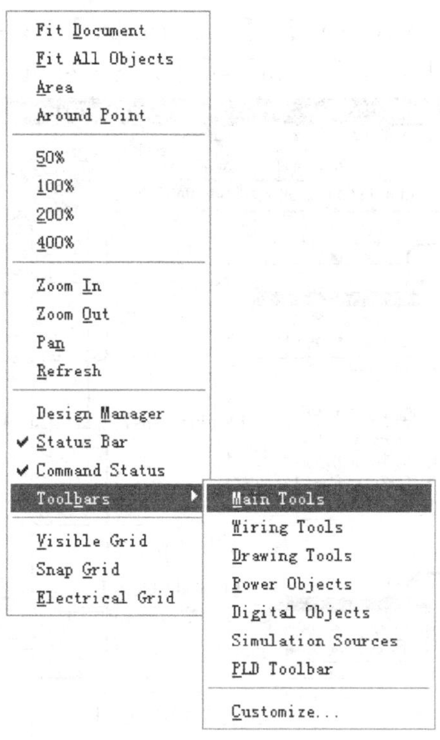


图3-23 打开与关闭工具栏的菜单命令

### 一、 主工具栏（Main Tools）的打开或关闭

选取菜单命令【View】/【Toolbars】/【Main Tools】可以打开或关闭主工具栏。主工具栏打开后的屏幕显示如图3-24所示。

### 二、 放置工具栏（Wiring Tools）的打开或关闭

选取菜单命令【View】/【Toolbars】/【Wiring Tools】可以打开或关闭放置工具栏。放置工具栏打开后的屏幕显示如图3-24所示。

### 三、 画图工具栏（Drawing Tools）的打开或关闭

选取菜单命令【View】/【Toolbars】/【Drawing Tools】可以打开或关闭画图工具栏。画图工具栏打开后的屏幕显示如图3-24所示。

### 四、 常用元器件工具栏（Digital Objects）的打开或关闭

选取菜单命令【View】/【Toolbars】/【Digital Objects】可以打开或关闭常用元器件工具栏。常用元器件工具栏打开后的屏幕显示如图3-24所示。

五、　放置电源及接地符号工具栏（Power Objects）的打开或关闭

选取菜单命令【View】/【Toolbars】/【Power Objects】可以打开或关闭放置电源及接地符号工具栏。放置电源及接地符号工具栏打开后的屏幕显示如图 3-24 所示。

六、　模拟仿真信号源工具栏（Simulation Sources）的打开或关闭

选取菜单命令【View】/【Toolbars】/【Simulation Sources】可以打开或关闭模拟仿真信号源工具栏。模拟仿真信号源工具栏打开后的屏幕显示如图 3-24 所示。

七、　可编程逻辑器件工具栏（PLD Toolbar）的打开或关闭

选取菜单命令【View】/【Toolbars】/【PLD Toolbar】可以打开或关闭可编程逻辑器件工具栏。可编程逻辑器件工具栏打开后的屏幕显示如图 3-24 所示。

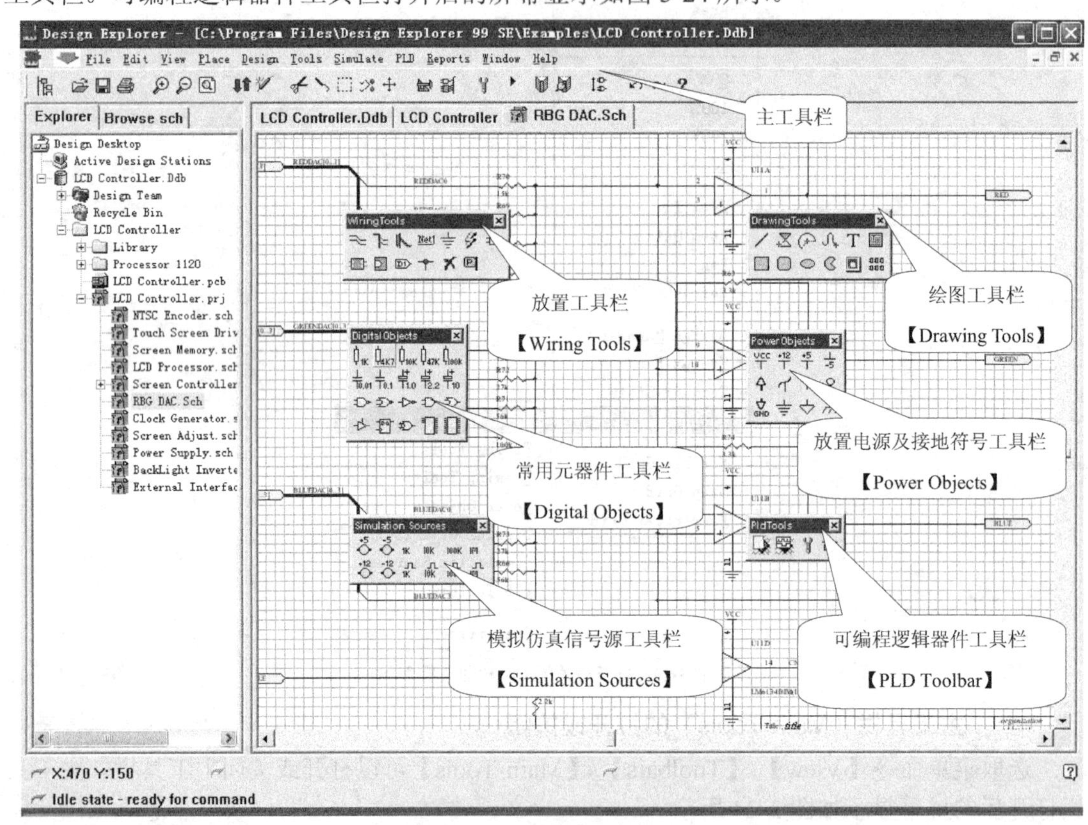


图3-24　原理图编辑器工具栏的布局

## 3.3.2　工具栏的排列

如果将原理图编辑器中的各种工具栏都放在工作窗口的绘图区中，会妨碍设计者绘制原理图，此时设计者可以根据绘制原理图的需要和习惯关闭一些暂时不用的工具栏，并将其余的工具栏放置在适当的位置。

要想调整工具栏的布局，只需用鼠标左键单击工具栏上方并按住鼠标左键，当光标由箭头变成箭头+纸状时拖曳该工具栏，然后将其放置到合适的地方即可，如图 3-25 所示。

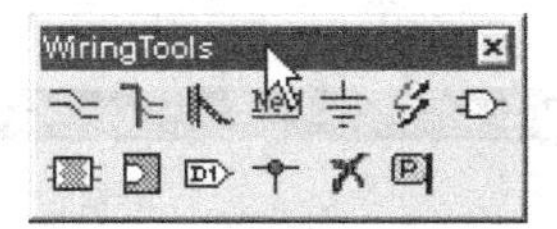

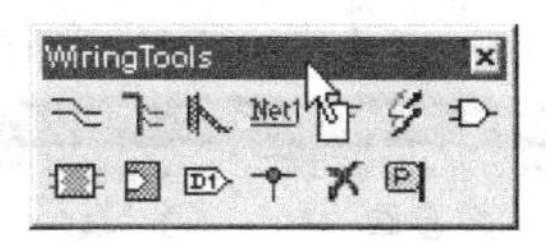


图3-25　拖曳该工具栏前后鼠标形状的对比

通过这种方法可以将原理图绘制过程中需要经常使用的工具栏调整到合适的状态，调整好的工具栏如图 3-26 所示。

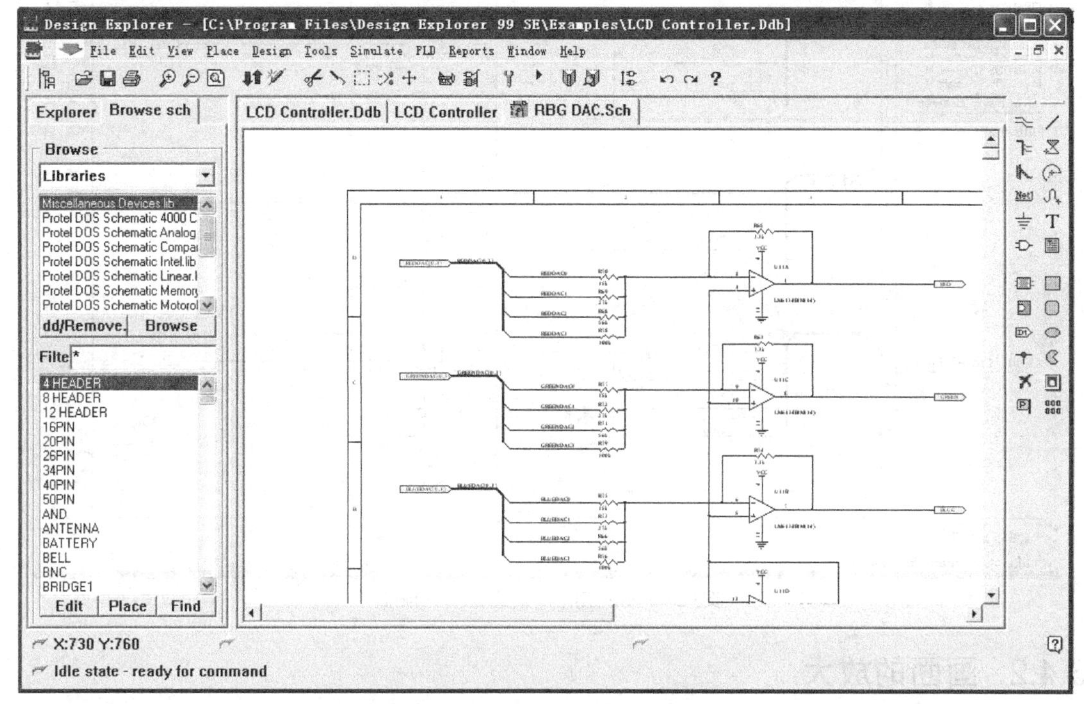


图3-26　调整工具栏布局之后的原理图编辑器

## 3.4　原理图编辑器的画面管理

原理图编辑器的画面管理是指工作窗口中图纸的移动、放大、缩小和刷新等工作。在本节中，考虑到读者初学 Protel 99 SE，对原理图设计不是特别熟悉，因此选择 Protel 99 SE 下的一个实例“Design Explorer 99 SE\Examples\LCD Controller.DDB”来介绍画面管理的基本操作，如图 3-27 所示。

### 3.4.1　画面的移动

在设计原理图的过程中，通常利用工作窗口的滚动条来移动画面，以便观察图纸的其他部分。

#### 利用工作窗口的滚动条移动画面

将鼠标箭头放在水平或垂直滚动条的箭头按钮上（或者将鼠标箭头放在滚动条的滑块上），按住鼠标左键不放，这时工作窗口中的画面就会随着滚动条左右或上下移动，如图 3-27 所示。

松开鼠标左键，工作窗口中的画面就会停止移动。

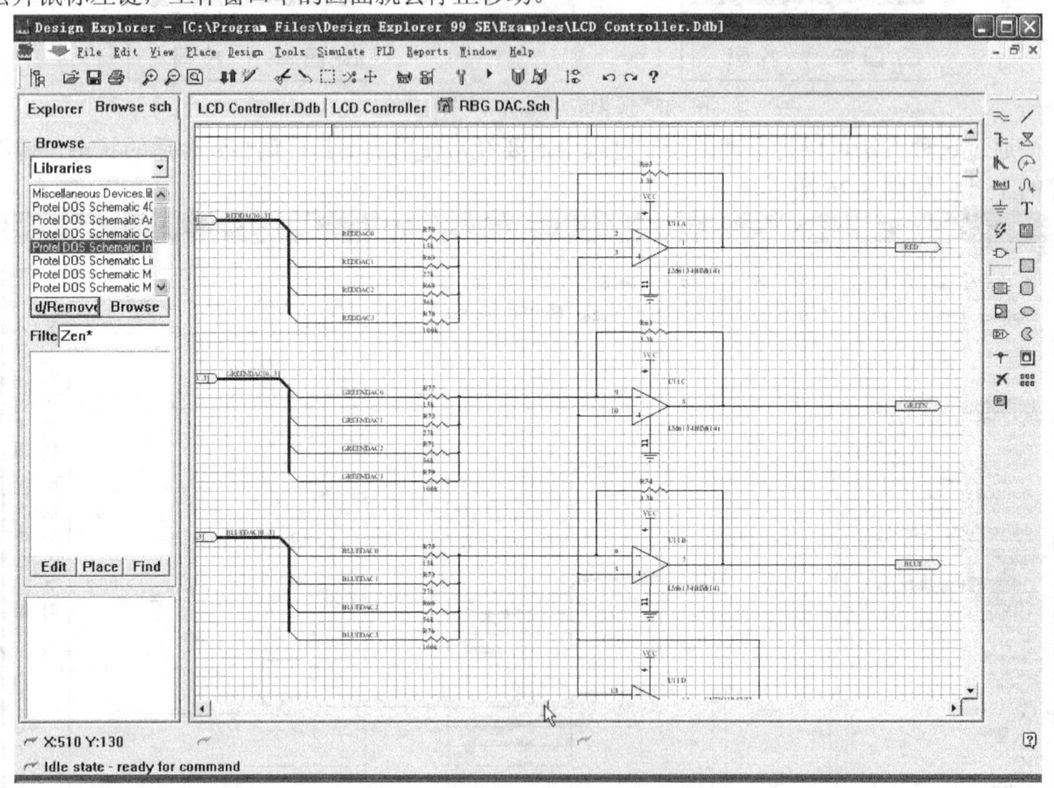

图3-27　利用工作窗口的滚动条移动画面

## 3.4.2　画面的放大

当读者需要对图纸进行细致的观察，并希望对线路图进行调整或修改时，往往需要将图纸放大。在 Protel 99 SE 中，用户可以通过以下方法放大画面。

- 选取菜单命令【View】/【Zoom In】，即可将当前画面放大一次。
- 单击主工具栏中的按钮，即可将当前画面放大一次。
- 按 Page Up 键一次可以将画面放大一次。

## 3.4.3　画面的缩小

当图纸较大，无法浏览全图时，经常需要缩小图纸的画面。在 Protel 99 SE 中，用户可以通过以下 3 种方法缩小画面。

- 选取菜单命令【View】/【Zoom Out】，即可将当前画面缩小一次。
- 单击主工具栏中的按钮，即可将当前画面缩小一次。
- 按 Page Down 键一次可以将画面缩小一次。

在利用快捷键对画面进行放大或缩小时，最好将鼠标光标置于工作平面上的适当位置，这样画面将以鼠标箭头为中心进行缩放。另外，用户既可以在空闲状态下利用快捷键对画面进行缩放，也可以在执行命令的过程中利用快捷键对画面进行缩放，这一点读者必须熟练掌握。

## 3.4.4 放大选定区域

当原理图设计较大，设计者希望对局部区域的图纸进行观察、修改时，可以选定图纸区域进行放大。放大方法包括角对角放大和中心放大两种。

### 角对角放大

1. 选取菜单命令【View】/【Area】，此时光标将变成十字形状。
2. 将鼠标光标移动到需要放大的线路图上，单击鼠标左键确定放大区域的一角，然后用鼠标光标拖出一个适当的虚线框，选定所要放大的区域，最后再单击鼠标左键确定放大区域的另一个角，如图 3-28 所示，此时所选区域就会被放大显示在工作窗口中。

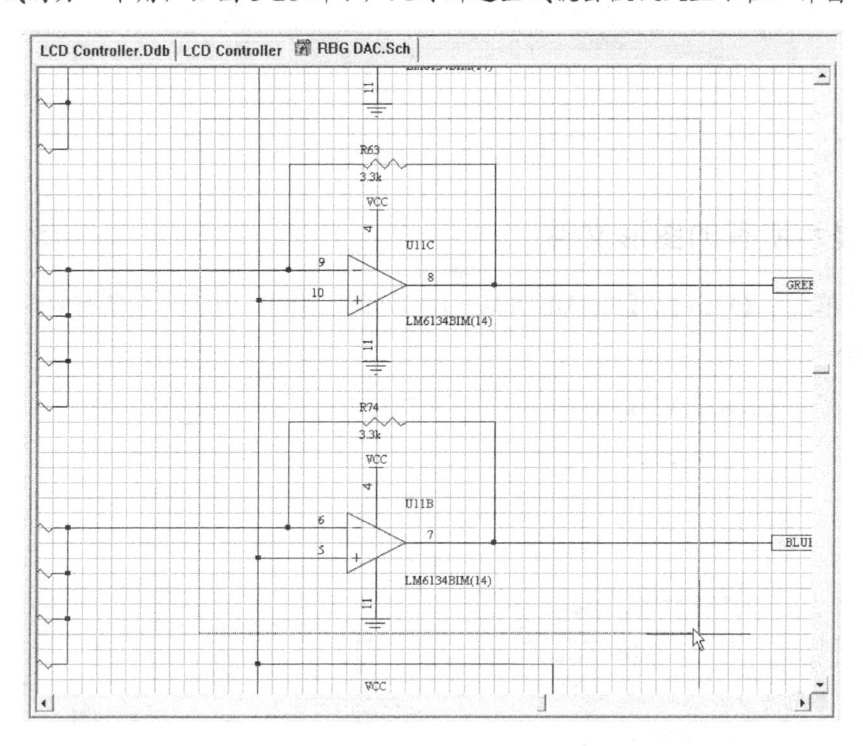


图3-28 角对角放大选定区域

### 中心放大

1. 选取菜单命令【View】/【Around Point】，此时光标将变成十字形状。
2. 将鼠标光标移动到需要放大的线路图上，单击一点确定放大区域的中心，然后用鼠标光标拖出一个适当的虚线框，选定需要放大的区域，最后再单击鼠标左键确定放大区域的边界，即可放大选定的区域。

## 3.4.5 显示整个图形文件

选取菜单命令【View】/【Fit Document】，即可显示出整个图形文件，如图 3-29 所示。

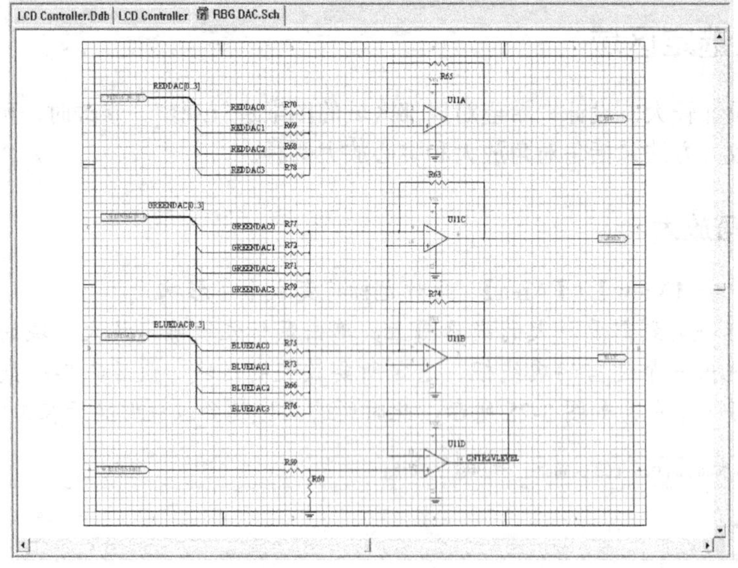


图3-29 显示整个图形文件

## 3.4.6 显示所有的图形文件

选取菜单命令【View】/【Fit All Objects】，即可在工作窗口中显示出所有的图形文件，如图 3-30 所示。

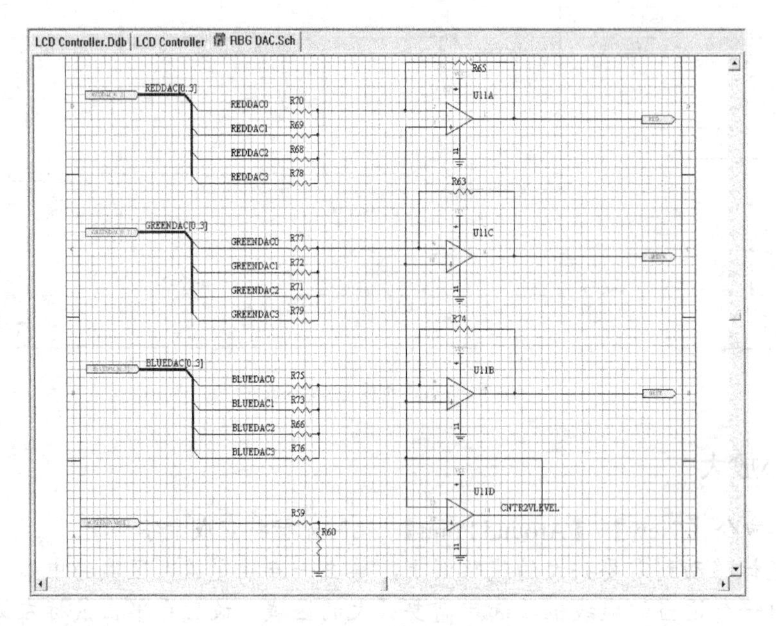


图3-30 显示所有的图形文件

## 3.4.7 刷新画面

在设计原理图的过程中，设计者可能会发现，在滚动完画面或移动完元件之后，有时会出现画面上显示残留斑点、线段或图形变形等问题。为了保证画面清晰、准确，可以通过选取菜单命令【View】/【Refresh】来刷新画面。

要点提示 此外，还可以使用快捷键 End 来刷新画面，快捷键的使用既可以在空闲状态下进行，也可以在执行命令的过程中进行。

## 3.5 图纸区域栅格的定义

在原理图编辑器中，图纸区域栅格的定义包括以下 3 个方面的内容。

- 可视栅格【Visible Grid】的定义。
- 捕捉栅格【Snap Grid】的定义。
- 电气栅格【Electrical Grid】的定义。

选取菜单命令【Design】/【Option...】，系统将会弹出设置图纸选项对话框，如图 3-31 所示。在该对话框的栅格区域中可以对可视栅格、捕捉栅格和电气栅格进行设置。

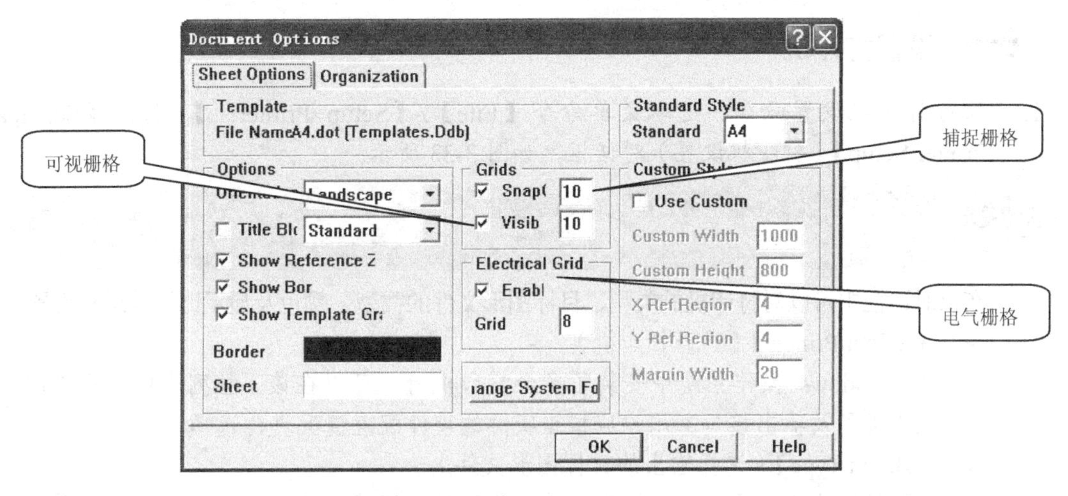


图3-31 设置图纸选项对话框

选中栅格参数选项前的复选框，即可在原理图编辑器中显示或启动相应的栅格功能。此外，通过选取菜单命令【View】，在弹出的有关栅格显示与关闭的菜单栏中执行相应的菜单命令，也能实现栅格的打开与关闭，如图 3-32 所示。

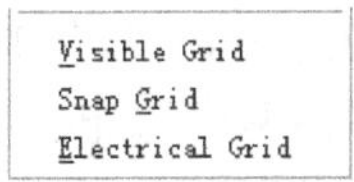


图3-32 栅格显示与关闭菜单栏

菜单栏中各菜单命令的功能如下。

- 【Visible Grid】: 显示或隐藏可见栅格。同工具栏的打开与关闭一样，选取菜单命令【View】/【Visible Grid】即可实现可视栅格的打开与关闭。
- 【Snap Grid】: 显示或隐藏捕捉栅格。选取菜单命令【View】/【Snap Grid】即可实现捕捉栅格的打开与关闭。
- 【Electrical Grid】: 显示或隐藏电气栅格。选取菜单命令【View】/【Electrical Grid】即可实现电气栅格的打开与关闭。

图纸栅格参数的具体设置将在下一章中详细介绍。

# 3.6 原理图的打印输出

原理图设计完成后，需要对原理图设计进行检查、校对、修改和存档等，这时候就需要将原理图打印出来。

原理图的打印输出主要包括以下两个步骤。

1. 打印机的设置。
2. 打印输出。

下面介绍如何打印输出原理图。

## 3.6.1 设置打印机

如果读者的 Windows 操作系统中还没有安装打印机，请参考有关书籍安装打印机。

### 设置打印机

1. 执行打印机设置命令。选取菜单命令【File】/【Setup Printer…】，打开【Schematic Printer Setup】（打印机设置）对话框，如图 3-33 所示。

设计者也可以直接在主工具栏中单击按钮。

在该对话框中可以对打印机的类型、目标图形文件的类型、颜色及显示比例等进行设置。

- 【Select Printer】（选择打印机）。
  当 Windows 操作系统中安装了多台打印机时，可以在该下拉列表中选择打印机的类型及输出接口。用户应根据实际的硬件配置情况进行选择。
- 【Batch Type】（选择输出的目标图形文件）。
  在下拉列表中有两种目标图形文件可供选择，即【Current Document】（当前正在编辑的图形文件）和【All Documents】（整个项目中全部的图形文件）。

本例选择【Current Document】，即只打印输出当前正在编辑的图形文件。

- 【Color】（设置输出颜色）。
  颜色的设置有两种选择，即【Color】（彩色）和【Monochrome】（单色）。

一般情况下选择单色输出，即以黑白两色输出。

- 【Margins】（设置页边距）。
  页边距的设置包括【Left】（左边）、【Right】（右边）、【Top】（上边）和【Bottom】（下边）4 种。页边距的单位为英寸（inch）。

设置页边距时应留出装订的位置。

- 【Scale】（设置缩放比例）。
  工程图纸的规格与普通打印纸的尺寸规格不同，当图纸的尺寸大于打印纸的尺寸时，可以在打印输出时对图纸进行一定比例的缩放，以便使图纸能在一张打印纸中完全显示出来。缩放比例可以是 10%～500%之间的任意值。

此外，还可以选择【Scale to fit page】选项，即选择充满整张打印纸的缩放比例。选择该选项后，无论原理图的图纸种类是什么，程序都会自动根据当前打印纸的尺寸计算出合适的缩放比例，使原理图充满整张打印纸。选择【Scale to fit page】选项后，前面对缩放比例进行的设置都将无效。

- 【Preview】(预览)。

  当设置好页边距和缩放比例后，单击该项中的 Refresh 按钮，即可预览到实际打印输出时的效果，如图 3-34 所示。

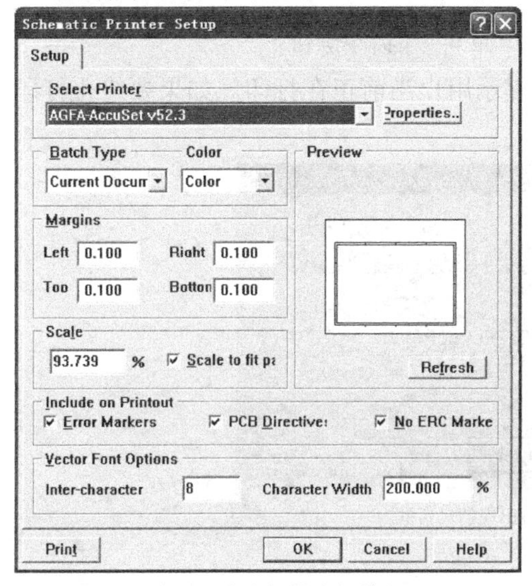


图3-33　打印机设置对话框

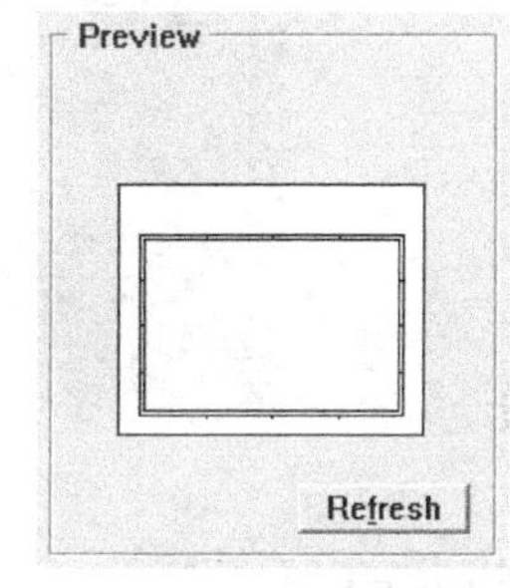


图3-34　打印预览窗口

- 【Vector Font Options】(向量字体选项)。

  设置向量字体类型。

- 其他项目设置。

  其他项目包括设置打印机的分辨率、打印纸的类型、纸张方向及打印品质等。

2. 单击 Properties.. 按钮，即可弹出【打印设置】对话框，如图 3-35 所示。
3. 在该对话框中可以进行其他项目的设置，设置完成后单击 确定 按钮。如果要做更进一步的设置，还可以单击【打印设置】对话框中的 属性(P)... 按钮，对打印机的属性进行设置，如图 3-36 所示。

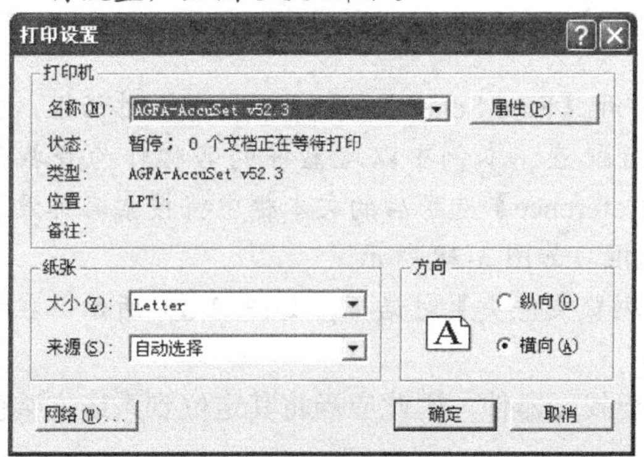


图3-35　【打印设置】对话框

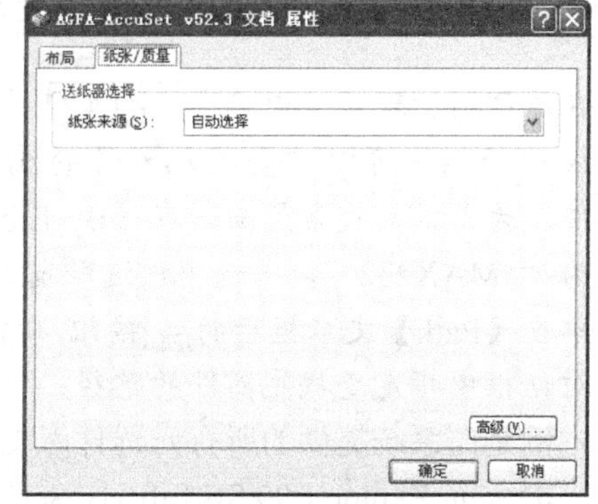


图3-36　设置打印机属性

4. 设置完毕后依次单击 确定 按钮回到如图 3-33 所示的打印机设置对话框，然后单击 OK 按钮即可完成打印机的设置。

### 3.6.2 打印输出

设置好打印机后，就可以打印输出图纸了，执行打印输出操作的方法有以下两种。

- 选取菜单命令【File】/【Print】。
- 在如图 3-33 所示的打印机设置对话框中单击 Print 按钮。

打印时会出现如图 3-37 所示的对话框，提示用户当前正在打印。如果要终止打印，可单击 Cancel 按钮。

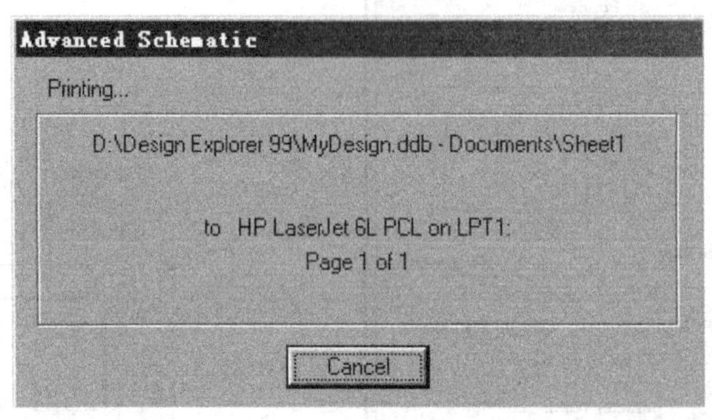


图3-37　打印时出现的对话框

## 3.7 实例辅导

本节将通过几个实例介绍如何利用原理图管理窗口在系统提供的所有元器件库文件中查找元器件以及如何利用原理图管理窗口中的浏览原理图设计功能在原理图设计中快速查找网络标号。

### 一、 在所有元器件库文件中查找元器件

在原理图管理窗口中单击 Find 按钮，打开【Find Schematic Component】（查找元器件）对话框，读者可以在系统提供的元器件库文件中查找元器件。

#### 在元器件库文件中查找元器件

1. 在原理图管理窗口中单击 Find 按钮，打开【Find Schematic Component】对话框，在该对话框中可以对查找元器件的属性进行配置。本例中以元器件的名称作为查找条件，为了扩大搜索范围，在【By Library Reference】选项后的文本框中将搜索名称设置为“*MAX232*”，并选中该选项前的复选框，如图 3-38 所示。
2. 单击【Path】文本框后的 ... 按钮，打开【浏览文件夹】对话框，如图 3-39 所示，在该对话框中指定查找元器件的路径。

本例是在系统提供的所有元器件库文件中查找元器件，因此应当将其定位到系统安装位置“…\Design Explorer 99 SE\Library\Sch\…”。

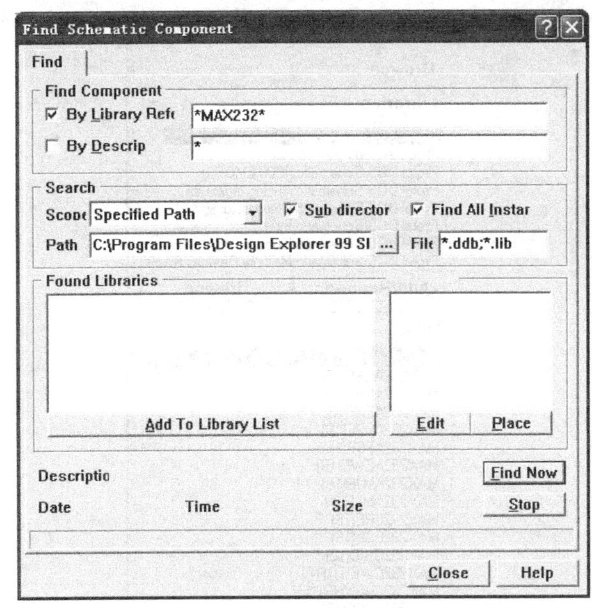


图3-38　查找元器件对话框

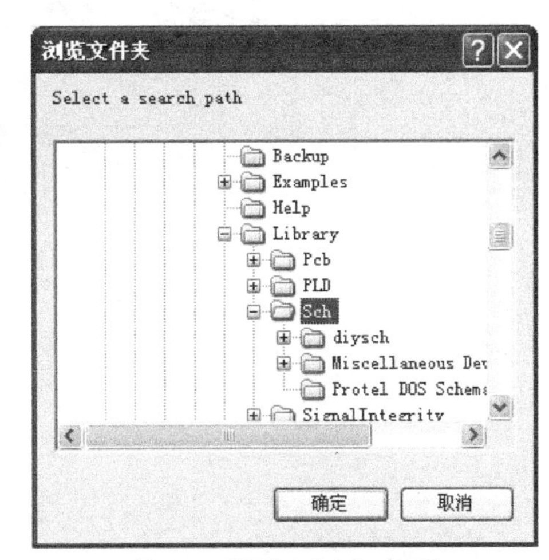


图3-39　【浏览文件夹】对话框

3. 设置好查找元器件的路径后单击确定按钮，回到查找元器件对话框，然后单击Find Now按钮开始查找元器件，系统将会自动在指定路径下的库文件中查找元器件，查找结果如图 3-40 所示。

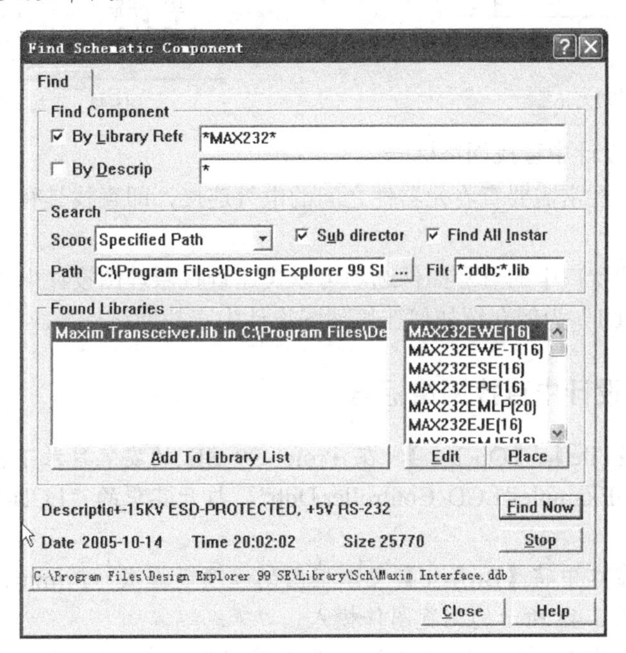


图3-40　查找元器件的结果

在如图 3-40 所示的对话框中单击Place按钮，即可将当前选中的元器件放置到原理图设计中，如图 3-41 所示。单击Add To Library List按钮，则可将当前选中的原理图库文件载入到原理图库文件列表中，如图 3-42 所示。

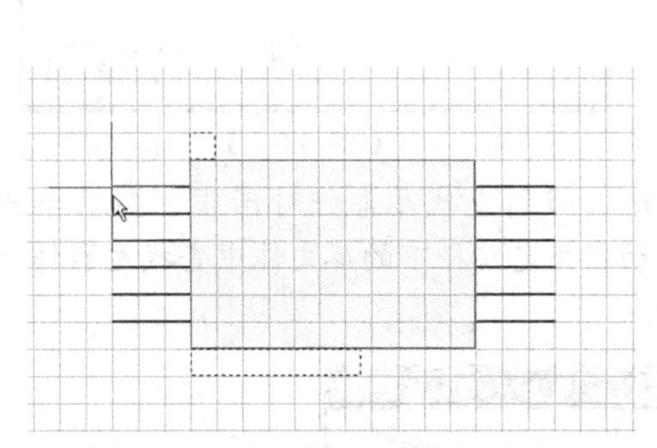

图3-41　载入元器件

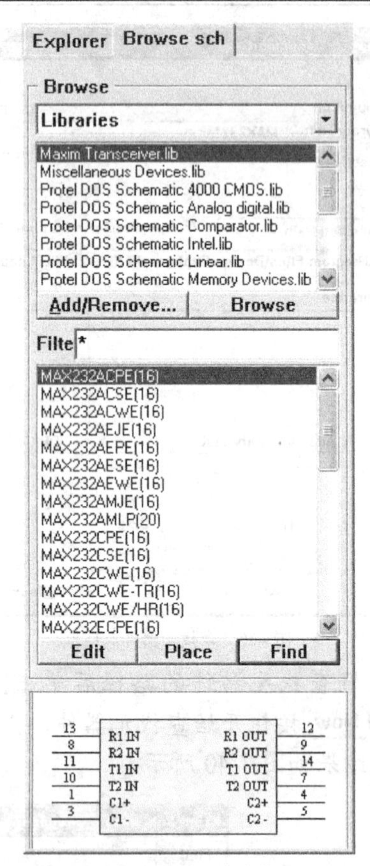


图3-42　载入库文件

## 二、 在原理图设计中查找网络标号

在原理图设计中经常需要查看元器件之间的电气连接，即查找具有相同网络标号的元器件引脚之间的连接。

通过原理图管理窗口中的查看图件选项可以快速查找原理图设计中的网络标号。下面将以查找网络标号“TDI”为例介绍如何在原理图设计中查找网络标号。

### 在原理图设计中查找网络标号

1. 选取菜单命令【File】/【Open…】，在 Protel 99 SE 的安装目录下找到并选中“Design Explorer 99 SE\Examples\LCD Controller.Ddb”，打开其中的“LCD Processor.sch”原理图设计文件。
2. 在原理图管理窗口中将【Browse】文本框内的选项设置成“Primitives”，则原理图管理窗口将变为如图 3-43 所示的浏览图件模式。
3. 在图件管理浏览栏中选择“Net Labels”，则系统将会变为查看网络标号的模式，并在图件浏览栏中显示出当前原理图设计中的所有网络标号，如图 3-44 所示。
4. 查找网络标号。将鼠标光标移动到图件浏览栏中，单击鼠标左键激活图件浏览栏，接着再按 T+D+I 键，则系统将会自动跳转到名为“TDI”的网络标号处，如图 3-45 所示。

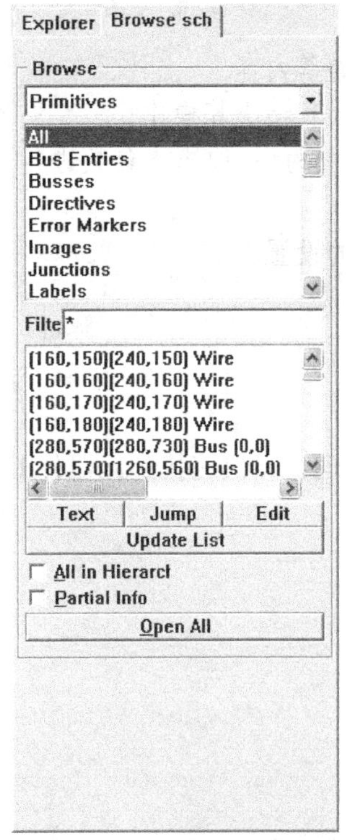


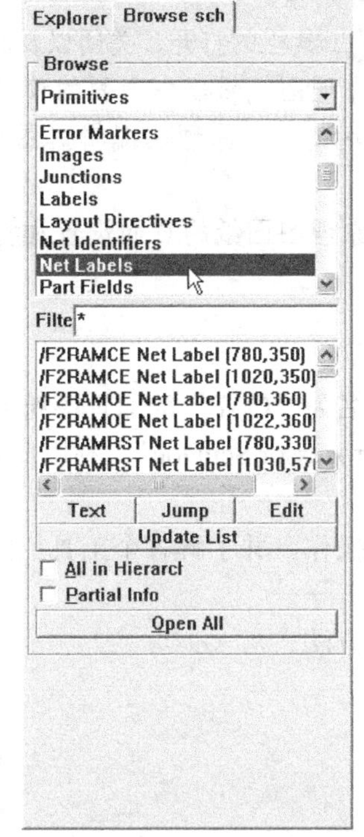


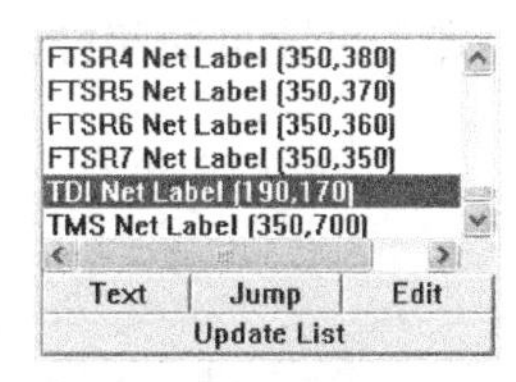


图3-43 浏览图件窗口　　图3-44 查看原理图设计中的网络标号　　图3-45 查找网络标号的结果

单击 **Jump** 按钮可跳转到网络标号在原理图设计中所在的位置，如图 3-46 所示。单击 **Text** 按钮可以编辑当前选中的网络标号的名称，如图 3-47 所示。单击 **Edit** 按钮可以编辑当前选中的网络标号的属性，如图 3-48 所示。

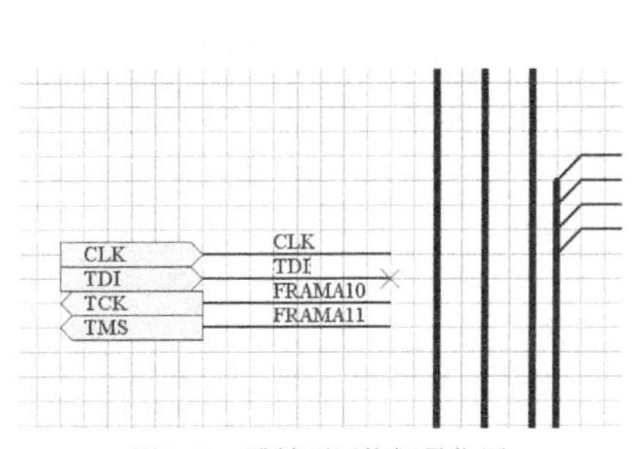


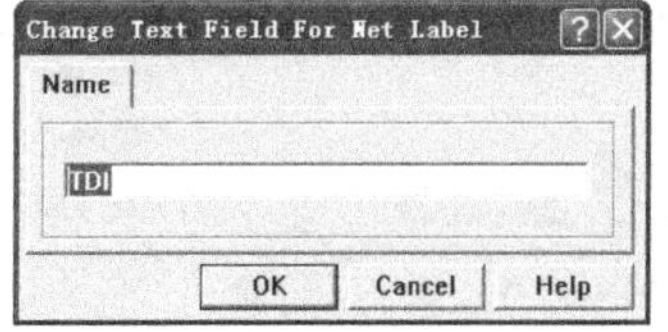


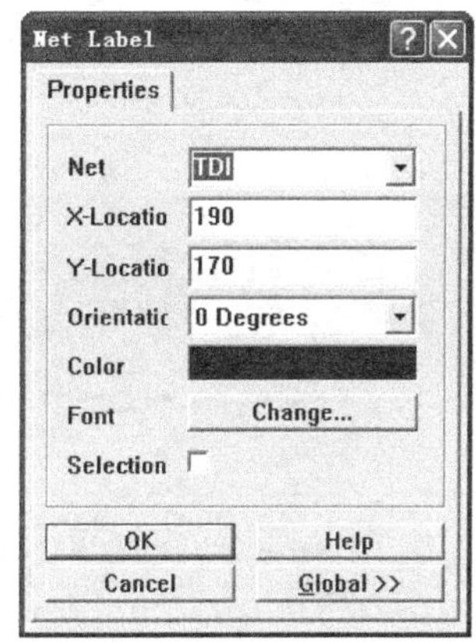


图3-46 跳转到网络标号位置　　图3-47 修改网络标号的名称　　图3-48 编辑网络标号的属性

# 3.8 小结

本章通过实例介绍了原理图管理窗口的运用、工具栏的打开与关闭、原理图编辑器的画面管理、图纸区域栅格参数的定义以及原理图的打印输出等内容。

- 原理图管理窗口：对原理图设计的管理是通过原理图管理窗口来实现的。在原理图管理窗口中可以实现载入/删除原理图库、浏览和查找元器件以及浏览

原理图设计中的图件等功能。

- 工具栏的管理：介绍了工具栏的打开、关闭以及布局调整等内容。
- 画面的管理：介绍了原理图编辑器中画面的移动、放大和缩小等操作。
- 图纸区域栅格参数的定义：对原理图编辑器图纸区域中的 3 种栅格参数进行了定义。
- 原理图打印：介绍了原理图图纸的页面设置和打印机的设置。

## 3.9 习题

1. 在原理图管理窗口中查找名为“CAP”的原理图符号。
2. 打开原理图文件“LCD Processor.SchDoc”，利用原理图管理窗口快速找到元器件 U2 所在的位置。
3. 熟悉工具栏的打开与关闭操作，并了解各个工具栏的功能。
4. 熟悉管理画面的方法。
5. 熟悉设置页面和打印机的方法。

# 第4章　原理图设计

原理图设计的任务是将电路设计人员的设计思路用规范的电路语言描述出来，为电路板的设计提供元器件封装和网络表连接。设计一张正确的原理图是完成具备指定功能的 PCB 设计的前提条件，原理图正确与否直接关系到后面制作的电路板能否正常工作。此外，电路板设计还应当本着整齐、美观的原则，能清晰、准确地反映设计者意图，方便日常交流。因此，绘制原理图是非常重要的。

## 4.1　本章学习重点和难点

- 本章学习重点。
  本章主要学习原理图的设计，重点内容包括设计原理图的基本流程、原理图编辑器系统参数的设置、原理图库的载入、元器件的放置、元器件属性的修改、元器件之间的布线以及原理图设计的技巧等。
- 本章学习难点。
  本章的学习难点是了解设计原理图的基本流程，通过练习掌握原理图的绘制技巧，学会一边放置元器件，一边完成对元器件属性的修改及对元器件位置的调整等，同时完成布线工作，为绘制复杂的原理图做准备。

## 4.2　设计原理图的基本流程

在正式介绍原理图设计之前，为了让读者对原理图设计有个大致的了解，这里先介绍一下设计原理图的基本流程。

设计原理图的基本流程如图 4-1 所示。

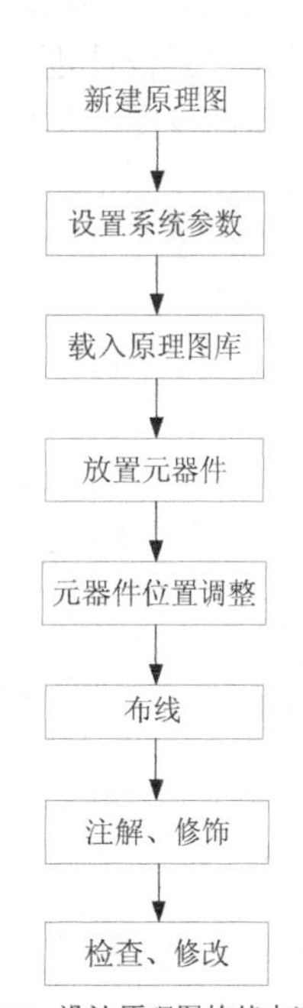

图 4-1　设计原理图的基本流程

电路板设计主要包括两个阶段，即原理图设计阶段和 PCB 设计阶段。原理图设计是在原理图编辑器中完成的，而 PCB 设计则是在 PCB 编辑器中进行的。只有原理图设计完成并经过编译、修改无误之后，才能进行 PCB 设计。

### 一、　新建原理图设计

在前面的章节中提到过 Protel 99 SE 中文件的组织结构，所有的电路板设计文件都包含在设计数据库文件中。因此在新建原理图设计之前，应当先创建一个设计数据库文件，然后再在该设计数据库文件下新建原理图设计文件。

### 二、　工作环境参数设置

工作环境参数设置指的是图纸大小、电气栅格、可视栅格和

捕捉栅格等的设置，它们构成了设计者进行原理图设计时的工作环境，只有这些参数设置合理，才能提高原理图设计的质量和效率。

### 三、 载入原理图库

在绘制原理图的过程中，原理图设计中放置的元器件全部来自于载入原理图编辑器中的原理图库，如果原理图库没有被载入到原理图编辑器中，那么在绘制原理图时将无法找到所需的元器件。因此在绘制原理图之前，应当先将原理图库载入到原理图编辑器中。

需要注意的是，Protel 99 SE 的原理图库涵盖了众多厂商、种类齐全的原理图库，并非每一个原理图库在原理图的设计过程中都会用到，因此应根据电路图设计的需要将所需原理图库载入到原理图编辑器中。

### 四、 放置元器件

所谓放置元器件就是从载入编辑器的原理图库中选择所需的各种元器件，并将其逐一放置到原理图设计中，然后根据电气连接的设计要求和整齐美观的原则，调整元器件的位置。一般来说，在放置元器件的过程中，需要同时完成对元器件的编号、添加封装形式和定义元器件的显示状态等操作，以便为下一步的布线工作打好基础。

### 五、 原理图布线

原理图布线指的是在放置完元器件后，用具有电气意义的导线、网络标号和端口等图件将元器件连接起来，使各元器件之间具有特定的电气连接关系，能够实现一定电气功能的过程。

### 六、 补充完善

在原理图设计基本完成之后，可以在原理图上做一些相应的说明、标注和修饰，以增强原理图的可读性和整齐美观性。

### 七、 校验、调整和修改

完成原理图的设计和调整之后，可以利用 Protel 99 SE 提供的各种校验工具，根据设定规则对原理图设计进行检验，然后再对其进行进一步的调整和修改，以保证原理图正确无误。

下面以图 4-2 所示的指示灯显示电路为例，向读者详细介绍原理图的基本设计流程。

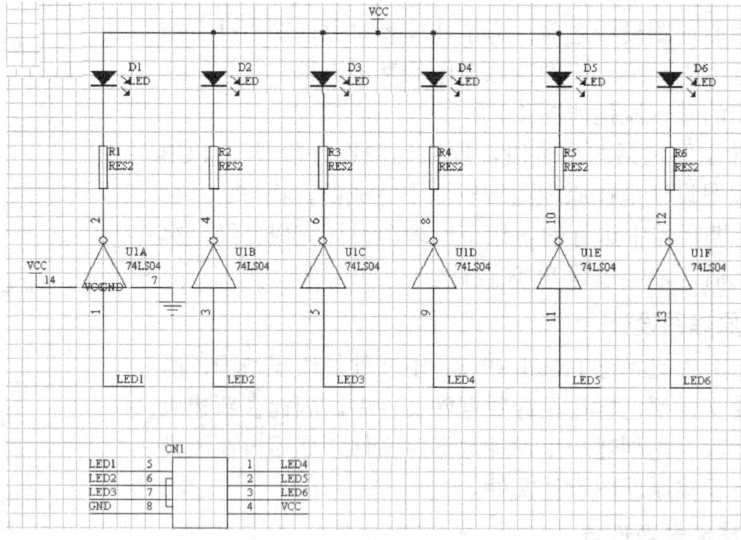


图 4-2　原理图设计实例

# 4.3 新建原理图设计文件

设计数据库文件和原理图设计文件的创建在前面章节中已经介绍过了，现在做一个简要的回顾。

## 新建原理图设计文件

1. 选取菜单命令【File】/【New Design】，新建一个设计数据库文件，如图 4-3 所示。

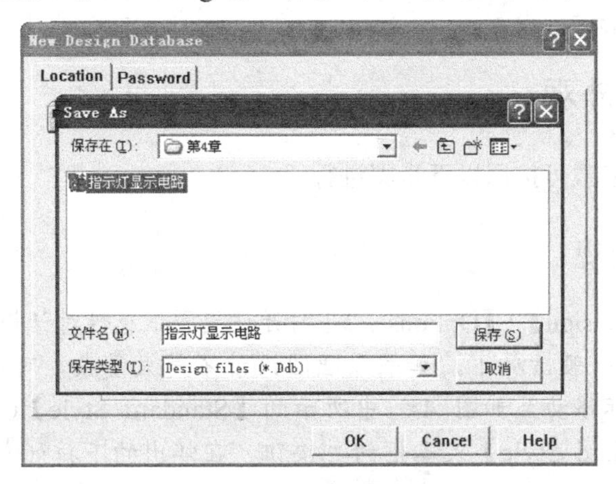

图 4-3 新建设计数据库文件

2. 选取菜单命令【File】/【New】，在新建的设计数据库文件中新建一个原理图设计文件，结果如图 4-4 所示。

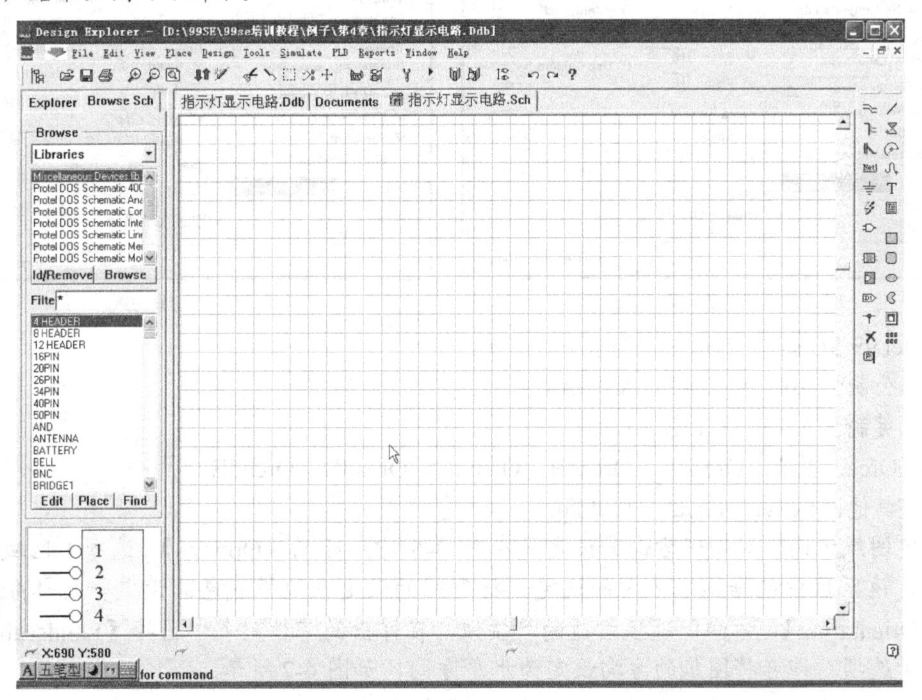

图 4-4 新建原理图设计文件

3. 选取菜单命令【File】/【Save】，保存原理图设计文件。这样，设计数据库文件和原理图设计文件就创建完成了。

## 4.4 工作环境参数设置

工作环境参数的设置包括图纸选项和一些参数的设置。与设计电路原理图关系最为密切的参数包括图纸的大小和方向、电气栅格、可视栅格以及捕捉栅格等。本节将对这些参数的设置进行详细介绍。

首先对图纸的外形进行设置。

### 4.4.1 定义图纸外观

设置图纸的外观参数可按照以下步骤进行。

#### 定义图纸外观

1. 选取菜单命令【Design】/【Options...】，打开设置图纸属性对话框，如图 4-5 所示。
2. 设置图纸尺寸（一般情况下，如果原理图设计不是太复杂，可以选择标准 A4 的图纸）。将鼠标光标移动至如图 4-5 中所示的【Standard Style】（标准图纸格式）选项上，单击【Standard Style】文本框的▼按钮，在弹出的下拉列表中选择“A4”，如图 4-6 所示。

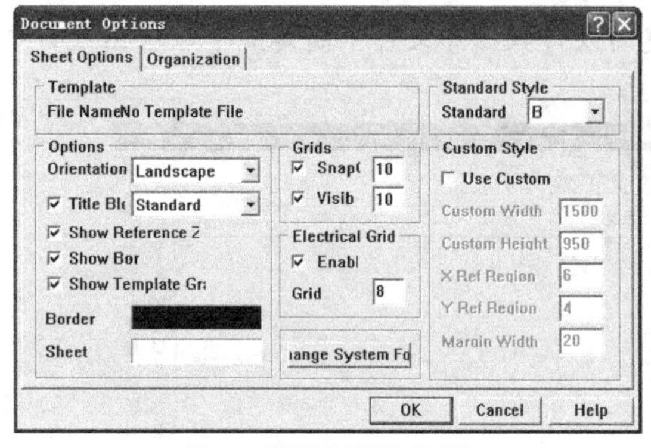

图 4-5　设置图纸属性对话框

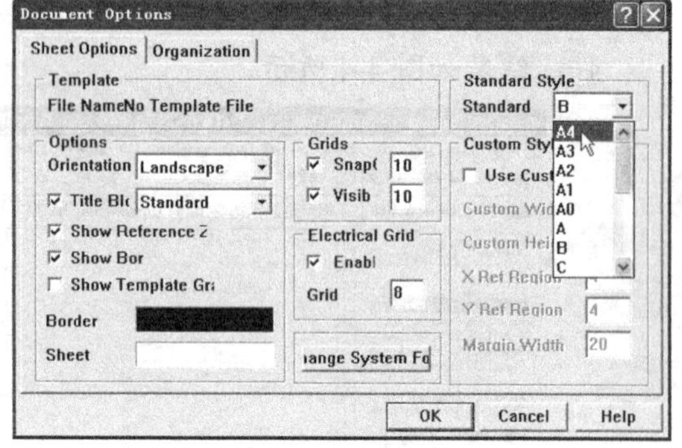

图 4-6　选择图纸

Protel 99 SE 提供的标准图纸有以下几种。

- 公制：A0、A1、A2、A3、A4。
- 英制：A、B、C、D、E。
- Orcad 图纸：OrcadA、OrcadB、OrcadC、OrcadD、OrcadE。
- 其他：Letter、Legal、Tabloid。

3. 设定图纸方向。对图纸方向的设定是在图 4-6 中所示的【Options】（选项）区域中完成的，该区域中包括图纸方向的设定、标题栏的设定及边框底色的设定等几部分。单击【Orientation】（方向）选项右边的▼按钮，在弹出的下拉列表中选择【Landscape】（水平）选项，即可将图纸的方向设定为水平方向，如图 4-7 所示。

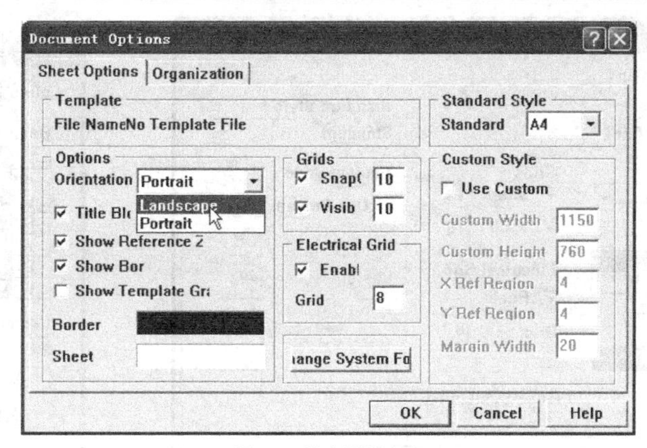


图 4-7 设定图纸方向

Protel 99 SE 提供的图纸方向有以下两种。

- 【Landscape】(水平)：图纸水平横向放置。
- 【Portrait】(垂直)：图纸垂直纵向放置。

在设计电路图时，通常将图纸方向设定为水平方向，不过这也不一定，应根据图纸的最终布局来决定图纸的方向。两种放置方式下的图纸外形如图 4-8 所示。

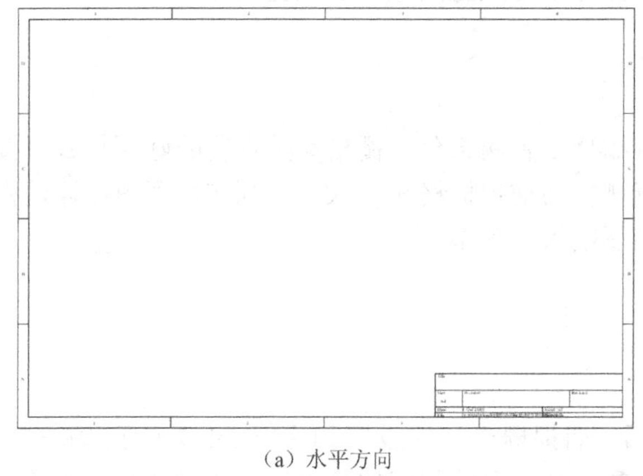

(a) 水平方向

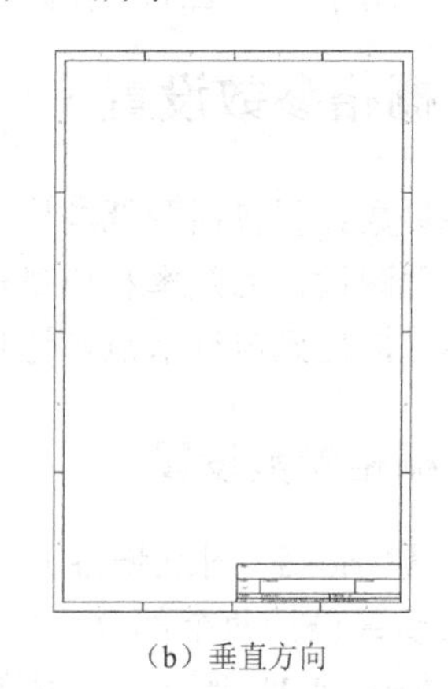

(b) 垂直方向

图 4-8 图纸的两种放置方向

4. 设置【Title Block】(图纸标题栏)。单击【Title Block】选项右边的▼按钮，在弹出的下拉列表中选择【Standard】(标准型)选项，即可将图纸的标题栏设置为标准型，如图 4-9 所示。

要点提示 系统提供的标题栏类型有【Standard】(标准型)和【ANSI】(美国国家标准协会)模式两种。

5. 选中【Title Block】选项前的复选框，当复选框中出现"√"符号时表示选中该项，此时即可显示出图纸标题栏。
6. 设置【Show Reference Zones】(显示参考边框)。选中此项可以显示参考边框。
7. 设置【Show Border】(显示图纸边框)。选中此项可以显示图纸边框。
8. 设置【Show Template Graphics】(显示图纸模板图形)。选中此项可以显示图纸模板图形。
9. 设置【Border Color】(图纸边框的颜色)。单击图 4-9 中所示【Border Color】选项右边的颜色框，即可弹出如图 4-10 所示的【Choose Color】(选择图纸边框颜色)对话框。

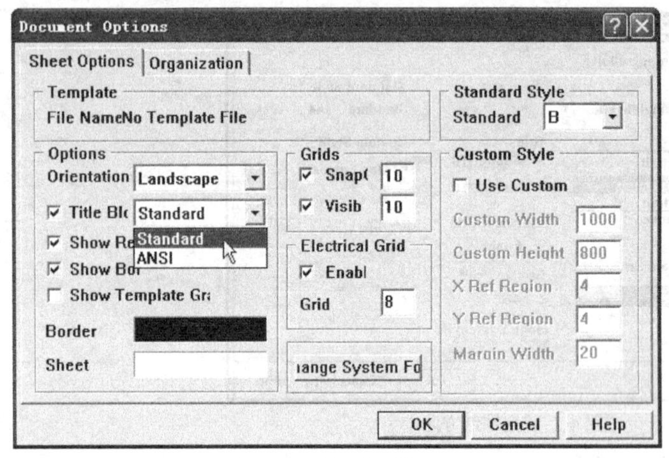


图 4-9 选择标题栏类型

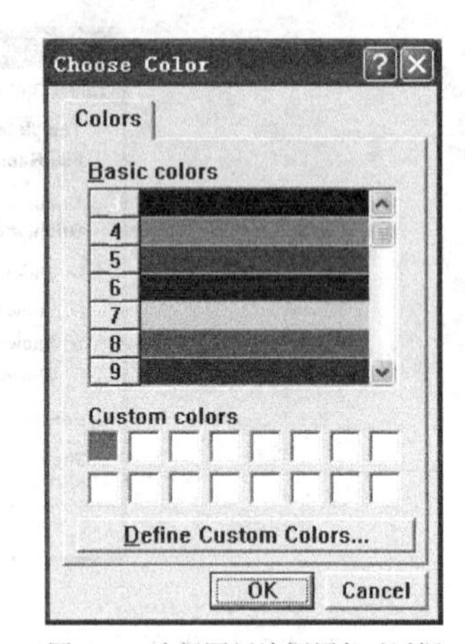


图 4-10 选择图纸边框颜色对话框

读者可以根据自己绘制电路图的习惯选择一种颜色作为图纸的边框，在缺省情况下图纸边框的颜色为黑色。

10. 设置【Sheet Color】(图纸的颜色)。

该选项用于设置图纸工作区的颜色，设置方法与设置图纸边框颜色的方法一样。

## 4.4.2 栅格参数设置

栅格参数设置包括图纸栅格设置和电气栅格设置两部分。栅格参数设置的好坏与否直接影响到原理图设计的效率和质量，如果电气栅格与捕捉栅格相差太大，则在原理图设计过程中将不容易捕捉到电气节点，这样会极大地影响绘图效率。

### 栅格参数设置

1. 设置【Grids】(图纸栅格)。

此项设置包括两个部分，即【SnapOn】(捕捉栅格）的设置和【Visible】(可视栅格）的设置，如图 4-11 所示。具体的设置方法是：首先选中相应的复选框，然后在其后面的文本框中输入所要设定的值即可。本例中将两项的值均设定为“10”。

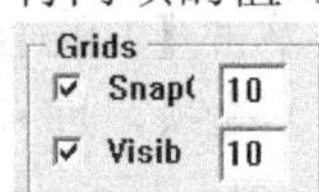


图 4-11 图纸栅格的设定

- 【SnapOn】: 捕捉栅格。

  此项设置将影响到原理图设计过程中放置和拖动元器件、布线时鼠标在图纸上能够捕捉到的最小步长。系统默认的单位为 mil，即 1/1000 英寸。例如当将【SnapOn】设定为“20”后用鼠标拖动元器件时，元器件将以 20mil 为基本单位沿鼠标拖动方向移动。

- 【Visible】: 可视栅格。

  设置图纸上实际显示的栅格距离，默认单位为 mil。

2. 设置【Electrical Grid】(电气栅格)。

(1) 选中该选项后，系统在绘制导线时会以【Electrical Grid】栏中设定的值作为半径，以鼠标箭头为圆心，向周围搜索电气节点。如果找到了此范围内最近的节点，则将会把鼠标光标移动至该节点上，并在该节点上显示出一个“×”。

(2) 设置方法是首先选中【Enable】前的复选框，然后在【Grid】后的文本框中输入所要设定的值，如“8”，单位为mil，如图4-12所示。

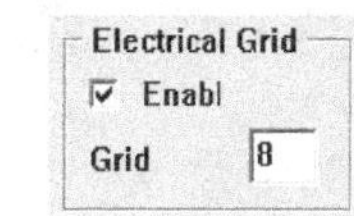

图4-12 电气栅格的设定

电气捕获栅格的大小应该略小于捕捉栅格的大小，只有这样才能准确地捕获电气节点。

### 4.4.3 自定义图纸外形

在绘制原理图的过程中，如果系统提供的图纸类型不能满足原理图设计需要，则可以自定义图纸的外形。自定义图纸外形的方法是：选中图4-5中所示的【Use Custom】（自定义图纸）复选框，然后在各选项后的文本框中输入相应的值即可，如图4-13所示。

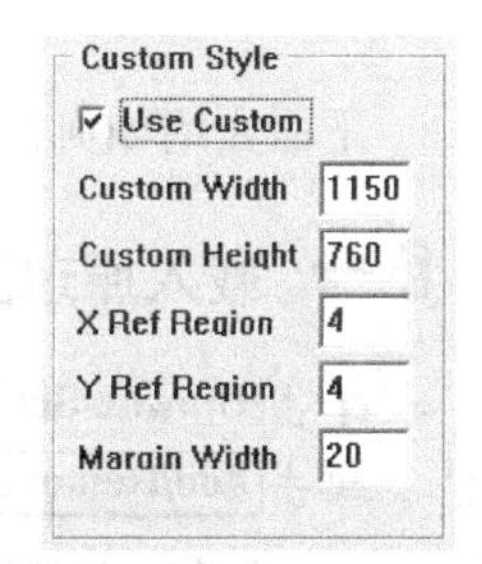

图4-13 自定义图纸外形

自定义图纸外形对话框中各选项的意义如下。

- 【Custom Width】：自定义图纸的宽度，默认单位为mil。
- 【Custom Height】：自定义图纸的高度，默认单位为mil。
- 【X Ref Region Count】：*x*轴方向（水平方向）参考边框划分的等分个数。
- 【Y Ref Region Count】：*y*轴方向（垂直方向）参考边框划分的等分个数。
- 【Margin Width】：边框宽度。

## 4.5 载入原理图库

绘制原理图的过程就是将具有实际元器件电气关系的图件放置到原理图图纸上，并用具有电气特性的导线或者网络标号等将这些元器件连接起来的过程。具有实际元器件电气关系的图件在Protel设计系统中一般被称为原理图符号，这些符号是代表二维空间内元器件引脚电气分布关系的符号。为了便于对原理图符号的管理，Protel将所有元器件按制造厂商和元器件的功能进行分类，将具有相同特性的原理图符号存放在一个文件中。原理图库文件就是存储原理图符号的文件。

绘制原理图时首先要做的就是放置元器件的原理图符号，常用的元器件原理图符号可以在Protel 99 SE的原理图库中找到。读者在放置元器件时只需在原理图库中调用所需的原理图符号即可，而不需要逐个绘制元器件符号。

还有一点需要提醒读者，对于某个原理图设计来说，可能只需要几个相应的原理图库就可以完成原理图的绘制，读者只需把这几个原理图库载入到原理图编辑器中即可，而不必载入所有的原理图库。这样做可以减轻系统运行的负担，加快运行速度。下面列出了几个常用的原理图库文件。

- 【Miscellaneous Devices.ddb】：该库文件中包含一些常用的元器件，比如电阻、电容和二极管等元器件。

- 【Protel DOS Schematic Libraries.ddb】：该库文件中包含一些通用的集成电路元器件，在其内部还包含多个库文件，如图 4-14 所示。

Protel DOS Schematic 4000 CMOS.lib
Protel DOS Schematic Analog digital.lib
Protel DOS Schematic Comparator.lib
Protel DOS Schematic Intel.lib
Protel DOS Schematic Linear.lib
Protel DOS Schematic Memory Devices.lib
Protel DOS Schematic Motorola.lib
Protel DOS Schematic NEC.lib
Protel DOS Schematic Operational Amplifiers.lib
Protel DOS Schematic Synertek.lib
Protel DOS Schematic TTL.lib
Protel DOS Schematic Voltage Regulators.lib
Protel DOS Schematic Western Digital.lib
Protel DOS Schematic Zilog.lib

图 4-14　通用集成电路库文件

下面介绍如何在原理图编辑器中载入原理图库。

## 载入原理图库

1. 单击 Browse Sch 按钮，将原理图编辑器管理窗口切换到浏览原理图管理窗口。
2. 单击 Add/Remove... 按钮，打开载入原理图库对话框，如图 4-15 所示。

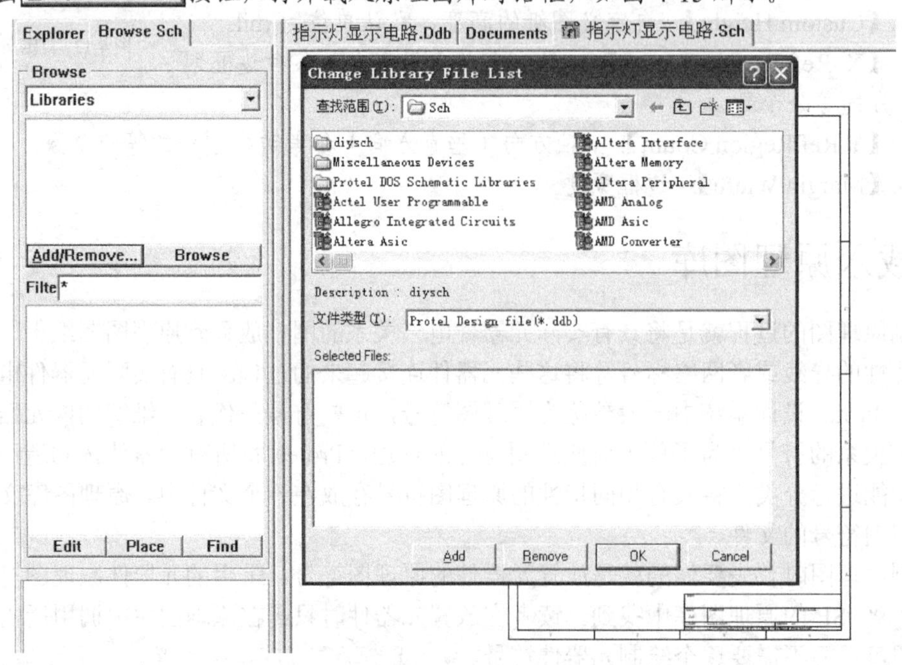


图 4-15　载入原理图库对话框

3. 在【查找范围】下方的原理图库列表中选择原理图库文件"Miscellaneous Devices.ddb"和"Protel DOS Schematic Libraries.ddb"，然后分别单击 Add 按钮，将这两个库文件添加到【Selected Files】（选中的原理图库文件）栏中，结果如图 4-16 所示。
4. 单击 OK 按钮结束添加库文件操作，添加原理图库后的原理图管理窗口如图 4-17 所示。

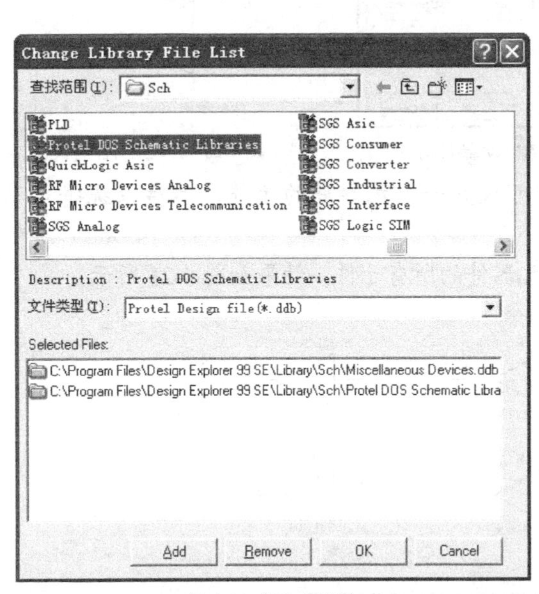


图 4-16 添加库文件

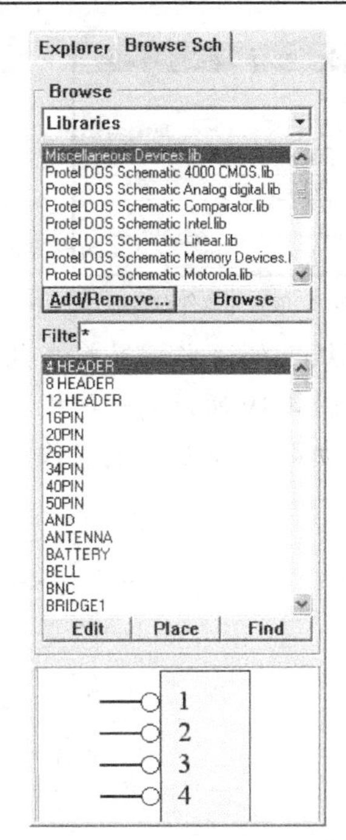


图 4-17 载入原理图库后的原理图管理窗口

改变当前库的设置还可以在工作窗口为原理图编辑器的前提下，通过选取菜单命令【Design】/【Add/Remove Library】来实现。

# 4.6 放置元器件

当将原理图库载入到原理图编辑器中后，就可以从原理图库中调用元器件并将其放置到图纸上了。

放置元器件的方法主要有 3 种。

- 利用菜单命令放置元器件。
- 利用快捷键 P/P 放置元器件。
- 利用原理图符号浏览栏放置元器件。

下面分别对这 3 种方法进行介绍。

## 4.6.1 利用菜单命令放置元器件

本例以放置元器件 74LS04 为例介绍如何利用菜单命令放置元器件。

### 利用菜单命令放置元器件

1. 选取菜单命令【Place】/【Part...】，打开放置元器件对话框，如图 4-18 所示。
2. 在对话框中输入原理图符号的【Lib Ref】（名称）、【Designator】（序号）和【Footprint】（元器件封装），结果如图 4-19 所示。
3. 单击 OK 按钮回到原理图工作窗口，此时光标上将带着一个元器件，如图 4-20 所示。

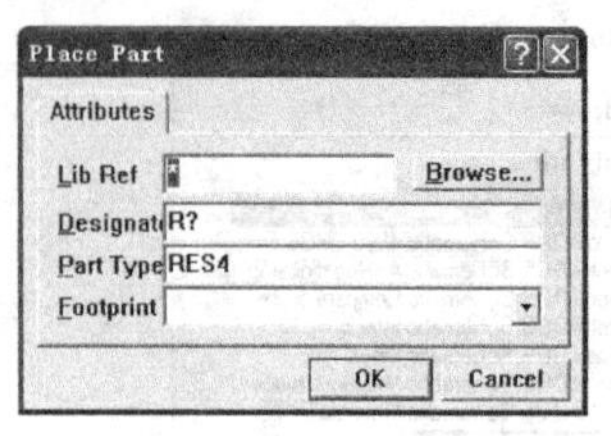


图 4-18　放置元器件对话框

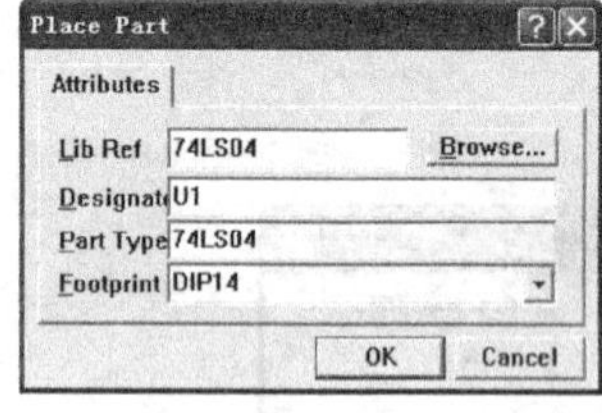


图 4-19　输入元器件信息

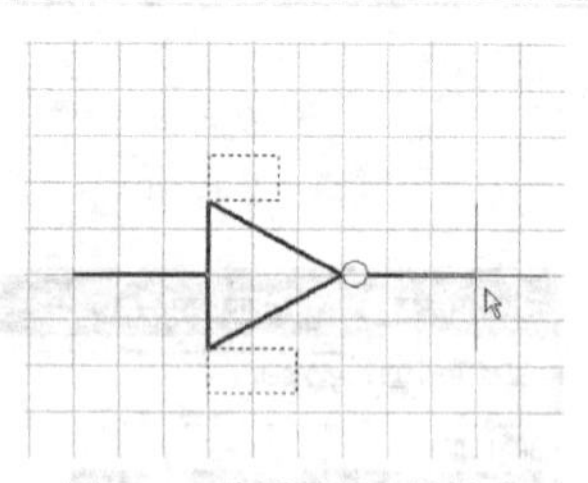

图 4-20　放置元器件的状态

4. 在图纸上的适当位置单击鼠标左键，即可放置一个元器件的子件，然后系统将自动返回如图 4-19 所示的对话框。
5. 重复步骤 3、步骤 4 的操作，即可放置该元器件的所有子件，结果如图 4-21 所示。

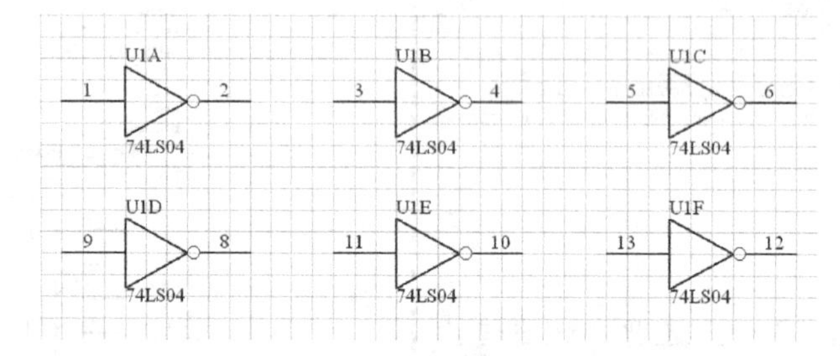


图 4-21　放置好 74LS04 元器件后的结果

6. 此时系统仍处于放置元器件状态，在放置元器件对话框中单击 Cancel 按钮，即可退出该命令状态。

## 4.6.2　利用快捷键 P/P 放置元器件

下面以放置二极管指示灯为例介绍如何利用快捷键 P/P 放置元器件。

### 利用快捷键 P/P 放置元器件

1. 载入所需的原理图库。二极管指示灯在常用元器件库“Miscellaneous Devices.ddb”中。
2. 按下快捷键 P/P 弹出放置元器件对话框，在其中输入有关二极管的信息，结果如图 4-22 所示。
3. 利用快捷键放置元器件的操作与利用菜单命令放置元器件的操作完全相同，这里就不再介绍了。放置好 6 个二极管后的结果如图 4-23 所示。

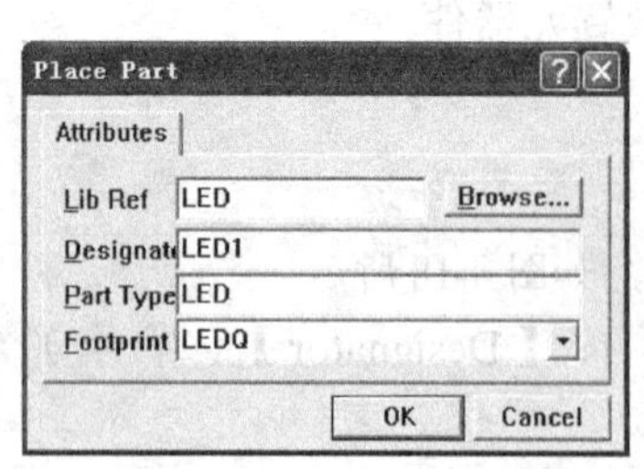


图 4-22　放置元器件对话框

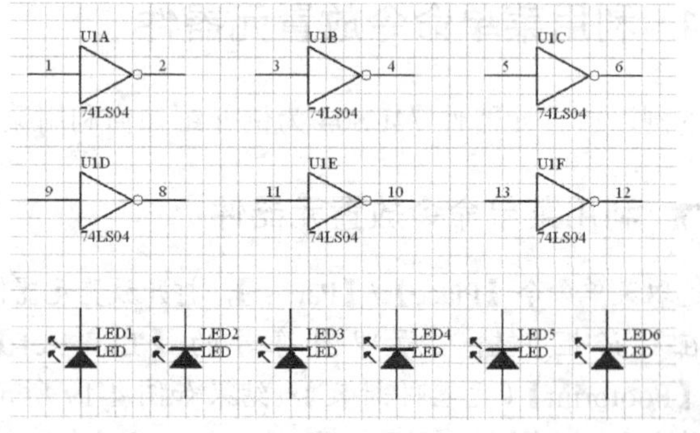


图 4-23　放置好二极管后的结果

## 4.6.3 利用原理图符号浏览栏放置元器件

利用原理图管理窗口中的原理图符号浏览栏也可以放置元器件，其基本步骤为先在原理图库文件中查找到需要放置的元器件，然后单击 Place 按钮，即可将当前选中的元器件放置到原理图设计中。

下面以放置电阻为例介绍如何利用原理图符号浏览栏放置元器件。

### 利用原理图符号浏览栏放置元器件

1. 在原理图管理窗口中的原理图库文件列表中选中电阻所在的库文件，然后激活原理图符号列表栏。
2. 按下R/E/S键即可跳转到电阻原理图符号处，如图4-24所示。
3. 拖动原理图符号栏右边的滚动栏，选中【RES2】选项，单击 Place 按钮，即可将电阻放置到原理图设计中，如图4-25所示。
4. 当系统处于放置元器件命令状态时按下 Tab 键，即可打开设置元器件属性对话框，如图4-26所示。

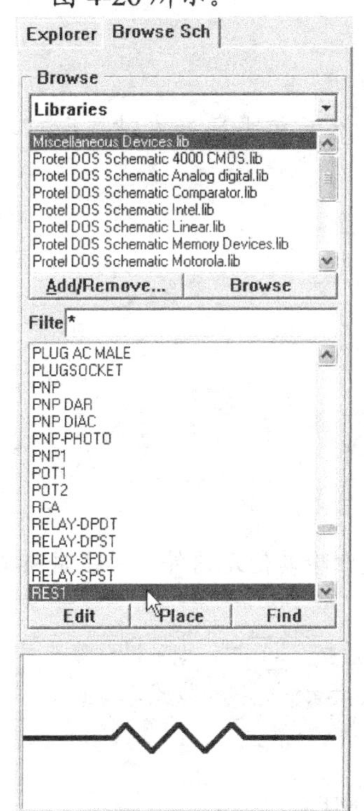


图4-24 查找电阻元器件

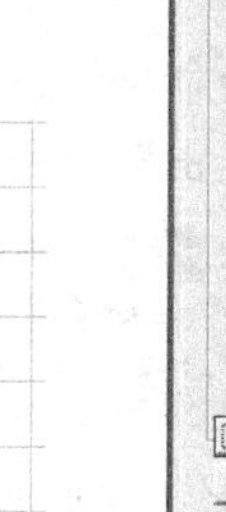
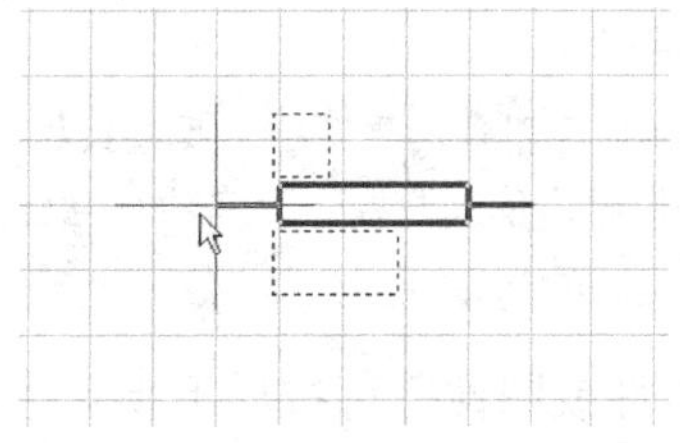

图4-25 放置电阻元器件

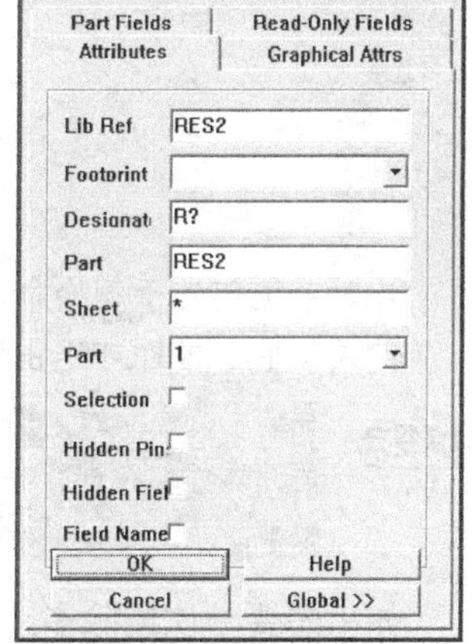


图4-26 设置元器件属性对话框

在该对话框中可以设置元器件的序号、元器件封装等参数。本例将电阻的序号设定为“R1”，将元器件封装设置为“AXIAL0.4”。

5. 设置完电阻的参数后单击 OK 按钮，返回放置元器件状态，在适当的位置单击鼠标左键，即可在当前位置放置一个电阻，此时系统仍然处于放置电阻的命令状态，如图4-27所示。

6. 单击鼠标左键再放置 5 个电阻，然后单击鼠标右键退出放置元器件命令状态，结果如图 4-28 所示。

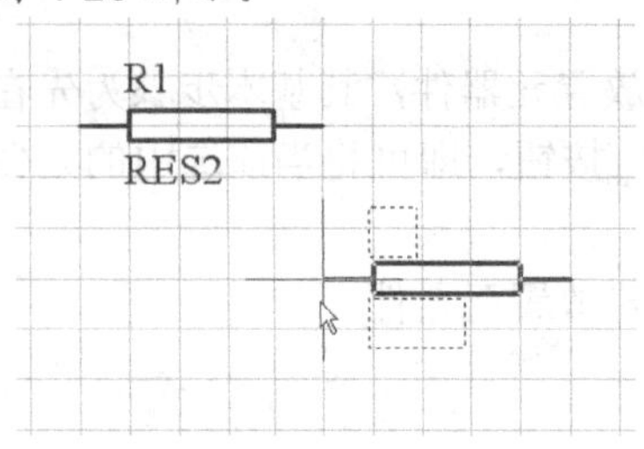


图 4-27　放置一个电阻元器件

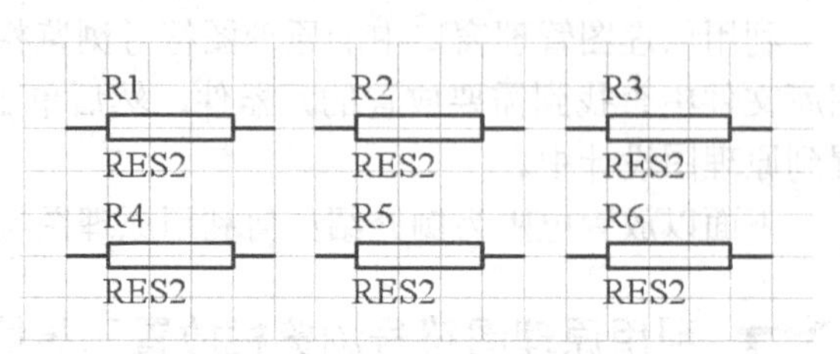


图 4-28　放置电阻后的结果

## 4.6.4　删除元器件

在放置或者是在放置完元器件之后，设计者如果觉得元器件的类型不相符或者数目过多，可以将这些元器件从原理图中删除。

删除元器件时可以一次只删除一个元器件，也可以同时删除多个元器件。

### 删除一个元器件

1. 选取菜单命令【Edit】/【Delete】，也可以使用快捷键 E/D。
2. 当光标变为十字形状后，将其移动到要删除的元器件上，然后单击鼠标左键，即可将该元器件删除，如图 4-29 所示。

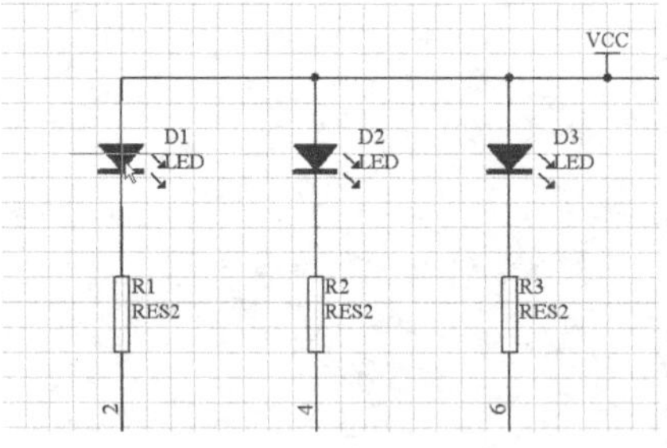


图 4-29　删除一个元器件

3. 此时系统仍处于删除命令状态。重复第 2 步的操作即可依次删除其他元器件。单击鼠标右键或按 Esc 键即可退出删除命令。

先选中待删除的元器件，此时元器件的周围会出现虚线框，然后按 Del 键，也可以删除选中的元器件。在进行各种操作时，鼠标与键盘之间的相互配合会大大简化操作步骤，提高工作效率。

如果想要一次删除多个元器件或图件，可按如下步骤进行操作。

### 一次删除多个元器件

1. 首先选中要删除的多个元器件。

(1) 在需要删除的元器件外的适当位置单击鼠标左键，然后按住鼠标左键不放并拖动鼠标光标，用拖出的虚线框选中所要删除的多个元器件，如图 4-30 所示。

(2) 松开鼠标左键，即可选中需要删除的元器件，如图 4-31 所示。

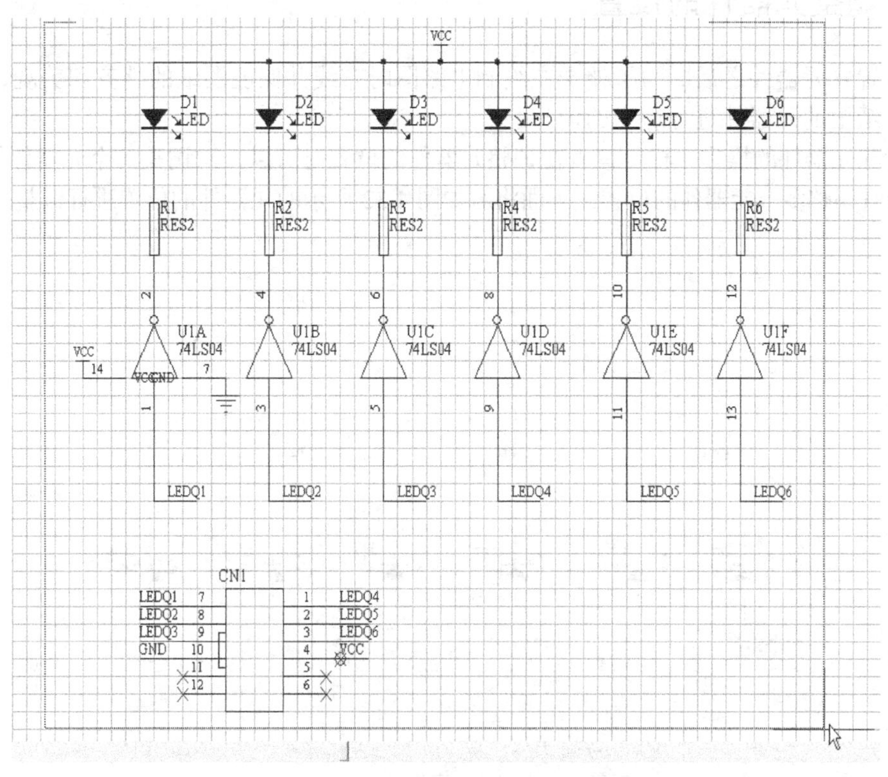


图 4-30 同时选择多个元器件

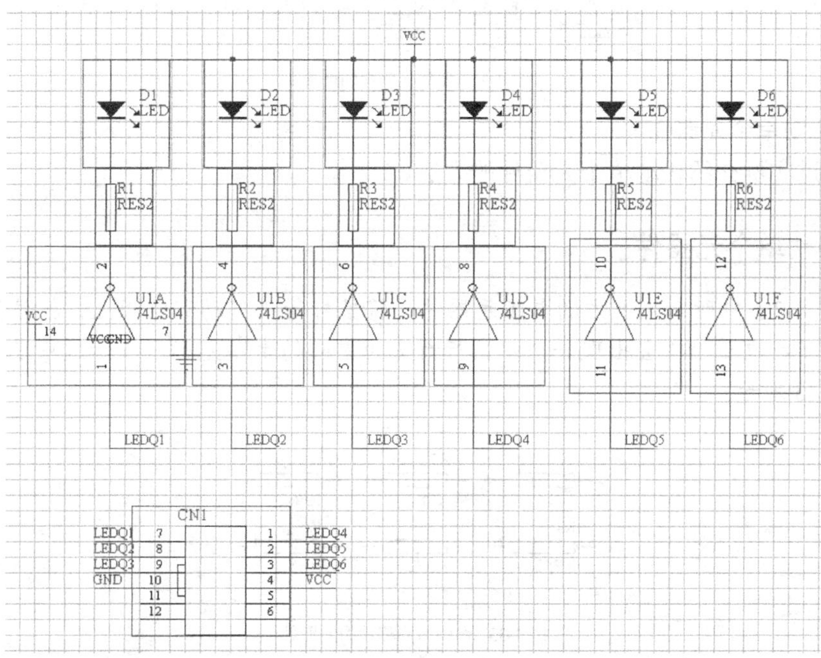


图 4-31 选中所要删除的多个元器件

2. 删除选中的元器件。选取菜单命令【Edit】/【Clear】，或直接在键盘上按 Ctrl+Del 键，即可删除选中的多个元器件。

## 4.6.5 调整元器件的位置

在放置好元器件之后，为了便于在绘制电路图时布线并保证图纸的整齐和美观，设计者需要对图纸上的元器件进行适当的调整。

同删除元器件的操作一样，读者在调整元器件的位置时可以一次调整一个元器件的位置，也可以同时调整多个元器件的位置。下面将对如图 4-32 所示的元器件的位置进行调整。

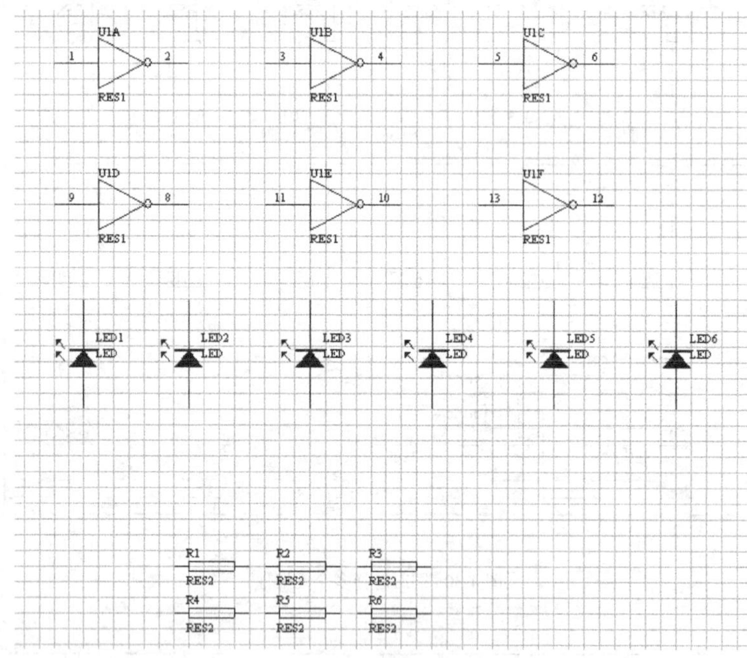


图 4-32 调整元器件的位置

### 一、 移动单个元器件

下面通过实例介绍移动单个元器件的方法。

### 移动单个元器件

1. 选中图 4-32 中所示左上方的电阻元器件。将鼠标箭头移动到电阻上，按住鼠标左键不放，此时在电阻上将会出现一个以鼠标箭头为中心的十字光标，表示选中了该元器件，如图 4-33 所示。

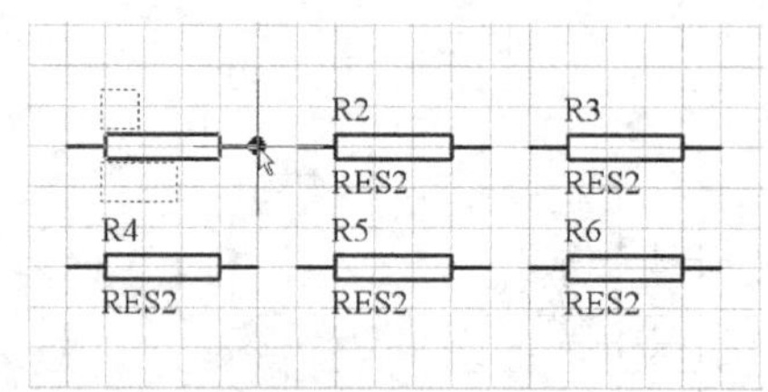


图 4-33 选中所要移动的元器件

2. 移动元器件。

(1) 按住鼠标左键不放，移动十字光标，元器件的虚框轮廓会随光标的移动而移动。

(2) 在适当的位置松开鼠标左键，即可完成单个元器件的移动。注意，在移动的过程中必须按住鼠标左键不放。

此外，还可以使用以下方法移动单个元器件。

1. 选取菜单命令【Edit】/【Move】/【Move】，此时将出现十字光标。
2. 将鼠标光标移动到元器件上后单击鼠标左键，即可选中该元器件，并且该元器件就像“粘”在鼠标上一样。
3. 移动元器件（此过程不必按住鼠标左键不放），在合适的位置单击鼠标左键，即可完成移动。此时系统仍处于移动命令状态，可继续移动其他元器件，直到单击鼠标右键或按Esc键取消命令为止。

移动其他图件（如导线、标注文字等）的操作与此相同。

### 二、 同时移动多个元器件

除了移动单个元器件外，还可以一次移动多个元器件，具体操作如下。

## 同时移动多个元器件

1. 同时选中多个元器件。

   选中多个元器件的方法有两种。

   - 同时选中多个元器件。这种方法适用于规则地选中区域。按住鼠标左键不放，移动鼠标光标，在工作区内拖出一个适当的虚线框，将要选择的所有元器件包含在内，然后松开鼠标左键，即可选中虚线框内的所有元器件或图件。
   - 逐个选中多个元器件。这种方法适用于不规则地选中区域。选取菜单命令【Edit】/【Toggle Selection】，当出现十字光标后依次将鼠标光标移动到所要选中的元器件上，然后单击鼠标左键，即可逐个选中元器件。在该命令状态下，操作可执行多次，直至单击鼠标右键或按Esc键取消命令为止。

2. 移动选中的元器件。

(1) 选中多个元器件后，将鼠标光标移动到所选元器件组中的任意一个元器件上，按住鼠标左键不放，此时光标将变成十字形状，如图 4-34 所示。

(2) 按住鼠标左键并移动被选中的元器件组到适当的位置，然后松开鼠标左键，元器件组便被放置在了当前的位置上。

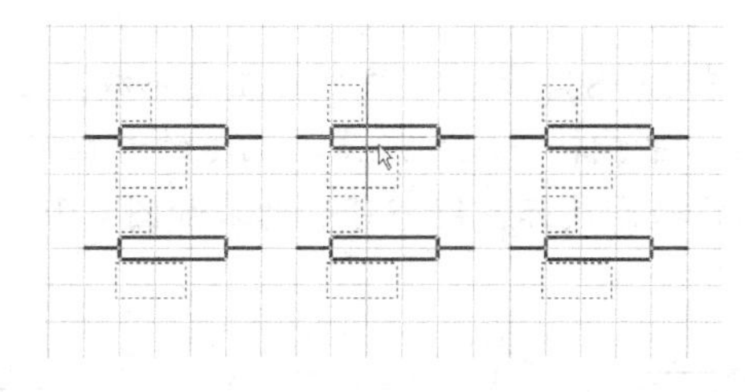

图 4-34 同时移动多个元器件

还可以选取菜单命令【Edit】/【Move】/【Move Selection】，当出现十字光标后单击被选中的元器件，然后再移动鼠标光标，即可将它们移动到适当的位置，最后单击鼠标左键确认。此过程中不必按住鼠标左键不放。

### 三、 旋转元器件

为了方便布线，有时还要对元器件进行旋转。可以使用以下几个快捷键对元器件进行旋转。

- Space 键（空格键）：使元器件旋转。每按一次 Space 键，被选中的元器件就会逆时针旋转 90°。
- X 键：使元器件水平翻转。每按一次 X 键，被选中的元器件就会左右对调一次。
- Y 键：使元器件上下翻转。每按一次 Y 键，被选中的元器件就会上下对调一次。

下面以 74LS04 为例介绍旋转元器件的操作。

#### 旋转元器件

1. 将鼠标光标移动到元器件 74LS04 上并按住鼠标左键不放，选中该元器件。
2. 按 Space 键即可将该元器件沿逆时针方向旋转 90°。注意，旋转的过程中应按住鼠标左键不放。
3. 将元器件方向调整到位后松开鼠标左键即可，结果如图 4-35 所示。

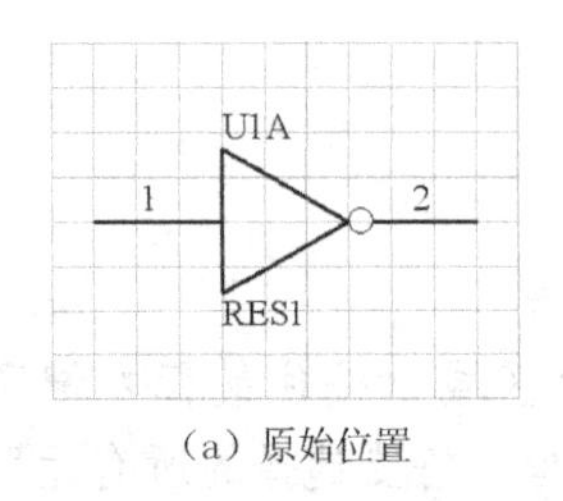


（a）原始位置

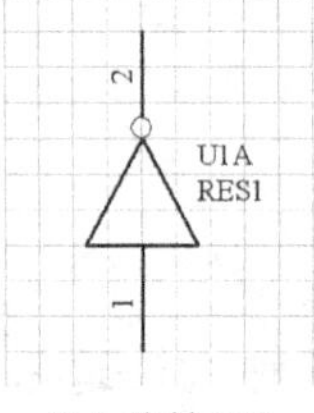


（b）旋转 90°

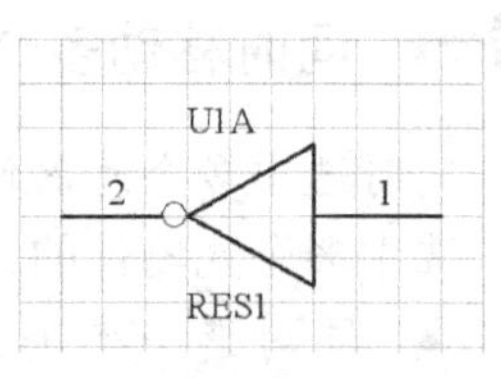


（c）旋转 180°

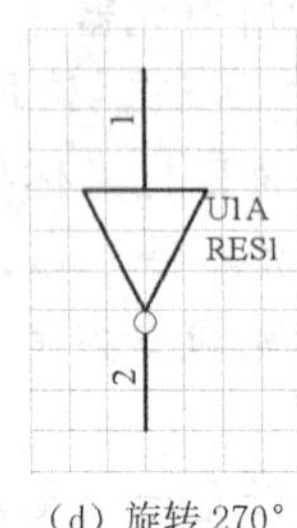


（d）旋转 270°

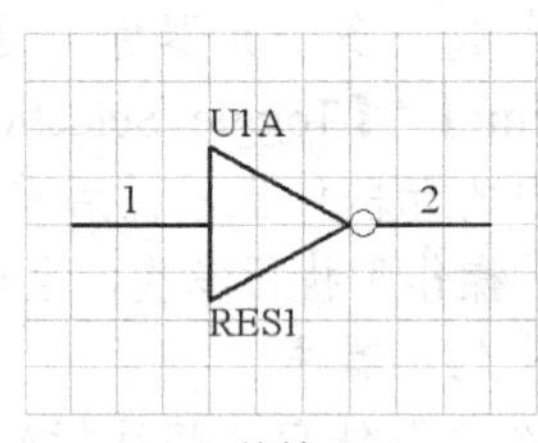


（e）旋转 360°

图 4-35　旋转元器件后的结果

#### 水平翻转元器件

1. 将鼠标光标移动到元器件 74LS04 上并按住鼠标左键不放，选中该元器件。
2. 按 X 键即可将该元器件水平翻转一次。注意，翻转的过程中应按住鼠标左键不放。
3. 将元器件方向调整到位后松开鼠标左键即可，结果如图 4-36 所示。

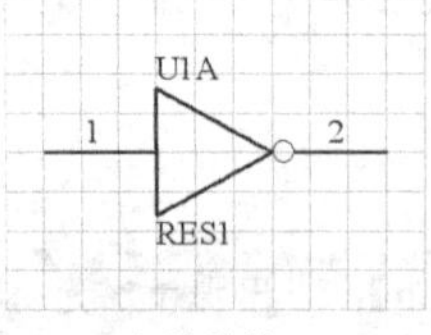


（a）翻转前的 74LS04

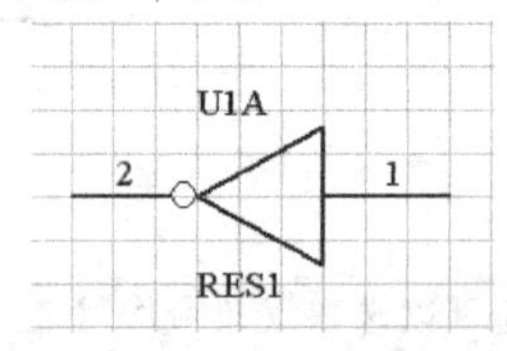


（b）翻转后的 74LS04

图 4-36　水平翻转元器件

### 上下翻转元器件

1. 将鼠标光标移动到元器件 74LS04 上并按住鼠标左键不放，选中该元器件。
2. 按 Y 键即可将该元器件上下翻转一次。注意，翻转的过程中应按住鼠标左键不放。
3. 将元器件方向调整到位后松开鼠标左键即可，结果如图 4-37 所示。

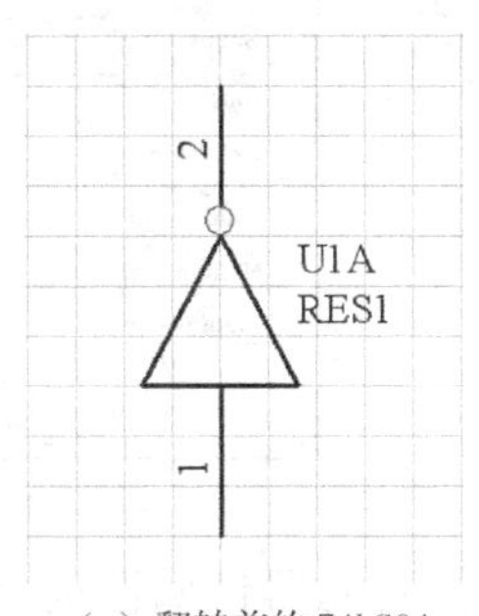

（a）翻转前的 74LS04

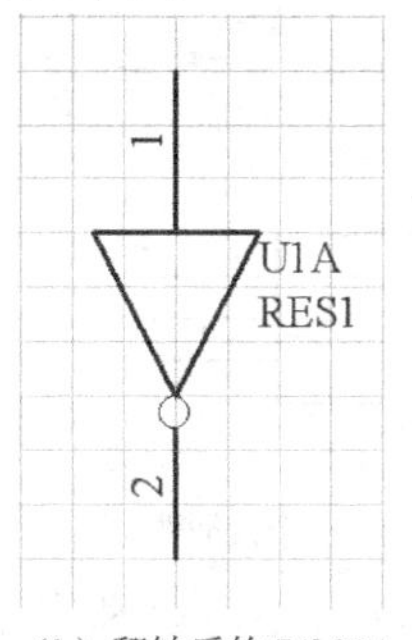

（b）翻转后的 74LS04

图 4-37 上下翻转元器件

## 4.6.6 编辑元器件属性

元器件的属性主要包括元器件的序号、封装形式以及元器件参数等。

编辑元器件属性的操作是在编辑元器件属性对话框中完成的。可以在放置元器件的过程中，通过按 Tab 键来激活编辑元器件属性对话框，也可以在调整好元器件位置后，通过双击元器件打开编辑元器件属性对话框。

### 编辑元器件属性

1. 首先在原理图编辑器中载入名称为“Diysch.ddb”（该库文件存储在光盘中的\实例\第 5 章目录下）的原理图库文件。
2. 在该库文件中查找名为“CN-6”的接插件，然后将其放置到图纸中，结果如图 4-38 所示。
3. 用鼠标左键双击接插件，弹出编辑元器件属性对话框，如图 4-39 所示。
4. 单击 Attributes 按钮进入元器件属性参数选项卡，然后根据要求在该选项卡中设置元器件的各种属性。
   - 【Lib Ref】（元器件名称）：设置元器件在原理图库中的名称（不允许修改）。
   - 【Footprint】（元器件封装）：设置元器件封装，由于该接插件在元器件封装库中的封装名称为“CN6”，因此本例将该选项设置为“CN6”。
   - 【Designator】（元器件序号）：设置元器件序号，本例设定为“CN1”。
   - 其他选项采用系统默认设置即可。

对于初级读者来说，最关键的是对【Footprint】选项的设置。元器件封装的设置正确与否直接关系到在由原理图向 PCB 设计转化的过程中，元器件和网络表能否成功地被载入到 PCB 编辑器中。具体操作将在后面的章节中详细介绍。

5. 设置完成后的元器件属性对话框如图 4-40 所示，单击 OK 按钮确认即可。

图 4-38　放置一个接插件

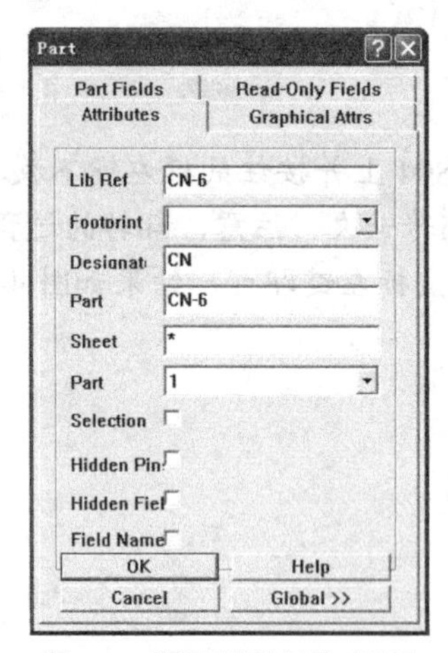


图 4-39　编辑元器件属性对话框

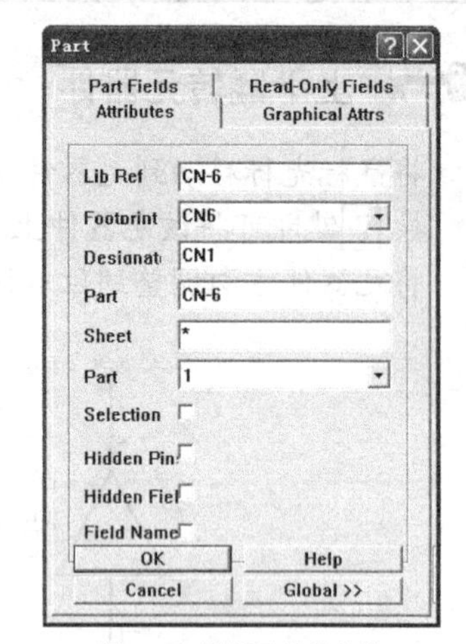


图 4-40　设置元器件参数

此外，读者还可以利用菜单命令【Edit】/【Change】对元器件属性进行编辑，具体操作这里就不再介绍了。

## 4.7　原理图布线

将元器件放置在图纸上并设置好元器件属性后，就可以开始布线了。所谓布线，就是用具有电气连接的导线、网络标号、输入输出端口等将放置好的、各个相互独立的元器件按照设计要求连接起来，从而建立电气连接的过程。

对电路原理图进行布线的方法主要有 3 种。

- 利用放置工具栏（Wiring Tools）进行布线。
- 利用菜单命令进行布线。
- 利用快捷键进行布线。

在介绍原理图布线操作之前，首先介绍放置工具栏的应用。

### 4.7.1　放置工具栏

原理图放置工具栏如图 4-41 所示，用鼠标左键单击原理图放置工具栏上的各个按钮，即可选择相应的布线工具进行布线。

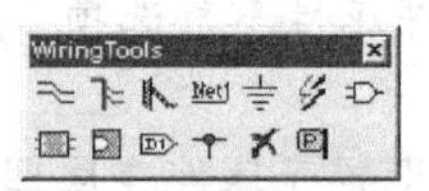


图 4-41　原理图放置工具栏

原理图放置工具栏中各按钮的功能如表 4-1 所示。

表 4-1　**原理图放置工具栏中各按钮的功能**

| 按　钮 | 功　能 | 按　钮 | 功　能 |
| --- | --- | --- | --- |
|  | 绘制导线 |  | 制作方块电路盘 |
|  | 绘制总线 |  | 制作方块电路盘输入/输出端口 |

续表

| 按　钮 | 功　能 | 按　钮 | 功　能 |
|---|---|---|---|
| | 绘制总线分支线 | | 制作电路输入/输出端口 |
| | 放置网络标号 | | 放置电路接点 |
| | 放置电源及接地符号 | | 设置忽略电路法则测试 |
| | 放置元器件 | | 设置 PCB 布线规则 |

下面对放置工具栏中的主要工具进行详细介绍。

## 一、 绘制导线

下面以发光二极管、电阻及驱动电路之间的布线为例介绍画导线的有关操作，图 4-42 所示为放置好元器件后的电路图。

### 布线

1. 单击放置工具栏中的 按钮，执行绘制导线命令。
2. 将出现的十字光标移动到二极管的引脚上，单击鼠标左键确定导线的起始点，如图 4-43 所示。注意，导线的起始点一定要设置在元器件的引脚上，否则导线与元器件并没有电气连接关系，图 4-43 中鼠标指针处出现的小圆点标志就是当前系统捕获的电气节点，此时绘制的导线将以该处作为起点。
3. 确定导线的起始点后移动鼠标光标，开始绘制导线。将线头拖动到电阻 R1 上方的引脚上，单击鼠标左键确定该段导线的终点，如图 4-44 所示。同样，导线的终点也一定要设置在元器件的引脚上。

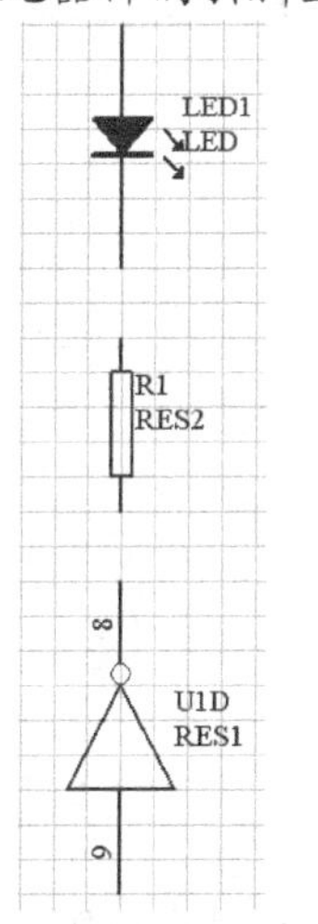

图 4-42　放置好元器件后的电路图

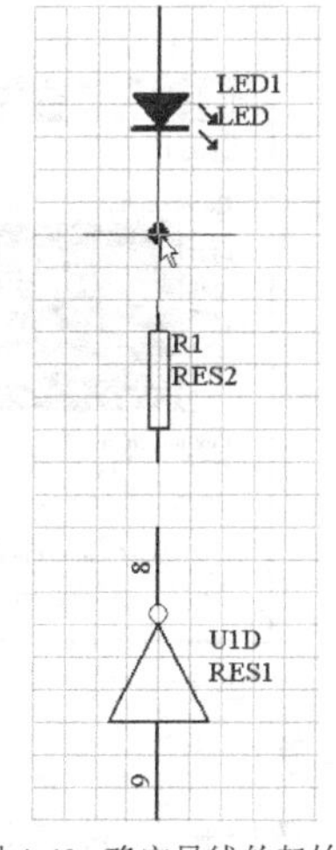

图 4-43　确定导线的起始点

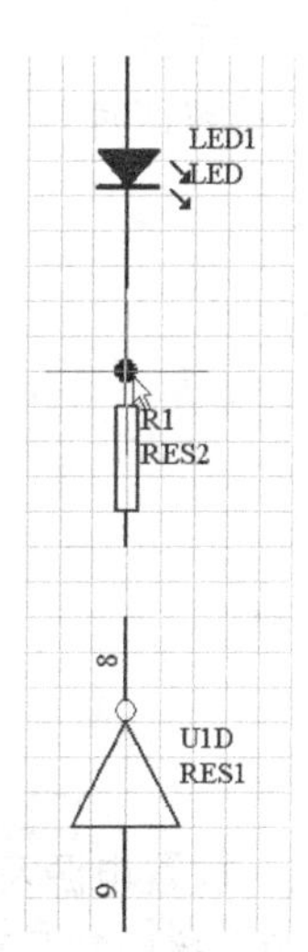

图 4-44　确定导线的终点

4. 单击鼠标右键或按 Esc 键完成一条导线的绘制，此时系统仍处于绘制导线命令状态。重复上述操作即可继续绘制其他导线。
5. 绘制一段折线。执行绘制导线命令，首先确定导线的起点，然后移动鼠标光标，开始绘制导线，在适当的位置单击鼠标左键，改变导线的方向，如图 4-45 所示。最后再在适当的位置单击鼠标左键，即可确定导线的终点。

6. 导线绘制完毕后单击鼠标右键或按Esc键，即可退出画导线的命令状态。

此外，在绘制导线的过程中单击Tab键，可以弹出编辑导线属性对话框，如图 4-46 所示。

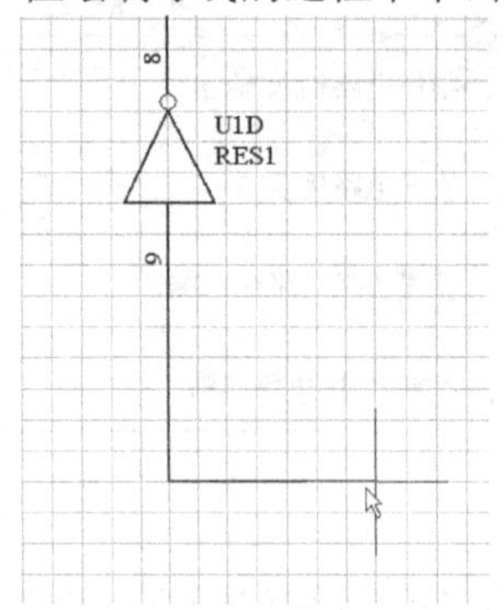

图 4-45　绘制一段折线

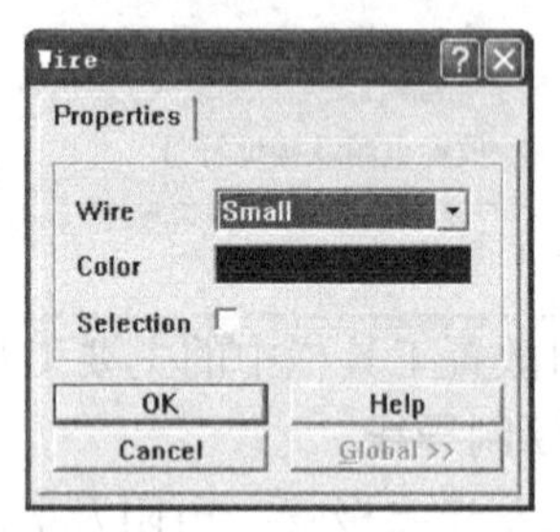

图 4-46　编辑导线属性对话框

该对话框中各选项的意义如下。

- 【Wire】选项：设置导线的宽度。单击该选项后的▾按钮，将弹出如图 4-47 所示的菜单选项。

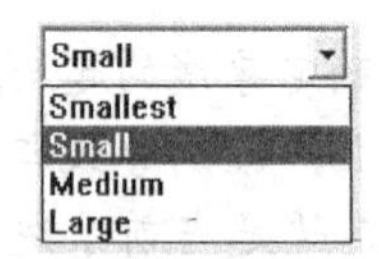

（a）导线宽度下拉菜单

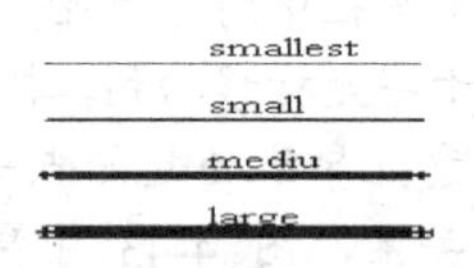

（b）各种类型的导线

图 4-47　设置导线宽度

- 【Color】选项：设置导线的颜色。单击该选项后面的颜色框即可弹出如图 4-48 所示的选择导线颜色对话框，读者可以根据需要选择一种颜色，然后单击 OK 按钮即可。

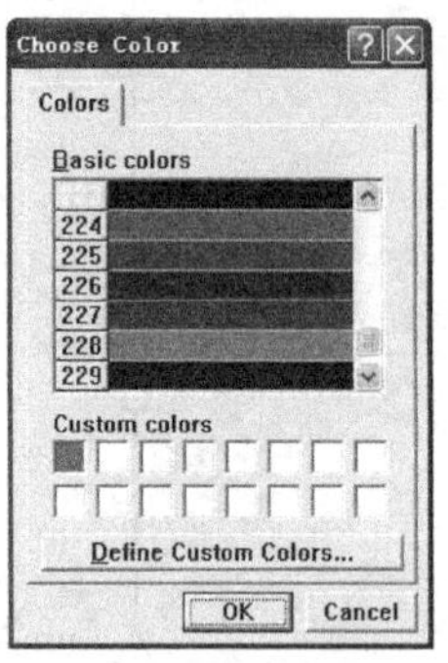

图 4-48　选择导线颜色

## 二、 放置电源及接地符号

电源和接地符号可以通过电源及接地符号工具（Power Object）栏来放置，系统为设计者提供了 12 种不同形状的电源和接地符号，与其对应的工具如图 4-49 所示。

总的来说，放置电源及接地符号的方法有以下几种。

- 单击放置工具栏中的⏚按钮，即可连续放置电源及接地符号，但是在放置不同的电源和接地符号时，应先打开如图 4-50 所示的修改电源端口属性对话框进行设置。

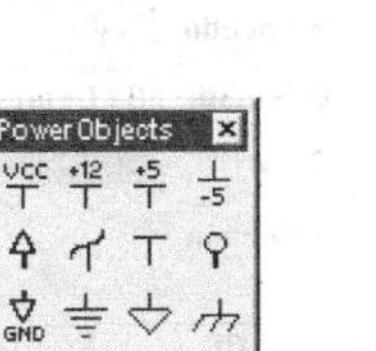


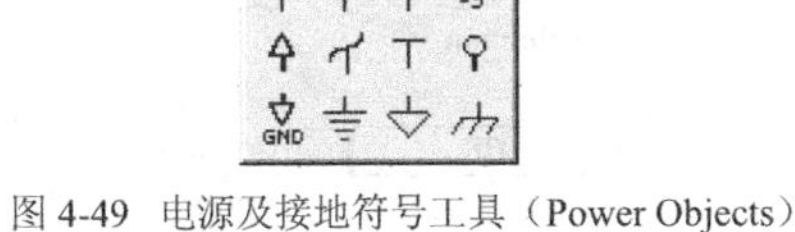

图 4-49 电源及接地符号工具（Power Objects）

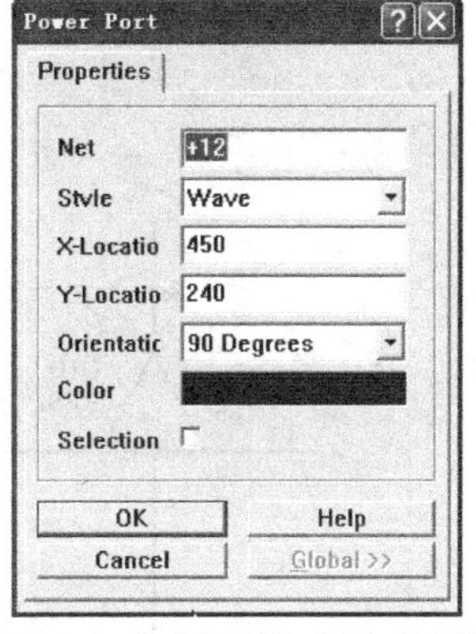


图 4-50 修改电源端口属性对话框

- 单击电源及接地符号工具栏中的符号，每单击一次只能放置一个电源及接地符号。
- 使用快捷键P/O。
- 选取菜单命令【Place】/【Power Port】。

## 放置电源及接地符号

1. 将鼠标光标移动到如图 4-45 所示的元器件上，然后双击鼠标左键，打开编辑元器件属性对话框，如图 4-51 所示。选中【Hidden Pin】复选框，将元器件隐藏的电源引脚显示出来，结果如图 4-52 所示。

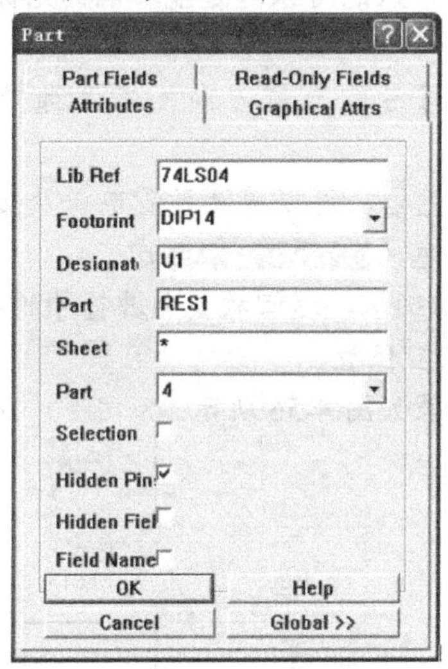


图 4-51 编辑元器件属性对话框

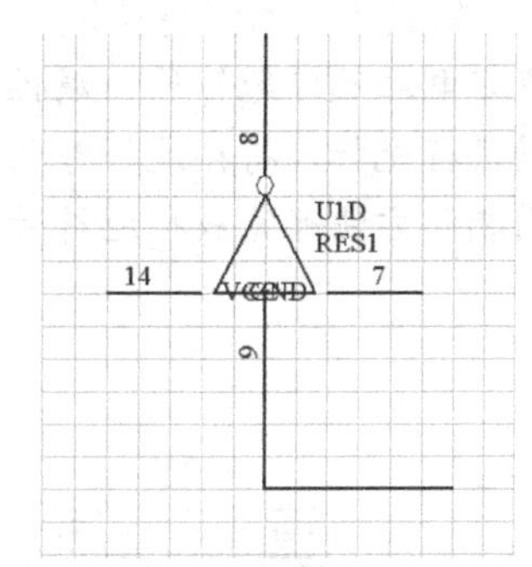


图 4-52 显示元器件隐藏引脚后的结果

2. 放置电源或接地符号。本例采用第一种方法来放置电源和接地符号。单击放置工具栏中的按钮，出现十字光标，此时接地符号会“粘”在十字光标上，如图 4-53 所示。

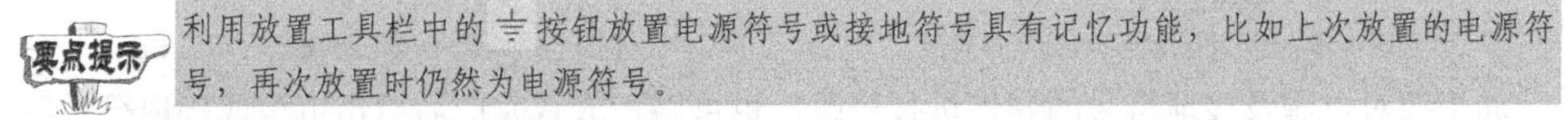


利用放置工具栏中的按钮放置电源符号或接地符号具有记忆功能，比如上次放置的电源符号，再次放置时仍然为电源符号。

3. 设置电源符号属性。按 Tab 键打开设置电源及接地符号属性对话框，参数设置如图 4-54 所示。

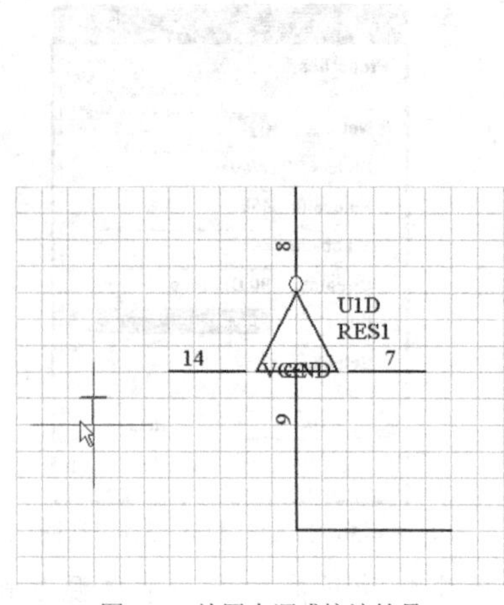

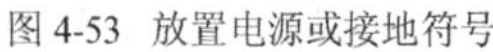
图 4-53　放置电源或接地符号

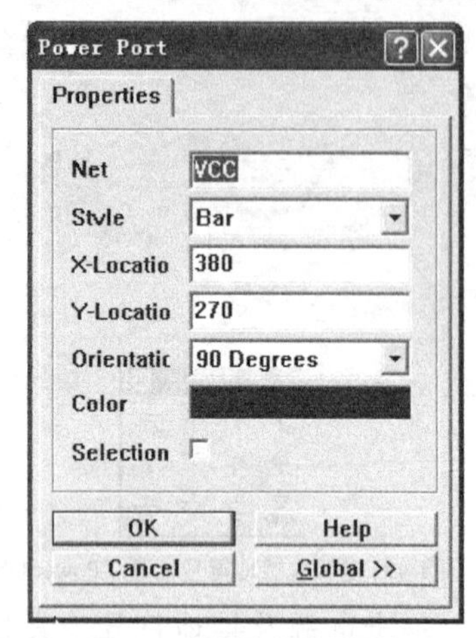

图 4-54　设置电源符号属性

在该对话框中可以对电源及接地符号的属性进行设置，其中各选项的具体功能如下。

- 【Net】（网络标号）：设定该符号所具有的电气连接点的网络标号名称，本例输入“VCC”。
- 【Style】（外形）：设定接地符号的外形。单击▾按钮将会弹出电源及接地符号样式下拉列表，如图 4-55 所示。本例放置的是接地符号，因此应在下拉列表中选择“Bar”作为电源的外形。
- 【X-Location】、【Y-Location】（符号位置坐标）：确定符号插入点的位置坐标。该项可以不必设置，电源及接地符号的插入点可以通过拖动鼠标光标来确定或改变。
- 【Orientation】（方向）：设置电源及接地符号的放置方向。本例选择“90 Degrees”。
- 【Color】（颜色）：单击【Color】右边的颜色框，可以重新设置电源及接地符号的颜色。本例将接地符号的颜色设定为紫色（　　　　）。

4. 设置完电源及接地符号的属性后单击 OK 按钮确认，返回放置电源符号的状态。
5. 拖动鼠标光标，将接地符号放置在原理图中的相应位置。
6. 采用相同方法可完成接地符号 GND 的放置，结果如图 4-56 所示。

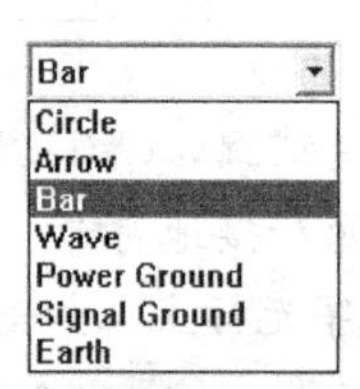

图 4-55　电源及接地符号样式下拉列表

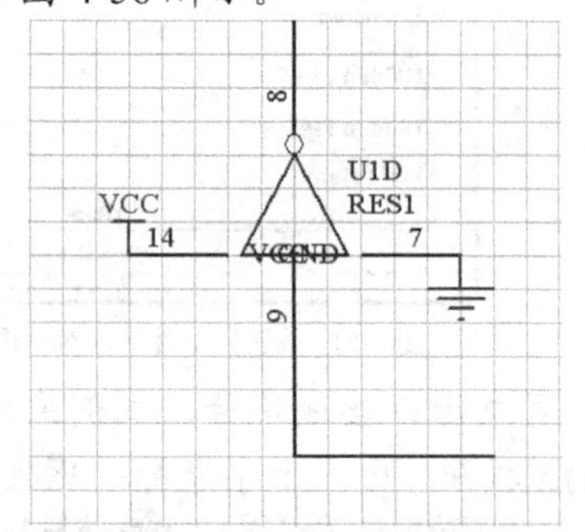

图 4-56　放置完电源及接地符号后的电路

如果要对电源及接地符号的属性进行修改，也可以在放置完成后双击电源或接地符号，再次打开编辑电源及接地符号属性对话框，对其属性进行修改。

### 三、 放置网络标号（Net Label）

前面介绍过，除了通过绘制导线外，还可以通过设置网络标号来实现元器件之间的电气连接。在一些复杂的电路图中，如果直接使用画导线的方式，则会使图纸显得杂乱无章，而使用网络标号则可以使整张图纸变得清晰易读。

网络标号指的是一个电气节点的名称。连接在一起的电源、接地符号、元器件引脚及导线等导电图件具有相同的网络标号。需要注意的是，网络标号同元器件的引脚一样具有一个电气节点，网络标号的电气节点只有捕捉到导线或元器件引脚的电气节点上，才能真正实现元器件的电气连接。

下面使用放置网络标号的方法来实现电路的连接，具体操作如下。

### 放置网络标号

1. 为了便于放置网络标号，首先在相应的元器件引脚处画上导线，结果如图 4-57 所示。
2. 执行放置网络标号命令。单击放置工具栏中的 Net1 按钮，使光标变为十字形状，并出现一个随光标移动而移动的带虚线方框的网络标号，如图 4-58 所示。

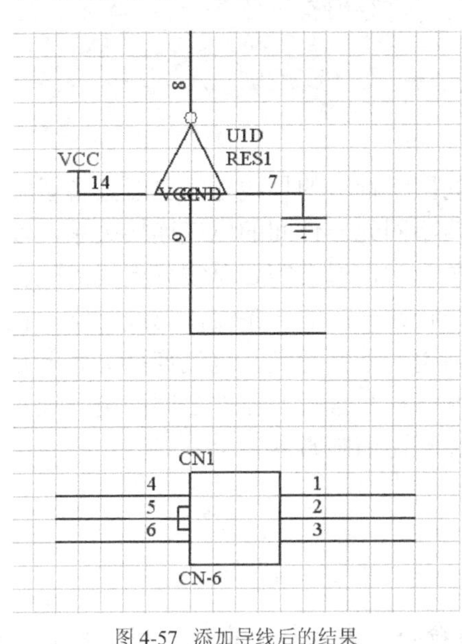

图 4-57 添加导线后的结果

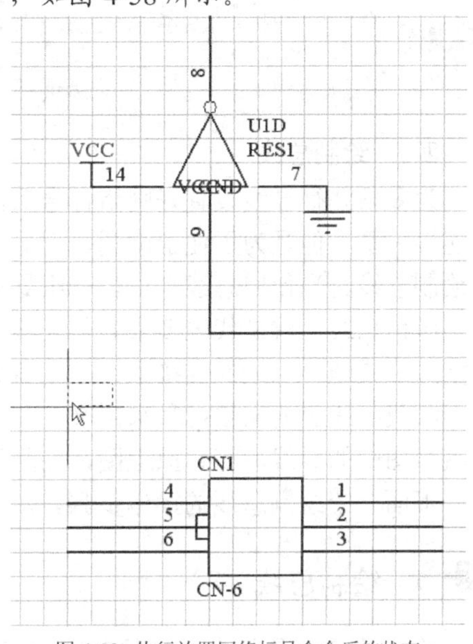

图 4-58 执行放置网络标号命令后的状态

3. 设置网络标号的属性。按 Tab 键即可弹出设置网络标号属性对话框，设置结果如图 4-59 所示。设置好网络标号的属性后单击 OK 按钮，即可回到放置网络标号的命令状态。

修改网络标号属性的方法与修改电源及接地符号属性的方法一样。这里仅修改网络标号的名称，修改后的网络标号其名称为“LED1”。

4. 放置网络标号。将鼠标指针移动到接插件 CN1 4 号引脚的引出导线上，当小圆点电气捕捉标志出现在导线上时单击鼠标左键确认，即可将网络标号放置到导线上去。
5. 此时系统仍处于放置网络标号的命令状态，重复步骤 3、步骤 4 的操作，在 U1D 9 号引脚的引出导线上放置网络标号“LED1”，表明这两点连接在一起。放置好网络标号后的结果如图 4-60 所示。

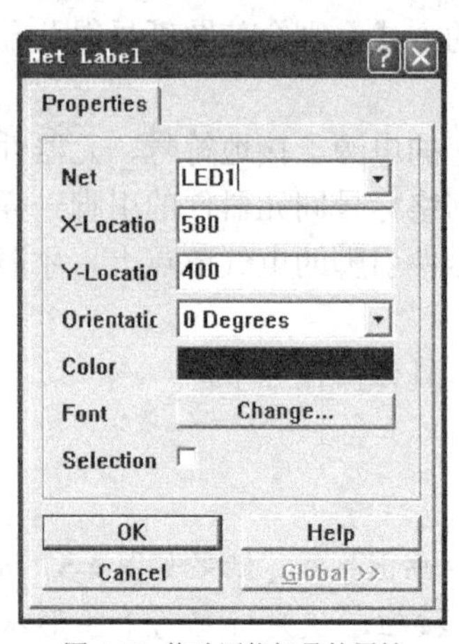


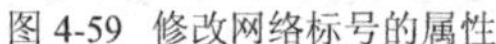
图 4-59　修改网络标号的属性

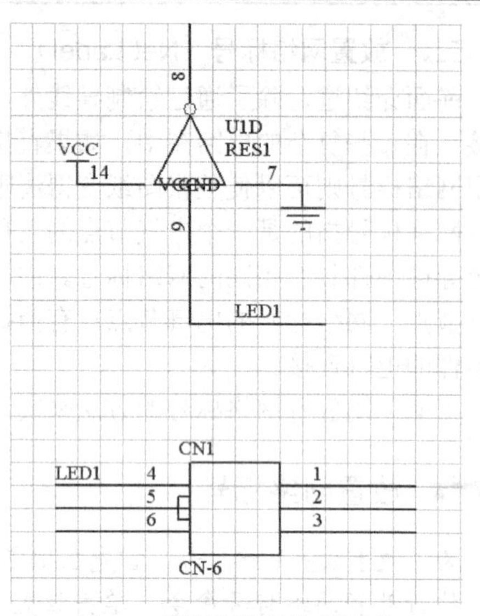


图 4-60　放置好网络标号后的结果

如果网络标号以数字结束，那么在放置过程中数字将会递增。

四、　绘制总线

为多条并行导线设置好网络标号后，具有相同网络标号的导线之间已经具备了实际的电气连接关系，但是为了便于读图，引导读图者看清不同元器件间的电气连接关系，设计者可以绘制总线。当使用总线来代替一组导线的连接关系时，通常需要总线分支线的配合。

所谓总线，就是代表多条并行导线一一对应连接在一起的一条线。总线常常用在元器件数据总线或地址总线的连接上，其本身并没有任何电气连接意义，电气连接关系还是靠元器件引脚或导线上的网络标号来定义。利用总线和网络标号进行元器件之间的电气连接不仅可以减少图中的导线，简化原理图，而且还可以使原理图清晰直观。

下面介绍绘制总线的操作步骤。

## 绘制总线

1. 单击放置工具栏中的按钮，执行绘制总线命令，当鼠标上出现十字光标后，就可以开始绘制总线了。绘制总线的操作方法与绘制导线的操作方法完全相同。
2. 在适当位置单击鼠标左键以确定总线的起点，然后移动鼠标光标，开始绘制总线。
3. 在每一个转折点处单击鼠标左键确认绘制的这一段总线，在末尾处单击鼠标左键确认总线的终点。
4. 单击鼠标右键即可结束一条总线的绘制工作，绘制好的总线如图 4-61 所示。
5. 绘制完一条总线后，系统仍处于绘制总线的命令状态，可以按照上述方法继续绘制其他总线，也可以单击鼠标右键或按 Esc 键退出绘制总线的命令状态。
6. 如果对绘制出的总线不满意，还可以用鼠标左键双击总线，在弹出的【Bus】（总线属性）对话框中对总线的宽度、颜色及选中状态进行设置，如图 4-62 所示。

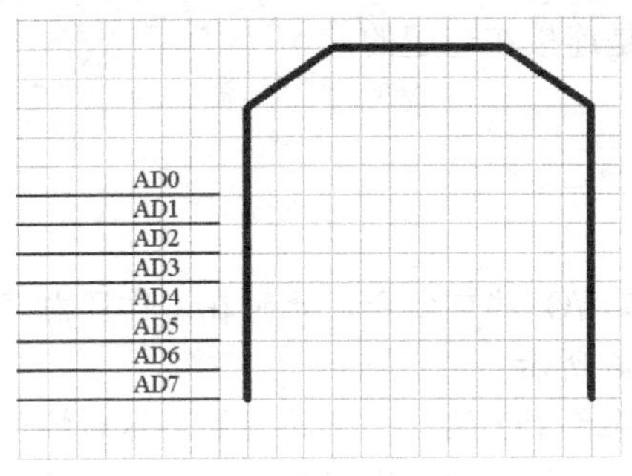


图 4-61　绘制好的总线

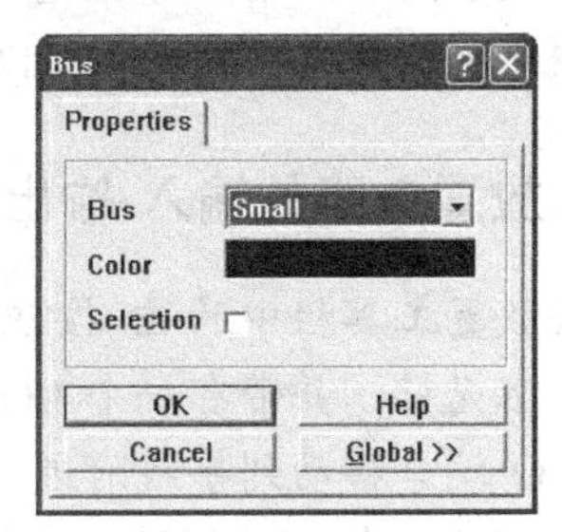


图 4-62　总线属性对话框

## 五、 绘制总线分支线（Bus Entry）

总线分支线通常用来连接导线与总线。下面介绍绘制总线分支线的操作步骤。

### 绘制总线分支线

1. 单击放置工具栏中的按钮，执行绘制总线分支线命令，此时鼠标上将出现十字光标并带着总线分支线“/”或“\”，如图 4-63 所示。由于具体位置不同，有时需要用总线分支线“/”，有时又需要用“\”。要想改变总线分支线的方向，只要在命令状态下按 Space 键即可。
2. 放置总线分支线时，只要将十字光标移动到适当位置并单击鼠标左键，即可将分支线放置在当前位置，随后可以继续放置其他分支线。放置好总线分支线后的结果如图 4-64 所示。
3. 放置完所有的总线分支线后单击鼠标右键或按 Esc 键，即可退出命令状态，回到闲置状态。
4. 如果对绘制出的总线分支线不满意，还可以用鼠标左键双击总线分支线，在弹出的【Bus Entry】（总线分支线属性）对话框中对总线分支线的位置坐标、宽度、颜色及选中状态等进行设置，如图 4-65 所示。

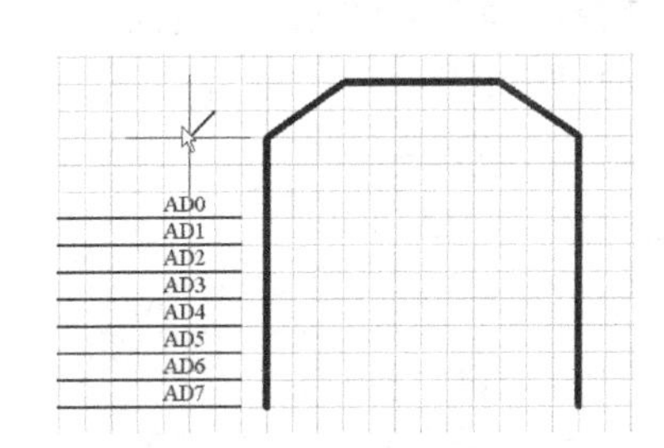


图 4-63　执行绘制总线分支线命令时的状态

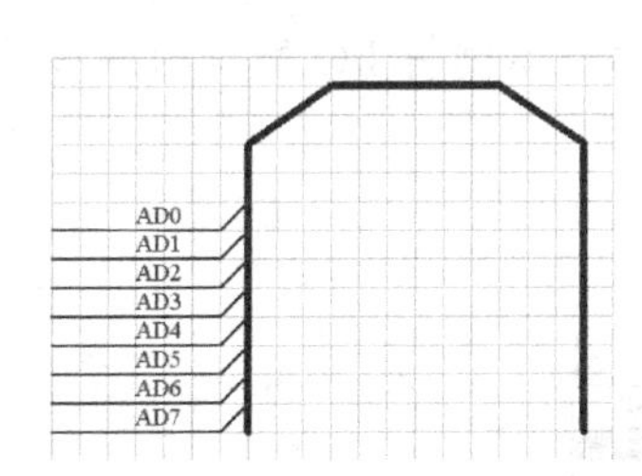


图 4-64　放置好总线分支线后的结果

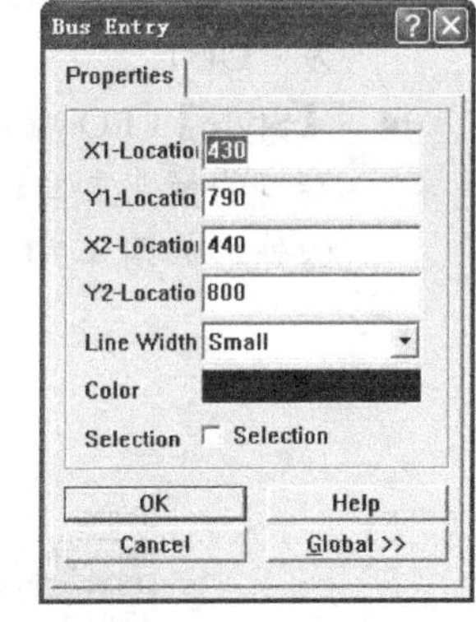


图 4-65　总线分支线属性对话框

## 六、 放置电路的输入/输出端口

除了使用前面介绍的用导线和网络标号（Net Label）连接的方法外，还可以使用放置输入/输出端口的方法将一个原理图设计与另一个原理图设计连接起来，该方法常用于层次原理图的设计中。

电路的输入/输出端口通常被称为电路的 I/O 端口，具有相同输入/输出端口名称的电路

将被视为属于同一网络，即在电气关系上被认为是连接在一起的。

下面介绍放置电路输入/输出端口的方法。

## 放置电路的输入/输出端口

1. 单击放置工具栏中的按钮，执行放置电路 I/O 端口命令，此时在工作区内将出现一个十字光标，并带有一个 I/O 端口，如图 4-66 所示。
2. 将 I/O 端口移动到导线附近，单击鼠标左键确定 I/O 端口一端的位置，然后按住鼠标左键拖动鼠标光标，当到达适当位置后再次单击鼠标左键，即可确定 I/O 端口另一端的位置，这时 I/O 端口的位置和长度也就确定下来了，结果如图 4-67 所示。
3. 设置电路 I/O 端口的属性。用鼠标左键双击已经放置好的电路 I/O 端口，弹出【Port】（修改端口属性）对话框，如图 4-68 所示。

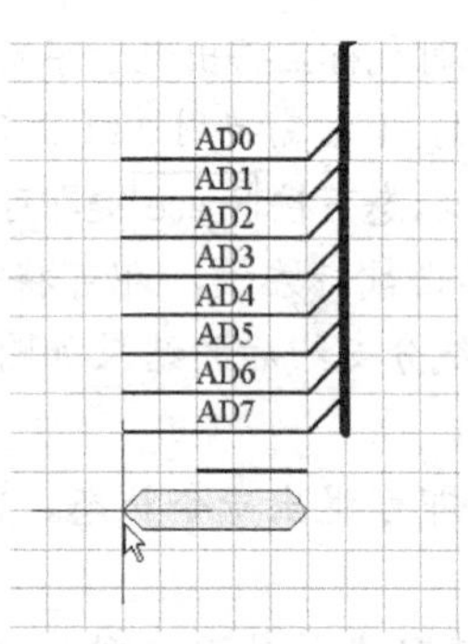


图 4-66　执行放置电路 I/O 端口命令后的状态

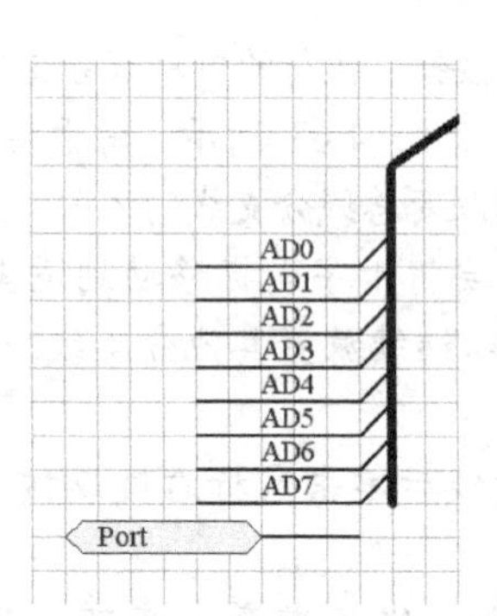


图 4-67　放置 I/O 端口

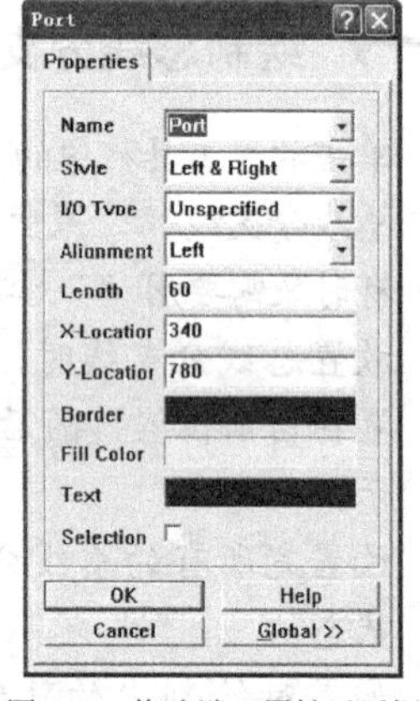


图 4-68　修改端口属性对话框

在该对话框中可以对端口的属性进行设置，其中各选项的意义如下。

- 【Name】（I/O 端口名称）：设置 I/O 端口的名称。本例将 I/O 端口的名称设置为“OUT”。
- 【Style】（I/O 端口外形）：设置 I/O 端口的外形。I/O 端口外形实际上就是 I/O 端口的箭头方向，Protel 99 SE 提供了 4 种外形供选择，如图 4-69 所示，它们的外形如图 4-70 所示。本例将 I/O 端口的外形设置为“Left”。

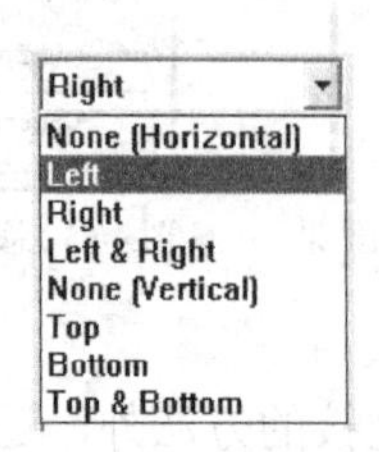


图 4-69　I/O 端口的外形种类

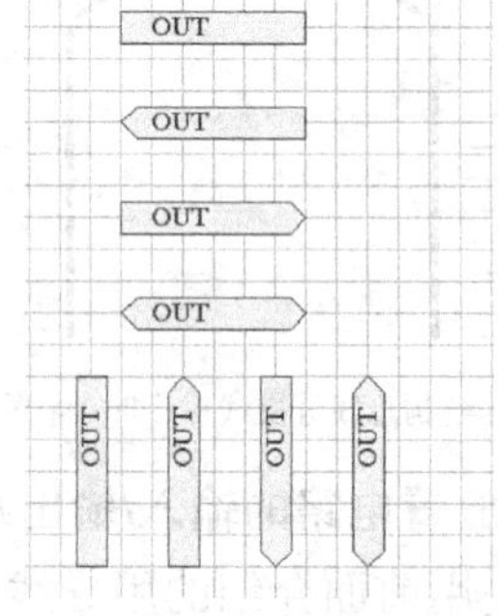


图 4-70　I/O 端口的外形

- 【I/O Type】（I/O 端口的电气特性）：设置端口的电气特性，也就是对端口的输入输出类型进行设定，为电气法则测试（ERC）提供一定的依据。例如，当两个同为“Input”类型的 I/O 端口连接在一起的时候，进行电气法则测试时就会产生错误报告。本例设置电气类型为“Output”。

端口的电气类型有以下 4 种。

【Unspecified】：未指明或不确定。

【Output】：输出端口型。

【Input】：输入端口型。

【Bidirectional】：双向型。

- 【Alignment】（I/O 端口的形式）：设置端口形式，用来确定 I/O 端口的名称在端口符号中的位置，不具有电气特性。

端口形式有以下 3 种。

【Center】：居中。

【Left】：左对齐。

【Right】：右对齐。

各端口形式示意图如图 4-71 所示，本例选择【Left】偏左设置。

其他属性设置包括 I/O 端口的【Length】（长度）、【X/Y-Location】（位置坐标）、【Border】（边线颜色）、【Fill Color】（填充颜色）、【Text】（文字标注的颜色）和【Selection】（选中状态）等设置，设计者可以根据自己的需要进行设定，这里不做详细介绍。

4. 设置完 I/O 端口的属性后单击对话框中的 OK 按钮确认。制作好的电路 I/O 端口如图 4-72 所示。

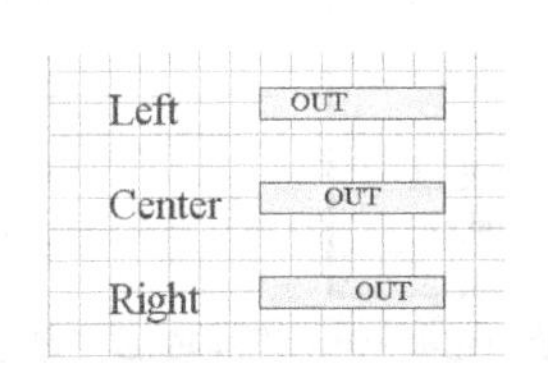


图 4-71 端口名称在端口中的位置

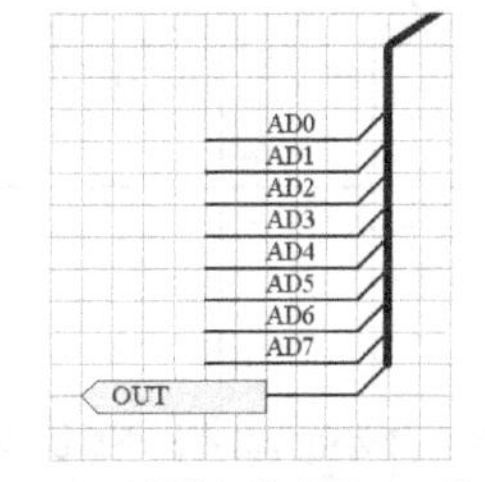


图 4-72 制作好的电路 I/O 端口

在放置 I/O 端口的命令状态下，可以按 Tab 键打开修改端口属性对话框对端口属性进行修改。

## 七、 放置线路节点（Junction）

常见的导线交叉可以分为以下 3 种情况，如图 4-73 所示。

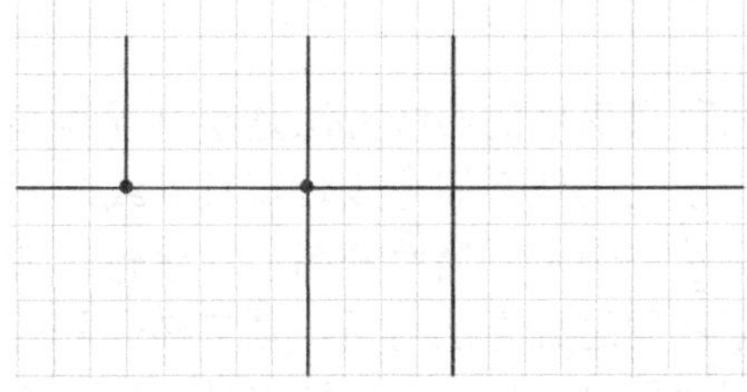

图 4-73 3 种交叉

- 导线 T 形交叉，有电气连接。
- 导线十字交叉，有电气连接。

- 导线十字交叉，无电气连接。

在 T 形导线交叉处，系统将自动添加上一个线路节点。但是，当两条导线在原理图中成十字交叉时，系统将不会自动生成线路节点。两条导线在电气上是否相连是由交叉点处有无线路节点来决定的。如果在交叉点处有电路节点，则认为两条导线在电气上是相连的，否则则认为它们在电气上是不相连的。因此，如果导线确实相交的话，则应当在导线交叉处放置电路节点，使其具有电气上的连接关系。

### 放置线路节点

1. 单击放置工具栏上的按钮，执行放置线路节点命令，此时在工作区中将出现一个带有电路节点的十字光标，如图 4-74 所示。
2. 修改线路节点的属性。按 Tab 键即可打开线路节点属性对话框。在该对话框中可以对节点的位置、大小、颜色、锁定属性等进行设置，设置完成后的结果如图 4-75 所示。
3. 放置线路节点。拖动鼠标光标，将节点移动到两条导线的交叉点处，单击鼠标左键，即可将节点放置在交叉点处，放置好线路节点后的结果如图 4-76 所示。这样，两条导线就具有了电气上的导通关系。

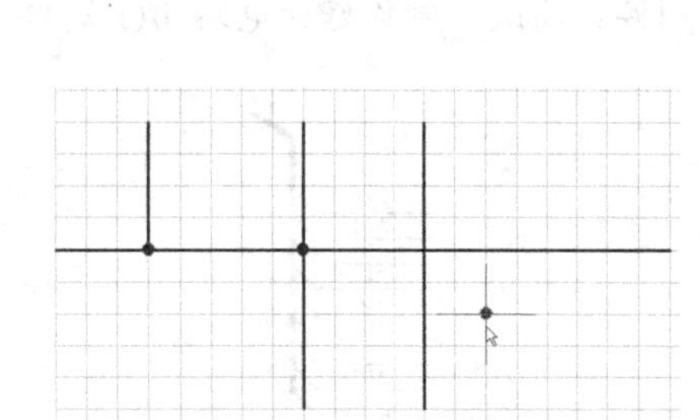

图4-74 执行放置电气节点命令后的状态

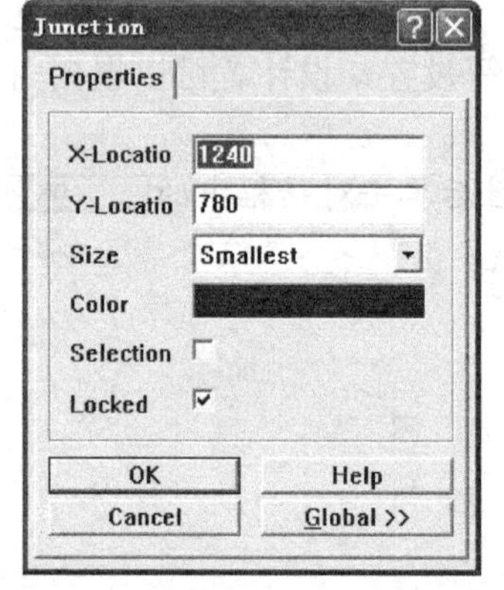


图4-75 线路节点属性对话框

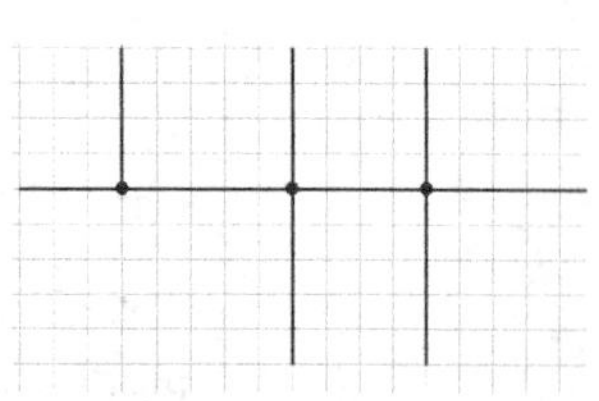

图4-76 放置好电气节点后的结果

4. 此时系统仍处于放置线路节点的命令状态，单击鼠标右键或按 Esc 键即可退出该命令状态。

## 4.7.2 原理图布线

将原理图设计中具有相同电气连接的元器件引脚连接到一起，建立起两者之间电气连接的操作就叫作布线。

在同一原理图设计中，两种最简单的布线方法是绘制导线和放置网络标号。

绘制导线的布线方法适用于元器件之间连线较短且导线之间交叉较少的情况。该方法直观适用，便于对原理图进行浏览。但是，当原理图设计比较复杂、元器件较多、导线之间的交叉较多或者距离太远时如果还用这种方法的话，则势必会降低整张原理图的可读性和美观性。在这种情况下，往往采用放置网络标号的方法来替代导线连接。同时为了读图方便，对于并行的多条导线还可以采用总线的方式来连接。

总之，具体采用哪种方法对原理图进行布线，应当以原理图布局整齐、布线美观为原则，对原理图设计进行合理布线。

# 4.8 原理图设计技巧

本节将介绍一些原理图设计技巧，熟练掌握这些技巧，可以大大提高原理图设计效率和质量。

## 4.8.1 元器件自动编号

元器件的编号可以在放置元器件的过程中进行设置，也可以在放置完所有元器件之后手动进行修改。

在放置元器件的过程中对元器件进行编号适合在同时放置多个同一类的元器件时使用。比如放置电阻时，只需在放置第一个电阻时将其序号修改为“R1”，之后连续放置的多个电阻的编号就会自动递增，而保持其他选项的设置不变。

放置完元器件后再手动修改元器件的编号只适用于元器件数目较少的原理图设计，否则原理图的设计效率就会大大降低，而且也很容易将元器件之间的序号编错。当原理图设计比较复杂且元器件的数目较多时，可以采用系统提供的自动编号功能对原理图设计中的所有元器件进行编号。

元器件自动编号功能特别适用于以下几种情况。

- 当图纸上的部分元器件因设计改动而被删除之后，为了保证元器件编号的连续性，往往需要重新对元器件进行编号。
- 如果一个原理图设计由多部分设计拼接而成，那么其元器件的编号往往会重复，这时也需要对元器件进行自动编号。

本节将以 Protel 99 SE 安装目录下“Design Explorer 99 SE\Examples\LCD Controller.Ddb”设计数据库文件中的“Power Supply.sch”文件为例，介绍元器件的自动编号功能，如图 4-77 所示。

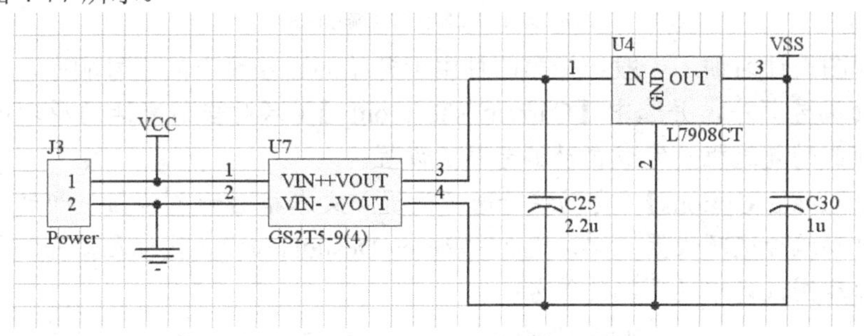


图 4-77 元器件自动编号实例

### 元器件自动编号功能

1. 打开“LCD Controller.Ddb”设计数据库文件中的“Power Supply.sch”文件，结果如图 4-77 所示。
2. 选取菜单命令【Tools】/【Annotate】，即可打开元器件自动编号参数设置对话框，如图 4-78 所示。

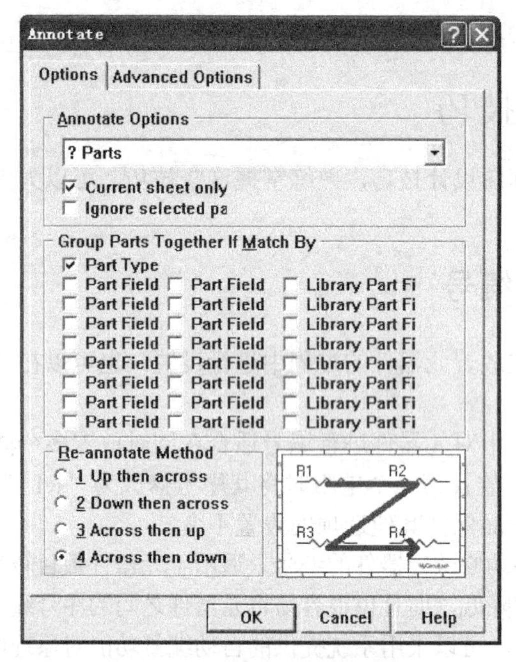


图 4-78　元器件自动编号参数设置对话框

如果此时工作窗口中打开了多个原理图设计，则应当将工作窗口切换到需要进行自动编号的原理图设计中。

系统提供了以下4种自动编号模式，如图4-79所示。

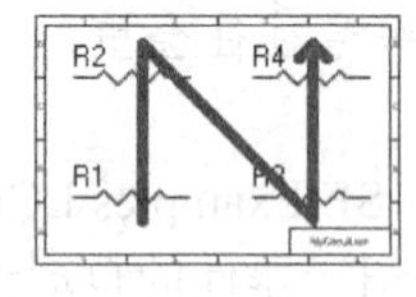


（a）自下而上

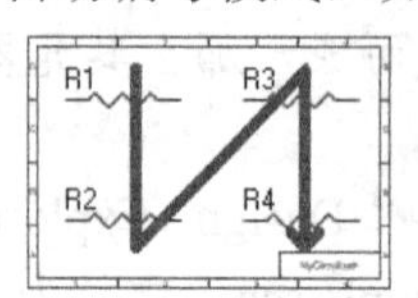


（b）自上而下

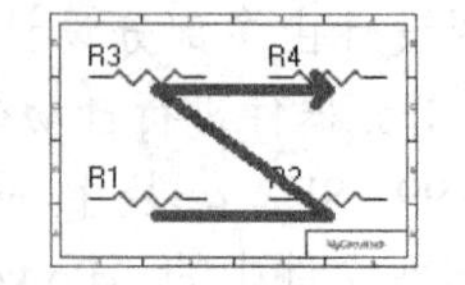


（c）由下开始的自左至右

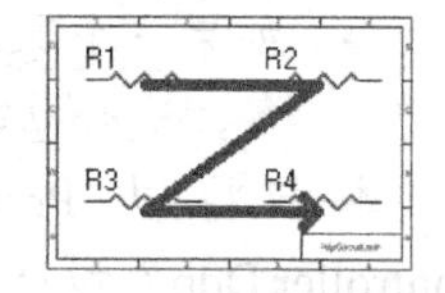


（d）由上开始的自左至右

图 4-79　4种元器件自动编号模式

根据原理图设计习惯，一般选择第四种由上开始的自左至右的编号顺序。

3. 设置自动编号顺序，并选中【Current sheet only】（只对当前激活的原理图设计自动编号）选项前的复选框，完成自动编号参数设置。
4. 单击【Annotate Options】（自动编号选项设置）文本框后的▼按钮，即可打开如图4-80所示的自动编号选项设置菜单。选择“Reset Designators”（复位元器件编号）选项，复位当前原理图设计中的元器件编号。

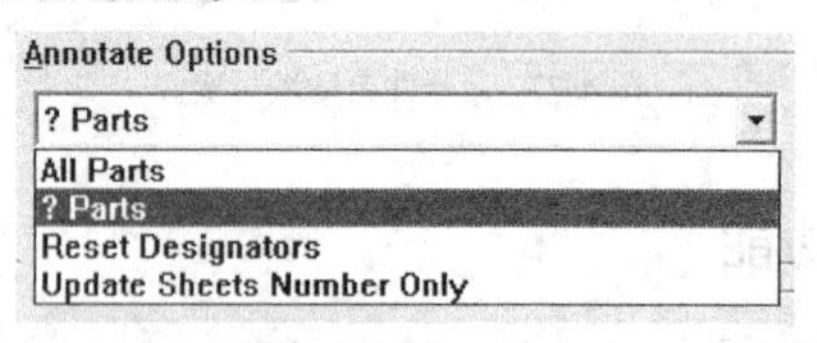


图 4-80　自动编号选项设置菜单

5. 单击 OK 按钮，执行复位元器件编号的操作，系统将会自动将元器件的序号复位，结果如图4-81所示。

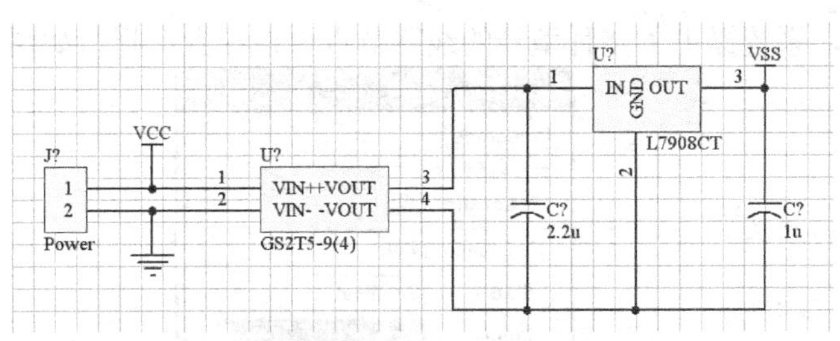


图 4-81　复位元器件编号后的结果

6. 再次选取菜单命令【Tools】/【Annotate】，打开元器件自动编号参数设置对话框，将自动编号选项设置为“? Parts”，然后单击 OK 按钮执行自动编号命令，结果如图 4-82 所示。

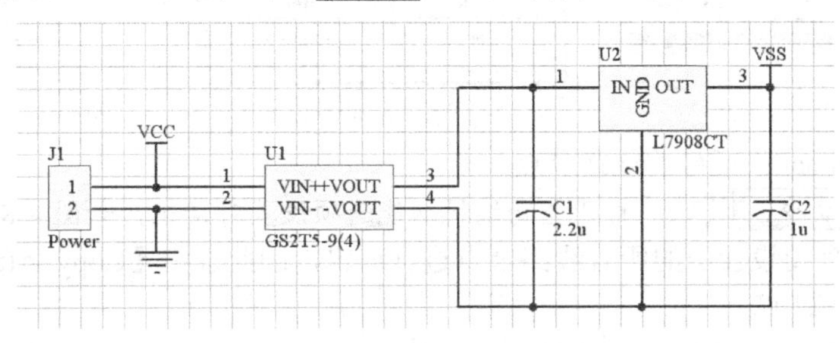


图 4-82　对原理图中的元器件进行自动编号

同时，系统将会自动生成如下所示的元器件自动编号后的变更报告。

Protel Advanced Schematic Annotation Report for 'Power Supply.sch' 19:35:09 12-Oct-2005

J?　　=>J1

U?　　=>U1

U?　　=>U2

C?　　=>C1

C?　　=>C2

## 4.8.2　全局编辑功能

在原理图编辑器中不仅可以对单个图件进行编辑，而且还可以同时对当前文档或整个数据库设计文件中具有相同属性的图件进行编辑。

对当前设计文档或整个数据库设计文件中具有相同属性的图件同时进行编辑的功能就是全局编辑功能。利用全局编辑功能可以通过一次操作对多个图件进行编辑，从而大大提高了原理图设计效率，减少了设计人员的工作量。

本节仍以“Power Supply.sch”为例，介绍如何利用全局编辑功能修改线路节点（Junction）的大小。

### 修改线路节电的大小

1. 将鼠标光标移动到线路节点上，然后双击鼠标左键，系统将会弹出选择图件快捷菜单，如图 4-83 所示。
2. 在选择图件快捷菜单中选择【Junction】选项，打开修改线路节点属性对话框，如图 4-84 所示。

在该对话框中，系统提供了 4 种型号的线路节点供设计者选择，如图 4-85 所示。

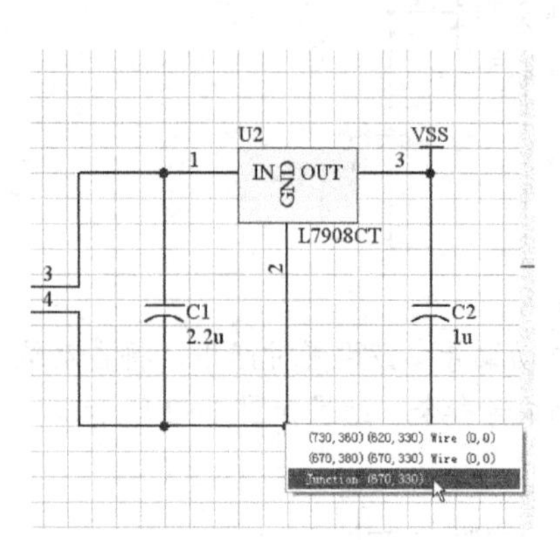


图 4-83　选择图件快捷菜单

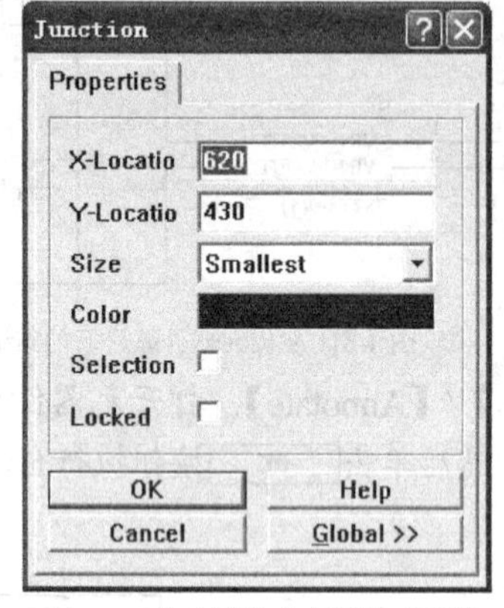


图 4-84　修改线路节点属性对话框

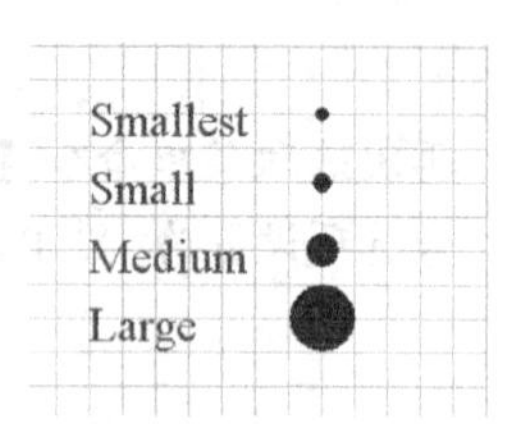


图 4-85　4 种型号的线路节点

本例选择“Small”型号的线路节点。

3. 单击 Global >> 按钮，打开全局编辑功能选项设置对话框，如图 4-86 所示。

本例要对原理图设计中的所有线路节点进行编辑，因此选中【Copy Attributes】区域中的【Size】复选框即可。

4. 设置好后单击 OK 按钮，系统会弹出如图 4-87 所示的确认对话框。

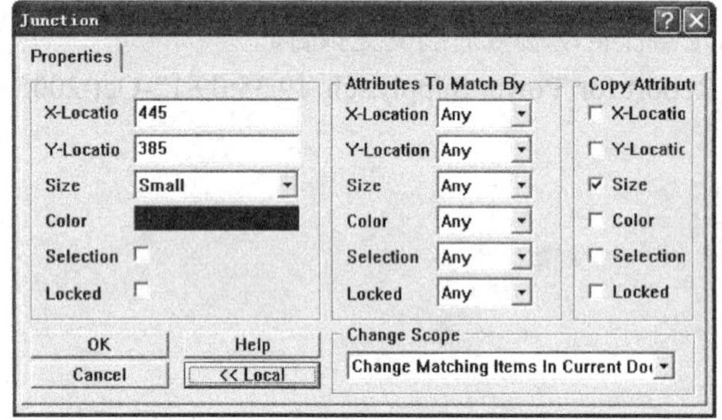


图 4-86　全局编辑功能选项设置对话框

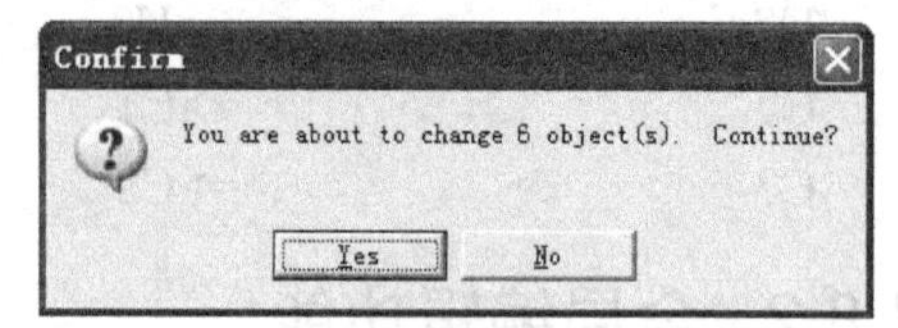


图 4-87　确认修改线路节点的大小

5. 在确认修改线路节点大小对话框中单击 Yes 按钮，继续本次修改线路节点的操作，系统会自动将原理图设计中线路节点的大小修改为“Small”，结果如图 4-88 所示。

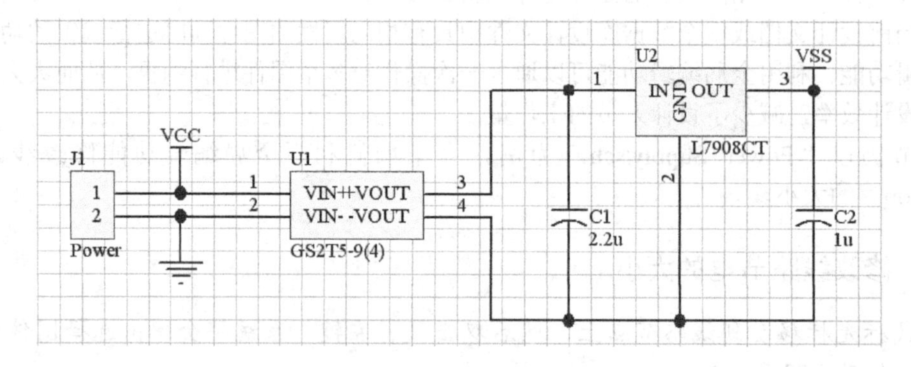


图 4-88　修改线路节点大小后的结果

# 4.9 实例辅导

本章前面以“指示灯显示电路”为例，零散地介绍了原理图的绘制方法，本节将具体介绍该电路原理图的绘制。同时为了巩固全局编辑功能的应用，本节还给出了一个利用全局编辑功能修改网络标号的实例。

## 4.9.1 绘制指示灯显示电路

首先创建一个设计数据库文件，并在该设计数据库文件下的【Documents】文件夹中新建一个原理图设计文件；然后完成图纸参数和栅格参数的设置以及载入原理图库等准备工作，具体操作请参考本章中的相关内容。

### 绘制指示灯显示电路

1. 放置元器件。

如果原理图设计中的元器件数目不是特别多的话，则可以在放置元器件时将元器件分类，一次放置同一类元器件，其序号会自动递增。当原理图设计比较复杂时，放置元器件的原则是先放置核心元器件，再放置与核心元器件相关的外围元器件。通常在放置元器件的同时修改元器件的属性。

本例电路比较简单，因此首先要对元器件进行分类，结果如下。

(1) 电阻：普通电阻的序号为“R1～R6”，注释文字为“Res2”，元器件封装为“AXIAL0.4”。

(2) 二极管指示灯：二极管的序号为“LED1～LED6”，注释文字为“LED”，元器件封装为“LEDQ”。

(3) 集成电路 74LS04：集成电路的序号为“U1”，注释文字为“74LS04”，元器件封装为“DIP-14。

(4) 接插件：接插件的序号为“CN1”，注释文件为“CN-6”，元器件封装为“CN6”。

2. 按照上述分类放置元器件。放置好所有元器件后的原理图如图 4-89 所示。

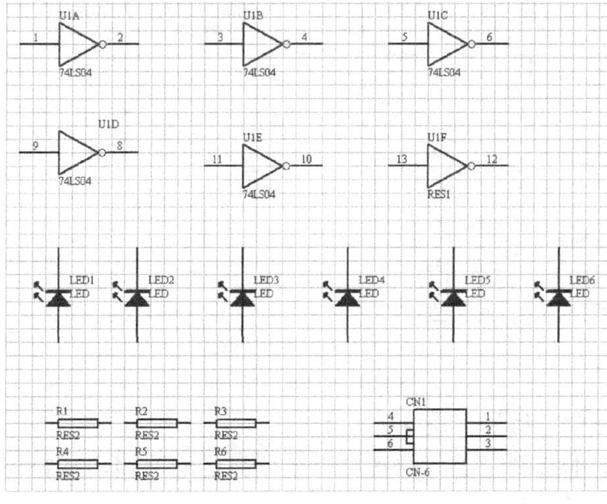


图 4-89 放置好元器件后的原理图

3. 调整元器件的位置。元器件的放置应当以保证原理图美观和方便布线为原则。调整元器件位置后的结果如图 4-90 所示。

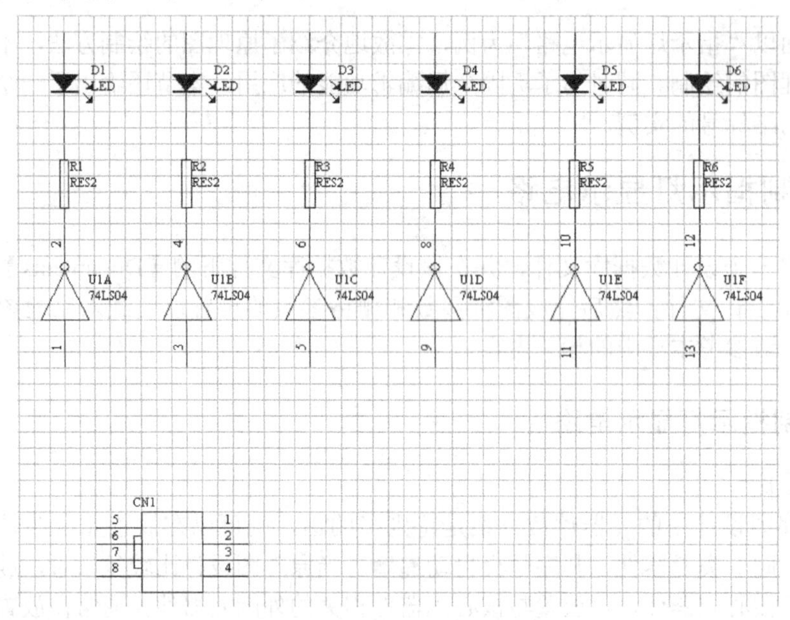


图 4-90　调整元器件位置后的结果

4. 布线。根据电气连接要求，采用画导线布线、放置网络标号的方法对已调整好的元器件进行布线。为了保证原理图的美观，接插件与元器件 74LS04 的信号连接采用放置网络标号的方法进行布线，布线结果如图 4-91 所示。

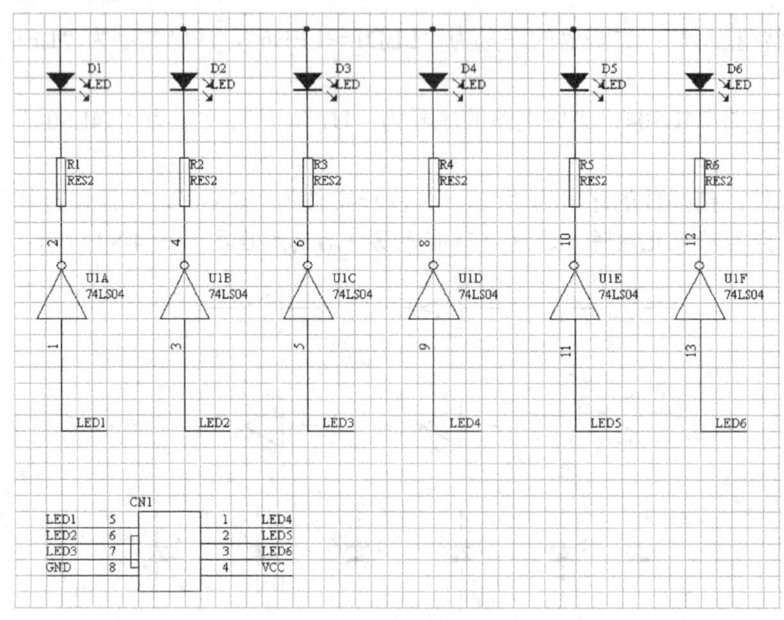


图 4-91　布线后的原理图

5. 放置电源和接地符号，结果如图 4-2 所示。

这样，电路图就基本绘制完了，读者可以根据自己的习惯，从整体角度对电路图进行修改，并根据需要添加注释。

## 4.9.2 修改网络标号

本节为了巩固全局编辑功能的应用，特别给出了一个利用全局编辑功能修改网络标号的练习，将“指示灯显示电路”中的“LED*”（*代表 1～6）修改为“LEDQ*”。

### 修改网络标号

1. 将鼠标光标移动到任意一个名称为“LED*”的网络标号上，然后双击鼠标左键，即可打开修改网络标号属性对话框，如图 4-92 所示。
2. 单击 Global >> 按钮，打开全局编辑功能选项设置对话框，如图 4-93 所示。

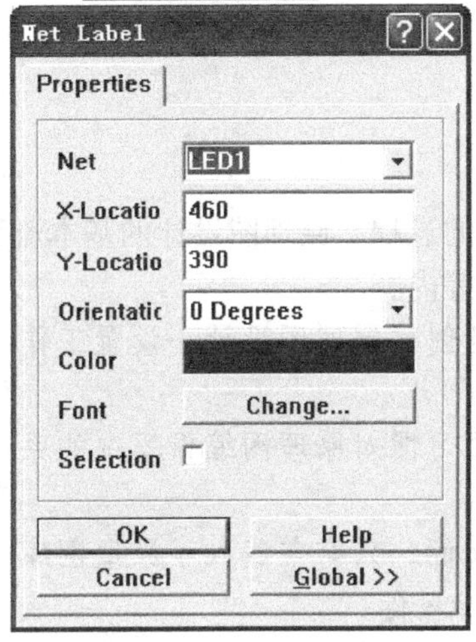
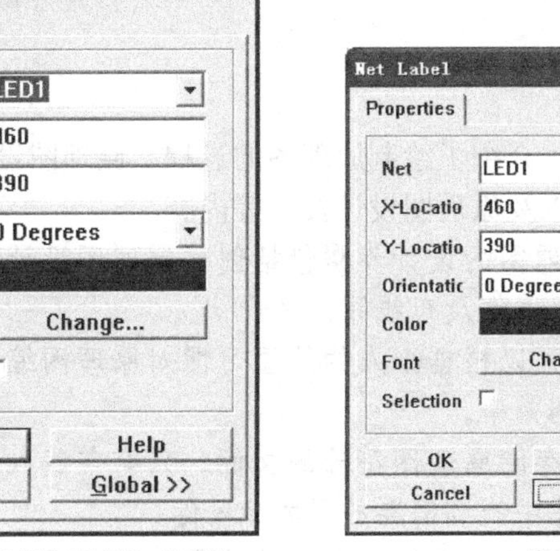


图 4-92 修改网络标号属性对话框

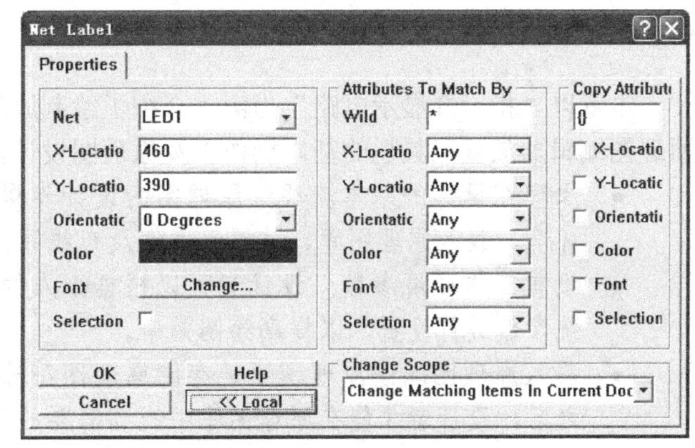


图 4-93 全局编辑功能选项设置对话框

在该对话框中可以通过【Attributes To Match By】区域配置需要修改的网络标号的共性（本例将网络标号的共同属性配置为“LED*”），在【Copy Attributes】区域中可以设置网络标号的改动（本例将改动设置为“LED=LEDQ”），设置完成后的结果如图 4-94 所示。

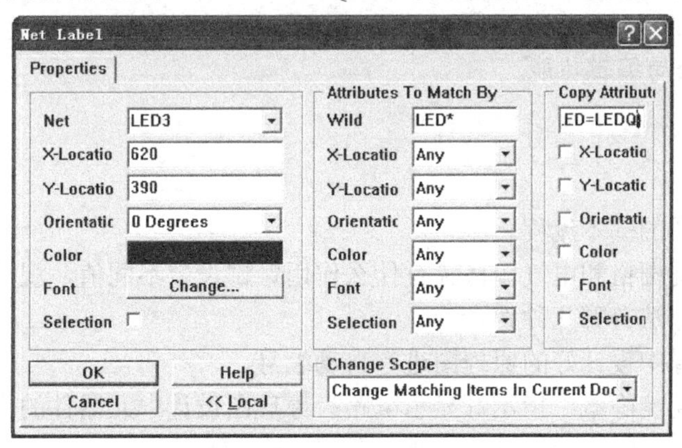


图 4-94 设置全局编辑功能选项

3. 设置完成后单击 OK 按钮，系统将会弹出确认修改网络标号的对话框。单击 Yes 按钮，即可将网络标号修改为“LEDQ*”，结果如图 4-95 所示。

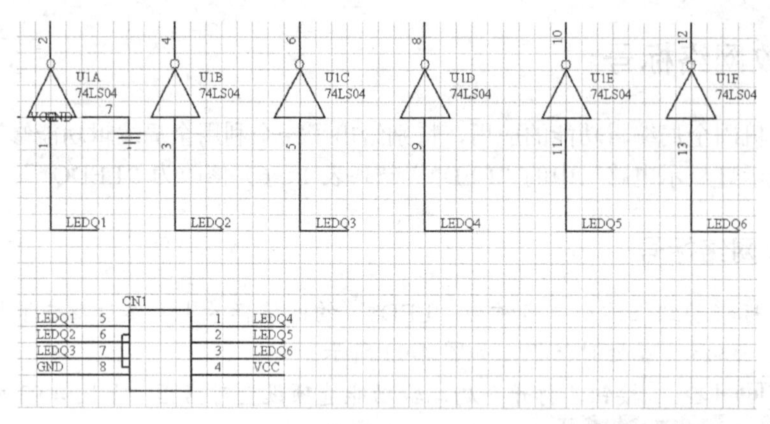


图 4-95 修改网络标号后的结果

## 4.10 小结

本章以“指示灯显示电路”为例，介绍了绘制原理图的过程、原理图设计的基本流程、原理图编辑器放置工具栏的基本操作以及原理图设计技巧等内容。

- 原理图设计的基本流程：原理图的设计步骤包括创建原理图设计、设置工作环境、载入原理图库、放置元器件及布线等。
- 设置工作环境参数：设计者可以根据个人的绘图习惯对原理图编辑器中的系统参数进行设置，以提高绘图效率。
- 载入原理图库：原理图库是存储原理图符号的文件，只有在载入了原理图库之后，设计者才能在原理图库中找到需要放置的元器件。
- 放置元器件：介绍了如何放置元器件以及元器件的删除、编辑、移动、旋转等操作。
- 原理图布线：介绍了原理图布线的方法，包括绘制导线、放置网络标号、绘制总线以及放置端口等。
- 原理图设计技巧：介绍了原理图设计过程中常用的技巧，即元器件的自动编号功能和全局编辑功能。

## 4.11 习题

1. 简述设计原理图的基本流程。
2. 可视栅格、捕捉栅格和电气栅格各有什么作用？试设定不同值，观看效果。
3. 放置元器件的方法有哪几种？
4. 对本章实例辅导中设计好的原理图进行自动编号。
5. 利用全局编辑功能隐藏“指示灯显示电路”原理图设计中元器件的注释文字。

# 第5章　制作原理图符号

通过前面几章的学习，相信读者已经可以绘制一些简单的电路原理图了。在绘制原理图的过程中，读者可能会发现有的原理图符号在系统提供的元器件库中找不到，此时就需要读者自己动手制作原理图符号。原理图符号的制作是在原理图库编辑器中完成的。

## 5.1　本章学习重点和难点

- 本章学习重点。
  本章主要介绍如何在原理图库编辑器中制作原理图符号，重点内容包括原理图库编辑器管理窗口的使用、绘图工具栏的使用和原理图符号的绘制。
- 本章学习难点。
  本章的学习难点是如何正确、快捷地绘制出一个有效的原理图符号。

## 5.2　概念辨析

本章主要介绍原理图符号的制作，在制作过程中经常会涉及到原理图符号和原理图库这两个概念。

- 原理图符号：代表二维空间内元器件引脚电气分布关系的符号，它除了表示元器件引脚的电气分布外，没有其他实际意义。
- 原理图库：存储原理图符号的设计文件。

## 5.3　创建一个原理图库文件

在制作原理图符号之前，应当首先创建一个原理图库文件，以便放置即将制作的原理图符号。

### 创建一个原理图库文件

1. 选取菜单命令【File】/【New】，打开新建设计数据库文件对话框，如图 5-1 所示。
2. 单击 Browse... 按钮将该设计数据库文件保存到指定的位置，并将该文件命名为“diysch.Ddb”，如图 5-2 所示。

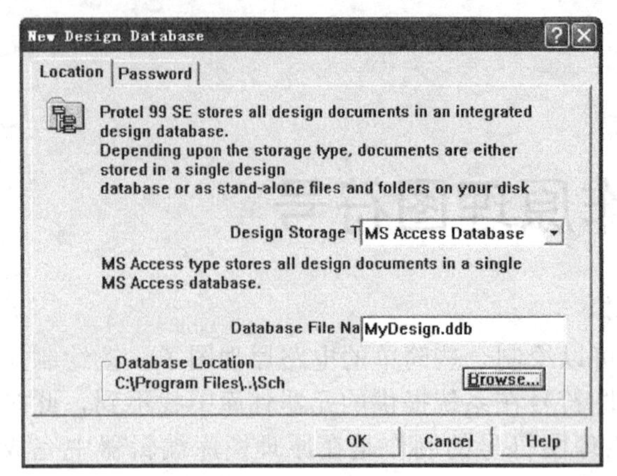


图5-1　新建设计数据库文件对话框

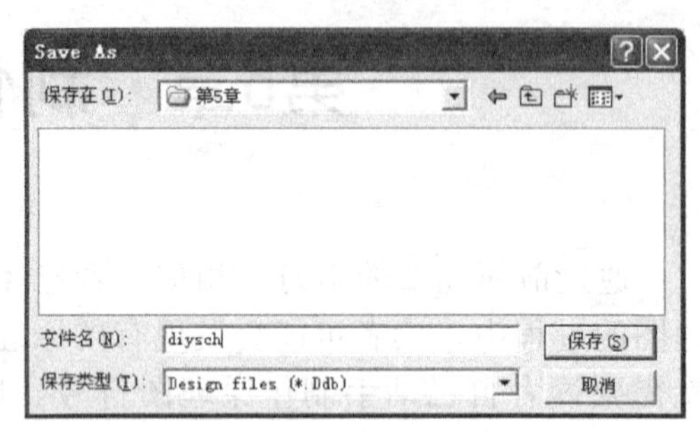


图5-2　保存设计数据库文件

3. 在新生成的设计数据库文件下双击 Documents 图标，打开该文件夹。
4. 选取菜单命令【File】/【New...】，打开选择创建设计文件类型对话框。在该对话框中选择【Schematic Library Document】（创建原理图库文件）图标，然后单击 OK 按钮，即可新建一个原理图库文件，如图 5-3 所示。

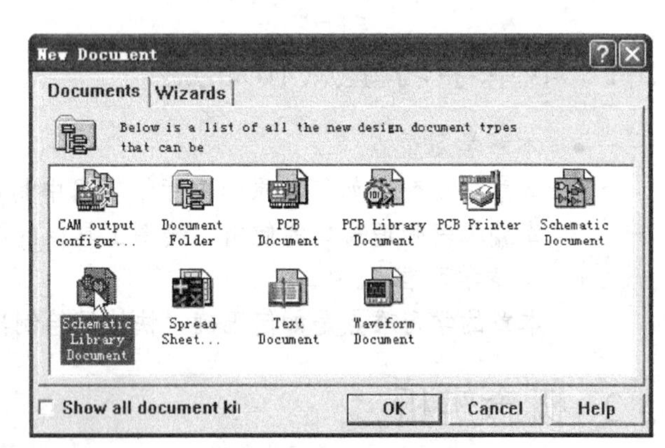


图5-3　创建原理图库文件

5. 将新生成的原理图库文件命名为“diysch.Lib”，然后双击该文件，即可打开原理图库编辑器，如图 5-4 所示。

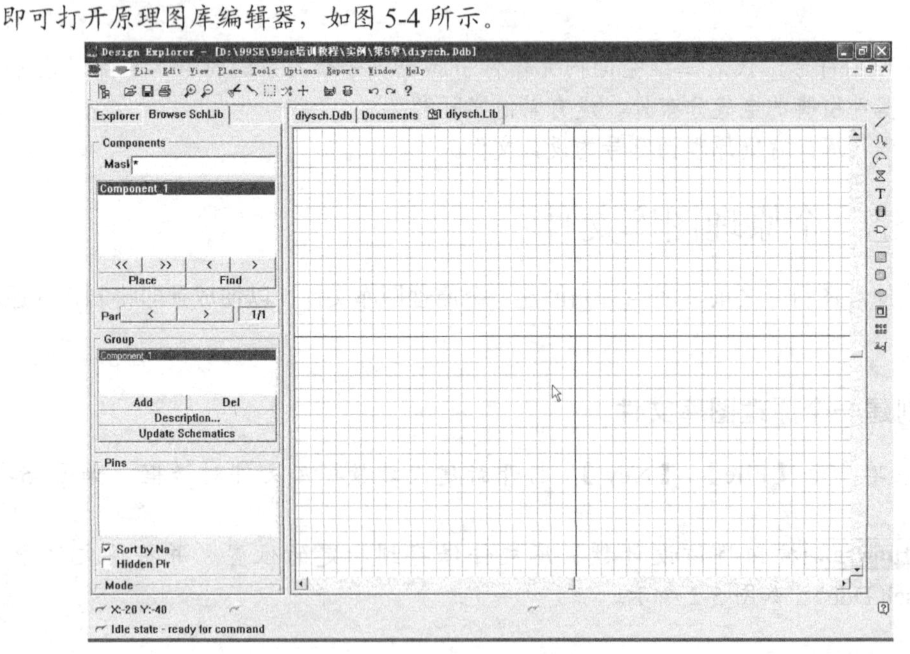


图5-4　原理图库编辑器

6. 选取菜单命令【File】/【Save All】，即可将原理图库文件存储到设计数据库文件中。

# 5.4 原理图库编辑器管理窗口

图 5-5 所示为原理图库编辑器管理窗口，其与原理图编辑器管理窗口稍有不同。

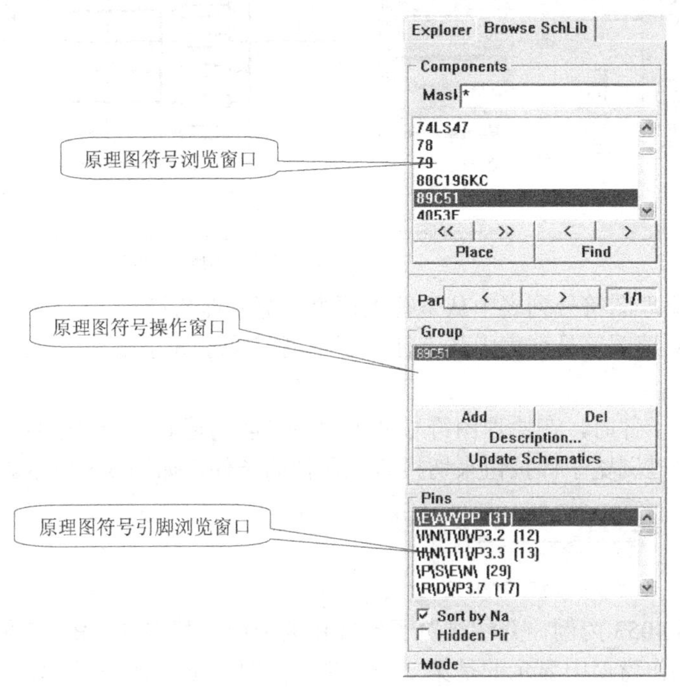


图5-5 原理图库编辑器管理窗口

原理图库编辑器管理窗口主要包括以下 3 个部分。

- 原理图符号浏览窗口：在该窗口中可以浏览当前原理图库中的所有原理图符号。
- 原理图符号操作窗口：通过该窗口中的按钮可以实现添加、删除原理图符号的操作。
- 原理图符号引脚浏览窗口：在该窗口中可以浏览当前所选原理图符号的引脚信息。

下面分别介绍原理图符号浏览窗口和原理图符号操作窗口的运用。

## 5.4.1 原理图符号浏览窗口

原理图符号浏览窗口的主要功能是浏览当前原理图库中的所有原理图符号，其方法与在原理图管理窗口中浏览元器件的方法相同，读者可以参考第 3 章中的内容，本节就不再介绍了。

下面介绍原理图符号浏览窗口中各按钮的功能。

(1) 浏览原理图符号。

<<：单击该按钮可以直接回到原理图符号列表的顶端，此时编辑器工作窗口中将会显示出该原理图符号，如图 5-6 所示。

>>：单击该按钮可以直接回到原理图符号列表的底端，此时编辑器工作窗口中将

会显示出该原理图符号，如图 5-7 所示。

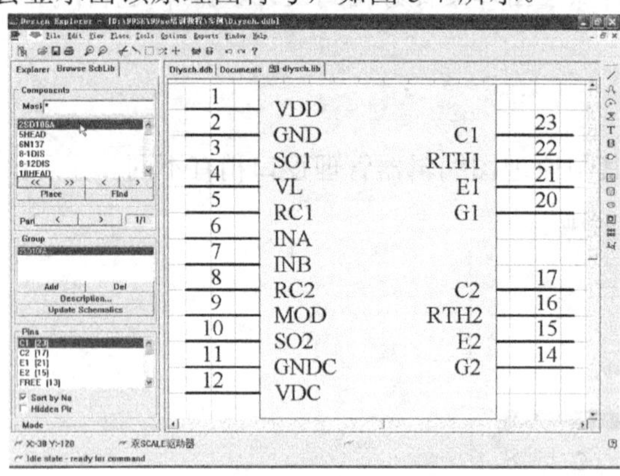


图5-6　显示列表顶端的原理图符号

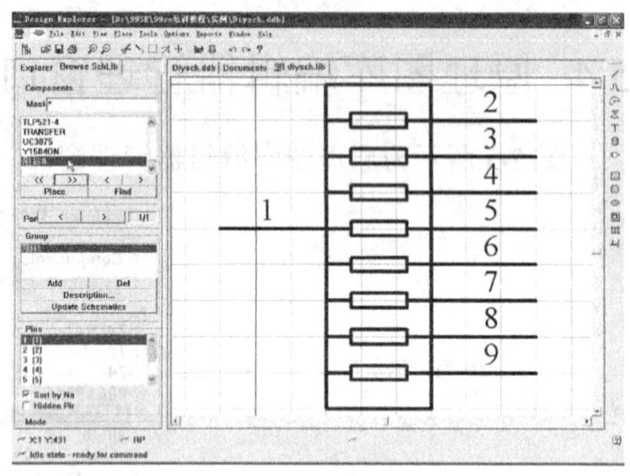


图5-7　显示列表底端的原理图符号

<：单击该按钮可以在原理图符号列表中从下往上逐个浏览原理图符号。

>：单击该按钮可以在原理图符号列表中从上往下逐个浏览原理图符号。

(2)　浏览元器件子件。

当一个元器件的原理图符号有子件时，在原理图符号列表栏中只能浏览其中一个子件。如果要浏览所有的子件，则应当通过浏览子件按钮来切换该元器件的子件，如图 5-8 所示。

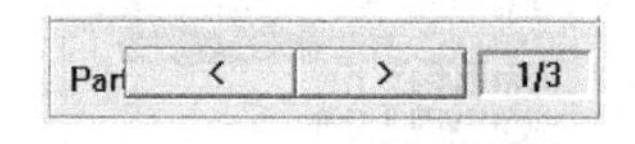


图5-8　浏览子件按钮

以图 5-9 所示的多通道选择器 4053 为例，介绍浏览子件按钮的应用，其中 A、B、C 依次为该元器件的 3 个子件。当前工作窗口中显示的是第二个子件，此时浏览子件按钮的状态为 Part < > 2/3。

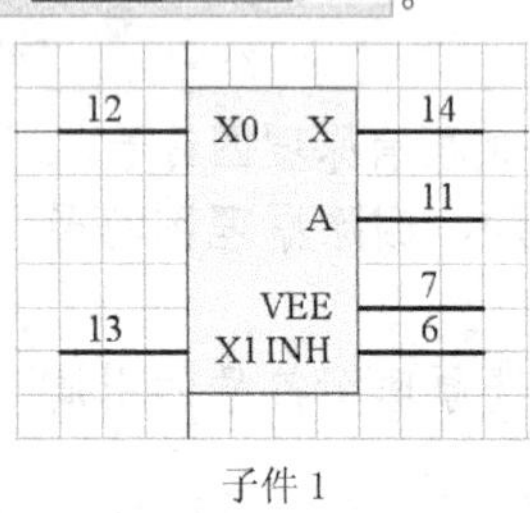


子件 1

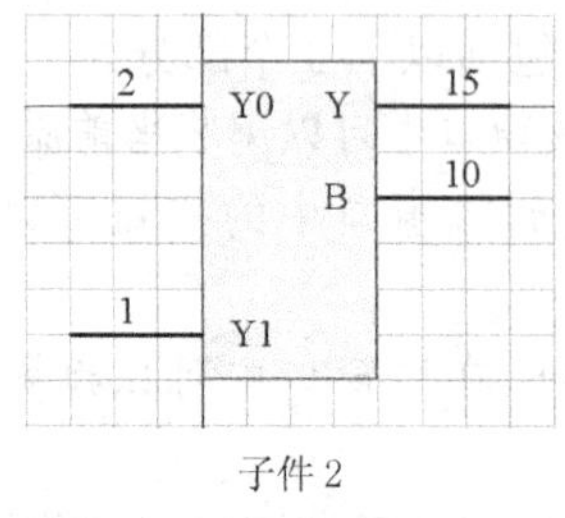


子件 2

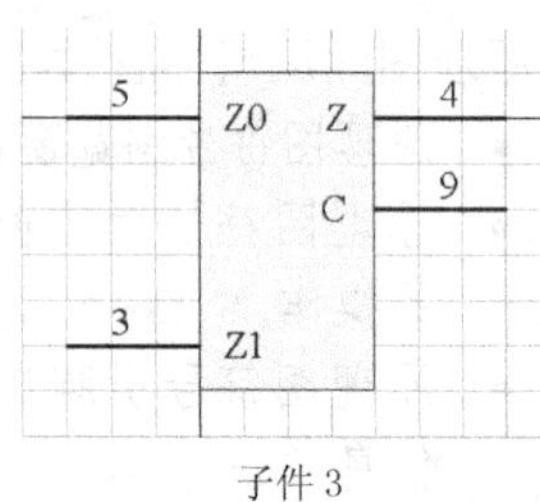


子件 3

图5-9　元器件 4053

<：浏览当前子件之前的那一个子件。本例中单击该按钮，可以将子件切换到子件 1，此时浏览子件按钮的状态变为 Part < > 1/3。

>：浏览当前子件之后的那一个子件。本例中单击该按钮，可以将子件切换到子件 3，此时浏览子件按钮的状态变为 Part < > 3/3。

(3)　放置元器件。

Place：单击该按钮，即可将当前选中的原理图符号放置到原理图设计中。如果当前没有被激活的原理图设计文件，则系统将会在库文件所属设计数据库文件中新建并打开一个原理图设计文件，以放置该元器件。

Find：单击该按钮，即可打开查找原理图符号对话框，如图 5-10 所示。

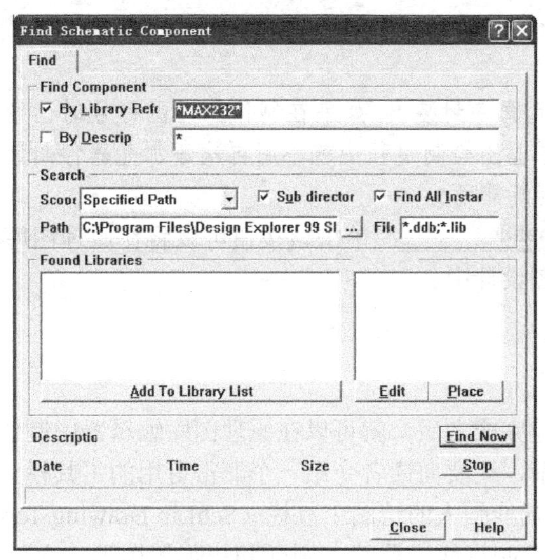


图5-10　查找原理图符号对话框

在原理图库编辑器中通过 Find 按钮查找元器件的方法与在原理图编辑器中的操作方法相同，读者可以参考上一章中的内容，这里不再赘述。

## 5.4.2 原理图符号操作窗口

在原理图符号操作窗口中通过单击相应的按钮，不仅可以执行添加、删除元器件的操作，而且还可以实现为元器件添加详细信息的操作。

Add ：单击该按钮，系统将会执行添加元器件命令，打开为新建元器件命名对话框，如图 5-11 所示。单击 OK 按钮即可添加一个新的元器件，该元器件与原理图符号浏览栏中选中的原理图符号具有共同的属性，并同属于一个组（Group），如图 5-12 所示。

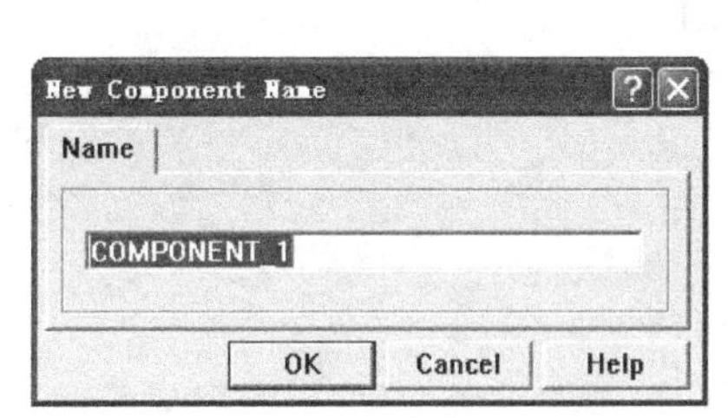


图5-11　为新建元器件命名对话框

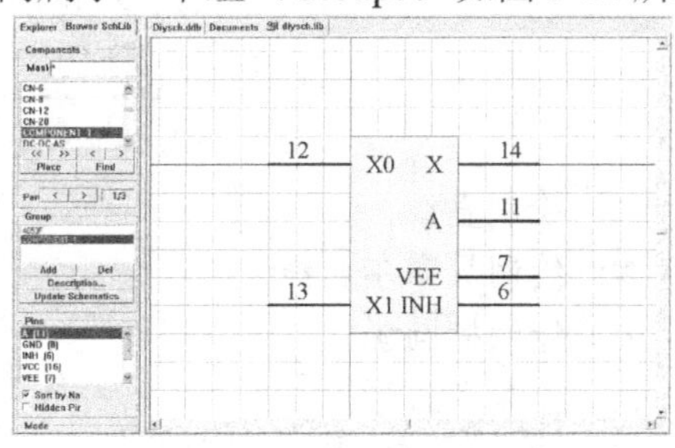


图5-12　添加新的元器件

Del ：单击该按钮可以删除原理图库中当前选中的原理图符号。

Description... ：单击该按钮可以打开修改原理图符号属性对话框，如图 5-13 所示。

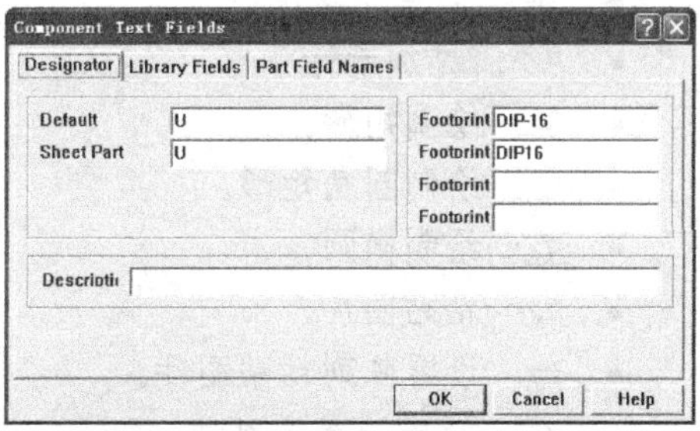

图5-13　修改原理图符号属性对话框

在该对话框中有以下两个常用的选项。

- 【Default】（元器件默认的序号）：该选项用来设定元器件的序号，一般情

况下将其设置为“U?”，以便于对元器件进行编号，尤其是利用系统的自动编号功能进行编号。

- 【Footprint】（元器件封装）：如果在制作原理图符号时已经添加了默认的元器件封装，则在原理图绘制过程中就不用再次添加元器件封装了，这时只需采用默认的元器件封装即可。

Update Schematics：单击该按钮可以将在原理图库编辑器中对原理图符号进行的修改更新到原理图设计中。

## 5.5 绘图工具栏

在原理图库文件创建完成之后，就可以在原理图库编辑器中制作原理图符号了。不过在正式制作原理图符号之前，还要向读者介绍一个非常有用的工具栏——绘图工具栏。

Protel 99 SE 提供了功能强大的绘图工具栏（SchLib Drawing Tools）。使用绘图工具栏不仅可以方便地在图纸上绘制直线、曲线、圆弧和矩形等图形，而且还可以放置元器件的引脚、添加元器件和元器件的子件等。总之，利用绘图工具栏可以方便地执行绘制原理图符号的命令，大大简化了原理图符号的制作过程。

需要注意的是，利用绘图工具绘制的图形主要起标注作用，不含有任何电气含义（除原理图库编辑器中的放置元器件引脚工具外），这是绘图工具与放置工具（Wiring）的根本区别。

### 5.5.1 绘图工具栏中各工具的功能

绘图工具栏如图 5-14 所示，其中各按钮的功能如下。

图5-14　绘图工具栏

- ：绘制直线。
- ：绘制贝塞尔曲线。
- ：绘制椭圆弧。
- ：绘制多边形。
- ：添加文字注释。
- ：创建元器件。
- ：添加子件
- ：绘制矩形。
- ：绘制圆角矩形。
- ：绘制椭圆。
- ：粘贴图片。
- ：设置阵列粘贴图件。
- ：放置元器件引脚。

下面详细介绍几种主要绘图工具的使用方法。

## 5.5.2 绘制直线

绘制直线按钮主要用来绘制原理图符号的外形，比如电阻原理图符号的边框，它不具有任何电气意义，只是表示实际元器件的外形。

### 绘制直线

1. 单击绘图工具栏中的⁄按钮，执行绘制直线命令。

   此外，还有以下两种执行绘制直线命令的方法。

   - 选取菜单命令【Place】/【Line】。
   - 按快捷键P/L。

2. 修改直线的属性。按Tab键打开如图 5-15 所示的【PolyLine】(直线属性)对话框，在该对话框中可以设置直线的线型、粗细和颜色等属性。设置完成后单击 OK 按钮即可。

   【PolyLine】(直线属性)对话框中各选项的功能如下。

   - 【Line】: 设定线宽。单击▾按钮，即可在下拉菜单中选择【Smallest】(很细)、【Small】(细)、【medium】(中)和【Large】(宽)等不同粗细的直线。
   - 【Line】: 设定线型。单击▾按钮，即可在下拉菜单中选择【Solid】(实线)、【Dashed】(虚线)和【Dotted】(点线)等线型。
   - 【Color】: 设定颜色。单击该选项后的颜色框，将会弹出如图 5-16 所示的对话框，用鼠标左键单击所需的颜色，然后单击 OK 按钮，即可选中需要的颜色。

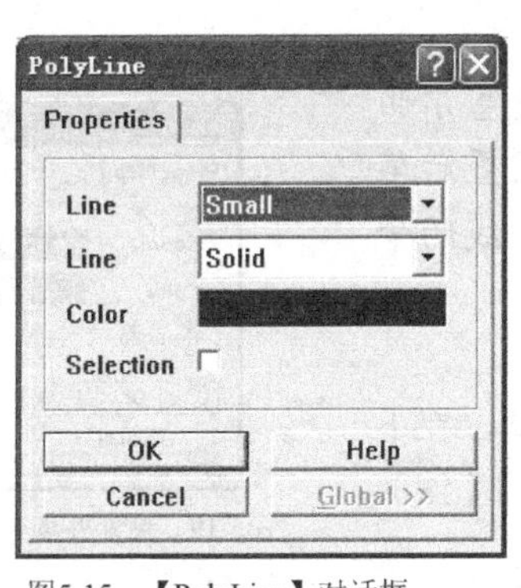


图5-15 【PolyLine】对话框

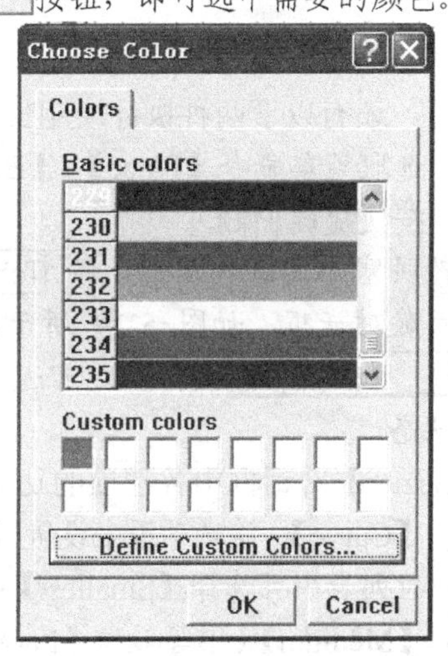


图5-16 颜色设定对话框

3. 将变为十字形状的鼠标光标移动至适当位置，单击鼠标左键或按Enter键，确定直线的起点，然后移动鼠标光标，会发现一条线段随着光标移动，如图 5-17 所示。

   绘制直线时，系统提供了多种转折方式可供选择，如图 5-18 所示。

   - 45° 倾斜方式。
   - 随意倾斜方式。

- 水平垂直方式。

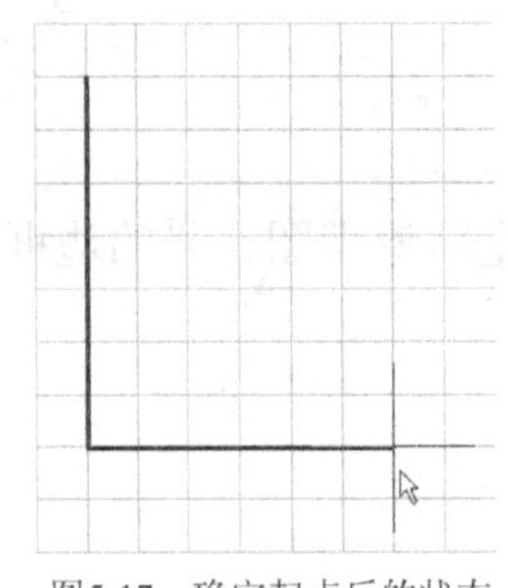

图5-17 确定起点后的状态

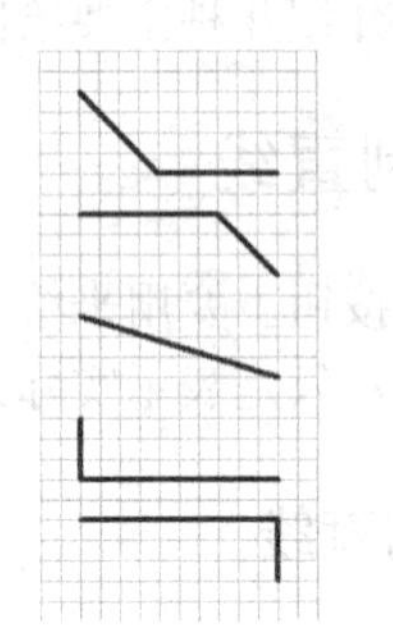

图5-18 多种直线转折方式

按 Shift+Space 键可以切换直线转折方式。

4. 在直线转折的位置单击鼠标左键，确定直线的转折点，然后移动鼠标光标到适当的位置再次单击鼠标左键，确定第一条线段的终点，即可完成这条折线的绘制。此时系统仍处于绘制直线命令状态，单击鼠标右键或按 Esc 键即可退出该命令状态。

## 5.5.3 绘制贝塞尔曲线

贝塞尔曲线是由 3 条直线确定的曲线，读者可以通过贝塞尔曲线拟和正弦线和抛物线等曲线。

### 绘制一条贝塞尔曲线

1. 单击绘图工具栏中的按钮，执行绘制贝塞尔曲线命令。
   此外，还有以下两种执行绘制贝塞尔曲线命令的方法。
   - 选取菜单命令【Place】/【Beziers】。
   - 按快捷键 P/B。
2. 修改贝塞尔曲线的属性。按 Tab 键打开设置贝塞尔曲线参数对话框，如图 5-19 所示。完成参数的设置后单击 OK 按钮，即可返回绘制贝赛尔曲线的命令状态。

   【Bezier】对话框中各选项的功能如下。
   - 【Curve】：该选项用来设置贝赛尔曲线的线宽，在下拉列表中可选择【Smallest】（极细）、【Small】（细）、【Medium】（中等）和【Large】（宽）等选项。
   - 【Color】：该选项用来设置曲线的颜色。

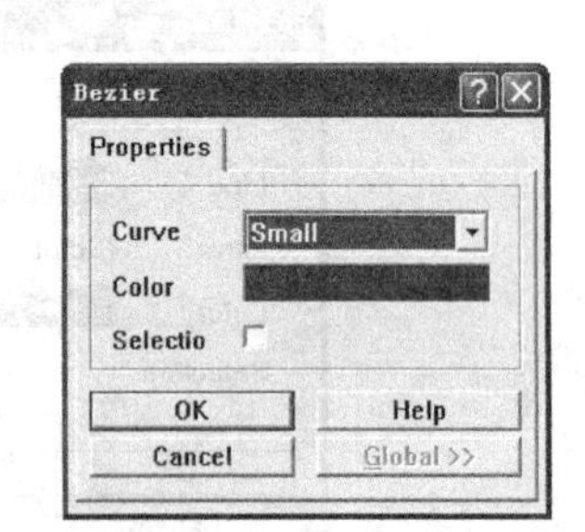


图5-19 设置贝塞尔曲线参数对话框

3. 绘制贝赛尔曲线。在 4 个不同位置单击鼠标左键，确定 4 个不同的点，便可完成一条贝塞尔曲线的绘制，如图 5-20 所示。

从图中可以看到，在 4 个点之间有 3 条虚线，贝赛尔曲线与虚线 1、3 相切，并在虚线 2 的中点处光滑过渡。根据这一特点，可以利用虚线 1、3 夹逼贝赛尔曲线，由虚线 2 来决定贝塞尔曲线的转折角度，从而画出任意弯曲的曲线。

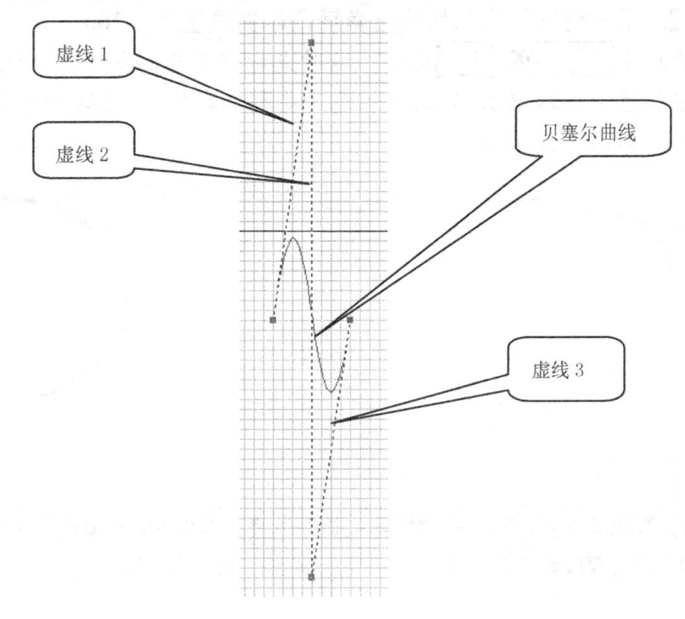


图5-20　绘制贝塞尔曲线

4. 此时系统仍处于绘制贝赛尔曲线命令状态，单击鼠标右键或者按 Esc 键，即可退出当前命令状态。

## 5.5.4 绘制椭圆弧

绘制圆弧和椭圆弧的操作方法相同，只不过圆弧的横轴和纵轴长度相等而已。

本例介绍如何绘制椭圆弧。

### 绘制一个横轴长为 100mil、纵轴长为 80mil 的椭圆弧

1. 单击绘图工具栏中的按钮，执行绘制椭圆弧命令。
   此外，还有以下两种执行绘制椭圆弧命令的方法。
   - 选取菜单命令【Place】/【Elliptical Arcs】。
   - 按快捷键 P/I。
2. 修改椭圆弧的属性。按 Tab 键打开椭圆弧参数设置对话框，如图 5-21 所示。
   该对话框中各选项的功能如下。
   - 【X-Location】：用于设置椭圆弧圆心的横轴坐标。
   - 【Y-Location】：用于设置椭圆弧圆心的纵轴坐标。
   - 【X-Radius】：$x$ 方向半径，横轴长的一半，在本例中应设置为“50”（单位为 mil）。
   - 【Y-Radius】：$y$ 方向半径，纵轴长的一半，在本例中应设置为“40”。
   - 【Line】：设置线宽，这里设为“Medium”（中等）。

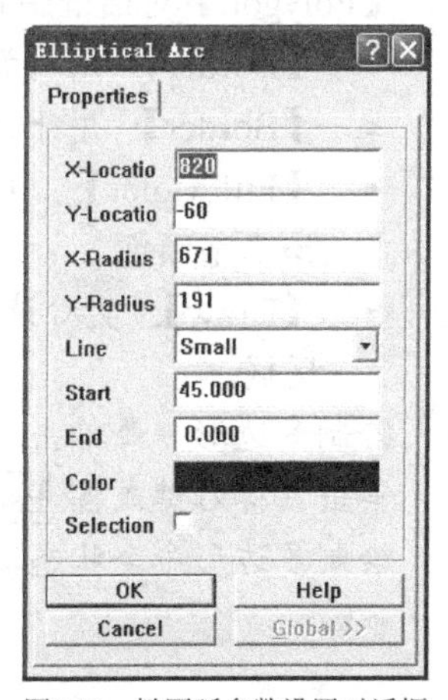


图5-21　椭圆弧参数设置对话框

- 【Start】: 用于设置椭圆弧的起始角度，本例设置为“30”。
- 【End】: 用于设置椭圆弧的终止角度，本例设置为“300”。

3. 设置完成后单击 OK 按钮，这时光标将变为如图 5-22 所示的形状。将其移动到图中适当位置，连续单击 5 次（注意不要移动鼠标），这时一个符合规定要求的椭圆弧就画好了，如图 5-23 所示。

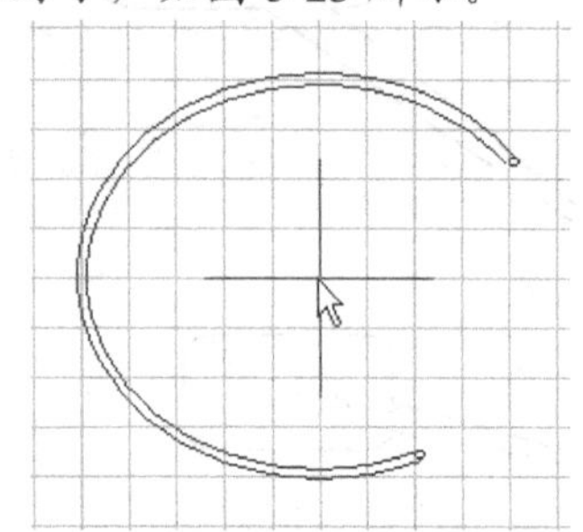

图5-22　完成参数设置后的椭圆弧状态

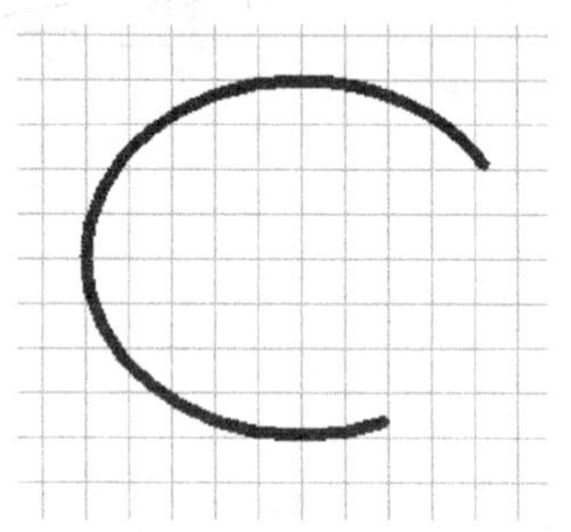

图5-23　画好的椭圆弧

用鼠标左键双击绘制好的一段椭圆弧，在弹出的椭圆弧属性对话框中修改椭圆弧的属性，也能得到相同的椭圆弧。

## 5.5.5 绘制多边形

多边形经常用来表示原理图符号的特殊外形。

### 绘制多边形

1. 单击绘图工具栏上的 按钮，执行绘制多边形命令。
   此外，还有以下两种执行绘制多边形命令的方法。
   - 选取菜单命令【Place】/【Polygons】。
   - 按快捷键 P/Y。
2. 修改多边形的属性。按 Tab 键打开设置多边形属性对话框，如图 5-24 所示。设置完成后单击 OK 按钮确认，即可返回绘制多边形命令状态。
   【Polygon】对话框中各选项的功能如下。
   - 【Border】: 用于设置边框的宽度。
   - 【Border】: 用于设置边框的颜色。
   - 【Fill Color】: 用于设置填充颜色。单击颜色框，即可在弹出的颜色列表中选择填充颜色。
   - 【Draw】: 实心选项。选择此项后，系统将用指定的颜色来填充绘制的多边形区域。
3. 绘制多边形。每单击鼠标左键或按 Enter 键一次，就可以确定多边形的一个顶点。最后单击鼠标右键或按 Esc 键，即可完成多边形的绘制，如图 5-25 所示。此时系统仍处于绘制多边形命令状态，再次单击鼠标右键或按 Esc 键即可退出该命令状态。

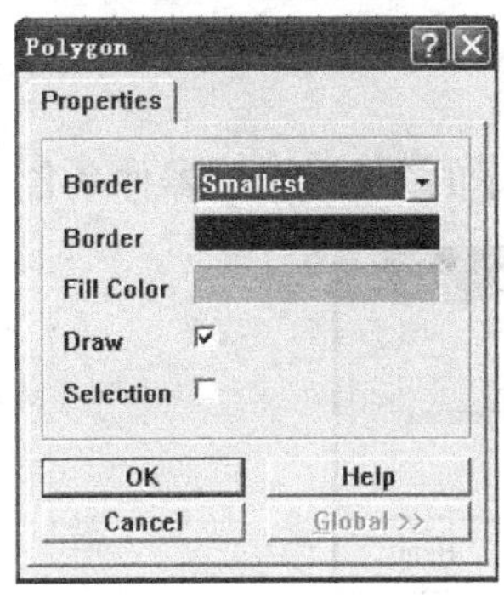

图5-24 设置多边形属性对话框

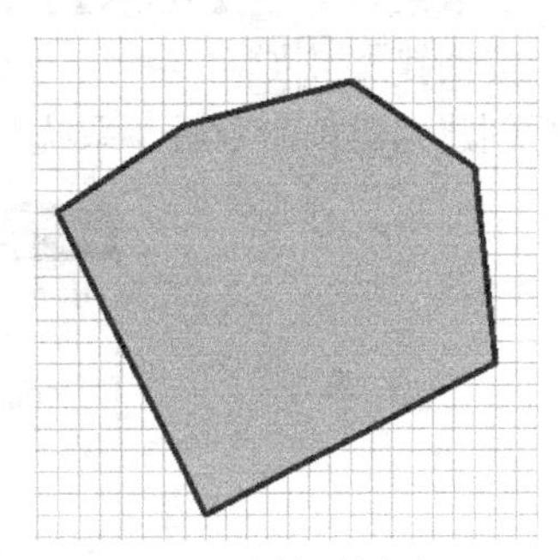
图5-25 绘制好的多边形

## 5.5.6 添加文字注释

在设计电路板的过程中，为了方便读图和交流，往往需要给原理图符号添加一些注释文字，以便对其进行简要说明。

下面介绍在图纸中添加文字注释的操作。

### 添加文字注释

1. 单击绘图工具栏中的 T 按钮，执行添加文字注释命令。

   此外，还有以下两种执行添加注释文字命令的方法。
   - 选取菜单命令【Place】/【Text】。
   - 按快捷键P/T。
2. 修改注释文字的属性。执行该命令后，十字光标将带着最近一次用过的标注文字虚框出现在工作区中，按Tab键即可弹出注释文字属性设置对话框，如图 5-26 所示。

   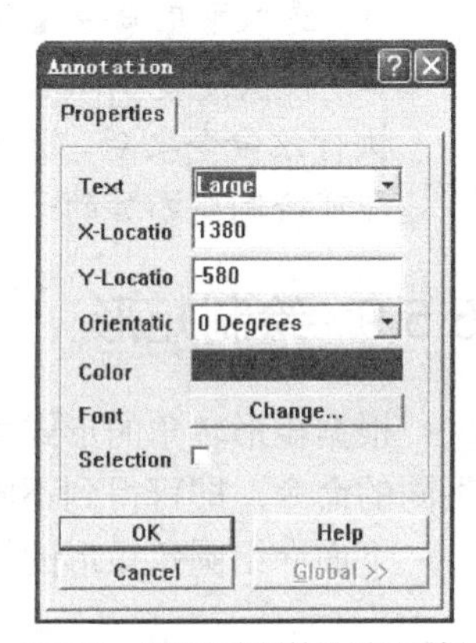
   
   图5-26 注释文字属性设置对话框

   该对话框中各选项的功能如下。
   - 【Text】：用于输入注释文字的内容。本例输入电路板设计日期，比如“2005-10-23”。
   - 【X-Location】：用于设置注释文字的 $x$ 坐标。
   - 【Y-Location】：用于设置注释文字的 $y$ 坐标。
   - 【Orientation】：用于设置注释文字的旋转角度。
   - 【Color】：用于设置文字的颜色。
   - 【Font】：用于设置注释文字的字体。
3. 设置完成后单击 OK 按钮，此时十字光标上将带着新修改的文字注释内容的虚影出现在工作区中，单击鼠标左键即可在当前位置放置标注文字，结果如图 5-27 所示。

2005-10-23

图5-27 放置的注释文字

## 5.5.7 创建元器件

创建元器件的方法主要有以下 3 种。

- 单击绘图工具栏中的 按钮。

- 选取菜单命令【Tools】/【New Component】。
- 按快捷键T/C。

执行创建元器件命令后，系统将会弹出如图 5-28 所示的为新建的元器件命名对话框。

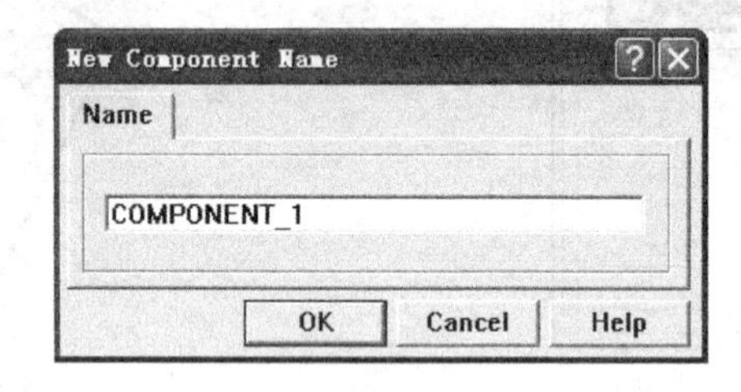


图5-28　为新建的元器件命名对话框

在该对话框中可以为创建的元器件重新命名。

## 5.5.8　添加子件

有的元器件通常由几个独立的功能单元构成，在制作这类元器件的原理图符号时，可以将每一个独立的功能单元绘制成一个子件，最后再由多个子件构成一个元器件。

下面介绍添加子件的操作。

### 添加子件

1. 单击绘图工具栏中的按钮，执行添加子件命令。

   此外，还有以下两种执行添加子件命令的方法。

   - 选取菜单命令【Tools】/【New Part】。
   - 按快捷键T/W。

2. 执行该命令之后，原理图库编辑器中将会新打开一个子件编辑窗口，在该工作窗口中即可绘制要添加的子件。

## 5.5.9　绘制矩形

根据矩形转角的形式可以将矩形分为直角矩形和圆角矩形两种。在绘制的时候只要执行不同的命令，即可得到不同形式的矩形。

下面介绍圆角矩形的绘制方法，直角矩形的绘制方法与其基本相同。

### 绘制一个圆角矩形

1. 单击绘图工具栏中的按钮，执行绘制圆角矩形命令。

   此外，还有以下两种执行绘制圆角矩形命令的方法。

   - 选取菜单命令【Place】/【Round Rectangle】。
   - 按快捷键P/O。

2. 修改圆角矩形的属性。按Tab键打开圆角矩形属性设置对话框，如图 5-29 所示。

   该对话框中各选项的功能如下。

   - 【X1-Location】：该选项用于设置矩形顶点的 $x$ 坐标。

- 【Y1-Location】：该选项用于设置矩形顶点的 $y$ 坐标。
- 【X2-Location】：该选项用于设置矩形对角线上另一顶点的 $x$ 坐标。
- 【Y2-Location】：该选项用于设置矩形对角线上另一顶点的 $y$ 坐标。
- 【X-Radius】：该项用于设置圆角的 $x$ 轴半径。
- 【Y-Radius】：该项用于设置圆角的 $y$ 轴半径。
- 【Border】：该项用于设置矩形边框的线宽。
- 【Border】：该项用于设置矩形边框的颜色。
- 【Fill Color】：该项用于设置矩形的填充颜色。
- 【Draw】：选中该选项后，圆角矩形内部将被填充上指定的颜色。

3. 设置完圆角矩形的属性后单击 OK 按钮，即可返回工作窗口。在指定位置单击两次鼠标左键，确定圆角矩形的两个顶点，完成一个圆角矩形的绘制，结果如图 5-30 所示。

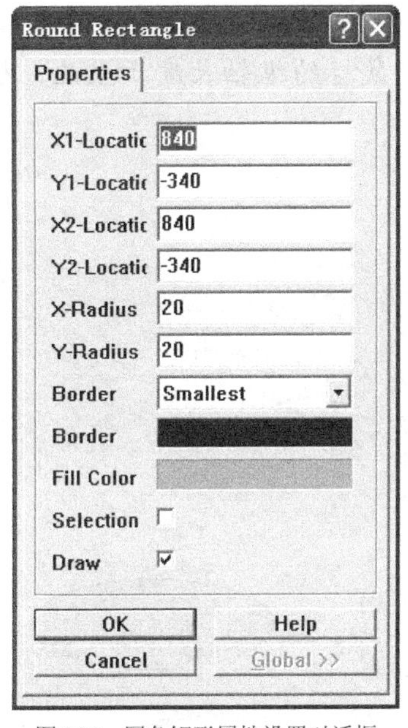


图5-29　圆角矩形属性设置对话框

图5-30　绘制好的圆角矩形

4. 单击鼠标右键或按 Esc 键，即可退出绘制圆角矩形的命令状态。

### 5.5.10　绘制椭圆或圆

在绘制椭圆时，当横轴的长度等于纵轴的长度时，椭圆就会变成一个圆，因此，绘制椭圆的方法与绘制圆的方法基本相同，本例只介绍绘制椭圆的方法。

#### 绘制一个椭圆

1. 单击绘图工具栏中的 ⬭ 按钮，执行绘制椭圆命令。

   此外，还有以下两种执行绘制椭圆命令的方法。

   - 选取菜单命令【Place】/【Ellipses】。
   - 按快捷键 P/E。

2. 修改椭圆的属性。执行该命令后，光标上将会出现上次放置的椭圆，按 Tab 键即可打开设

置椭圆属性对话框，如图 5-31 所示。

该对话框中各选项的功能如下。

- 【X-Location】：该选项用于设置椭圆中心的 $x$ 坐标。
- 【Y-Location】：该选项用于设置椭圆中心的 $y$ 坐标。
- 【X-Radius】：该选项用于设置椭圆的横轴半径。
- 【Y-Radius】：该选项用于设置椭圆的纵轴半径。
- 【Border】：该选项用于设置椭圆边框的线宽。
- 【Border】：该选项用于设置椭圆边框的颜色。
- 【Fill Color】：该选项用于设置椭圆的填充颜色。
- 【Draw Solid】：选中该选项后，椭圆内部将被填充上指定的颜色。

3. 设置完成后单击 OK 按钮，此时光标指针上将带着一个虚线椭圆出现在绘图区域中，单击鼠标左键可以确定椭圆的中心位置，再次单击鼠标左键，可以确定椭圆的横轴长度，第三次单击鼠标左键，可以确定鼠标的纵轴长度。至此，椭圆绘制完成，结果如图 5-32 所示。

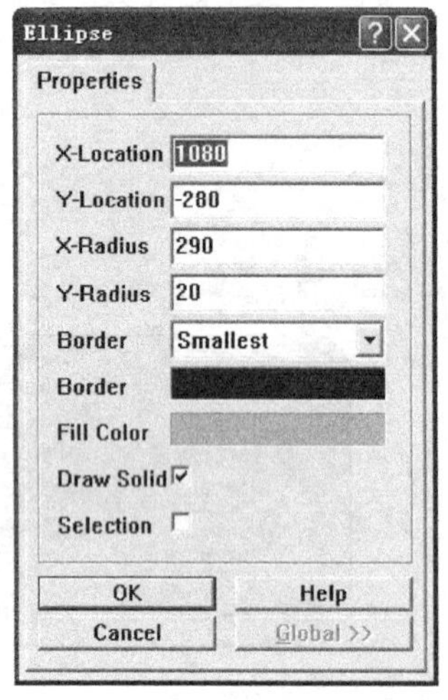


图5-31 设置椭圆属性对话框

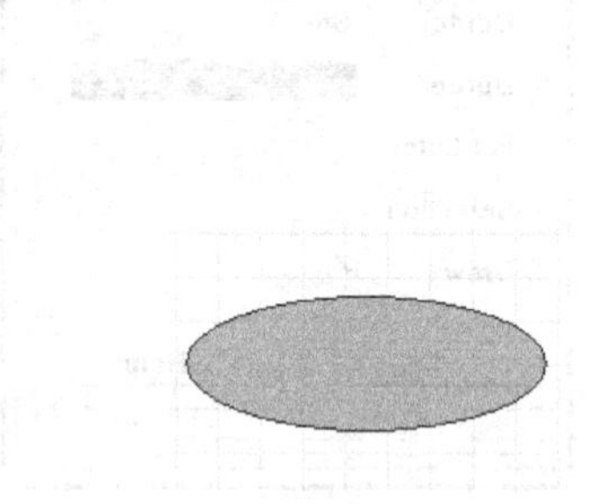

图5-32 绘制好的椭圆

## 5.5.11 粘贴图片

在制作原理图符号的过程中，Protel 99 SE 还提供了粘贴图片的功能，以满足设计需要。

### 粘贴图片

1. 单击绘图工具栏上的按钮，执行粘贴图片命令，打开选择图片对话框，如图 5-33 所示。此外，还有以下两种执行粘贴图片命令的方法。
   - 选取菜单命令【Place】/【Graphic…】。
   - 按快捷键 P/G。
2. 选择好图片后单击 打开(O) 按钮，关闭对话框。在绘图区域中单击鼠标左键，此时光标上将会出现一个方框随着鼠标光标移动，如图 5-34 所示。

3. 修改图片的属性。按 Tab 键即可打开编辑图片属性对话框，如图 5-35 所示。

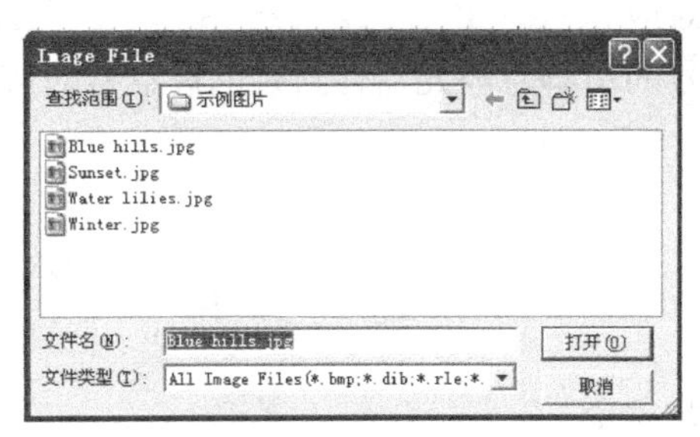


图5-33 选择图片对话框

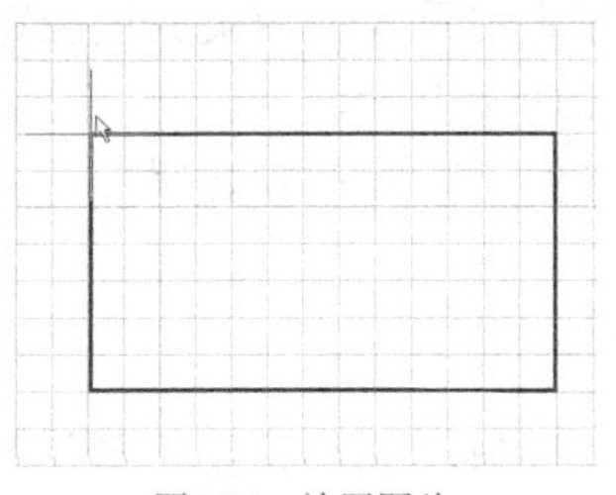

图5-34 放置图片

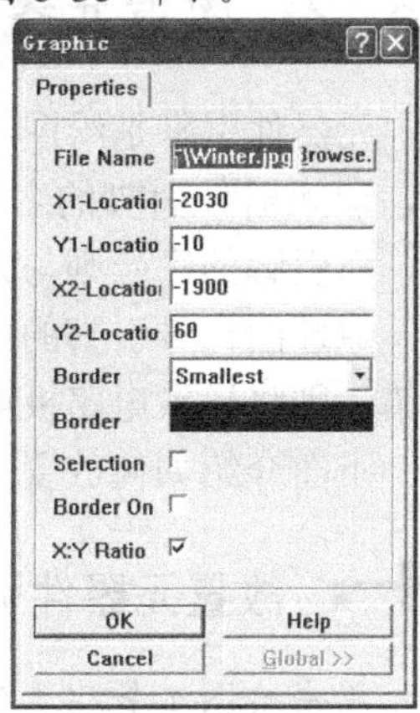


图5-35 编辑图片属性对话框

该对话框中各选项的功能如下。

- 【File Name】：该选项用于显示图片的位置和名称。单击该选项后面的 Browse... 按钮，将弹出选择图片对话框，如图 5-33 所示。
- 【X1-Location】：用于设置图片第一个顶点的 $x$ 坐标。
- 【Y1-Location】：用于设置图片第一个顶点的 $y$ 坐标。
- 【X2-Location】：用于设置图片第二个顶点的 $x$ 坐标。
- 【Y2-Location】：用于设置图片第二个顶点的 $y$ 坐标。
- 【Border】：用于设置图片边框的粗细。
- 【Border】：用于设置图片边框的颜色。
- 【Border On】：选中该选项后，图片周围将会出现边框，边框的粗细和颜色通过上面的【Border Width】和【Border Color】选项设定。
- 【X∶Y Ratio】：选中该选项后，图片的长宽比将始终固定不变。

4. 确定图片的大小。设置好图片的属性后单击 OK 按钮，即可回到粘贴图片的命令状态。在绘图区中单击鼠标左键两次以确定放置区域的两个顶点，结果如图 5-36 所示。

此外，在图片上按住鼠标左键不放并移动鼠标光标，即可移动图片的位置。单击图片，图片的边框上将会出现 8 个控制点，如图 5-37 所示，拖动这 8 个控制点即可改变图片的大小。如果此时选中了图片属性对话框中的【X∶Y Ratio】选项，则在拖动控制点改变图片的大小时，图片的长宽比将固定不变。

图5-36 放置好的图片

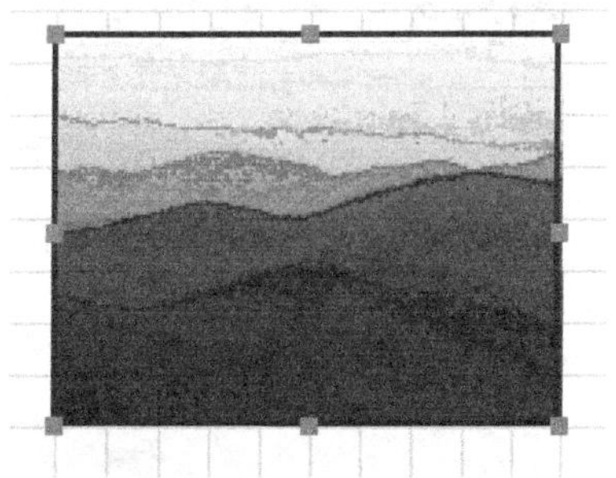

图5-37 拖动控制点改变图片的大小

## 5.5.12　放置元器件引脚

元器件引脚是绘图工具栏中惟一一个具有电气关系的符号。元器件引脚一般由两部分组成，即元器件引脚的名称和引脚的序号。元器件引脚的名称一般用来表示该引脚的电气功能，而引脚的序号则与元器件封装中焊盘的序号一一对应。

原理图符号引脚的序号非常重要。如果原理图符号的引脚号与元器件封装的焊盘号对应出错，则将导致电路板电气功能出错。

下面介绍如何放置元器件引脚并设置其属性。

### 放置元器件引脚

1. 单击绘图工具栏上的按钮，执行放置元器件引脚命令。
   此外，还有以下两种执行放置元器件引脚命令的方法。
   - 选取菜单命令【Place】/【Pins】。
   - 按快捷键 P/P。
2. 修改元器件引脚的属性。按 Tab 键打开编辑元器件引脚属性对话框，如图 5-38 所示。
   该对话框中有两个选项在原理图符号的设计中非常重要。
   - 【Name】：元器件引脚的名称，设计者可以利用该选项来标注元器件引脚的功能。
   - 【Number】：元器件引脚的序号，与元器件封装中的焊盘序号具有一一对应的关系，因此在放置元器件引脚时，应当严格按照数据手册上元器件引脚的序号和功能来编辑元器件引脚的序号。
3. 放置元器件引脚。修改完元器件引脚的属性之后单击 OK 按钮，返回工作窗口，在指定位置单击鼠标左键，放置一个元器件引脚。
4. 此时系统仍处于放置元器件引脚的命令状态，并且元器件引脚的序号将会自动递增，单击鼠标右键或按 Esc 键，即可退出放置元器件引脚的命令状态。

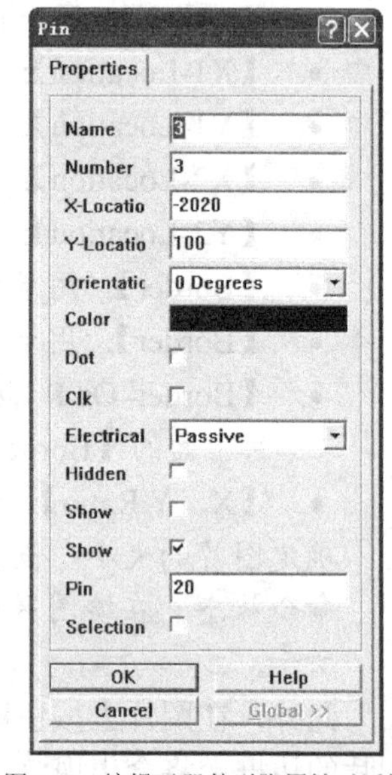


图5-38　编辑元器件引脚属性对话框

在放置元器件引脚时，必须将元器件引脚的电气节点放置在远离元器件示意图形的一端，如图 5-39 所示。

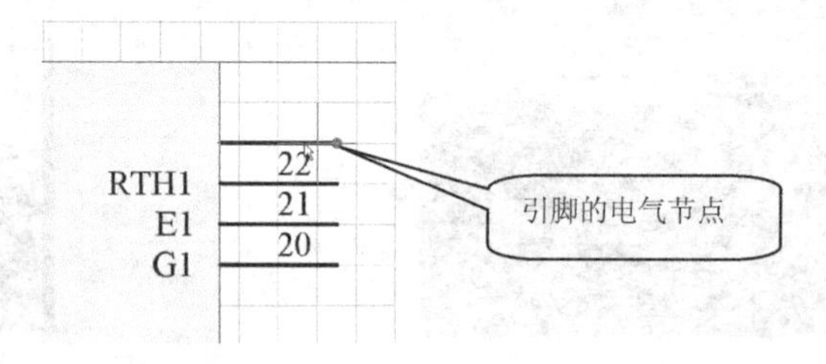


图5-39　元器件引脚的电气节点

# 5.6 制作原理图符号

在前面的小节中已经详细介绍了原理图库编辑器中绘图工具栏的使用。本节将在前面的基础上介绍原理图符号的绘制。

一般来说，原理图符号主要由 3 个部分组成，一部分是用来表示元器件电气功能或几何外形的示意图，一部分是构成该元器件的引脚，第三部分是一些必要的注释文字，如图 5-40 所示。

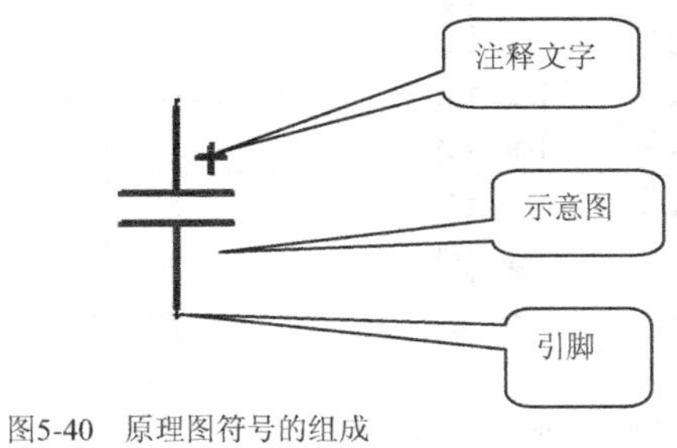


图5-40 原理图符号的组成

根据原理图符号的组成，可将绘制原理图符号的过程分为如图 5-41 所示的几个步骤。

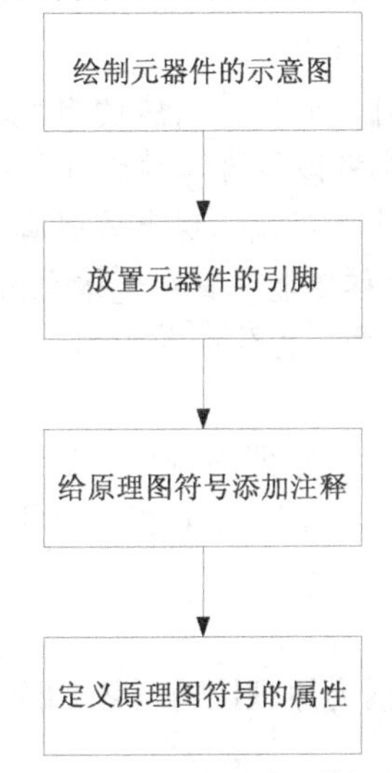


图5-41 绘制原理图符号的步骤

1. 绘制元器件的示意图。

元器件示意图主要用来表示元器件的功能或者元器件的外形，不具备任何电气意义。因此在绘制元器件示意图时可以绘制任意形状的图形，但是必须本着美观大方和易于交流的原则。

2. 放置元器件的引脚。

放置元器件引脚时应当注意以下 3 点。

- 正确设置元器件引脚的序号。

IC 片引脚的编号顺序为从左至右逆时针编号，但是在绘制原理图符号时，可以不按元器件引脚的排列顺序来放置元器件的引脚，如图 5-42 所示。

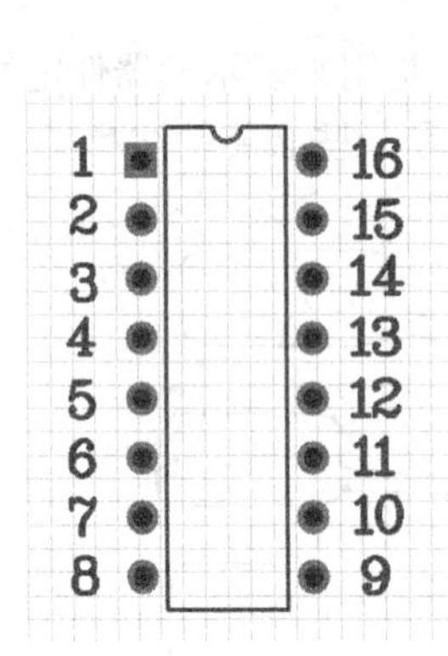


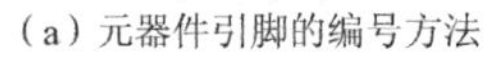

（a）元器件引脚的编号方法

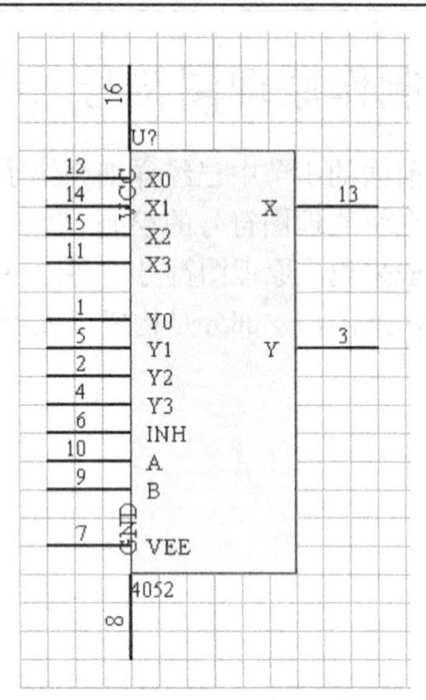


（b）放置好的原理图符号的引脚

图5-42　元器件引脚的编号与原理图符号的引脚

- 正确放置元器件引脚的电气节点。
  在放置原理图符号的引脚时，元器件引脚的电气节点应当远离元器件示意图，否则在绘制原理图时，不能将该引脚与导线和网络相连。
- 元器件引脚的名称应当能够直观地体现出该引脚的功能。
  一般来说，元器件引脚的名称要能够直观地体现出元器件引脚的电气功能，目的是增强原理图的可读性。当然这也不是必须的，读者可以随意填写或者不写。

3. 给原理图符号添加注释。

在绘制原理图符号的过程中为了使原理图符号一目了然，可以根据需要在原理图符号上添加必要的注释，如图 5-40 所示，为了区分电解电容和普通电容，而为原理图符号添加了一个表示极性的符号“+”。

4. 定义原理图符号的属性。

定义原理图符号的属性主要包括为原理图符号添加序号、注释和默认的元器件封装等，如图 5-43 所示。

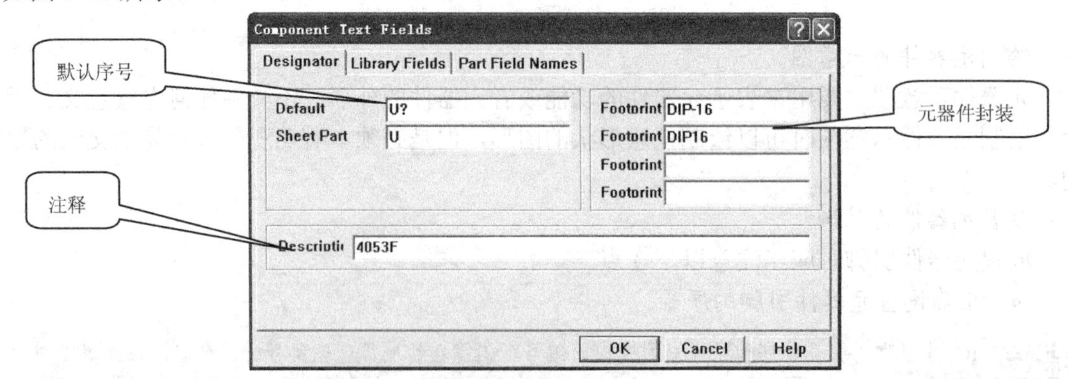


图5-43　定义原理图符号的属性

定义原理图符号的属性可以省去在原理图编辑器中放置原理图符号时的很多工作，比如在为元器件编号时，只需将“？”替换成相应的序号即可，而且采用这种“U?”的方式对元器件进行自动编号非常有利。为原理图符号添加了默认的元器件封装之后，在原理图设计中即可利用该封装，而不必特意去添加元器件的封装，从而大大提高了原理图设计效率。

# 5.7 实例辅导

前面介绍的只是绘制原理图符号的基本步骤和注意事项，下面将通过实例辅导进一步介绍绘制原理图符号的全过程。

## 5.7.1 制作接插件的原理图符号

本节将以一种常见的插接件为例，介绍简单元器件的创建过程。插接件外形如图 5-44 所示。

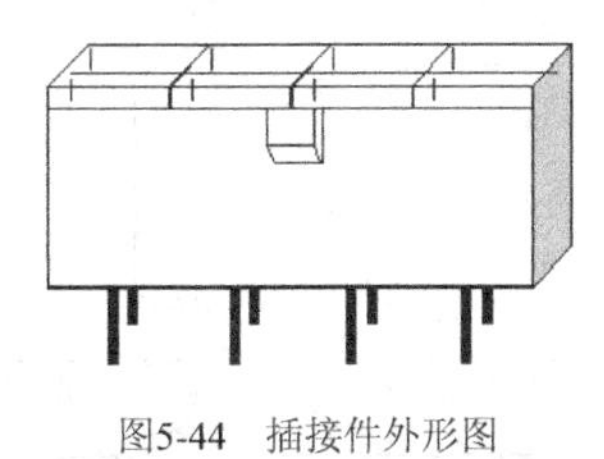

图5-44 插接件外形图

### 绘制插接件

1. 首先新建或打开已有的原理图库文件。本例打开前面创建的“Diysch.Lib”原理图库文件，如图 5-45 所示。

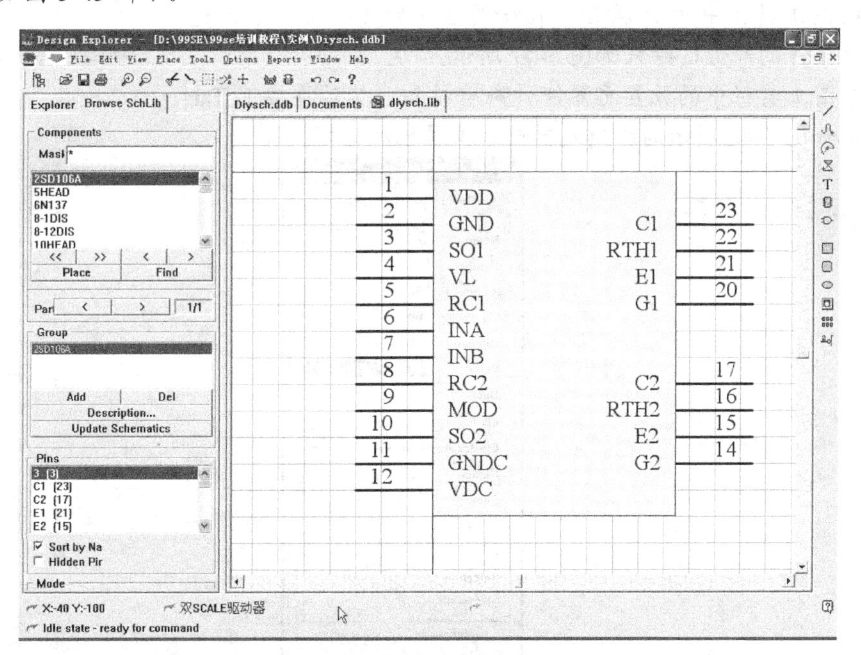


图5-45 打开已有的原理图库文件

2. 选取菜单命令【Tools】/【New Component】，新建一个原理图符号，系统将会创建一个名称为“COMPONENT_1”的元器件，结果如图 5-46 所示。

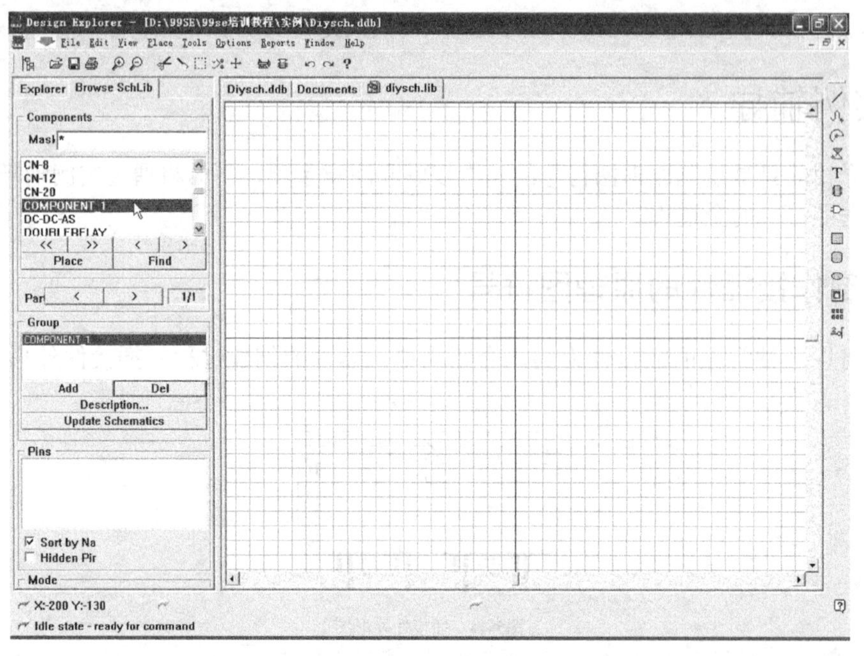


图5-46　新建一个原理图符号

3. 将鼠标光标移动到绘图区域的中央位置，将绘图区域放大至合适的比例。注意，要将绘图区域的（0，0）点置于当前屏幕的可视范围之内。

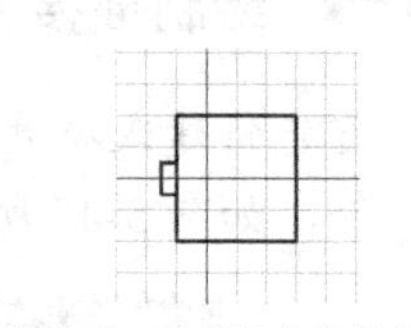

图5-47　绘制插接件的外形

4. 单击绘图工具栏中的 / 按钮，在绘图区域的（0，0）点附近绘制插接件的外形，结果如图 5-47 所示。

5. 单击绘图工具栏中的放置元器件引脚按钮，然后再按下 Tab 键弹出如图 5-48 所示的编辑元器件引脚属性对话框。

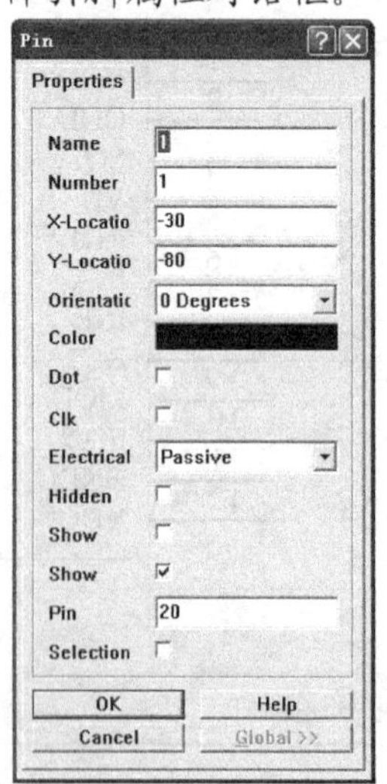


图5-48　编辑元器件引脚属性对话框

在对话框中将【Name】设置为“1”，将【Number】设置为“1”，将【Electrical type】设置为“Passive”，然后单击 OK 按钮确认。

6. 在放置引脚的状态下利用空格键的旋转功能设定引脚的方向（请注意，要将带有十字线的一端放置到元器件外形的边上），然后单击鼠标左键，即可将元器件引脚放置在指定的位置上，如图 5-49 所示。
7. 在放置元器件的过程中，元器件的引脚编号会自动按顺序递增，并且除了【Name】和【Number】两个属性不同之外，各引脚的其他属性都是相同的，因此在放置后面的引脚时，可直接依次进行放置，不必再对后面的引脚属性进行设置。放置完引脚后的结果如图 5-50 所示。
8. 编辑该原理图符号的属性，单击原理图库管理窗口中的 Description... 按钮，打开编辑原理图符号属性对话框，如图 5-51 所示。

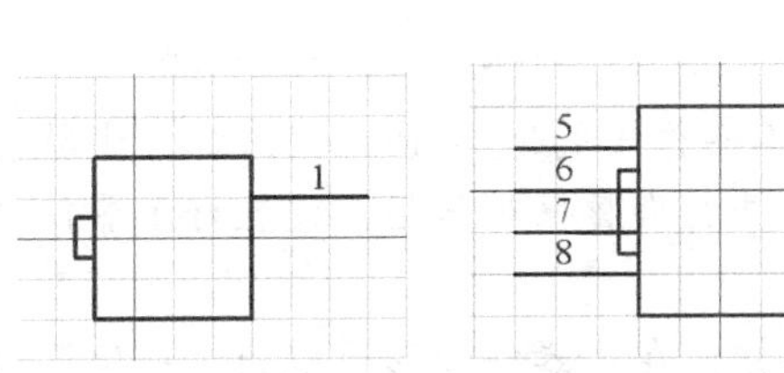


图5-49　放置第一个引脚　　图5-50　放置好引脚后的元器件

图5-51　编辑原理图符号属性对话框

在该对话框中需要设置原理图符号的序号和默认的元器件封装等。本例将【Default】选项设置为“CN?”，将【Footprint】选项设置为“CN8”。

9. 选取菜单命令【Tools】/【Rename Component…】，将元器件重新命名为“CN-8”。
10. 至此，原理图符号绘制完毕，将制作好的元器件保存到当前元器件库中。

## 5.7.2 制作单片机 AT89C52 的原理图符号

本例将要绘制的原理图符号为常用的 51 系列单片机 AT89C52，元器件封装为 DIP40，绘制好的原理图符号如图 5-52 所示。

在绘制原理图符号之前，应当熟悉元器件引脚的电气功能，并根据电气功能适当对元器件引脚进行分类，以便于元器件引脚的排列和后面的原理图设计。本例将 I/O 口分成 3 类，即 P0、P1 和 P2 口，其余引脚的位置则要以连线方便为原则进行布置。

### 绘制原理图符号

1. 打开前面创建的“Diysch.Lib”原理图库文件，并新建一个原理图符号。
2. 绘制该元器件的示意图。一般来说，集成 IC 电路的示意图通常用一方框代替，在该方框的左边和右边放置元器件的引脚。方框的大小应根据元器件引脚的数目和元器件引脚名称的长短来确定，可以先绘制一个大小差不多的方框，然后再在绘制过程中随时调整其大小。绘制矩形方框的方法请参考本章中的相关内容，绘制好的方框如图 5-53 所示。

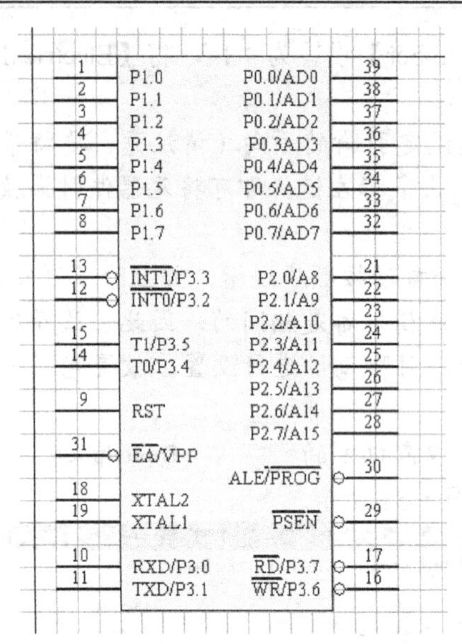

图5-52　单片机 AT89C52

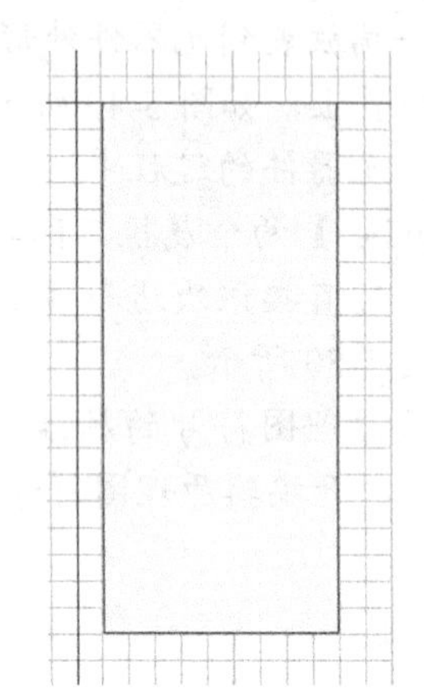
图5-53　绘制好的元器件外形示意图

3. 放置元器件的第一个引脚。用鼠标左键单击绘图工具栏中的按钮，使系统处于放置元器件引脚的命令状态。按 Tab 键打开编辑元器件引脚属性对话框，设置好元器件第一个引脚的属性，结果如图 5-54 所示。
4. 修改好元器件引脚属性之后单击 OK 按钮，在元器件外形边框的适当位置单击鼠标左键，即可将元器件放置到方框上，其结果如图 5-55 所示。

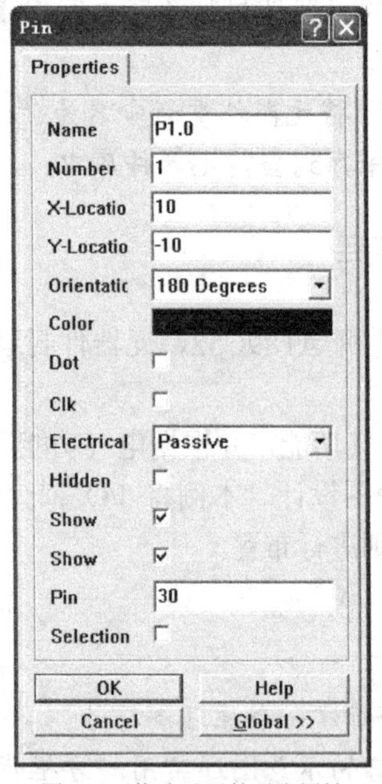

图5-54　修改元器件引脚属性

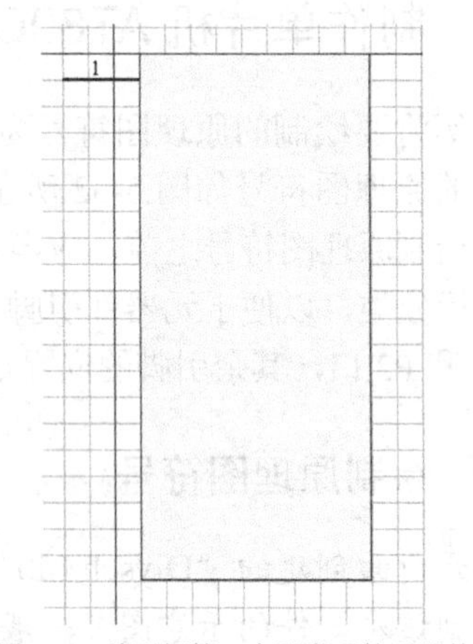

图5-55　放置好第一个引脚后的元器件

5. 重复操作步骤 4，并修改各引脚的名称，放置好 P1 口后的原理图符号如图 5-56 所示。
6. 重复步骤 3、步骤 4 的操作，放置完元器件引脚后的原理图符号如图 5-52 所示。
7. 定义原理图符号的属性。单击原理图库管理窗口中的 Description... 按钮，打开编辑原理图符号属性对话框，在该对话框中设置原理图符号的默认序号和元器件封装等，设置好原理图符号属性后的对话框如图 5-57 所示。

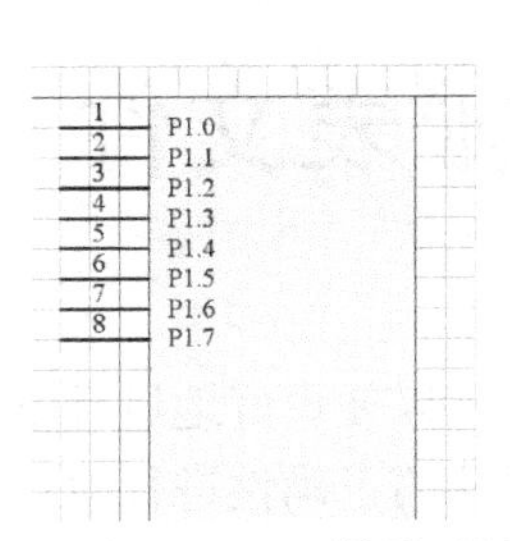

图5-56　放置好 P1 口后的原理图符号

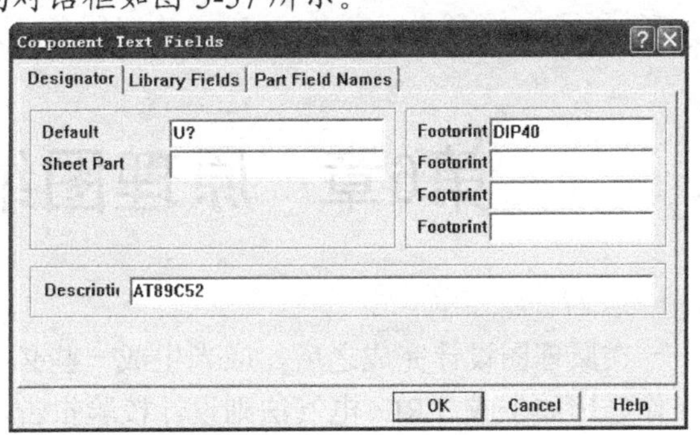


图5-57　定义原理图符号的属性

8. 至此，单片机 AT89C52 的原理图符号绘制完毕，存盘即可。

## 5.8 小结

本章主要介绍了原理图库编辑器中主要工作窗口和工具栏的使用，以及如何利用这些工具进行原理图符号的制作等内容。

- 创建原理图库文件：在绘制原理图符号之前，都要先创建一个原理图库文件，然后再在其中绘制原理图符号。
- 原理图库编辑器工作窗口：介绍了如何利用原理图库编辑器工作窗口浏览库文件中的原理图符号，以及如何修改原理图符号的属性等。
- 绘图工具栏的使用：介绍了绘图工具栏中主要按钮的功能，为绘制原理图符号做准备。
- 绘制原理图符号：介绍了绘制原理图符号的基本步骤和注意事项，并通过实例辅导的方式详细介绍了原理图符号的绘制过程。

## 5.9 习题

1. 如何浏览元器件库“Miscellaneous Devices.Ddb”中的原理图符号？
2. 试比较原理图库编辑器和原理图编辑器中绘图工具栏的异同。
3. 试述绘制原理图符号的基本步骤。

# 第6章 原理图编辑器报表文件

在原理图设计完成之后，应当生成一些必要的报表文件，以便更好地进行下一步的设计工作，比如生成 ERC 电气法则设计校验报告，对原理图设计的正确性进行检查，生成元器件报表清单，以方便采购元器件和准备元器件封装，生成网络表文件，为 PCB 设计做准备等。如果原理图设计更改了，则还应当输出元器件自动编号的报表文件。

本章将介绍生成上述报表文件的操作。

## 6.1 本章学习重点和难点

- 本章学习重点。
  本章的学习重点在于掌握 ERC 电气法则设计校验、生成元器件报表清单、生成网络表文件和元器件自动编号的操作及其运用。
- 本章学习难点。
  本章的学习难点在于如何灵活运用 ERC 电气法则设计校验功能对原理图设计进行检查以及如何正确解读网络表文件等内容。

## 6.2 电气法则测试（ERC）

电气法则测试就是通常所说的 ERC（Electrical Rules Check）。

在用 Protel 99 SE 生成网络表之前，设计者通常会进行电气法则测试。电气法则测试是利用电路设计软件对用户设计好的电路进行测试，以便检查人为的错误或疏忽，比如空的管脚、没有连接的网络标号、没有连接的电源以及重复的元器件编号等。执行测试后，程序会自动生成电路中可能存在的各种错误的报表，并且会在电路图中有错误的地方印上特殊的符号，以便提醒设计人员进行检查和修改。设计人员在执行电气法则测试之前还可以人为地在原理图中放置“No ERC”符号，以避开 ERC 测试。

### 6.2.1 电气法则测试

下面以第 4 章中绘制完成的“指示灯显示电路”原理图为例，介绍电气法则测试的具体操作步骤。为了方便后面的叙述，这里特意在原理图设计中稍作修改，将接插件改为 12 引脚的接插件，如图 6-1 所示。

#### 电气法则测试

1. 打开光盘目录下的“...\实例\第 4 章\指示灯显示电路.Ddb”设计数据库文件，然后再打开“指示灯显示电路.Sch”原理图设计文件。

2. 在原理图编辑器中选取菜单命令【Tools】/【ERC...】，即可打开【Setup Electrical Rule Check】（设置电气法则测试）对话框，如图 6-2 所示。在该对话框中可以对电气法则测试的各项测试规则进行设置。

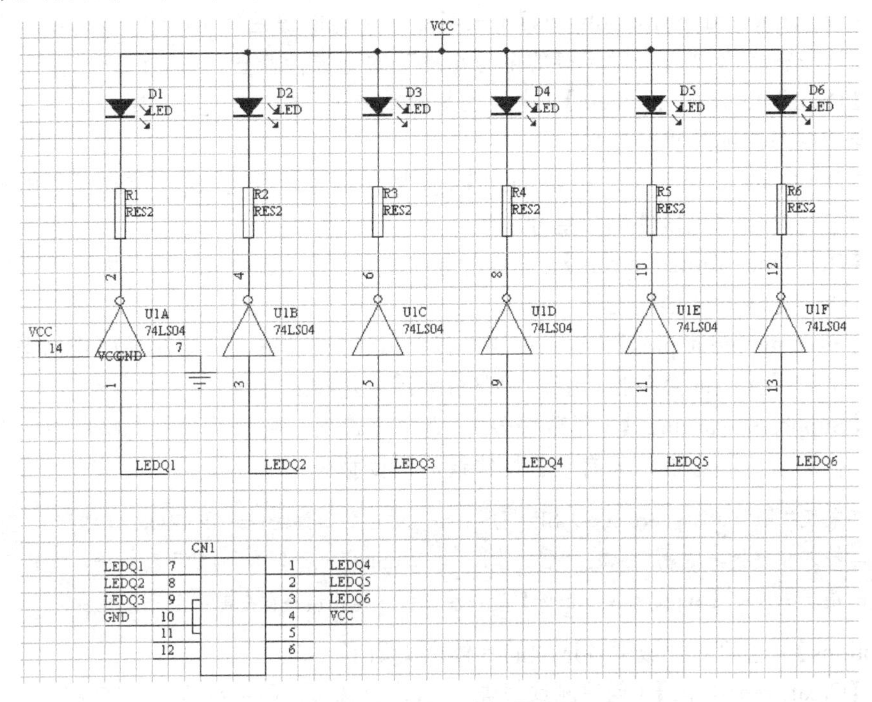


图6-1 修改后的原理图设计

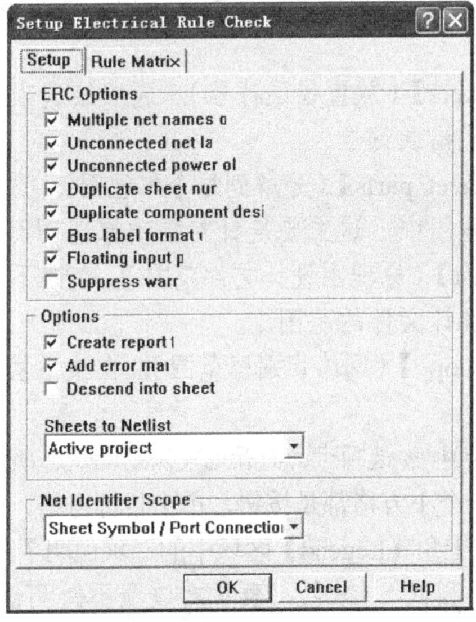


图6-2 设置电气法则测试对话框

其中，【ERC Options】（电气法则测试选项）区域中各选项的具体意义如下。

- 【Multiple net names on net】（多网络名称）：选中该选项，则检测项中将包含“同一网络连接具有多个网络名称”的错误（Error）检查。

- 【Unconnected net labels】(未连接的网络标号)：选中该选项，则检测项中将包含"未实际连接的网络标号"的警告性（Warning）检查。所谓未实际连接的网络标号是指实际上有网络标号（Labels）存在，但是该网络未接到其他引脚或"Part"上，而处于悬浮状态。
- 【Unconnected power objects】(未实际连接的电源图件)：选中该选项，则检测项中将包含"未实际连接的电源图件"的警告性检查。
- 【Duplicate sheet numbers】(电路图编号重号)：选中该选项，则检测项中将包含"电路图编号重号"项。
- 【Duplicate component designator】(元器件编号重号)：选中该选项，则检测项中将包含"元器件编号重号"项。
- 【Bus label format errors】(总线标号格式错误)：选中该选项，则检测项中将包含"总线标号格式错误"项。
- 【Floating input pins】(输入引脚浮接)：选中该选项，则检测项中将包含"输入引脚浮接"的警告性检查。所谓引脚浮接是指未连接。
- 【Suppress warnings】(忽略警告)：选中该选项，则检测项将忽略所有的警告性检测项，不会显示具有警告性错误的测试报告。

在电气法则测试中，Protel 99 SE 将所有出现的问题归为两类："ERROR"（错误），例如输入与输入相连接，这属于比较严重的错误；"Warning"（警告），例如引脚浮接，这属于不严重的错误。选中【Suppress warnings】选项后，警告性错误将被忽略并且不做显示。

【Options】（选项）区域中各选项的具体意义如下。

- 【Create report file】(创建测试报告)：选中该选项，则在执行完 ERC 测试后系统会自动将测试结果保存到报告文件（*.erc）中，并且该报告的文件名与原理图的文件名相同。
- 【Add error markers】(放置错误符号)：选中该选项，则在测试后，系统会自动在错误位置放置错误符号。
- 【Descend into sheet parts】(分解到每个原理图)：选中该选项，则会将测试结果分解到每个原理图中，这主要是针对层次原理图而言的。
- 【Sheets to Netlist】(原理图设计文件范围)：在该下拉列表中可以选择所要进行测试的原理图设计文件的范围。
- 【Net Identifier Scope】(网络识别器范围)：在该下拉列表中可以选择网络识别器的范围。

3. 单击图 6-2 中所示的 Rule Matrix 选项卡，打开电气法则测试选项阵列设置对话框，如图 6-3 所示。

该对话框阵列中的每一个小方格都是按钮，单击目标方格，该方格就会被切换成其他设置模式并且改变颜色。对话框左上角【Legend】区域中的选项说明了各种颜色所代表的意义。

- 【No Report】(不测试)：绿色，表示对该项不做测试。
- 【Error】(错误)：红色，表示发生这种情况时，以"Error"为测试报告列表的前导字符串。
- 【Warning】(警告)：黄色，表示发生这种情况时，以"Warning"为测试报告列表的前导字符串。

如果想要恢复系统的缺省设置，可单击Set Defaults按钮。

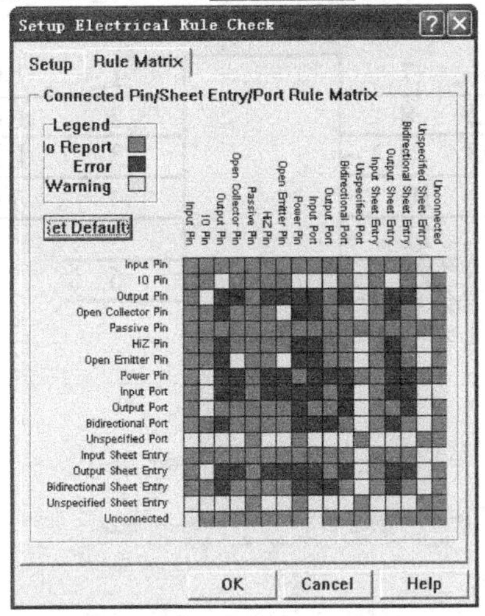


图6-3 电气法则测试选项阵列设置对话框

在该对话框中设置对本例中的原理图进行同一网络连接有多个网络名称检测、未连接的网络标号检测、未连接的电源检测、电路编号重号检测、元器件编号重复检测、总线网络标号格式错误检测以及输入引脚虚接检测等，结果如图 6-2 所示。

4. 单击 OK 按钮确认，系统将会按照设置的规则开始对原理图设计进行电气法则测试，测试完毕后将自动进入 Protel 99 SE 的文本编辑器中并生成相应的测试报告，结果如图 6-4 所示。

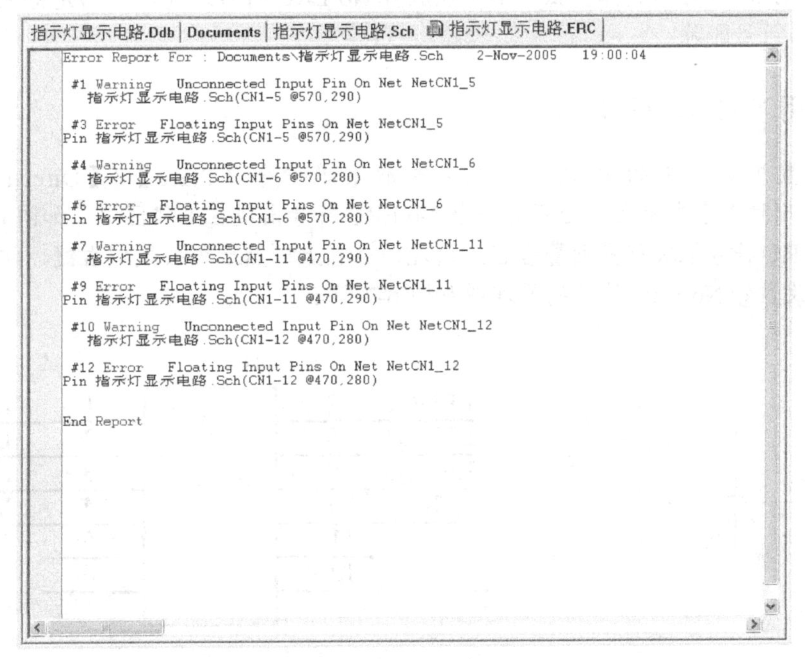


图6-4 执行电气法则测试后的结果

5. 此时系统会在被测试的原理图设计中发生错误的位置放置红色符号，以便于设计者进行修改，结果如图 6-5 所示。

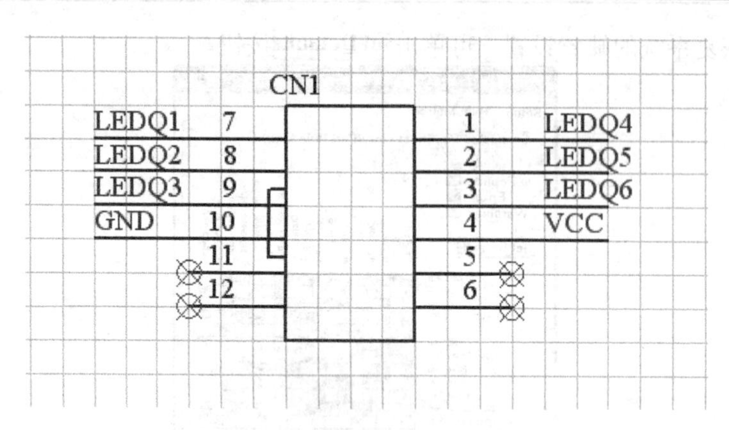


图6-5 放置的错误或警告符号

可以像删除一般图件那样删除系统自动放置的红色符号。

## 6.2.2 使用 No ERC 符号

测试报告中的警告并不是由于原理图设计和绘制中产生实质性错误而造成的，因此设计者可以在测试规则设置中忽略所有的警告性测试项，或在原理图设计上出现警告符号的位置放置 No ERC 符号，这样可以避开 ERC 测试。

使用 No ERC 符号的具体步骤如下。在放置 No ERC 符号之前，应当先将上次测试产生的原理图警告符号删除。

### 使用 No ERC 符号

1. 单击放置工具栏中的 ✗ 按钮，或者选取菜单命令【Place】/【Directives】/【No ERC】，此时十字光标上将会带着一个 No ERC 符号出现在工作区中，如图 6-6 所示。
2. 将 No ERC 符号依次放置到警告曾经出现的位置上，然后单击鼠标右键，即可退出命令状态。放置好 No ERC 符号的原理图如图 6-7 所示。

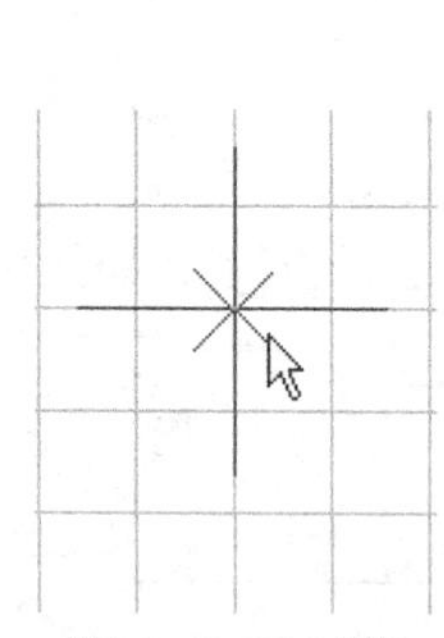

图6-6 No ERC 符号

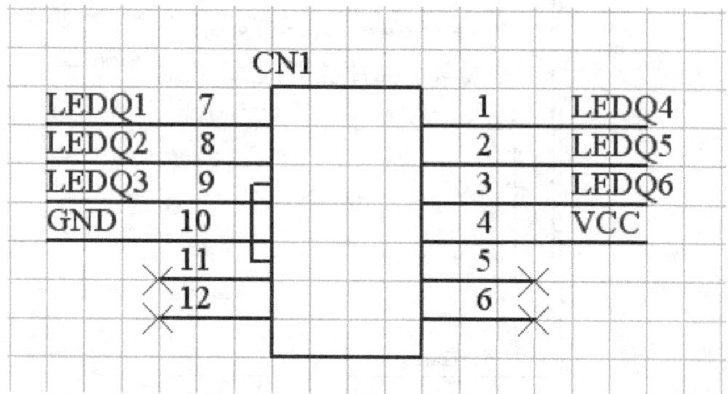


图6-7 放置好 No ERC 符号的原理图

3. 再次对该原理图执行电气法则测试，这次所有的警告都没有出现，测试报告如图 6-8 所示。

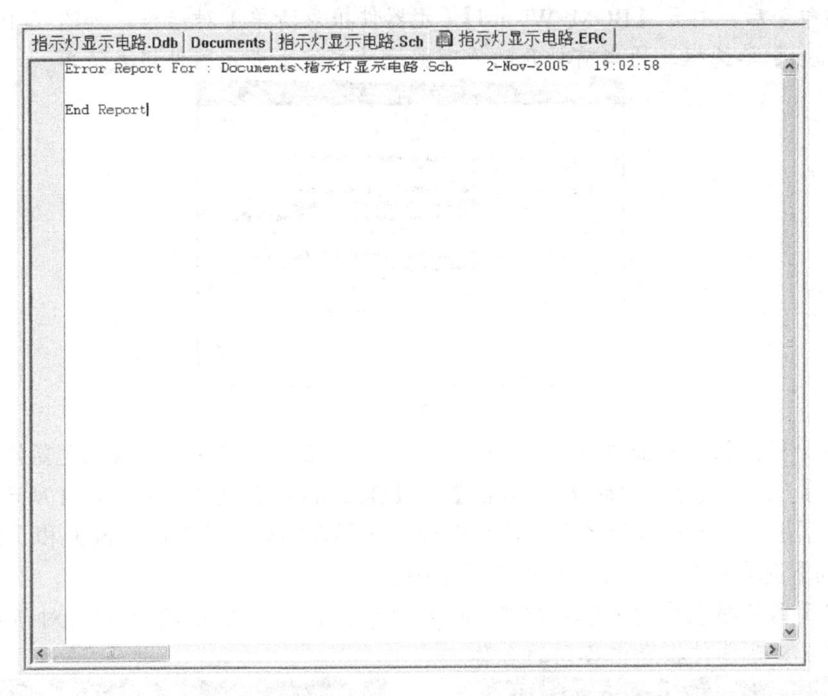


图6-8 放置 No ERC 符号后的电气法则测试报告

## 6.3 创建元器件报表清单

当原理图设计完成之后，接下来就要进行元器件的采购，只有元器件完全采购到位后，才能开始进行 PCB 设计。采购元器件时必须要有一个元器件清单，对于比较大的设计项目来说，其元器件种类很多、数目庞大，同一类元器件的封装形式可能还会有所不同，单靠人工很难将设计项目所要用到的元器件信息统计准确。不过，利用 Protel 99 SE 提供的工具就可以轻松地完成这一工作。

下面介绍如何利用系统提供的工具生成元器件报表清单。

### 创建元器件报表清单

1. 打开“指示灯显示电路.Sch”原理图设计文件。
2. 选取菜单命令【Reports】/【Bill of Material】(元器件报表清单)，如图 6-9 所示。

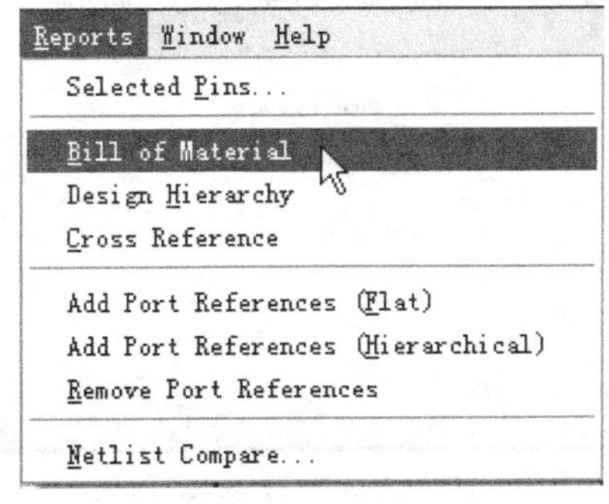


图6-9 菜单命令列表

3. 执行该命令后，打开【BOM Wizard】(元器件报表清单)对话框，如图 6-10 所示。选中【Sheet】单选框，为当前打开的原理图设计文件生成元器件报表清单。

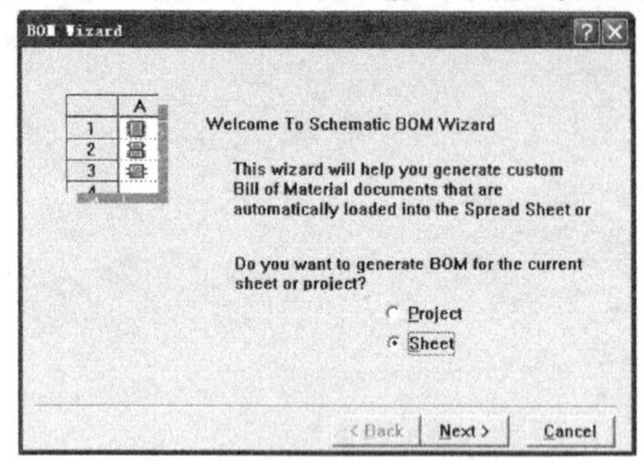


图6-10　【BOM Wizard】对话框

4. 单击 Next > 按钮打开如图 6-11 所示的对话框，在该对话框中可以设置元器件报表中所包含的内容。选中复选框中的【Footprint】和【Description】选项，如图 6-11 所示。

在该对话框中，无论设计者选中什么选项，元器件的类型【Part Type】和元器件的序号【Designator】都会被包括在元器件报表清单中。

5. 设置完元器件报表中的内容后单击 Next > 按钮，打开如图 6-12 所示的对话框，在该对话框中定义元器件报表中各列的名称。

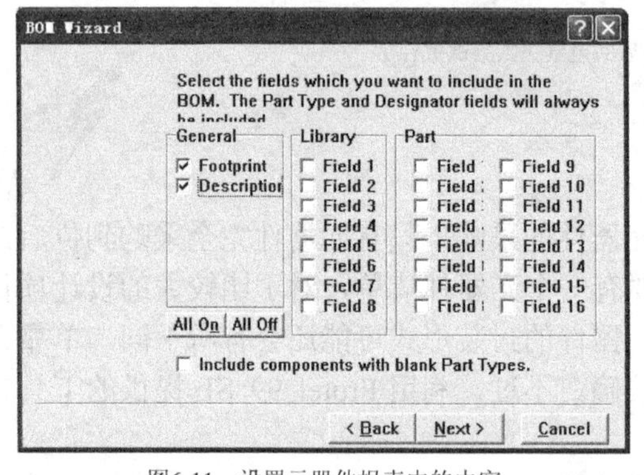


图6-11　设置元器件报表中的内容

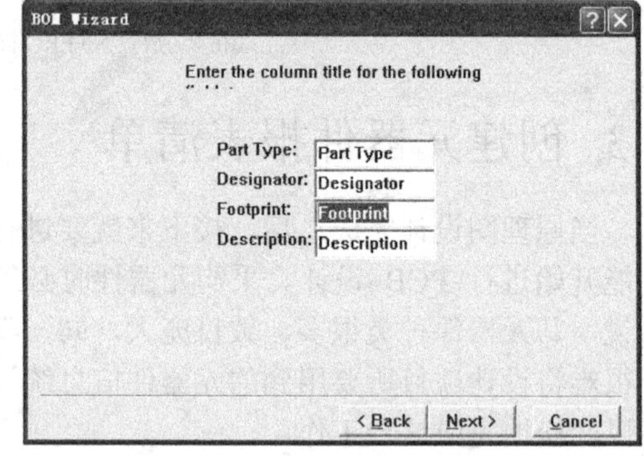


图6-12　定义元器件报表中各列的名称

6. 设置完成后单击 Next > 按钮，打开如图 6-13 所示的对话框。在该对话框中可以选择元器件报表文件的存储类型。本例将复选框中的 3 种文件类型选项全部选中，如图 6-13 所示。

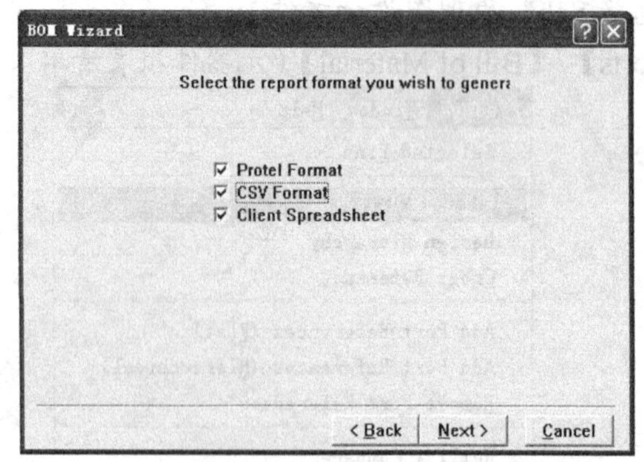


图6-13　选择元器件报表文件的存储类型

在该对话框中，Protel 99 SE 提供了 3 种元器件报表文件的存储格式。

- 【Protel Format】: Protel 格式，文件后缀名为“*.bom”。
- 【CSV Format】: 电子表格可调用格式，文件后缀名为“*.csv”。
- 【Client Spreadsheet】: Protel 99 SE 的表格格式，文件后缀名为“*.xls”。

7. 选择完文件类型后单击 Next> 按钮，打开如图 6-14 所示的对话框。

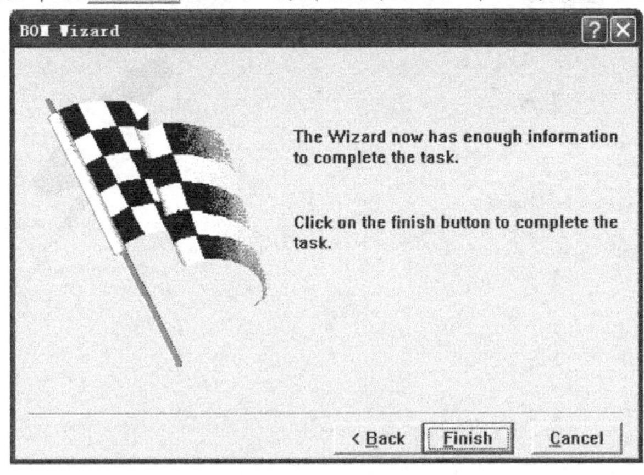


图6-14　产生元器件报表对话框

8. 单击 Finish 按钮，系统将会自动生成 3 种类型的元器件报表文件，并自动进入表格编辑器。3 种元器件报表文件分别如图 6-15、图 6-16 和图 6-17 所示，它们的文件名与原理图设计文件名相同，后缀名分别为“*.bom”、“*.csv”和“*.xls”。

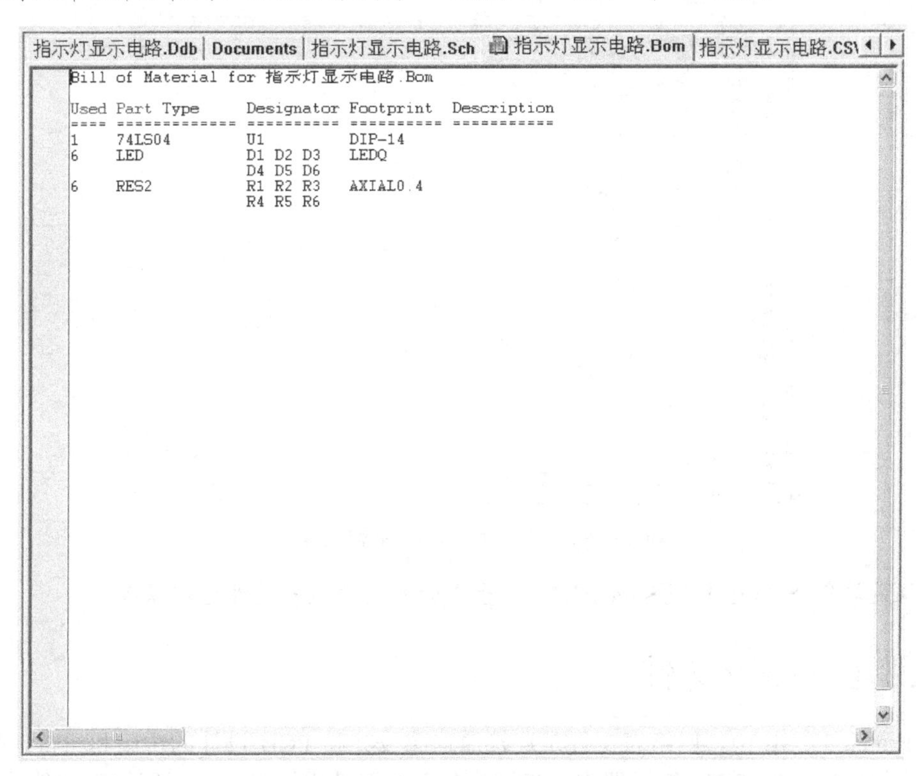
指示灯显示电路.Ddb | Documents | 指示灯显示电路.Sch | 指示灯显示电路.Bom | 指示灯显示电路.CSV

Bill of Material for 指示灯显示电路.Bom

| Used | Part Type | Designator | Footprint | Description |
|---|---|---|---|---|
| 1 | 74LS04 | U1 | DIP-14 | |
| 6 | LED | D1 D2 D3 D4 D5 D6 | LEDQ | |
| 6 | RES2 | R1 R2 R3 R4 R5 R6 | AXIAL0.4 | |

图6-15　Protel 格式的元器件报表文件

Documents | 指示灯显示电路.Sch | 指示灯显示电路.Bom | 指示灯显示电路.CSV | 指示灯显示电路.XLS

```
"Part Type","Designator","Footprint","Description"
"74LS04","U1","DIP-14",""
"LED","D5","LEDQ",""
"LED","D6","LEDQ",""
"LED","D4","LEDQ",""
"LED","D1","LEDQ",""
"LED","D2","LEDQ",""
"LED","D3","LEDQ",""
"RES2","R5","AXIAL0.4",""
"RES2","R6","AXIAL0.4",""
"RES2","R4","AXIAL0.4",""
"RES2","R1","AXIAL0.4",""
"RES2","R2","AXIAL0.4",""
"RES2","R3","AXIAL0.4",""
```

图6-16　电子表格可调用格式的元器件报表文件

指示灯显示电路.Sch | 指示灯显示电路.Bom | 指示灯显示电路.CSV | 指示灯显示电路.XLS

A1　Part Type

| | A | B | C | D |
|---|---|---|---|---|
| 1 | Part Type | Designator | Footprint | Description |
| 2 | 74LS04 | U1 | DIP-14 | |
| 3 | LED | D5 | LEDQ | |
| 4 | LED | D6 | LEDQ | |
| 5 | LED | D4 | LEDQ | |
| 6 | LED | D1 | LEDQ | |
| 7 | LED | D2 | LEDQ | |
| 8 | LED | D3 | LEDQ | |
| 9 | RES2 | R5 | AXIAL0.4 | |
| 10 | RES2 | R6 | AXIAL0.4 | |
| 11 | RES2 | R4 | AXIAL0.4 | |
| 12 | RES2 | R1 | AXIAL0.4 | |
| 13 | RES2 | R2 | AXIAL0.4 | |
| 14 | RES2 | R3 | AXIAL0.4 | |

Sheet1

图6-17　Protel 99 SE 表格格式的元器件报表文件

9.　选取菜单命令【File】/【Save All】，将生成的元器件报表文件全部保存。

## 6.4　创建网络表文件

在 Protel 99 SE 中，网络表文件是连接原理图设计和 PCB 设计的桥梁和纽带，是 PCB 自动布线的根据。在 PCB 编辑器中，当同步载入元器件出错时，利用网络表文件可以快速进行查错。

## 创建网络表文件

1. 打开待生成网络表文件的原理图设计文件。本例仍以“指示灯显示电路.Sch”原理图设计文件为例，介绍网络表文件的生成。
2. 选取菜单命令【Design】/【Create Netlist…】，如图 6-18 所示。
3. 执行网络表文件生成命令之后，系统将会弹出如图 6-19 所示的生成网络表文件选项设置对话框。

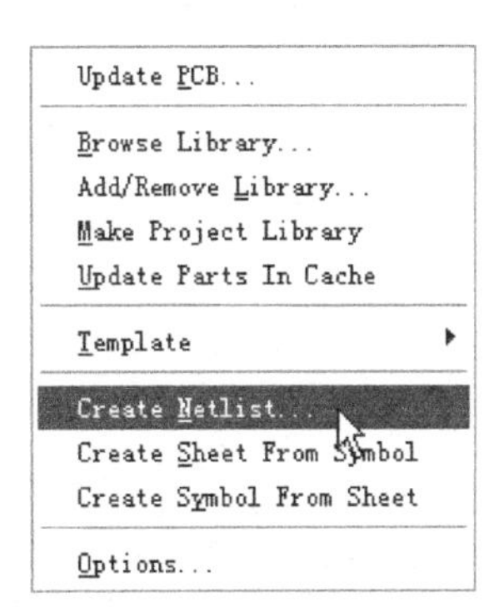


图6-18　执行生成网络表文件的菜单命令

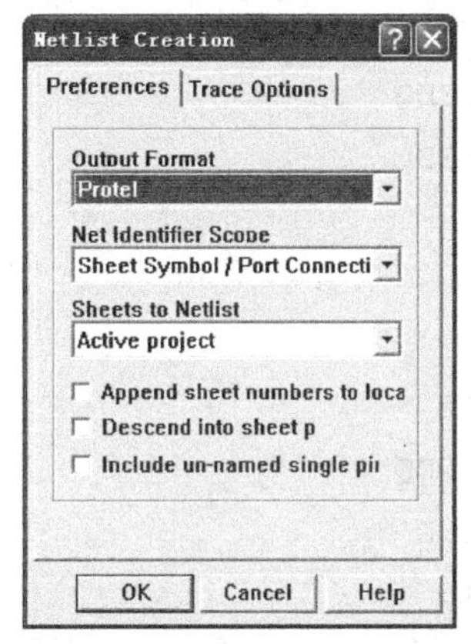


图6-19　生成网络表文件选项设置对话框

4. 设置好各选项之后单击 OK 按钮，系统将会自动生成网络表文件，并打开网络表文本编辑器，如图 6-20 所示。

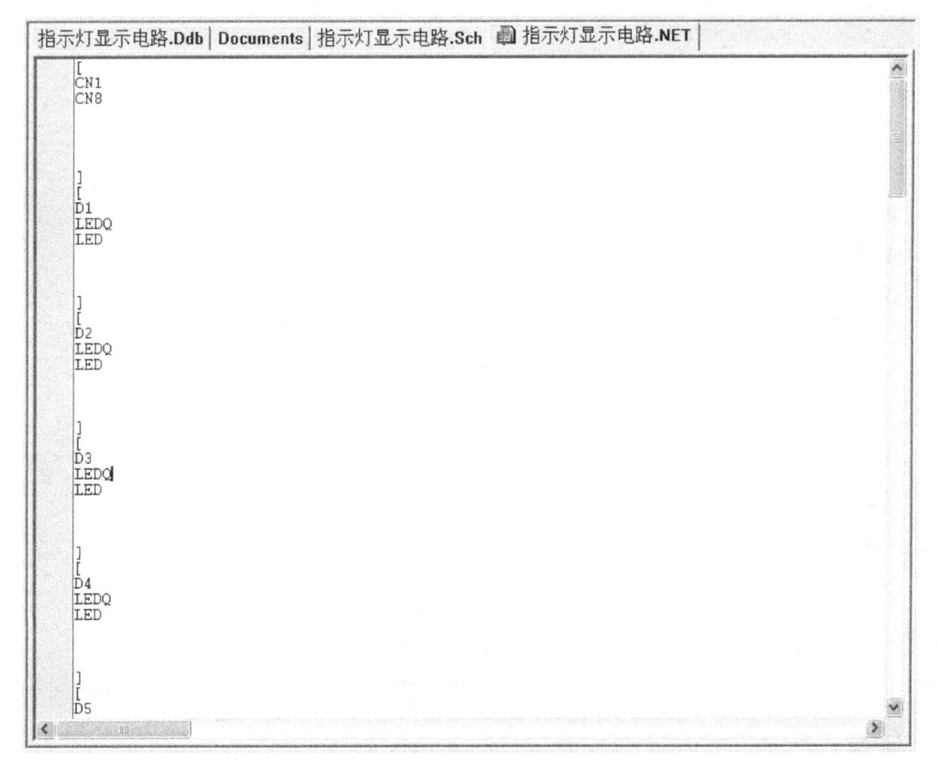


图6-20　网络表文本编辑器

详细的网络表文件如下。

```
[
CN1
CN8
]

[
D1
LEDQ
LED
]

[
D2
LEDQ
LED
]

[
D3
LEDQ
LED
]

[
D4
LEDQ
LED
]

[
D5
LEDQ
LED
]

[
D6
LEDQ
LED
```

```
]

[
R1
AXIAL0.4
RES2
]

[
R2
AXIAL0.4
RES2
]

[
R3
AXIAL0.4
RES2
]

[
R4
AXIAL0.4
RES2
]

[
R5
AXIAL0.4
RES2
]

[
R6
AXIAL0.4
RES2
]

[
```

```
U1
DIP-14
74LS04
]


(
GND
CN1-10
U1-7
)

(
LEDQ1
CN1-7
U1-1
)

(
LEDQ2
CN1-8
U1-3
)

(
LEDQ3
CN1-9
U1-5
)

(
LEDQ4
CN1-1
U1-9
)

(
LEDQ5
CN1-2
U1-11
```

```
)

(
LEDQ6
CN1-3
U1-13
)

(
NetD1_2
D1-2
R1-2
)

(
NetD2_2
D2-2
R2-2
)

(
NetD3_2
D3-2
R3-2
)

(
NetD4_2
D4-2
R4-2
)

(
NetD5_2
D5-2
R5-2
)

(
NetD6_2
```

```
D6-2
R6-2
)

(
NetU1_2
R1-1
U1-2
)

(
NetU1_4
R2-1
U1-4
)

(
NetU1_6
R3-1
U1-6
)

(
NetU1_8
R4-1
U1-8
)

(
NetU1_10
R5-1
U1-10
)

(
NetU1_12
R6-1
U1-12
)
```

```
(
VCC
CN1-4
D1-1
D2-1
D3-1
D4-1
D5-1
D6-1
U1-14
)
```

在上面的网络表文件中，主要有两个部分，前半部分描述元器件的属性（包括元器件序号、元器件的封装形式和元器件的文本注释等），其标志为方括号。比如在元器件 U1 中以“[”为起始标志，接着为元器件序号、元器件封装和元器件注释，最后以“]”为标志结束该元器件属性的描述。

后半部分描述原理图文件中的电气连接，其标志为圆括号。该网络以“(”为起始标志，首先是网络标号的名称，接下来按字母顺序依次列出与该网络标号相连接的元器件引脚号，最后以“)”结束该网络连接的描述。该网络连接表明在 PCB 上，“()”括号中包含的元器件引脚是连接在一起的，并且它们具有共同的网络标号。

# 6.5 生成元器件自动编号报表文件

当原理图设计完成之后，由于设计的原因需要对原理图进行修改，结果会将电路中的某些冗余功能删除，同时相应的元器件也会被删除，从而导致电路图中元器件的编号不连续，并有可能影响到后面电路板的装配和调试工作。这种情况在原理图设计的初期经常发生，当出现这种情况时，通常需要对原理图设计进行重新编号。

利用系统提供的元器件自动编号功能对整个原理图设计中的元器件进行重新编号，既省时，又省力，尤其适用于元器件数目众多的电路设计。在对原理图设计文件进行自动编号的同时，系统将会生成元器件自动编号报表文件。本例将介绍如何生成元器件自动编号报表文件。

## 生成元器件自动编号报表文件

1. 打开“指示灯显示电路.Sch”原理图设计文件。
2. 选取菜单命令【Tools】/【Annotate...】，打开元器件自动编号设置对话框，如图 6-21 所示。
3. 单击【Annotate Options】区域中文本框后的▼按钮，选择【Reset Designators】选项，复位原理图设计中所有元器件的编号，系统将会把原理图设计中所有元器件的编号复位为“*? ”，如图 6-22 所示。

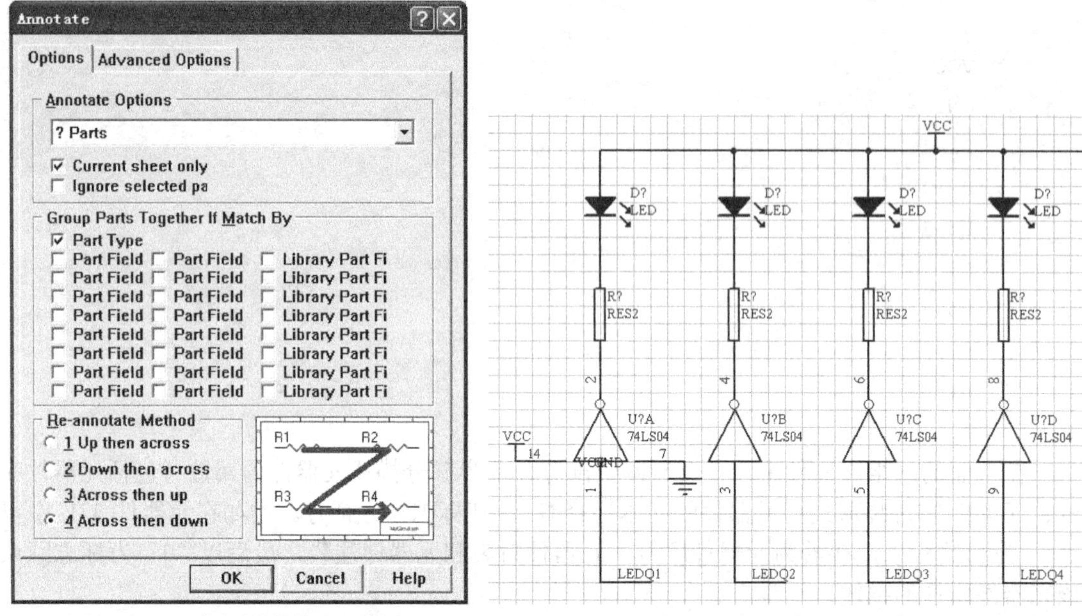


图6-21　元器件自动编号设置对话框　　　　图6-22　复位元器件编号后的结果

4. 再次选取菜单命令【Tools】/【Annotate...】，打开元器件自动编号设置对话框，并对元器件自动编号的选项进行设置，结果如图 6-23 所示。

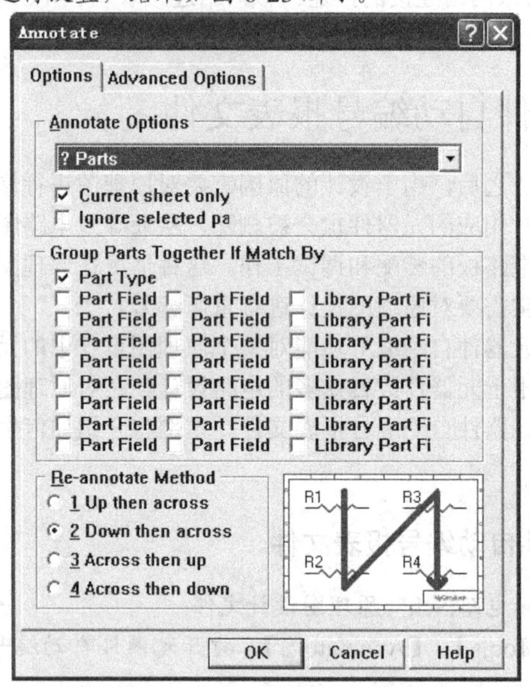


图6-23　元器件自动编号选项设置

5. 单击 OK 按钮执行元器件自动编号操作，生成元器件自动编号报表文件，并打开自动编号文本编辑器，如图 6-24 所示。

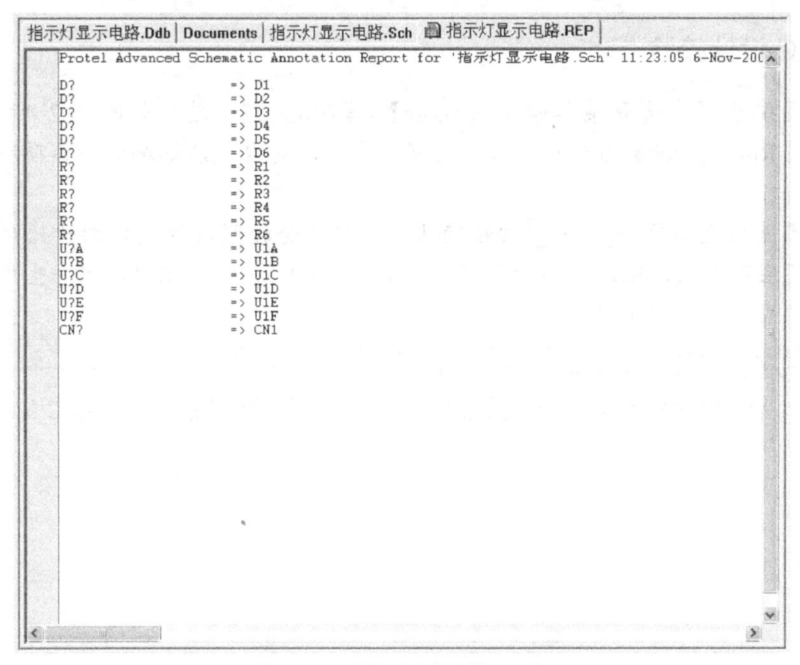


图6-24　元器件自动编号报表文件

## 6.6 实例辅导

本章实例辅导仍以“指示灯显示电路.Sch”原理图设计文件为例，通过练习加强对 ERC 设计校验的理解。在进行 ERC 设计校验之前，首先人为制造两个错误。

- 将电阻“R1”的序号改为“R2”。
- 在电源符号“VCC”所在的网络上再放置一个网络标号“+12V”。

修改后的原理图如图 6-25 所示。

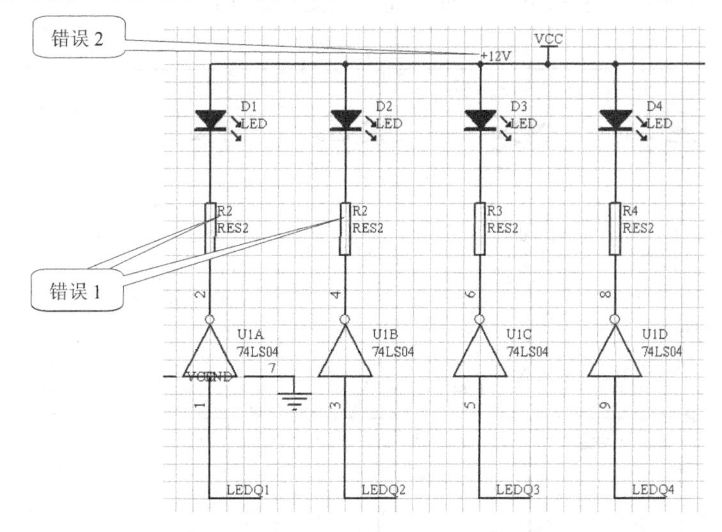


图6-25　修改后的原理图

## ERC 设计校验

1. 在原理图编辑器中选取菜单命令【Tools】/【ERC...】，进入如图 6-2 所示的【Setup Electrical Rule Check】对话框，在该对话框中可以对电气法则测试的各项测试规则进行设置。
2. 设置好各选项之后单击 OK 按钮确认，系统将会按照设置的规则开始对原理图设计进行电气法则测试，测试完毕后自动打开 Protel 99 SE 的文本编辑器并生成相应的测试报告，结果如图 6-26 所示。

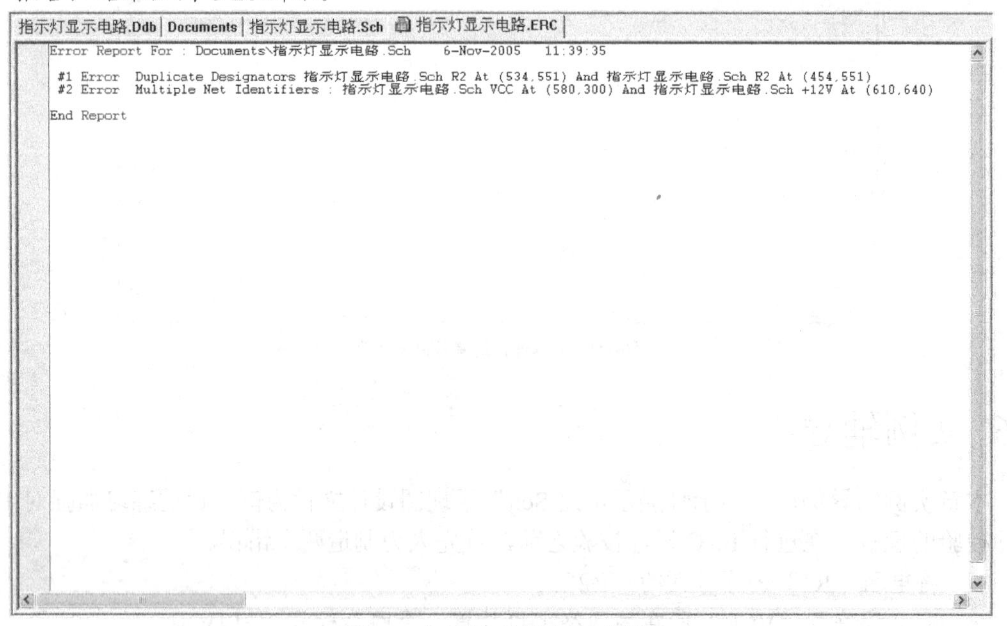



图6-26　执行电气法则测试后的结果

同时系统还将在原理图设计中标出出错的位置，如图 6-27 所示。

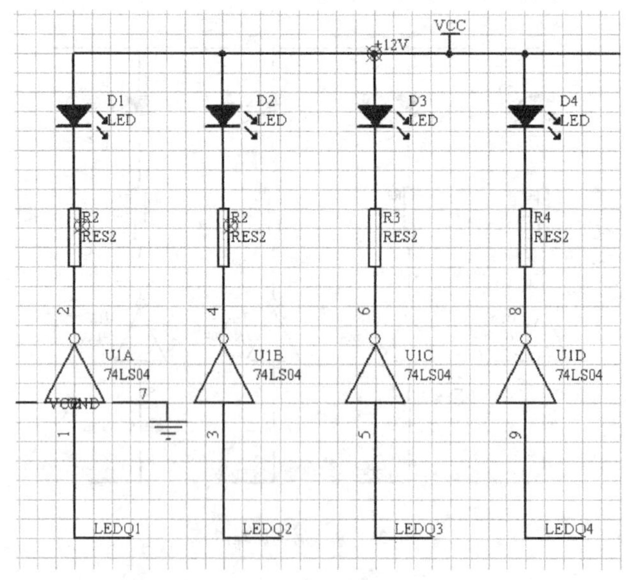



图6-27　错误位置标记

3. 根据错误报告和原理图设计中的标记对原理图设计进行修改。
4. 修改完所有错误后再次选取菜单命令【Tools】/【ERC...】，对原理图设计进行检查，直至系统不再报错。

## 6.7 小结

本章介绍了几种常用报表文件的生成和使用方法。

- ERC 设计校验。通过系统提供的电气法则测试功能可以查出原理图设计中的错误，并且凭借系统提供的错误信息可以快速修改错误。
- 生成元器件报表清单。利用系统提供的统计功能可以快速生成元器件报表清单。
- 创建网络表文件。介绍了网络表文件的生成方法。
- 元器件自动编号功能。当在原理图设计中删除掉某些元器件后，利用系统的自动编号功能可以快速实现对元器件序号的重新编排。

## 6.8 习题

1. 了解 ERC 设计校验功能，并掌握其基本操作。
2. 结合 Excel 功能，尝试对导出的元器件清单进行统计。
3. 熟悉网络表文件的构成。

# 第7章 原理图仿真

Protel 99 SE 不但可以绘制电路图和制作印制电路板，而且还提供了电路仿真工具。利用电路仿真工具用户可以方便地对设计的电路信号进行模拟仿真。本章将讲述 Protel 99 SE 的仿真工具的设置和使用，以及电路仿真的基本方法。

## 7.1 本章学习重点和难点

- 本章学习重点。
  本章的学习重点在于熟练掌握仿真元器件和仿真信号激励源的使用，以及仿真方式的设置。
- 本章学习难点。
  本章的学习难点在于如何进行电路原理图仿真。

## 7.2 仿真概述

Protel Advanced SIM 99 是一个能力强大的数/模混合信号电路仿真器，能提供连续的模拟信号和离散的数字信号仿真。运行在 Protel 的 EDA/Client 集成环境下，与 Protel Advanced Schematic 原理图输入程序协同工作，作为 Advanced Schematic 的扩展，为用户提供了一个完整的从设计到验证的仿真设计环境。具有 Windows 风格的菜单、对话框和工具栏，使得用户可以很方便地对仿真器进行设置、运行，仿真工作更加轻松自如。

在 Prote 99 SE 中执行仿真，只需简单地从仿真用元件库中放置所需的元件，连接好原理图，加上激励源，然后单击仿真按钮即可自动开始。

作为一个真正的混合信号仿真器，SIM 99 集成了连续的模拟波形和离散的数字信号，可以同时观察复杂的模拟信号和数字信号波形，以及得到电路性能的全部波形。

SIM 99 在 Protel 99 SE 的综合设计管理器环境中运行，与其他 EDA/Client 程序完全集成。仿真可以很容易地从综合菜单、对话框和工具栏中方便地设置和运行，也可在设计管理器中直接调用和编辑各种仿真文件，给了设计者更多的仿真控制手段和灵活性。

## 7.3 仿真分析环境

Protel 99 SE 为用户提供了强大的电路仿真功能，因此在电路的整个设计周期都可以查看和分析电路的性能指标，以便及时发现设计中存在的问题并加以改正，从而更好地完成电路设计。SIM 99 提供了模拟信号和数字信号的混合仿真，用户可以利用它对所设计的电路的性能进行检验。

## 7.3.1 工作界面

打开 Protel 99 SE 安装目录下的“Examples\Circuit Simulation\555 Astable Multivibrator.ddb”数据库文件，打开仿真环境的工作界面，如图 7-1 所示。

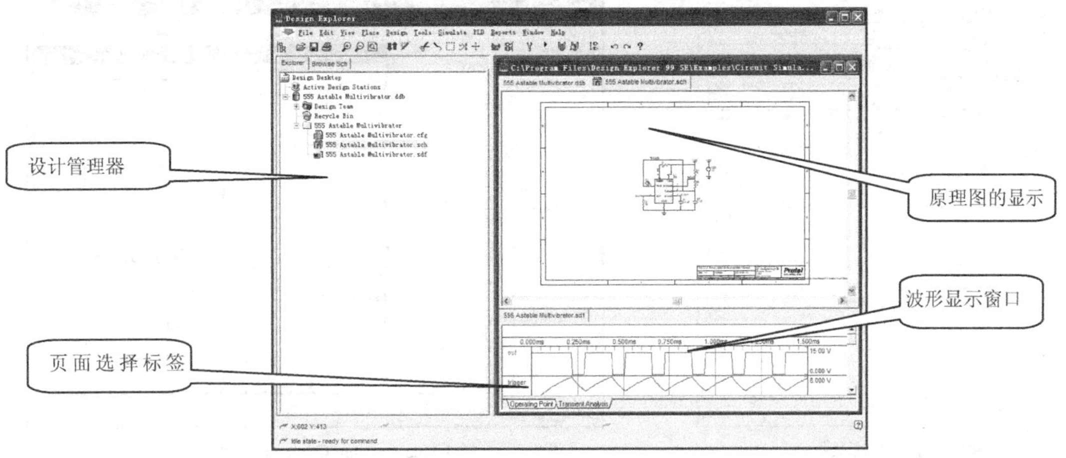


图7-1 仿真环境的工作界面

单击设计管理器的【Browse Sch】选项卡，然后在下拉列表框中选择【Libraries】，得到如图 7-2 所示的仿真元器件库浏览界面。它与原理图的元器件库浏览器有些相似。但是，仿真元器件库与普通的原理图元器件库有所不同，仿真元器件库的元器件有很多新增的参数。在如图 7-2 所示的仿真元器件库浏览界面上部的列表框是仿真元器件库列表，中部的列表框是仿真元器件列表，下部的预览框供用户浏览所选仿真元器件的图形符号。

在仿真分析界面中选择 out 波形，如图 7-3 所示，窗口左边工作区将会变成如图 7-4 所示的【Browse SimData】选项卡，即仿真数据浏览器。仿真数据浏览器的上部列表框是当前的波形信号列表，中部的【View】分组框和【Scaling】分组框用于控制波形显示窗口的显示方式和显示效果，下部的【Measurement Cursor】框用于设置波形显示窗口中的测量光标，从而更好地在波形上读取数据，图 7-5 所示为选择【Measurement Cursor】分组框中的选项的效果。

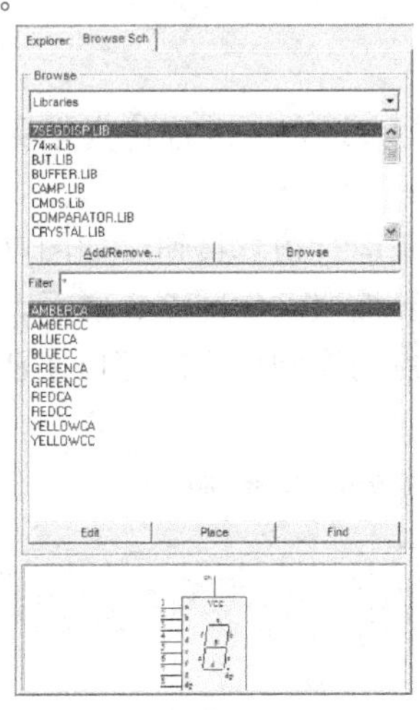


图7-2 浏览仿真元器件库

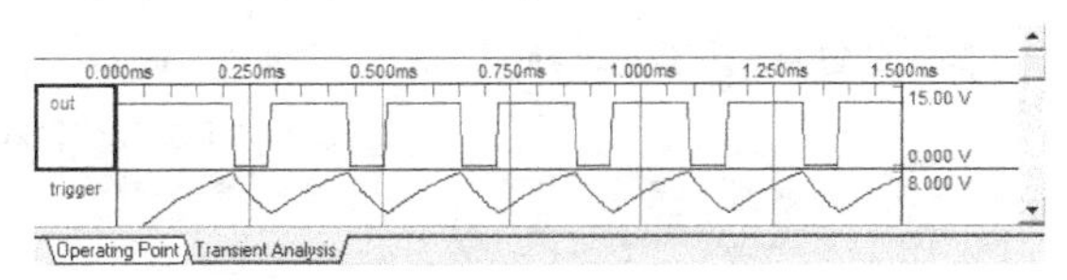


图7-3 选择 out 波形

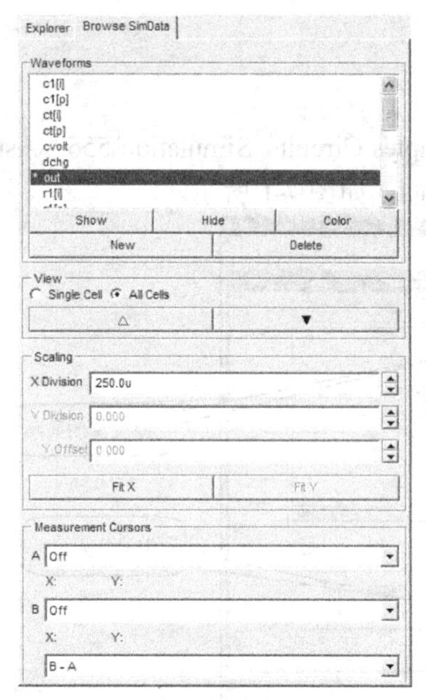


图7-4 查看仿真数据

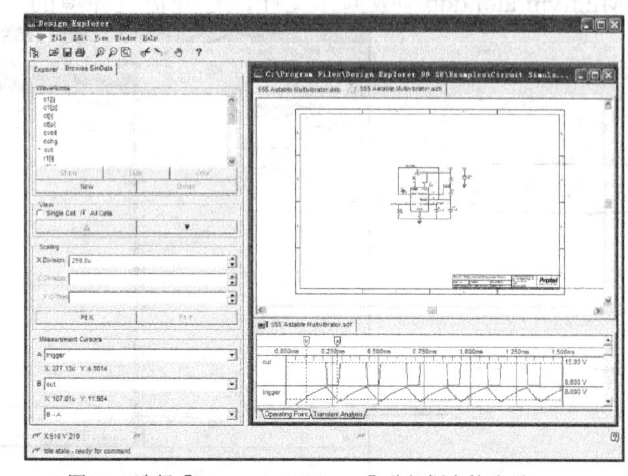

图7-5 选择【Measurement Cursor】分组框中的选项

必须将显示器的分辨率设置为 1024×768 以上，才能看到仿真分析界面的全貌，否则仿真结果的波形显示窗口可能无法显示。

## 7.3.2 菜单命令

在仿真分析界面下单击【Simulate】菜单，可以看到 Protel 99 SE 中用于电路仿真分析的菜单命令，如图 7-6 所示。

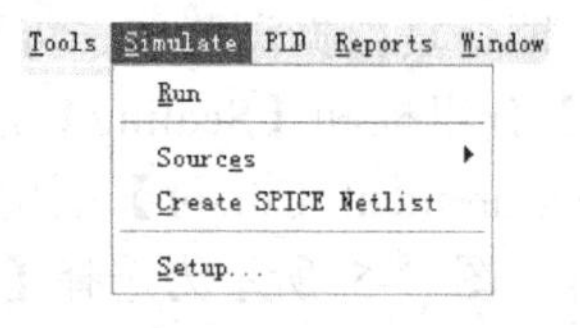


图7-6 【Simulate】菜单命令

### 一、【Run】命令

【Run】（运行仿真）命令在主工具栏中的按钮是 ▸。只有在进行仿真设置之后，才能运行此命令。

当在原理图编辑区输入焦点时，主工具栏上显示的是运行仿真按钮，如图 7-7 所示。而在波形显示区输入焦点时，主工具栏上显示的是终止仿真按钮，如图 7-8 所示。只需要在原理图工作区或仿真结果显示窗口中单击，即可将输入焦点切换到相应的窗口，从而使得菜单和工具栏发生变化。

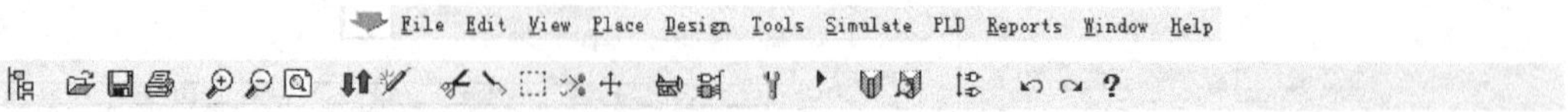

File Edit View Place Design Tools Simulate PLD Reports Window Help

图7-7 原理图编辑器的菜单和主工具栏

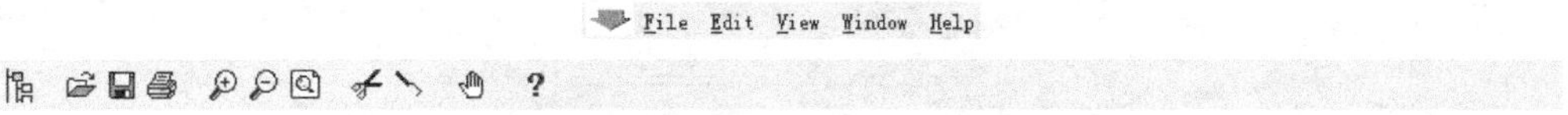

File Edit View Window Help

图7-8　波形显示器的菜单和主工具栏

在进行仿真分析时，有可能会因为仿真分析的时间设置得太长，或者仿真分析步长值设置得太小而导致仿真过程太长。如果在这些情况下需要终止仿真，可以单击波形显示器主工具栏上的按钮。

### 二、【Sources】子菜单

在对电路进行仿真分析之前，需要给电路提供信号激励源，该子菜单中包含了常用的信号源，如图 7-9 所示。该菜单分为上中下 3 栏，每一栏的信号源类型相同，只是具体参数不同。

### 三、【Create SPICE Netlist】命令

【Create SPICE Netlist】命令用于给仿真软件 SPICE 创建网络表。

### 四、【Setup】命令

在对电路进行仿真之前，通常要对仿真进行相应的设置。执行【Setup】命令之后，弹出如图 7-10 所示的【Analyses Setup】对话框，从图中可以看出，它包含 9 个选项卡，可以对不同的分析类型进行设置。

图7-9　【Sources】子菜单

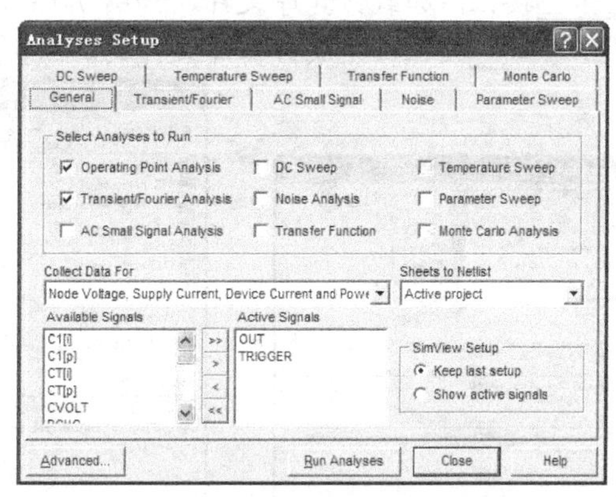


图7-10　对仿真分析进行设置对话框

## 7.4　仿真元器件的使用

要进行电路仿真分析，必须先有仿真电路原理图。利用原理图编辑器可以绘制仿真电路，其方法与绘制普通原理图没有太大差别，只不过是采用了 Protel 99 SE 提供的一些仿真元器件。与绘制普通的原理图一样，绘制用于仿真的电路原理图同样需要元器件库的支持，即仿真元器件库。

浏览仿真元器件库和放置仿真元器件的方法与绘制普通原理图时相同。

### 加载仿真元器件库

1. 单击设计管理器中的【Browse Sch】选项卡，显示元器件库浏览器，如图 7-11 所示。

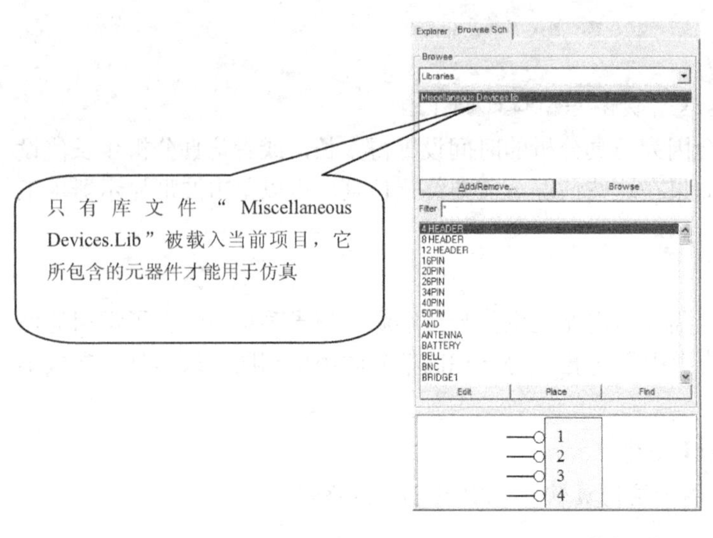


图7-11 显示元器件库浏览器

2. 单击【Add/Remove...】，打开【Change Library File List】对话框，如图 7-12 所示。
3. 选择 Protel 99 SE 安装目录下的“Library\Sch”子目录中的“Sim.Ddb”文件，并单击【Add】按钮，加载仿真库文件，如图 7-13 所示。
4. 单击【OK】按钮，完成仿真库文件的加载，如图 7-14 所示。

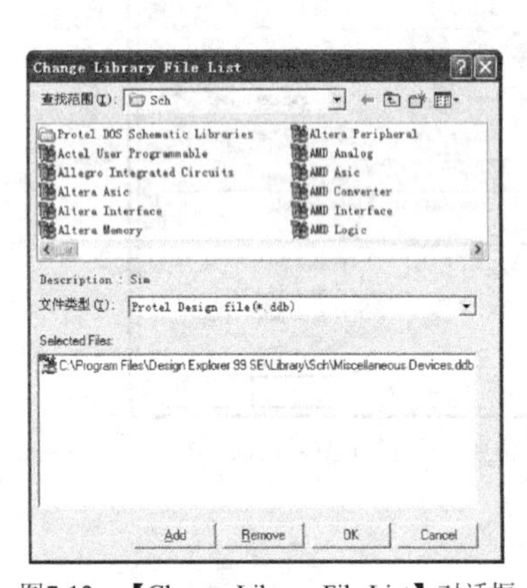

图7-12 【Change Library File List】对话框

图7-13 选择“Sim.Ddb”文件

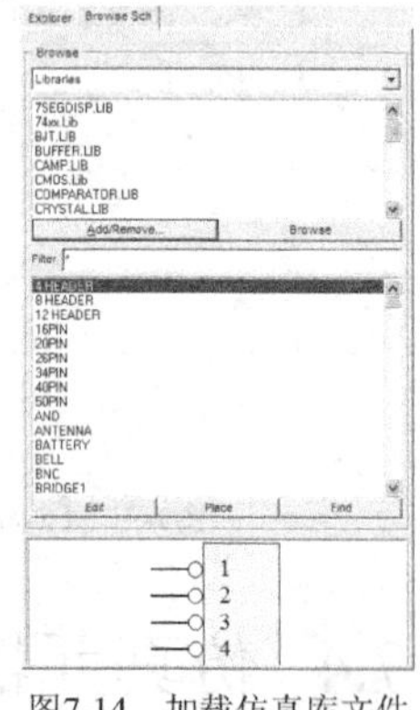

图7-14 加载仿真库文件

加载完仿真元器件库，就可以使用仿真元器件。仿真元器件库中包含的常用元器件有：电阻、电容、电感、二极管、三极管、JFET 结型场效应晶体管、MOS 场效应晶体管、MES 场效应晶体管、电压/电流控制开关、熔丝、继电器、晶振、互感器（电感耦合器）、传输线（LLTRA 无损耗传输线、LTRA 有损耗传输线、URC 均匀分布传输线）、TTL 和 CMOS 数字电路元器件和集成块。

## 7.5 仿真信号激励源

在对电路进行仿真分析之前，需要给电路提供信号激励源，在 Protel 99 SE 的“Simulation Symbols.Lib”库中包含了 10 种仿真信号激励源，如表 7-1 所示。

**表 7-1　　　　仿真信号激励源及其说明**

| 名称 | 说明 | 符号图例 |
|---|---|---|
| 直流源 | VSRC：电压源　ISRC：电流源<br>提供用来激励电路的一个不变的电压或电流输出 | V? VSRC　V? VSRC2　I? ISRC |
| 正弦仿真源 | VSIN：正弦电压源　ISIN：正弦电流源<br>正弦仿真源可创建正弦波电压和电流 | V? VSIN　I? ISIN |
| 周期脉冲源 | VPULSE：脉冲电压源 IPULSE：脉冲电流源<br>周期脉冲源可创建周期的连续的脉冲 | V? VPULSE　I? IPULSE |
| 分段线性源 | VPWL：分段线性电压源<br>IPWL：分段线性电流源<br>分段线性源可以创建任意形状的波形 | V? VPWL　I? IPWL |
| 指数激励源 | VEXP：指数激励电压源 IEXP：指数激励电流源<br>通过指数激励源可创建带有指数上升沿或下降沿的脉冲波形 | V? VEXP　I? IEXP |
| 单频调频源 | VSFFM：电压源　ISFFM：电流源<br>通过单频调频源可创建一个单频调频波 | V? VSFFM　I? ISFFM |
| 线性受控源 | HSRC：线性电流控制电压源 GSRC：线性电压控制电流源<br>ESRC：线性电压控制电压源　FSRC：线性电流控制电流源<br>线性受控源都有两个输入节点和两个输出节点。输出节点间的电压或电流是输入节点间的电压或电流的线性函数，一般由线性受控源的增益、跨导等决定 | H? HSRC　G? GSRC　E? ESRC　F? FSRC |
| 非线性受控源 | BVSRC：电压源　BISRC：电流源<br>非线性受控源又被称为方程定义源。它的输出由用户的方程定义，并且经常引用电路中其他节点的电压或电流值 | B? BVSRC　B? BISRC |
| 频率/电压转换器 | 频率/电压转换器输出是电压，它是输入频率的线性函数 | V? F FTOV |
| 压控振荡器（VCO）仿真源 | 压控振荡器（VCO）仿真源可创建压控振荡器 | V? SINEVCO　V? SQRVCO　V? TRIVCO |

## 放置仿真信号源

在电源电路仿真原理图中放置正弦信号源，如图 7-15 所示。

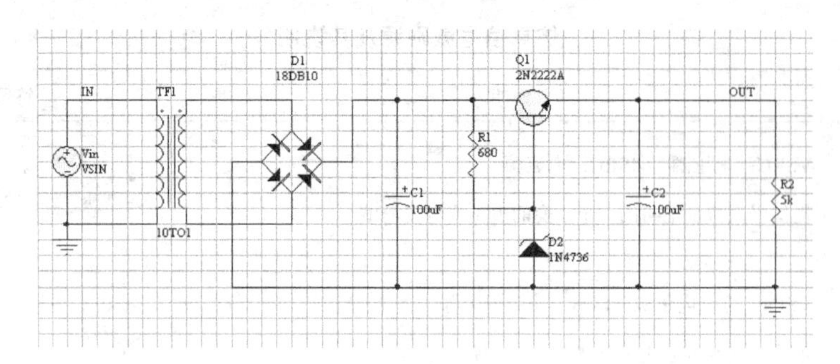


图7-15 放置正弦信号源的电源电路

1. 打开设计好的电源电路仿真原理图，如图7-16所示。

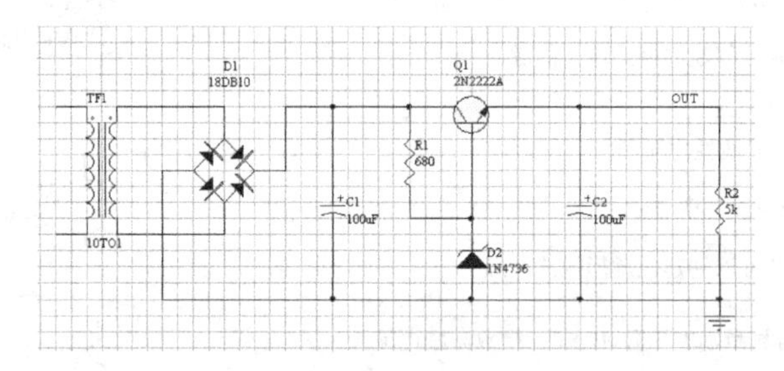


图7-16 打开设计好的电源电路仿真原理图

2. 单击设计管理器中的【Browse Sch】选项卡，在“Simulation.Lib”库中选择VSIN正弦信号源，如图7-17所示。

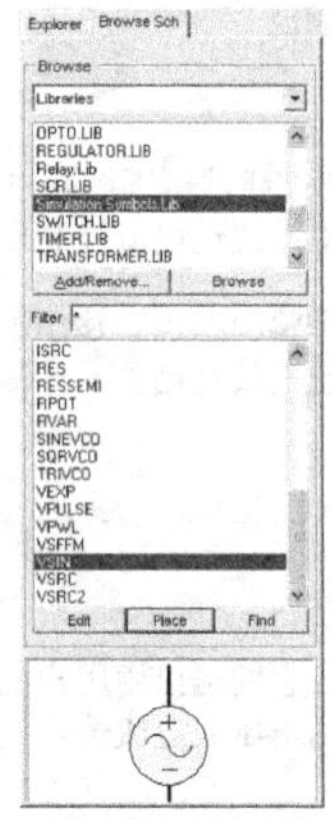


图7-17 选择VSIN正弦信号源

3. 单击 Place 按钮，出现VSIN正弦信号源一个信号源符号随着十字光标移动，如图7-18所示。

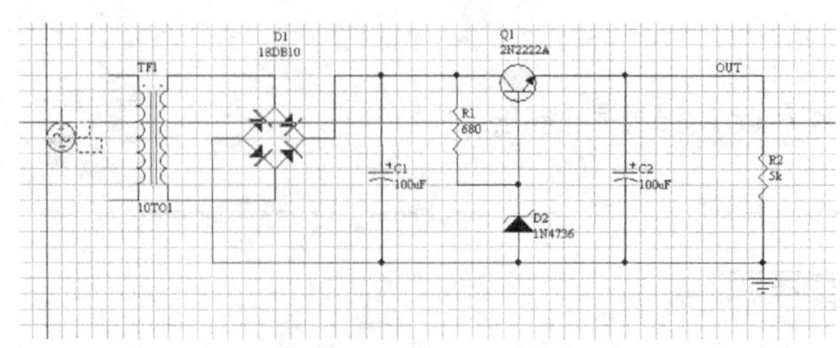


图7-18 显示VSIN正弦信号源

4. 移动到适当位置，单击鼠标左键确定其位置，放置好的正弦信号源，如图 7-19 所示。

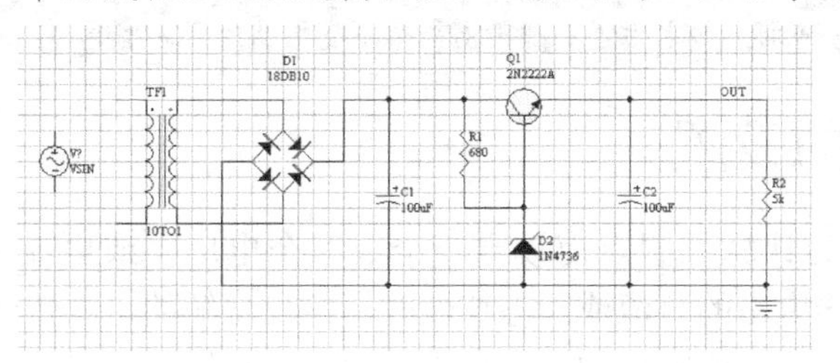


图7-19　放置正弦信号源

5. 双击放置好的正弦信号源，设置其属性，如图 7-20 所示。

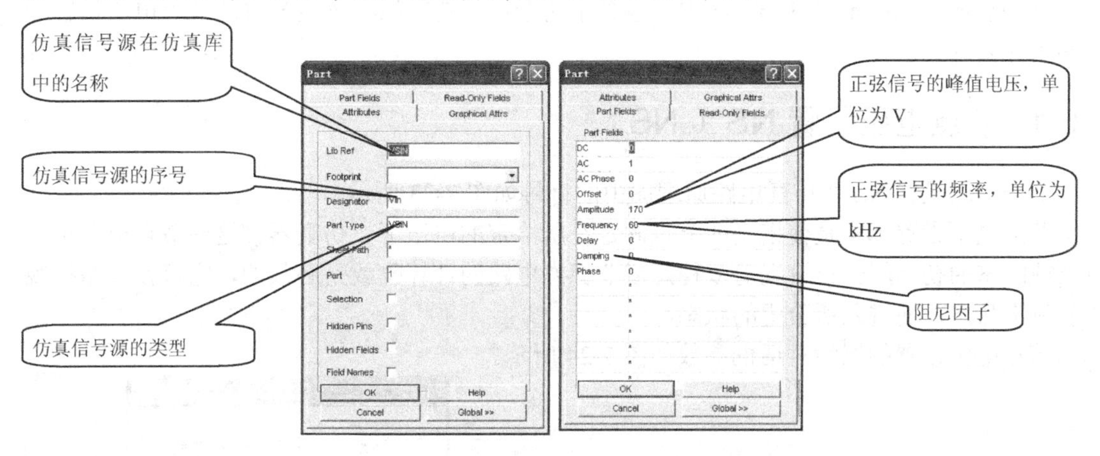


图7-20　仿真信号源属性对话框

6. 单击 OK 按钮，完成正弦仿真信号源的设置，如图 7-21 所示。

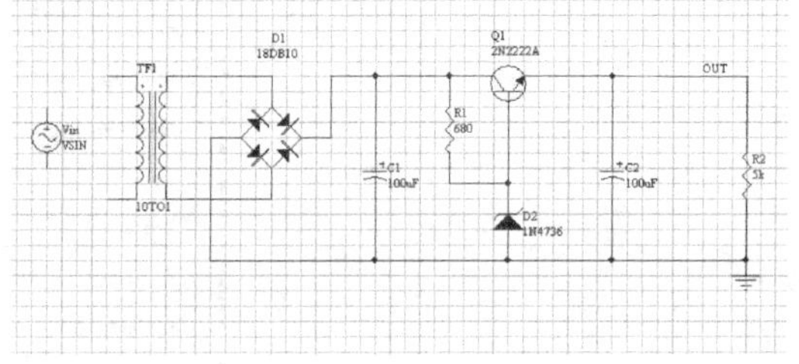


图7-21　设置好的仿真信号源

7. 选取【Place】/【Wire】命令，将正弦仿真信号源连接到电源电路仿真原理图中，如图 7-22 所示。

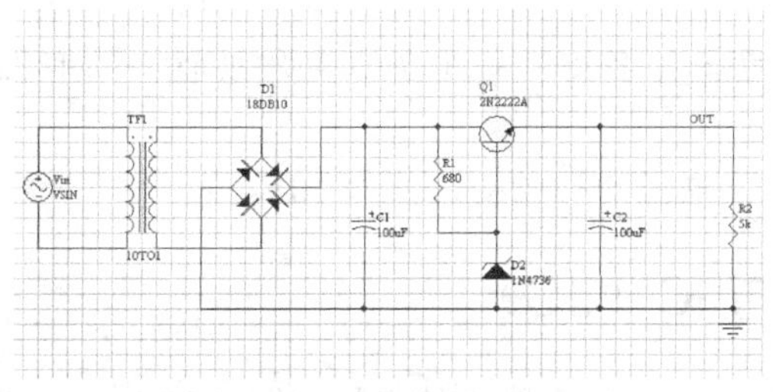


图7-22　连接仿真信号源

8. 在电源工具栏中选择接地符号，选取【Place】/【Junction】命令，放置节点，选取【Place】/【Net Label】命令，放置网络标签，如图 7-15 所示。

阻尼因子为每秒正弦信号幅值上的减少量，设置为正值将使正弦信号以指数形式减少，为负值则将使幅值增加。如果为零，则输出一个不变幅值的正弦信号。

# 7.6 初始状态的设置

设置初始状态是为计算偏置点而设定一个或多个电压（或电流值）。在模拟非线性电路、振荡电路及触发器电路的直流或瞬态特性时，常出现解的不收敛现象，而实际电路是有解的，原因是发散的偏置点或收敛的偏置点不能适应多种情况。设置初始值目的是在两个或更多的稳定工作点中选择一个，使模拟顺利进行。

“Simulation Symbols.Lib”库中，包含了两个特别的初始状态定义符：节点电压设置和初始条件设置。

## 7.6.1 节点电压设置 NS（.NS）

节点电压设置 NS 在仿真电路原理图中的符号如图 7-23 所示。

节点电压设置 NS 是使指定的节点固定在所给定的电压下，仿真器按这些节点电压求得直流或瞬态的初始解。该设置对双稳态或非稳态电路的计算收敛是必须的，它可使电路摆脱“停顿”状态，而进入所希望的状态。

节点电压设置的属性对话框参数如图 7-24 所示。

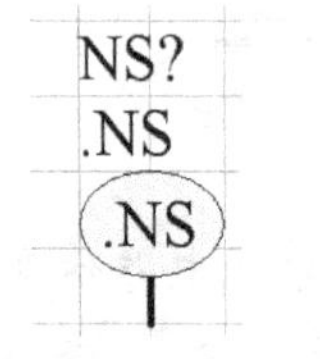


图7-23　节点电压设置 NS

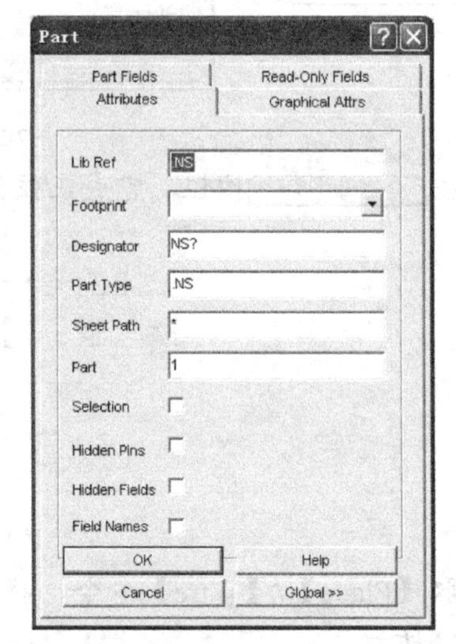


图7-24　节点电压设置的属性对话框参数

- 【Designator】: 元器件名称，每个节点电压设置必须有惟一的标识符，例如 NS1。
- 【Part Type】: 节点电压的初始幅值，如 10V。

## 7.6.2 初始条件设置 IC（.IC）

初始条件设置 IC 在仿真电路原理图中的符号如图 7-25 所示。

初始条件设置 IC 是用来设置瞬态初始条件的。节点电压设置 NS 是用来帮助直流解的收敛，并不影响最后的工作点（多稳态电路除外），而初始条件设置 IC 用于设置偏置点的初始条件，它不影响 DC 扫描。

瞬态分析中一旦设置了参数 USE Initial Conditions 和初始条件设置 IC 时，瞬态分析就先不进行直流工作点的分析（初始瞬态值），因而应在该初始条件设置 IC 中设定各点的直流电压。

如果瞬态分析中没有设置参数 USE Initial Conditions，那么在瞬态分析前计算直流偏置（初始瞬态）解。这时，初始条件设置 IC 设置中指定的节点电压作为求解直流工作点时相应的节点的初始值。

初始条件设置的属性对话框参数如图 7-26 所示。

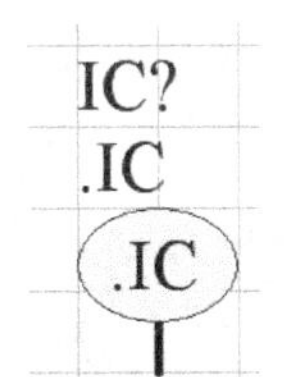


图7-25　初始条件设置 IC

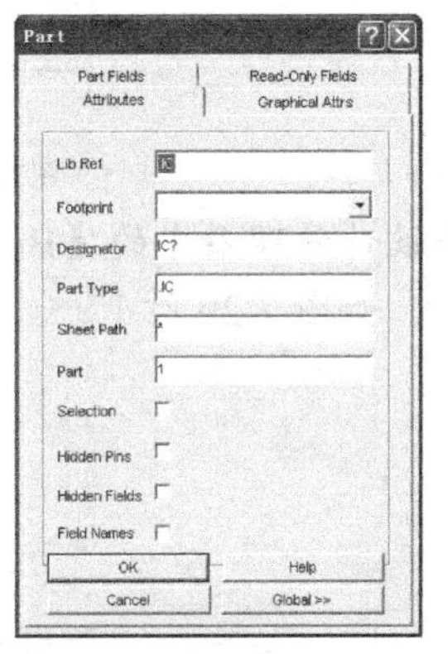


图7-26　初始条件设置的属性对话框参数

- 【Designator】：元器件名称，每个初始条件设置必须有惟一的标识符，例如 IC1。
- 【Part Type】：节点电压的初始幅值，如 10V。

用户也可以通过设置每个元器件的属性来定义每个元器件的初始状态。同时，在每个元器件中规定的初始状态将优先于初始条件设置 IC，初始条件设置 IC 优先于节点电压设置 NS。

## 放置初始条件设置 IC

用 555 非稳态多谐振荡器的仿真电路原理图放置初始条件设置 IC，放置的结果如图 7-27 所示。

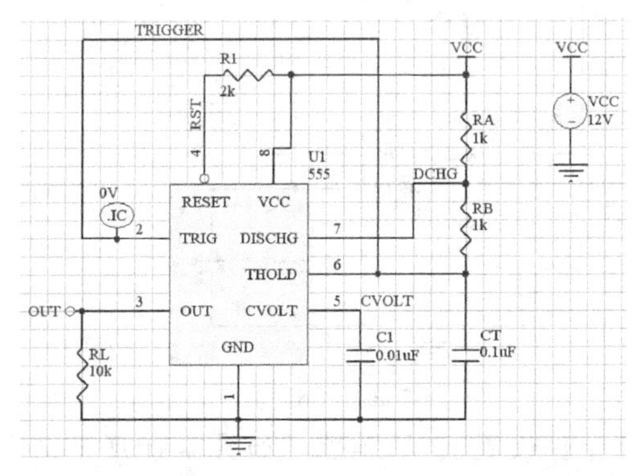


图7-27　放置初始条件设置 IC 的仿真电路原理图

1. 打开放置仿真信号源的 555 非稳态多谐振荡器的仿真电路原理图，如图 7-28 所示。

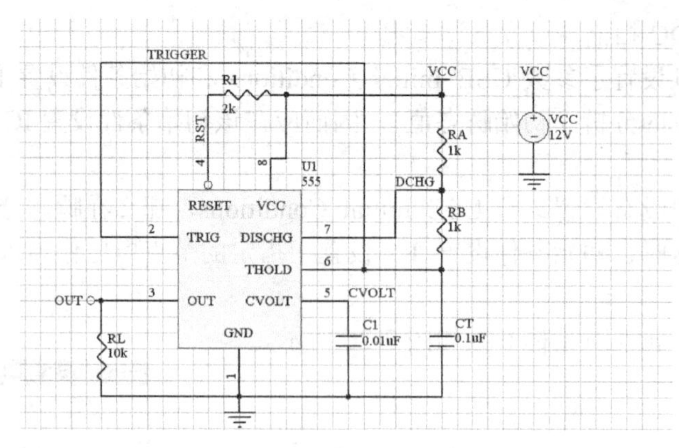


图7-28　555 非稳态多谐振荡器的仿真电路原理图

2. 单击设计管理器中的【Browse Sch】选项卡，在“Simulation Symbols.Lib”库中选择“.IC”，如图 7-29 所示。

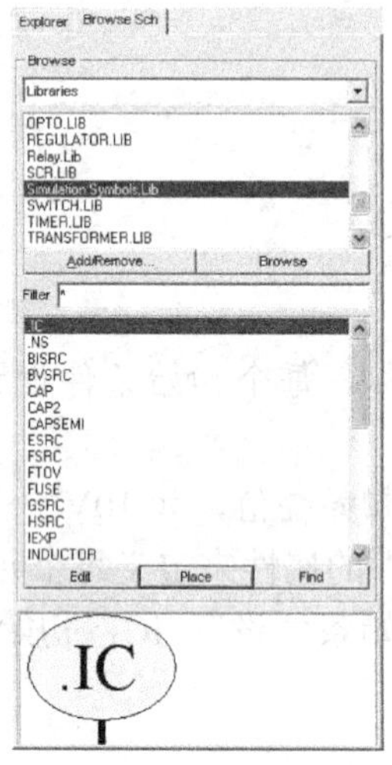


图7-29　选择“.IC”

3. 单击 Place 按钮，将“.IC”放置在仿真电路原理图中，如图 7-30 所示。

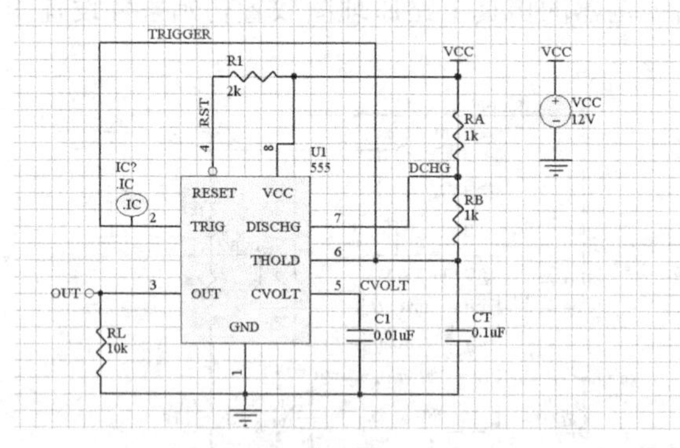


图7-30　放置“.IC”

4. 双击“.IC”，设置初始条件设置 IC 的属性，如图 7-31 所示。

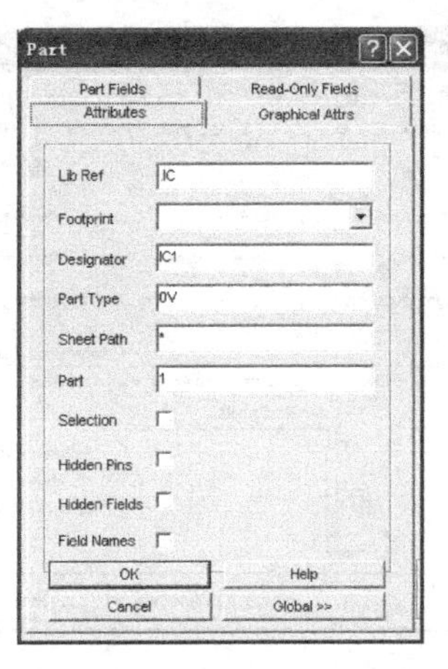


图7-31 初始条件设置 IC 的属性对话框

5. 单击[OK]按钮，完成初始条件设置 IC 的属性设置，结果如图 7-32 所示。

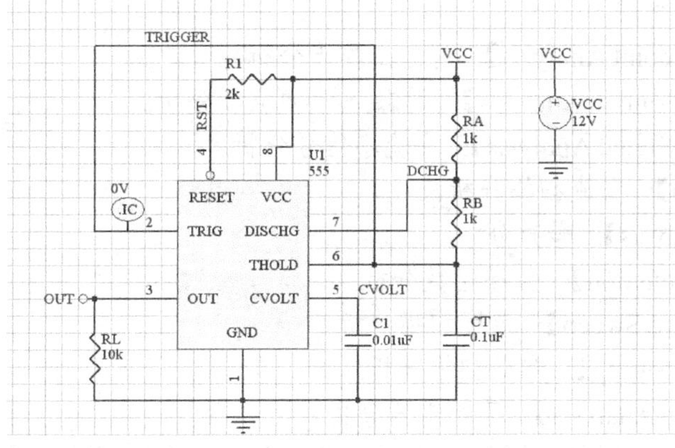


图7-32 设置好的初始条件设置 IC

6. 执行【Place】/【Junction】命令放置节点，结果如图 7-27 所示。

# 7.7 仿真分析类型及其设置

【Analysis Setup】对话框中一共有 9 个选项卡，除了第一个通用选项卡之外，其余的每一个选项卡分别代表一种仿真分析类型。

## 7.7.1 静态工作点分析

静态工作点分析是在分析放大电路的时候提出来的，它是放大电路正常工作的重要条件。当把放大器输入信号短路，则放大器处于无信号的输入状态，这就是静态工作点。

在仿真原理图中，执行【Simulate】/【Setup】命令。在弹出的【Analysis Setup】对话框的【General】选项卡中选择【Operating Point Analysia】（静态工作点分析）分析类型，如图 7-33 所示。

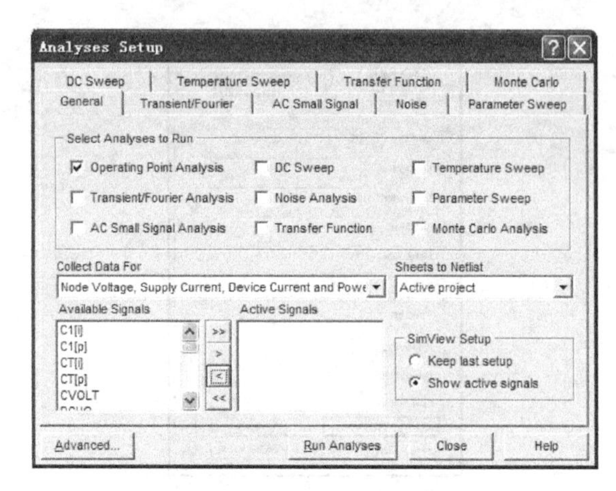


图7-33　选择【Operating Point Analysia】分析类型

【Select Analysis to Run】分组框列出了 Protel 99 SE 支持的所有分析类型，用户可以选择其中的一个或者多个。

- 【Operating point Analysis】：静态工作点分析。
- 【Transient/Fourier/Analysis】：瞬态分析/傅立叶分析。
- 【AC Small Signal Analysis】：交流小信号分析。
- 【DC Sweep】：直流扫描分析。
- 【Noise Analysis】：噪声分析。
- 【Transfer Function】：传递函数分析。
- 【Temperature Sweep】：温度扫描分析。
- 【Parameter Sweep】：参数扫描分析。
- 【More Carlo Analysis】：蒙特卡罗分析。

Protel 99 SE 在仿真分析的过程中会产生大量的数据，用户可以在【Collect Data For】下拉列表框中选择采集哪些数据，如图 7-34 所示。

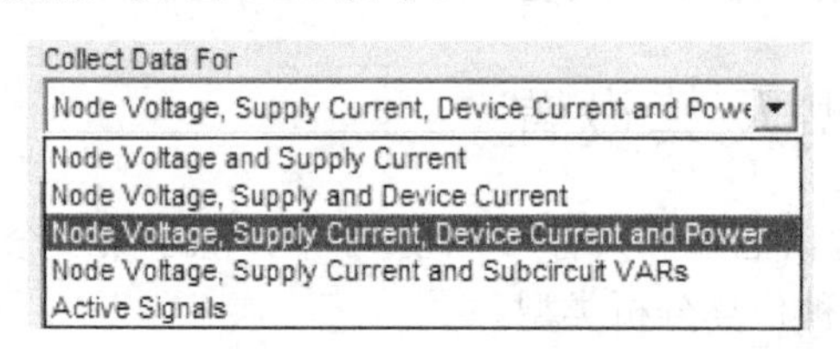


图7-34　【Collect Data For】下拉列表框

- 【Node Voltage and Supply Current】：采集每个节点的电压和流经每个电源的电流。
- 【Node Voltage，Supply and Device Current】：采集每个节点的电压以及流经每个电源和器件的电流。
- 【Node Voltage，Supply Current，Device Current and Power】：采集每个节点的电压以及流经每个电源和器件的电流和功率。
- 【Node Voltage，Supply Current and Subcircuit VARs】：采集每个节点的电压以及流经每个电源的电路和子电路的变量。
- 【Active Signals】：只采集与所选择的激活变量相关的数据。

【Sheets to Netlist】下拉列表框用于选择要生成网络表的原理图文件范围。因为 Protel 99 SE 是以一个设计项目的方式管理文件的，所以该下拉列表提供了下列 3 个选择，如图 7-35 所示。

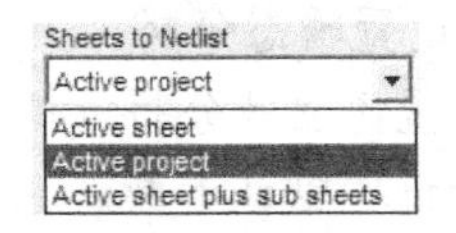


图7-35 【Sheets to Netlist】下拉列表框

- 【Active sheet】：当前原理图。
- 【Active project】：当前设计项目。
- 【Active sheet plus sub sheets】：当前原理图及其子原理图。

从【Available Signals】（可用信号）列表中选择激活信号，单击 > 按钮，将其到【Active Signals】（激活列表中），激活的信号是指在仿真结束之后，这些信号的波形或数据会显示在波形显示区中，供用户查看，如图 7-36 所示。

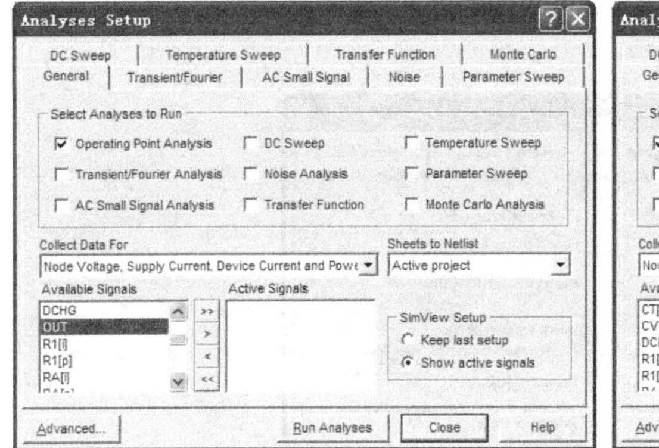


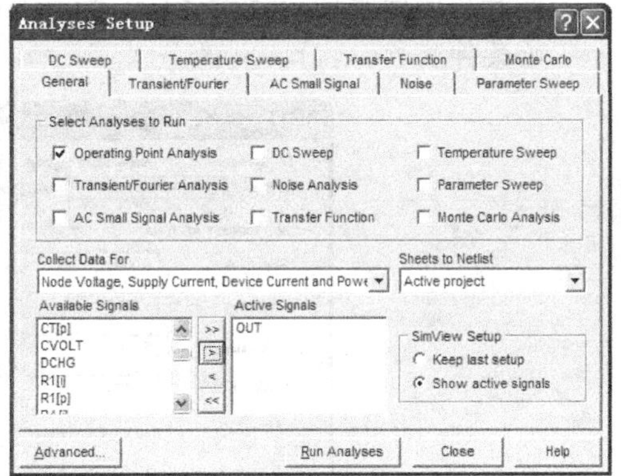


图7-36 选择激活信号

- >>：激活全部可用信号。
- >：激活左边列表框中所选的信号。
- <：取消激活右边列表框中所选的信号。
- <<：取消激活右边列表框中所有的信号。

【Sim View Setup】分组框如图 7-37 所示。

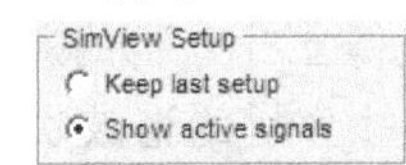


图7-37 【Sim View Setup】分组框

- 【Keep last setup】：表示用上一次仿真结束时的设置来显示结果。
- 【Show active signals】：表示只显示被激活的信号波形或数据。

## 7.7.2 瞬态/傅立叶分析

瞬态特性分析是在确定输入信号的情况下对电路进行时域分析的方法。瞬态特性分析的输出是在一个类似示波器的窗口中，在用户定义的时间间隔内计算变量瞬态输出电流或电压值。而傅立叶分析是计算瞬态分析结果的一部分，得到基频、DC 分量和谐波。

在仿真原理图中，执行【Simulate】/【Setup】命令，在弹出的【Analysis Setup】对话框的中选择【Transient/Fourier】选项卡，如图 7-38 所示。

【Transient/Fourier】选项卡包含如下 3 个分组框。

- 【Transient Analysis】：用于设置瞬态分析。
- 【Fourier Analysis】：用于设置傅立叶分析。
- 【Default Parameters】：用于设置默认参数。

【Transient Analysis】分组框中各项设置的含义如下。

- 【Transient Analysis】：选择该复选框，表示进行瞬态仿真分析。
- 【Start Time】：用于设置瞬态分析的起始时间。
- 【Stop Time】：用于设置瞬态分析的终止时间。
- 【Step Time】：用于设置瞬态分析的时间步长值，用在瞬态分析中的时间增量。
- 【Maximum Step】：用于设置瞬态分析的采样步数，该选项限制了分析瞬态数据时的时间片的变化量【Use Initial Conditions】：选择该复选框，表示使用初始条件。

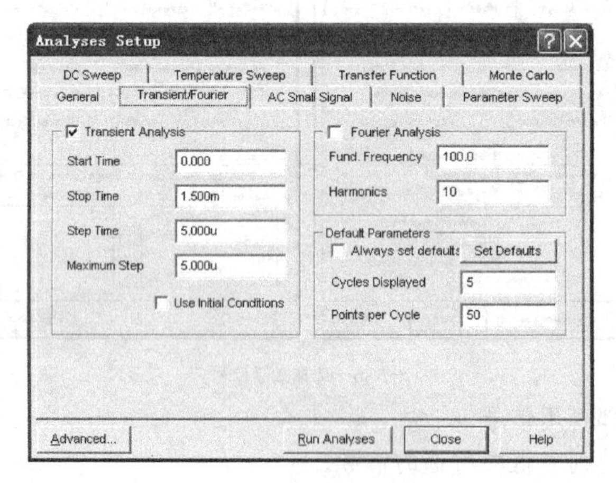


图7-38　瞬态/傅立叶分析

【Fourier Analysis】分组框中各项设置的含义如下。

- 【Fourier Analysis】：选择该复选框，表示进行傅立叶分析。
- 【Fund.Frequency】：用于设置傅立叶分析的基频，默认值为信号源的频率。
- 【Harmonics】：用于设置傅立叶分析的谐波次数。

【Default Parameters】分组框中各项设置的含义如下。

- 【Always set defaults】：该复选框用于设置默认参数，本例不选择设置默认参数。
- 【Cycles Displayed】：用于设置显示的循环周期数。
- 【Points per Cycle】：用于设置每一个循环周期的采样点数。

## 7.7.3　交流小信号分析

交流小信号分析是将交流输出变量作为频率的函数计算出来的。首先计算电路的直流工作点，决定电路中所有非线性元器件的线性化小信号模型参数，然后在用户所指定的频率范围内对该线性化电路进行分析。交流小信号分析所希望的输出通常是一个传递函数，如电压增益、传输阻抗等。

其设置方法与瞬态/傅立叶分析的设置方法相似，选择 AC Small Signal 选项卡进行设置，如图 7-39 所示。

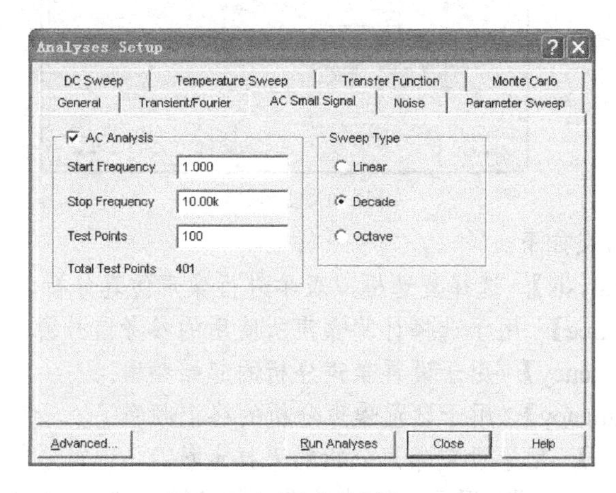

图7-39　交流小信号分析

其中各项设置含义如下。

- 【AC Analysis】: 选择复选框，表示进行交流小信号仿真分析。
- 【Start Frequency】: 用于设置交流小信号分析的起始频率。
- 【Stop Frequency】: 用于设置交流小信号分析的终止频率。
- 【Test Points】: 用于设置交流小信号分析的采样点数。
- 【Sweep Type】: 该区域用于设置扫描类型。
- 【Linear】: 线性扫描，用于带宽较窄的情况。
- 【Decade】: 倍频扫描，用于带宽较宽的情况。
- 【Octave】: 十倍频扫描，用于带宽非常宽的情况。

交流小信号分析是在一定的频率范围内计算电路的响应，因此必须确保在电路中至少有一个交流电源。

## 7.7.4 噪声分析

噪声分析是同交流分析一起进行的。电阻和半导体器件都会产生噪声，噪声电平取决于频率。每个元器件的噪声源在交流小信号分析的每个频率计算出相应的噪声，并传送到一个输出节点，所有传送到该节点的噪声进行均方根相加，就得到了指定输出端的等效输出噪声。同时计算出从输入源到输出端的电压（电流）增益，由输出噪声和增益就可得到等效输入噪声值。

其设置方法与瞬态/傅立叶分析的设置方法相似，选择【Noise】选项卡进行设置，如图 7-40 所示。

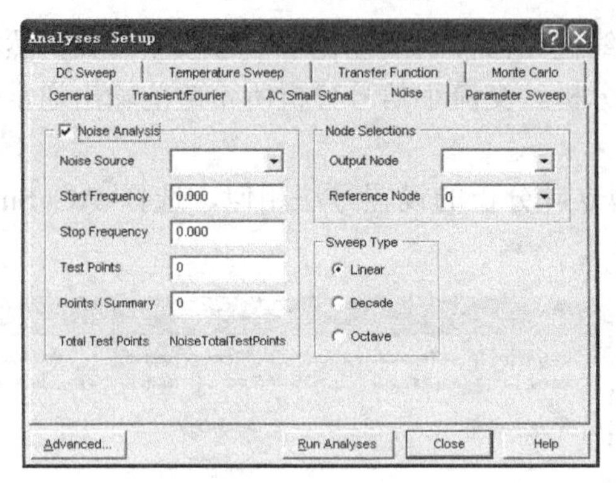


图7-40　设置噪声分析

其中各项设置含义如下。

- 【Noise Analysis】: 选择复选框，表示进行噪声仿真分析。
- 【Noise Source】: 用于选择计算噪声所使用的参考信号源。
- 【Start Frequency】: 用于设置噪声分析的起始频率。
- 【Stop Frequency】: 用于设置噪声分析的终止频率。
- 【Test Points】: 用于设置噪声分析的采样点数。
- 【Points/Summary】: 用于设置计算噪声的范围，输入 0 表示只计算输入和输出噪声，输入 1 则同时计算各个元器件的噪声。
- 【Output Node】: 用于设置输出噪声的节点。
- 【Reference Node】: 用于设置输出噪声的参考点，一般为地线。
- 【Sweep Type】: 用于设置扫描类型，各单选按钮的含义与交流小信号分析相同。

## 7.7.5 参数扫描分析

参数扫描分析允许用户以自定义的增幅扫描元器件的值。参数扫描分析可以与直流、交流、瞬态分析等分析类型配合使用，它会对电路所执行的分析进行参数扫描，这为研究电路参数变化对电路特性的影响提供了方便。

其设置方法与瞬态/傅立叶分析的设置方法相似，选择【Parameter Sweep】选项卡进行设置，如图 7-41 所示。

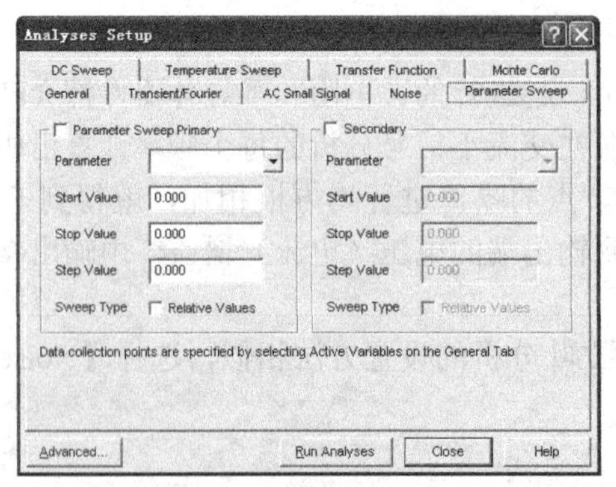


图7-41　设置参数扫描分析

其中各项设置含义如下。

- 【Parameter Sweep Analysis】：选择复选框，表示进行主参数扫描仿真分析。
- 【Parameter】：用于选择需要进行扫描分析的参数。
- 【Start Value】：用于设置参数扫描的起始值。
- 【Stop Value】：用于设置参数扫描的终止值。
- 【Step Value】：用于设置参数扫描的步长值。
- 【Relative Values】：选择该复选框，表示在上面的【Start Value】和【Stop Value】编辑框中输入的是相对值。
- 【Secondary】：选择该复选框，表示进行副参数扫描，其下方各项设置的含义与主参数扫描相同。

参数扫描分析可以改变基本的元器件和模式，但并不改变子电路的数据。

## 7.7.6 直流扫描分析

直流扫描分析产生直流转移曲线。直流分析将执行一系列的静态工作点的分析，从而改变所选择电源的电压，设置中可定义可选辅助电源。直流扫描分析就是直流转移特性分析，输入可在一定范围内变化。

其设置方法与瞬态/傅立叶分析的设置方法相似，选择【DC Sweep】选项卡进行设置，如图 7-42 所示。

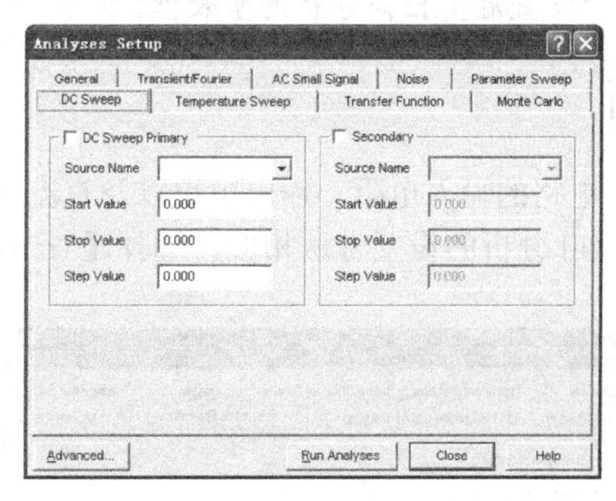


图7-42 设置直流扫描分析

其中各项设置含义如下。

- 【DC Sweep Primary】：选择该复选框，表示进行主直流扫描。
- 【Source Name】：用于选择需要进行扫描分析的目标信号。
- 【Start Value】：用于设置直流扫描分析的起始值。
- 【Stop Value】：用于设置直流扫描分析的终止值。
- 【Step Value】：用于设置直流扫描分析的步长值。
- 【Secondary】：选择该复选框，表示进行副直流扫描，它不是必须的，其下方各项参数的含义与主直流扫描相同。

## 7.7.7 温度扫描分析

温度扫描分析就是在一定的温度范围内进行电路参数的计算，从而确定电路的温度漂移

等性能指标。温度扫描分析是和交流小信号分析、直流分析及瞬态特性分析中的一种或几种相连，该分析类型规定了在什么温度下进行模拟。

其设置方法与瞬态/傅立叶分析的设置方法相似，选择【Temperature Sweep】选项卡进行设置，如图 7-43 所示。

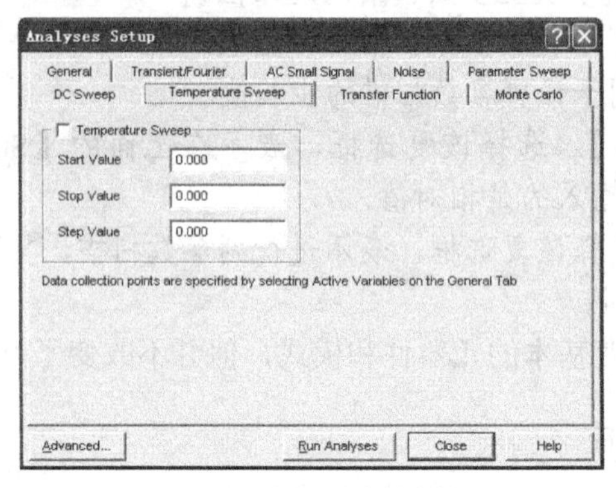


图7-43　设置温度扫描分析

其中各项设置含义如下。

- 【Temperature Sweep】：选择该复选框，表示进行温度扫描分析。
- 【Start Value】：用于设置温度扫描分析的起始值。
- 【Stop Value】：用于设置温度扫描分析的终止值。
- 【Step Value】：用于设置温度扫描分析的步长值。

### 7.7.8　传递函数分析

传递函数分析用于计算电路的输入电阻、输出电租以及直流增益。

其设置方法与瞬态/傅立叶分析的设置方法相似，选择【Transfer Function】选项卡进行设置，如图 7-44 所示。

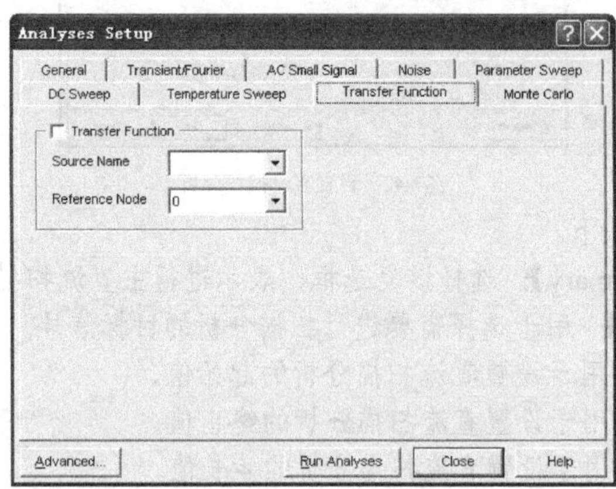


图7-44　设置传递函数分析

其中各项设置含义如下。

- 【Transfer Function】：选择该复选框，表示进行传递函数分析。
- 【Source Name】：用于选择欲进行传递函数分析的信号。
- 【Reference Node】：用于设置参考节点。

## 7.7.9 蒙特卡罗分析

蒙特卡罗分析是一种统计分析方法，它是在给定元器件参数容差为统计分布规律的情况下，用一组伪随机数求得元器件参数的随机抽样序列，然后对这些随机抽样的电路进行直流、交流小信号和瞬态分析，并通过多次分析结果估算出电路性能的统计分布规律。这些分析结果可以用来预测电路生产时的成品率及成本等。

其设置方法与瞬态/傅立叶分析的设置方法相似，选择【Monte Carlo】选项卡进行设置，如图 7-45 所示。

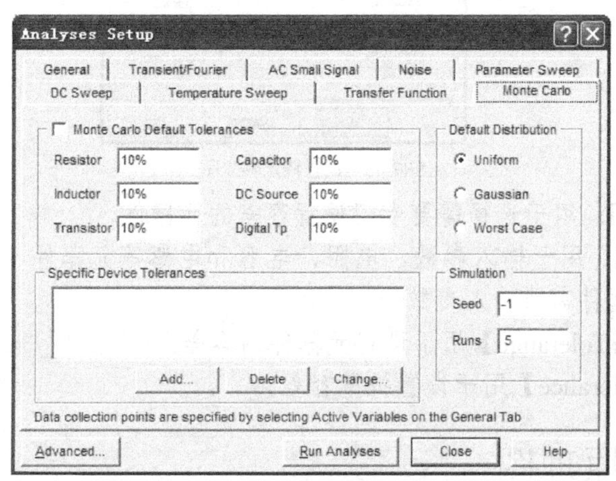


图7-45 设置蒙特卡罗分析

其中各项设置含义如下。

- 【Monte Carlo】：选择该复选框，表示进行蒙特卡罗分析。
  【Resistor】：用于设置电阻的容差值。可以输入绝对值，如输入 10 表示容差为 10 欧姆；也可以输入相对值，如输入 10% 表示容差为 10%。
  【Inductor】：用于设置电感的容差值，可以是绝对值或相对值。
  【Transistor】：用于设置晶体管的容差值，可以是绝对值或相对值。
  【Capacitor】：用于设置电容的容差值，可以是绝对值或相对值。
  【DC Source】：用于设置直流电源的容差值，可以是绝对值或相对值。
  【Digital Tp】：用于设置数字器件的传播延迟的容差值，可以是绝对值或相对值。
- 【Default Distributions】分组框：用于设置默认的分布类型，有 3 个单选按钮：【Uniform】(均匀分布)、【Gaussian】(高斯分布)和【Worst Case】(最坏情况分布)。
- 【Simulation】分组框：【Runs】选项为用户定义的仿真数，例如定义 20，则将在容差允许范围内，每次运行将使用不同的元器件值来仿真 20 次。【Seed】选项是用一系列的随机数来仿真，默认值为-1。
- 【Specific Device Tolerance】分组框：用于为某一个特定的元器件设置专门的容差。单击 Add... 按钮，弹出如图 7-46 所示的【Monte Carlo】对话框。【Monte Carlo】对话框参数的含义如下。

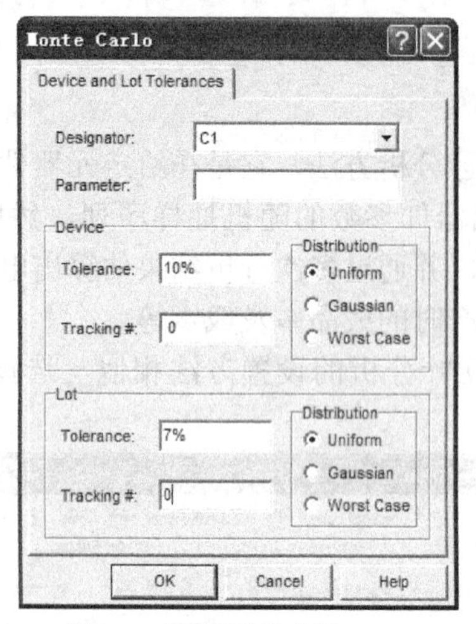

图7-46　设置特定容差图

【Designator】：用于选择需要专门设置容差的元器件。

【Parameter】：用于输入参数，电阻、电容和电感等元器件不需要输入参数，晶体管等元器件需要输入参数。

【Device】：【Tolerance】用于设置元器件的容差。

【Lot】：【Tolerance】用于设置批量容差。

## 7.8　设计仿真原理图

采用 SIM 99 进行信号仿真的设计流程如图 7-47 所示。

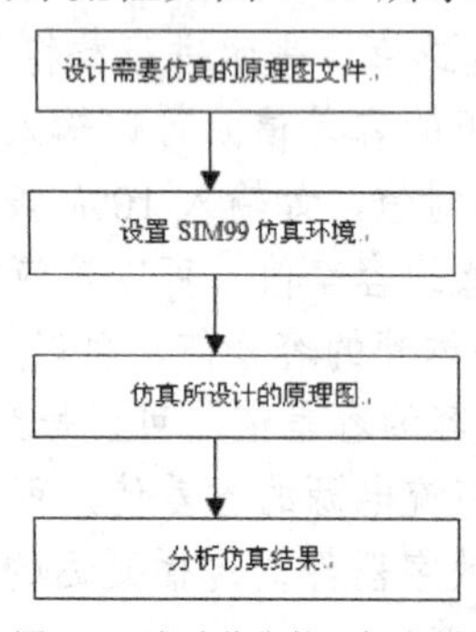

图7-47　电路仿真的一般流程

在仿真原理图文件前，该原理图文件必须包含所有所需的信息。为使仿真可靠运行必须遵守的规则如下。

- 所有的元器件必须引用适当的仿真元器件模型。
- 用户必须放置和连接可靠的信号源，以便仿真过程中驱动整个电路。
- 用户在需要绘制仿真数据的节点处必须添加网络标号。
- 如果必要的话，用户必须定义电路的仿真初始条件。

设计仿真电路原理图的一般流程如图 7-48 所示。

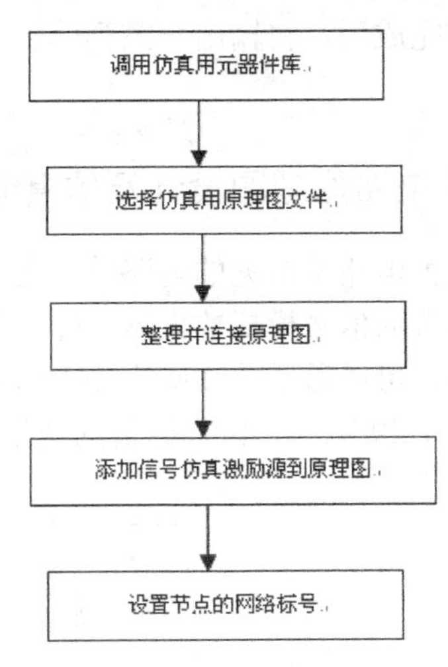


图7-48　仿真电路原理图设计的流程图

一、调用元器件库

在 Protel 99 SE 中，默认的原理图库包含在一系列的设计数据库中，每个数据库中都有数目不等的原理图库。设计中，一旦加载数据库，则该数据库下的所有库都将列出来。原理图仿真用数据库在“Library\Sch\Sim.Ddb”中。

在仿真用数据库“Sim.Ddb”加载后，“Sim.Ddb”中的 28 个后缀名为“.Lib”的原理图库将在【Browse】栏内列出。

二、 选择仿真用原理图元器件

为了执行仿真分析，原理图中放置的所有元器件都必须包含仿真信息，以便仿真器正确对待放置的所有元器件。一般情况下，原理图中的元器件必须引用适当的 Spice 元器件模型。

创建仿真用原理图的简便方法是使用 Protel 99 SE 仿真库中的元器件，Protel 99 SE 包含了约 6400 个元器件模型，这些模型都是为仿真准备的，只要将它们放在原理图上，该元器件将自动的连接到相应的仿真模型文件上。在大多数情况下，用户必须从 Protel 99 SE 仿真库中选择一个元器件，设定它的值，就可以进行仿真。

Spice 支持很多其他的特性，允许用户更精确的描述元器件状态，例如，定义一个电阻的操作温度等。这些特性可以在元器件属性对话框中的【Part Fields】中修改。

通常，在进行电路仿真时除了仿真的原理图元器件之外，还要选择仿真信号激励源和网络标号。

- 仿真信号激励源。给所设计电路一个合适的仿真信号激励源，以便仿真器进行仿真。
- 网络标号。用户须在需要观测输出波形的节点处定义网络标号，以便于仿真器的识别。

三、 仿真原理图

在设计完原理图后，首先对该原理图进行 ERC 检查，如有错误，返回原理图设计进行修改。修改完成后对仿真器进行设置，决定对原理图进行何种分析，并确定该分析采用的参数，如果设置不正确，仿真器可能在仿真前报告警告信息，仿真后将仿真过程中的错误信息

写入 Filename.err 文件中。仿真完成后，将输出一系列的文件，供用户对所设计的电路进行分析。

## 模拟放大电路的仿真电路原理图设计及仿真分析

由运算放大器构成的模拟放大电路是常见的电路单元之一，模拟放大电路对噪声的敏感程度直接影响着其性能。特别是微弱信号模拟放大器，噪声分析的意义更是重大。对于模拟放大电路的直流传输特性的分析，可以通过曲线确定输入信号的最大范围和噪声容限。

完成的仿真电路原理图如图 7-49 所示。仿真分析的结果如图 7-50 至图 7-54 所示。

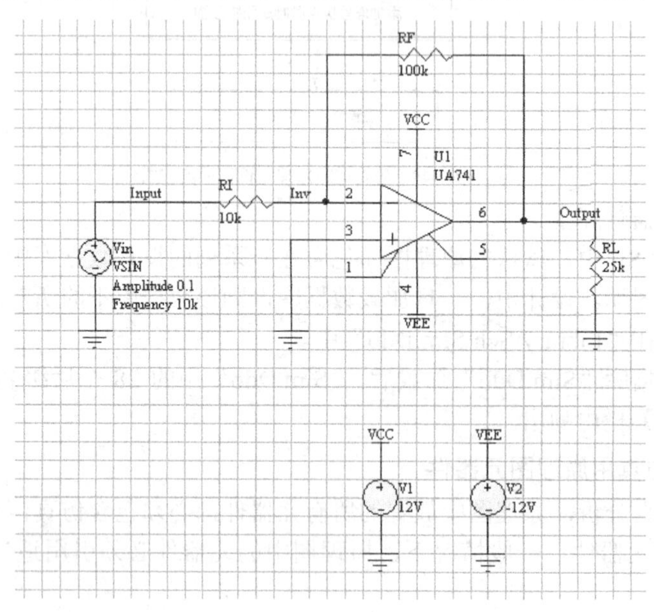


图7-49　模拟放大电路

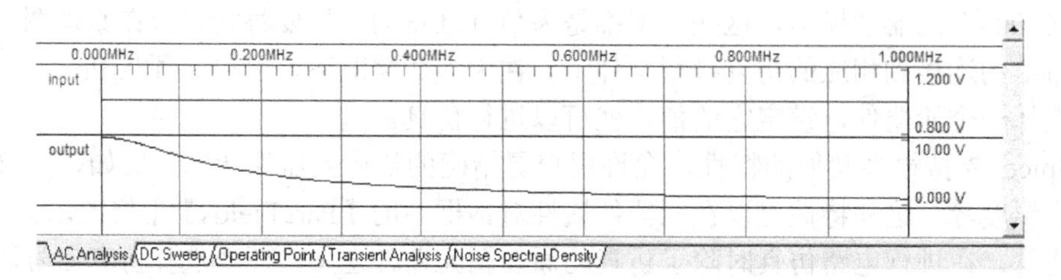


图7-50　交流小信号分析的结果

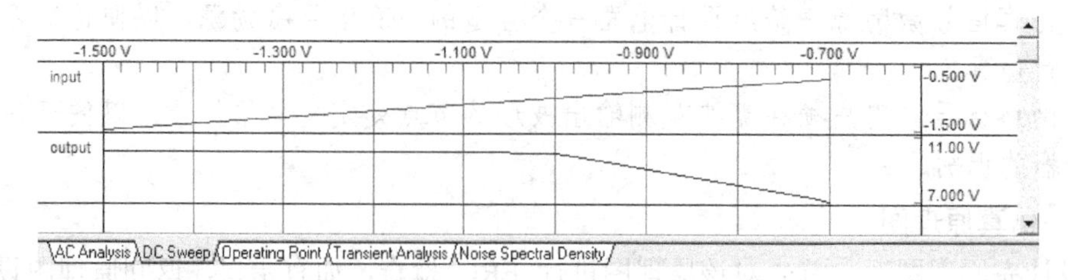


图7-51　直流扫描分析的结果

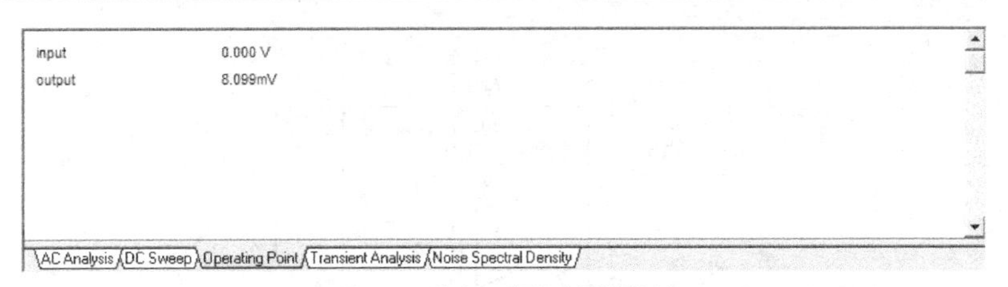


图7-52　静态工作点分析的结果

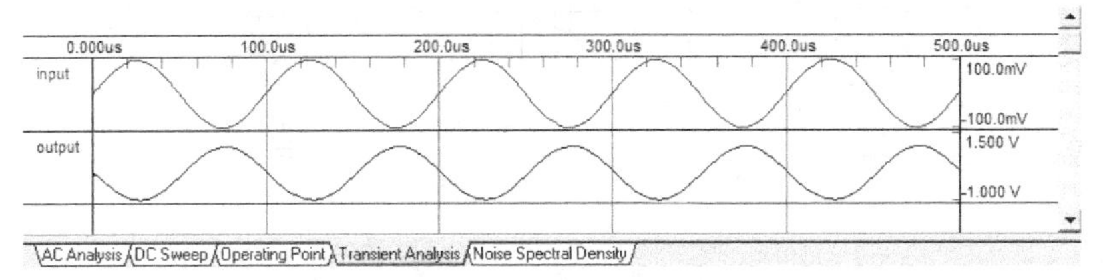


图7-53　瞬态特性分析的结果

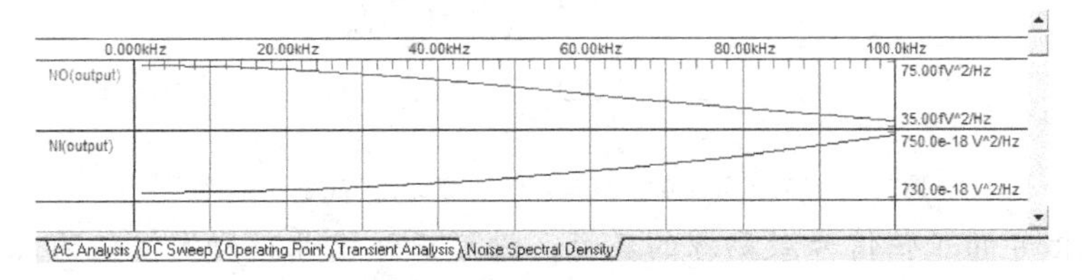


图7-54　噪声特性分析的结果

1. 加载“Sim.ddb”仿真元器件库，绘制的模拟放大电路原理图如图 7-55 所示。

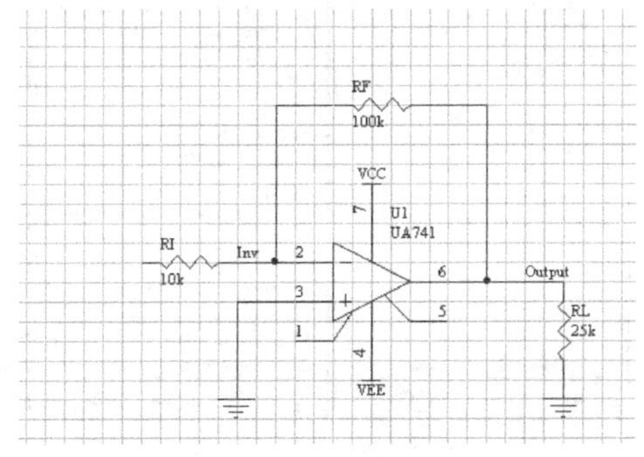


图7-55　模拟放大电路原理图

2. 设置运算放大器的正负直流信号仿真激励电源的属性，如图 7-56 所示。

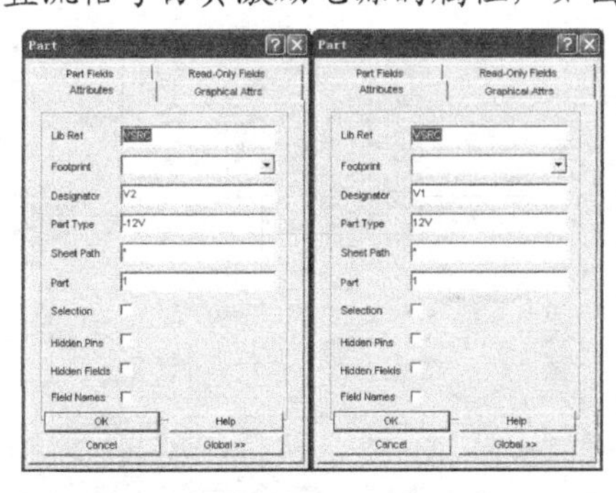


图7-56　正负直流信号仿真激励电源的属性对话框

3. 放置运算放大器的正负直流信号仿真激励电源及电源符号、接地符号，如图 7-57 所示。

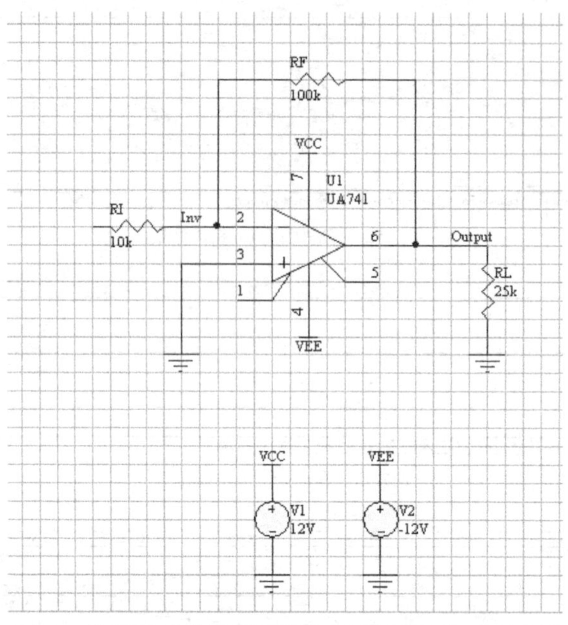


图7-57　放置正负直流信号仿真激励电源及电源符号、接地符号

4. 设置输入信号的正弦信号激励源的属性，设置正弦信号激励源幅值为 0.1V ，频率为 10kHz，如图 7-58 所示。

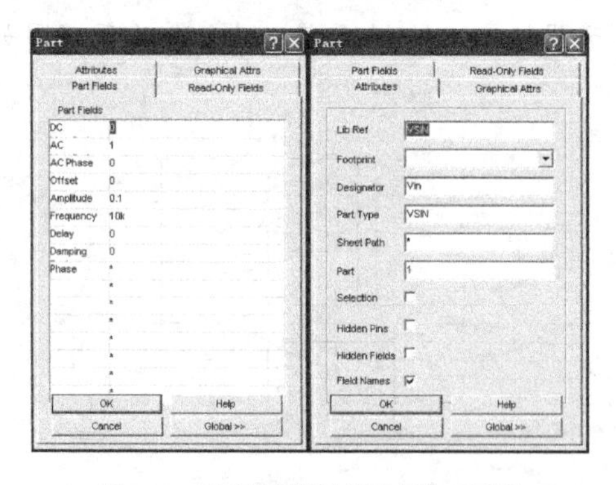


图7-58　正弦信号激励源的属性对话框

5. 放置正弦信号激励源和接地符号，如图 7-59 所示。

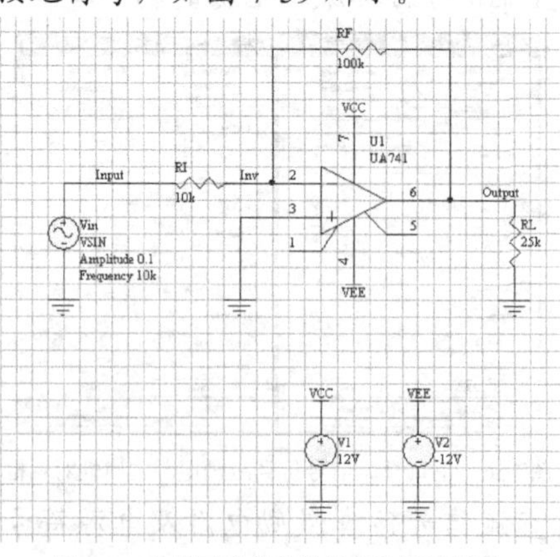


图7-59　放置正弦信号激励源和接地符号

6. 执行【Simulate】/【Setup】命令，设置仿真方式，选择直流扫描分析、瞬态特性分析、交流小信号分析、静态工作点分析和噪声特性分析，如图 7-60 所示。

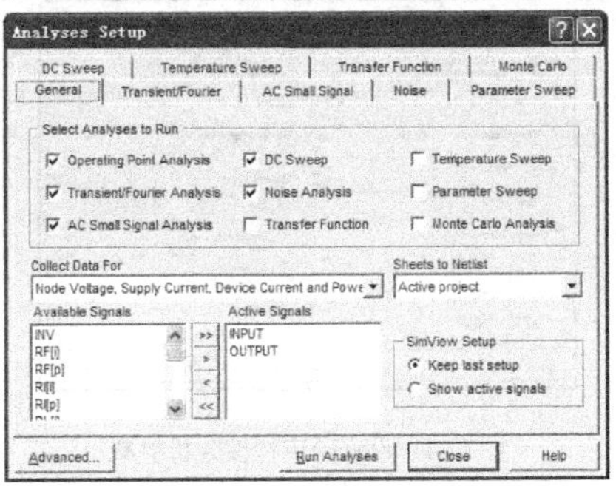


图7-60　设置仿真方式

7. 设置瞬态特性分析参数，如图 7-61 所示。

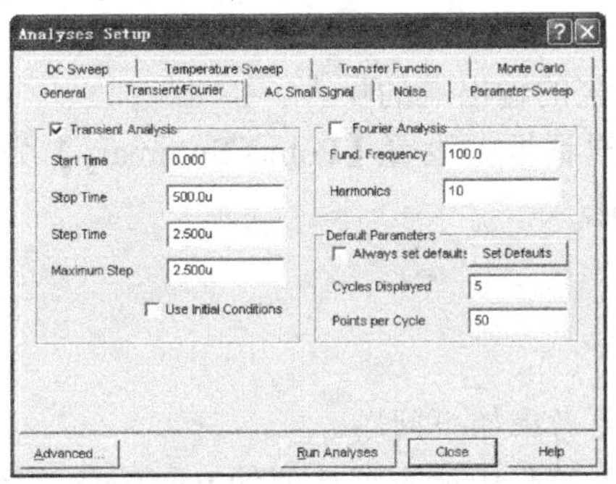


图7-61　设置瞬态特性分析参数

8. 设置交流小信号分析参数，如图 7-62 所示。

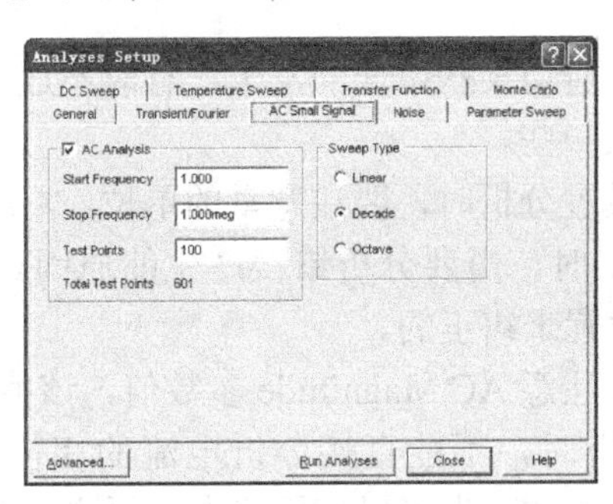


图7-62　设置交流小信号分析参数

9. 设置直流扫描分析参数，如图 7-63 所示。

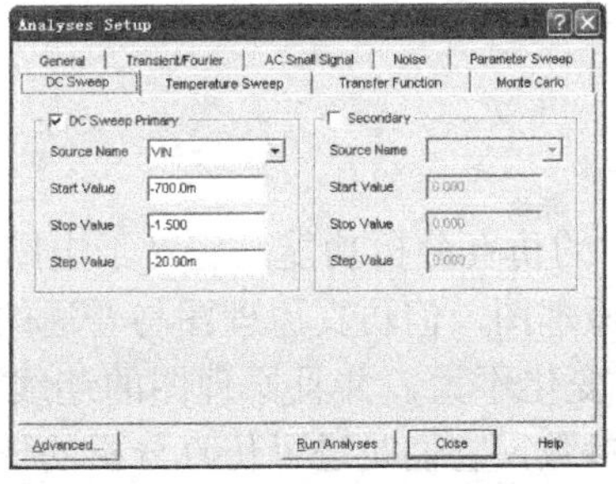


图7-63　设置直流扫描分析参数

10. 设置噪声特性分析参数，如图 7-64 所示。

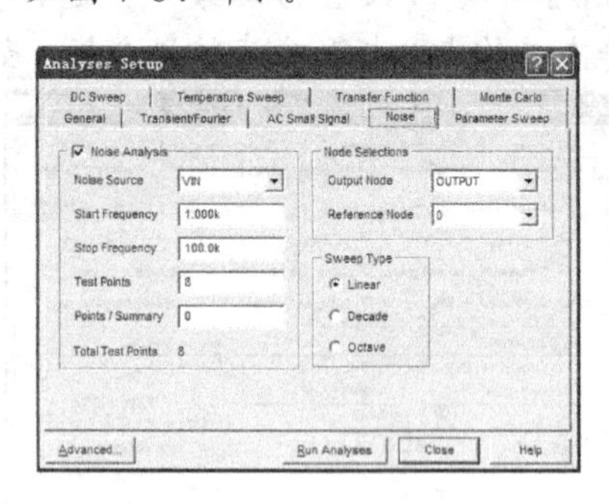


图7-64　设置噪声特性分析参数

11. 单击 Run Analyses 按钮，交流小信号分析、直流扫描分析、静态工作点分析、瞬态特性分析、噪声特性分析的结果如图 7-50 至图 7-54 所示。

噪声分析的结果以噪声谱密度形式给出，其单位为 $V^2$/Hz.。其中 NO 表示在输出端的噪声，NI 相当于要产生计算出来的输出端的噪声。

在噪声分析的参数设置对话框中设置【Points/Summary】为“1”，其他参数不变，重新进行仿真，仿真结果没有变化。

## 7.9　仿真中的技巧

在仿真设计和分析中需要考虑如下问题。

(1)　集成元器件或其他元器件中所有默认值的 PartType 字段尽量用星号“*”。

(2)　在分析单稳态、多谐振荡器时，要添加初始条件，但是在分析设置时，不一定选择初始条件。

(3)　在瞬态分析时，为了避免某些错误的发生，有时不运行静态工作点分析。

(4)　显示时间分度应该大一些。

(5)　输入元器件参数或设置分析时，要注意量的单位。

(6)　当遇到仿真出现错误时，需要分析错误产生的原因。因为有相当一部分错误是可以通过更改电路的初始状态设置来纠正的。

(7)　无论何种电源都应该注意 AC Magnitude 参数值，该值不能为 0。

(8)　在进行频率特性分析时，不能直接分析电流的相位，而需要使用串联一个小电阻，测量电阻一端对地电位的方法。也可以使用瞬态分析方法测量，这时横轴就是时间，时间差就是相位差，先确定每单位时间代表的角度，然后使用光标测量时间，再将时间转换成角度。

## 7.10　小结

本章分析了 Protel 99 SE 的仿真分析功能，它对于电路设计的校验分析和修改很有帮助。进行仿真分析需要有电路原理图，但仿真原理图与普通的原理图有所区别，仿真原理图的元器件有所变化，尽管符号变化不大，并且原理图的连线和绘制操作也与普通原理图相同，但仿真元器件新增了一些参数，它们是进行仿真分析的依据。另外，仿真分析的类型很多，实际操作中应针对不同的需要选择不同的分析类型。

- 仿真元器件：基于仿真的原理图设计与基于 PCB 的原理图设计的区别是使用不同类型的器件模型库，前者使用“Simulation”库，后者使用“Footprint”库。
- 仿真信号激励源：Protel 99 SE 的“Simulation Symbols.Lib”库中包含了 10 种仿真信号激励源。
- 仿真分析类型：仿真原理图完成后，首先需要设置需要仿真分析类型，然后才能对原理图进行仿真。Protel 99 SE 提供了 9 种仿真分析方式。

## 7.11 习题

1. 仿真元器件如何使用？
2. 在 Protel 99 SE 的仿真环境中，如何给仿真电路添加信号源？Protel 99 SE 提供几种仿真信号源？
3. 仿真可靠运行必须遵守的规则有哪些？
4. 设计仿真电路原理图的一般流程是什么？
5. 蒙特卡罗分析是一种什么样的仿真分析方法？这种分析能够得到电路的什么规律？
6. 如何调入仿真元器件库？
7. 在仿真原理图中如何放置直流仿真信号源和正弦仿真信号源？

# 第8章　PCB 编辑器

原理图绘制完成并且编译无误之后，就要进行 PCB 设计了。PCB 设计是在 PCB 编辑器中进行的，因此在正式进行 PCB 设计之前，需要熟练掌握 PCB 编辑器的使用。

本章主要介绍 PCB 设计文件的创建方法、PCB 编辑器工作窗口的管理方法、常用放置工具栏的使用、PCB 编辑器中常用的编辑功能和全局编辑功能等知识，目的是为后面的 PCB 设计打下基础。

## 8.1　本章学习重点和难点

- 本章学习重点。
  本章的学习重点在于熟练掌握 PCB 编辑器管理窗口、元器件放置工具栏，以及全局编辑功能的使用等。
- 本章学习难点。
  本章的学习难点在于如何利用放置工具栏绘制出设计人员需要的电路图；如何灵活运用 PCB 编辑器管理窗口和全局编辑功能，达到提高电路板设计效率的目的。

## 8.2　创建一个 PCB 设计文件

原理图设计完成之后，就要进入电路板设计的第二个阶段了，即 PCB 设计。PCB 设计是在 PCB 编辑器中完成的，因此在进行 PCB 设计之前，需要创建一个空白的 PCB 设计文件。在 Protel 99 SE 中，创建 PCB 设计文件的方法主要有以下两种。

(1)　利用常规方法创建 PCB 设计文件。

(2)　利用 PCB 设计文件生成向导创建 PCB 设计文件。

本节主要介绍如何利用 PCB 设计文件生成向导创建 PCB 设计文件。

### 创建一个 PCB 设计文件

1. 选取菜单命令【File】/【New...】，打开新建设计文件对话框，如图 8-1 所示。
2. 在新建设计文件对话框中单击 Wizards 选项卡，即可弹出如图 8-2 所示的对话框。

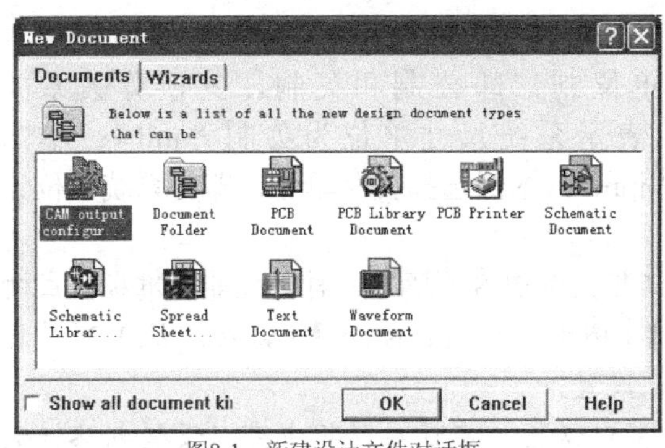


图8-1　新建设计文件对话框

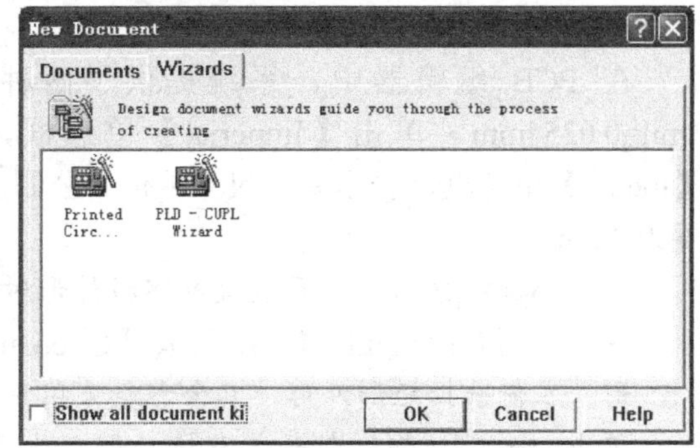


图8-2　新建设计文档向导对话框

3. 在该对话框中选中【Printed Circuit Board Wizard】图标，单击 OK 按钮，打开创建 PCB 设计文件向导对话框，如图 8-3 所示。

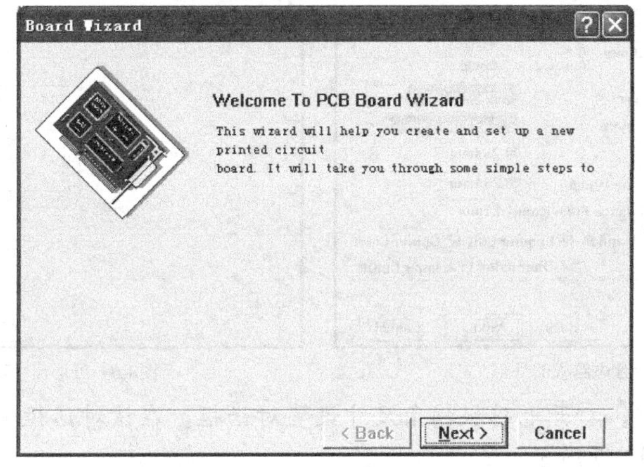


图8-3　创建 PCB 设计文件向导

4. 单击 Next > 按钮，打开选择电路板类型和设置 PCB 的尺寸单位对话框，如图 8-4 所示。

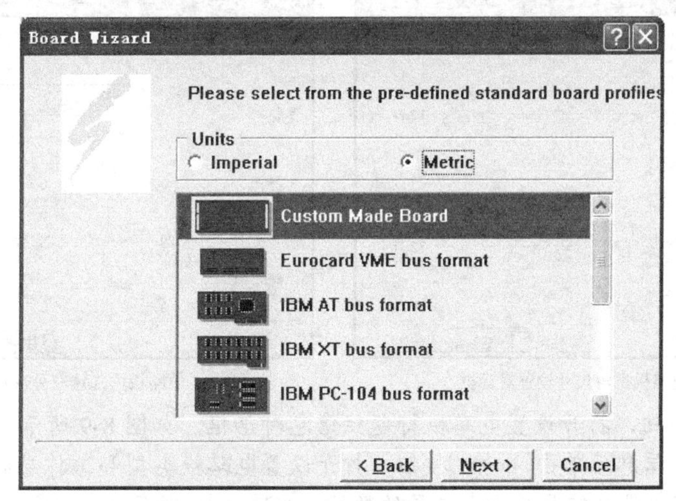


图8-4　设置系统单位

在该对话框中，设计者可以从 Protel 99 SE 提供的 PCB 模板库中为正在创建的 PCB 选择一种工业标准板，也可以选择【Custom Made Board】（自定义非标准板）。本例选择

【Custom Made Board】。

在 PCB 编辑器中，系统提供了两种单位制，即公制和英制，其换算关系为 1mil=0.0254mm。单击【Imperial】单选框，表示系统尺寸单位为英制“mil”；单击【metric】单选框，表示系统尺寸单位为公制“mm”。本例选择公制单位，即将系统单位设置为“mm”。

5. 单击 Next > 按钮，打开设置电路板外形对话框，如图 8-5 所示。自定义非标准板生成向导支持【Rectangular】（矩形）、【Circular】（圆形）和【Custom】（系统默认）3 种外形。本例选择矩形外形，其余参数采用默认设置。
6. 单击 Next > 按钮，打开电路板外形尺寸设置对话框，在该对话框中可以设置电路板的外形尺寸，如图 8-6 所示。

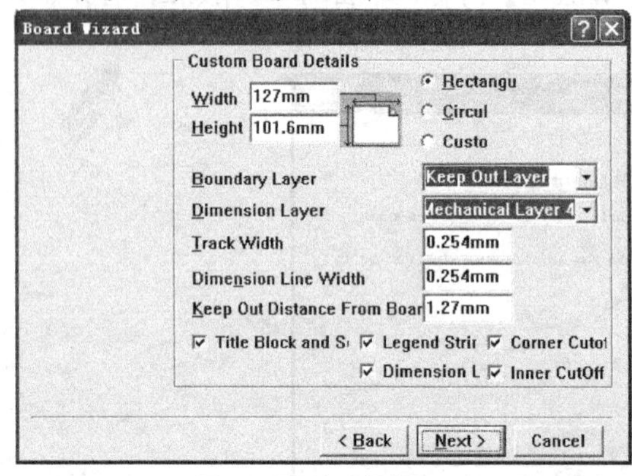


图8-5　设置电路板的外形

图8-6　外形尺寸设置对话框

7. 单击 Next > 按钮，打开电路板拐角尺寸设置对话框，在该对话框中可以设置电路板的拐角尺寸，如图 8-7 所示。
8. 设置好电路板的拐角尺寸后单击 Next > 按钮，打开电路板内部镂空外形尺寸设置对话框，如果不需要在电路板中间镂空，则可将其尺寸设置为 0，如图 8-8 所示。

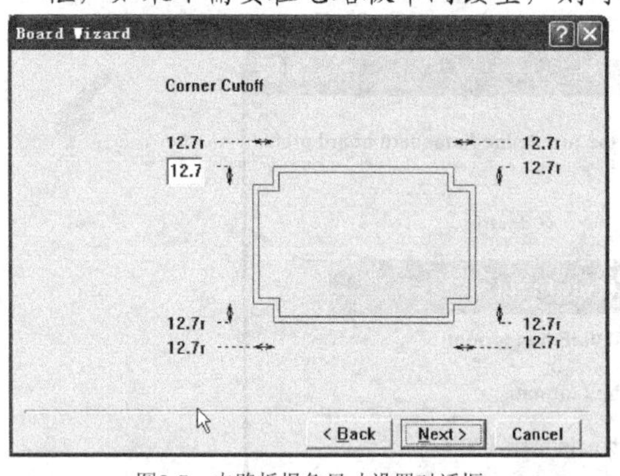


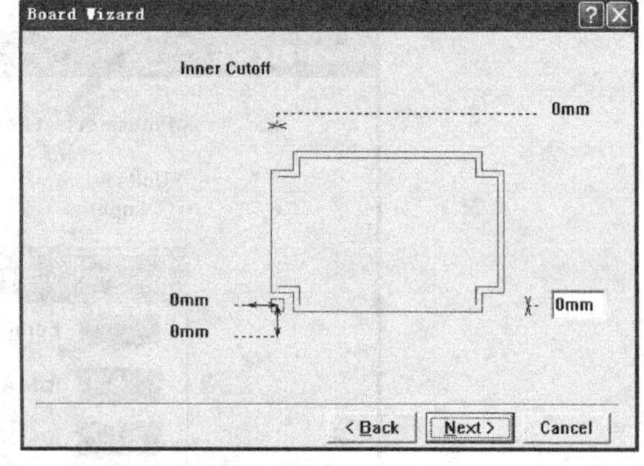


图8-7　电路板拐角尺寸设置对话框　　图8-8　电路板内部镂空外形尺寸设置对话框

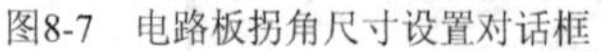

9. 单击 Next > 按钮，打开设置电路板标题栏信息对话框，如图 8-9 所示。
10. 设置好标题栏信息后单击 Next > 按钮，打开设置电路板类型和工作层面数目对话框。在该对话框中可以设定信号层和内电层的数目，如图 8-10 所示。

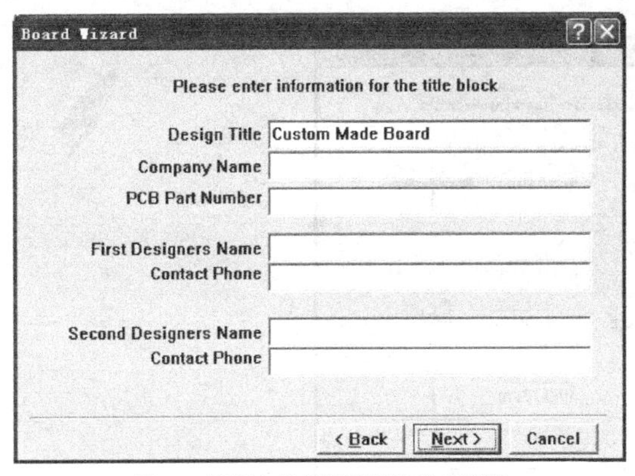


图8-9 设置电路板标题栏信息对话框

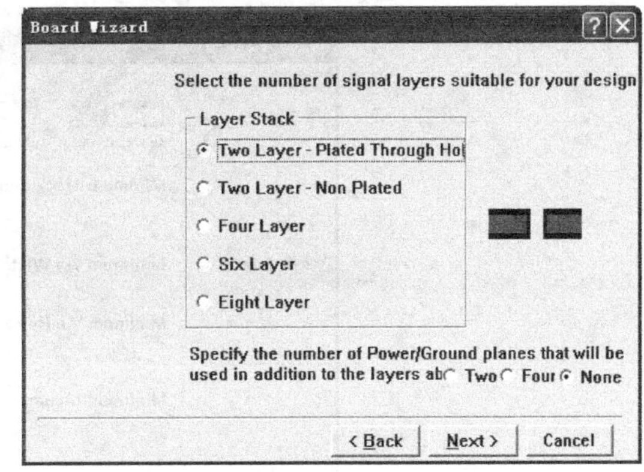


图8-10 设置电路板类型和工作层面的数目

在该对话框中可以根据电路板设计需要选择电路板的类型、工作层面的数目和内电层的数目，本例选择【Two Layer-Plated Through Hole】（双面板）选项。

11. 单击 Next > 按钮，打开过孔样式设置对话框，如图 8-11 所示，在该对话框中可以设置过孔的样式。在 Protel 99 SE 中，系统提供了两种过孔形式，即【Thruhole Vias only】（通孔）和【Blind and Buried Vias only】(盲孔和深埋过孔)。双面板设计通常将过孔定义成通孔。
12. 单击 Next > 按钮，打开元器件选型和布线放置对话框，如图 8-12 所示。

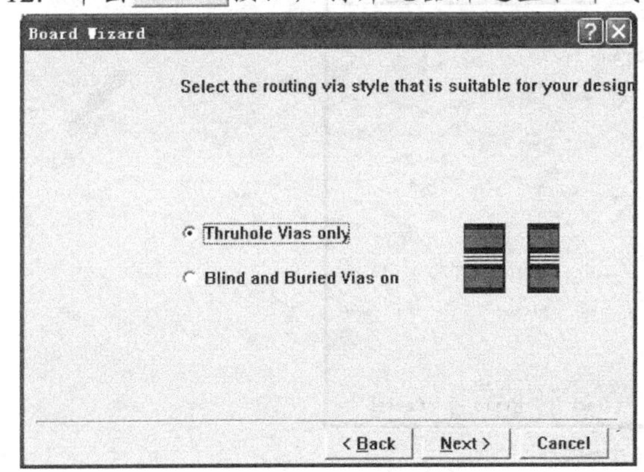


图8-11 过孔样式设置对话框

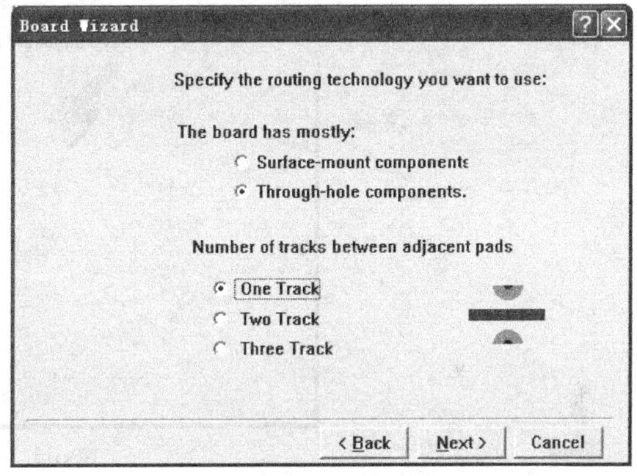


图8-12 元器件选型和布线放置对话框

在设计 PCB 之前，设计者应首先考虑电路板上所要放置的元器件类型，即选择直插元器件还是表贴元器件；其次还应当考虑元器件的安装方式，即单面安装元器件还是双面安装元器件。在该对话框中可以选择【Through-hole components】(直插元器件）选项或【Surface-mount components】(表贴元器件）选项。当选择表贴元器件时，还应当考虑元器件的安装方式，即单面安装还是双面安装；当选择直插元器件时，还应当考虑焊盘之间允许通过的导线数目。

13. 设置完成后单击 Next > 按钮，即可弹出设置导线宽度和过孔大小对话框，如图 8-13 所示。在该对话框中可以设置【Minimum Track Size】(导线的最小宽度)、【Minimum Via Width】、【Minimum Via HoleSize】(过孔的尺寸）和【Minimum Clearance】(最小线间距）等参数。

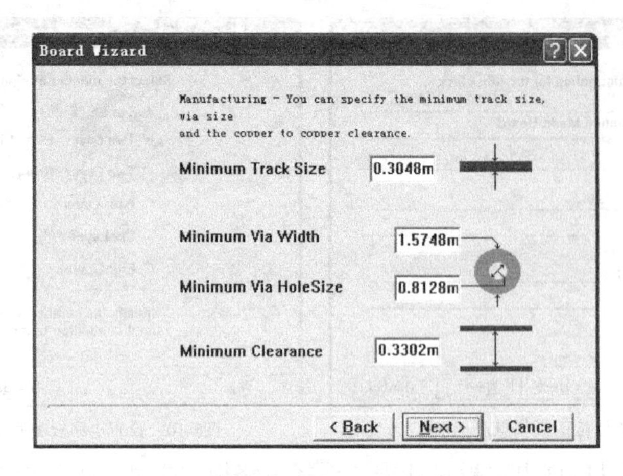


图8-13　设置导线宽度和过孔大小对话框

上述布线设计规则也可以先采用系统提供的默认值，等到进行 PCB 设计时再设置。

14. 单击 Next> 按钮弹出确认对话框，如图 8-14 所示。在该对话框中如果选中文字中的复选框，则可将本次设置好参数的电路板存储为模板。

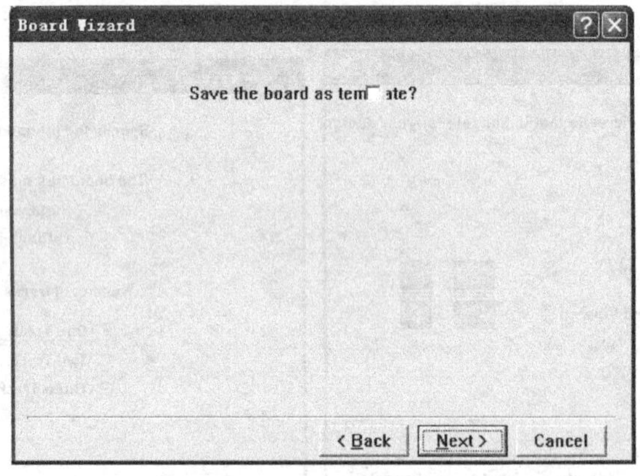


图8-14　确认对话框

15. 单击 Next> 按钮，打开完成 PCB 生成向导对话框，如图 8-15 所示。

图8-15　完成 PCB 生成向导对话框

在该对话框中单击 Finish 按钮，即可完成 PCB 生成向导的设置，此时系统将会创建出一个 PCB 设计文件，并且激活 PCB 编辑器的服务程序。图 8-16 所示为新生成的 PCB 设计文件。

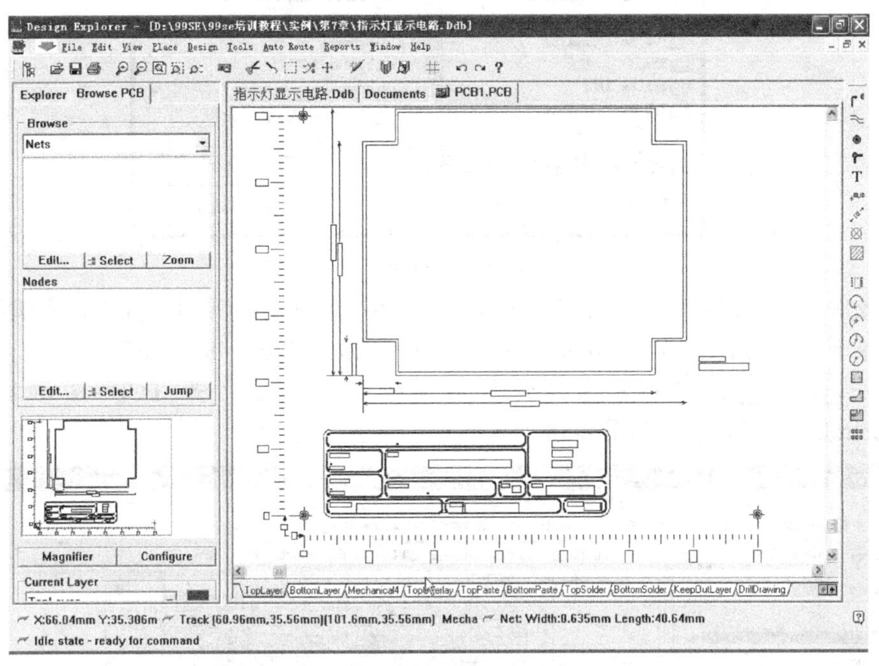

图8-16 新生成的 PCB 设计文件

利用 PCB 设计文件生成向导创建的 PCB 设计文件将被系统自动存储为"*.PCB"文件，其默认的名称为"PCB1"，并且生成的 PCB 设计文件会被自动添加到当前【Documents】文件中。

16. 更改 PCB 设计文件的名称为"指示灯显示电路.PCB"，然后存储该设计文件。

此外，还可以采用常规方法创建 PCB 设计文件，即选取菜单命令【File】/【New...】，在弹出的对话框中选择【PCB Document】(PCB 设计文件) 图标，然后单击 OK 按钮，即可创建一个 PCB 设计文件。

# 8.3 PCB 编辑器管理窗口

在正式介绍 PCB 编辑器管理窗口之前，应当先激活 PCB 编辑器。PCB 编辑器可以通过新建一个 PCB 设计文件或打开一个已经存在的 PCB 设计文件来激活。

下面介绍如何打开已经存在的 PCB 设计文件。

## 打开 PCB 设计文件

1. 在 Protel 99 SE 设计浏览器中选取菜单命令【File】/【Open...】，打开【Open Design Database】(打开设计数据库文件) 对话框，如图 8-17 所示。

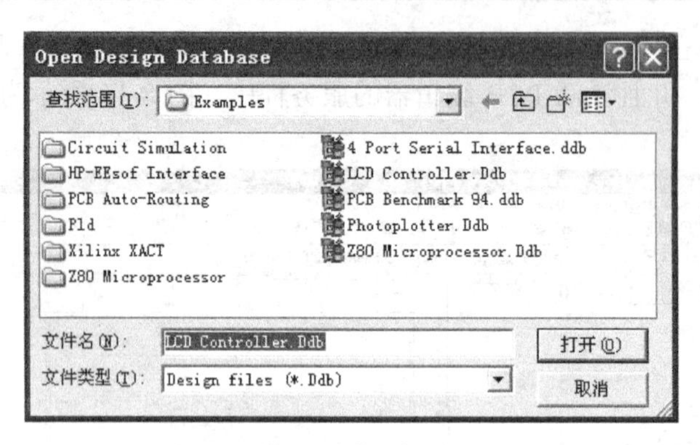


图8-17　打开设计数据库文件对话框

在该对话框中将文档的位置指定到设计数据库文件所在的硬盘空间中，本例指定到系统安装目录下的“.../Design Explorer 99 SE/Examples/LCD Controller.Ddb”。

2. 单击 打开(O) 按钮打开该设计数据库文件，然后打开 PCB 设计文件“LCD Controller.pcb”，结果如图 8-18 所示。

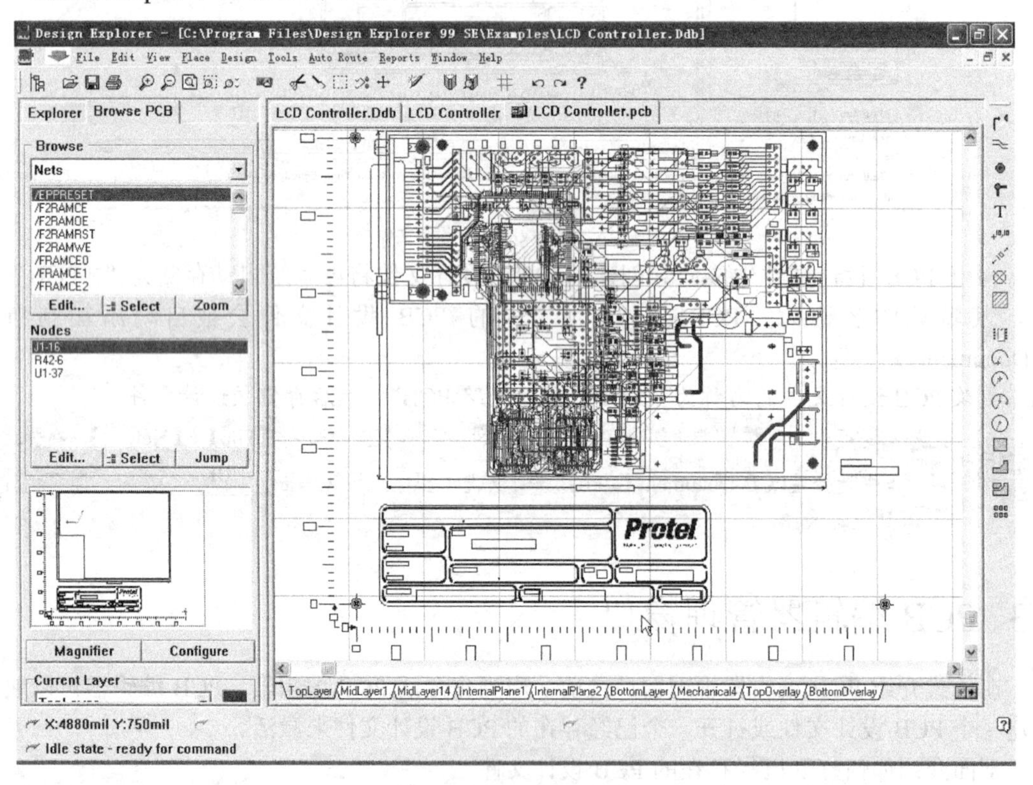


图8-18　打开 PCB 设计文件

这样就通过打开 PCB 设计文件激活了 PCB 编辑器和 PCB 编辑器管理窗口。通过 PCB 编辑器管理窗口可以对 PCB 设计文件中的所有图件和设计规则等进行快速浏览、查看和编辑。下面将对 PCB 编辑器管理窗口的主要功能进行介绍，包括对网络标号、元器件、元器件封装库等的浏览、查看和编辑，以及对电路板设计规则冲突和电路板设计规则的浏览、查询等。

## 8.3.1 网络标号

通过 PCB 编辑器管理窗口，可以对 PCB 设计文件中的网络标号进行管理，包括对网络标号的浏览、查找、跳转及编辑等。

### 浏览网络标号

1. 在 PCB 编辑器管理窗口中单击 Browse PCB 选项卡，切换到原理图管理窗口。
2. 单击【Browse】栏中文本框后的▼按钮，在弹出的下拉列表中选择【Nets】选项，将 PCB 编辑器管理窗口切换到浏览网络标号模式，如图 8-19 所示。

选择好网络标号图件后，PCB 编辑器管理窗口将会切换到浏览网络标号的模式，并在网络标号列表栏中显示出当前 PCB 设计文件中的所有网络标号，如图 8-20 所示。

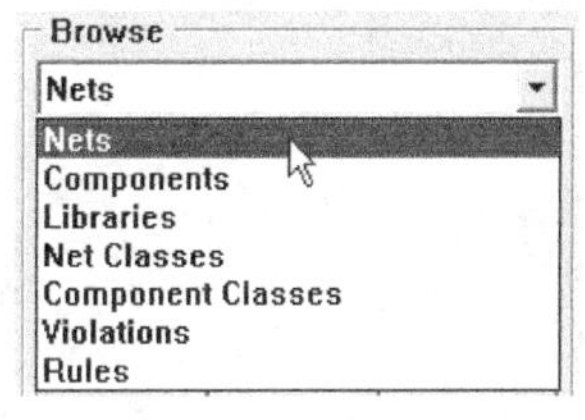

图8-19 选择网络标号图件

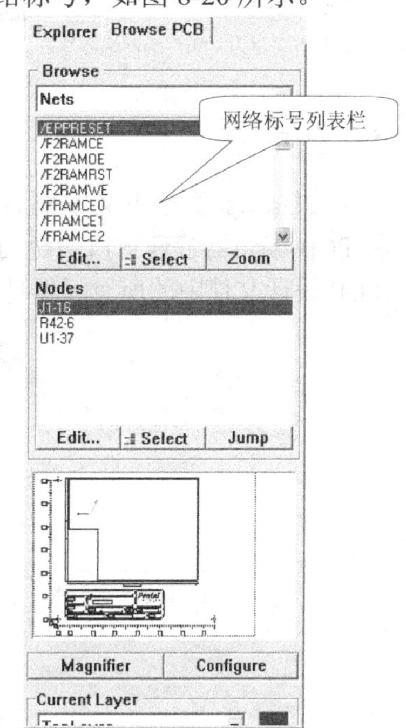

图8-20 浏览网络标号模式下的 PCB 编辑器管理窗口

3. 浏览网络标号。单击网络标号列表栏中的任一网络标号，激活网络标号列表栏，然后拉动列表栏右侧的滚动条或者按↑和↓键，即可浏览列表栏中的网络标号。

接下来以查找网络标号“LCDCNT”为例，介绍如何在网络标号列表栏中查找网络标号。

### 查找网络标号

1. 单击网络标号列表栏中的任意一个网络标号，激活网络标号列表栏。
2. 输入需要查找的网络标号的首字母，本例中按 L 键即可，则系统将会自动跳转到首字母为“L”的网络标号处，结果如图 8-21 所示。
3. 浏览网络标号，并选中网络标号“LCDCNT”。

在网络标号列表栏中单击 Edit... 按钮，可以对当前选中的网络标号进行编辑，如图 8-22 所示。单击 Select 按钮，可以在 PCB 上选中当前列表栏中所选的网络标号。单击 Zoom 按钮可以跳转到列表栏中所选的网络标号处，并在整个工作窗口中将其放大显示，如图 8-23 所示。

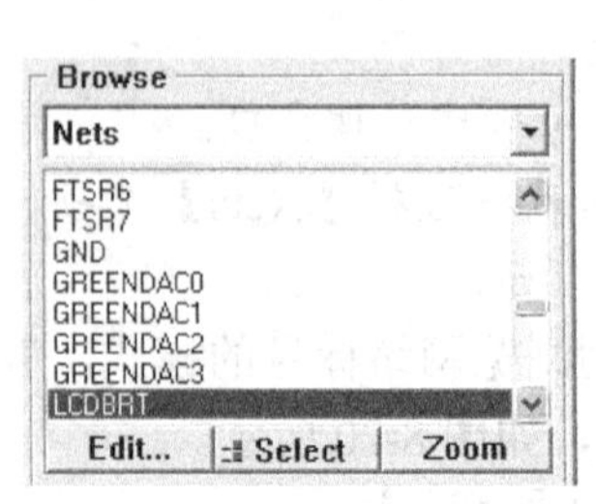


图8-21　查找首字母为“L”的网络标号

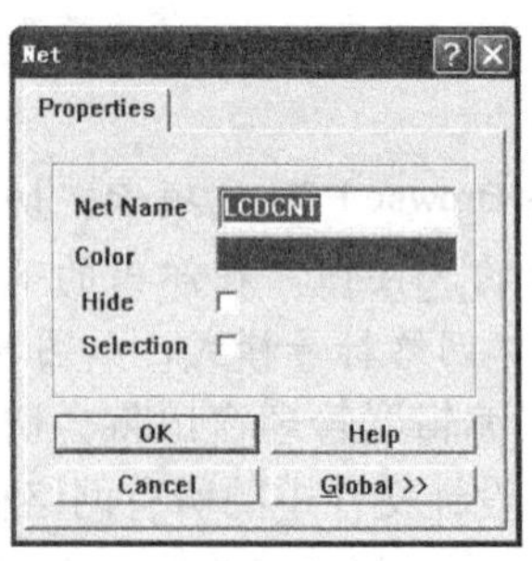


图8-22　编辑网络标号属性

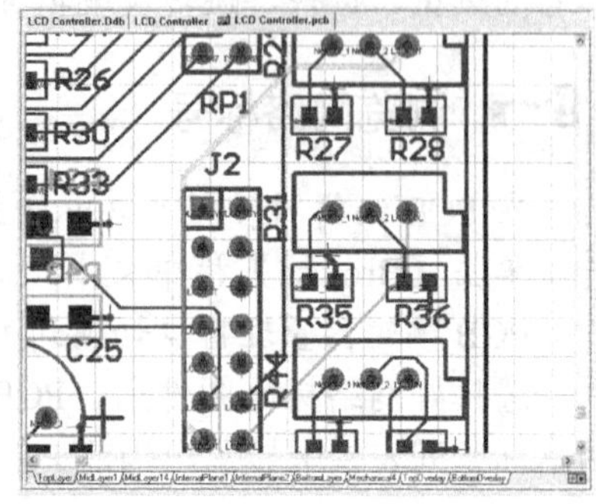


图8-23　跳转并放大显示网络标号

## 8.3.2　元器件

单击【Browse】栏中文本框后的 ▼ 按钮，在弹出的下拉列表中选择【Components】选项，将 PCB 编辑器管理窗口切换到浏览元器件模式，此时 PCB 编辑器管理窗口中将显示出当前 PCB 设计文件中的所有元器件，如图 8-24 所示。

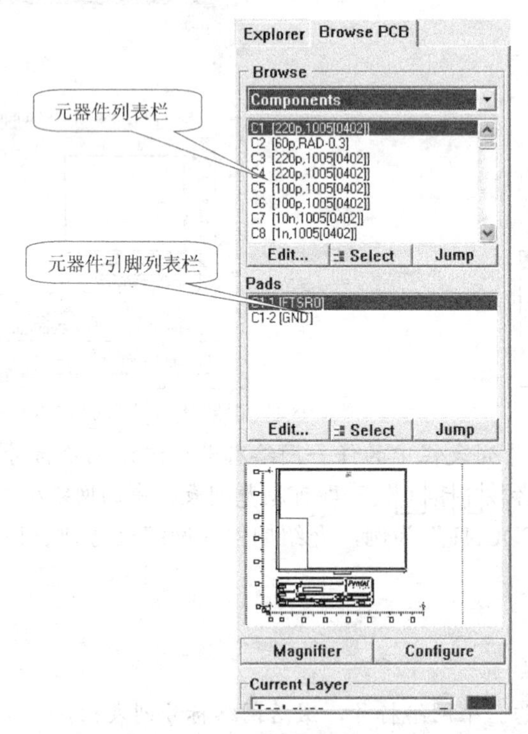


图8-24　浏览元器件模式下的 PCB 编辑器管理窗口

在如图 8-24 所示的 PCB 编辑器管理窗口中可以浏览元器件，具体的操作方法请参考上一节浏览网络标号的操作。

下面将介绍如何在 PCB 中快速查找、定位元器件。本例将以查找元器件“U1”为例介绍查找元器件的方法。

## 查找元器件

1. 单击元器件列表栏中任意一个元器件，激活元器件列表栏。
2. 输入需要查找的元器件首字母，本例中按 U 键即可，则系统将会自动跳转到首字母为“U”的元器件处，结果如图 8-25 所示。

在元器件列表栏中单击 Edit... 按钮，可以对当前选中的元器件属性进行编辑，如图 8-26 所示。单击 Select 按钮，可以在 PCB 上选中当前列表栏中选中的元器件。单击 Jump 按钮可以跳转到列表栏中选中的元器件处，并在整个工作窗口中放大显示该元器件。

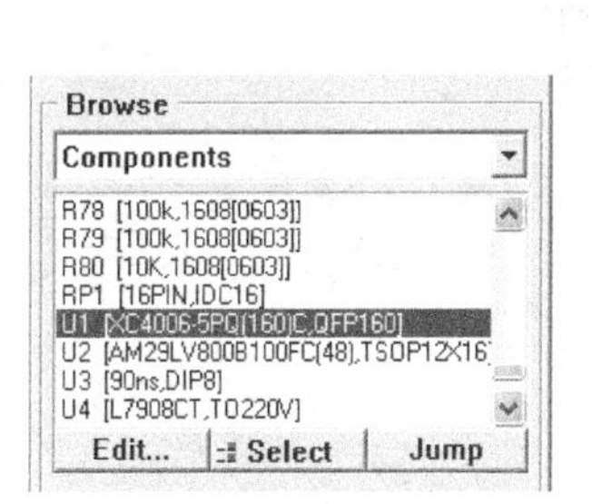


图8-25　查找元器件“U1”

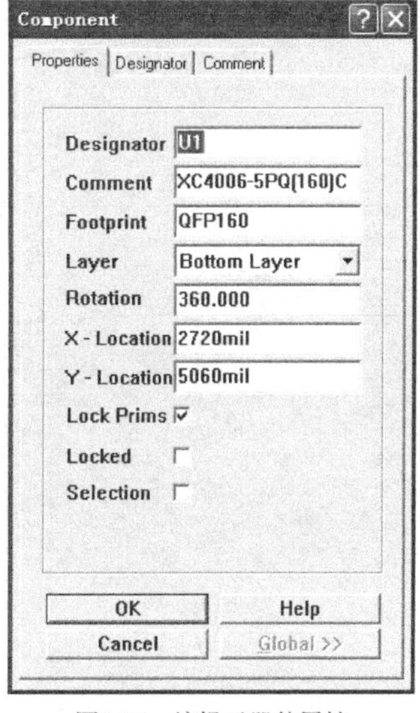


图8-26　编辑元器件属性

3. 单击 Jump 按钮跳转到列表栏中选中的元器件处，并在整个工作窗口中放大显示出该元器件，如图 8-27 所示。

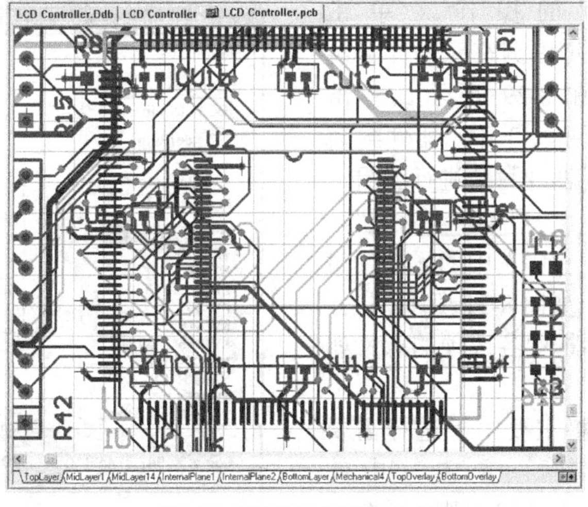


图8-27　跳转并放大显示元器件

利用上述快速查找元器件的方法可以大大提高电路板设计效率，尤其适用于元器件比较多、电路板的尺寸比较大的电路板设计。

## 8.3.3　元器件封装库

单击【Browse】栏中文本框后的▼按钮，在弹出的下拉列表中选择【Libraries】选项，将 PCB 编辑器管理窗口切换到浏览元器件封装库模式，此时在 PCB 编辑器管理窗口中将显示出当前 PCB 编辑器中载入的元器件封装库，如图 8-28 所示。

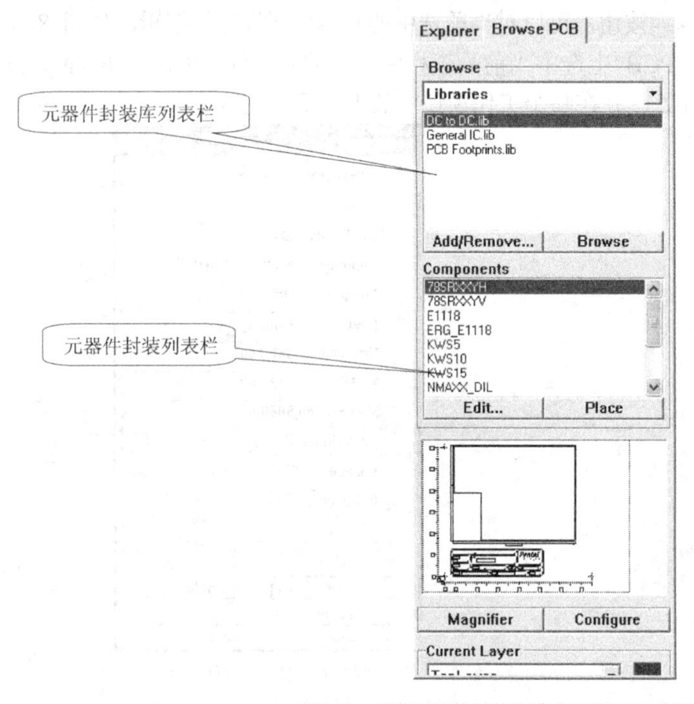


图8-28　浏览元器件封装库模式下的 PCB 编辑器管理窗口

在如图 8-28 所示的 PCB 编辑器管理窗口中单击 **Add/Remove...** 按钮，可以执行载入/删除元器件封装库的操作。单击 **Browse** 按钮，可以浏览元器件封装库中的元器件，如图 8-29 所示。单击 **Edit...** 按钮，可以打开元器件封装库编辑器，对选中的元器件封装进行编辑，如图 8-30 所示。单击 **Place** 按钮，可以将元器件封装列表栏中选中的元器件封装放置到工作窗口中，如图 8-31 所示。

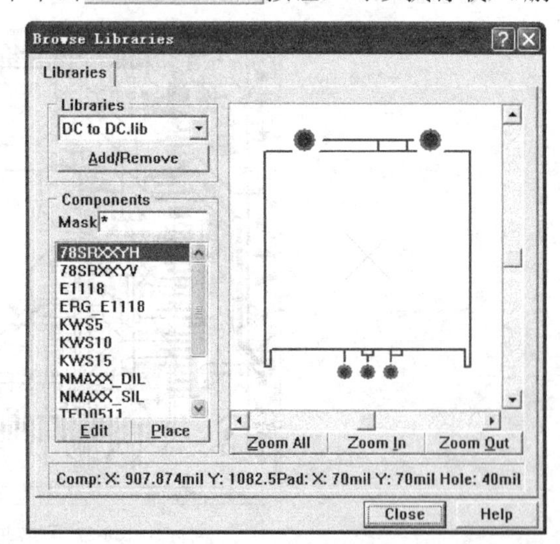


图8-29　浏览元器件封装

图 8-29 所示对话框中各选项的意义如下。

【Libraries】：该栏主要用于选择需要浏览的元器件封装库。单击其中的 **Add/Remove** 按钮，可以载入/删除需要浏览的元器件封装库文件。

【Components】：该栏显示【Libraries】栏中选中的元器件封装库所包含的元器件封装。该栏中选中的元器件，其封装将在右侧的窗口中显示出来。

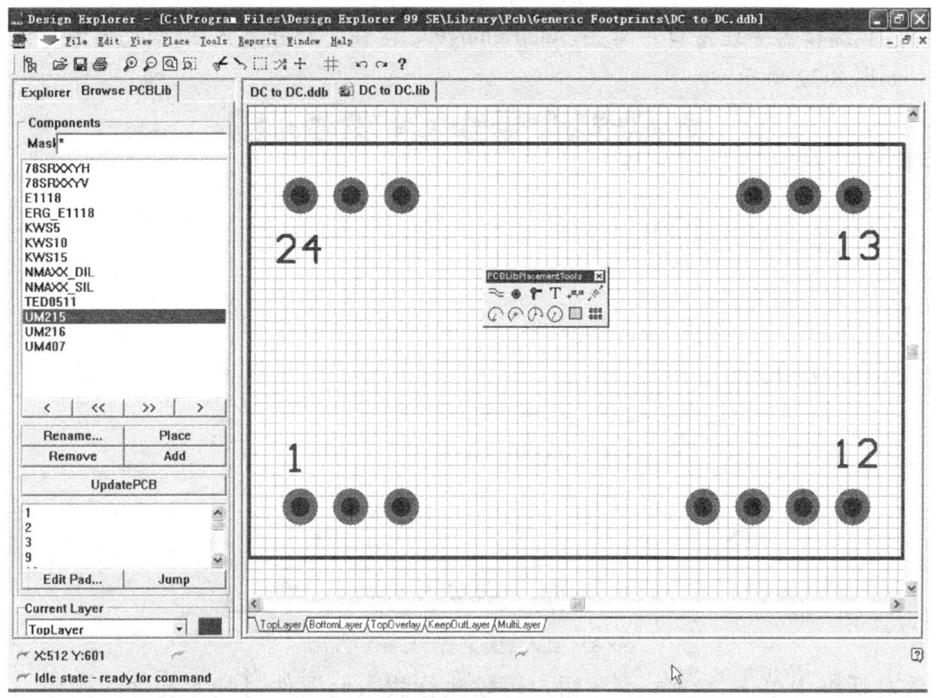


图8-30　元器件封装库编辑器

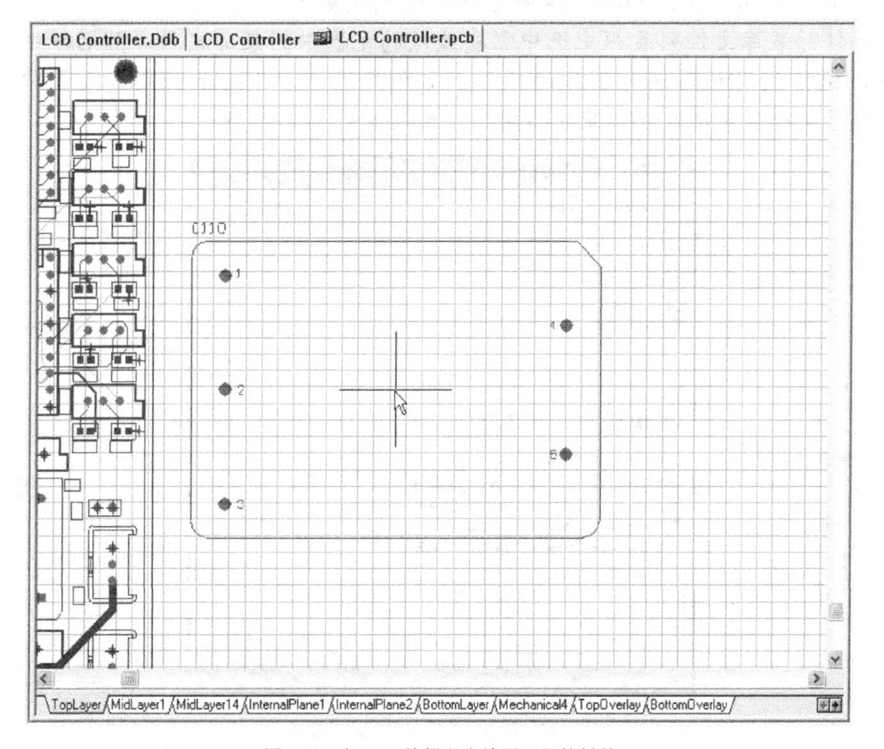


图8-31　在 PCB 编辑器中放置元器件封装

下面介绍载入/删除元器件封装库的操作。

## 载入/删除元器件封装库

1. 在 PCB 编辑器管理窗口中单击 Add/Remove... 按钮，打开载入/删除元器件封装库对话框，如图 8-32 所示。

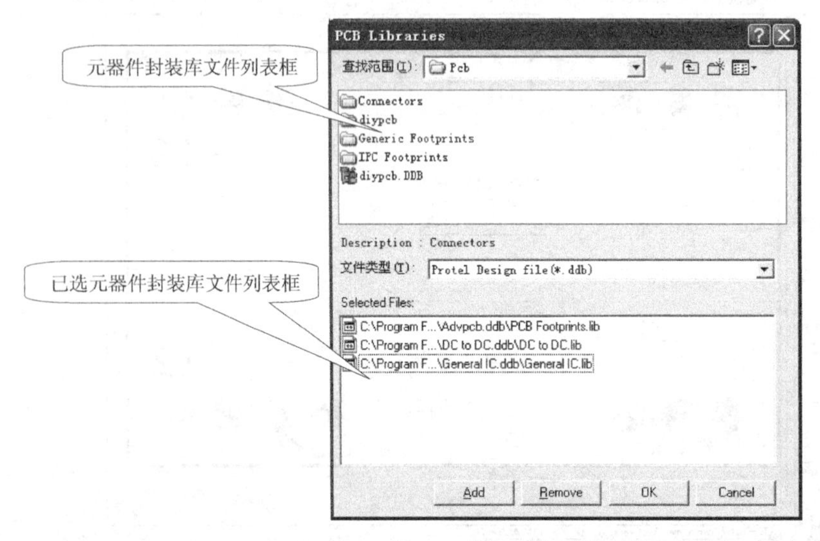


图8-32　载入/删除元器件封装库对话框

在该对话框中单击 Add 按钮，可以执行载入元器件封装库文件的操作，而单击 Remove 按钮，则可以执行删除元器件封装库文件的操作。

2. 在元器件封装库文件列表框中选中需要载入的元器件封装库文件，然后单击 Add 按钮，执行载入元器件封装库的操作。本例中选中“diypcb.DDB”元器件封装库文件，然后执行载入元器件封装库的操作，结果如图 8-33 所示。

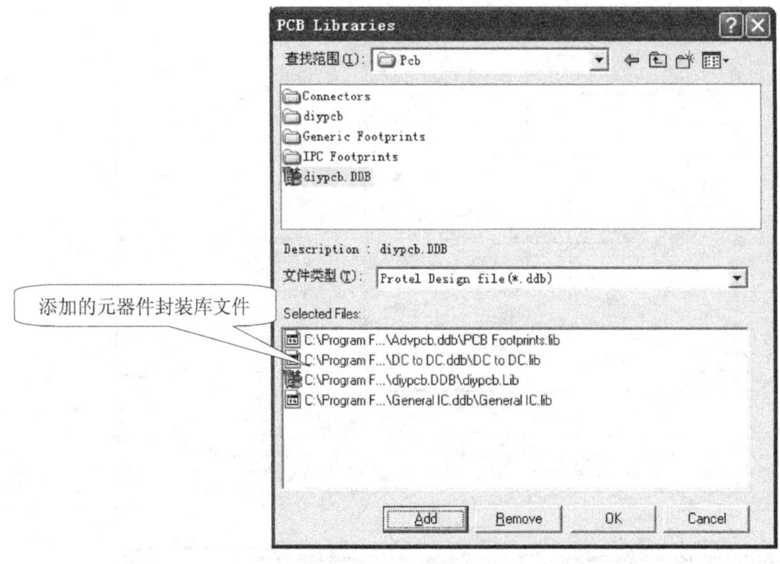


图8-33　载入元器件封装库后的结果

3. 单击 OK 按钮结束本次载入/删除元器件封装库的操作，回到 PCB 编辑器中。

## 8.3.4 设计规则冲突

在 PCB 设计完成之后，为了保证电气连接和设计规则的正确性，往往要对电路板设计进行设计规则检查（DRC）。设计规则检查完成之后，系统不仅会生成如图 8-34 所示的 DRC 设计规则检查报告，而且还会在 PCB 编辑器管理窗口中显示出设计规则冲突。

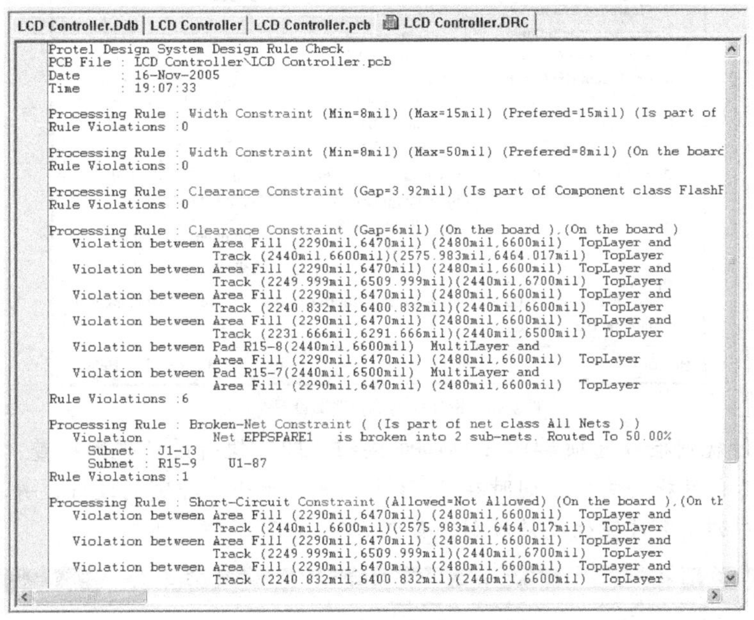

LCD Controller.Ddb | LCD Controller | LCD Controller.pcb | LCD Controller.DRC

```
Protel Design System Design Rule Check
PCB File : LCD Controller\LCD Controller.pcb
Date     : 16-Nov-2005
Time     : 19:07:33

Processing Rule : Width Constraint (Min=8mil) (Max=15mil) (Prefered=15mil) (Is part of
Rule Violations :0

Processing Rule : Width Constraint (Min=8mil) (Max=50mil) (Prefered=8mil) (On the board
Rule Violations :0

Processing Rule : Clearance Constraint (Gap=3.92mil) (Is part of Component class FlashP
Rule Violations :0

Processing Rule : Clearance Constraint (Gap=6mil) (On the board ),(On the board )
   Violation between Area Fill (2290mil,6470mil) (2480mil,6600mil)  TopLayer and
                     Track (2440mil,6600mil)(2575.983mil,6464.017mil)  TopLayer
   Violation between Area Fill (2290mil,6470mil) (2480mil,6600mil)  TopLayer and
                     Track (2249.999mil,6509.999mil)(2440mil,6700mil)  TopLayer
   Violation between Area Fill (2290mil,6470mil) (2480mil,6600mil)  TopLayer and
                     Track (2240.832mil,6400.832mil)(2440mil,6600mil)  TopLayer
   Violation between Area Fill (2290mil,6470mil) (2480mil,6600mil)  TopLayer and
                     Track (2231.666mil,6291.666mil)(2440mil,6500mil)  TopLayer
   Violation between Pad R15-8(2440mil,6600mil)  MultiLayer and
                     Area Fill (2290mil,6470mil) (2480mil,6600mil)  TopLayer
   Violation between Pad R15-7(2440mil,6500mil)  MultiLayer and
                     Area Fill (2290mil,6470mil) (2480mil,6600mil)  TopLayer
Rule Violations :6

Processing Rule : Broken-Net Constraint ( (Is part of net class All Nets ) )
   Violation         Net EPPSPARE1   is broken into 2 sub-nets. Routed To 50.00%
     Subnet : J1-13
     Subnet : R15-9     U1-87
Rule Violations :1

Processing Rule : Short-Circuit Constraint (Allowed=Not Allowed) (On the board ),(On th
   Violation between Area Fill (2290mil,6470mil) (2480mil,6600mil)  TopLayer and
                     Track (2440mil,6600mil)(2575.983mil,6464.017mil)  TopLayer
   Violation between Area Fill (2290mil,6470mil) (2480mil,6600mil)  TopLayer and
                     Track (2249.999mil,6509.999mil)(2440mil,6700mil)  TopLayer
   Violation between Area Fill (2290mil,6470mil) (2480mil,6600mil)  TopLayer and
                     Track (2240.832mil,6400.832mil)(2440mil,6600mil)  TopLayer
```

图8-34 DRC 设计规则检查报告

下面介绍如何通过 PCB 编辑器管理窗口浏览 DRC 设计规则冲突，并根据系统提示对电路板进行修改。

本例仍然以“LCD Controller.Ddb”设计数据库文件下的 PCB 设计文件“LCD Controller.pcb”为例，介绍浏览 DRC 设计规则冲突的操作。为了方便叙述，先在 PCB 上设计出如图 8-35 所示的短路和断路错误。

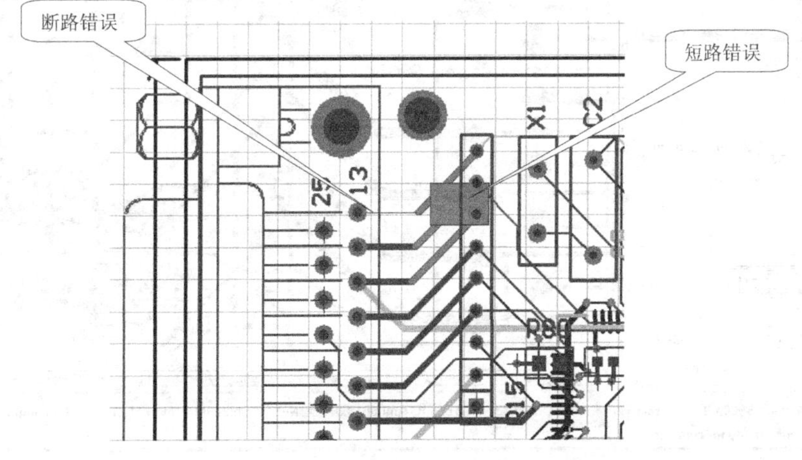


图8-35 在电路板上设置的错误

## 浏览设计规则冲突

1. 选取菜单命令【Tools】/【Design Rule Check…】，打开设计规则检查选项设置对话框，如图 8-36 所示。

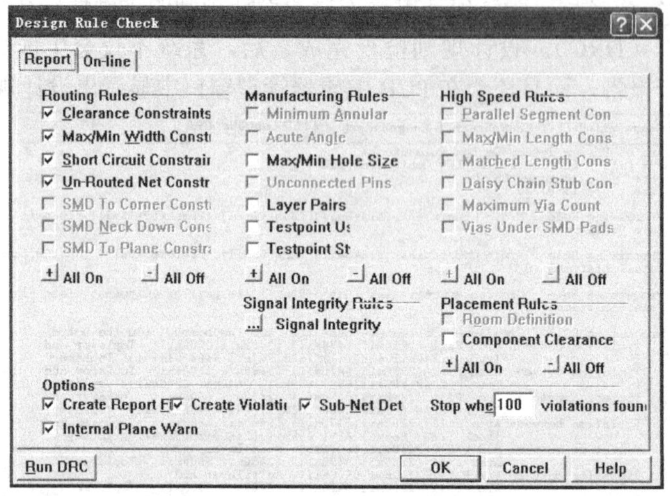


图8-36　设计规则检查选项设置对话框

2. 设置好设计规则检查选项后单击 Run DRC 按钮，即可执行设计规则检查，系统会将检查结果生成专门的报告文件，同时在 PCB 上高亮显示出有冲突的设计，并在 PCB 编辑器管理窗口中列出有冲突的设计规则，如图 8-37 所示。

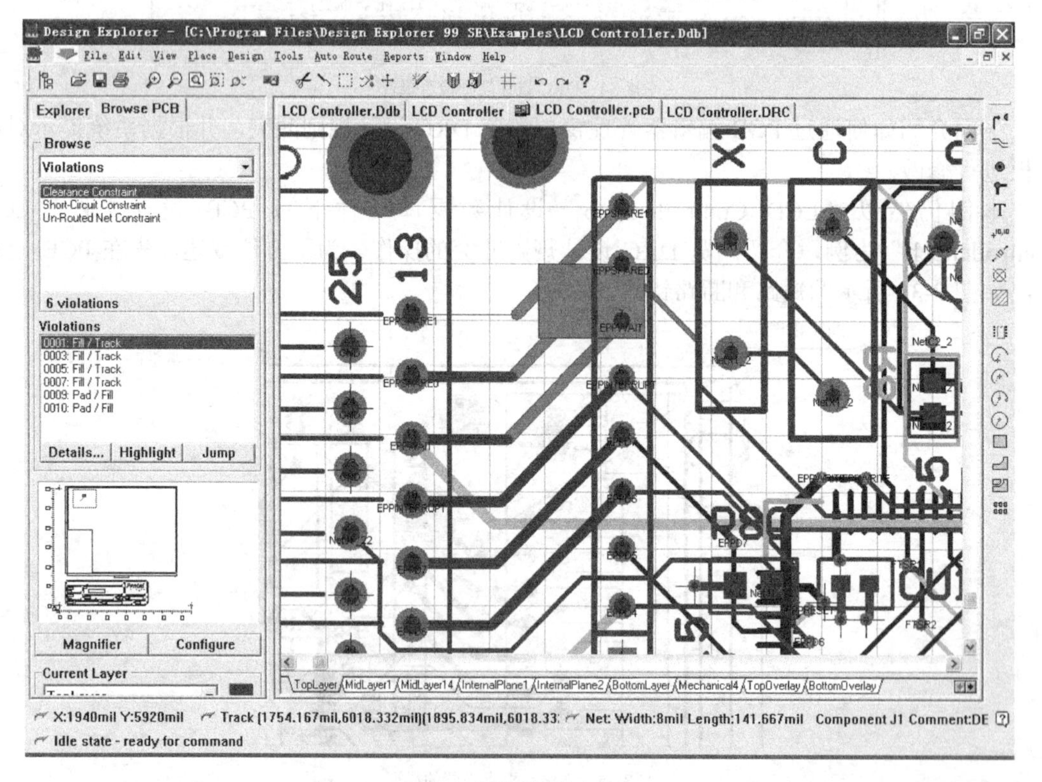


图8-37　设计规则检查结果

3. 选中 PCB 编辑器管理窗口中【Browse】(设计规则冲突)栏下的【Short-Circuit Constraint】选项，即可在管理窗口中浏览与短路设计规则相冲突的电路板设计，如图 8-38 所示。

在该对话框中选中冲突的电路板设计栏中的某一项后单击 Details... 按钮，即可浏览设计规则发生冲突的原因，如图 8-39 所示。

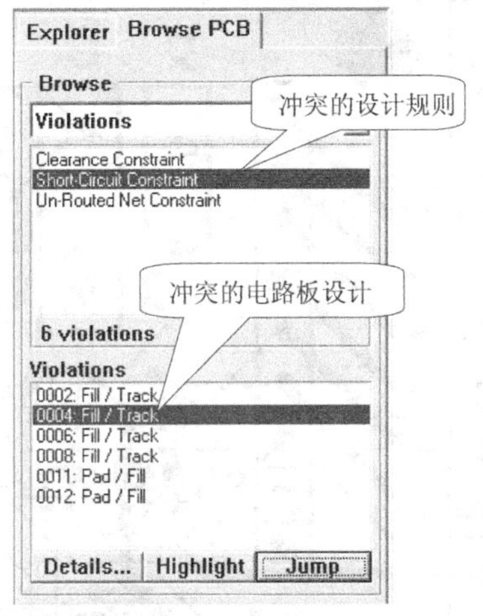


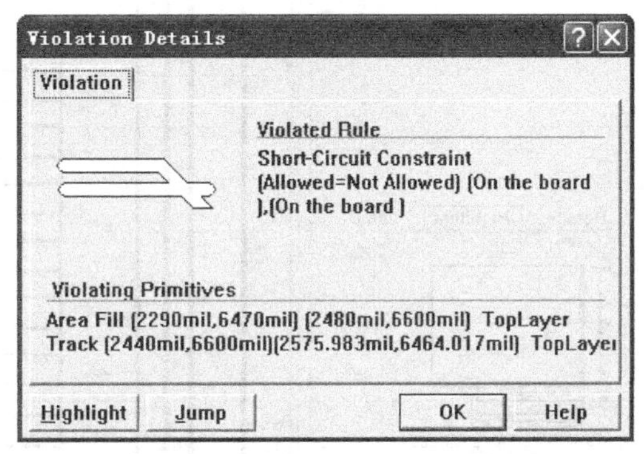


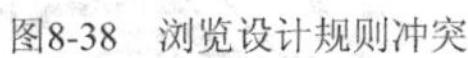
图8-38 浏览设计规则冲突　　图8-39 浏览设计规则发生冲突的原因

单击 Jump 按钮可以跳转到有冲突的电路板设计处，并将其放大显示在工作窗口中，如图 8-40 所示。

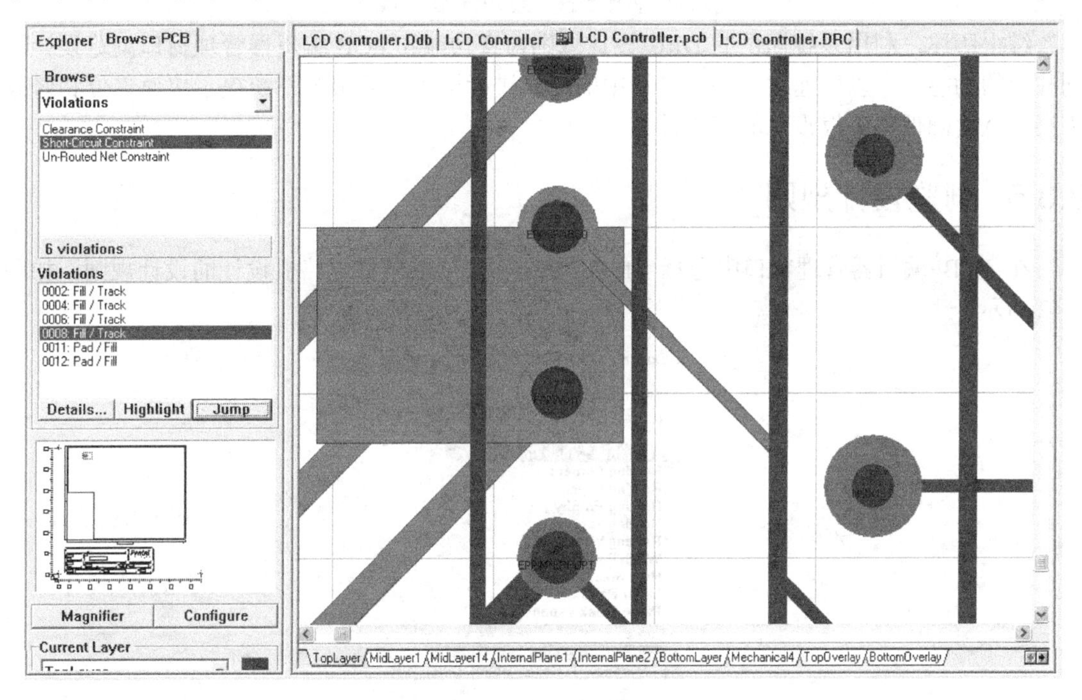


图8-40 有冲突的电路板设计

此时如果单击 Highlight 按钮，则发生冲突的电路板设计处将会高亮显示。

4. 根据系统提示对电路板进行修改，将多余的矩形填充删除，并将未连接的导线相连，修改完成后再次进行设计规则检查，则系统将不会再报错，如图 8-41 所示。

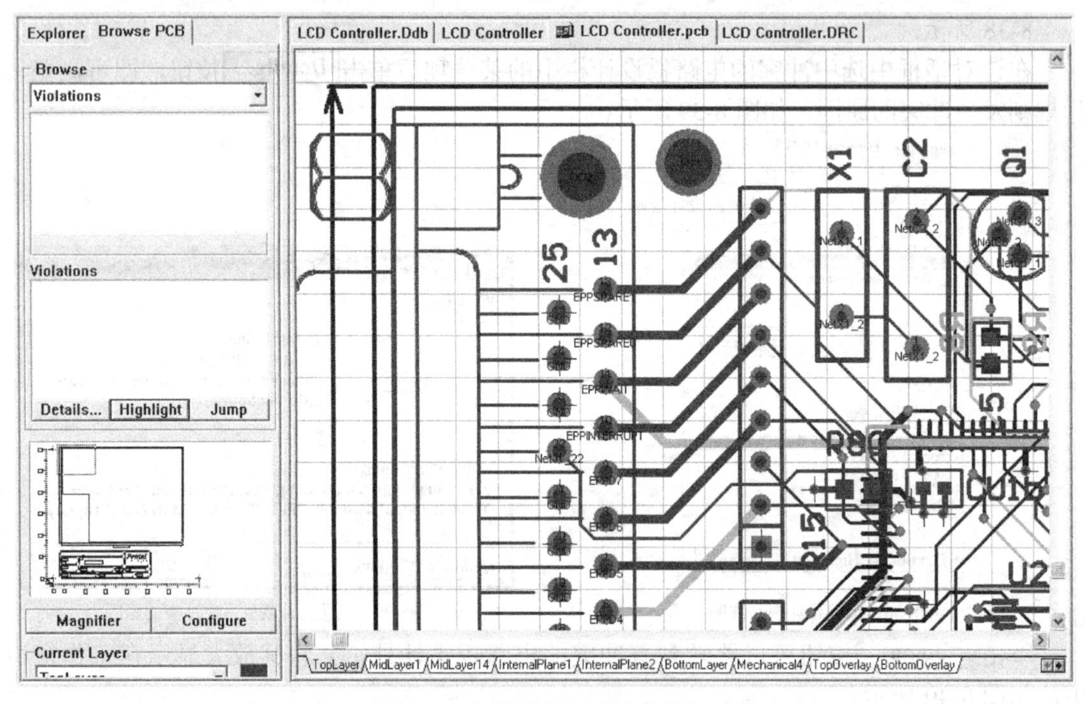


图8-41　再次进行设计规则检查后的结果

综上所述，利用系统提供的 DRC 设计规则检查功能和 PCB 编辑器管理窗口浏览设计规则冲突的功能，可以快速对电路板设计中的错误进行检查，并根据系统提示快速定位和修改错误，从而确保电路板设计的正确性。

## 8.3.5　浏览设计规则

在 PCB 编辑器管理窗口中选择【Rules】选项，可以浏览电路板设计的设计规则，如图 8-42 所示。

图8-42　浏览设计规则

在该窗口中系统列出了电路板设计过程中需要用到的所有设计规则，并且单击 Edit... 按钮还可以快速进入修改设计规则对话框，对设计规则进行修改，如图 8-43 所示。

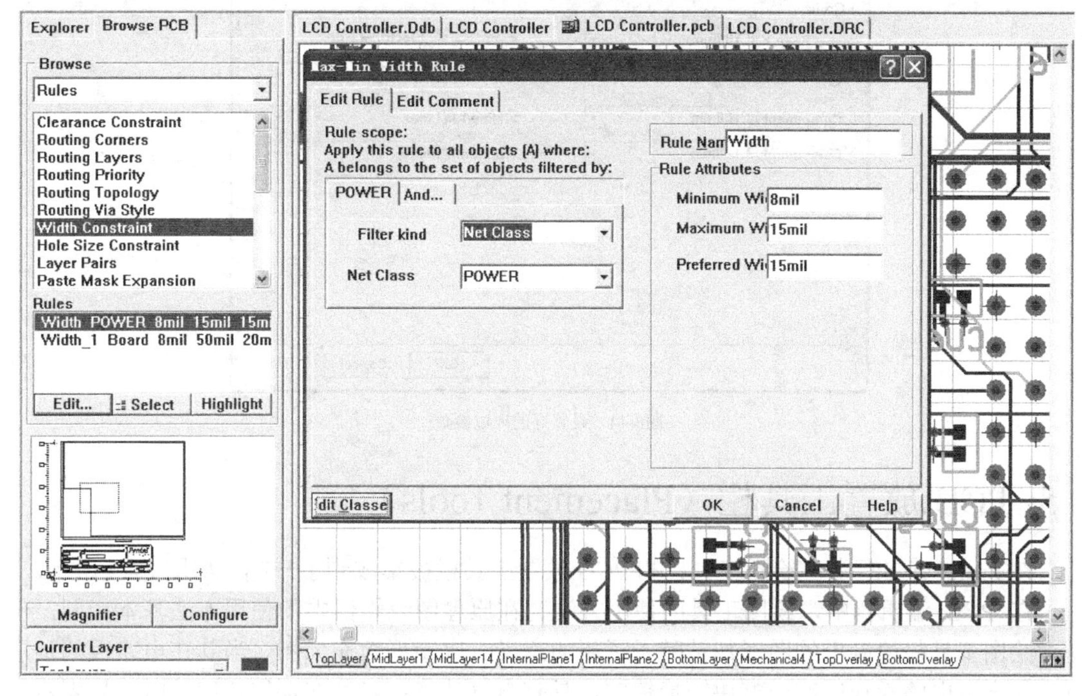

图8-43　通过 PCB 编辑器管理窗口修改设计规则

# 8.4　设置 PCB 编辑器的环境参数

PCB 编辑器的环境参数主要指【Snap Grid】(光标捕捉栅格)、【Electric Grid】(电气捕捉栅格)、【Visible Grid】(可视栅格) 和【Component Grid】(元器件捕捉栅格) 等参数。环境参数设置的好坏将直接影响到 PCB 设计的全过程，尤其对于手工布线和手动调整来说，这一点尤为重要。

一般情况下，在设置环境参数时应遵循以下几个原则。

(1) 将【Snap Grid】和【Electric Grid】设置成相近值，在手工布线的时候光标捕捉会比较方便。如果光标捕捉栅格和电气捕捉栅格相差过大，那么在连线的时候，光标会很难捕获到设计者需要的电气节点。

(2) 电气捕捉栅格和光标捕获栅格不能大于元器件封装的引脚间距，否则同样会给连线带来麻烦。

(3) 【Component Grid】的设置也不能太大，以免在手工布局和手动调整的时候，元器件不容易对齐。

(4) 将【Visible Grid】设为相同的值或者只显示其中某一个可视栅格。一般情况下，如果将图纸单位设为公制，则可将可视栅格设为“1mm”，这样有助于掌握元器件、图纸和导线间距等的大小，此时可视栅格的数目即是两条导线的间距。

图 8-44 所示为一种常用的环境参数设置。

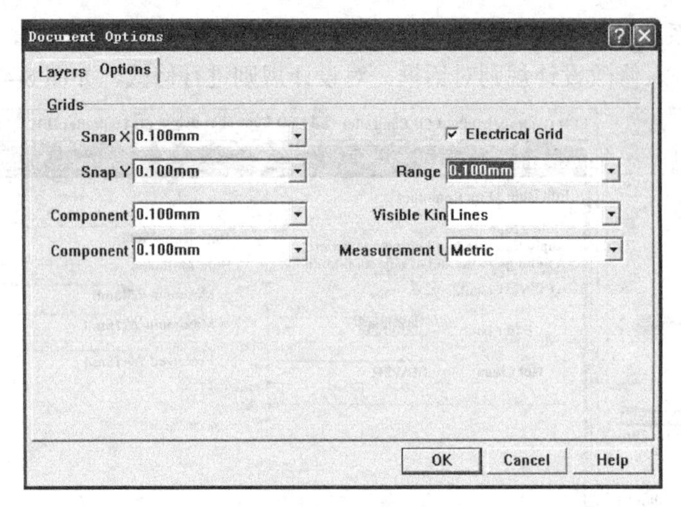


图8-44　设置好的环境参数

## 8.5 PCB 放置工具栏（Placement Tools）

在 Protel 99 SE 中，绘图工具栏和 PCB 放置工具栏被集成到了一起，如图 8-45 所示。

在 PCB 编辑器中，绘图工具的使用方法与在原理图编辑器中的使用方法基本相同，但是由绘图工具栏绘制出的图形却被赋予了新的意义。以矩形填充为例，当其在电路板的顶层时，就表示电路板顶层的一整块矩形覆铜，具有电气功能；当其在顶层丝印层时，只表示一个丝印的矩形符号，没有任何导电意义。因此在 PCB 编辑器中，图形所在的工作层面不同，其所具有的意义也各不相同。

在 PCB 编辑器中放置导线或其他图形时，除了可以单击放置工具栏中的各个按钮外，还可以通过选取菜单命令【Place】中相应的菜单命令来实现。【Place】菜单中的各菜单命令分别与放置工具栏（Placement Tools）中各个按钮的功能一一对应，如图 8-46 所示。

图8-45　PCB 放置工具栏

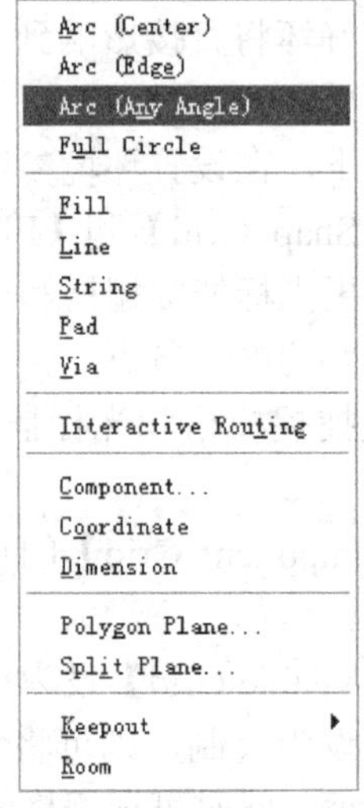


图8-46　【Place】菜单命令

放置工具栏中各按钮的功能及相应的菜单命令如表 8-1 所示。

表 8-1　　放置工具栏中各按钮的功能及相应的菜单命令

| 按　钮 | 功　能 | 对应的菜单命令 |
| --- | --- | --- |
|  | 绘制导线 | 【Place】/【Interactive Routing】 |
|  | 画线 | 【Place】/【Line】 |
|  | 放置焊盘 | 【Place】/【Pad】 |
|  | 放置过孔 | 【Place】/【Via】 |
| T | 放置字符串 | 【Place】/【String】 |
|  | 放置位置坐标 | 【Place】/【Coordinate】 |
|  | 放置尺寸标注 | 【Place】/【Dimension】 |
|  | 设置坐标原点 | 【Edit】/【Origin】/【Set】 |
|  | 放置元器件 | 【Place】/【Component…】 |
|  | 中心法绘制圆弧（Center） | 【Place】/【Arc　（Center）】 |
|  | 边缘法绘制圆弧 | 【Place】/【Arc　（Edge）】 |
|  | 任意角度的边缘法绘制圆弧 | 【Place】/【Arc　(Any　Angle)】 |
|  | 绘制圆 | 【Place】/【Full Circle】 |
|  | 放置矩形填充 | 【Place】/【Fill】 |
|  | 放置多边形填充 | 【Place】/【Polygon Plane…】 |
|  | 分割内电层 | 【Place】/【Split Plane…】 |
|  | 阵列粘贴 | 【Edit】/【Paste Special】 |

下面具体介绍一下各个按钮的使用方法。

## 8.5.1　绘制导线

绘制导线的方法主要有以下 3 种。

- 单击放置工具栏中的按钮。
- 选取菜单命令【Place】/【Interactive Routing】。
- 使用快捷键P/T。

在 Protel 99 SE 中绘制导线的方法和具体步骤如下。

### 绘制导线

1. 将工作层面切换到需要放置导线的工作层面，比如【TopLayer】（顶层信号层）。
2. 单击放置工具栏中的按钮，执行绘制导线命令。在绘制导线的过程中按 Tab 键，弹出设置导线属性对话框，如图 8-47 所示。

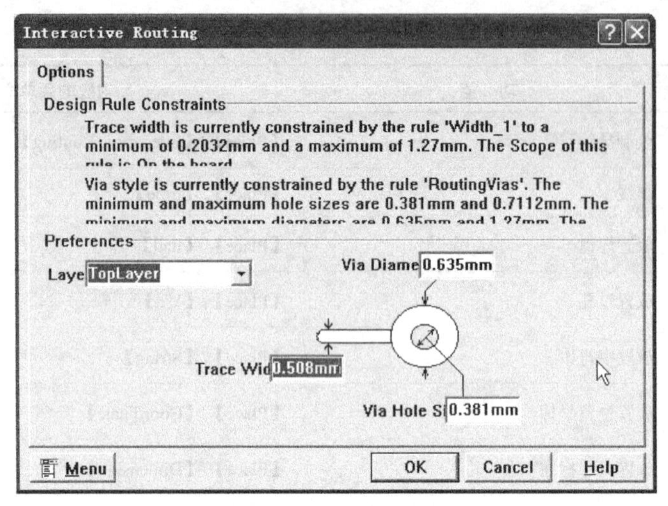


图8-47　设置导线属性对话框

在该对话框中可以对【Trace Width】（导线的宽度）、【Via Hole Size】和【Via Diameter】（过孔尺寸）以及【Layer】（导线所处的工作层面）等参数进行设置。

3. 设置完导线属性后单击 OK 按钮确认，即可回到工作窗口中。
4. 将鼠标光标移动到需要绘制导线的起始位置，单击鼠标左键确定导线的起点。移动鼠标光标，在导线的终点处单击鼠标左键确认。再次单击鼠标右键，即可绘制出一段直导线。
5. 如果绘制的导线为折线，则需在导线的每个转折点处单击鼠标左键确认，重复上述步骤，即可完成导线的绘制，结果如图 8-48 所示。
6. 绘制完一条导线后，系统仍处于绘制导线的命令状态，可以按上述方法继续绘制其他导线，也可以按 Esc 键退出绘制导线的命令状态。

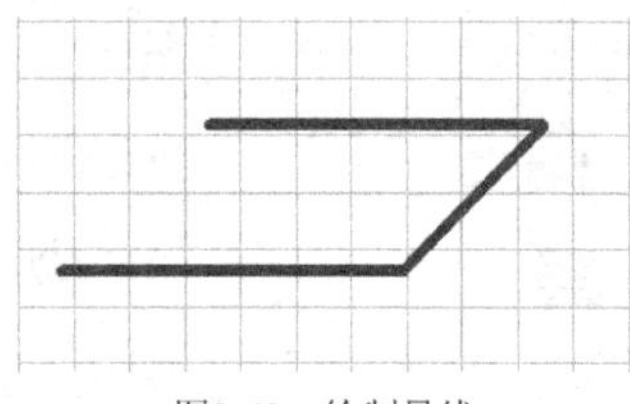

图8-48　绘制导线

## 8.5.2　放置焊盘

放置焊盘的方法主要有以下 3 种。

- 单击放置工具栏中的 按钮。
- 选取菜单命令【Place】/【Pad】。
- 使用快捷键 P/P。

### 放置焊盘

1. 单击放置工具栏中的 按钮，执行放置焊盘命令。此时光标将变成十字形状，并带着一个焊盘，如图 8-49 所示。
2. 按 Tab 键，系统将弹出设置焊盘属性对话框，如图 8-50 所示。

可以在该对话框的【Properties】选项卡中设置焊盘的属性。

- 【Shape】：该选项用于设置焊盘的外形，单击该文本框后的按钮，在弹出的下拉列表中选择焊盘的外形，如图 8-51 所示。

图8-49　执行完放置焊盘命令后的光标状态

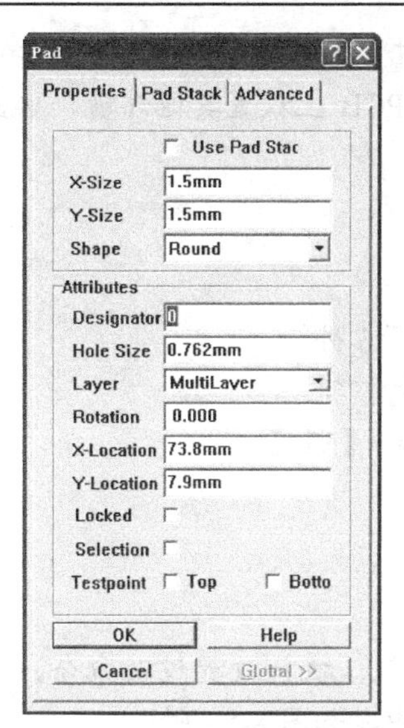


图8-50　设置焊盘属性对话框

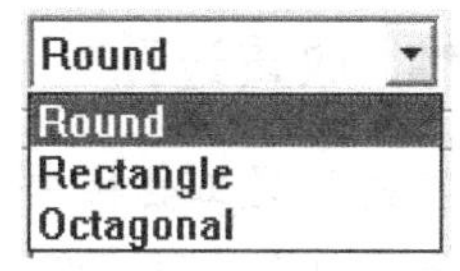


图8-51　设置焊盘的外形

在 Protel 99 SE 中，系统提供了 3 种形式的焊盘外形，即【Round】（圆形）、【Rectangle】（矩形）和【Octagonal】（八边形），如图 8-52 所示。

- 【X-Size】: 该选项用于设置焊盘外形的 $x$ 坐标尺寸。
- 【Y-Size】: 该选项用于设置焊盘外形的 $y$ 坐标尺寸。

通过设置不同的焊盘外形尺寸可以得到不同形状的焊盘外形，如图 8-53 所示。

此外，在【Attributes】（焊盘的属性）栏中还可以设置【Hole Size】（焊盘的孔径大小）、【Rotation】（旋转角度）、【Location】（位置坐标）、【Designator】（焊盘标号）及【Layer】（工作层面）等属性。

在如图 8-50 所示的对话框中还可以单击【Advanced】选项卡，打开设置焊盘高级属性对话框，如图 8-54 所示。在该对话框中可以设置【Net】（焊盘的网络标号）和【Electrical Type】（电气类型）等参数。

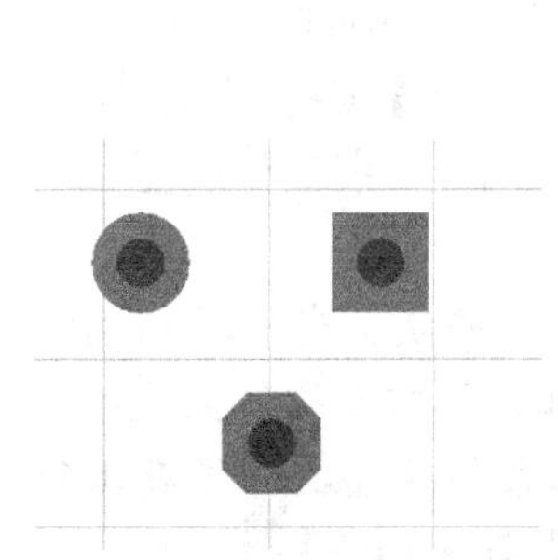

图8-52　3 种不同的焊盘外形

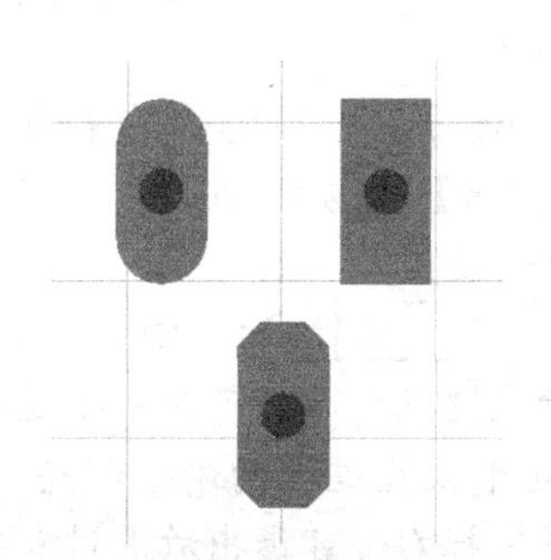

图8-53　通过设置焊盘的外形尺寸得到的焊盘外形

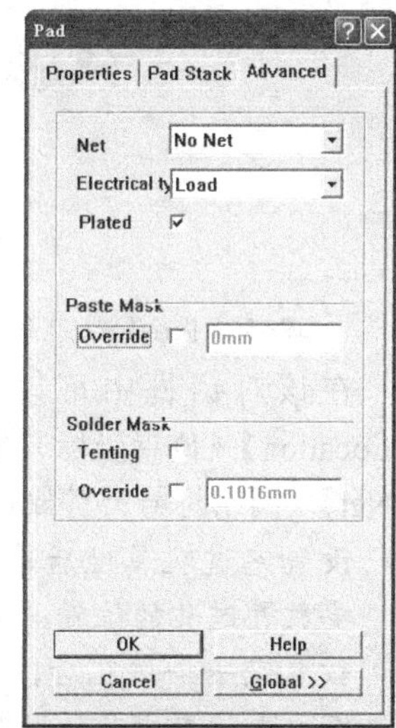


图8-54　设置焊盘的高级属性参数

3. 设置完焊盘属性后单击 OK 按钮，回到工作窗口中，然后移动鼠标光标到

需要放置焊盘的位置，单击鼠标左键，即可将一个焊盘放置在光标所在的位置。

4. 重复上面的操作，可以在 PCB 上放置其他焊盘，单击鼠标右键或按 Esc 键即可退出放置焊盘的命令状态。

## 8.5.3　放置过孔

放置过孔的方法主要有以下 3 种。

- 单击放置工具栏中的按钮。
- 选取菜单命令【Place】/【Via】。
- 使用快捷键 P/V。

### 放置过孔

1. 单击放置工具栏中的按钮，执行放置过孔命令，此时光标将变成十字形状，并带着一个过孔出现在工作窗口中，如图 8-55 所示。
2. 按 Tab 键打开设置过孔属性对话框，如图 8-56 所示。

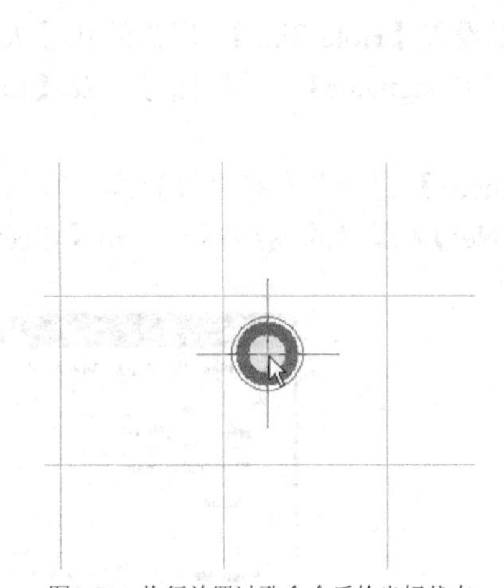

图8-55　执行放置过孔命令后的光标状态

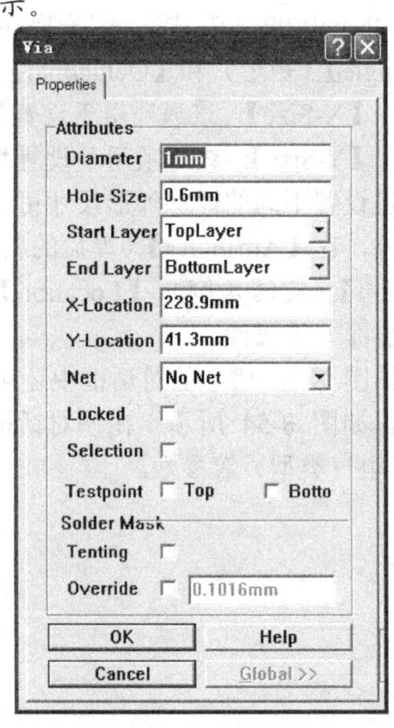


图8-56　设置过孔属性对话框

在该对话框中可以对【Diameter】（过孔的直径）、【Hole Size】（孔径大小）、【Location】（位置坐标）、【Start Layer】（起始工作层面）、【End Layer】（结束工作层面）和【Net】（网络标号）等属性参数进行设置。

3. 设置完过孔属性后单击 OK 按钮，回到工作窗口中，将鼠标光标移动到需要放置过孔的位置，单击鼠标左键确认，即可将一个过孔放置在光标所在的位置。
4. 放置完一个过孔后，系统仍处于放置过孔的命令状态。重复上面的操作，即可在工作窗口中放置更多的过孔。单击鼠标右键可退出放置过孔的命令状态。

## 8.5.4 放置字符串

在电路板设计过程中，字符串常常用作必要的文字标注。虽然字符串本身并不具有任何电气特性，它只是起提醒设计者的作用，但是一旦将字符串放置到信号层上，加工后的电路板将可能引起短路，如图 8-57 所示。这是因为信号层上的字符串是在铜箔上腐蚀而成的，字符串本身就是导电的铜线，当其跨越在多条信号线之间时便会发生短路。因此，通常将字符串放置在顶层丝印层，如果设计者要在信号层上放置字符串，则应当特别小心。

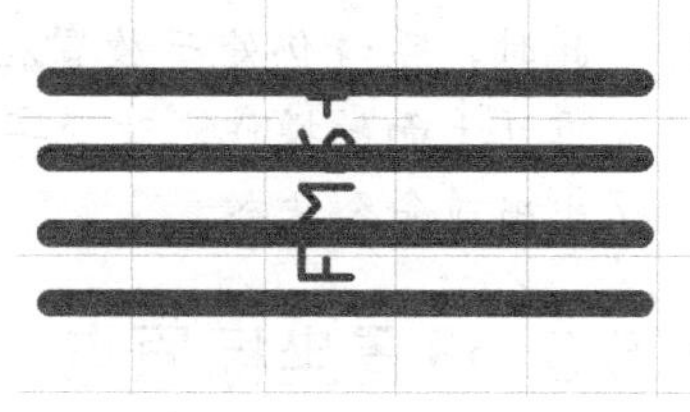

图8-57 放置在信号层上的字符串

放置字符串的方法主要有以下 3 种。

- 单击放置工具栏中的 T 按钮。
- 选取菜单命令【Place】/【String】。
- 使用快捷键 P/S。

下面介绍在工作窗口中放置一个字符串的具体操作。

### 放置字符串

1. 单击放置工具栏中的 T 按钮，执行放置字符串的命令，此时光标将变成十字形状，并带着一个字符串（上次放置的字符串）出现在工作窗口中，如图 8-58 所示。
2. 按 Tab 键打开设置字符串属性对话框，如图 8-59 所示。

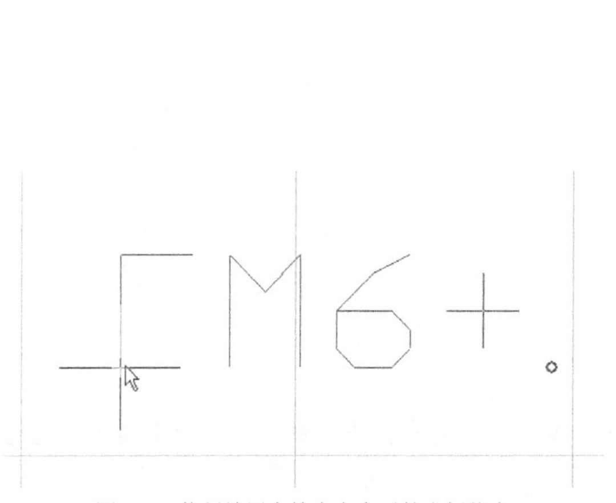

图8-58 执行放置字符串命令后的光标状态

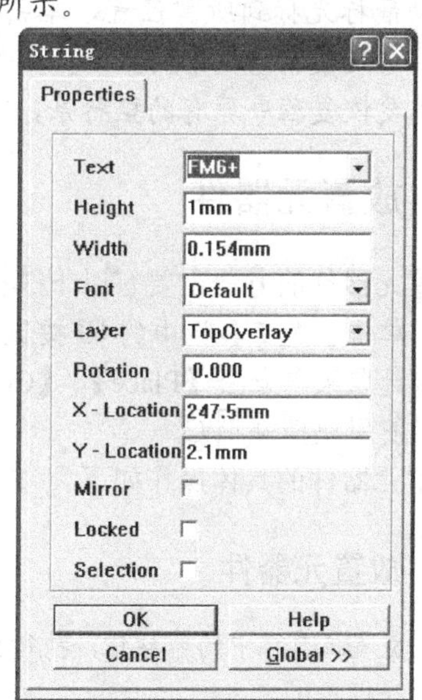


图8-59 设置字符串属性对话框

在该对话框中可以对【Text】(字符串的内容)、【Height】(高度)、【Width】(宽度)、【Font】(字体)、【Layer】(工作层面)、【Rotation】(放置角度)、【X-Location】和【Y-Location】(放置位置坐标）等参数进行设置。字符串的内容既可以从下拉列表中选择，也可以由用户直接输入。

3. 设置完字符串属性后单击 OK 按钮确认，即可回到工作窗口中。
4. 将鼠标光标移动到所需位置，然后单击鼠标左键，即可将当前字符串放置在光标所在的位置。
5. 此时，系统仍处于放置相同内容字符串的命令状态，可以继续放置该字符串，也可以重复上面的操作，改变字符串的属性。放置结束后单击鼠标右键或按 Esc 键，即可退出当前命令状态。

## 8.5.5　设置坐标原点

在印制电路板设计系统中，程序本身提供了一套坐标系，其原点称为绝对原点（Absolute Origin）。用户也可以通过设定坐标原点来定义自己的坐标系，用户坐标系的原点称为当前坐标原点（Current Origin）。

设置坐标原点的方法主要有以下 3 种。

- 单击放置工具栏中的按钮。
- 选取菜单命令【Edit】/【Origin】/【Set】。
- 使用快捷键 E/O/S。

### 设置坐标原点

1. 单击放置工具栏中的按钮，执行设置 PCB 编辑器工作窗口坐标原点的命令，此时光标将变成十字形状。
2. 移动鼠标光标到所需位置，单击鼠标左键，设定坐标系的原点。设定坐标系的原点时应注意观察状态栏中的显示，以便了解当前光标所在位置的坐标。
3. 如果要恢复程序原有的坐标系，可以选取菜单命令【Edit】/【Origin】/【Reset】。

## 8.5.6　放置元器件

放置元器件的方法主要有以下 3 种。

- 单击放置工具栏中的按钮。
- 选取菜单命令【Place】/【Component...】。
- 使用快捷键 P/C。

放置元器件的具体操作如下。

### 放置元器件

1. 单击放置工具栏中的按钮，执行放置元器件命令，系统将会弹出如图 8-60 所示的放置元器件对话框。

在该对话框中，设计者可以在【Footprint】文本框中输入元器件封装来选择元器件，在【Designator】（序号）文本框中为该元器件编号，在【Comment】（注释文字）文本框中输入注释文字等。本例将放置一个电阻元器件，在【Footprint】文本框中输入“AXIAL0.4”，在【Designator】文本框中输入“R200”，在【Comment】文本框中输入“100k”，如图 8-61 所示。

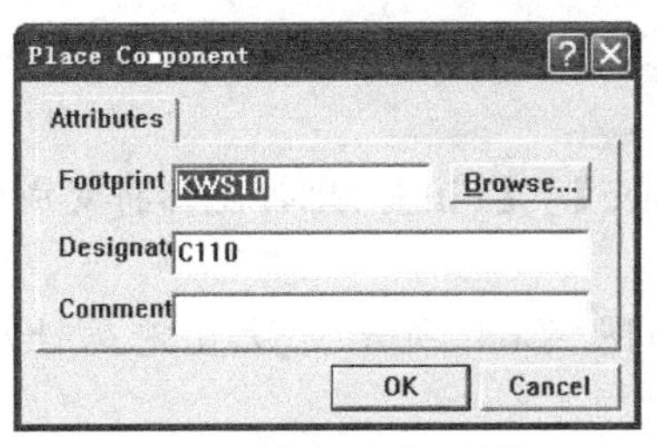

图8-60　放置元器件对话框

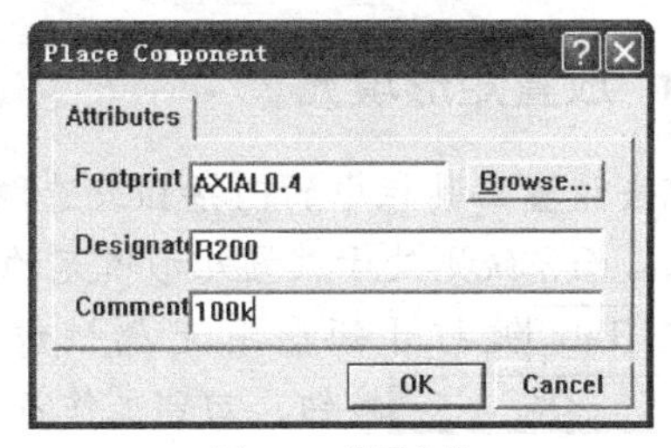

图8-61　设置参数

如果设计者不太清楚元器件的封装形式，可以单击图 8-61 所示对话框中的 Browse... 按钮，打开如图 8-62 所示的元器件库浏览对话框。在该对话框中，设计者可以从已装入的元器件库中浏览、查找所需的元器件封装形式。

2. 设置完电阻的参数后，在图 8-61 所示的对话框中单击 OK 按钮，回到 PCB 编辑器的工作窗口，此时系统仍处于放置元器件的状态，且光标将变成十字形状，其上还粘着一个电阻元器件封装，如图 8-63 所示。
3. 在工作窗口中移动鼠标光标，改变元器件的位置，同时也可以按空格键调整元器件的放置方向。
4. 单击鼠标左键即可将元器件放置在当前光标所在的位置。放置好元器件之后，系统将自动返回到如图 8-61 所示的放置元器件对话框，单击 Cancel 按钮退出放置元器件命令状态。

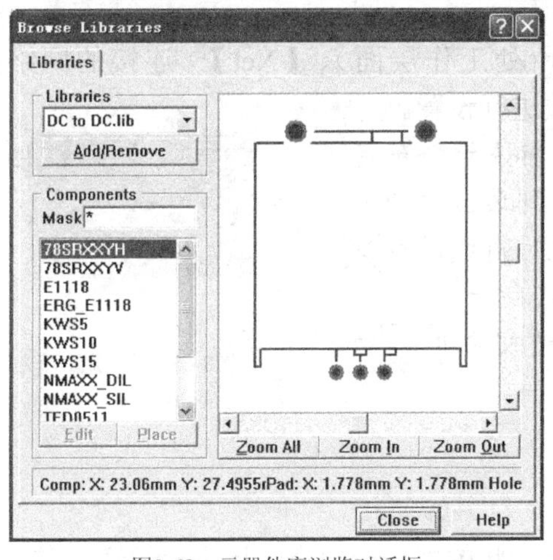

图8-62　元器件库浏览对话框

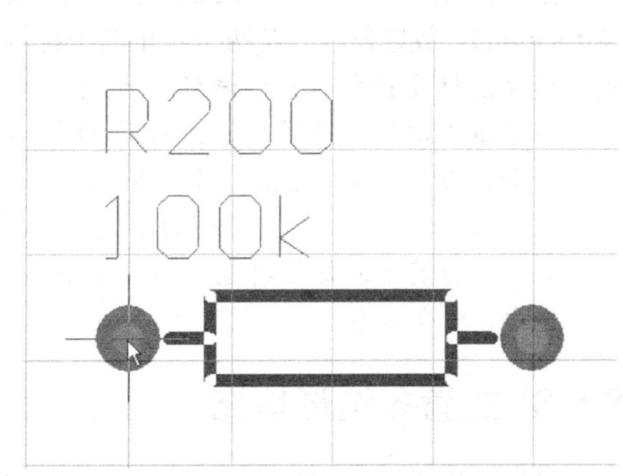

图8-63　放置元器件状态

## 8.5.7　放置矩形填充

在印制电路板设计过程中，为了提高系统的抗干扰性能和通过大电流的能力，通常需要放置大面积的电源/接地铜箔。系统提供的填充功能主要有两种，即矩形填充（Fill）和多边形填充（Polygon Plane）。

放置矩形填充的方法主要有 3 种。

- 单击放置工具栏中的□按钮。
- 选取菜单命令【Place】/【Fill】。
- 使用快捷键 P/F。

下面先介绍一下放置矩形填充的操作步骤。

### 放置矩形填充

1. 单击放置工具栏中的□按钮或选取菜单命令【Place】/【Fill】，此时光标将变成十字形状，而系统则处于放置矩形填充的命令状态。
2. 按 Tab 键打开矩形填充属性设置对话框，如图 8-64 所示。设置完属性后单击 OK 按钮，回到工作窗口。

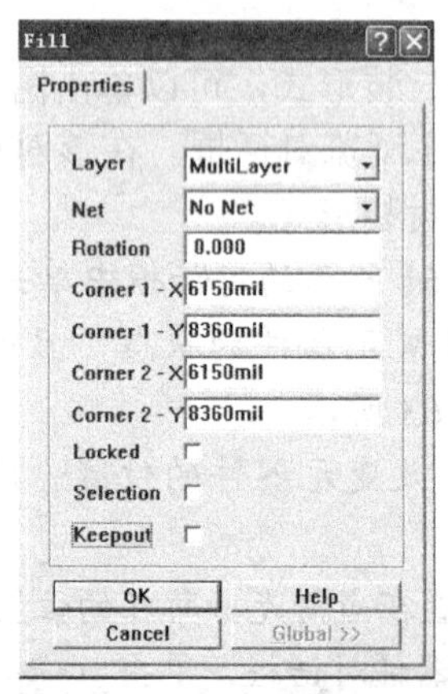


图8-64 矩形填充属性设置对话框

在该对话框中可以对【Layer】（矩形填充所处工作层面）、【Net】（连接的网络）、【Rotation】（放置角度）及两个对角的坐标等参数进行设置。

3. 移动鼠标光标到填充区域的顶点处，单击鼠标左键，确定矩形填充的第一个顶点。然后移动鼠标光标到该区域的另一个顶点处，单击鼠标左键，确定矩形填充对角线的第二个顶点，即可完成对该区域的填充，如图 8-65 所示。
4. 继续进行其他的矩形填充，然后单击鼠标右键或按 Esc 键退出该命令状态。

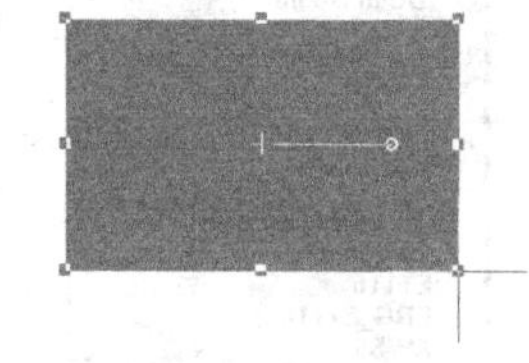

图8-65 放置矩形填充

## 8.5.8 放置多边形填充

通过多边形填充（Polygon Plane）可以对任意形状的多边形填充区域进行填充，常用于接地网络的覆铜。

选取菜单命令【Place】/【Polygon Plane…】或单击放置工具栏中的按钮，即可打开多边形填充属性对话框，如图 8-66 所示。

在该对话框中可以对【Connect to Net】（多边形填充的网络标号）、【Grid Size】（多边形填充的栅格尺寸）、【Track Width】（线宽）、【Layer】（所处工作平面）、【Hatching Style】（填充方式）和【Surround Pads With】（环绕焊盘方式）等参数进行设置。

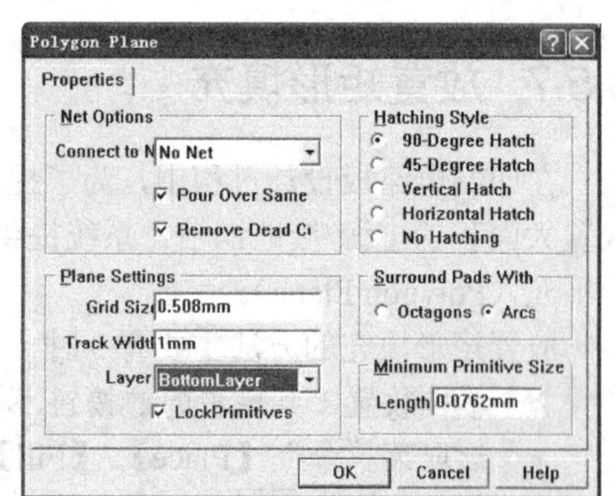


图8-66 多边形填充属性对话框

系统提供了 5 种多边形填充方式，如图 8-67 所示。

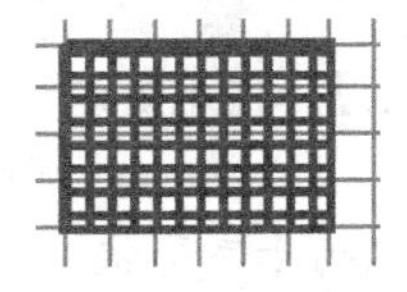
（a）【90-Degree Hatch】

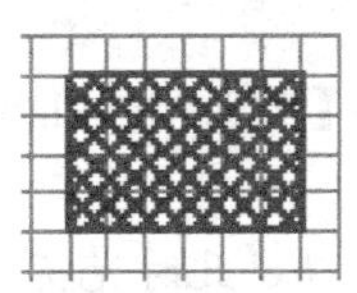
（b）【45-Degree Hatch 】

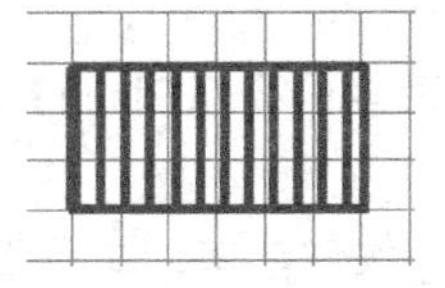
（c）【Vertical Hatch 】

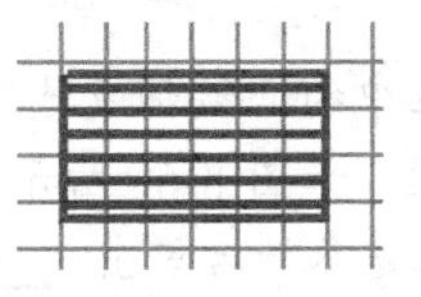
（d）【Horizontal Hatch】

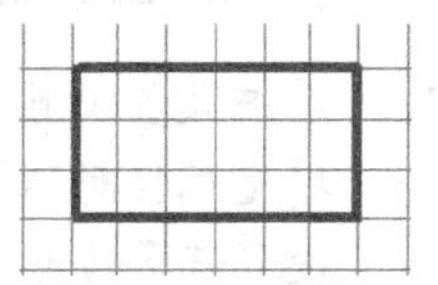
（e）【No Hatch】

图8-67　5 种多边形填充方式

在电路板设计过程中，通常选择【45-Degree Hatch】填充方式。但是，如果适当设置【Track Width】（线宽）和【Grid Size】（栅格尺寸）等参数，比如在【Track Width】文本框中输入“1mm”，在【Grid Size】文本框中输入“0.508mm”，就能以整块的铜箔覆盖电路板，如图 8-68 所示。

当将多边形填充置于信号层时，则多边形填充为导电图件，它与电路板上的其他导电图件之间可能发生连接，也可能不发生连接。当多边形填充与导电图件不连接时，就环绕在导电图件的周围。多边形填充环绕不同网络焊盘的方式有两种，如图 8-69 所示。

图8-68　用整块铜箔覆盖电路板

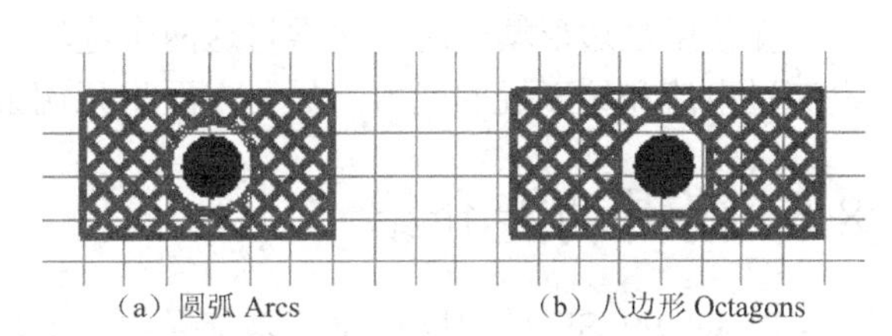
（a）圆弧 Arcs　（b）八边形 Octagons

图8-69　多边形填充环绕焊盘的两种方式

多边形填充与具有相同网络标号的焊盘及过孔间的连接方式主要有以下 3 种。

- 【Relief Connect】（辐射方式连接）：根据连接导线的数目和导线连接的角度，可以将辐射方式连接分成 4 种，如图 8-70 所示。

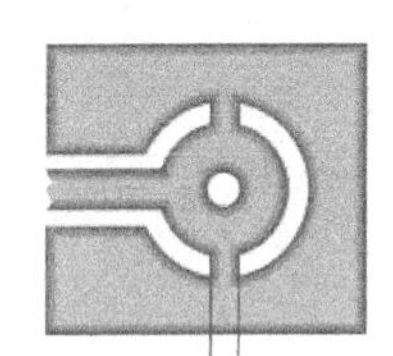
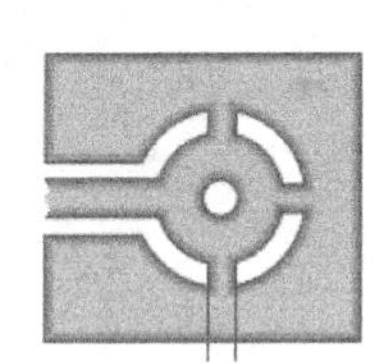
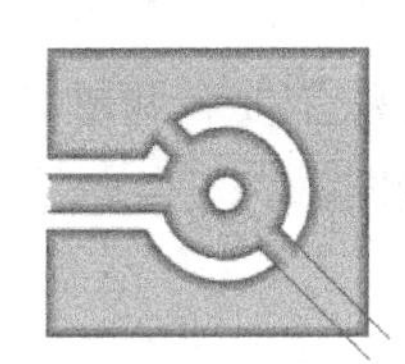
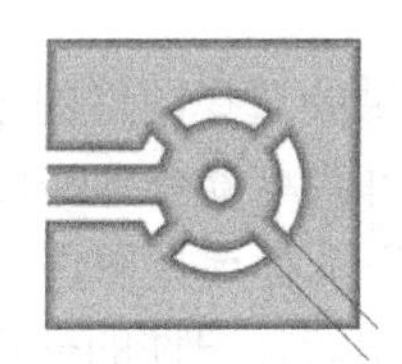

图8-70　4 种辐射方式连接

采用辐射方式连接可以避免焊接元器件时散热面积过大，难于焊接的情况发生。

- 【Direct Connect】（直接连接）：选择【Direct Connect】选项后，没有其他参数需要设置，可使焊盘与覆铜层完全连接。
- 【No Connect】（不连接）：选中该选项后，多边形填充与具有相同网络标号的焊盘和过孔之间不连接。

多边形填充与焊盘（或过孔）的连接方式可通过选取菜单命令【Design】/【Rules】，打开设计规则设置对话框，然后单击 Manufacturing 选项卡，并选取【Polygon Connect Style】选项来设置。

放置多边形填充的具体操作如下。

### 放置多边形填充

1. 单击放置工具栏中的按钮或选取菜单命令【Place】/【Polygon Plane…】，打开多边形填充属性对话框，如图 8-66 所示。
2. 设置好多边形填充参数后单击 OK 按钮，回到工作窗口，此时光标将变为十字形状。
3. 移动鼠标光标到待填充区域的第一个顶点位置，单击鼠标左键确认，用同样的方法依次确定多边形的其他顶点，并在多边形填充的最后一个顶点处单击鼠标右键，程序会自动将第一个顶点和最后的顶点连接起来，形成一个多边形区域，同时在该区域内完成填充。

在如图 8-66 所示的设置多边形填充属性对话框中有两个复选框，其意义如下。

- 【Pour Over Same Net】：在相同网络上覆铜。比如将多边形填充的网络标号【Connect to Net】定义为【GND】，则系统在进行覆铜的过程中就会覆盖网络标号为 GND 的导线、焊盘和过孔等导电图件。
- 【Remove Dead Copper】：去除死铜。系统在覆铜的后期，将电路板上被其他图件隔断的、孤立的、与外界没有连接的覆铜区域删除掉。

在使用多边形填充时，通常将这两个选项都选上，一方面可加大相同网络布线的宽度，提高过电流和抗干扰的能力，另一方面将死铜去除，可以使 PCB 板更加美观。

# 8.6 编辑功能介绍

Protel 99 SE 的电路板设计系统提供了丰富且强大的编辑功能，能够对图件进行选择、取消选择、删除、更改属性及移动等操作，利用这些编辑功能可以非常方便地对 PCB 电路图进行修改和调整。

## 8.6.1 选择图件

系统提供的选择图件的方法主要有两种。

- 利用菜单命令选择图件。
- 利用鼠标选择图件。

下面介绍选择图件的操作。

### 一、 利用菜单命令选择图件

选取菜单命令【Edit】/【Select】，弹出如图 8-71 所示的选择图件菜单，该菜单中各命令选项的功能如下。

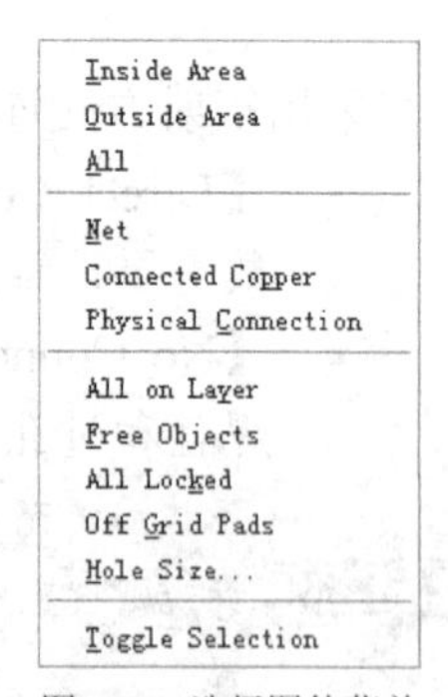


图8-71　选择图件菜单

- 【Inside Area】：选择指定区域内的所有图件。
- 【Outside Area】：选择指定区域外的所有图件。【Inside Area】和【Outside Area】命令的执行过程基本一样。
- 【All】：选择所有的图件。
- 【Net】：选择指定的网络。
- 【Connected Copper】：选择信号层（Signal Layer）上指定的网络。

- 【Physical Connection】：选择指定的物理连接。网络是指具有电气连接关系的所有导线，而连接只是指网络中的某一段导线。
- 【All on Layer】：选择当前工作层面上的所有图件。【All】命令的选择范围是所有的工作层面，而【All on Layer】命令的选择范围仅限于当前的工作层面。
- 【Free Objects】：选择除了元器件之外的所有图件，包括独立的焊盘、过孔、线段、圆弧、字符串及各种填充等。
- 【All Locked】：选择所有处于锁定状态的图件。在图件的属性中，如果有一个选项处于锁定状态（Locked），那么该图件既可以被选中，也可以不被选中。但是当执行了【All Locked】命令后，所有设定了【Locked】选项的图件都将被选中。
- 【Off Grid Pads】：选择所有不在栅格点上的焊盘。
- 【Hole Size...】：选择具有指定孔径的图件。执行该菜单命令后，可打开如图 8-72 所示的孔径选择对话框。

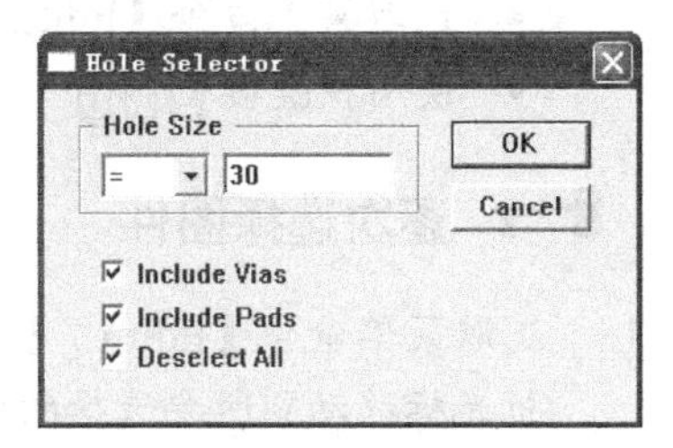

图8-72　孔径选择对话框

- 【Toggle Selection】：逐次选择图件。执行该命令后，可以用鼠标光标逐个选中所需的多个图件。该命令具有开关特性，即对某个图件重复执行该命令，可以切换图件的选中状态。

在设计过程中，常用的选择命令有以下几种。

(1) 选择指定区域内的所有图件。

选择指定区域内所有图件的方法主要有 3 种。

- 选取菜单命令【Edit】/【Select】/【Inside Area】。
- 单击主工具栏中的⬚按钮。
- 使用快捷键 E/S/I。

## 选择指定区域内的所有图件

1. 选取菜单命令【Edit】/【Select】/【Inside Area】，此时光标将变成十字形状。将鼠标光标移动到工作窗口中的适当位置，单击鼠标左键确定待选区域对角线的一个顶点。
2. 移动鼠标光标，拖出一个矩形虚线框，该虚线框即代表所选区域的范围。
3. 使虚线框包含所要选择的所有图件后，在适当位置单击鼠标左键，确定指定区域对角线的另一个顶点。这样，该区域内的所有图件即可被选中。

(2) 选择指定的网络。

选择指定网络的方法主要有以下两种。

- 选取菜单命令【Edit】/【Select】/【Net】。
- 使用快捷键 E/S/N。

## 选择指定的网络

1. 选取菜单命令【Edit】/【Select】/【Net】，此时光标将变成十字形状，将鼠标光标移动到所要选择的网络中的线段或焊盘上，然后单击鼠标左键，即可选中整个网络。

2. 如果在执行该命令时没有选中所要选择的网络，则会出现如图 8-73 所示的对话框。在该对话框中可以直接输入所要选择的网络名称，然后单击 OK 按钮，即可选中该网络。

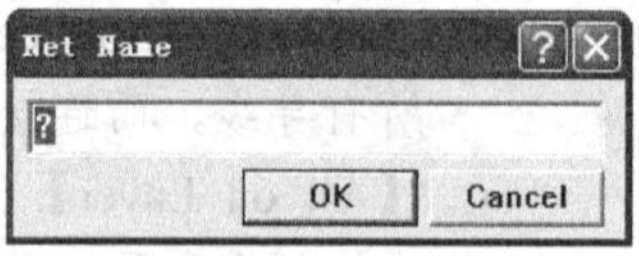

图8-73　输入网络名称对话框

3. 单击鼠标右键，退出当前命令状态。

(3) 逐次选择图件。

逐次选择图件的方法主要有两种。

- 选取菜单命令【Edit】/【Select】/【Toggle Selection】。
- 使用快捷键 E/S/T。

### 逐次选择图件

1. 选取菜单命令【Edit】/【Select】/【Toggle Selection】，此时光标将变成十字形状。将鼠标光标移动到所要选择的图件上，单击鼠标左键，即可选中该图件。
2. 如果想要取消某个图件的选中状态，只要再次单击该图件即可。
3. 单击鼠标右键，退出当前命令状态。

#### 二、 利用鼠标选取图件

利用鼠标选取图件的操作方法与选取菜单命令【Edit】/【Select】/【Inside Area】的操作方法基本相同。利用鼠标选取图件时，只需按住鼠标左键，拖出一个虚线框后松开鼠标，即可选中图件。利用鼠标选取图件可以选取单个图件，也可以同时选取多个图件，还可以分多次选取不同区域内的图件。

## 8.6.2 取消选中图件

图件被选中后，将保持选中状态，直到取消图件的选中状态为止。Protel 99 SE 为设计者提供了多种取消选中图件的方法。

- 选取菜单命令【Edit】/【DeSelect】，弹出如图 8-74 所示的取消选中图件的菜单命令。

图8-74　取消选中图件的菜单命令

取消选中图件的菜单命令与前面介绍的选择图件的菜单命令相对应。

- 单击主工具栏中的 按钮。

## 8.6.3 删除功能

在电路板设计过程中，经常需要删除某些不必要的图件。常用的删除图件的方法有以下 4 种。

- 选取菜单命令【Edit】/【Delete】。
- 选中图件后按 Ctrl+Delete 键。
- 使用快捷键 E/D。
- 使用快捷键 E/L。

> **要点提示** 删除图件的命令可以分为两类，一类命令包括Ctrl+Delete键和快捷键E/L，这类命令是先选择图件，然后再执行相应的删除命令；另一类命令包括【Edit】/【Delete】菜单命令和快捷键E/D，这类命令是先执行命令，然后再逐个删除图件。

### 删除图件

1. 选取菜单命令【Edit】/【Delete】，此时光标将变成十字形状。
2. 将鼠标光标移动到想要删除的图件上，单击鼠标左键，该图件即可被删除。
3. 重复上一步的操作即可继续删除其他图件。单击鼠标右键，退出当前命令状态。

## 8.6.4 修改图件属性

修改图件属性的方法主要有以下 4 种。

- 在放置图件的过程中按Tab键，打开编辑图件属性对话框。
- 选取菜单命令【Edit】/【Change】，修改图件属性。
- 用鼠标左键双击图件，打开编辑图件属性对话框。
- 使用快捷键E/H修改图件属性。

下面具体介绍如何通过选取菜单命令【Edit】/【Change】来修改图件的属性。

### 修改图件属性

1. 选取菜单命令【Edit】/【Change】，此时光标将变成十字形状。将鼠标光标移动到想要修改属性的图件上，单击鼠标左键，打开编辑图件属性对话框。

   例如，在元器件上单击鼠标左键时，可以打开元器件属性设置对话框，如图 8-75 所示。在该对话框中即可对元器件的各种属性进行重新设置。
2. 重新设置好属性后单击 OK 按钮，完成修改。
3. 此时程序仍处于该命令状态，还可以继续对其他图件的属性进行修改。比如重新定义某段导线的属性，将鼠标光标移动到想要更改属性的导线上，单击鼠标左键，打开【Track】(导线属性)对话框，如图 8-76 所示。

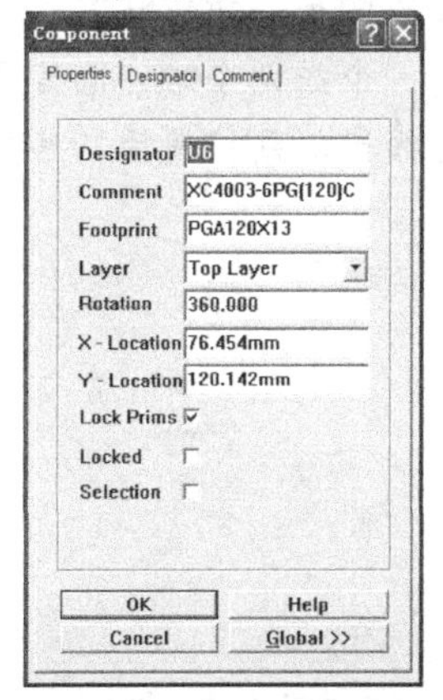


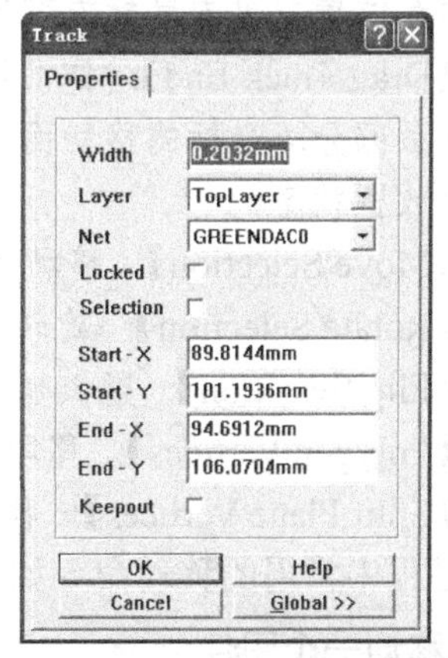

图8-75 元器件属性设置对话框　　图8-76 【Track】(导线属性)对话框

4. 单击鼠标右键或按Esc键退出该命令状态。

## 8.6.5 移动图件

在 PCB 设计过程中，为了调整元器件的布局和方便布线，经常需要移动图件，系统提供了多种移动图件的方式。选取菜单命令【Edit】/【Move】，可以弹出如图 8-77 所示的移动图件命令菜单。

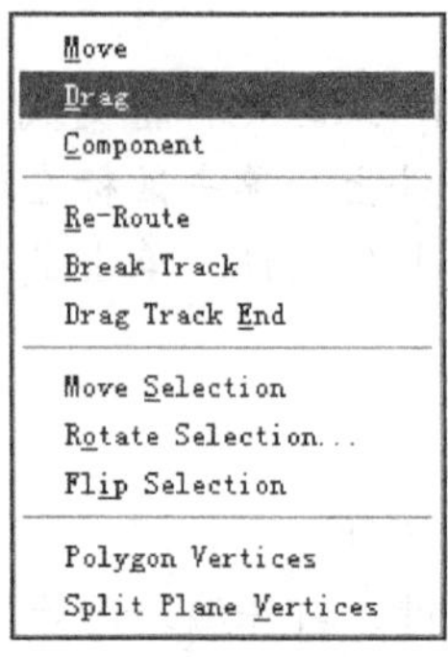


图8-77　移动图件命令菜单

各种移动图件命令的具体功能如下。

- 【Move】: 只移动一个图件。该命令只移动单一的图件，而与该图件相连的其他图件不会随着移动。例如，用该命令移动一个元器件，则与该元器件相连的导线将不会随元器件一起移动。请注意，这样可能会使原来的连接关系发生改变。
- 【Drag】: 拖动一个图件，与【Move】的功能基本相同。
- 【Component】: 只能对元器件进行移动，对其他图件无效。
- 【Re-Route】: 重新布线。在该命令状态下，用光标选中某条线段后拖动鼠标光标，线段的两个端点固定不动，而其他部分随着光标移动。拖动线段到适当的位置，单击鼠标左键，可以放置线段的一边，而另一边仍处于被拖动状态。继续拖动鼠标光标，可以连续进行重新布线，直至单击鼠标右键退出拖动状态为止。再次单击鼠标右键可退出该命令状态。
- 【Break Track】: 拖动线段。执行该命令时，线段的两个端点固定不动，其他部分随着光标移动，这与【Re-Route】命令类似，不同之处在于当拖动线段到达新位置并单击鼠标左键确定线段的新位置后，线段即处于放置状态。
- 【Drag Track End】: 拖动线段。该命令可使线段的一个或两个端点固定不动，其余部分随光标的移动而移动，单击鼠标左键确定线段的新位置后，线段即处于放置状态。
- 【Move Selection】: 移动已被选中的图件。
- 【Rotate Selection】: 旋转已被选中的图件。
- 【Flip Selection】: 颠倒已被选中的图件。
- 【Polygon Vertices】: 移动多边形填充。
- 【Split Plane Vertices】: 移动内电层。

设计过程中常用的移动命令如下。

### 一、 移动一个图件

移动一个图件的方法主要有两种。

- 选取菜单命令【Edit】/【Move】/【Move】。
- 使用快捷键E/M/M。

### 移动一个图件

1. 选取菜单命令【Edit】/【Move】/【Move】，此时光标将变成十字形状。
2. 单击需要移动的图件，该图件将会粘着在光标上，并随着光标的移动而移动。将图件移动到适当的位置，单击鼠标左键，即可放置该图件，这时图件与原来连接的导线之间已断开。
3. 单击鼠标右键即可退出移动图件命令状态。

#### 二、 移动元器件

移动元器件的方法主要有两种。

- 选取菜单命令【Edit】/【Move】/【Component】。
- 使用快捷键E/M/C。

移动元器件与移动一个图件的操作基本相同，但该命令只对电路板上的元器件有效。

### 移动元器件

1. 选取菜单命令【Edit】/【Move】/【Component】，此时光标将变成十字形状。
2. 单击需要移动的元器件，将元器件粘着在光标上，使其随着光标的移动而移动。将该元器件拖动到适当的位置，然后单击鼠标左键，即可将该元器件移动到当前位置。
3. 如果选择元器件时鼠标没有选中元器件，则系统将会弹出选择元器件对话框，如图 8-78 所示。
4. 任意选中某个元器件，然后单击 OK 按钮，则该元器件将被选中，移动鼠标光标即可移动选中的元器件。将元器件移动到适当的位置后单击鼠标左键，即可将该元器件放置在当前位置。
5. 单击鼠标右键可退出移动元器件的命令状态。

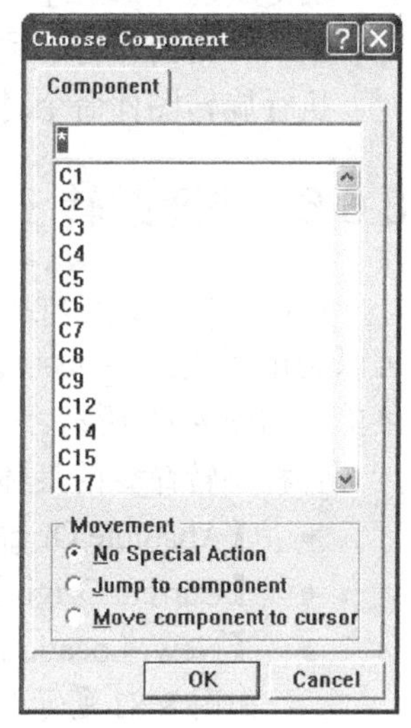

图8-78 选择元器件对话框

#### 三、 移动已被选中的图件

移动已被选中图件的方法主要有 3 种。

- 选取菜单命令【Edit】/【Move】/【Move Selection】。
- 使用快捷键E/M/S。
- 单击主工具栏中的 ✢ 按钮。

移动已被选中的图件时可以一次移动单个图件，也可以同时移动多个图件。

### 移动已被选中的图件

1. 选择需要移动的图件。
2. 选取菜单命令【Edit】/【Move】/【Move Selection】，此时光标将变成十字形状。

3. 用光标选中被选中的图件，然后拖动鼠标光标到适当的位置，单击鼠标左键，即可将被选中的图件移动到当前位置。

### 四、 旋转已被选择的图件

当图件被选中后，为了方便元器件的布局或布线，往往需要将图件旋转一定的角度。旋转图件的方法主要有两种。

- 选取菜单命令【Edit】/【Move】/【Rotate Selection...】。
- 使用快捷键 E/M/O。

### 旋转已被选择的图件

1. 选择需要旋转的图件。
2. 选取菜单命令【Edit】/【Move】/【Rotate Selection】，系统将会弹出设置旋转角度对话框，如图 8-79 所示。

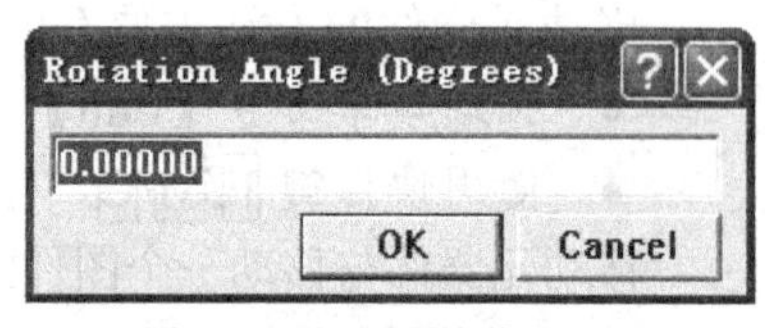


图8-79 设置旋转角度对话框

在该对话框中输入所要旋转的角度（输入角度值，正值为逆时针旋转，负值为顺时针旋转），然后单击 OK 按钮，即可按输入的角度旋转被选择的图件。

3. 确定旋转中心位置。将鼠标光标移动到适当的位置，单击鼠标左键确定旋转该图件的中心，则图件将以该点为中心旋转指定的角度。

执行旋转图件命令时可以同时将单个或多个图件旋转任意的角度。

## 8.6.6 快速跳转

在电路板设计过程中，往往需要快速定位到某个特定的位置或者是查找某个图件，这时可以利用系统提供的跳转功能来实现。选取菜单命令【Edit】/【Jump】，即可弹出跳转命令菜单，如图 8-80 所示。

各种跳转命令的具体功能如下。

- 【Absolute Origin】：跳转到绝对原点。绝对原点即系统坐标系的原点。
- 【Current Origin】：跳转到当前原点。当前原点即设计者自定义坐标系的原点。
- 【New Location...】：跳转到指定的坐标位置。执行该命令后，系统将会弹出如图 8-81 所示的对话框，要求输入所要跳转到的坐标位置。
- 【Component...】：跳转到指定的元器件。执行该命令后，系统将会弹出如图 8-82 所示的对话框，要求输入所要跳转到的元器件序号。

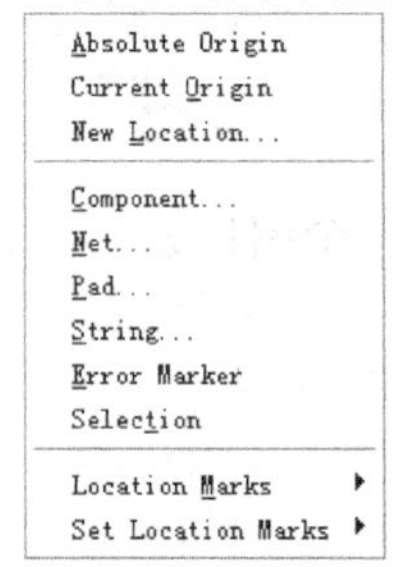


图8-80 系统提供的多种跳转菜单命令

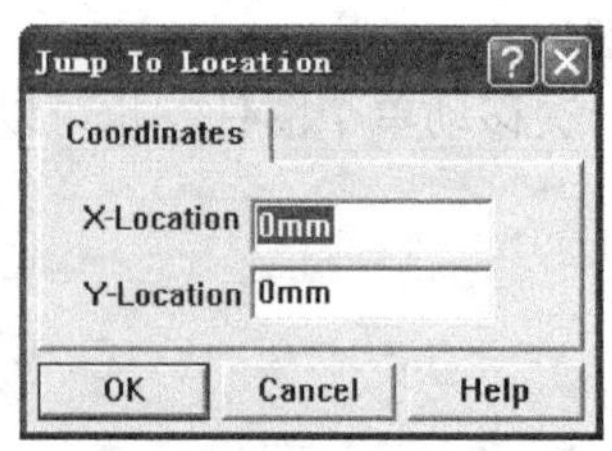


图8-81 输入坐标位置对话框

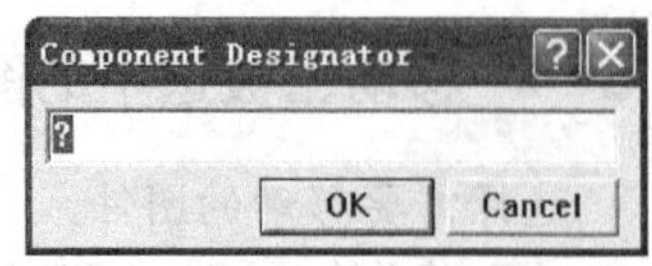


图8-82 输入元器件序号对话框

- 【Net…】：跳转到指定的网络。执行该命令后，系统将会弹出如图 8-83 所示的对话框，要求输入所要跳转到的网络名称。
- 【Pad…】：跳转到指定的焊盘。执行该命令后，系统将会弹出如图 8-84 所示的对话框，要求输入所要跳转到的焊盘编号。
- 【String…】：跳转到指定的字符串。执行该命令后，系统将会弹出如图 8-85 所示的对话框，要求输入所要跳转到的字符串。

图8-83　输入网络名称对话框

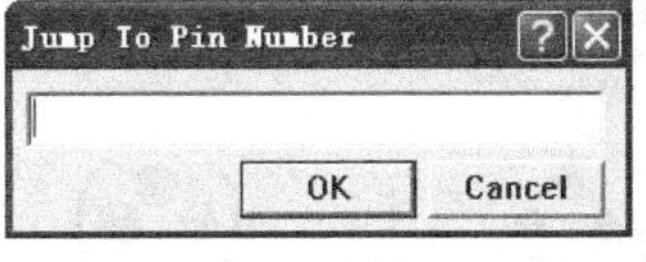

图8-84　输入引脚编号对话框

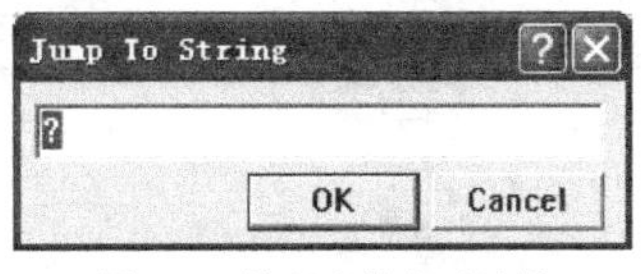

图8-85　输入字符串对话框

- 【Error Marker】：跳转到错误标志处。执行该命令，可以跳转到由 DRC（Design Rule Check）检测而产生的错误标志处。
- 【Selection】：跳转到已被选中的图件处。
- 【Location Marks】：跳转到位置标志处。该命令须与【Set Location Marks】命令配合使用。
- 【Set Location Marks】：放置位置标志。

在 Protel 99 SE 中，利用 PCB 编辑器管理窗口也可以跳转到相应的图件处。

## 8.6.7　复制、粘贴操作命令

在 PCB 编辑器中，利用系统提供的复制、粘贴操作命令可以快速放置图件。在 PCB 编辑器中，复制图件的方法主要有 4 种。

- 选取菜单命令【Edit】/【Copy】。
- 使用快捷键 E/C。
- 按 Ctrl+C 键。
- 按 Ctrl+Insert 键。

粘贴图件的方法主要有 4 种。

- 选取菜单命令【Edit】/【Paste】。
- 使用快捷键 E/P。
- 按 Ctrl+V 键。
- 按 Shift+Insert 键。

下面介绍复制、粘贴图件的操作。

### 复制、粘贴图件

1. 选中需要复制的图件，结果如图 8-86 所示。
2. 选取菜单命令【Edit】/【Copy】，此时光标将变成十字形状。移动鼠标光标到所选图件上的适当位置，单击鼠标左键，即可复制当前选中的图件。
3. 选取菜单命令【Edit】/【Paste】，此时光标将变成十字形状，且复制好的图件将粘着在光标上，如图 8-87 所示。
4. 移动鼠标光标到适当的位置，单击鼠标左键，即可将复制好的图件粘贴在当前位置，结果如图 8-88 所示。

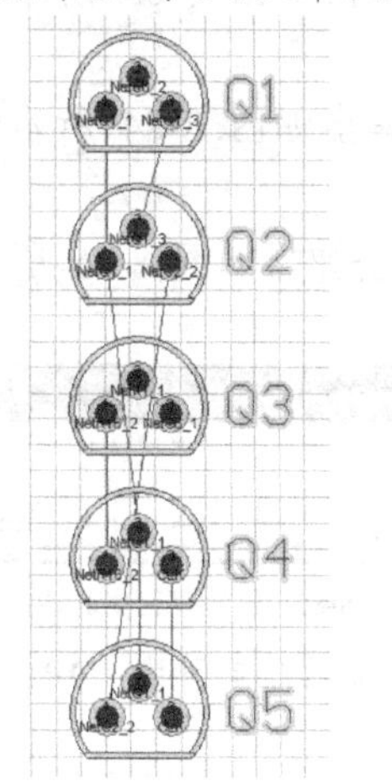


图8-86　选中需要复制的图件

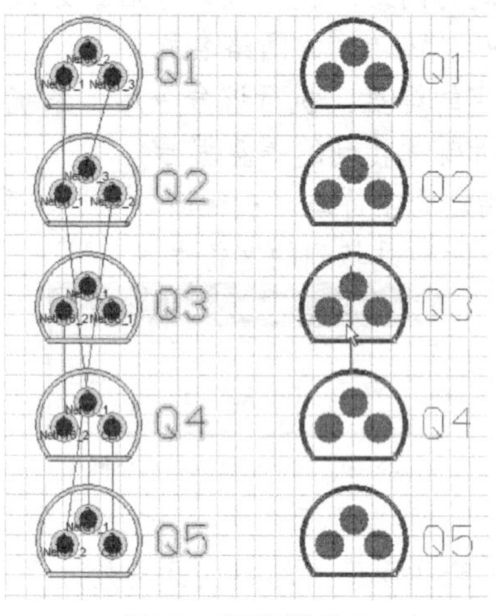


图8-87　粘贴图件状态

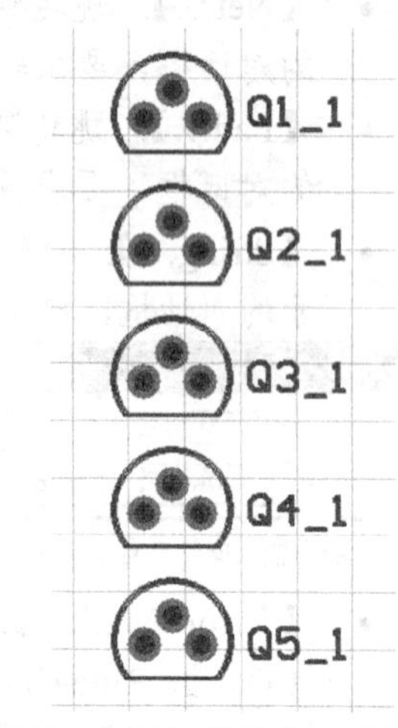


图8-88　复制、粘贴图件后的结果

由图 8-88 可见，复制、粘贴图件后不能保持原来的网络标号，并且序号都自动变为“*_1”。

如果希望保留复制、粘贴图件的网络标号和序号等属性，则应当采用特殊的粘贴方法。下面介绍特殊粘贴的具体操作。

## 特殊的粘贴方法

1. 选中需要复制的图件，然后执行复制图件命令。
2. 选取菜单命令【Edit】/【Paste Special...】，打开特殊粘贴属性设置对话框，如图 8-89 所示。

图8-89　特殊粘贴属性设置对话框

该对话框中各选项的功能如下。

- 【Paste on current layer】。

  选中此项，表示将图件粘贴在当前的工作层上，所有处于单个工作层上的图件，如导线、填充区域、弧线以及单层焊点等，将会被粘贴在当前的工作层上，但是元器件的多层焊盘、过孔、位于丝印层上的元器件编号、外形和注释等，则依旧保留在原有的工作层上。

  如果不选中此项，那么所有的图件，包括单个工作层上的图件在内，在粘贴后都将保留在原有的工作层面上。

- 【Keep net name】。

选中此项，则具有电气网络属性的图件，如导线、焊盘、过孔、元器件上的焊盘以及填充等，都将保持原有的电气网络名称。粘贴后，其结果与原来的电路之间将会出现预拉线，如图 8-90 所示。

如果不选中此项，则具有电气网络属性的图件在粘贴完成后，其电气网络名称将全部丢失，变为 “No Net”，并且与原来的图件之间不再存在连接关系，如图 8-90 所示。

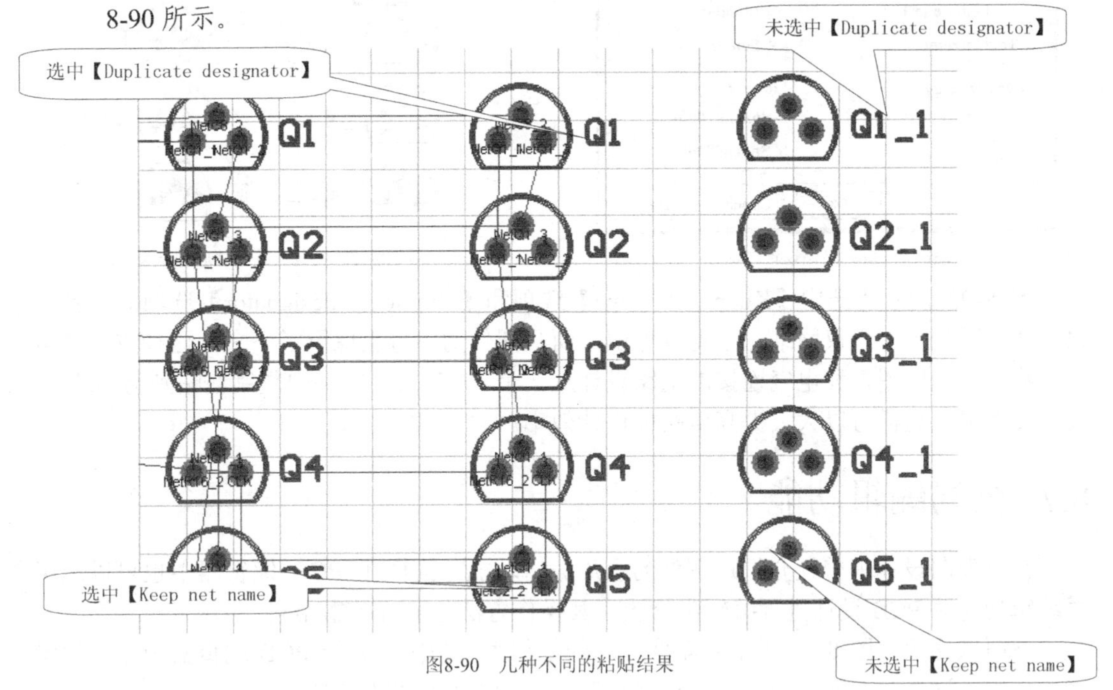


图8-90　几种不同的粘贴结果

- 【Duplicate designator】。
  选中此项，表示对元器件进行特殊粘贴后，得到的元器件将保持原有的编号不变，如图 8-90 所示。
  如果不选中此项，则对多个元器件（1 个以上）进行粘贴（非阵列粘贴）时，得到的元器件编号上将添加 “_1”，如图 8-90 所示。如果又接着进行下一次粘贴，则得到的编号将在原编号后添加 “_2”，以此类推。
- 【Add to component class】。
  如果选中此项，并且对元器件进行了分类，则粘贴后的元器件将自动载入到电路板上被复制的元器件所属的元器件类中。

这里要注意以下几个问题。

(1) 选中【Duplicate designator】选项后，【Add to component class】选项将灰度显示，系统默认选中该项。

(2) 只有当要粘贴的图件中含有元器件时，才可以对【Duplicate designator】选项和【Add to component class】选项进行设置，否则这两项设置均无效。

(3) 如果设计者希望通过一次粘贴得到多个粘贴结果，可以单击 'aste Array. 按钮，打开阵列粘贴设置对话框进行设置，如图 8-91 所示。

3. 设置好特殊粘贴属性后单击 Paste 按钮，即可回到 PCB 编辑器工作窗口中，此时粘贴的图件将会粘着在光标上。移动鼠标光标到适当的位置，然后单击鼠标左键，即可将复制好的图件粘贴在当前位置，结果如图 8-92 所示。

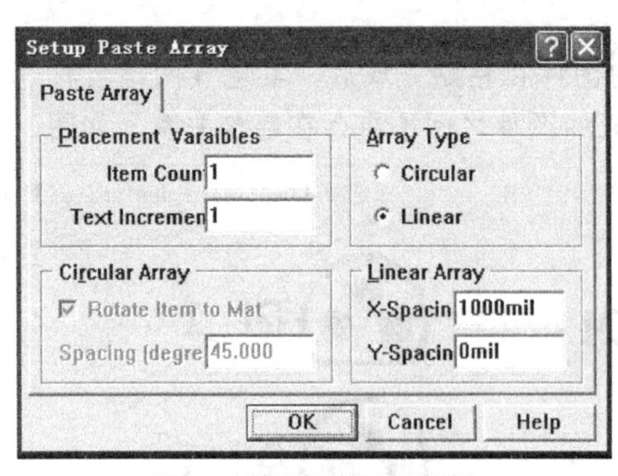

图8-91　阵列粘贴设置对话框

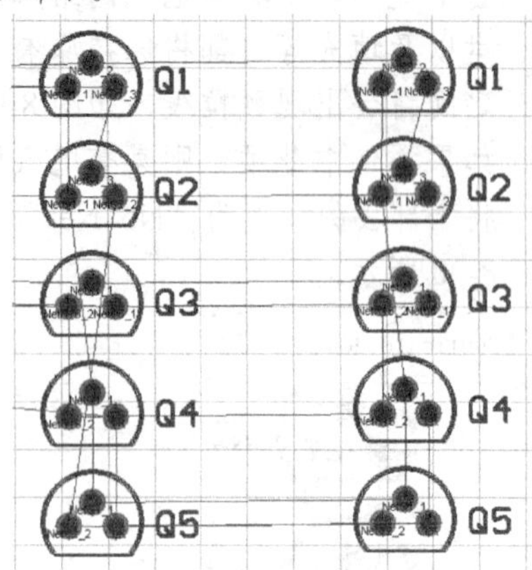


图8-92　执行特殊粘贴后的结果

图 8-92 所示为选中【Keep net name】选项和【Duplicate designator】选项后的粘贴结果，在粘贴结果中不仅网络标号得以保留，而且图件的序号也保留了下来。这种方法非常适用于将具有相同图件和电气连接的电路设计从一个 PCB 设计文件中复制粘贴到另一个 PCB 设计文件中，这样可以大大提高电路板设计效率。

## 8.7　全局编辑功能

在原理图设计中曾经介绍过图件的全局编辑功能，同样在 PCB 编辑器中也可以运用全局编辑功能对 PCB 设计进行编辑和修改，其操作方法与前者基本相同。

下面以修改如图 8-93 所示元器件序号的字体大小为例，介绍 PCB 编辑器中全局编辑功能的运用。这里为了便于观察，特意将元器件 Q5 序号的高度增加了。

### 利用全局编辑功能修改元器件序号的大小

1. 在元器件 Q1～Q4 中的任意一个元器件序号上双击鼠标左键，即可打开编辑元器件序号属性对话框，如图 8-94 所示。

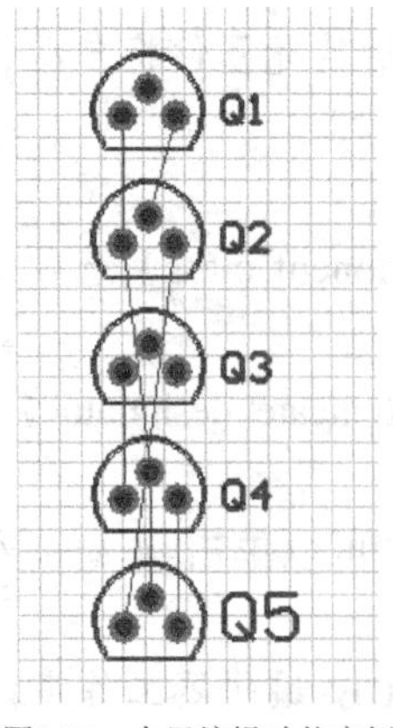


图8-93　全局编辑功能实例

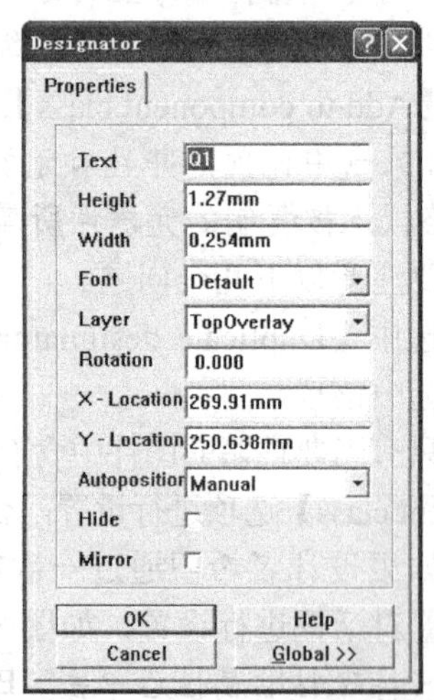


图8-94　编辑元器件序号属性对话框

2. 单击 Global >> 按钮，展开当前的编辑元器件序号属性对话框，进入全局编辑状态，如图 8-95 所示。

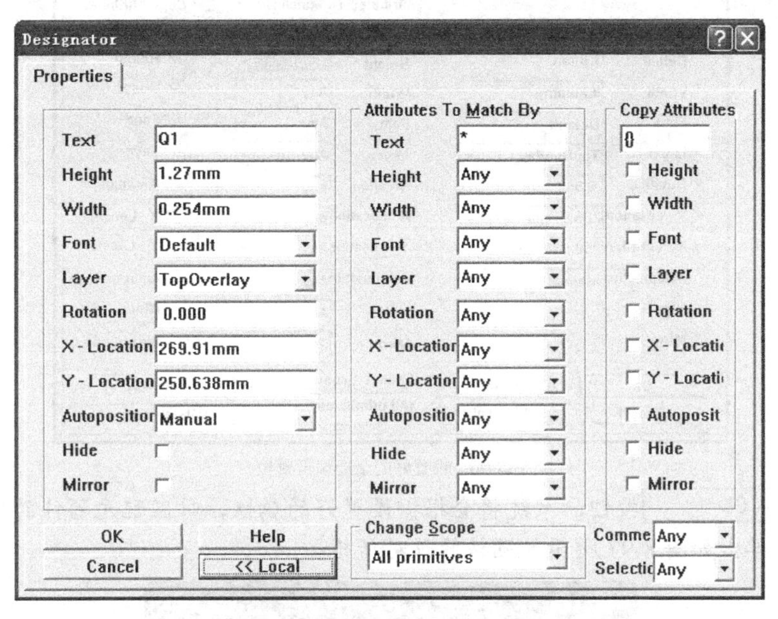


图8-95 全局编辑功能设置对话框

该对话框中各主要选项的功能如下。

【Attributes To Match By】栏：在该栏中可以对将要进行全局修改的图件的匹配属性进行配置。

- 【Text】：用于输入具有文本属性的图件匹配文本。
- 【Height】：设置文本高度。
- 【Width】：设置文本宽度。
- 【Font】：字体属性匹配项。
- 【Layer】：设置工作层面属性。
- 【Rotation】：设置旋转属性。
- 【X-Location】、【Y-Location】：位置属性匹配项。
- 【Hide】：设置隐藏属性。
- 【Mirror】：设置镜像属性。

上述选项除【Text】选项外，其余选项均有以下 3 种匹配方式。

【Same】：相同属性。全局修改应用于与选定图件具有相同属性的图件。

【Different】：不同属性。全局修改应用于与选定图件具有不同属性的图件。

【Any】：任意属性。全局修改应用于所有图件。

【Copy Attributes】栏：在该栏中可以对要复制的属性进行选择。

在该栏中，其句法形式为{旧文本=新文本}。如果选中【Height】、【Width】、【X-Location】、【Y-Location】、【Rotation】、【Layer】及【Font】等选项中的任意一项或多项，则可将当前图件的指定属性（选中的项目）复制到所有匹配的图件上。

3. 设置全局编辑属性。本例将元器件序号的高度设置为“1.0mm”，宽度设置为“0.20mm”，其余选项的设置如图 8-96 所示。

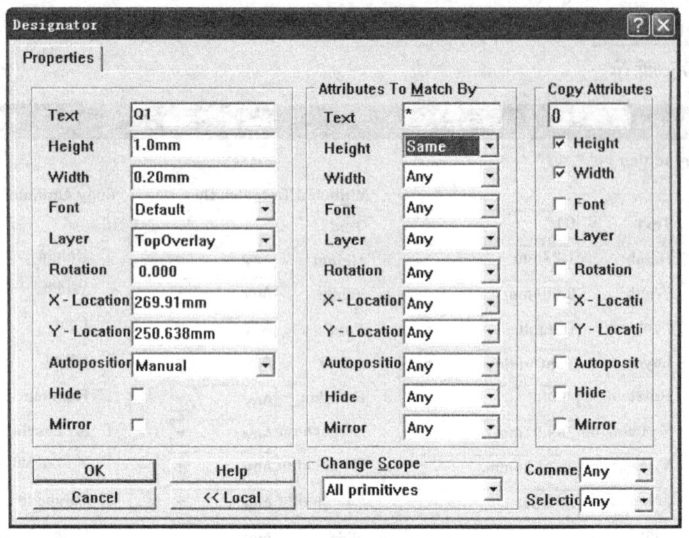


图8-96　设置好的全局编辑属性

4.　单击 OK 按钮，系统将会根据设置好的属性，对匹配元器件的序号大小进行修改，并弹出如图 8-97 所示的确认修改对话框。

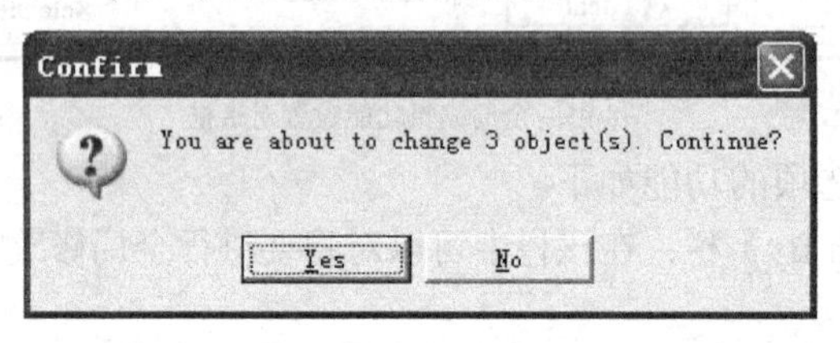


图8-97　确认修改对话框

5.　如果本次修改正确，单击 Yes 按钮确认即可，最终结果如图 8-98 所示。

（a）修改前　　（b）修改后

图8-98　最终结果

## 8.8　实例辅导

在 PCB 编辑器中，绘制导线工具和全局编辑功能是电路板设计中非常重要的工具，本章的实例辅导将再次介绍这两种工具的使用。

(1)　利用绘制导线工具绘制如图 8-99 所示的图案。

在绘制导线状态下连续按 Shift+Space 键，可以切换导线的拐角形式，如图 8-100 所示。按下 Space 键可以设置转角的上、下位置。

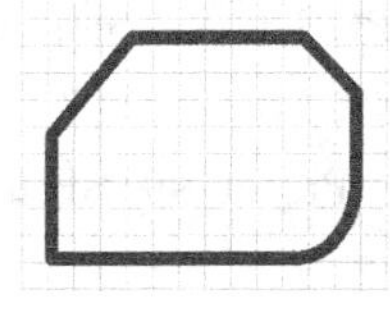
图8-99　绘制图案

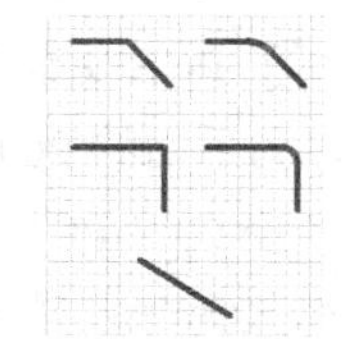
图8-100　不同拐角形式的导线

## 利用绘制导线工具绘制图案

1. 在 PCB 编辑器中，将工作层面切换到【Top Layer】。
2. 单击放置工具栏上的按钮，执行绘制导线命令。
3. 单击鼠标左键确定导线的第一个顶点，然后移动鼠标光标。连续按下 Shift+Space 键，将导线的拐角形式切换为 45° 拐角形式，绘制图案的第一个拐角，在绘制导线的过程中注意结合 Space 键的使用。绘制好的图案如图 8-101 所示。
4. 重复上述步骤即可绘制出如图 8-99 所示的图案。

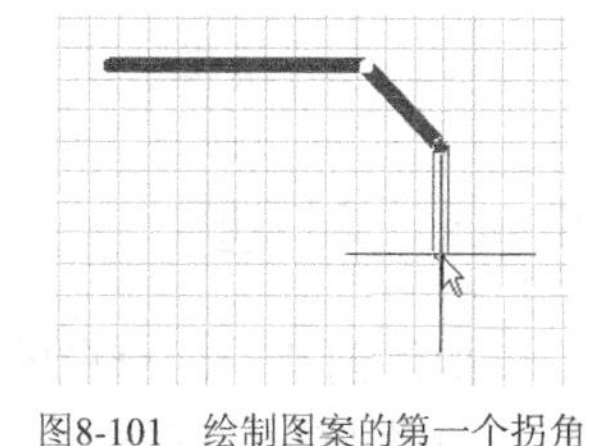
图8-101　绘制图案的第一个拐角

(2) 利用全局编辑功能将图 8-98 中所示元器件的序号“Q*”全部变为“T*”。

## 利用全局编辑功能修改元器件的序号

1. 在元器件 Q1～Q5 中的任意一个元器件序号上双击鼠标左键，打开编辑元器件序号属性对话框。
2. 单击 Global >> 按钮，打开全局编辑属性设置对话框，并对其中的属性进行配置，结果如图 8-102 所示。
3. 设置好全局编辑属性后单击 OK 按钮，系统将会对电路板设计中匹配的图件进行修改，结果如图 8-103 所示。

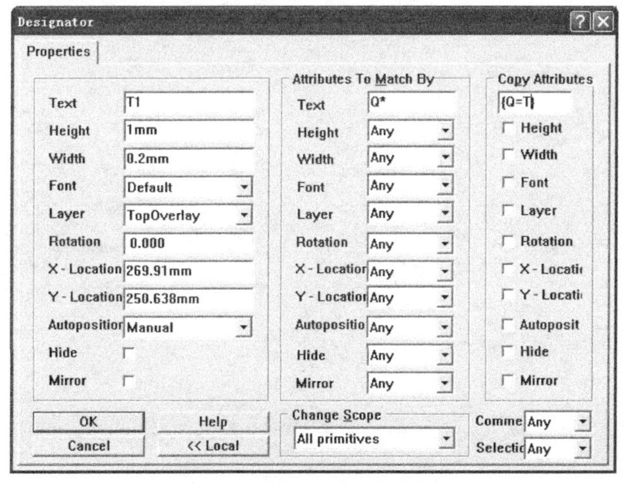

图8-102　设置好的全局编辑属性

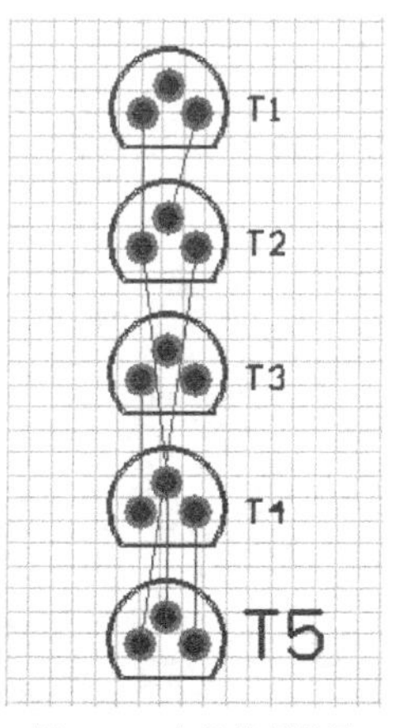

图8-103　全局编辑结果

# 8.9 小结

本章主要介绍了 PCB 编辑器的运用，使设计者在真正进入 PCB 设计之前能够掌握 PCB 编辑器的基本操作，为后面的 PCB 设计打下坚实的基础。

- 创建一个空白的 PCB 设计文件。详细介绍了如何利用 Protel 99 SE 的 PCB 设计文件生成向导创建一个空白的 PCB 设计文件。
- PCB 编辑器管理窗口的运用。介绍了 PCB 编辑器管理窗口中各种常用的功能，包括查找元器件、浏览网络标号和载入元器件封装库等内容。
- 放置工具栏的介绍。详细介绍了放置工具栏中各种常用工具的使用。
- PCB 编辑器的编辑功能。介绍了 PCB 编辑器的选择、移动、删除、更改图件属性、复制、粘贴和特殊粘贴等功能。
- 全局编辑功能。介绍了全局编辑功能的用法。

# 8.10 习题

1. 如何创建一个空白的 PCB 设计文件？
2. 熟悉 PCB 编辑器管理窗口的主要功能。
3. 请说明放置工具栏中、、T和按钮的作用分别是什么，各自对应的菜单命令又是什么。
4. 试述矩形填充和多边形填充的区别。
5. 如何旋转一个元器件？

# 第9章　元器件布局

前面章节介绍了原理图的绘制方法和 PCB 编辑器的基本操作，为 PCB 设计做好了准备。从本章起将开始介绍 PCB 设计。

PCB 设计主要包括两部分内容，即元器件的布局和电路板的布线。本章主要介绍 PCB 的设计流程、工作层面的设置和元器件布局等知识。电路板布线知识将在下一章中介绍。

## 9.1　本章学习重点和难点

- 本章学习重点。
  本章的学习重点是熟练掌握电路板设计的一般流程、工作层面的设置方法和元器件交互式布局的方法。
- 本章学习难点。
  本章的学习难点是领会元器件交互式布局方法的精髓，通过实例操作完全掌握这种元器件布局方法。

## 9.2　电路板设计的基本流程

设计 PCB 的基本流程如下。

- 准备原理图和网络表。
- 设置环境参数。
- 规划电路板。
- 载入网络表和元器件封装。
- 元器件布局。
- 自动布线与手工调整。
- 覆铜。
- DRC。

下面具体介绍一下各个步骤。

### 一、 准备原理图和网络表

只有当原理图和网络表生成之后，才可能将元器件封装和网络表载入到 PCB 编辑器中，然后才能进行电路板设计。网络表是印制电路板自动布线的灵魂，更是联系原理图编辑器和 PCB 编辑器的桥梁和纽带。在本书前面的章节中，已经较为详细地介绍了原理图的绘制方法和网络表文件的生成。

### 二、 设置环境参数

在 PCB 编辑器中开始绘制电路板之前，设计者可以根据习惯设置 PCB 编辑器的环境参

数，包括栅格大小、光标捕捉区域的大小、公制/英制转换参数及工作层面的颜色等。总之，环境参数的设置应以个人习惯为原则，环境参数设置的好坏将直接影响到电路板设计的效率。

### 三、 规划电路板

电路板的规划包括以下几个方面的内容。

- 电路板选型：选择单面板、双面板或多面板。
- 确定电路板的外形，包括设置电路板的形状、电气边界和物理边界等参数。
- 确定电路板与外界的接口形式，选择接插件的封装形式及确定接插件的安装位置和电路板的安装方式等。

从设计的并行性角度考虑，电路板的规划工作有一部分应当放在原理图绘制之前，比如电路板类型的选择、电路板接插件和安装形式的确定等。在电路板设计过程中，千万不能忽视这一步工作，否则有的后续工作将没法进行。

### 四、 载入网络表和元器件封装

只有当载入了网络表和元器件封装之后，才能开始绘制电路板，而且电路板的自动布线是根据网络表来进行的。

在 Protel 99 SE 中，利用系统提供的更新 PCB 设计功能或者载入网络表功能，既可以在原理图编辑器中将元器件封装和网络表更新到 PCB 编辑器中，又可以在 PCB 编辑器中载入元器件封装和网络表。

### 五、 元器件布局

元器件布局应当从机械结构、散热、电磁干扰、将来布线的方便性等方面综合考虑。先布置与机械尺寸和安装尺寸有关的器件，然后布置大的、占位置的器件和电路的核心元器件，最后布置外围的小元器件。

### 六、 自动布线与手工调整

采用 Protel 99 SE 提供的自动布线功能时，设计者只需进行简单、直观的设置，系统就会根据设置好的设计法则和自动布线规则，选择最佳的布线策略进行布线，使电路板的设计尽可能完美。

如果不满意自动布线的结果，还可以对结果进行手工调整，这样既能满足设计者的特殊设计需要，又能利用系统自动布线的强大功能使电路板的布线尽可能地符合电气设计的要求。

### 七、 覆铜

对信号层上的接地网络和其他需要保护的信号进行覆铜或包地，可以增强 PCB 的抗干扰能力和负载电流的能力。

### 八、 DRC

对布完线后的电路板进行 DRC 设计检验，可以确保电路板设计符合设计者制定的设计规则，并确保所有的网络均已正确连接。

# 9.3 设置电路板的工作层面

根据电路板工作层面的多少可将电路板分为单面板、双面板和多层板 3 种类型。为了方便理解电路板的类型，下面首先介绍一下构成电路板的各种工作层面及其相关功能。

## 9.3.1 工作层面类型说明

Protel 99 SE 提供了若干个不同类型的工作层面，包括信号层、内部电源/接地层、机械层等，对于不同的层面需要进行不同的操作。

下面简要介绍一下常用的双面板，图 9-1 所示为双面板工作层面的构成。

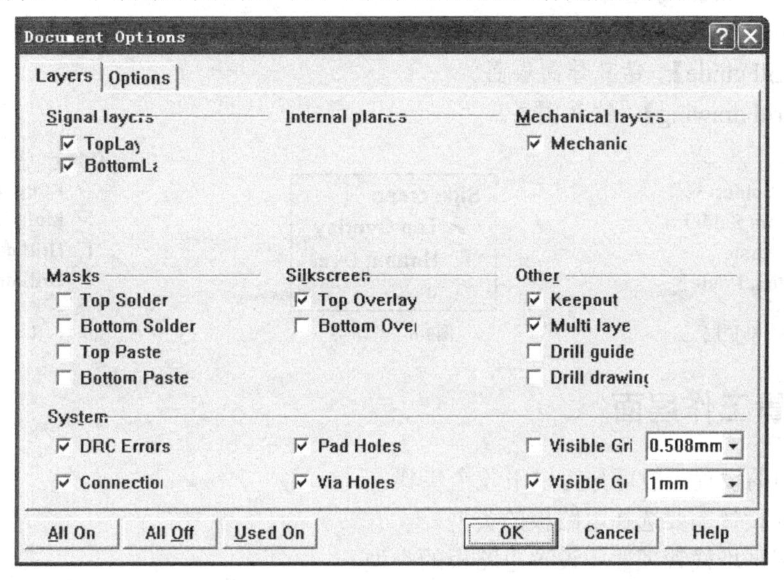


图9-1　构成双面板的工作层面

(1)　【Signal Layers】(信号层)。

信号层主要用来放置元器件和布线，如图 9-2 所示。其中【TopLayer】为顶层覆铜布线层面，【BottomLayer】为底层覆铜布线层面，两者均可用于放置元器件和布线。

(2)　【Internal Planes】(内部电源/接地层)。

内部电源/接地层用于放置电源线和地线。在双面板中，没有内部电源/接地层，如图 9-3 所示。

(3)　【Mechanical Layers】(机械层)。

机械层用来放置与机械制造有关的尺寸标注等图形，如图 9-4 所示。

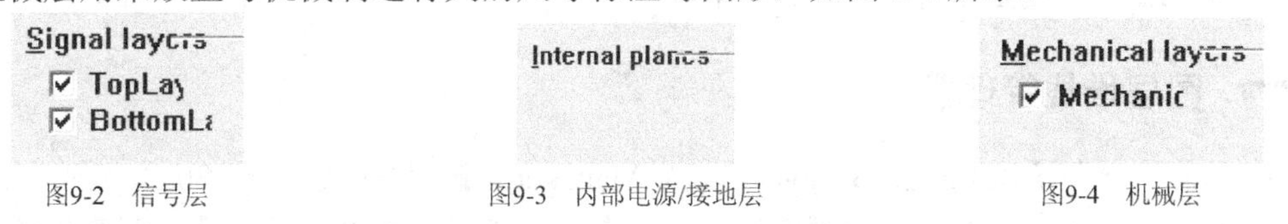


图9-2　信号层　　图9-3　内部电源/接地层　　图9-4　机械层

(4)　【Masks】(防护层)。

防护层主要用于防止电路板上不希望镀锡的地方被镀上锡，共包括【Solder Mask】(阻焊层）和【Paste Mask】(锡膏防护层）两种，如图 9-5 所示。

- 【Solder Mask】(阻焊层): Protel 99 SE 提供了【Top Solder】(顶层)和【Bottom Solder】(底层)两个阻焊层，如图 9-5 所示。
- 【Paste Mask】(锡膏防护层): Protel 99 SE 提供了【Top Paste】(顶层)和【Bottom Paste】(底层)两个锡膏防护层，如图 9-5 所示。

(5) 【Silkscreen】(丝印层)。

丝印层主要用于绘制元器件的外形轮廓。Protel 99 SE 提供了【Top Overlay】(顶层) 和【Bottom Overlay】(底层) 两个丝印层，如图 9-6 所示。

(6) 【Other】(其他工作层面)。

Protel 99 SE 还提供了以下几个工作层面，如图 9-7 所示。

- 【Keepout】: 禁止布线层。
- 【Multi layer】: 设置多层面。
- 【Drill guide】: 钻孔导向层面。
- 【Drill drawing】: 钻孔图层。

图9-5 防护层　　图9-6 丝印层　　图9-7 其他工作层面

## 9.3.2 设置工作层面

工作层面的设置一般可分为以下几个步骤。

(1) 根据设计需要选择电路板的类型。

(2) 在图形堆栈管理器中设置电路板的类型。

(3) 在工作层面设置对话框中打开需要的工作层面。

(4) 设置各工作层面的参数。

尽管 Protel 99 SE 为设计者提供了许多工作层面，但在设计工作中，经常用到的工作层面却不多。常用的工作层面有顶层信号层、底层信号层、丝印层、禁止布线层和多层面等，我们应当对这些工作层面进行管理，只打开需要的工作层面，这样可以使设计过程变得更加简单。

Protel 99 SE 为用户提供了功能强大的图层堆栈管理器，在图层堆栈管理器内，设计者可以添加、删除工作层面。

下面介绍一下图层堆栈管理器的运用。

### 图层堆栈管理器

1. 选取菜单命令【Design】/【Layer Stack Manager…】，打开【Layer Stack Manager】(图层堆栈管理器) 对话框，如图 9-8 所示。在该对话框中可以选择或设置电路板的类型，对电路板工作层面的属性参数进行设置等。

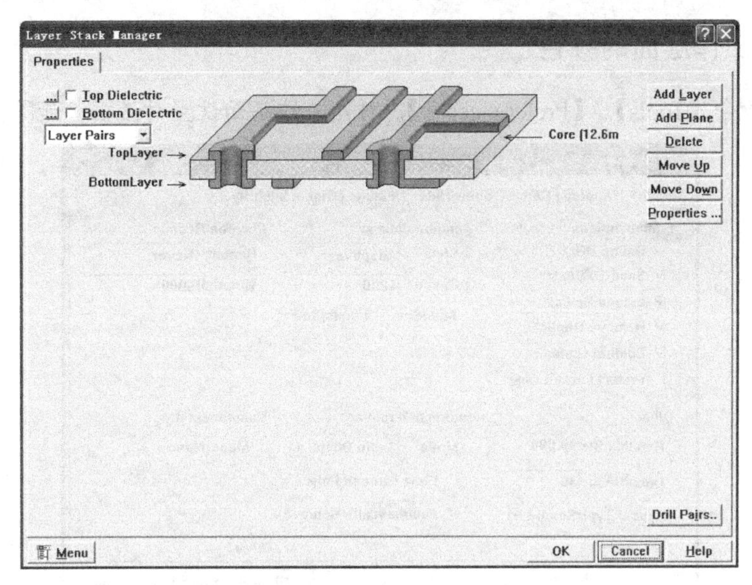


图9-8　图层堆栈管理器对话框

2. 单击 Menu 按钮，系统将会弹出如图 9-9 所示的菜单命令列表。

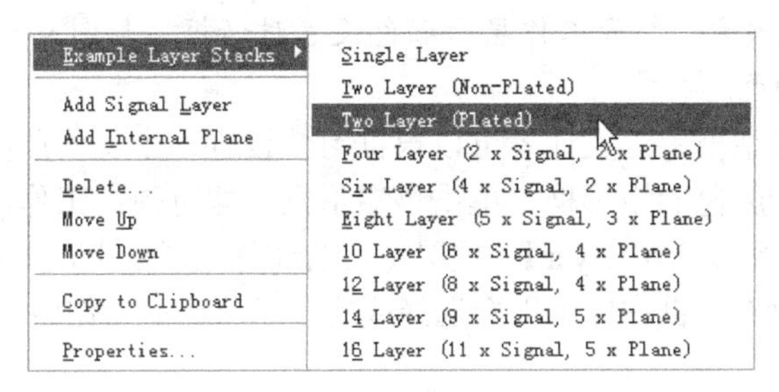


图9-9　【Menu】菜单命令列表

该菜单命令列表中各菜单命令的功能如下。

- 【Example Layer Stacks】：为设计者提供了多种电路板模板。
- 【Add Signal Layer】：添加信号层。
- 【Add Internal Plane】：添加内电层。
- 【Delete...】：删除当前选中的工作层面。
- 【Move Up】：将当前选中的工作层面向上移动一层。
- 【Move Down】：将当前选中的工作层面向下移动一层。
- 【Copy to Clipboard】：复制到剪贴板。
- 【Properties...】：属性参数设置。

【Menu】菜单命令列表中的各个命令在图层堆栈管理器对话框的右上方区域中都有相应的按钮，设计者可以执行【Menu】菜单命令，也可以单击对话框中相应的命令按钮，其操作效果一样。

3. 在本例中，将 PCB 设置为双面板，其他参数均为默认参数。完成图层的设置后单击 OK 按钮，关闭图层堆栈管理器对话框。

在电路板的类型确定之后，就可以设置电路板上各工作层面的参数了。工作层面参数的设置包括工作层面颜色的设置和显示/隐藏属性的设置。下面介绍工作层面参数的设置。

## 设置工作层面的颜色

1. 选取菜单命令【Tools】/【Preferences…】，打开工作层面设置对话框，如图 9-10 所示。

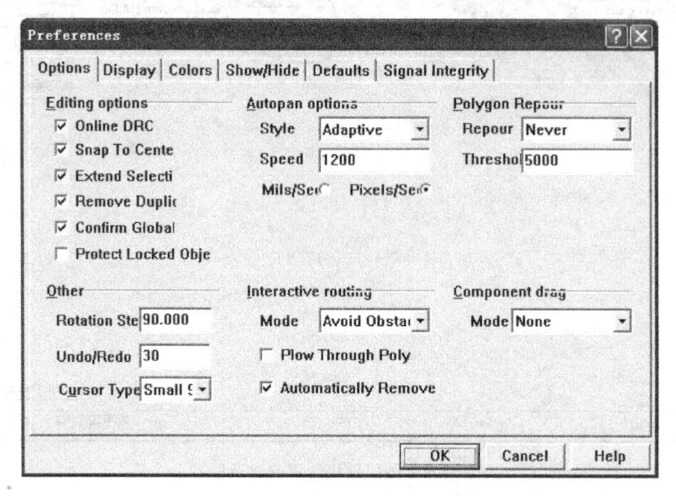


图9-10　工作层面设置对话框

2. 单击【Colors】选项卡，打开工作层面颜色设置对话框，如图 9-11 所示。
3. 设置工作层面的颜色。

在工作层面设置对话框中，设计者可以根据习惯设置各个工作层面的颜色。每一个工作层面的后面都有一个带颜色的矩形框，单击该矩形框，即可弹出工作层面颜色设置对话框。比如，将鼠标光标移动到【Top Layer】（顶层）后的红色矩形框上，单击鼠标左键，在弹出的 PCB 工作层面颜色配置对话框中即可重新选择或配置当前选中工作层面的颜色，如图 9-12 所示。

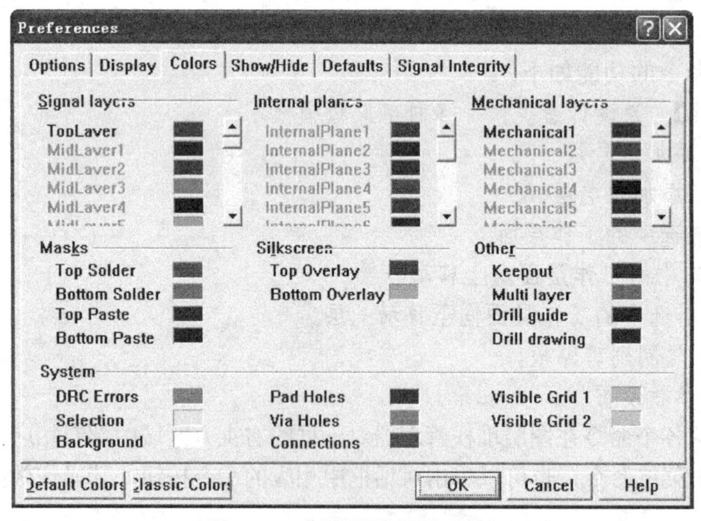


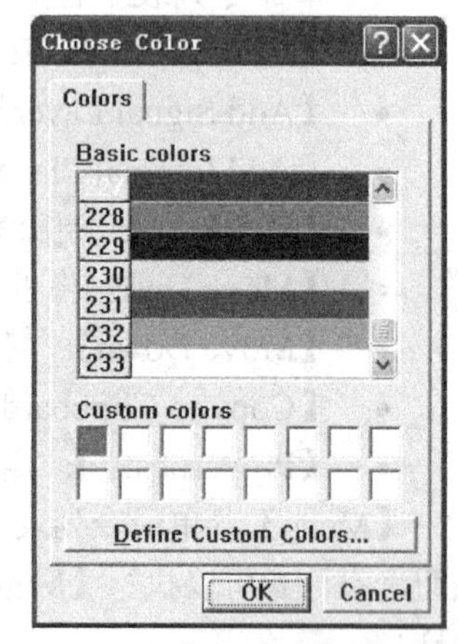

图9-11　工作层面颜色设置对话框　　　　图9-12　设置工作层面的颜色

Protel 99 SE 为设计者提供了两种快捷的设置工作层面颜色的方式。在工作层面颜色设置对话框中单击 Default Colors 按钮，可以将工作层面的颜色配置为系统默认的颜色，单击 Classic Colors 按钮，可以将工作层面的颜色配置为经典颜色。

## 设置工作层面的显示/隐藏属性

1. 选取菜单命令【Design】/【Options...】，打开文档参数设置对话框，如图 9-13 所示。

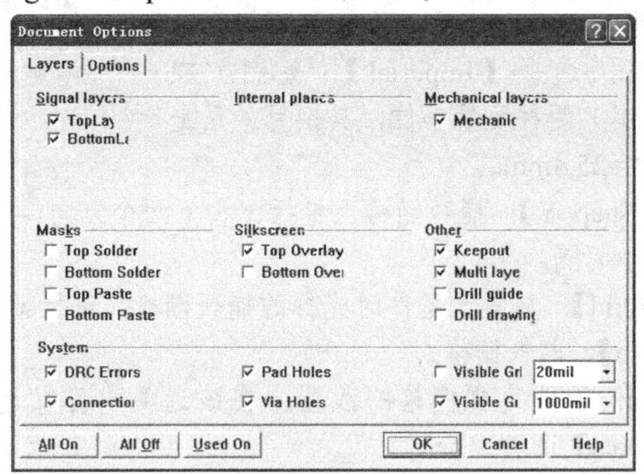


图9-13　文档参数设置对话框

在文档参数设置对话框中选中工作层面选项前的复选框，即可在工作窗口中显示出该工作层面。反之，则可以隐藏该工作层面。

2. 取消选中【TopLayer】选项前的复选框，即可在工作窗口中隐藏顶层信号层。隐藏顶层信号层后，工作层面的切换标签如图 9-14 所示。

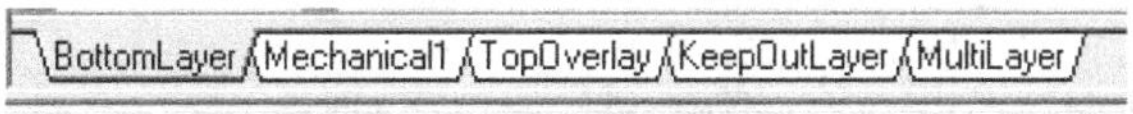

BottomLayer / Mechanical1 / TopOverlay / KeepOutLayer / MultiLayer

图9-14　工作层面的切换标签

利用系统提供的显示/隐藏工作层面的功能，可以屏蔽某些不需要显示的工作层面，以便于查看电路板设计。

# 9.4 设置工作窗口环境参数

工作窗口环境参数的设置对于电路板设计来说十分重要，它贯穿着电路板设计的全过程，直接影响到电路板设计效率。工作窗口环境参数的设置包括【Measurement Unit】(图纸单位)、【Snap Grid】(光标捕捉栅格)、【Component Grid】(元器件栅格)、【Electrical Grid】(电气栅格)和【Visible Grid】(可视栅格)等参数的设置。

选取菜单命令【Design】/【Options...】，打开文档参数设置对话框，在该对话框中除了可以对工作层面的属性进行设置外，还可以设置工作窗口中的栅格参数。

单击 Options 选项卡，打开设置工作窗口环境参数对话框，如图 9-15 所示。

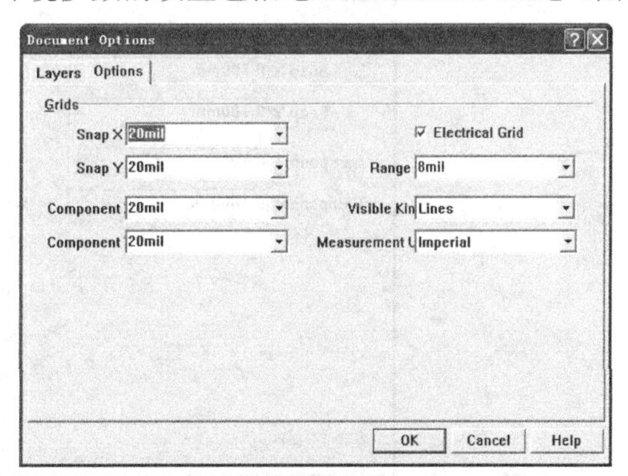


图9-15　设置工作窗口环境参数对话框

该对话框中各选项的功能如下。

- 【Measurement Unit】：设置 PCB 编辑器工作窗口中图纸的度量单位。单击【Measurement Unit】文本框后的▼按钮，可弹出如图 9-16 所示的菜单选项。设计者可根据自己的画图习惯，选择【Imperial】（英制）或【Metric】（公制）两种度量单位，其换算关系是 1000mil=1 英寸=25.4mm。

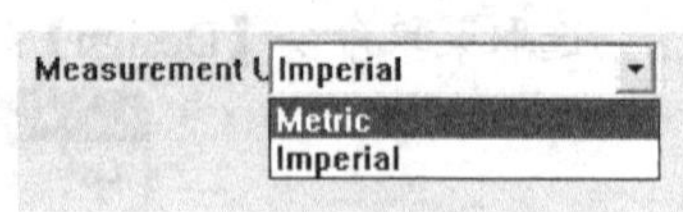


图9-16　度量单位选项

- 【Snap X】、【Snap Y】：捕获栅格，包括 $x$ 和 $y$ 两个方向，指的是光标捕获图件时跳跃的最小间隔。
- 【Component Grid】：放置元器件时光标的捕获栅格，包括 $x$ 和 $y$ 两个方向。
- 【Electrical Grid】：电气栅格。
- 【Visible Kin】：设置可视栅格的线型。在该选项中可以选择的栅格线型有【Line】和【Dots】两种。

设置好的环境参数如图 9-17 所示，当然也可以根据不同的需要调整参数的设置。

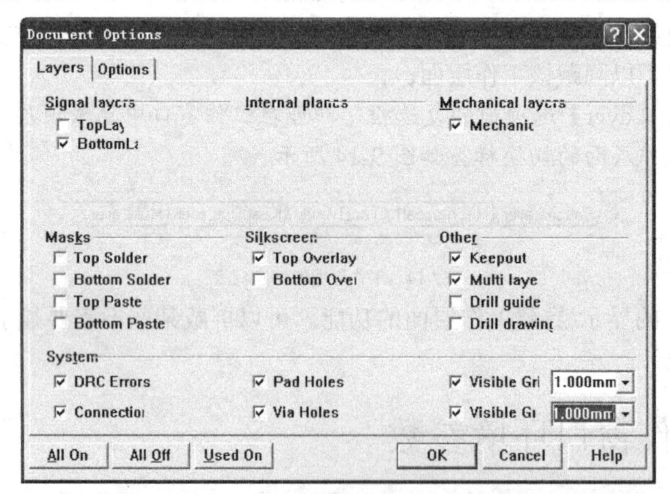


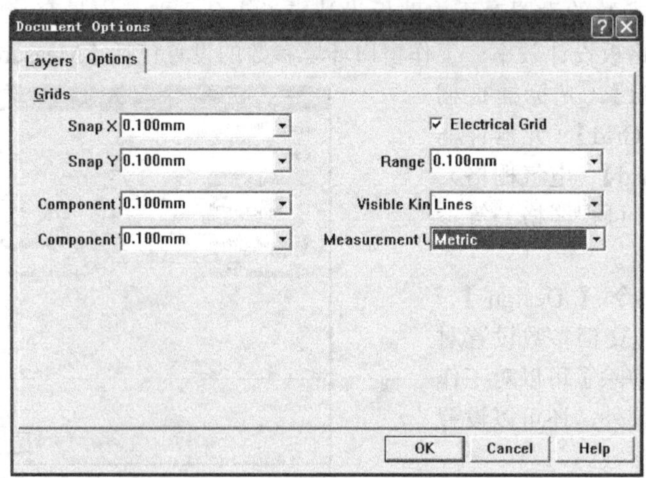


图9-17　设置好的环境参数

将两个可视栅格都设为“1.000mm”，这样有助于设计者掌握元器件、图纸和导线间距等的大小。当然也可以只选中某一个可视栅格选项，其效果是一样的。

# 9.5 规划电路板

在载入网络和元器件之前，首先应完成电路板的规划工作，即定义电路板的外形、电气边界和安装孔等。对电路板的规划可按照如图 9-18 所示的步骤进行。

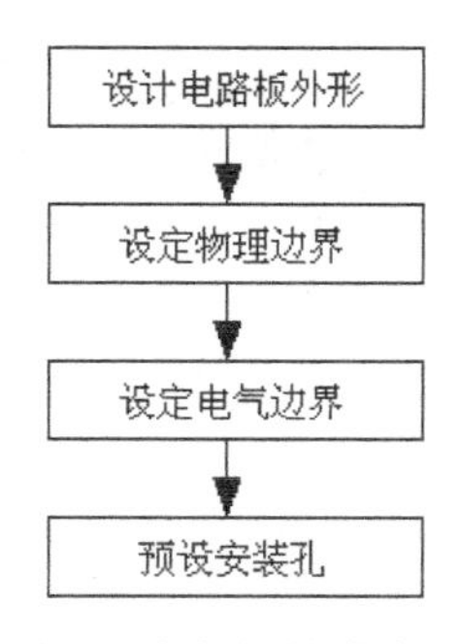


图9-18 规划电路板的流程

在进行电路板设计之前，必须首先明确电路板的形状，并预估其大小，然后再设置电路板的边界并放置安装孔。电路板的边界包括物理边界和电气边界，物理边界是定义在机械层上的，而电气边界是定义在禁止布线层上的。通常情况下，制板商认为物理边界与电气边界是重合的，因此在定义电路板的边界时，可以只定义电路板的电气边界。

下面介绍如何定义电路板的电气边界。

## 定义电路板的电气边界

1. 确定电路板的形状和大小。本例将电路板定义为矩形，4 个顶点的坐标值分别为（100mm，100mm）、（200mm，100mm）、（200mm，200mm）和（100mm，200mm）。
2. 将当前工作层面切换到【Keep-Out Layer】工作层面。单击工作窗口下方的 Keep-Out Layer 标签，即可将当前工作层面切换到【Keep-Out Layer】工作层面。
3. 确定电路板的电气边界。选取菜单命令【Place】/【Track】或单击 按钮，此时光标将变成十字形状。将鼠标光标移动到工作窗口中的适当位置，连续放置 4 条线段，结果如图 9-19 所示。
4. 计算电气边界线段的坐标值。根据电路板顶点的坐标值可知电路板边界 4 条线段端点的坐标值。从下边界开始并按逆时针方向 4 条线段端点的坐标值分别为（100mm，100mm）、（200mm，100mm），（200mm，100mm）、（200mm，200mm），（200mm，200mm）、（100mm，200mm），（100mm，200mm）、（100mm，100mm）。
5. 修改前面绘制的线段的坐标值，以确定电路板的电气边界。在电路板下边界的线段上双击鼠标左键，打开修改线段属性对话框，然后按照步骤 4 计算的坐标值设置线段端点的坐标，设置结果如图 9-20 所示。

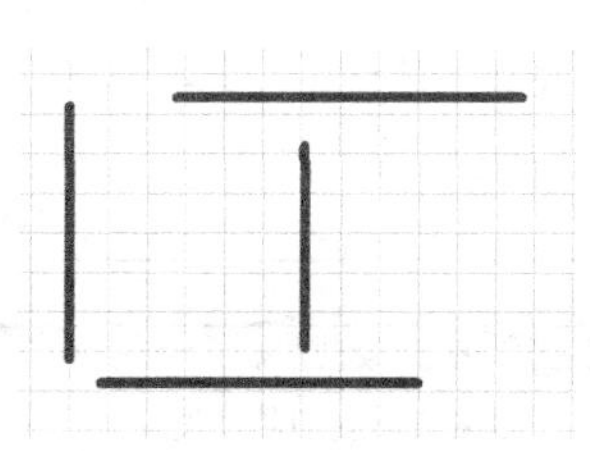

图9-19 放置好的 4 条线段

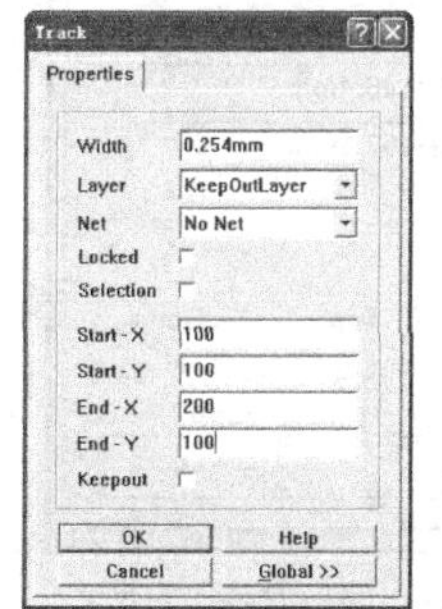


图9-20 修改下边界线段的坐标

6. 按照步骤 5 所示的方法确定电路板其他边界，调整好的电气边界如图 9-21 所示。

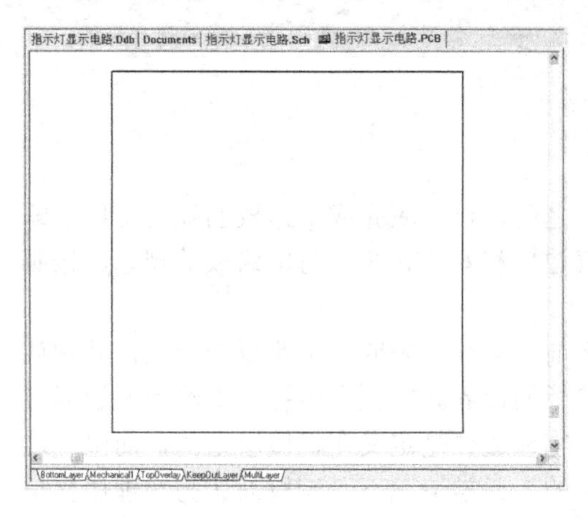

图9-21　调整好的电气边界

下面介绍电路板安装孔的放置方法。一般情况下，对于 3mm 的螺钉，可以采用内、外径均为 4mm 的焊盘来充当电路板的安装孔。

## 放置安装孔

1. 单击放置工具栏中的 ● 按钮，执行放置焊盘命令，此时光标将变成十字形，并且有一个焊盘粘着在光标上，系统处于放置焊盘的命令状态。
2. 按 Tab 键打开焊盘属性编辑对话框，将焊盘的孔径和外径都修改成 4mm，结果如图 9-22 所示。
3. 单击 OK 按钮回到放置焊盘的命令状态，在电路板的 4 个角落依次放置 4 个焊盘，结果如图 9-23 所示。

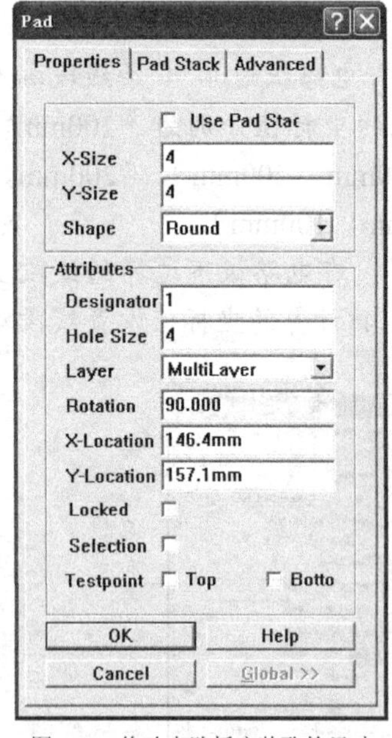

图9-22　修改电路板安装孔的尺寸

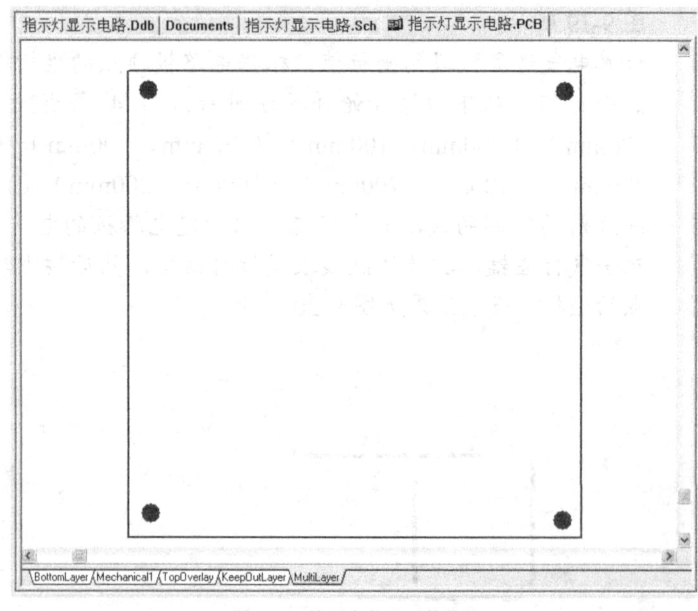

图9-23　放置安装孔后的结果

焊盘与电路板边界的距离可以在放置完焊盘后调整，也可以等电路板绘制完成后再调整。

# 9.6 准备原理图文件和网络表文件

一般来讲，在规划电路板之前，原理图文件就已经准备好，并且经过编译和检查确保无误了。准备好的原理图文件如图 9-24 所示。

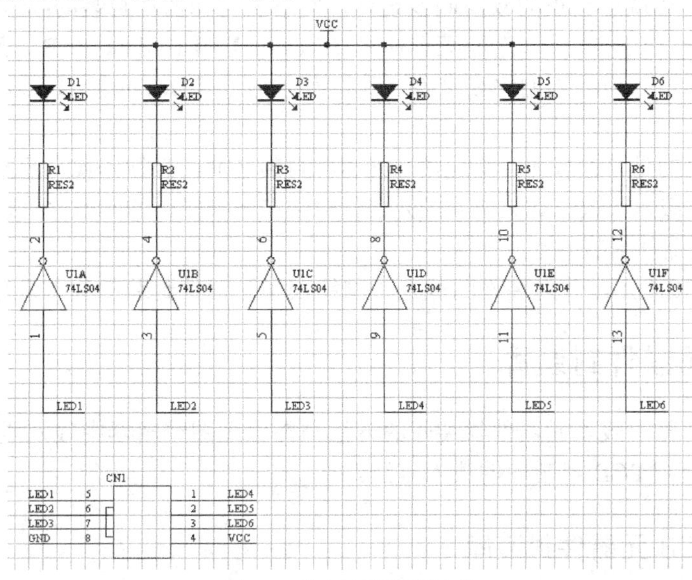


图9-24　准备好的原理图文件

在原理图编辑器内选取菜单命令【Design】/【Create Netlist...】，并进行相应的设置，即可生成网络表文件，如图 9-25 所示。

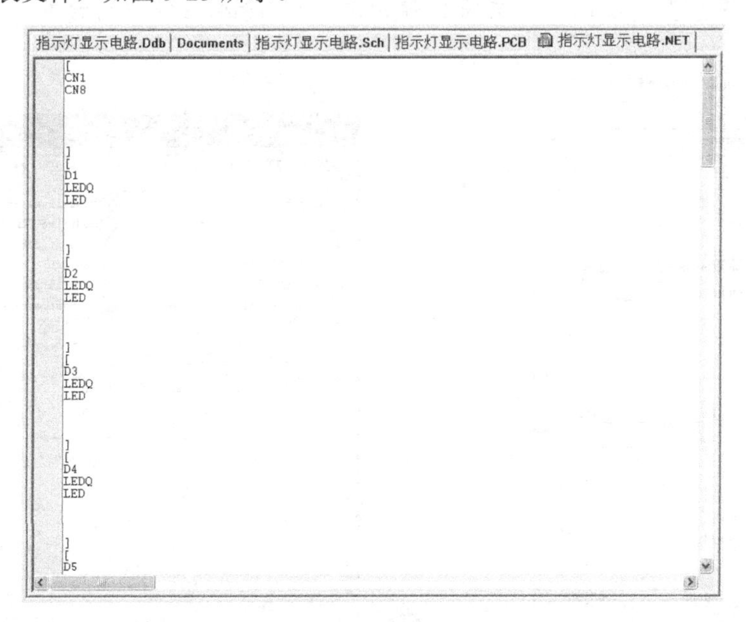


图9-25　生成的网络表文件

# 9.7 载入网络表文件和元器件封装

原理图和电路板规划工作完成之后，就需要将原理图的设计信息传递到 PCB 编辑器中，进行电路板的设计了。从原理图向 PCB 编辑器传递的设计信息主要包括网络表文件、元器件的封装和一些设计规则信息。

Protel 99 SE 实现了真正的双向同步设计，网络表与元器件封装的载入既可以通过在原理图编辑器内更新 PCB 文件（选取菜单命令【Design】/【Update PCB...】）来实现，也可以通过在 PCB 编辑器内导入网络表文件（选取菜单命令【Design】/【Load Nets...】）来实现。

但是需要强调的是，在载入网络连接与元器件封装之前，必须先载入元器件库，否则将导致网络表和元器件载入失败。如果所需的元器件封装在系统提供的元器件封装库中查找不到，则还应当制作该元器件封装。

下面分别对 PCB 元器件封装库的载入、网络表和元器件封装的载入进行详细介绍。

## 9.7.1 载入元器件封装库

在 PCB 编辑器中载入元器件封装库的方法与在原理图编辑器中载入原理图库的方法完全相同。本例将介绍 PCB 封装库的载入方法。

### 载入 PCB 元器件封装库

1. 单击 PCB 编辑器管理窗口中【Browse】栏后的▼按钮，在弹出的快捷菜单中选择【Libraries】选项，将管理窗口切换到浏览元器件封装库的模式，如图 9-26 所示。
2. 单击 Add/Remove... 按钮，系统将会弹出载入/删除元器件库对话框，如图 9-27 所示。

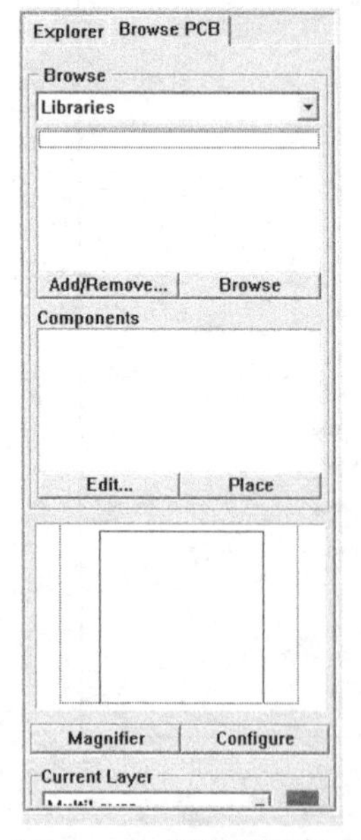


图9-26　PCB 编辑器管理窗口

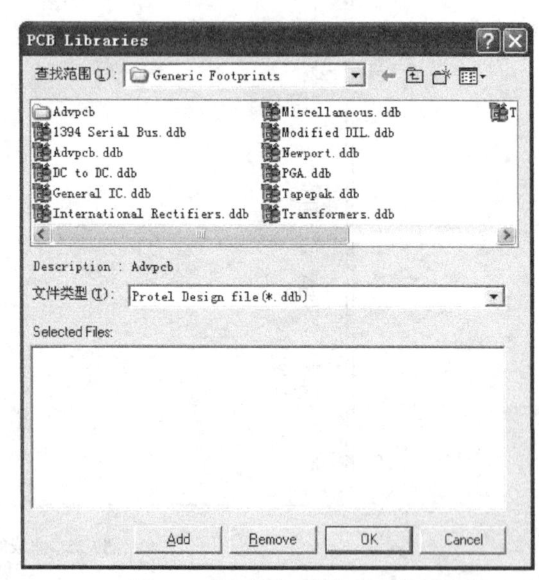


图9-27　载入/删除元器件库对话框

Protel 99 SE 中常用的元器件封装库有“Advpcb.ddb”、“General IC.ddb”和“Miscellaneous.ddb”。在这些常用的元器件封装库中，一般的元器件封装都能找到。此外还可以载入设计者自己制作的元器件封装库文件。载入元器件封装库文件后的载入/删除元器件库对话框如图 9-28 所示。

3. 单击 OK 按钮回到 PCB 编辑器工作窗口，此时的管理窗口如图 9-29 所示。

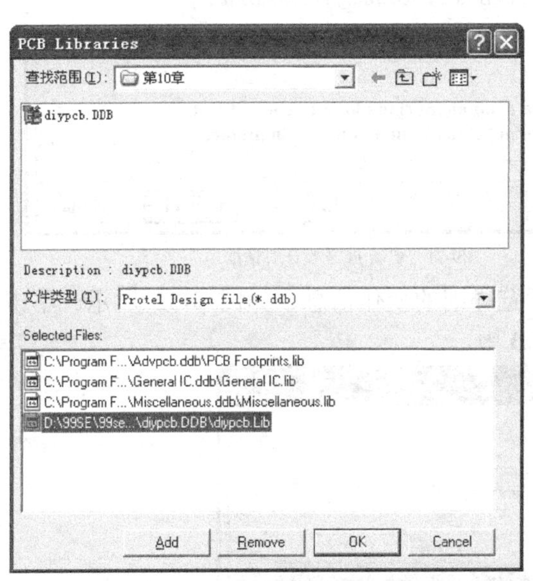


图9-28 载入元器件封装库文件后的结果（1）

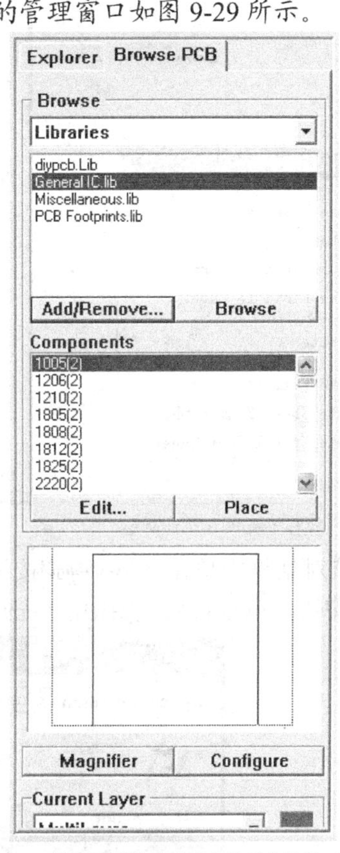


图9-29 载入元器件封装库文件后的结果（2）

## 9.7.2 利用设计同步器更新网络表文件和元器件封装

载入元器件库文件后，就可以执行载入网络表和元器件封装的操作了。

Protel 99 SE 为用户提供了两种载入网络表和元器件封装的方法，一种是利用原理图编辑器中的设计同步器更新 PCB 的网络表和元器件封装；另一种是在 PCB 编辑器中载入元器件封装和网络表。

下面介绍如何利用系统提供的设计同步器更新 PCB 编辑器中的网络表文件和元器件封装。

### 利用设计同步器更新网络表文件和元器件封装

1. 在原理图编辑器中选取菜单命令【Design】/【Update PCB】，如图 9-30 所示，系统将会自动弹出更新 PCB 设计对话框，如图 9-31 所示。

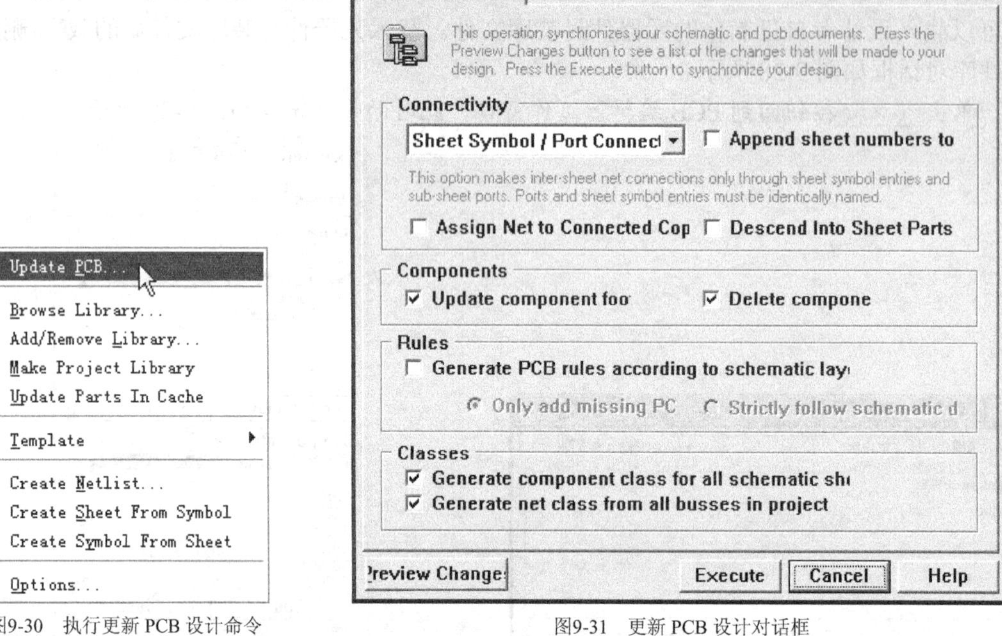


图9-30　执行更新 PCB 设计命令　　　　图9-31　更新 PCB 设计对话框

在该对话框中单击Preview Change按钮，可以预览详细的变化信息，如图 9-32 所示。单击Execute按钮，可以将原理图中的修改更新到 PCB 中。

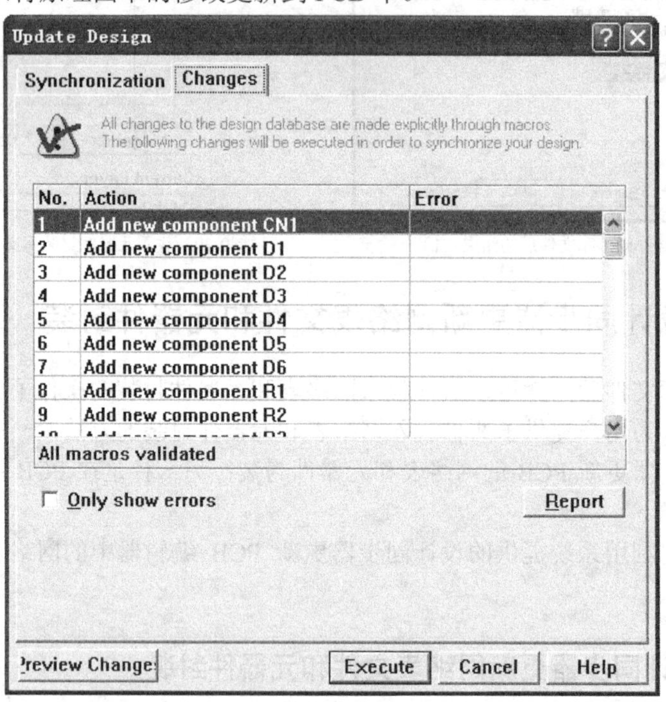


图9-32　预览详细的更新信息

2.　单击Execute按钮，将原理图中的修改更新到 PCB 中，结果如图 9-33 所示。

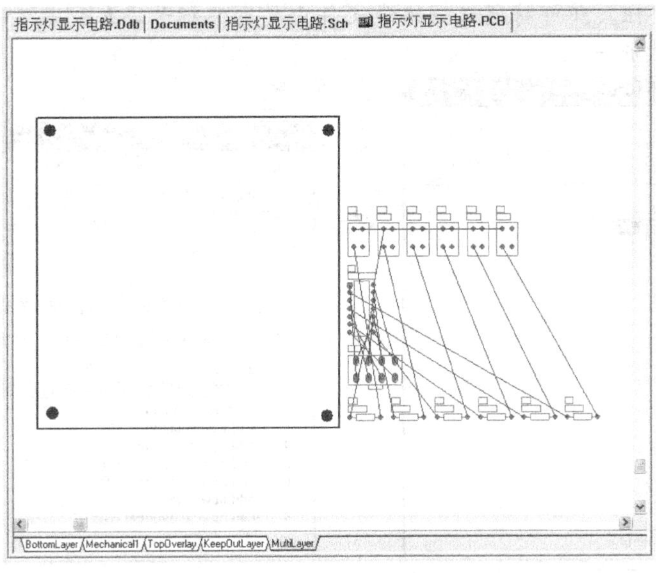


图9-33　载入网络表和元器件封装后的 PCB 编辑器

## 9.7.3　在 PCB 编辑器中载入网络表文件和元器件封装

在 PCB 编辑器中利用系统提供的载入网络表和元器件封装功能也能方便地载入网络表文件和元器件封装。下面介绍具体的操作方法。

### 在 PCB 编辑器中载入网络表和元器件封装

1. 在 PCB 编辑器中选取菜单命令【Design】/【Load Nets...】，如图 9-34 所示，系统将会弹出载入网络表对话框，如图 9-35 所示。

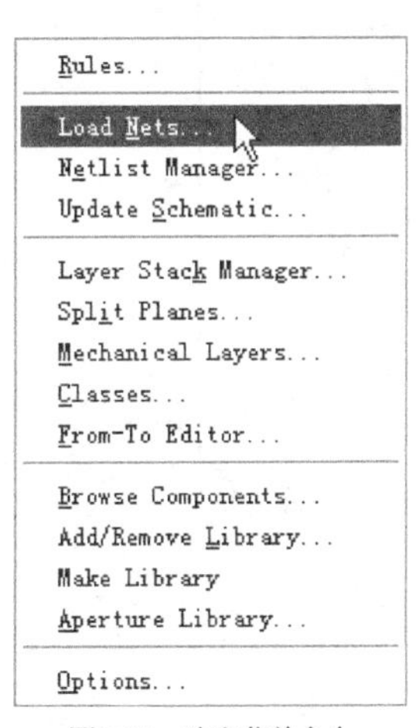


图9-34　选取菜单命令

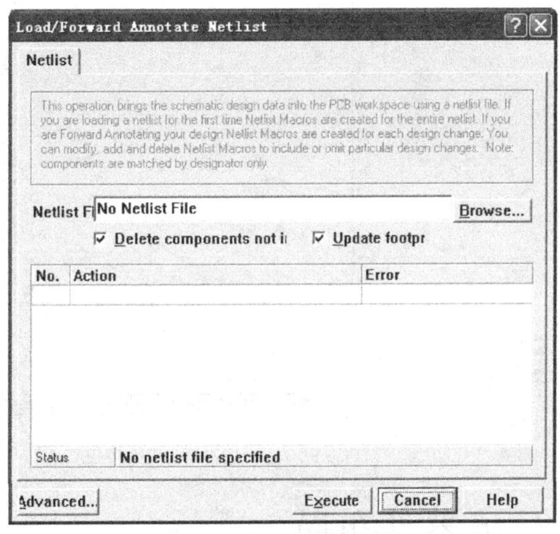


图9-35　载入网络表对话框

2. 在载入网络表对话框中单击 Browse... 按钮，打开选择网络表文件对话框，选中网络表文件后的结果如图 9-36 所示。

3. 单击 OK 按钮，即可将所选网络表文件中的网络标号添加到载入网络表对话框中，结果如图 9-37 所示。

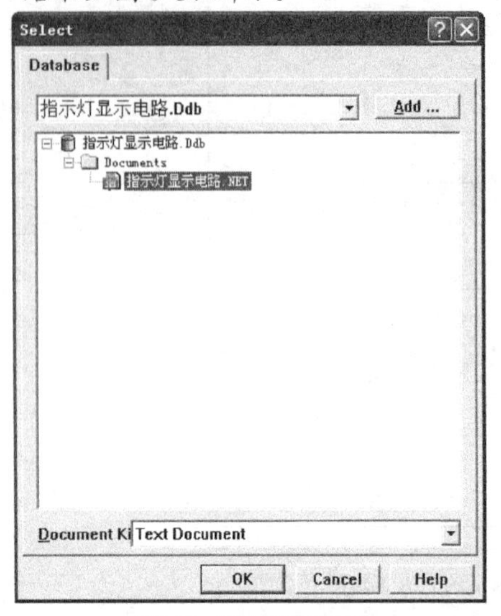


图9-36　选择网络表文件

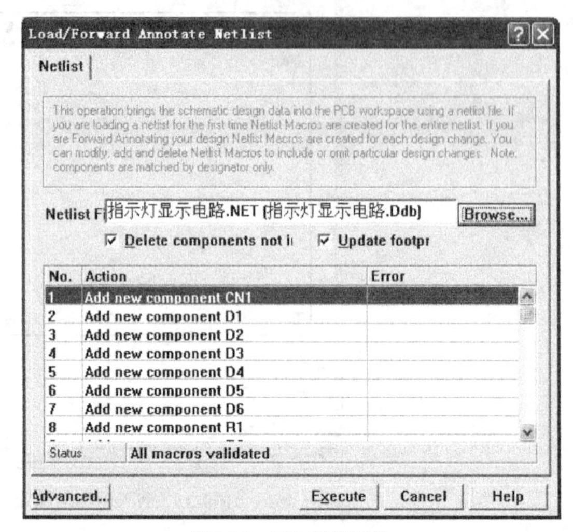


图9-37　添加网络标号

如果是首次载入元器件封装和网络表，则对话框中将会列出所有需要添加的网络标号和元器件封装，否则将只显示原理图中修改后的情况。

4. 单击 Execute 按钮，即可将当前载入网络表对话框中的网络标号和元器件封装载入到 PCB 编辑器中，结果如图 9-38 所示。

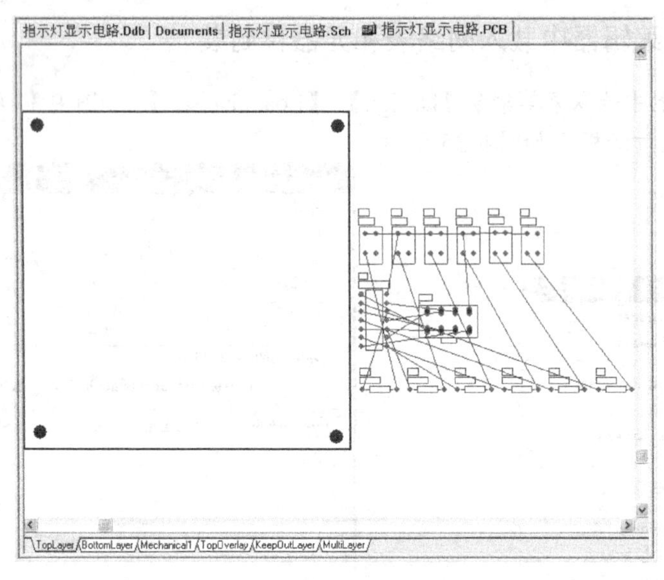


图9-38　载入网络表文件和元器件封装后的结果

## 9.8　元器件布局

在完成了电路板设计的前期准备工作后，接下来就要开始进行元器件的布局工作了。

元器件布局的好坏不仅影响到后面布线工作的难易程度，而且会关系到电路板实际工作情况的好坏。合理的元器件布局既可以消除因布线不当而产生的噪声干扰，同时也有利于简化后面的安装、调试与检修等工作。

元器件布局的方法可以分为自动布局和手工布局两种，设计者可以根据绘制电路板的习惯和电路板设计需要选择合适的布局方式，但是在很多情况下往往需要两者结合才能达到很好的效果，这样做既省时省力，又能最大限度地满足电路设计需要。

本章介绍一种交互式的元器件布局方法，即手工布局和自动布局相结合的方法。这种方法主要包括以下几个步骤，如图 9-39 所示。

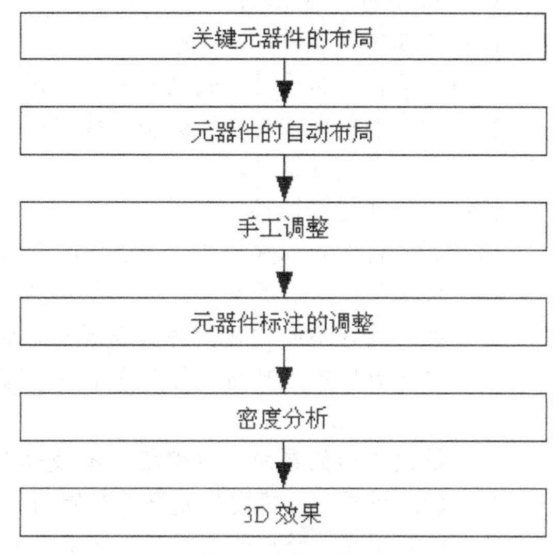


图9-39　元器件布局流程

(1)　关键元器件的布局。

关键元器件指的是与机械尺寸有关的元器件，大的、占位置的元器件和电路的核心元器件等。

元器件布局主要是从机械结构、散热、电磁干扰及将来布线的方便性等方面综合考虑。先放置与机械尺寸有关的元器件并锁定这些器件，然后是大的、占位置的器件和电路的核心元器件，再就是外围的小元器件。

交互式的元器件布局方法是首先对所有的元器件进行筛选，找出关键元器件，并对这类元器件进行布局，然后锁定这些元器件。

(2)　自动布局。

利用 Protel 99 SE 中 PCB 编辑器所提供的自动布局功能进行简单的元器件布局规则的设置，然后执行相应的菜单命令，就能完成元器件的布局，这样可以更加快速、便捷地完成元器件的布局工作。

(3)　手工调整。

在元器件自动布局完成之后，可能某些元器件的位置不是十分理想，设计者可以根据设计需要，采用手工的方法对其进行调整。

(4)　元器件标注的调整。

所有元器件布局完成之后，为了方便电路板的装配和调试，需要将元器件的标注放置到易于辨识元器件的位置，比如将所有的元器件标注、序号都放置在元器件的左上角。

(5)　密度分析。

利用系统提供的密度分析工具可以对布局好的电路板进行分析，并根据报告结果对电路板上元器件布局的结果进行优化调整。

(6)　3D 效果图。

完成元器件的布局、调整等工作之后，为了使布局更为合理，可以运用系统提供的 3D 功能图来查看电路板上元器件布局的仿真效果图。

## 9.8.1 关键元器件的布局

关键元器件主要包括以下几类元器件。

(1) 与机械尺寸紧密相关的元器件。

(2) 占位置的大元器件。

(3) 电路的核心元器件。

(4) 关键的接插件。

关键元器件的布局可分成以下 3 个步骤。

(1) 对所有的元器件进行分类，找出电路板上的关键元器件。

(2) 放置关键元器件。

(3) 锁定关键元器件。

关键元器件的布局除了要便于以后的布线工作外，还应当遵循以下几个原则。

- 机械结构方面的要求：外部接插件、显示器件等的安放应整齐，特别是电路板上各种不同的接插件需从机箱后部直接伸出时，更应从三维角度考虑器件的安放位置。放置电路板的内部接插件时，应考虑总装配时机箱内线束的美观。
- 散热方面的要求：电路板上有发热较多的器件时应考虑添加散热器，甚至是轴流风机，并将发热元器件与周围的电解电容、晶振及锗管等怕热元器件隔开一定距离。竖放的电路板应把发热元器件放置在电路板的最上面。双面放置元器件时，底层不得放置发热元器件。
- 电磁干扰方面的要求：在电路板上排列元器件时要充分考虑抗电磁干扰的问题，原则之一是各部件之间的引线要尽量短。在布局上要把模拟信号、高速数字电路及噪声源（如继电器、大电流开关等）这 3 个部分合理地分开，使相互间的信号耦合为最小。绘制原理图时可以先加上滤波电感、旁路电容等器件，每个集成电路的电源脚附近都应有一个旁路电容连到地，一般使用 0.1μF 的电容，有时候还需要为关键电路添加金属屏蔽罩。

下面介绍如何锁定放置好的关键元器件。

### 锁定元器件

1. 根据设计要求放置好关键元器件。
2. 将鼠标光标移动到需要锁定的元器件上，然后双击鼠标左键，打开编辑元器件属性对话框，如图 9-40 所示。
3. 在编辑元器件属性对话框中选中【Locked】选项后的复选框，即可锁定当前元器件。

当元器件处于锁定状态时，在工作窗口中对元器件位置进行的操作都将无效。如果设计者要移动元器件的位置，则系统将会弹出如图 9-41 所示的确认移动元器件对话框。在该对话框中单击 Yes 按钮，即可将元器件移动到指定的位置。

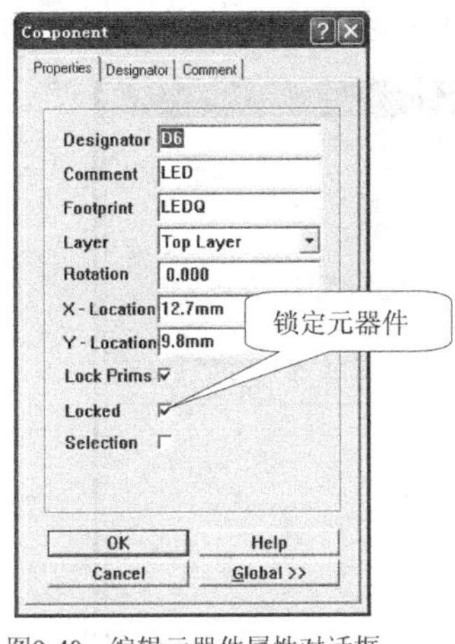


图9-40 编辑元器件属性对话框

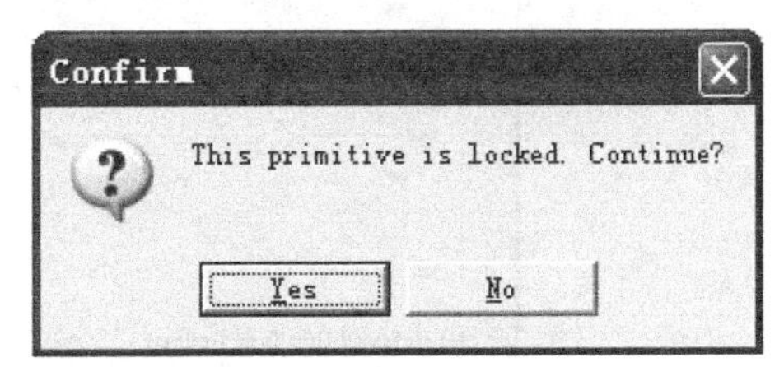


图9-41 确认移动元器件对话框

## 9.8.2 元器件的自动布局

Protel 99 SE 提供了强大的元器件自动布局功能，对元器件进行自动布局，以便更加快速、便捷地完成元器件的布局工作。

元器件的自动布局主要分为两个步骤。

- 设置相关的设计规则。
- 选择自动布局方式，并进行自动布局操作。

### 一、 设置元器件自动布局设计规则

为了保证元器件的自动布局能够按照设计者的意图进行，在自动布局之前应当对元器件自动布局设计规则进行设置。

下面介绍元器件自动布局设计规则的设置。

### 设置元器件自动布局设计规则

1. 在 PCB 编辑器中选取菜单命令【Design】/【Rules…】，打开电路板设计规则设置对话框，如图 9-42 所示。

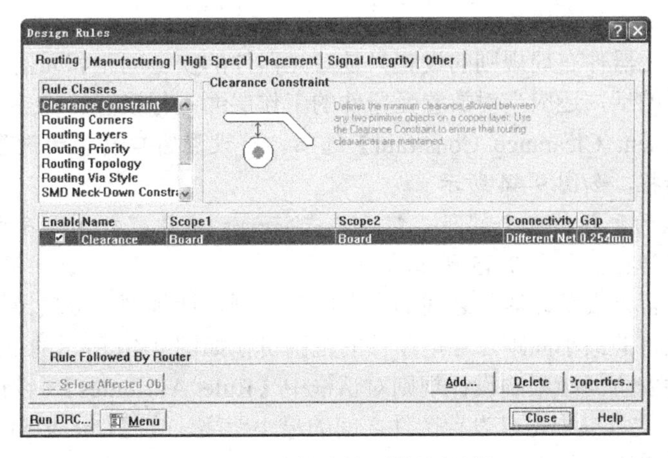


图9-42 电路板设计规则设置对话框

2. 单击 Placement 选项卡，打开设置元器件布局设计规则对话框，如图 9-43 所示。

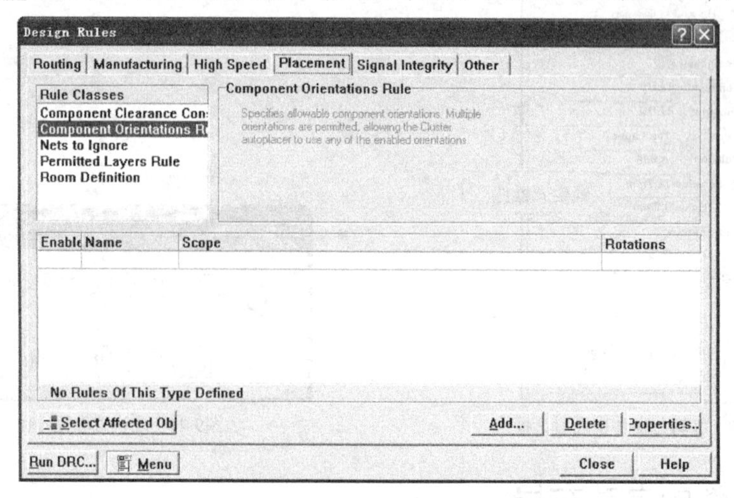


图9-43　设置元器件布局设计规则对话框

在【Placement】选项卡中的【Rule Classes】列表框内有 5 个子选项可以进行设置，各选项的功能如下。

(1)　【Component Clearance Constrain】：元器件安全间距限制，用于设置自动布局过程中元器件之间的最小距离。

(2)　【Component Orientations Rule】：元器件方位约束，用于设置元器件的放置方位。

(3)　【Nets to Ignore】：元器件自动布局时可以忽略的电气网络。忽略一些电气网络可以提高自动布局的质量和速度。其设置方法与上面的布局规则相同，在本例中不对电路板上的电气网络进行忽略。

(4)　【Permitted Layers Rule】：用于设置允许放置元器件的工作层面。前面已经讲过，只有信号层中的顶层和底层才可以放置元器件，因此在这个设置选项中，只需要指定这两层中的某一层（或全部）可以放置元器件即可。一般情况下，只要元器件不是太多的话，都可以放在顶层。

(5)　【Room Definition】：定义块。设计者可以将具有相同电气特性的电路定义成一个块，以方便管理。默认情况下，第一次载入网络表和元器件封装时，系统会自动将同一张原理图内的元器件定义成一个块。

一般情况下，元器件布局规则的设置只是对元器件的安全间距和元器件方位限制进行设置，如果是单面板的话，还应当对放置元器件的工作层面进行设置。

3. 双击【Component Clearance Constrain】选项，将设置窗口转换为设置安全间距限制设计规则主对话框，如图 9-44 所示。

4. 选中系统默认的元器件安全间距，然后单击 Properties.. 按钮，打开设置元器件安全间距限制设计规则对话框，如图 9-45 所示。

在该对话框中可以设置元器件之间的安全间距限制设计规则。该项设计规则用来限定两个导电图件之间允许的最小间距，导电图件的范围可在如图 9-46 所示的下拉列表中选择。

在设置元器件安全间距限制设计规则对话框中【Rule Attributes】（设计规则属性）栏下的【Gap】（间距）文本框中可以设置图件之间的最小距离，在【Check Mode】（选择计算模式）中可以选择计算距离的方法。

根据元器件外形边界的不同可将计算元器件距离的方法分为 3 种，如图 9-47 所示。

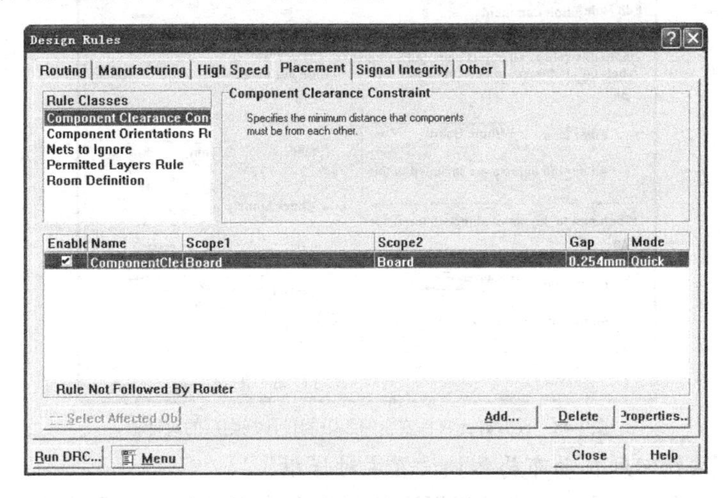


图9-44　设置安全间距限制设计规则主对话框

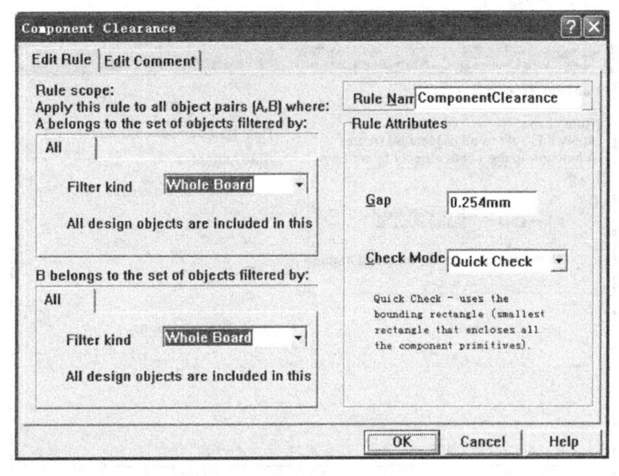


图9-45　设置元器件安全间距限制设计规则对话框

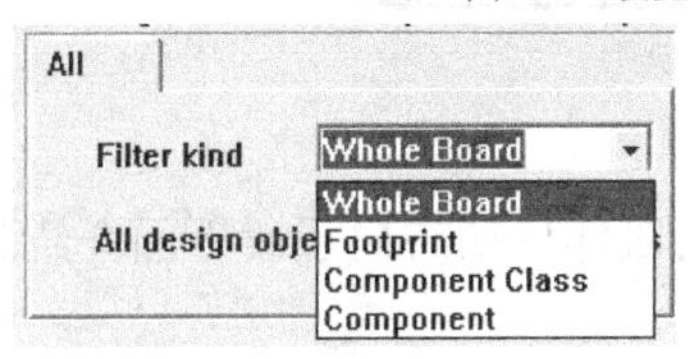


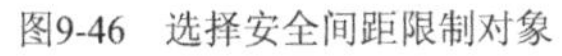

图9-46　选择安全间距限制对象

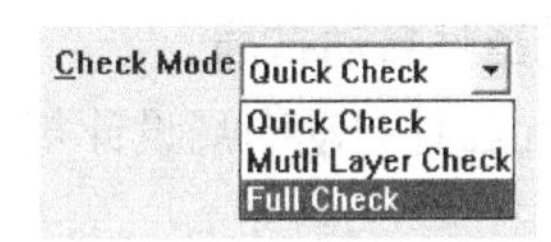


图9-47　计算元器件间距的方法

- 【Quick Check】：使用包含元器件轮廓形状的最小矩形来计算元器件之间的间距。
- 【Mutli Layer Check】：这种方法考虑到元器件焊盘（位于多层面上的焊盘）与底层表面封装元器件的间距，因此采用包含元器件焊盘最大外形轮廓的最小矩形来计算元器件之间的间距。
- 【Full Check】：使用元器件的精确外形轮廓来计算元器件之间的间距。

在本例中，为了方便元器件的装配和以后的布线，设置电路板上所有元器件的最小间距为“0.5mm”，选择“Full Check”作为距离的计算方法，设置好元器件自动布局参数后的对话框如图 9-48 所示。

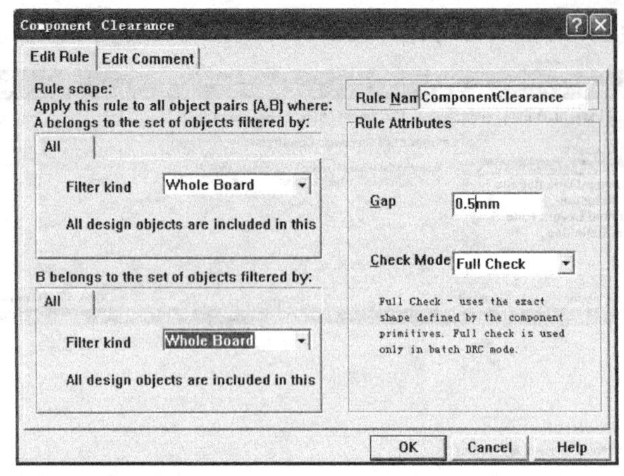

图9-48　设置好元器件安全间距限制设计规则后的对话框

5.　单击 OK 按钮回到自动布局参数设置主对话框。

其余元器件自动布局设计规则的设置方法与此大致相同，其中设置好的元器件方位限制设计规则如图 9-49 所示。

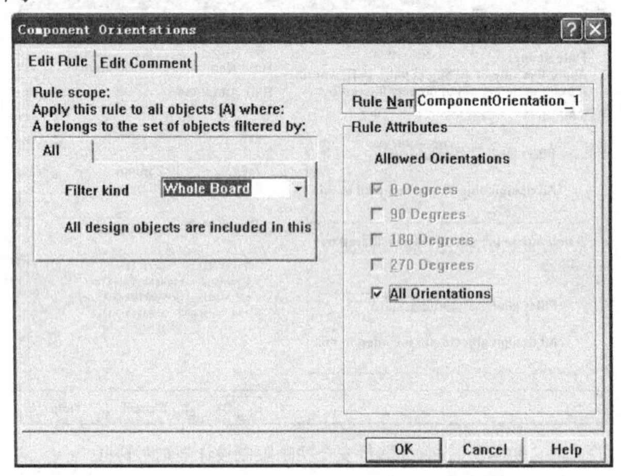

图9-49　元器件方位限制设计规则

## 二、　元器件自动布局

设置好元器件自动布局设计规则后，就可以进行元器件自动布局了。下面介绍具体的操作步骤。

### 元器件自动布局

1.　在 PCB 编辑器中选取菜单命令【Tools】/【Auto Placement】/【Auto Placer…】，如图 9-50 所示。

- 【Auto Placer…】：元器件自动布局。
- 【Stop Auto Placer】：停止元器件自动布局。
- 【Shove】：推挤元器件。执行此命令后，光标将变成十字形状，单击要进行推挤的基准元器件，如果基准元器件与周围元器件之间的距离小于容许距离，则以基准元器件为中心，向四周推挤其他元器件。

- 【Set Shove Depth】：设置推挤元器件的程度，如图 9-51 所示。

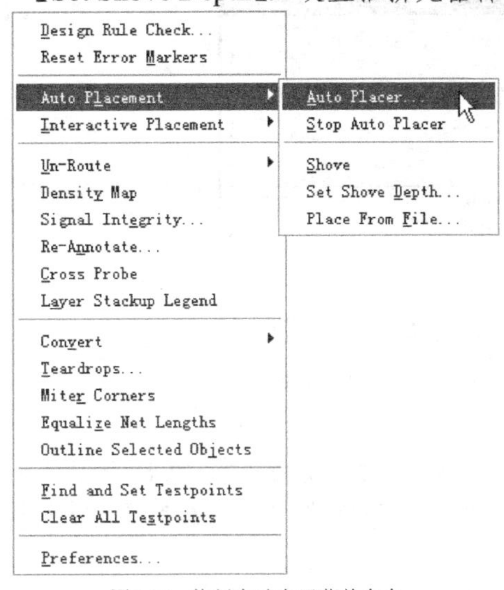


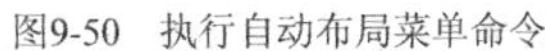
图9-50　执行自动布局菜单命令

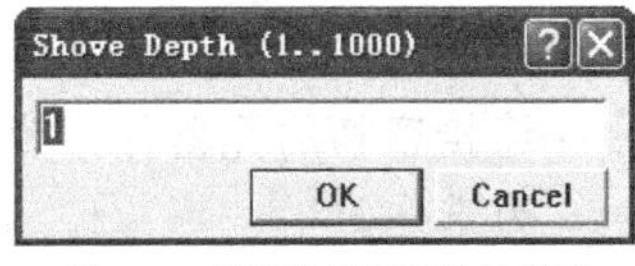


图9-51　设置推挤元器件的程度

- 【Place From File】：从文件中放置元器件。

2. 执行菜单命令之后，系统将会弹出元器件自动布局对话框，如图 9-52 所示。

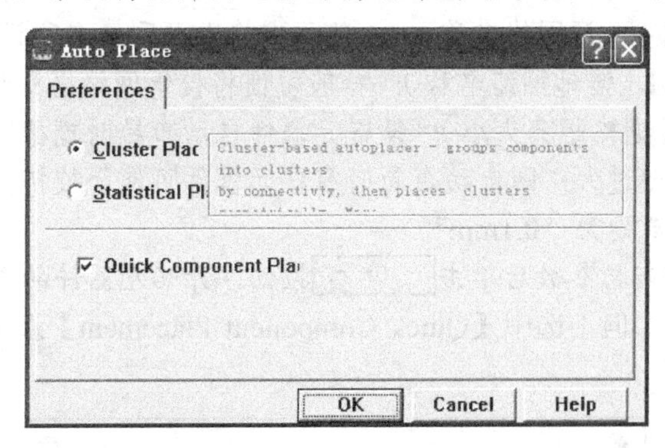


图9-52　元器件自动布局对话框

在该对话框中可以选择元器件自动布局的方式。元器件自动布局的方式主要有两种，即成组布局方式和基于统计的布局方式。该对话框中各选项的含义如下。

- 【Cluster Placer】(成组布局方式)：这种基于组的元器件自动布局方式，根据连接关系将元器件划分成组，然后按照元器件之间的几何关系放置元器件组。该方式适合元器件较少的电路。
- 【Statistical Placer】(基于统计的布局方式)：基于统计的元器件自动布局方式根据统计算法放置元器件，以使元器件之间的连线长度最短。该方式适合元器件较多的电路。
- 【Quick Component Placement】(快速元器件布局)：该选项只有在选择了【Cluster Placer】(成组布局方式)选项时才有效。选中该选项可以加快元器件自动布局的速度。

3. 选中【Statistical Placer】选项前的单选框，弹出如图 9-53 所示的基于统计布局方式的自动布局选项设置对话框。

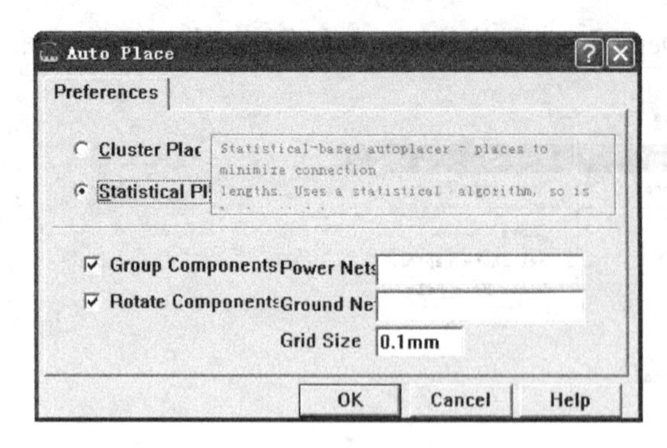


图9-53　统计布局方式下的元器件自动布局对话框

该对话框中各选项的含义如下。

- 【Group Components】(元器件组): 该选项的功能是将当前 PCB 设计中网络连接密切的元器件归为一组。排列时该组的元器件将作为整体考虑，默认状态为选中。
- 【Rotate Components】(旋转元器件): 该选项的功能是根据当前网络连接与排列的需要旋转元器件或元器件组。若未选中该选项，则布局过程中元器件将按原始位置放置，默认状态为选中。
- 【Power Nets】(电源网络名称): 一般习惯将电源网络名称设置为“VCC”。
- 【Ground Nets】(接地网络名称): 一般习惯将接地网络名称设置为“GND”。
- 【Grid Size】(栅格距离大小): 设置元器件自动布局时栅格距离的大小。如果栅格距离设置得过大，则自动布局时有些元器件可能会被挤出电路板的边界。本例将栅格距离设为“0.1mm”。

4. 设置好元器件自动布局参数后单击 OK 按钮，开始元器件的自动布局。

选中成组布局方式，但不选中【Quick Component Placement】选项时的自动布局结果如图 9-54 所示。

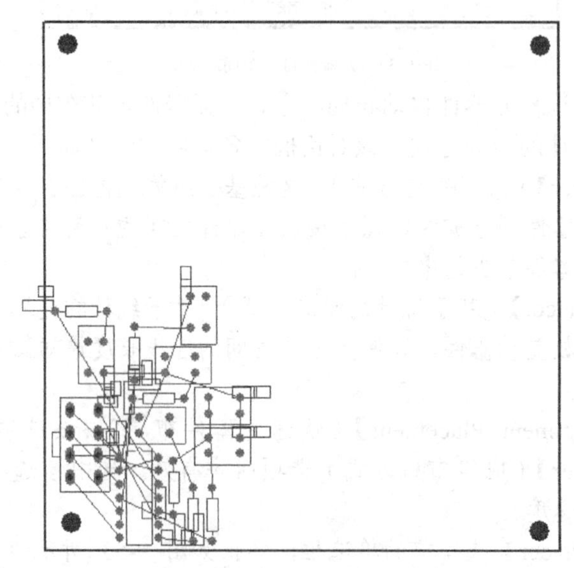

图9-54　自动布局结果（1）

选中成组布局方式，同时选中【Quick Component Placement】选项时的自动布局结果如图 9-55 所示。

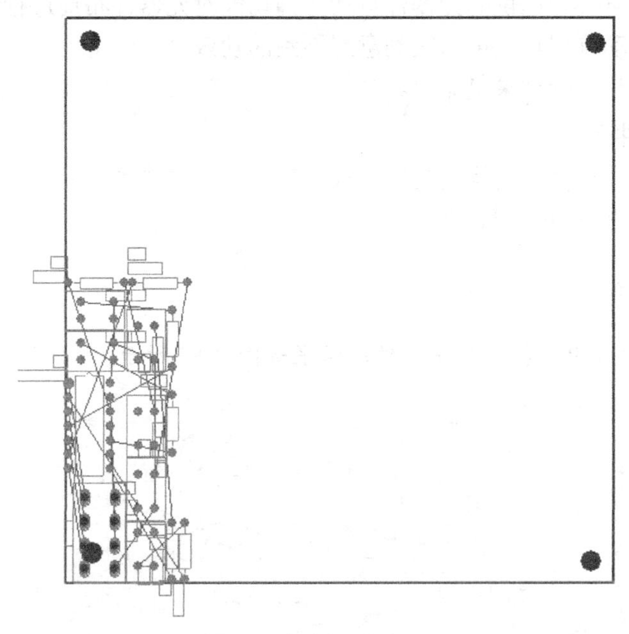

图9-55 自动布局结果（2）

选中基于统计的元器件自动布局方式时的自动布局结果如图 9-56 所示。

即使是针对同一个电路，程序每次执行元器件自动布局的结果都不相同，设计者可以根据电路板的设计要求从多次自动布局的结果中选择一个比较满意的结果。

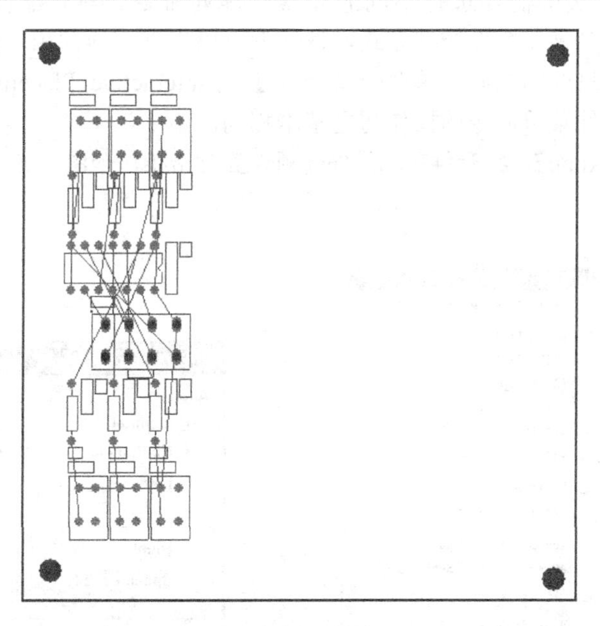

图9-56 自动布局结果（3）

## 9.8.3 自动调整元器件布局

可以利用 Protel 99 SE 提供的元器件自动排列功能对元器件布局进行调整。在很多情况下，利用元器件的自动排列功能可以收到意想不到的功效。

下面介绍元器件自动排列菜单命令。

一、 排列元器件

利用系统提供的元器件自动排列功能，只要先选中需要排列的元器件，然后执行相应的命令，即可将元器件整齐地排列起来。

### 排列元器件

1. 在 PCB 编辑器中选中待排列的元器件，结果如图 9-57 所示。

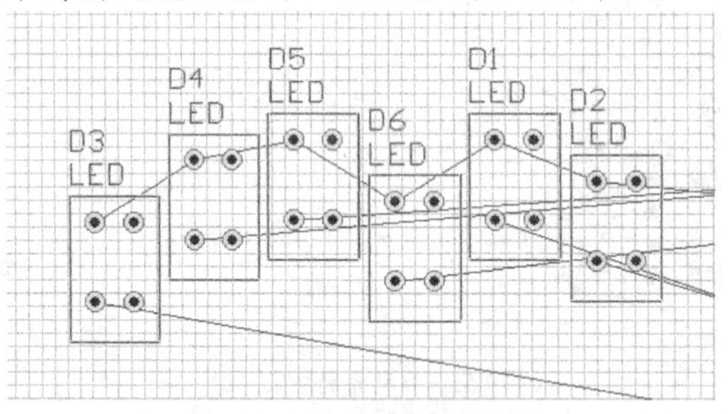


图9-57　选中待排列的元器件

2. 选取菜单命令【Tools】/【Interactive Placement】，系统将会弹出排列图件的菜单命令列表，如图 9-58 所示。

设计者可以根据实际需要选择不同的元器件排列命令，对元器件的位置进行调整。Protel 99 SE 提供了多种元器件排列方式，设计者可以根据元器件相对位置的不同，选择相应的排列方式。本节只介绍选取菜单命令【Tools】/【Interactive Placement】/【Align】的排列操作，其余排列图件菜单命令的操作与之基本相同。

3. 选取菜单命令【Align】，打开排列元器件选项设置对话框，如图 9-59 所示。

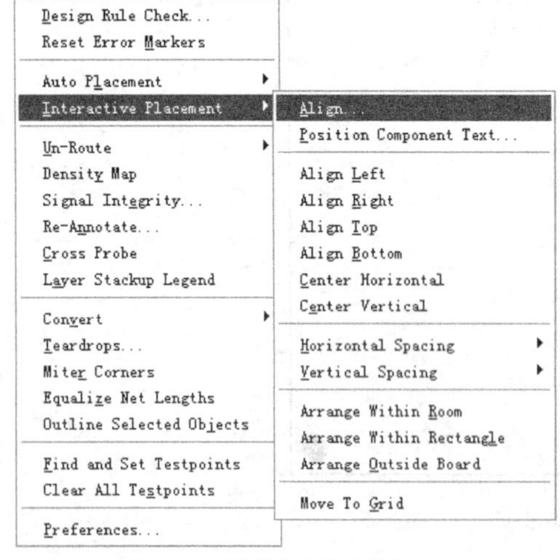


图9-58　元器件自动排列菜单命令

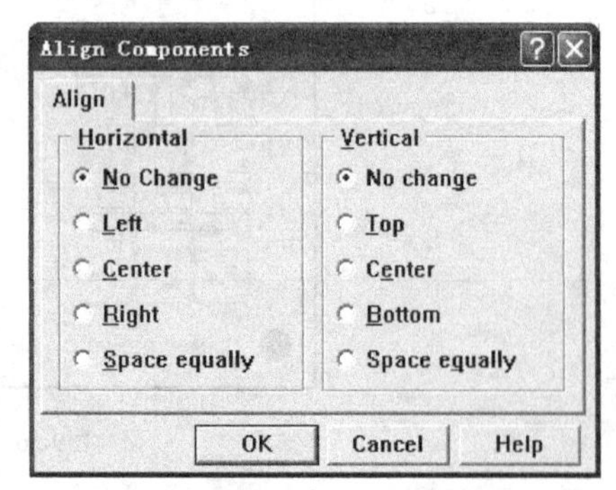


图9-59　排列元器件选项设置对话框

排列元器件的方式有水平和垂直两种，即水平方向对齐和垂直方向对齐，这两种方式可以单独使用，也可以复合使用，设计者可以根据需要任意配置。

排列元器件选项设置对话框中各选项的功能如下。

- 【Horizontal】(水平方向)：设置所选元器件在水平方向上的排列方式，其中包含下列选项。

  【No Change】(不变)：所选元器件在水平方向上的排列方式不变。

  【Left】(左对齐)：所选元器件在水平方向上按照左对齐方式排列。

  【Center】(中心对齐)：所选元器件在水平方向上按照中心对齐方式排列。

  【Right】(右对齐)：所选元器件在水平方向上按照右对齐方式排列。

  【Space equally】(等间距均匀排列)：所选元器件在水平方向上等间距均匀排列。

- 【Vertical】(垂直方向)：设置所选元器件在垂直方向上的排列方式，其中包含下列选项。

  【No Change】(不变)：所选元器件在垂直方向上的排列方式不变。

  【Top】(顶部对齐)：所选元器件在垂直方向上按照顶部对齐方式排列。

  【Center】(中心对齐)：所选元器件在垂直方向上按照中心对齐方式排列。

  【Bottom】(底部对齐)：所选元器件在垂直方向上按照底部对齐方式排列。

  【Space equally】(等间距均匀排列)：所选元器件在垂直方向上等间距均匀排列。

4. 设置好的排列元器件选项如图 9-60 所示，本例将选中的指示灯在水平方向上等间距排列，在垂直方向上按照顶部对齐方式排列。
5. 单击 OK 按钮，系统将会自动执行排列元器件命令，结果如图 9-61 所示。

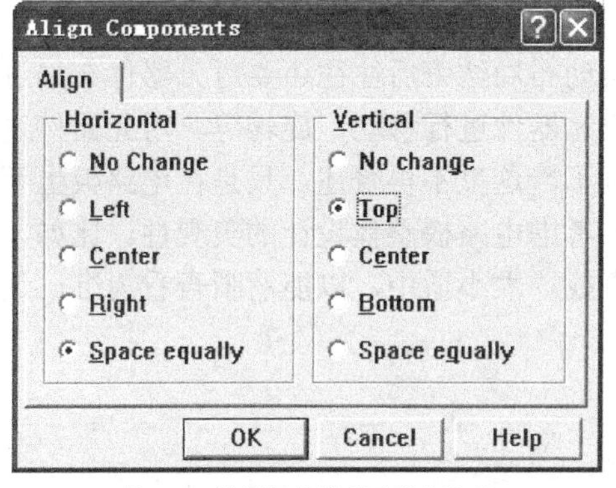


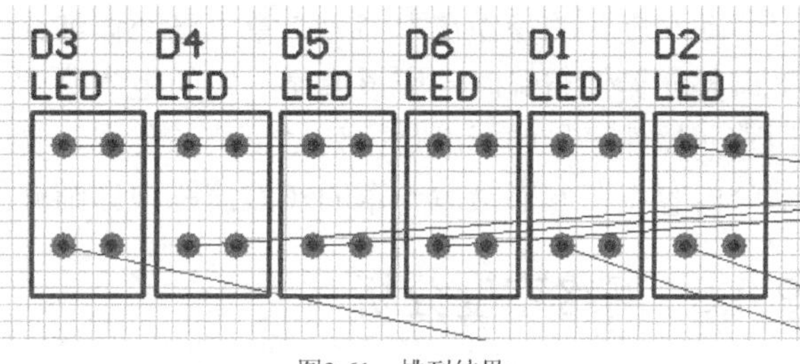


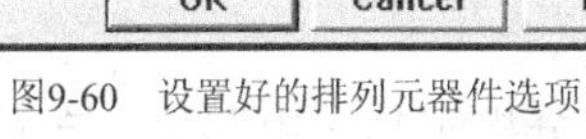

图9-60 设置好的排列元器件选项

图9-61 排列结果

由此可见，Protel 99 SE 提供的元器件自动排列功能在元器件的对齐和 PCB 的整体布局上是有许多优点的。在设计中运用这些功能，对元器件布局的局部进行调整，将是十分方便和快捷的。

## 二、 排列元器件的序号和注释文字

利用系统提供的元器件自动排列功能，除了可以排列元器件外，还可以对元器件的序号和注释文字进行调整。

下面介绍排列元器件序号和注释文字的操作。

### 排列元器件的序号和注释文字

1. 选中需要排列序号和注释文字的元器件。
2. 选取菜单命令【Tools】/【Interactive Placement】/【Position Component Text...】，打开如图 9-62 所示的对话框。

　　在该对话框中可以将文本注释（包括元器件的序号和注释）排列在元器件的上方、中间、下方、左方、右方、左上方、左下方、右上方和右下方等，也可以不改变文本注释的位置。本例将元器件序号放置在元器件的左上方，而将文本注释放置在元器件的中间。

3. 设置好元器件序号和注释文字的排列位置后单击 OK 按钮，系统将会按照设置好的规则自动调整元器件序号和注释文字的位置，结果如图 9-63 所示。

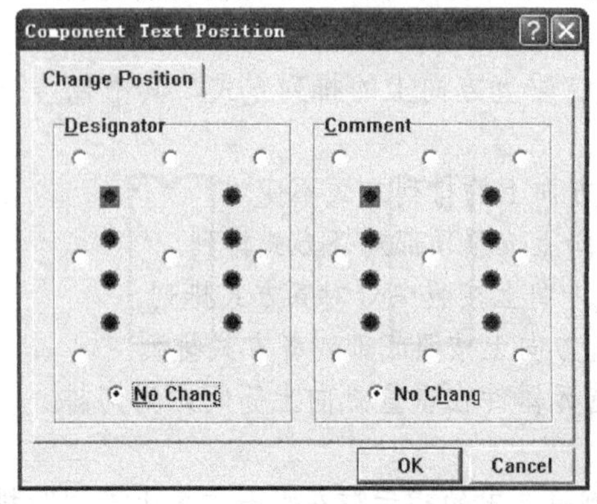


图9-62　文本注释排列对话框

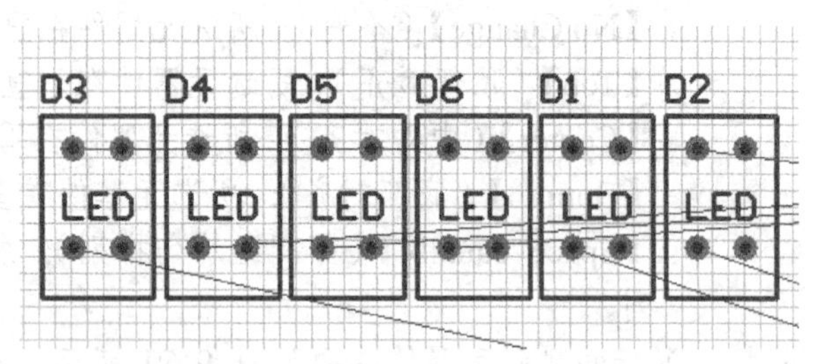


图9-63　排列元器件文本注释后的结果

## 9.8.4　手工调整元器件布局

　　元器件的自动布局并不能完全符合设计需要，自动布局结束后往往还要对元器件布局进行手工调整。手工调整元器件布局的操作主要包括对元器件进行移动、旋转等。对元器件进行移动和旋转的操作在本书第 7 章中已经详细介绍过了，这里不再赘述。只是在电路板上手工调整元器件布局时，应该遵循一定的电气原则，并考虑电路板整体设计的美观性。比如，调整元器件序号的标准是排列尽量整齐美观，易于查找，大小适中，以能清晰查看为准。这部分内容将在本书最后一章的实战演练中详细介绍。

## 9.8.5　网络密度分析

　　在元器件布局完成之后，可以利用系统提供的网络密度分析工具对电路板的布局进行分析，并根据密度分析结果，对电路板的元器件布局进行优化。

### 网络密度分析

1. 选取菜单命令【Tools】/【Density Map】，即可得到如图 9-64 所示的网络密度分析结果。
2. 按 End 键或者选取菜单命令【View】/【Refresh】，即可清除密度分析图。

　　在网络密度分析图中，颜色越深的地方表示网络密度越大，反之网络密度就越小。有了密度分析这个工具，就可以按照最优化的方法对电路板的元器件进行布局。一般来说，如果网络密度相差很大，那么该元器件布局就是不合理的。但是，也不要认为分布绝对均匀就合理，实际的密度分配与具体的电路有很大关系。例如一些大功率的元器件，产生的热量大，要求周围的元器件要少，因而密度小，相反，小功率的元器件就可以安排得密一些。所以，密度分析仅仅是一个参考依据，在实际操作中还要具体问题具体分析。

图9-64 网络密度分析图

## 9.8.6 3D 效果图

利用 3D 效果图可以分析元器件布局的实物效果。在 3D 效果图上可以看到 PCB 的实际效果及全貌。

### 3D 效果图

1. 选取菜单命令【View】/【Board in 3D】，打开 3D 效果图预览工作窗口，其中的效果图如图 9-65 所示。

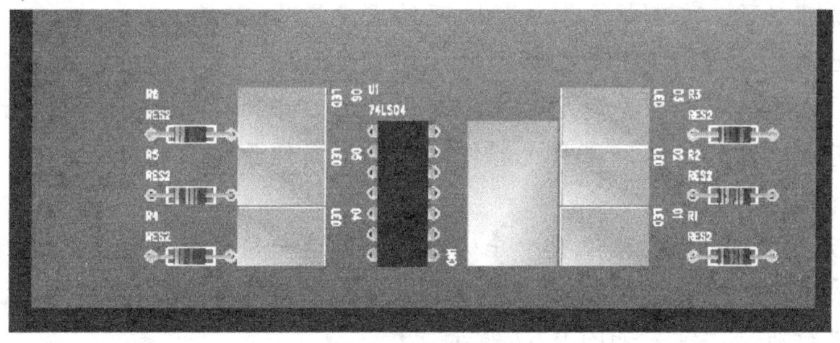

图9-65 3D 效果图

设计者可以根据 3D 效果图来察看元器件封装是否正确，元器件之间的安装是否有干涉，是否合理等。总之，在 3D 效果图上可以看到 PCB 的全貌，可以在设计阶段修改一些错误，有利于缩短设计周期及降低成本。因此 3D 效果图是一个很好的元器件布局分析工具，读者在今后的工作中应当熟练掌握。

2. 3D 效果图预览工作窗口与 PCB 编辑器中的其他窗口一样，可以进行切换或关闭。

# 9.9 实例辅导

本章实例辅导将具体介绍“指示灯显示电路.Ddb”的元器件布局操作。

## 元器件布局

1. 准备原理图和元器件封装，包括对绘制好的原理图进行编译检查，创建系统没有的元器件封装等工作。
2. 执行菜单命令，创建一个空白的 PCB 文件。
3. 设置电路板的工作层面。

   设置电路板的工作层面包括以下几方面的工作。

   (1) 电路板的选型，本例选择双面板。

   (2) 在图形堆栈管理器中设置电路板的类型和电路板工作层面的属性。

   (3) 在工作层面设置对话框中设置工作层面的参数，包括显示与关闭某些工作层面、设置工作层面的颜色等。
4. 设置 PCB 编辑器的环境参数。
5. 在刚创建好的 PCB 文件中规划电路板。

   规划电路板的工作主要包括以下几方面的内容。

   (1) 重新定义电路板的外形。

   (2) 定义电路板的电气边界。

   (3) 预设电路板的安装孔。
6. 利用 PCB 编辑器提供的载入元器件封装和网络表文件功能，将网络表和元器件封装载入到 PCB 编辑器中。

   在载入网络表和元器件封装之前需要注意以下两点。

   (1) 原理图中所有的元器件都已经添加了正确的封装形式。

   (2) 所有需要用到的元器件封装库都已经被载入到了 PCB 编辑器中。
7. 设置自动布局的设计规则。一般情况下只需要对放置元器件的安全间距限制设计规则进行设置就可以了。本例将元器件的间距约束设置为“0.5mm”。
8. 对电路板上元器件的构成进行分析，确认核心元器件。在本例中，指示灯 D1～D6 和接插件 CN1 为电路板上的关键元器件，这几个元器件的布局应当保证指示灯整齐，接插件尽量靠近电路板的边缘，并且元器件的布局应当便于后面的布线。
9. 对关键元器件进行布局。

(1) 确定电路板一角上的安装孔位置，并从电路板的这一角开始对元器件进行布局。一般情况下，安装孔距电路板边缘 2mm 就能保证足够的强度了，如图 9-66 所示。

(2) 对接插件进行布局，结果如图 9-67 所示。

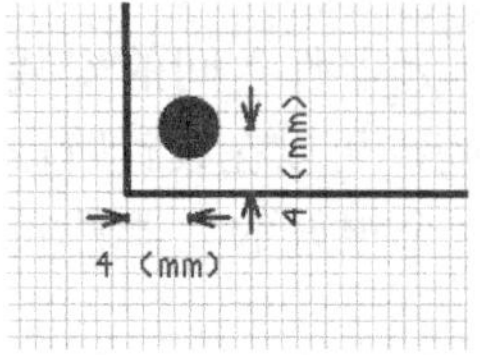


图9-66　确定安装孔的位置

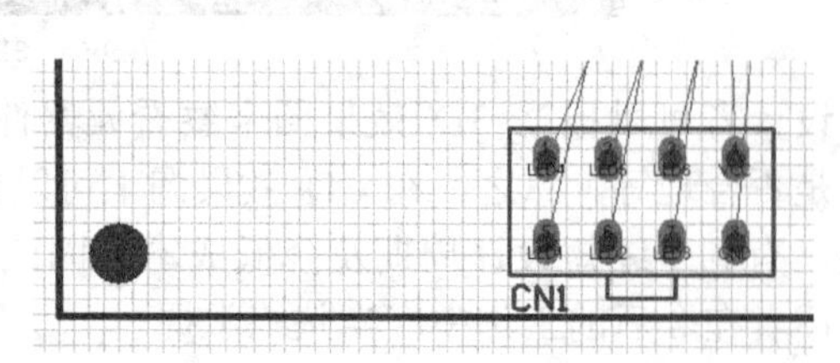


图9-67　预布局接插件

(3) 对指示灯进行预布局，结果如图 9-68 所示。

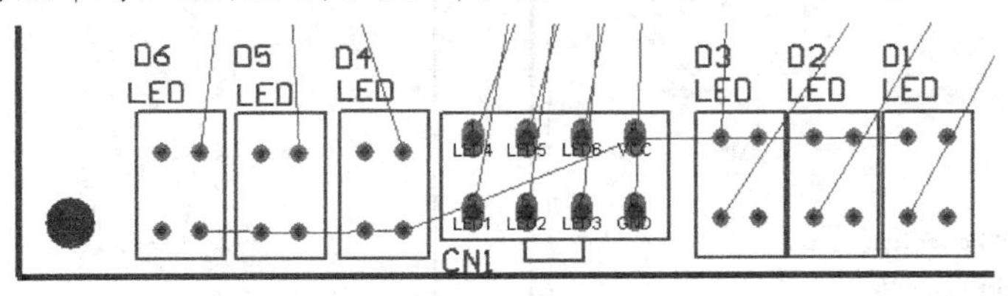


图9-68　预布局指示灯

(4) 调整指示灯的序号和注释文字，结果如图 9-69 所示。

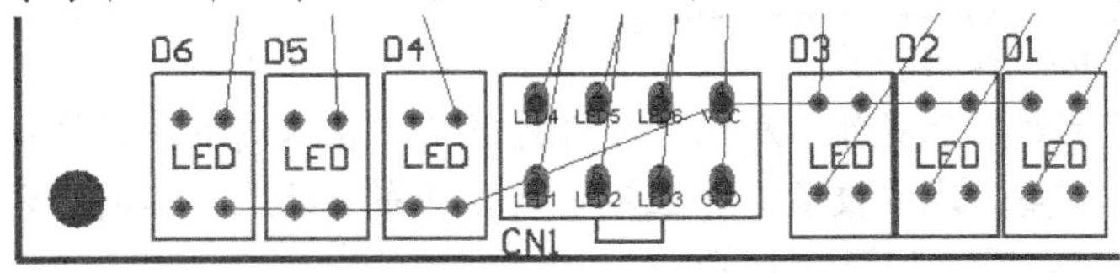


图9-69　调整元器件序号和注释文字后的结果

**要点提示** 将元器件的序号和注释文字靠近元器件可以节省电路板的空间，并且便于查找序号所在的元器件。

10. 锁定核心元器件。利用系统提供的全局编辑功能可以同时锁定多个元器件。
(1) 选中预布局好的元器件。
(2) 在任意一个元器件上双击鼠标左键，打开编辑元器件属性对话框，如图 9-70 所示。
(3) 单击 Global >> 按钮，打开全局编辑属性设置对话框，并对相应的属性进行设置，设置结果如图 9-71 所示。

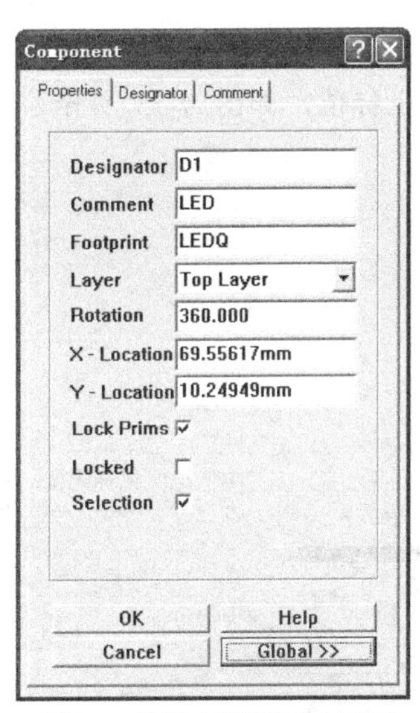


图9-70　编辑元器件属性对话框

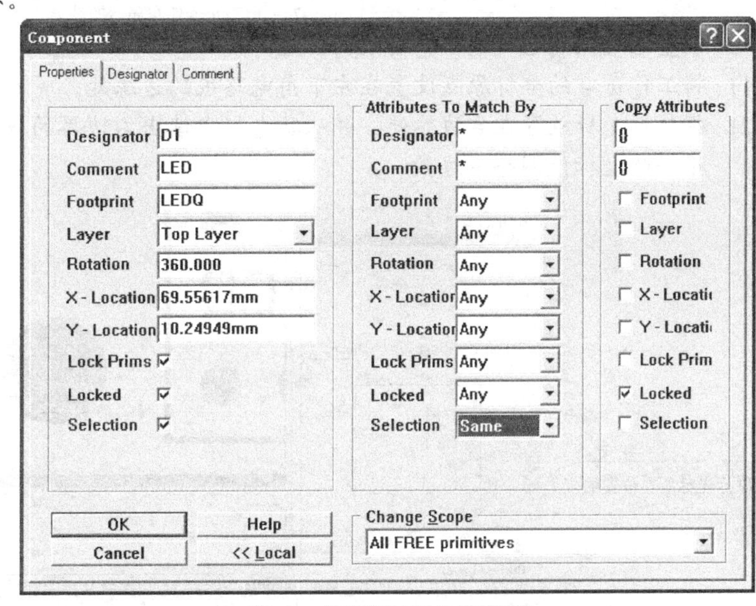


图9-71　全局编辑属性设置对话框

(4) 单击 OK 按钮，系统将会按照匹配属性将选中的元器件锁定。

11. 选取菜单命令【Tools】/【Auto Placement】/【Auto Placer】，在弹出的元器件自动布局对话框中选择基于统计的布局方式，对元器件进行自动布局，结果如图 9-72 所示。
12. 单击 OK 按钮进行自动布局，结果如图 9-73 所示。

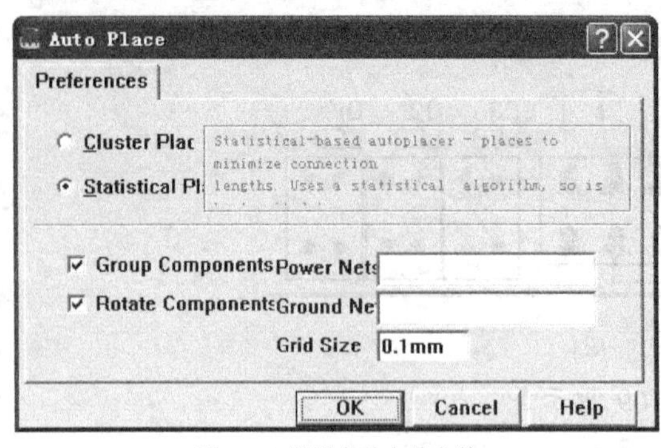


图9-72　设置自动布局参数

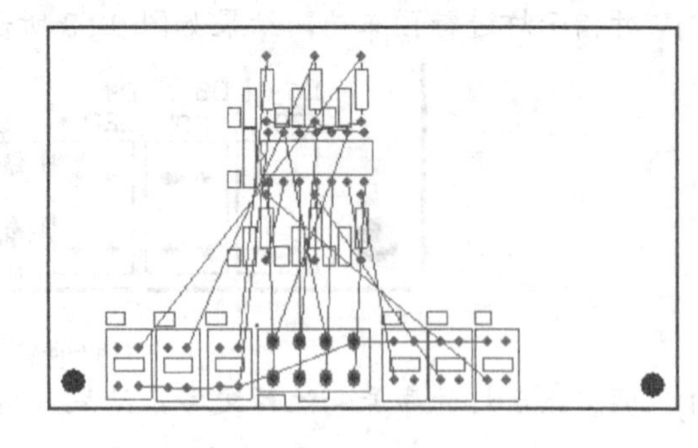

图9-73　自动布局的一种结果

13. 采用手工调整方式对元器件布局和序号进行调整。在本例中元器件自动布局的结果不是很理想，需要调整的地方较多，并且不同的自动布局结果，其调整方案也不一样，因此本例只给出调整结果，如图 9-74 所示。

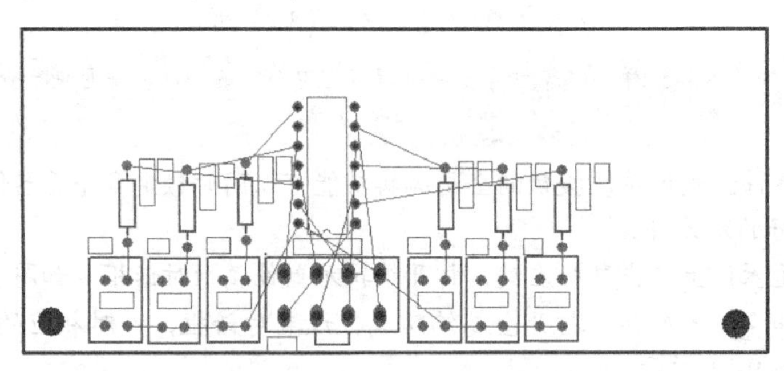

图9-74　调整元器件布局后的结果

14. 调整电路板的电气边界和安装孔位置。

(1) 将工作窗口的坐标原点设置在左下角电路板的边缘处。

(2) 将鼠标光标放置在右边界处，并从状态栏中读出右边界的 $x$ 坐标值，如图 9-75 所示，根据此坐标值调整下边界。

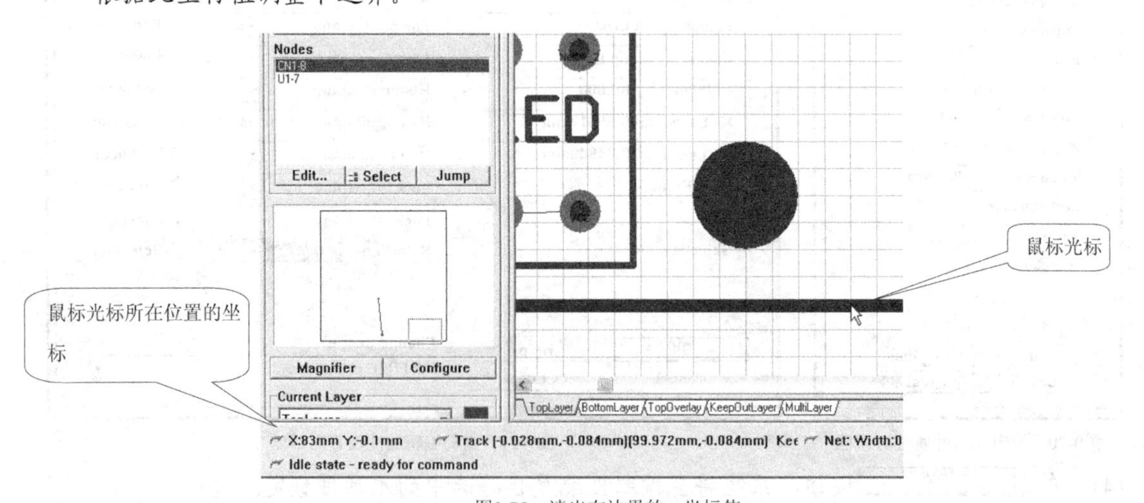


图9-75　读出右边界的 $x$ 坐标值

(3) 其余边界的调整方法与之基本相同，最终结果如图 9-76 所示。

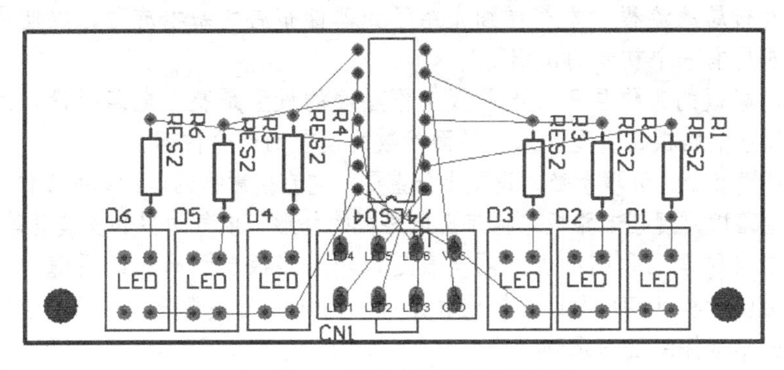


图9-76　调整元器件边界后的结果

(4) 调整安装孔的位置，结果如图 9-77 所示。

15. 生成网络密度分析图，对元器件布局进行密度分析，并根据分析结果对元器件布局进行调整。

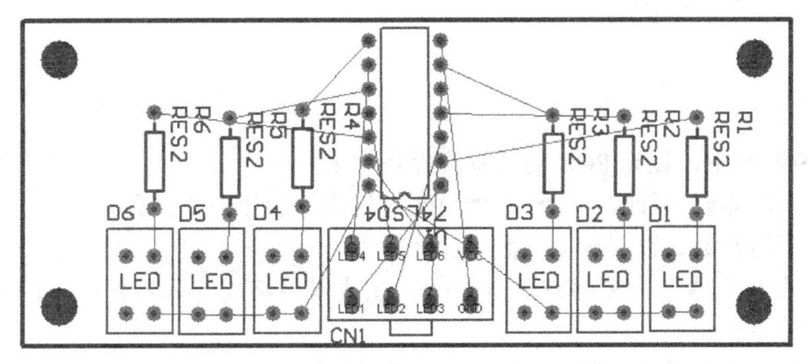


图9-77　调整安装孔的位置

16. 生成 3D 效果图，观察元器件之间是否有干涉现象发生，如果有，则进行适当的调整。3D 效果图如图 9-78 所示。

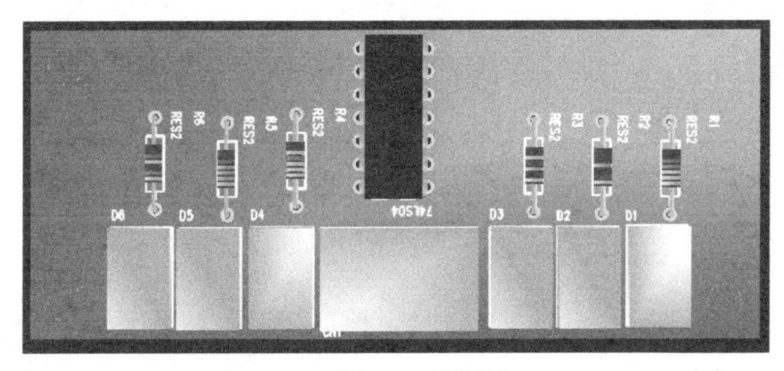


图9-78　3D 效果图

# 9.10　小结

本章以“指示灯显示电路.Ddb”的双面板设计为例，介绍了 PCB 元器件布局的一般流程和交互式的布局方法。

- 元器件布局的流程。本节详细介绍了元器件布局的基本流程，以便使读者对 PCB 布局有一个初步的认识。
- 设置电路板的工作层面。电路板工作层面的设置是整个电路板设计的基础，主要包括电路板的选型和工作层面参数的设置两部分内容。
- 设置环境参数。环境参数的设置十分重要，它直接影响到设计者的工作效率。
- 规划电路板。规划电路板包括定义电路板的外形、电气边界和安装孔等内容。
- 准备电路原理图和网络表。网络表是印制电路板自动布线的灵魂，更是联系原理图设计和 PCB 设计的桥梁和纽带。因此在网络表载入之前必须保证网络连接和元器件封装的正确。
- 载入网络表和元器件封装。在 Protel 99 SE 中，网络表与元器件封装的载入是非常方便的，但是需要提醒读者注意的是，在载入网络表与元器件封装之前，必须确认所需的元器件封装库已经被载入到 PCB 编辑器中。
- 元器件布局。主要介绍了一种交互式的元器件布局方法，即手工布局和自动布局相结合的布局方法。

## 9.11　习题

1. 在 Protel 99 SE 中，设计 PCB 的基本流程是什么？
2. 规划电路板时需要进行哪些工作？请说明电气边界的作用是什么。
3. 如何设置环境参数？设置环境参数有什么作用？
4. 载入网络表与元器件封装的方法有哪些？在载入网络表与元器件封装的过程中有什么需要注意的事项？
5. 交互式布局方式中手工布局的对象主要有哪些？
6. 简述自动布局、手工布局和交互式布局各自的优缺点。

# 第10章　电路板布线

上一章介绍了工作层面的设置、电路板的规划、元器件和网络表的载入以及元器件布局等知识，为电路板布线做好了准备。本章将在上一章的基础上介绍电路板布线操作。

本章主要介绍一种交互式的布线方法。交互式布线方法指的是自动布线和手工布线相结合的布线方法。此外，本章还将介绍电路板布线设计规则的设置、自动布线参数的设置、自动布线、手工调整、覆铜以及 DRC 设计校验等知识。

## 10.1　本章学习重点和难点

- 本章学习重点。
  本章的学习重点包括布线设计规则的设置、自动布线参数的设置、自动布线、手工调整、覆铜以及 DRC 设计校验等内容。
- 本章学习难点。
  本章的学习难点在于掌握交互式布线的方法。

## 10.2　交互式布线的基本步骤

所谓交互式布线就是手动布线与自动布线相结合，两者在整个布线的过程中交替使用，既能利用手动布线实现设计者的意图，又能利用自动布线高效率、优化的算法实现快速、优化布线。

交互式布线一般可以分为以下几个步骤。

(1)　设置布线设计规则。

(2)　采用手动布线的方法对重要的布线区域进行保护。

(3)　采用手动布线的方法对重要的网络进行预布线。

(4)　对全局或局部区域进行自动布线。

(5)　手工调整自动布线的结果。

(6)　取消重要区域的保护预布线。

(7)　对保护区域进行手动布线。

(8)　对电路板覆铜。

(9)　DRC 设计校验。

## 10.3　设置布线设计规则

不管是手动布线还是自动布线，在布线之前都需要设置电路板的布线设计规则。选取菜单命令【Design】/【Rules...】，即可弹出布线设计规则设置对话框，如图 10-1 所示。

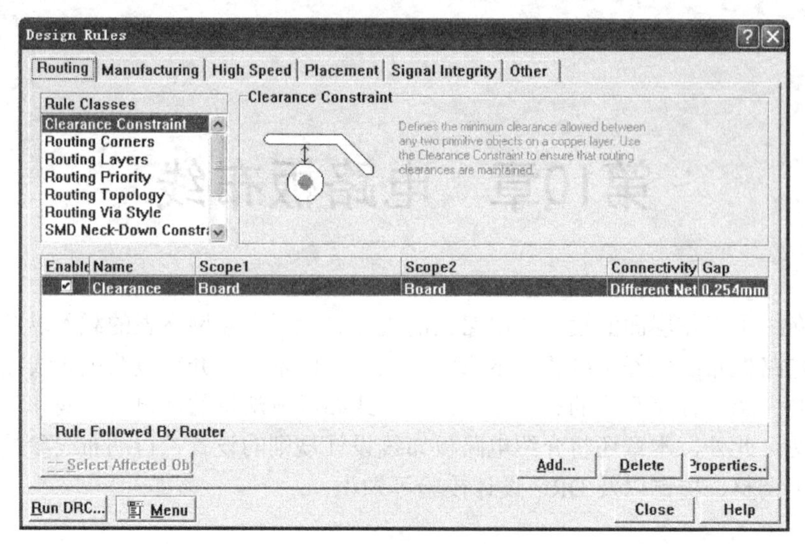


图10-1　布线设计规则设置对话框

本章只介绍几个常用的电路板布线设计规则的设置，其余的布线设计规则均采用默认设置，有兴趣的读者可以参考《电路设计与制板——Protel 99 SE 高级应用（修订版）》一书。

常用的布线设计规则主要包括以下几项。

- 【Clearance】(安全间距限制设计规则)：安全间距限制设计规则设置选项，适用于在线 DRC 或运行 DRC 设计规则检查、自动布线过程。当电路板上不同网络标号导电图件之间的距离小于设定的安全间距时，系统将会报错。
- 【Short Circuit】(短路限制设计规则)：短路限制设计规则设置选项，适用于在线 DRC 或运行 DRC 设计规则检查、自动布线过程。当电路板上不同网络标号的导电图件出现短路现象时，系统将会报错。
- 【Width Constraint】(布线宽度设计规则)：布线宽度设计规则设置选项，适用于运行 DRC 设计规则检查、自动布线过程。当电路板上的导线宽度小于设定的最小导线宽度，或者大于最大的导线宽度时，系统将会报错。
- 【Polygon Connect Style】(多边形填充连接方式)：多边形填充连接方式设置选项，适用于设置多边形填充与相同网络的焊盘、过孔和导线等图件的连接方式。

下面将对上述几项常用的布线设计规则进行较为详细的介绍。

## 10.3.1　设置安全间距限制设计规则

安全间距限制设计规则属于电气规则的范畴。

### 设置安全间距限制设计规则

1. 选取菜单命令【Design】/【Rules...】，打开布线设计规则设置对话框，如图 10-1 所示。
2. 在【Rule Classes】栏中的列表框内选择【Clearance Constraint】选项，即可在下方的列表中显示出相关的参数。

安全间距限制设计规则表达的是在保证电路板正常工作的前提下，导线与导线之间、导线与焊盘之间的最小距离。

3. 在需要编辑的设计规则上双击鼠标左键，打开设置安全间距限制设计规则对话框，如图 10-2 所示。

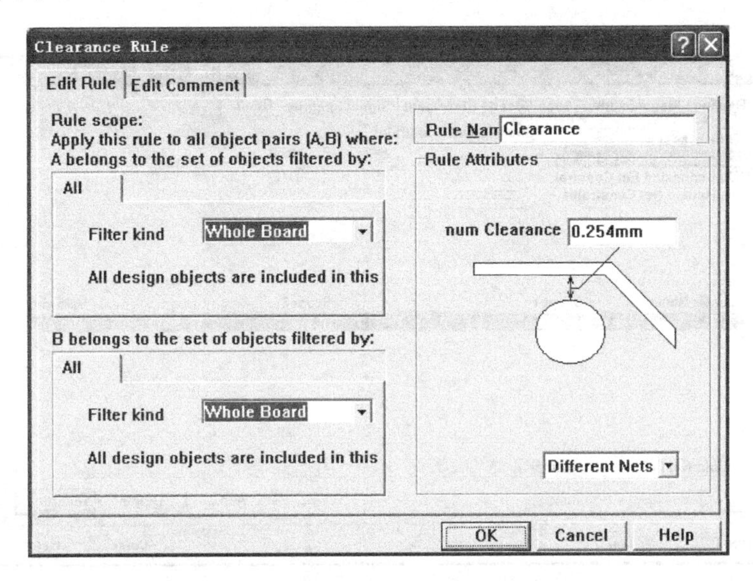


图10-2　设置安全间距限制设计规则对话框

在该对话框中，可以对安全间距限制设计规则的【Rule scope】(适用范围)、【Rule Name】(名称）和【Minimum Clearance】(安全间距）等参数进行设置。

其中设计规则适用范围主要包括以下几个选项。

- 【Whole Board】(整个电路板)：如果选择了此项，则表示规则将适用于整个电路板。
- 【Layer】(工作层)：如果选择了此项，程序将会要求指定某个工作层面。
- 【Pad】(焊盘)：如果选择了此项，程序将会要求指定某个焊盘。
- 【From-To】(点对点连线)：如果选择了此项，程序将要求指定某个【From-To】连线。
- 【From-To Class】(点对点连线类)：如果选择了此项，程序将会要求指定某个【From-To】连线类。
- 【Net】(电气网络)：如果选择了此项，程序将会要求指定某个电气网络。
- 【Net Class】(电气网络类)：如果选择了此项，程序将要求指定某个电气网络类。
- 【Component】(元器件)：如果选择了此项，程序将要求指定某个元器件。
- 【Component Class】(元器件类)：如果选择了此项，程序将要求指定某个元器件类。
- 【Object Kind】(对象种类)：如果选择了此项，程序将会要求指定某类对象。

## 10.3.2　设置短路限制设计规则

短路限制设计规则属于电气规则的范畴。

## 设置短路限制设计规则

1. 在如图 10-1 所示的对话框中单击 Other 按钮，打开如图 10-3 所示的其他设计规则设置对话框。

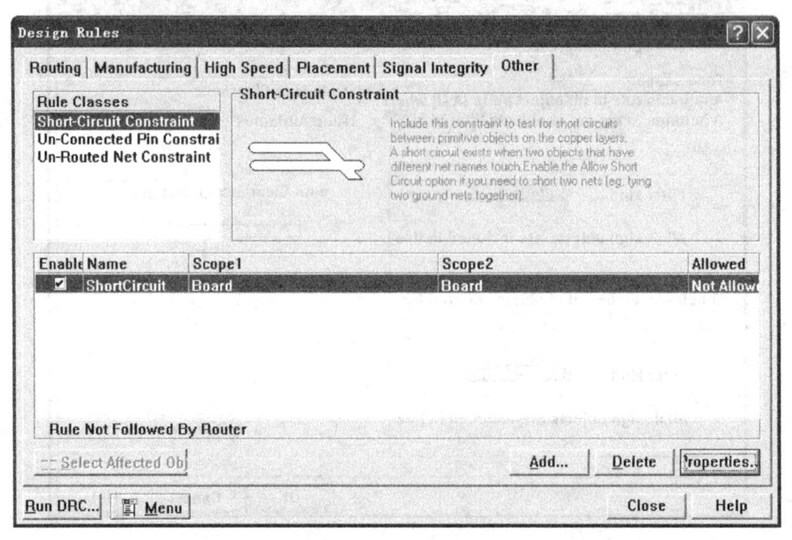


图10-3　其他设计规则设置对话框

2. 在【Rule Classes】栏中的列表框内选择【Short–Circuit Constraint】选项，打开短路限制设计规则设置主对话框，选中【ShortCircuit】选项，然后单击 roperties.. 按钮，打开短路限制设计规则设置对话框，如图 10-4 所示。

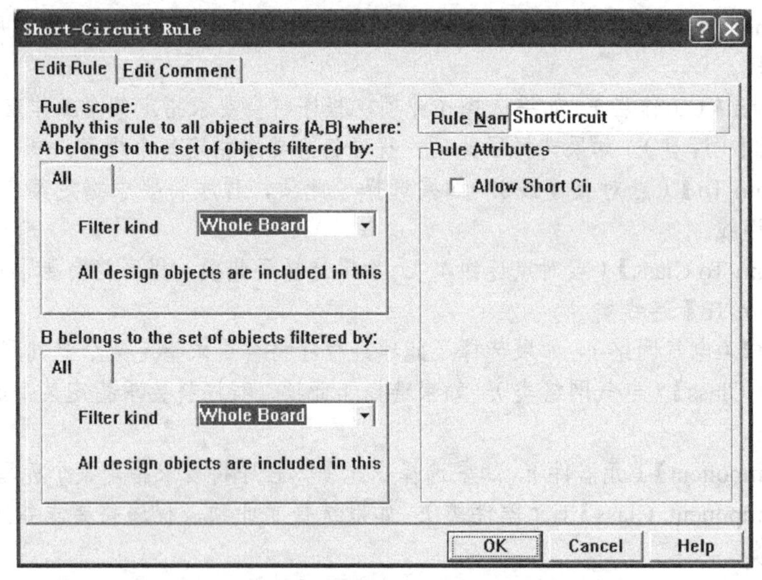


图10-4　短路限制设计规则设置对话框

短路限制设计规则表达的是电路板布线过程中是否允许不同网络的导电图件连接在一起。通常情况下，电路板上是不允许有不同网络图件的短路连接的。

3. 取消对【Rule Attributes】栏中【Allow Short Circuit】（允许短路）选项的勾选，将该项设计规则设置成不允许短路的状态。

## 10.3.3 设置布线宽度限制设计规则

本节介绍布线宽度限制设计规则的设置。

### 设置布线宽度限制设计规则

1. 在如图 10-1 所示的布线设计规则设置对话框中选中【Width Constraint】选项，打开设置布线宽度设计规则主对话框，如图 10-5 所示。

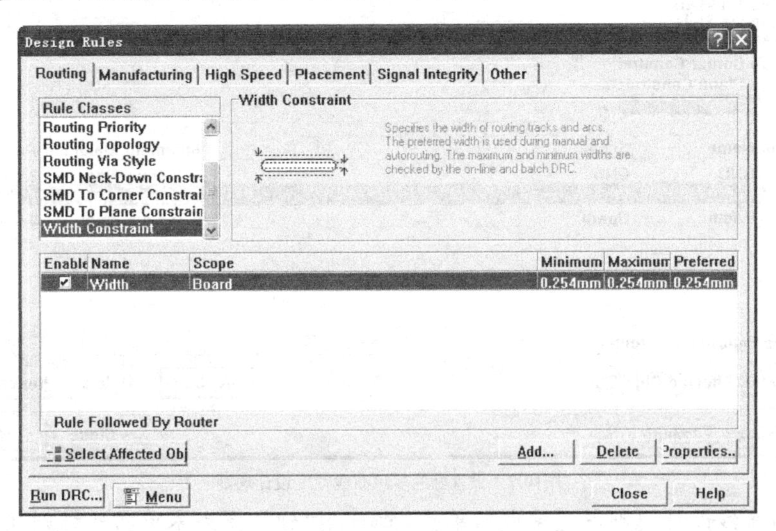


图10-5　设置布线宽度设计规则主对话框

2. 选中布线宽度设计规则中的某项设计规则，然后单击Properties..按钮，打开设置布线宽度设计规则对话框，设置好的布线设计规则如图 10-6 所示。

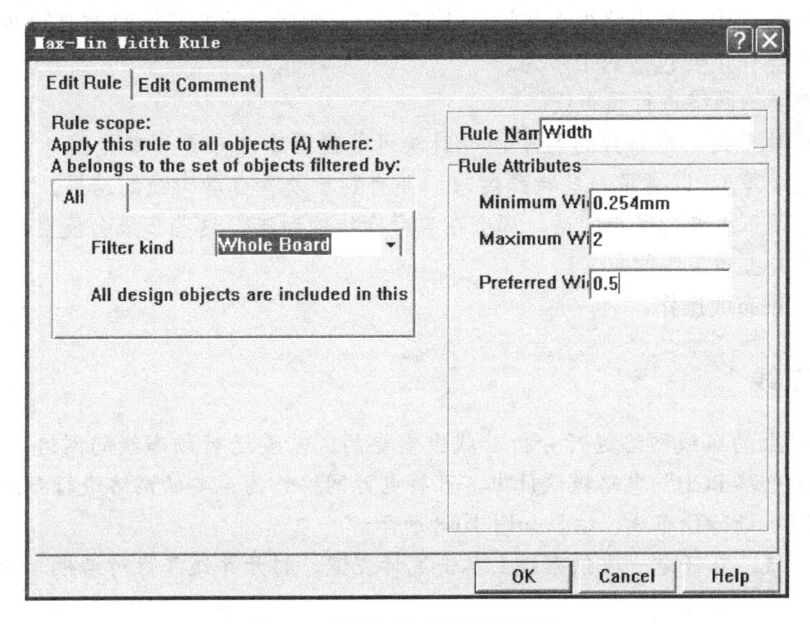


图10-6　设置好的布线宽度设计规则

3. 设置完布线宽度设计规则后单击 OK 按钮，回到布线宽度设计规则设置主对话框，继续其他设计规则的设置。
4. 单击 Add... 按钮，添加新的布线宽度设计规则，然后重复步骤 2 的操作，即可完成多项布线宽度设计规则的设置，结果如图 10-7 所示。

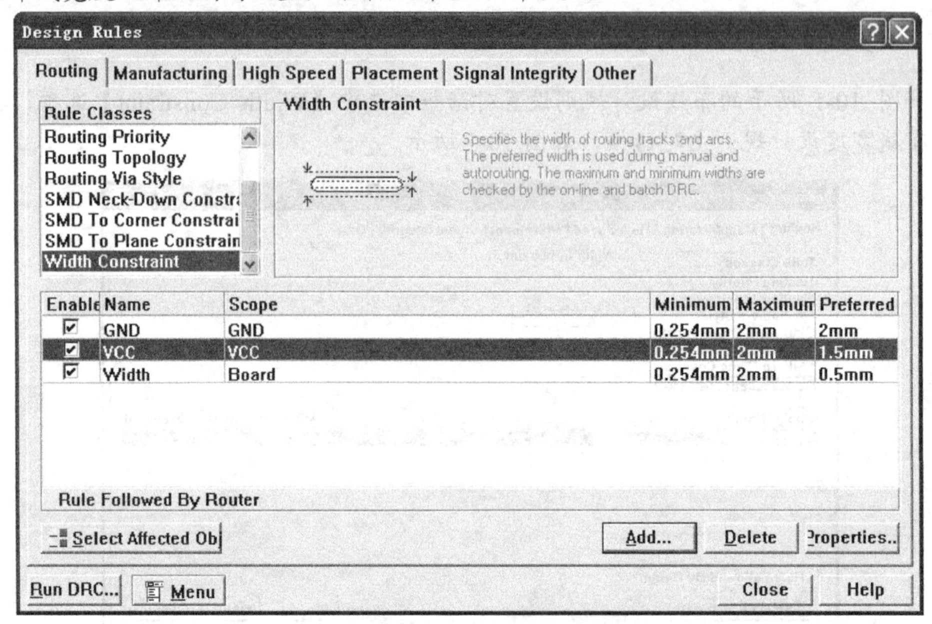


图10-7　设置好的多项布线宽度设计规则

5. 当所有的布线设计规则设置完成后单击 Close 按钮，完成本次布线规则的设置。

## 10.4　预布线

在交互式布线中，当电路板布线设计规则设置完成后，就要开始对重要的网络进行预布线了。预布线操作主要包括两个步骤。

- 对重要的网络进行预布线。
- 锁定预布线。在布线过程中，有时候可能需要事先布置一些走线（如电源线和地线等），以满足一些特殊要求，并有利于改善自动布线的结果。如果不对这些预布线进行保护的话，那么在自动布线的时候，这些布线会被重新调整，从而失去预布线的意义。

下面介绍预布线操作。

### 预布线

1. 对电路板上的布线网络进行分析，找出重要的、需要进行预布线的网络，比如在“指示灯显示电路.PCB”电路板设计中，可将电源网络作为重要的网络进行布线。
2. 对电源网络进行预布线，结果如图 10-8 所示。
3. 锁定预布线。在任意一段预布线上双击鼠标左键，打开导线属性对话框，如图 10-9 所示。

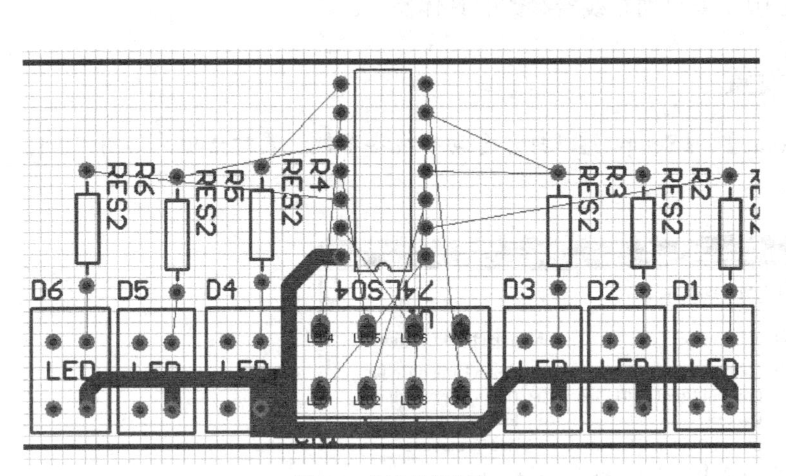


图10-8 预布线的结果

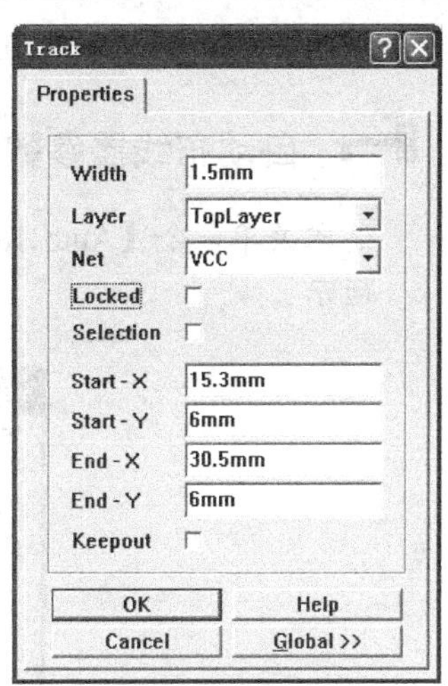


图10-9 导线属性对话框

4. 单击 Global >> 按钮进入全局编辑属性设置对话框，对全局编辑属性进行配置，并锁定所有预布的导线，如图 10-10 所示。

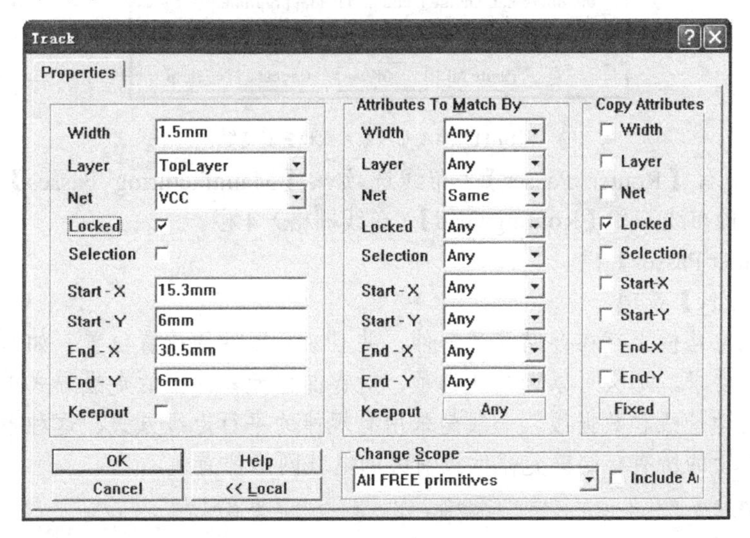


图10-10 全局编辑属性设置对话框

5. 单击 OK 按钮即可将所有的预布线锁定。

# 10.5 自动布线

所谓自动布线就是利用 PCB 编辑器内的自动布线器系统，根据设置的布线设计规则和选择的自动布线策略，依照一定的拓扑算法，按照事先生成的网络，自动在各个元器件之间进行连线的过程。

## 10.5.1 自动布线器（Auto Route）参数设置

在自动布线之前，设计者应当对自动布线器的参数进行设置，以使自动布线的结果能够最大限度地满足电路板设计需要。

下面介绍在 Protel 99 SE 中设置自动布线器参数的具体操作。

## 自动布线器参数设置

选取菜单命令【Auto Route】/【Setup…】，打开自动布线器参数设置对话框，如图 10-11 所示。

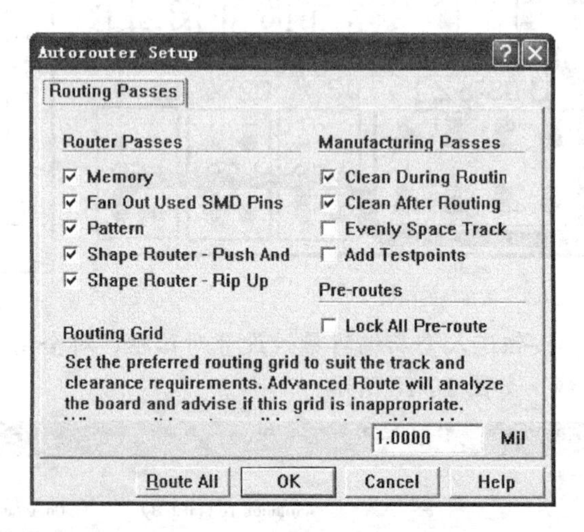


图10-11　自动布线器参数设置对话框

该对话框中有【Router Passes】（布线选项）、【Manufacturing Passes】（制板选项）、【Pre-routes】（预布线）和【Routing Grid】（布线栅格）4 栏。

(1)　【Router Passes】栏。

- 【Memory】选项。

  如果在电路板上存在存储器元器件，并且对元器件的放置位置、如何定位等有一定的要求，那么可以选中此选项，对存储器元器件上的走线方式进行最佳评估。对地址线和数据线，一般是采用有规律的平行走线方式，这种布线方式对电路板上的所有存储器元器件或有关的电气网络都有效。

即使电路板上并不存在存储器元器件，选中此项也是很有利的。

- 【Fan Out Used SMD Pins】选项。

  对于顶层或底层都密布 SMD 元器件的电路板来说，进行 SMD 元器件焊点的扇出（Fan Out）（所谓扇出指的是由表贴元器件的焊点先布一小段导线，然后通过过孔与其他工作层连接的操作）是一件很困难的事。因此在对整个电路板进行自动布线之前，在【Router Passes】栏中只选中本设置项，先试着进行一次自动布线。如果有大约 10%或更多的焊点扇出失败的话，那么在正式进行自动布线时，是无法完成布线的。解决这个问题的办法是，在电路板上试着调整扇出失败元器件的位置。

  本选项可以进行 SMD 元器件的扇出，并可以让过孔与 SMD 元器件的引脚保持相当的距离。当 SMD 元器件焊点走线跨越不同的工作层时，使用本规则可以先从该焊点走一小段导线，然后通过过孔与其他工作层连接，这就是 SMD 元器件焊点的扇出。

扇出布线程序采用的也是启发式和搜索式算法。对于电路板上扇出失败的地方，系统将以一个内含小叉的黄色圆圈表示出来。

- 【Pattern】选项。

  该选项用于设置是否采用布线拓扑结构进行自动布线。

- 【Shape Router-Push And Shove】选项。

  选中该选项后，布线器可以对走线进行推挤操作，以避开不在同一网络中的过孔或焊盘。

- 【Shape Router-Rip Up】选项。

  在利用【Push And Shove】布线器进行布线之后，电路板上可能存在着间距冲突的问题（在图面上以绿色的小圈表示）。利用【Rip Up】布线器可以删除这些与间距有关的已布导线，并重新进行布线，以消除这些冲突。

(2) 【Manufacturing Passes】栏。

该栏下有 4 个设置项。

- 【Clean During Routing】选项。

  在布线过程中清除冗余导线。

- 【Clean After Routing】选项。

  在布线之后清除冗余导线。

- 【Evenly Space Tracks】选项。

  如果布线参数允许在集成电路芯片相邻的两个焊盘间穿过两条导线，而实际上只放置了一条导线，且该导线可能距其中一个焊盘 20mil（一般来说，集成电路芯片中相邻两个焊盘的间距为 100mil，焊盘外径为 50mil），那么当选中此项并在布线器运行之后，这条导线将被调整到两个焊盘的正中央。

- 【Add Testpoints】选项。

  选中此项后，在布线时将在电路板上添加全部网络的测试点。

(3) 【Pre-routes】栏。

本栏中只有一个选项【Lock All Pre-route】，用于保护所有的预布线、预布焊盘或过孔。

- 选中此项后，将保护所有的预布对象，而不管这些预布对象是否处于“Locked”（锁定）状态。
- 如果不选中此项，则【Shape Router-Rip Up】布线器在自动布线的过程中，将对那些未处于“Locked”（锁定）状态下的预布对象重新进行调整，也就是说，对这些预布对象起不到保护作用，而只能保护那些处于“Locked”（锁定）状态的预布对象。

(4) 【Routing Grid】栏。

本栏用于指定布线格点，也就是布线的分辨度。布线的格点值愈小，布线的时间就愈长，所需的内存空间也就愈大。

格点值的选取必须与设计规则中设置的【Track】（导线）或【Pad】（焊盘）间的安全间距值相匹配。当开始进行自动布线的时候，布线器会自动分析格点—导线—焊盘（Grid-Track-Pad）的尺寸设置，如果设计者设置的格点值不合适的话，程序会告知设计者所设置的格点值不合适，并给出一个建议值。

## 10.5.2　自动布线方式

设置完自动布线的参数后，就可以开始进行自动布线了。Protel 99 SE 提供的自动布线方式灵活多样，根据设计者的布线需要，既可以对整块电路板进行全局布线，也可以对指定的区域、网络、元器件甚至是连接进行布线，因此设计者可以充分利用系统提供的多种自动布线方式，根据实际需要灵活选择最佳的布线方式。

下面对各种布线方式进行简要介绍。

### 一、　全局布线

如果没有特殊的要求，可以直接对整个电路板进行布线，即所谓的全局布线。

### 全局布线

1. 选取菜单命令【Auto Route】/【All...】，打开自动布线器参数设置对话框，以便让设计者确认所选的布线策略是否正确，如图 10-11 所示。
2. 单击 Route All 按钮，开始进行自动布线，全局布线完成后的结果如图 10-12 所示。

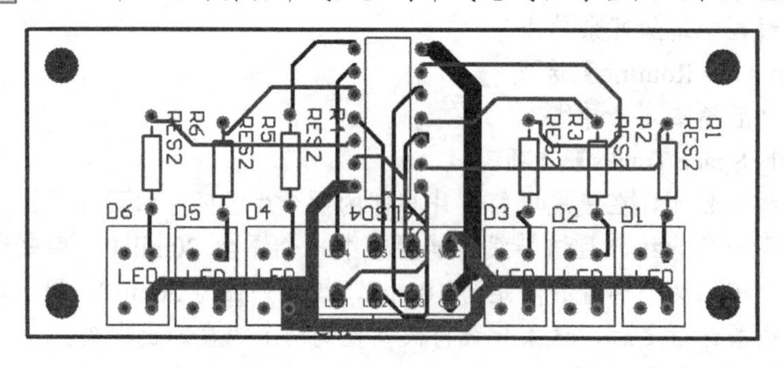


图10-12　全局布线完成后的结果

自动布线操作完成之后，系统将会弹出自动布线状态信息，如图 10-13 所示。

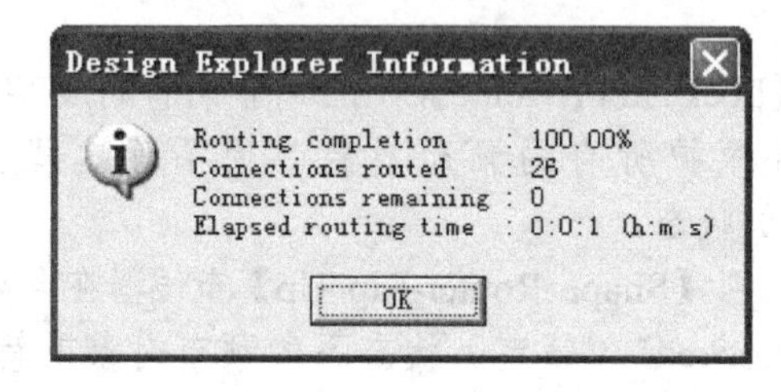


图10-13　自动布线状态信息

### 二、　指定网络布线

Protel 99 SE 可以对指定的网络进行自动布线。下面单独对指定的电源网络（VCC）进行自动布线。

### 指定网络布线

1. 选取菜单命令【Auto Route】/【Net】，此时光标将变成十字形状，单击元器件 D1 的第

1 个引脚，弹出如图 10-14 所示的菜单。菜单中的内容为该引脚的相关描述，从中选择【Connection（VCC）】选项，确定所要自动布线的网络。

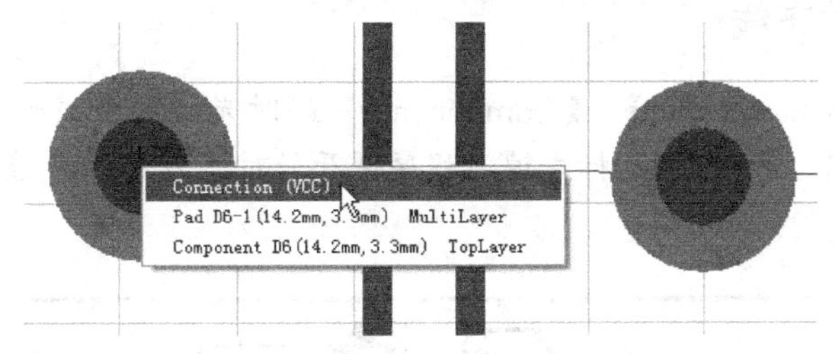


图10-14　选中所要自动布线的网络（VCC）

2. 选中布线网络后，程序开始进行自动布线，布线结果如图 10-15 所示。

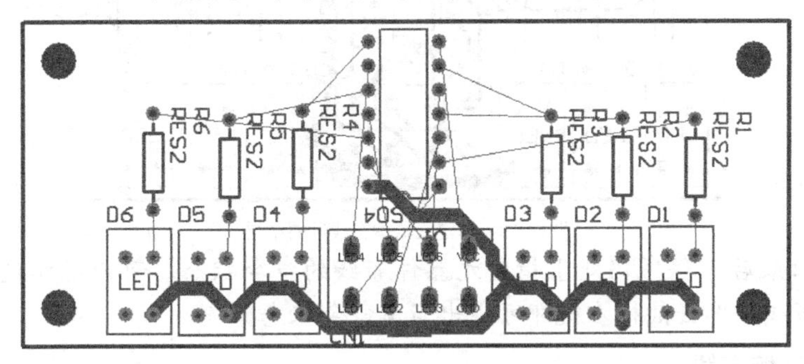


图10-15　指定网络（VCC）布线后的结果

3. 自动布线结束后，程序仍处于指定网络布线的命令状态，可以继续选定其他网络进行自动布线。单击鼠标右键即可退出当前命令状态。

三、 指定两连接点进行自动布线

布线时可以指定两个连接点，使程序只对这两个点之间的连线进行自动布线。

## 指定两连接点进行自动布线

1. 选取菜单命令【Auto Route】/【Connection】，此时光标将变成十字形状。单击元器件 R6 的焊盘，弹出如图 10-16 所示的菜单，从中选择【Connection（NetD6_2）】选项，确定所要自动布线的连接。
2. 选中布线连接后，程序就会开始进行自动布线，布线结果如图 10-17 所示。

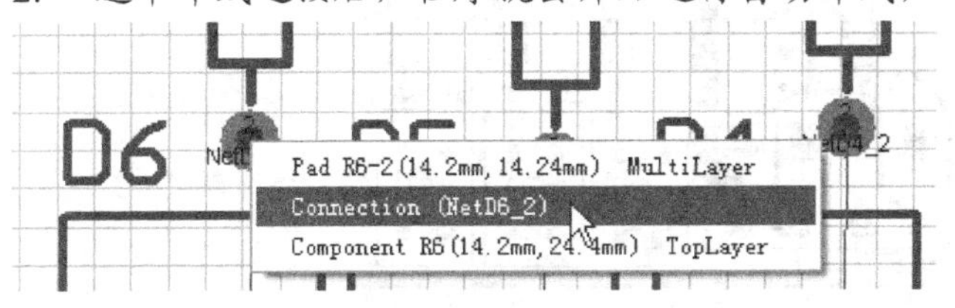

图10-16　选中所要自动布线的连接

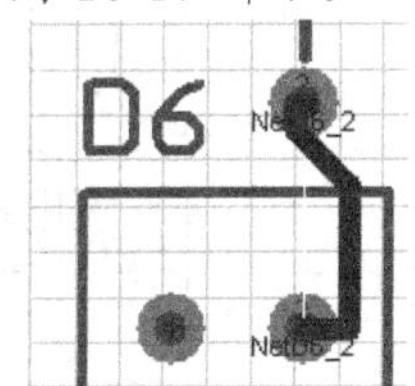


图10-17　布线结果

3. 自动布线结束后，程序仍处于指定连接布线的命令状态，可以继续选定其他连接进行自动布线。单击鼠标右键即可退出当前命令状态。

四、 指定元器件布线

布线时可以选定某个元器件进行布线，使程序只对与该元器件相连的网络进行自动布

线，具体操作如下。

## 指定元器件布线

1. 选取菜单命令【Auto Route】/【Component】，此时光标将变成十字形状。将鼠标光标移动到元器件 U1 上，单击鼠标左键，程序便开始对元器件 U1 进行自动布线，结果如图 10-18 所示。

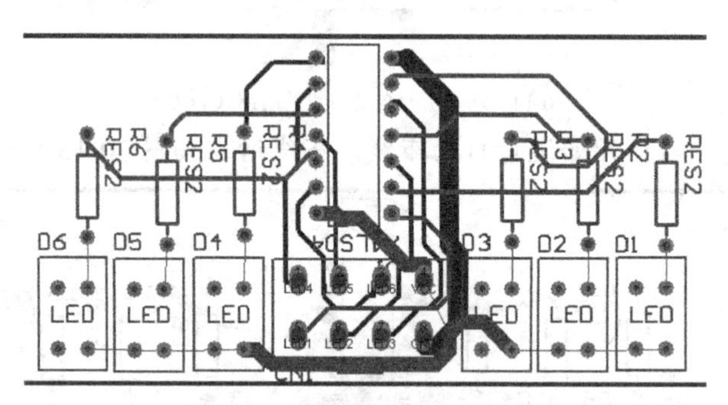


图10-18　指定元器件布线后的结果

2. 自动布线结束后，程序仍处于指定元器件布线的命令状态，可以继续选定其他元器件进行自动布线。单击鼠标右键即可退出当前命令状态。

### 五、 指定区域布线

布线时还可以对指定的区域进行自动布线，具体操作如下。

## 指定区域布线

1. 选取菜单命令【Auto Route】/【Area】，此时光标将变成十字形状。单击鼠标左键确定矩形区域对角线的一个顶点，然后移动鼠标光标到适当位置，再次单击鼠标左键确定矩形区域对角线的另外一个顶点，这样就选定了布线区域，布线结果如图 10-19 所示。

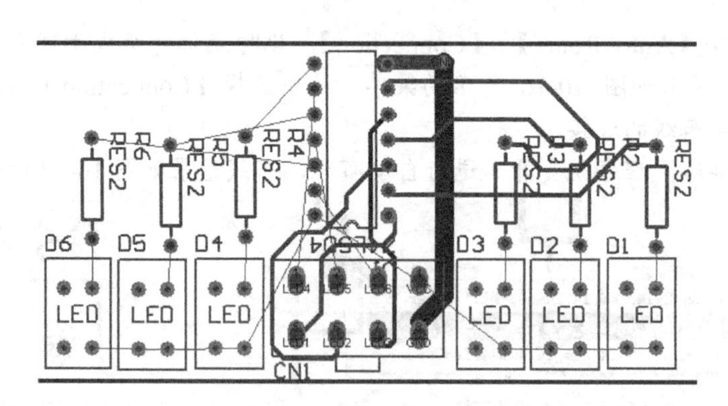


图10-19　指定区域布线后的结果

2. 布线结束后，单击鼠标右键即可退出该命令状态。

### 六、 其他相关命令

菜单【Auto Route】中与自动布线相关的其他命令如下。

- 【Reset】：复位，进入【Auto Route】/【ALL】命令状态，重新开始自动布线。
- 【Stop】：终止自动布线。
- 【Pause】：暂停自动布线。
- 【Restart】：重新开始自动布线，该命令与【Pause】命令配合使用。

# 10.6 自动布线的手工调整

自动布线过程是在某种给定的算法下，按照网络表连接，实现各网络间的电气连接的过程。因此，自动布线的功能主要是实现电气网络间的连接，而很少考虑到特殊的电气、物理和散热等要求。

电路板的布线一般要遵循以下几个原则。

(1) 引脚间的连线应尽量短。由于算法的原因，自动布线最大的缺点就是布线时的拐角太多，许多连线往往是舍近求远，拐了一个大弯再转回来，这类布线是手工调整的主要对象。

(2) 连线尽量不要从 IC 片的引脚间穿过。如果连线从引脚之间穿过，则在焊接元器件时容易造成短路，这部分导线能修改的尽量手工修改。

(3) 连线简洁，同一连线不要重复连接，以免影响美观。

图 10-20 所示为一种自动布线的结果，下面将在该图的基础上介绍如何对自动布线的结果进行手工调整。

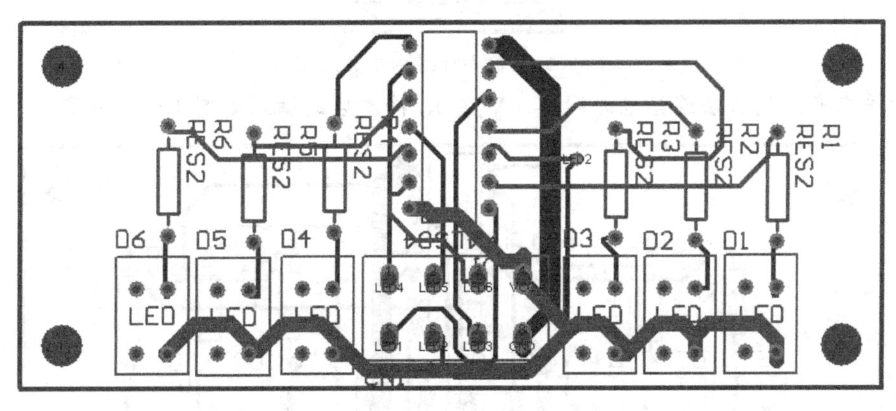


图10-20 手工调整自动布线示例

## 10.6.1 利用编辑功能调整布线结果

下面将根据上述布线原则对电路板布线结果进行手工调整。手工调整布线结果时，为了便于元器件之间的布线，有时还要调整元器件的布局。

在手工调整自动布线的结果之前，应当仔细检查电路板上的布线结果，找出需要进行手工调整的布线。在如图 10-20 所示的结果中，电源网络（VCC）的布线比较乱，而且绕远比较多。

### 自动布线的手工调整

1. 将工作层面切换到【Top Layer】(顶层)。

2. 选中图 10-20 中所示的电源网络布线，按 Delete 键将其删除，结果如图 10-21 所示。

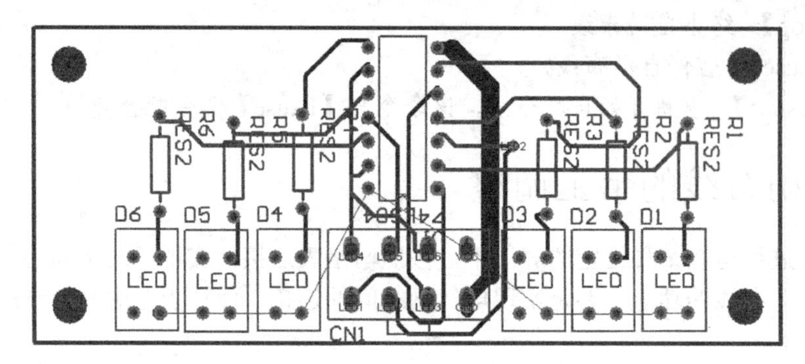


图10-21　删除需要手工调整的导线

3. 调整焊盘的网络标号。调整接插件 CN1 上焊盘 4 和焊盘 8 的网络标号，以便于对电源网络进行布线。调整网络标号后的结果如图 10-22 所示。

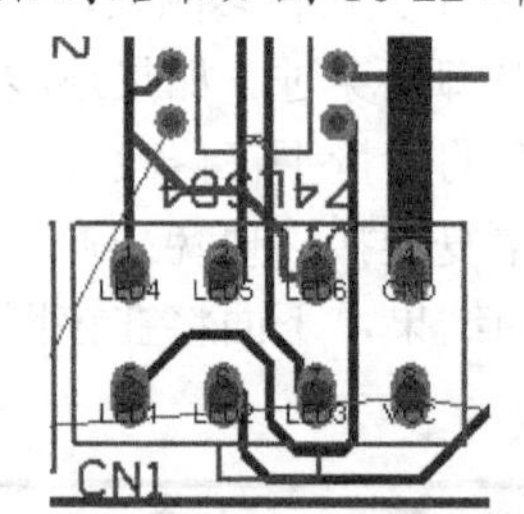


图10-22　调整焊盘网络标号后的结果

4. 采用手工布线的方法连接电源网络（VCC），修改后的结果如图 10-23 所示。

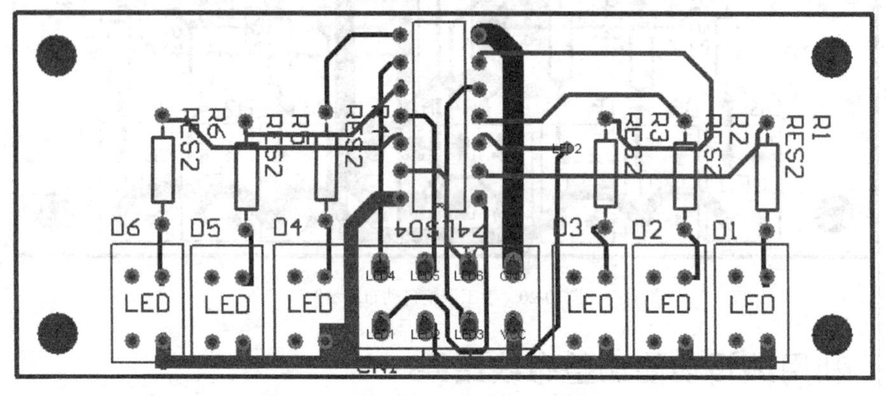


图10-23　手工调整后的结果

## 10.6.2　利用拆线功能调整布线结果

使用 Delete 键删除待修改的导线十分不方便，特别是在网络连线较多的情况下，逐段删除导线的工作量是非常大的。为此，Protel 99 SE 提供了强大的拆线功能，使手工调整变得十分方便。

选取菜单命令【Tools】/【Un-Route】，弹出如图 10-24 所示的菜单选项。

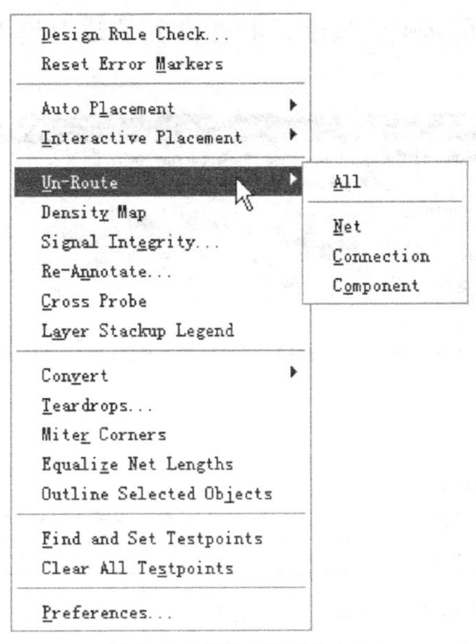


图10-24　拆线功能菜单命令

各选项说明如下。

- 【All】：对整个电路板进行拆线操作。
- 【Net】：对指定的网络进行拆线操作。
- 【Connection】：对指定的连线进行拆线操作。
- 【Component】：对指定的元器件进行拆线操作。

### 利用拆线功能调整布线结果

1. 选取菜单命令【Tools】/【Un-Route】/【Net】。
2. 执行该命令后，光标将变成十字形状。移动鼠标光标到如图 10-20 所示的导线上，单击鼠标左键，即可拆除两个引脚之间的连线，这就是拆线功能。
3. 此时系统仍处于拆线命令状态，可以继续拆除其他连接，然后单击鼠标右键，退出拆线命令状态。

## 10.7　覆铜

在自动布线结果中，地线网络的连接往往不是十分理想，需要进行手工调整，但采用手工调整的方法不如采用覆铜的方法便捷、有效。对各布线层中放置的地线网络进行覆铜，不但可以增强 PCB 板的抗干扰能力，使电路板更加美观，而且还可以增强地线网络过电流的能力。

### 对地线网络覆铜

1. 利用拆线功能删除所有地线网络的布线。
2. 设置多边形填充的连接方式。

(1) 选取菜单命令【Design】/【Rules...】，打开布线设计规则设置对话框。

(2) 在该对话框中单击Manufacturing选项卡，打开设置多边形填充连接方式设计规则主对话框，如图 10-25 所示。

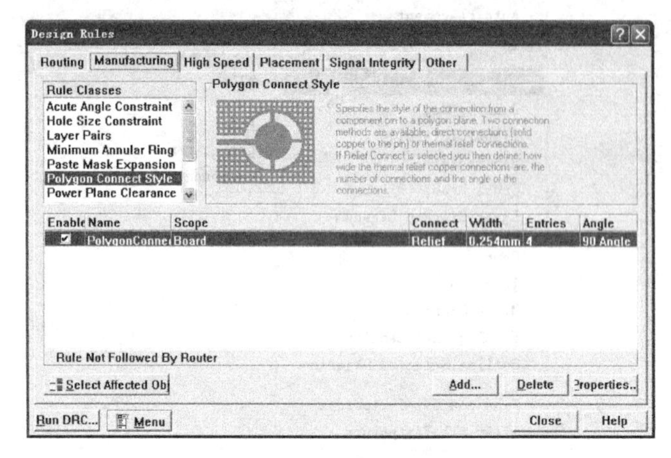


图10-25　设置多边形填充连接方式设计规则主对话框

(3) 用鼠标左键双击对话框中【Rule Classes】栏里的【Polygon Connect Style】选项，打开【Polygon Connect Style】（多边形填充连接方式）对话框，如图 10-26 所示。

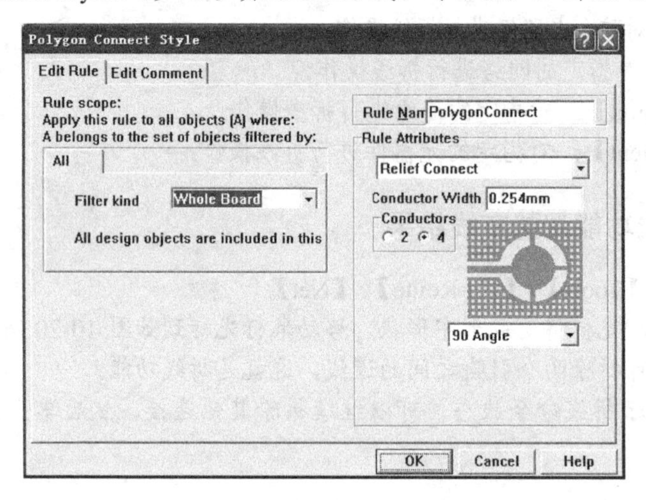


图10-26　多边形填充连接方式对话框

在该对话框中，系统提供了以下 3 种连接方式。

- 【Relief Connect】：辐射连接。
- 【Direct Connect】：直接连接。
- 【None Connect】：不连接。

辐射连接包括如图 10-27 所示的几种方式。

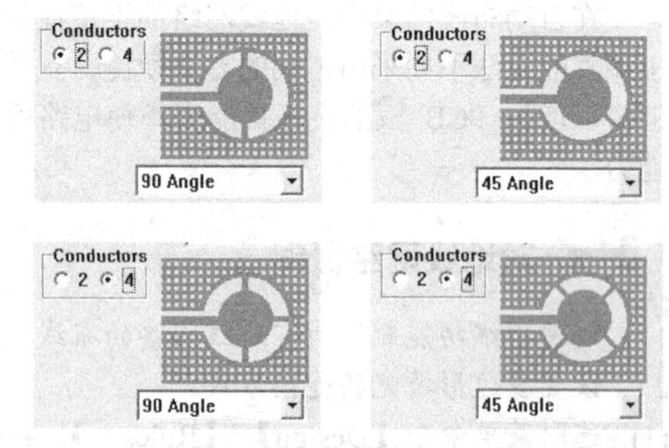


图10-27　辐射连接的几种方式

在设计中，对于同一种网络，通常选择直接连接的方式，这样在连接相同网络时，连接的有效面积最大。但是也有一个缺点，就是在焊接元器件时，与焊盘连接的铜箔面积较大，散热较快，不利于焊接。

3. 设置多边形填充与导线、焊盘和过孔间的安全间距（Clearance Constraint），如果 PCB 允许的话，建议采用≥0.5mm 的安全间距。
4. 单击放置工具栏中的按钮，打开设置多边形填充选项对话框，如图 10-28 所示。

在该对话框中将连接网络设置为“GND”，将工作层面设置为底层，将线宽设为“1mm”，不采用网格的连接方式，采用整块覆铜，结果如图 10-29 所示。

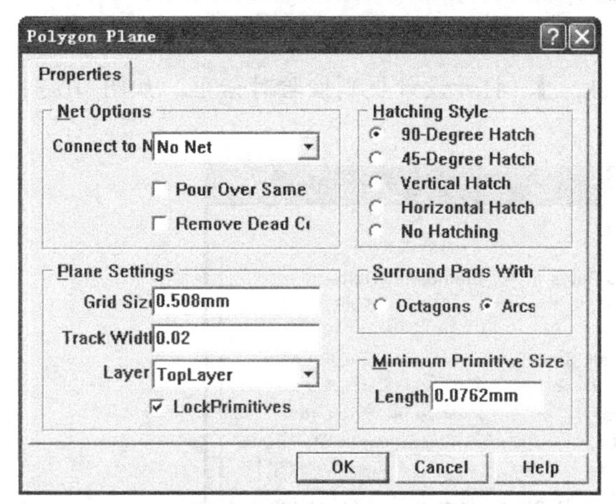


图10-28　设置多边形填充选项对话框

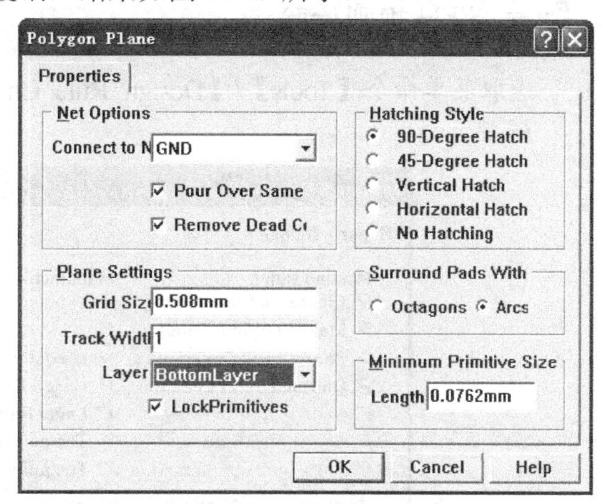


图10-29　设置好的多边形填充属性

5. 单击 OK 按钮，此时光标将变成十字形状，然后通过画导线的方法，在需要放置覆铜的区域外画一个封闭的多边形，单击鼠标右键，退出该命令状态。覆铜后的 PCB 如图 10-30 所示。

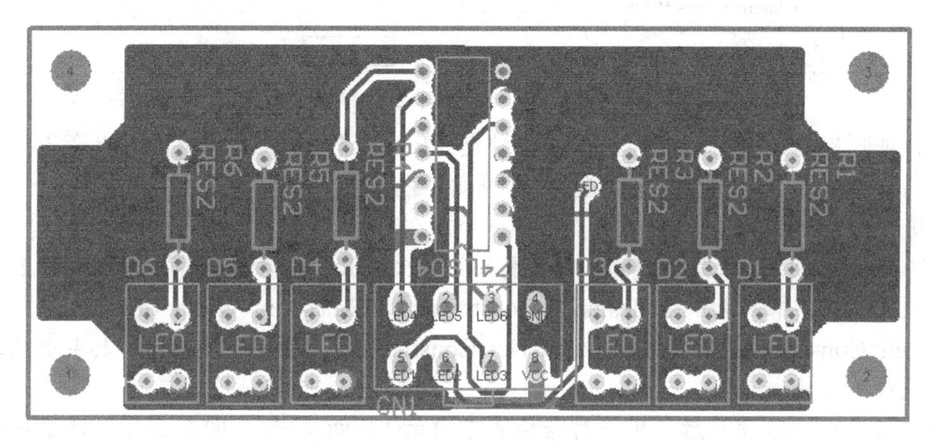


图10-30　覆铜后的 PCB

# 10.8　设计规则检验（DRC）

在电路板布线完成之后，应当对电路板进行 DRC 检验，以确保 PCB 完全符合设计要求，所有的网络均已正确连接。这一步对于初学者来说尤为重要，即使是有着丰富经验的设计人员，也可以借助 DRC 设计检验保证电路板设计万无一失。建议在完成 PCB 布线之后，千万不要遗漏这一步。

设计规则检验中常用的检验项目如下。

- 【Clearance Constraints】：该项为导电图件之间安全间距限制检验项。
- 【Max/Min Width Constraints】：该项为导线布线宽度限制检验项。
- 【Short Circuit Constraints】：该项为电路板布线是否符合短路设计规则检验项。
- 【Un-Routed Net Constraints】：该项将对没有布线的网络进行检验。

## 设计规则检验

1. 选取菜单命令【Tools】/【Design Rule Check…】，打开设计规则检验对话框，如图 10-31 所示。

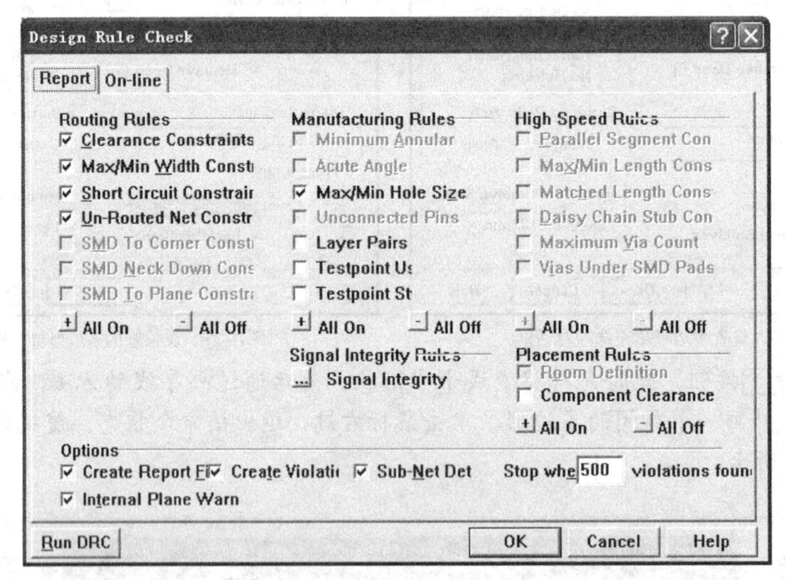


图10-31　设计规则检验对话框

设计规则检验结果可以分为两种，一种是【Report】（报表）输出，可以产生检测结果报表；另一种是【On-Line】（在线检验），也就是在布线的过程中对电路板的电气规则和布线规则进行检验，以防止错误产生。

2. 单击 Report 选项卡，进入【Report】（报表）输出 DRC 设计检验模式，然后设置设计校验项目。本例中只选中【Clearance Constraints】、【Max/Min Width Constraints】、【Short Circuit Constraints】和【Un-Routed Net Constraints】4 项前的复选框，其余选项均采用系统默认设置。
3. 设置好设计校验项目后，单击对话框左下角的 Run DRC 按钮，即可进行设计规则校验。程序结束后，会产生一个检验情况报表，具体内容如下。

```
Protel Design System Design Rule Check
PCB File : Documents\Route.PCB
Date     : 5-Jan-2006
Time     : 21:49:48
Processing Rule : Width Constraint (Min=0.254mm) (Max=2mm) (Prefered=0.5mm) (On the board )
Rule Violations :0
```

```
    Processing Rule : Hole Size Constraint (Min=0.0254mm) (Max=2.54mm) (On
the board )
      Violation      Pad Free-4(4mm,32mm)  MultiLayer  Actual Hole Size = 4mm
      Violation      Pad Free-3(80mm,32mm)  MultiLayer  Actual Hole Size = 4mm
      Violation      Pad Free-2(80mm,4mm)  MultiLayer  Actual Hole Size = 4mm
      Violation      Pad Free-1(4mm,4mm)  MultiLayer  Actual Hole Size = 4mm
    Rule Violations :4
    Processing Rule : Clearance Constraint (Gap=0.5mm) (On the board ),(On
the board )
    Rule Violations :0
    Processing Rule : Broken-Net Constraint ( (On the board ) )
    Rule Violations :0
    Processing Rule : Short-Circuit Constraint (Allowed=Not Allowed) (On
the board ),(On the board )
    Rule Violations :0
    Processing Rule : Width Constraint (Min=0.254mm) (Max=2mm)
(Prefered=2mm) (Is on net GND )
    Rule Violations :0
    Processing Rule : Width Constraint (Min=0.254mm) (Max=2mm)
(Prefered=1.5mm) (Is on net VCC )
    Rule Violations :0
    Violations Detected : 4
    Time Elapsed        : 00:00:02
```

4. 根据 DRC 设计检验结果对电路板进行修改，具体操作将在本书第 11 章中介绍。

## 10.9 实例辅导

本章前面部分较为详细地介绍了一种交互式的布线方法。因此，本章实例辅导部分将不再介绍布线方法，而是介绍两种电路板设计过程中十分有用的技巧，即利用全局编辑功能隐藏电路板上所有元器件的参数及修改元器件序号的大小。

首先介绍隐藏元器件参数的操作。

### 隐藏元器件的参数

1. 在电路板上任意元器件的参数上双击鼠标左键，打开编辑元器件参数属性对话框，如图 10-32 所示。
2. 单击 **Global >>** 按钮打开全局编辑属性设置对话框，对所有元器件的属性进行匹配设置，然后选中【Hide】选项后的复选框，结果如图 10-33 所示。
3. 单击 **OK** 按钮，系统将会执行隐藏元器件参数的命令，隐藏电路板上所有元器件的参数，结果如图 10-34 所示。

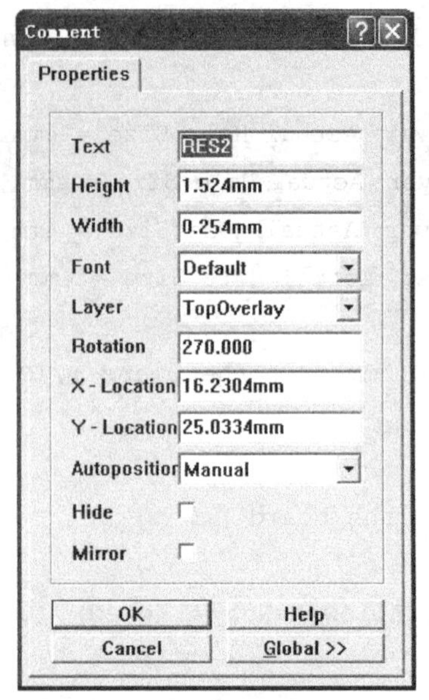


图10-32　编辑元器件参数属性对话框

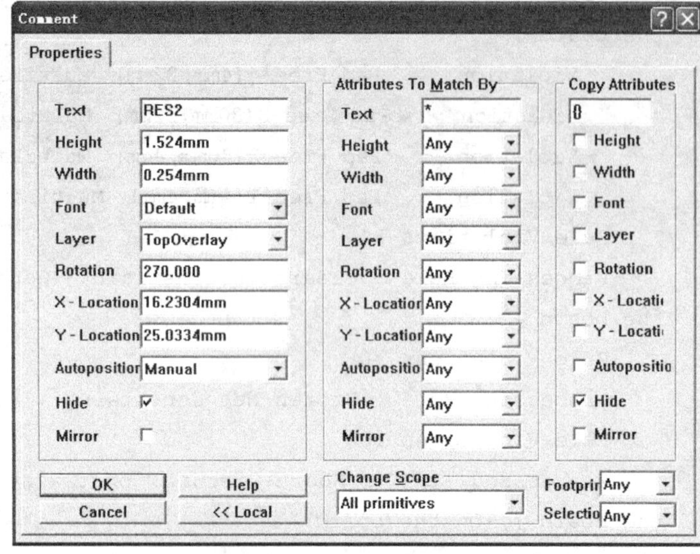


图10-33　设置好的全局编辑属性

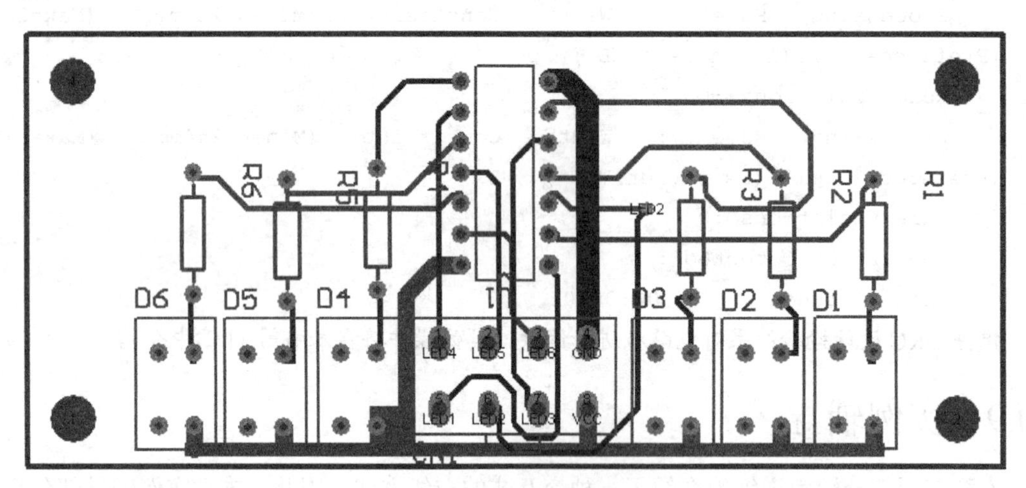


图10-34　隐藏元器件参数后的结果

接下来介绍修改元器件序号大小的操作。为了便于比较，本例特意将元器件的序号增大了。

## 修改元器件序号的大小

1. 在任意元器件的序号上双击鼠标左键，打开编辑元器件参数属性对话框。
2. 单击 Global >> 按钮打开全局编辑属性设置对话框，并对所有元器件的匹配属性进行设置。本例对电路板上所有元器件的序号进行修改，因此不用配置特殊属性，结果如图 10-35 所示。
3. 修改元器件序号的大小，将其加高加粗，可修改【Height】和【Width】选项的参数设置，结果如图 10-36 所示。
4. 单击 OK 按钮，执行修改元器件序号大小的命令，结果如图 10-37 所示。

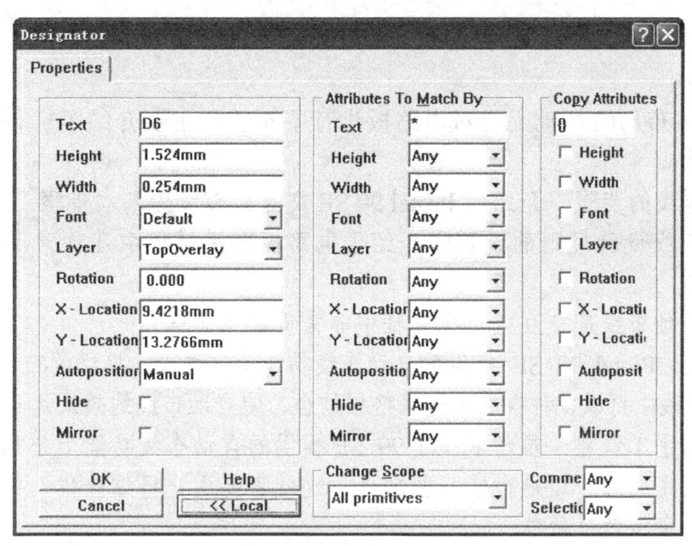


图10-35　配置全局编辑功能属性

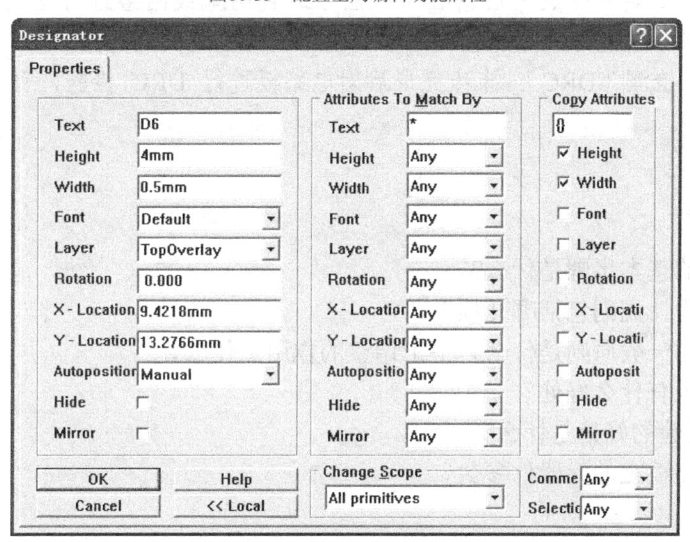


图10-36　修改元器件序号的大小

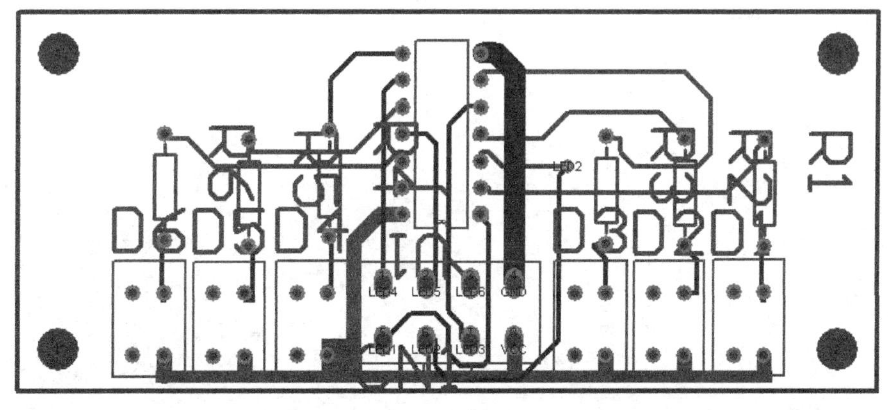


图10-37　修改元器件序号大小后的结果

## 10.10 小结

本章在元器件布局的基础上，对电路板进行了布线，主要介绍了一种交互式的布线方法，包括以下内容。

- 交互式布线的步骤：介绍了 Protel 99 SE 交互式布线的基本步骤。
- 电路板布线设计规则的设置：介绍了电路板布线过程中几种常用布线设计规则的设置。
- 预布线：预布线是交互式布线过程中非常重要的步骤。
- 自动布线：Protel 99 SE 提供的自动布线功能十分强大，提供的布线方法也非常多，在实践中可以多种自动布线策略相结合，使自动布线的效果达到最佳。
- 电路板的手工调整：虽然 Protel 99 SE 提供的自动布线功能十分强大，但是在自动布线完成后，还是存在一些缺点，这就需要用户仔细查找，并进行手工调整，以使布线效果最佳。
- 覆铜：手工调整完成之后对各布线层中放置的地线网络进行覆铜，可以增强 PCB 的抗干扰能力，另外也可以增强电路板的电流负载能力。
- 设计规则检测（DRC）：布线完成后对电路板进行 DRC 检验，可以确保 PCB 正确无误。

## 10.11 习题

1. 交互式布线的基本步骤是什么？
2. 常用的布线设计规则包括哪几项？
3. 电路板布线的一般原则是什么？手工调整的作用是什么？
4. 覆铜对电路板有什么好处？
5. 进行 DRC 校验的好处是什么？
6. 如何隐藏电路板上的元器件参数？

# 第11章　元器件封装的制作

在电路板设计过程中，经常会碰到不知道元器件封装放在哪个库文件，或者找不到合适的元器件封装等情况。对于第一种情况，设计者可以利用浏览和查找元器件库的方法找到合适的元器件封装；对于第二种情况，设计者就不得不自己动手制作元器件封装了。

本章主要介绍两种创建元器件封装的方法，即利用系统提供的生成向导创建元器件封装和手工制作元器件封装。

## 11.1　本章学习重点和难点

- 本章学习重点。
  本章的学习重点包括创建元器件封装库文件、利用生成向导创建元器件封装以及手工创建元器件封装等内容。
- 本章学习难点。
  本章的学习难点在于熟练掌握手工创建元器件封装的方法，学习利用定义用户坐标系的方法快速绘制元器件封装的外形和调整焊盘间距等操作。

## 11.2　概念辨析

元器件外形：元器件被安装到电路板上之后在电路板上的投影即为元器件的外形。

焊盘：主要用于安装元器件的引脚，并通过它与电路板发生信号连接的导电图件。根据元器件种类的不同，可将焊盘分为表贴式焊盘和直插式焊盘两种类型。

元器件封装：元器件封装指的是元器件被焊接到电路板上时，在电路板上所显示的外形和焊点位置关系的集合。

元器件封装库：元器件封装库是用来放置元器件封装的设计文件，在 Protel 99 SE 中其后缀名称为“*.Lib”。

## 11.3　创建一个元器件封装库文件

在创建元器件封装之前，首先应当创建一个元器件封装库文件，用于放置即将创建的元器件封装。

### 创建一个元器件封装库文件

1. 新建一个设计数据库文件，将该文件命名为“diypcb.DDB”，然后保存（可打开光盘文件“...\实例\第 11 章\diypcb.DDB”）。

2.　选取菜单命令【File】/【New...】，打开新建设计文件对话框，如图 11-1 所示。

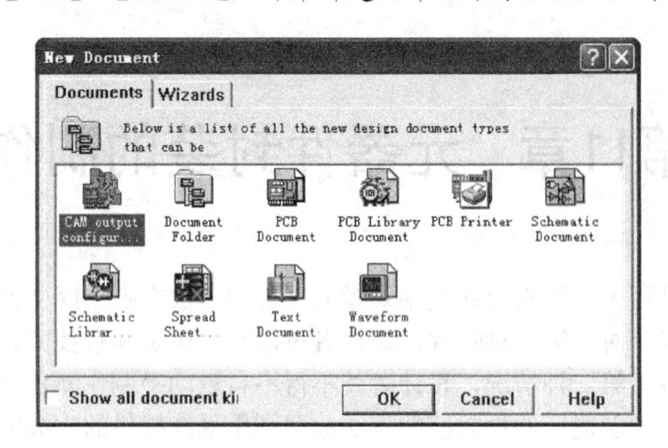


图11-1　新建设计文件对话框

3.　单击 图标，然后单击 OK 按钮，系统将会自动生成一个名称为“PCBLIB1.LIB”的库文件，如图 11-2 所示。

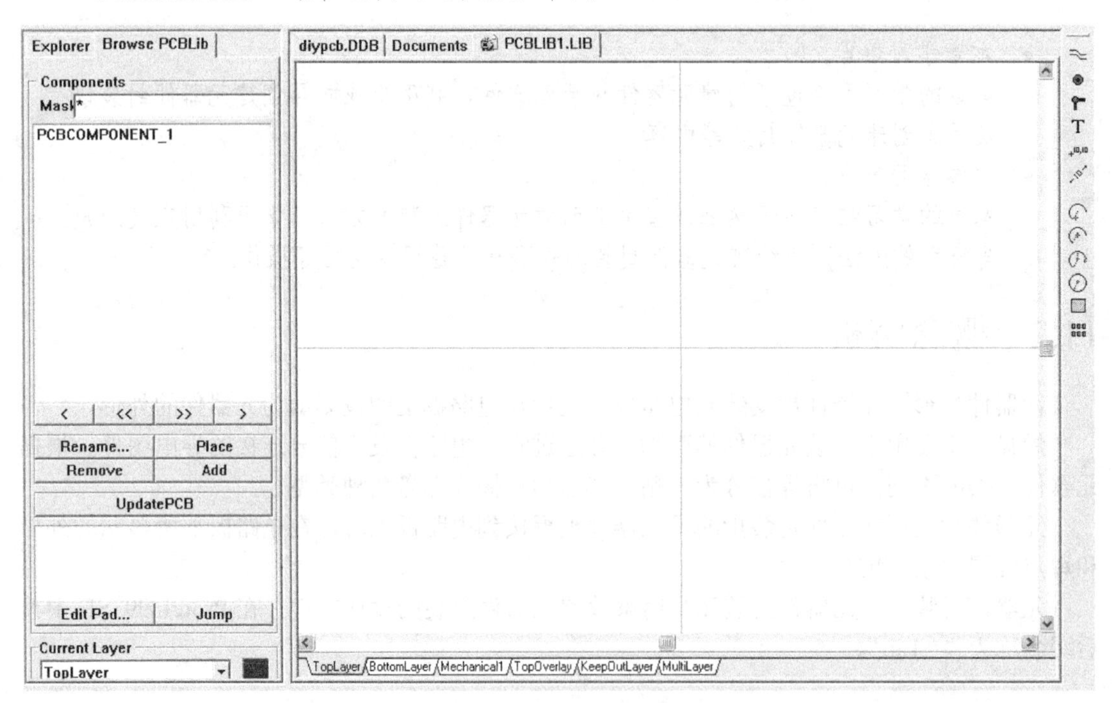


图11-2　新创建的元器件封装库文件

4.　将该库文件命名为“diypcb.LIB”，然后单击按钮，保存该元器件封装库文件。

## 11.4　元器件封装库编辑器

元器件封装库编辑器工作窗口的构成及常用的编辑功能与前面介绍的原理图编辑器、PCB 编辑器基本相同，本章就不再详细介绍了。下面主要介绍一下元器件封装库编辑器的管理窗口，图 11-3 所示为元器件封装库编辑器的工作窗口和管理窗口。

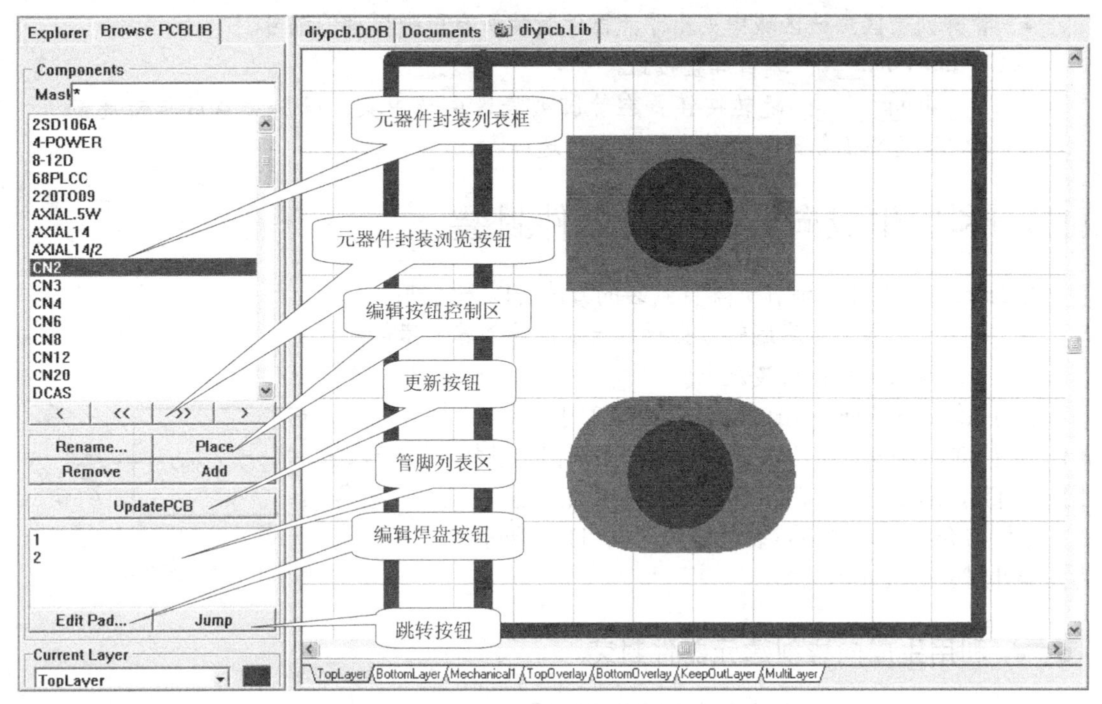


图11-3　PCB 封装库文件面板

在元器件封装库编辑器管理窗口中包含以下几部分内容。

- 【Mask】（屏蔽筛选）查询框：在该框中输入特定的查询字符后，在元器件封装列表框中将显示出包含设计者输入的特定字符的所有元器件封装。查询框中的“*”号代表任意字符，因此在元器件封装列表框中将显示出元器件封装库中的所有元器件封装。
- 元器件封装列表框：在该框中将显示出符合查询要求的所有元器件封装。在列表框中选中某一元器件封装后，该元器件封装将放大显示在工作窗口的中心位置。
- 元器件封装浏览按钮。

  <：选择上一个元器件封装。

  <<：选择最前面一个封装。

  >>：选择最后面一个封装。

  >：选择下一个元器件封装。

- 编辑按钮控制区。

  Rename...：对当前选中的元器件封装重新命名。

  Place：将当前选中的元器件封装放置到激活的 PCB 文件中。

  Remove：将当前选中的元器件封装从封装库中删除。

  Add：在元器件封装库中载入新的元器件封装。

  UpdatePCB：将元器件封装的修改结果更新到激活的 PCB 设计文件中。如果在某 PCB 文件中使用了某一元器件的封装，随后在元器件封装库中对该元器件封装作了修改，此时单击此按钮，将会使 PCB 编辑器中的元器件封装随之改动。

- 管脚列表区：该区域中列出了元器件封装所有引脚焊盘的编号。

Edit Pad...：编辑焊盘按钮。

Jump：跳转按钮。在管脚列表区中选中某一管脚焊盘后单击此按钮，即可在工作窗口中放大显示出所选焊盘。

# 11.5　利用生成向导创建元器件封装

在 Protel 99 SE 中，制作元器件封装的方法有以下两种：

- 利用元器件封装库编辑器提供的生成向导创建元器件封装；
- 手工制作元器件封装。

利用系统的生成向导制作元器件封装，对于典型元器件封装的制作来说是非常便捷的；如果元器件封装属于异形封装，那么采用手工制作的方法可能更加合适。

本例将介绍功率电阻封装的制作，图 11-4 所示为元器件封装的尺寸示意图。

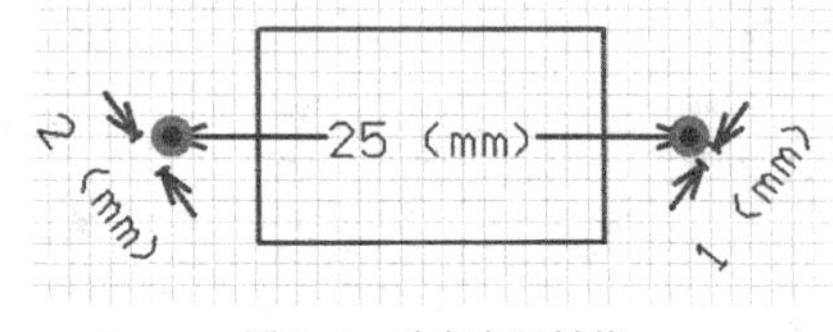


图11-4　功率电阻封装

## 利用生成向导创建元器件封装

1. 在新生成的元器件库文件中选取菜单命令【Tools】/【New Component】，打开创建元器件封装向导对话框，如图 11-5 所示。

> 要点提示　如果单击图 11-5 所示对话框中的 Cancel 按钮，程序将放弃利用向导生成 PCB 元器件封装，而创建一个空白的新元器件，这个新元器件可由设计者手工设计完成。

2. 单击 Next > 按钮，打开如图 11-6 所示的对话框。在该对话框中可以选择元器件封装的类型，在对话框的列表选项中一共列举了 12 种标准的封装外形。

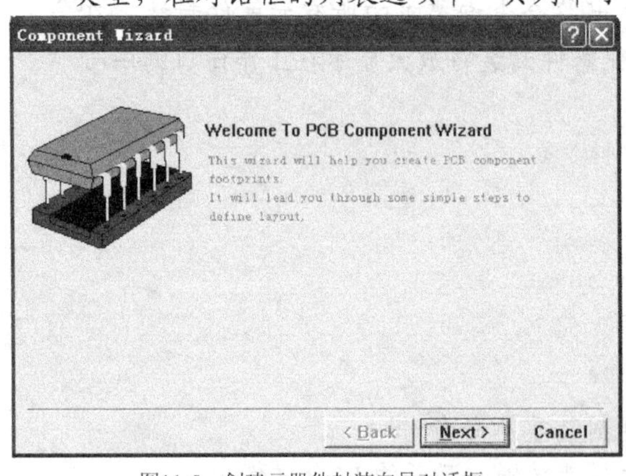


图11-5　创建元器件封装向导对话框

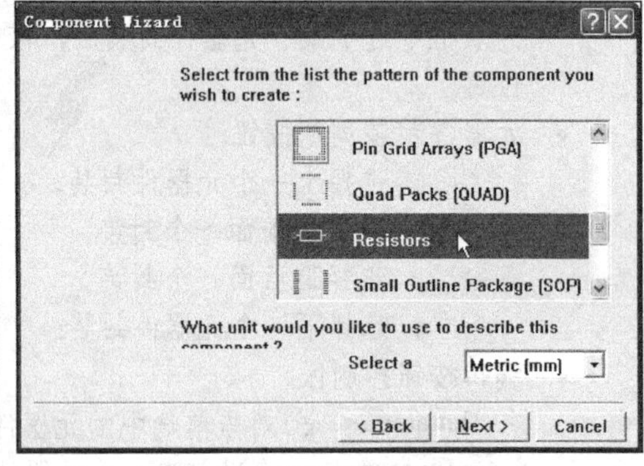


图11-6　选择元器件封装的类型

3. 单击【Resistors】（电阻封装）选项，并将元器件的单位设置为"Metric（mm）"。
4. 单击 Next > 按钮，打开设置焊盘类型对话框。在该对话框中可以设置电阻的类型，本例选择【Through hole】（直插电阻）选项，结果如图 11-7 所示。
5. 单击 Next > 按钮，打开设置焊盘尺寸对话框，如图 11-8 所示。

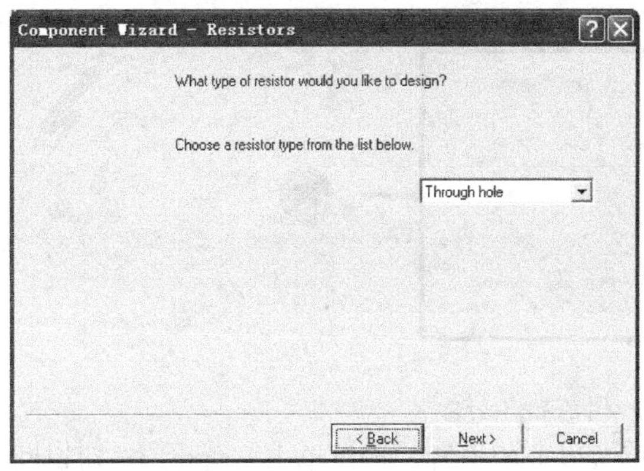


图11-7 设定焊盘类型对话框

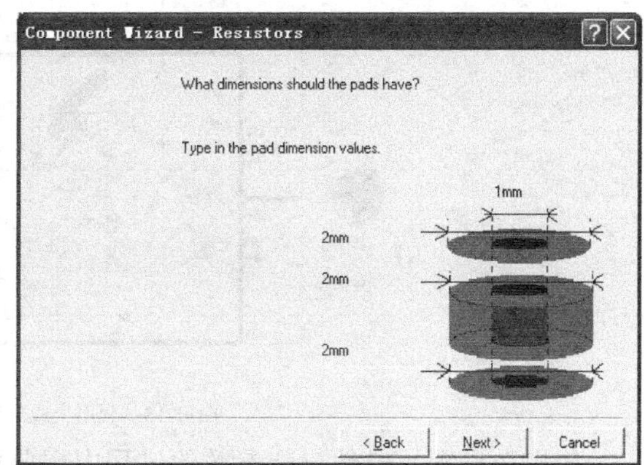


图11-8 设置焊盘尺寸对话框

6. 单击 Next > 按钮，打开设置电阻焊盘间距对话框，如图 11-9 所示。
7. 单击 Next > 按钮，打开设置电阻外形的高度和线宽对话框，如图 11-10 所示。本例将外形线高度设置为“5mm”，线宽则采用系统默认设置。

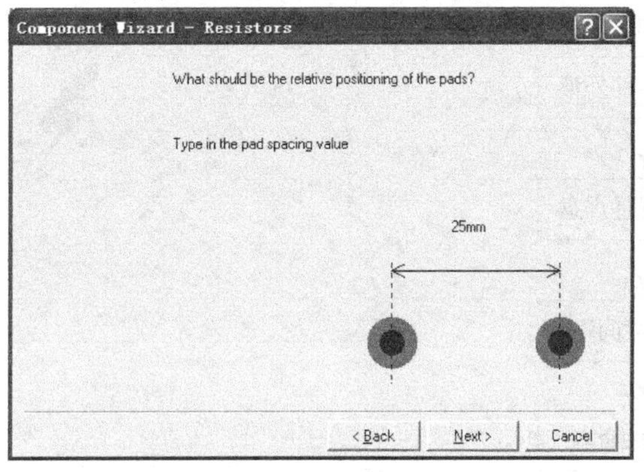


图11-9 设置电阻焊盘间距对话框

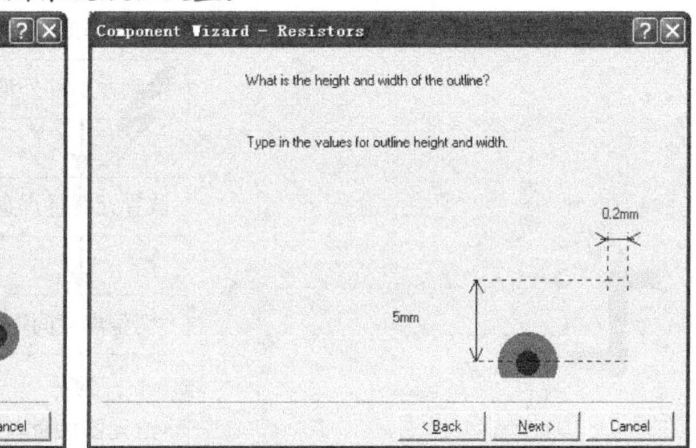


图11-10 设置电阻外形的高度和线宽对话框

8. 单击 Next > 按钮，在弹出的对话框中给新建的元器件封装命名，在这里将元器件封装命名为“Axial1.0”，如图 11-11 所示。
9. 单击 Next > 按钮，至此，所有的设置工作均已完成，打开最后一个对话框，如图 11-12 所示。

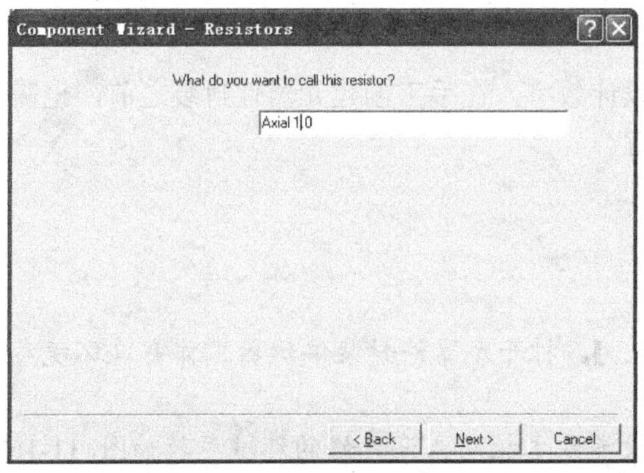


图11-11 给新建的元器件封装命名

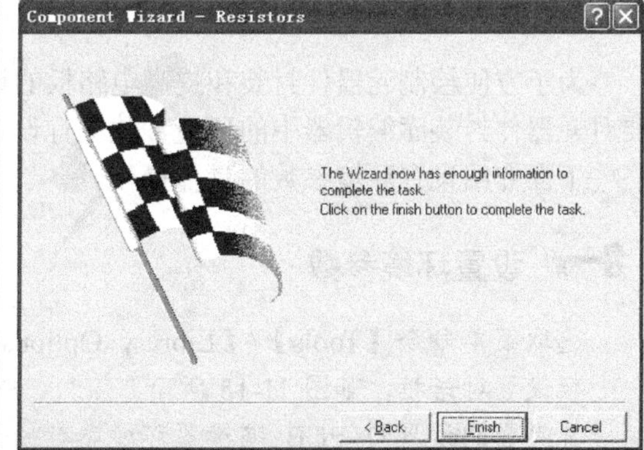


图11-12 完成对元器件封装的所有设置

10. 单击 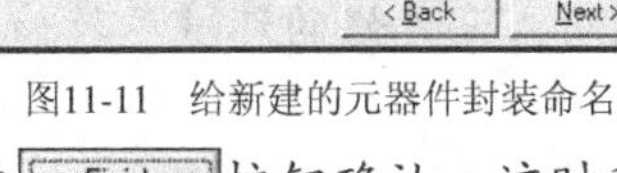 按钮确认，这时程序将自动产生如图 11-13 所示的元器件封装。

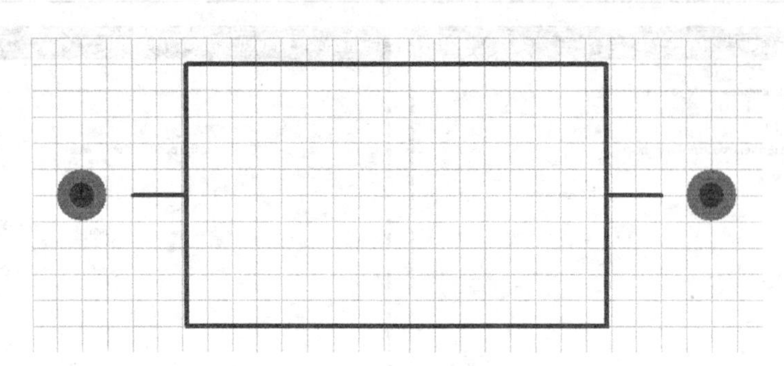

图11-13　利用生成向导制作的元器件封装

如果在设置元器件封装参数的过程中想要更改以前的设置，可以单击 < Back 按钮返回到前一次的设置对话框中进行修改。

# 11.6　手工创建元器件封装

手工创建元器件封装一般分为以下几个步骤，如图 11-14 所示。

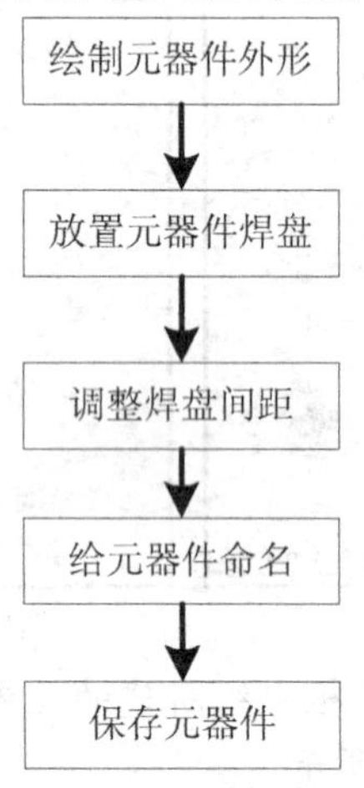


图11-14　手工创建元器件封装的流程

## 11.6.1　设置环境参数

为了方便绘制元器件封装和提高电路板的设计效率，在手工创建元器件封装之前，也需要对元器件封装库编辑器中的环境参数进行设置。

下面介绍设置环境参数的具体操作。

### 设置环境参数

1. 选取菜单命令【Tools】/【Library Options...】，打开元器件封装编辑器工作窗口环境参数设置对话框，如图 11-15 所示。
2. 其参数的设置与 PCB 编辑器环境参数的设置基本相同。设置好的环境参数如图 11-16 所示。

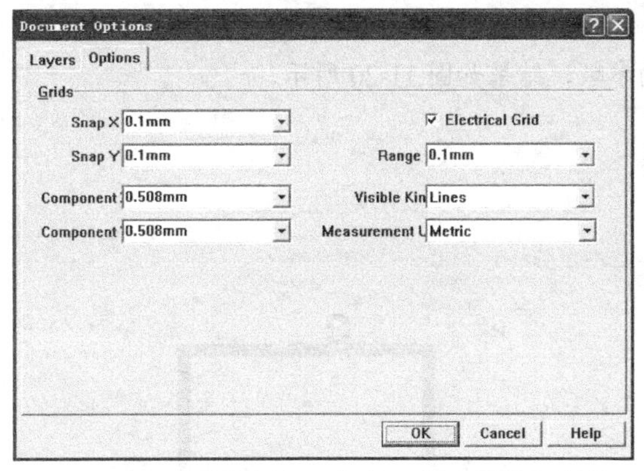


图11-15 元器件封装编辑器工作窗口环境参数设置对话框

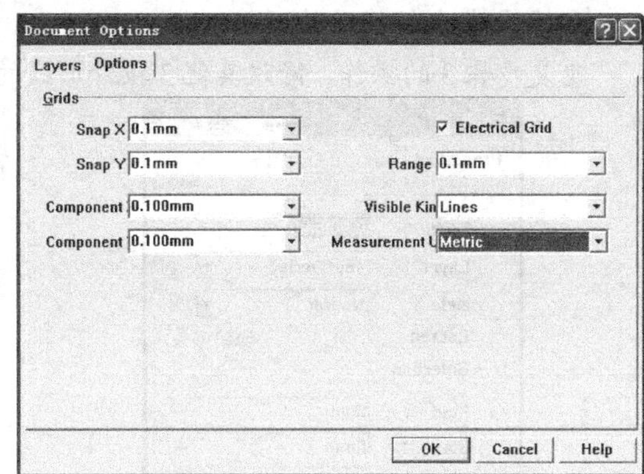


图11-16 设置好的环境参数

## 11.6.2 绘制元器件封装的外形

元器件封装的外形指的是当元器件被放置到电路板上时，其外形在电路板上的投影。如果元器件的外形绘制得不准确，则该元器件被安装到电路板上后，将可能与其他元器件发生干涉，因此在绘制元器件外形之前，最好能够以元器件实物为参考，准确测量其外形尺寸。

根据放置元器件工作层面的不同，可将元器件外形分为顶层元器件外形和底层元器件外形两类，前者是元器件实物外形的顶视图，而后者则是元器件实物外形的底视图。

下面介绍顶层元器件封装外形的绘制方法，底层元器件外形的绘制方法与顶层元器件外形的绘制方法基本相同，只是视图位置不一样而已。

本例将以如图 11-17 所示的元器件外形为例，介绍如何快速绘制元器件外形。

### 绘制元器件封装的外形

1. 将工作层面切换到顶层丝印层，然后单击≈按钮，在工作窗口中放置 4 条线段，序号分别为 1、2、3、4，结果如图 11-18 所示。

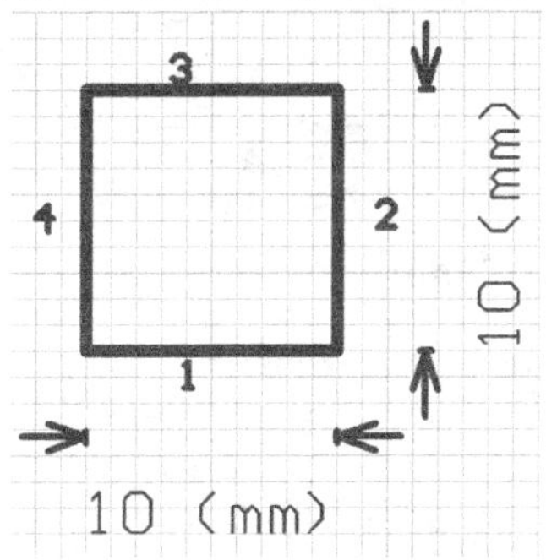


图11-17 绘制元器件外形实例

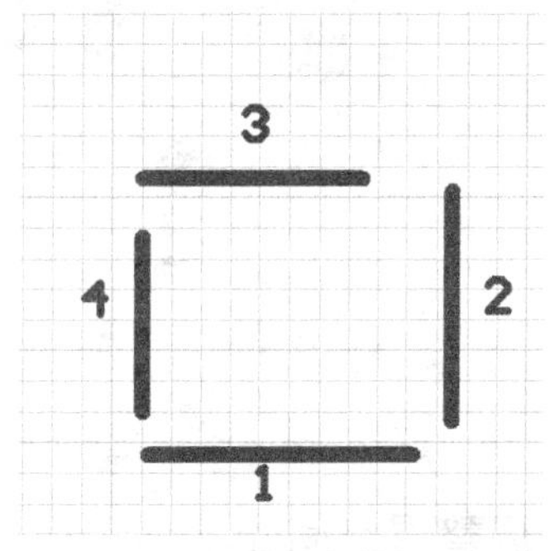


图11-18 放置 4 条线段

2. 选取菜单命令【Edit】/【Set Reference】/【Location】，此时光标将变成十字形，在线段 1 的左端点处单击鼠标左键，将其设置为工作窗口的坐标参考点，根据当前设置的坐标参考原点可知 4 条线段的起始点和终止点坐标分别为：线段 1（0，0）、（10，0），线段 2（10，0）、（10，10），线段 3（10，10）、（0，10），线段 4（0，10）、（0，0）。
3. 在线段 1 上双击鼠标左键，打开编辑线段属性对话框，在该面板中将线段 1 的起始点

和终止点坐标修改为（0，0）、（10，0），结果如图 11-19 所示。

4. 重复步骤 3 的操作，修改其他 3 段外形线的参数，结果如图 11-20 所示。

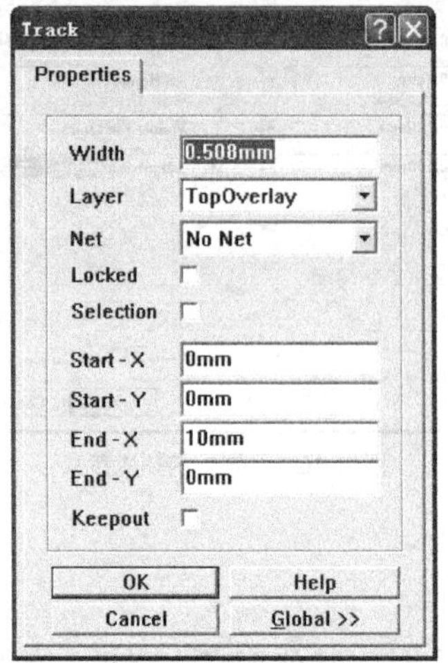


图11-19　编辑线段属性对话框

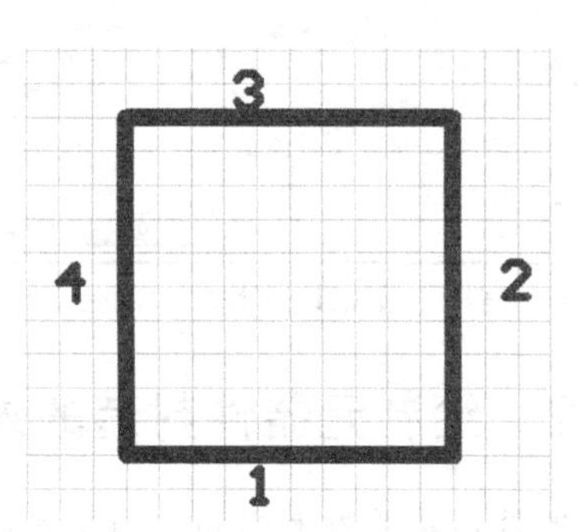


图11-20　调整好的元器件外形

## 11.6.3　调整焊盘间距

焊盘是元器件封装中的重要图件，如果焊盘的大小和位置不适合实际元器件的引脚，则该元器件将不能被安装到电路板上。通常情况下，焊盘的大小要略大于元器件引脚的直径，因此必须精确测量和调整焊盘的间距。

下面介绍调整焊盘间距的操作。图 11-21（a）所示为随意放置的 4 个焊盘，对焊盘间距进行调整后的结果如图 11-21（b）所示。

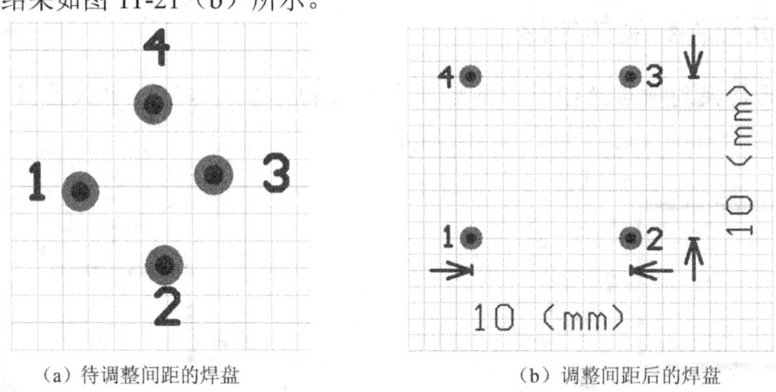


（a）待调整间距的焊盘　　（b）调整间距后的焊盘

图11-21　调整焊盘间距实例

### 调整焊盘间距

1. 将工作窗口中的坐标参考原点设置在序号为 1 的焊盘中心位置。
2. 将鼠标光标移动到序号为 2 的焊盘上，双击鼠标左键，打开编辑焊盘属性对话框，将该焊盘的位置坐标设置为（10，0），如图 11-22 所示。
3. 根据焊盘间距的要求，计算其余焊盘的坐标值，重复操作步骤 2，调整焊盘的间距，最终结果如图 11-23 所示。

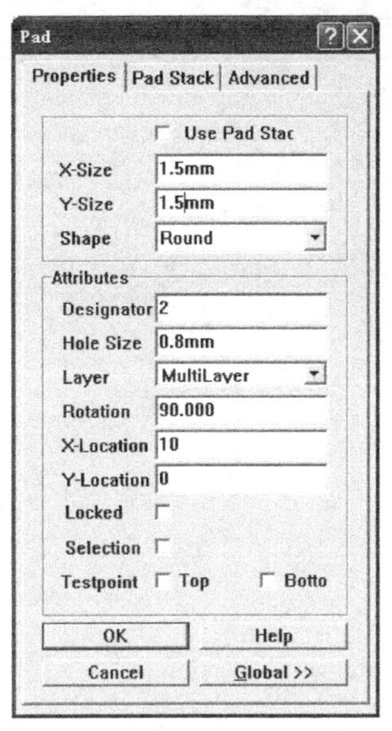


图11-22　设置焊盘的位置坐标

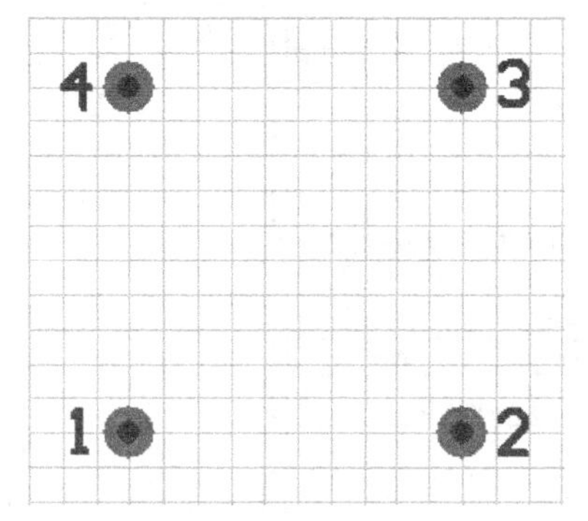


图11-23　调整好焊盘间距后的结果

## 11.6.4　手工制作元器件封装

前面介绍了如何运用设置工作窗口中相对坐标原点的方法来快速、准确地绘制元器件外形及调整焊盘间距。读者在今后的电路板设计中还会经常用到这种方法，比如元器件在电路板上的准确定位等，希望读者能够熟练掌握。

图 11-24 所示为指示灯显示电路中的指示灯尺寸，下面介绍手工创建该元器件封装的具体操作。

### 手工制作元器件封装

1. 选取菜单命令【Tools】/【New Component】，打开创建元器件封装向导对话框，如图 11-25 所示。
2. 单击 Cancel 按钮，进入手工创建元器件封装模式，系统将创建一个空白的元器件封装，如图 11-26 所示。

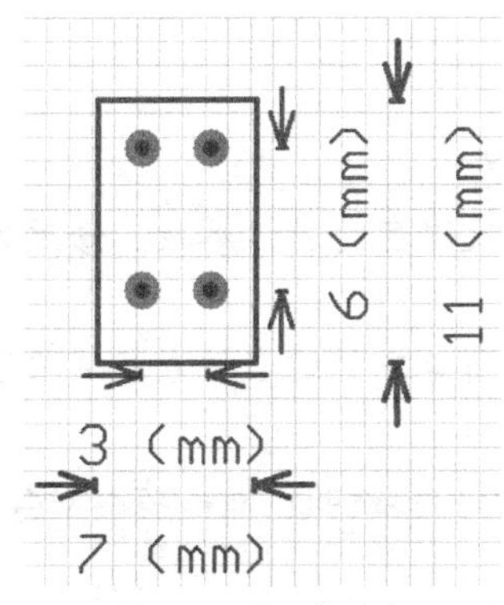


图11-24　指示灯尺寸

图11-25　创建元器件封装向导对话框

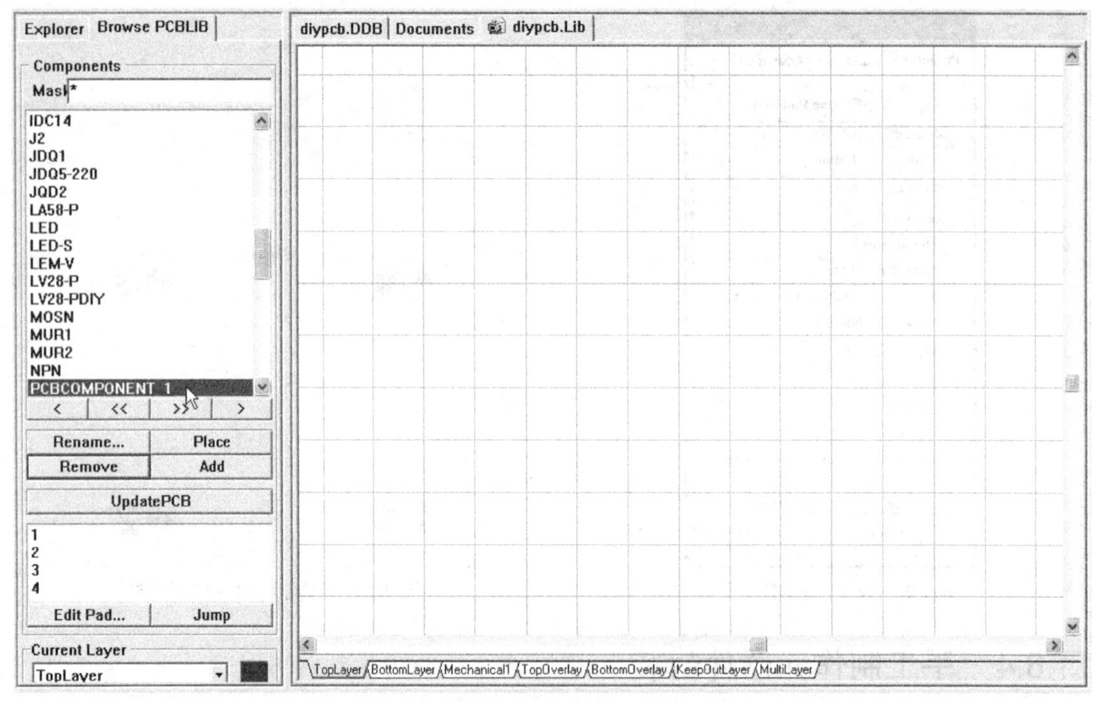

图11-26　新创建的空白元器件封装

3. 将工作层面切换到顶层丝印层，然后根据图 11-24 提供的数据绘制元器件封装的外形，结果如图 11-27 所示。

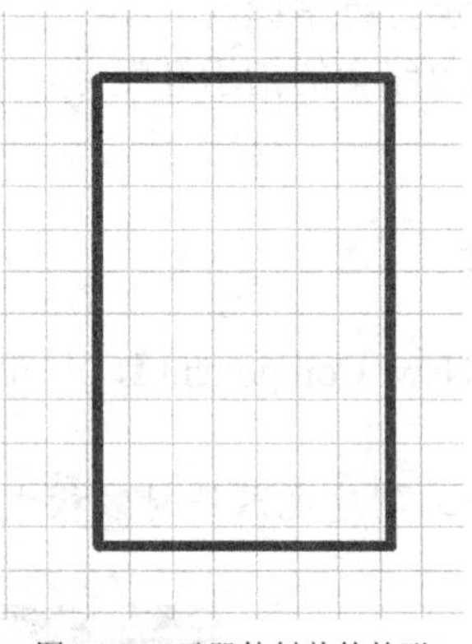
图11-27　元器件封装的外形

4. 放置焊盘。

(1) 单击放置工具栏中的 ◉ 按钮，即可进入放置焊盘的命令状态。

(2) 按 Tab 键打开编辑焊盘属性对话框，在该对话框中修改焊盘的属性参数。修改完成后的焊盘参数如图 11-28 所示。

5. 单击 OK 按钮进入放置焊盘命令状态，在工作窗口中的适当位置连续放置 4 个焊盘，其序号依次为 1～4，结果如图 11-29 所示。

6. 根据元器件的尺寸首先计算各焊盘的坐标值，然后据此调整焊盘的位置，结果如图 11-30 所示。

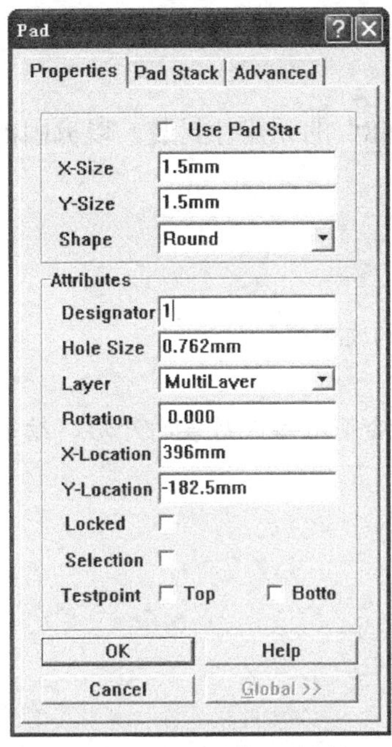


图11-28 修改焊盘的属性参数

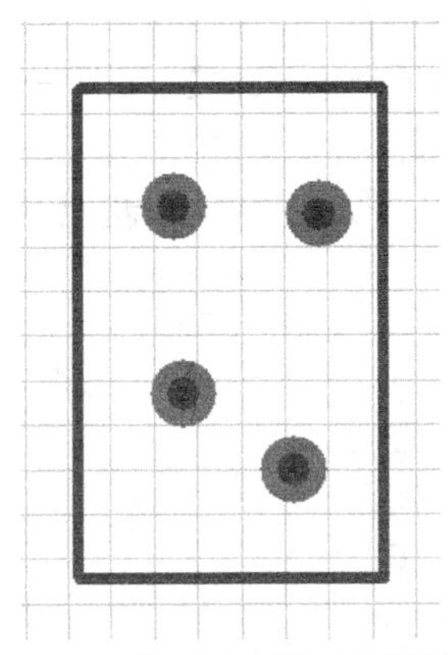

图11-29 放置焊盘后的元器件封装

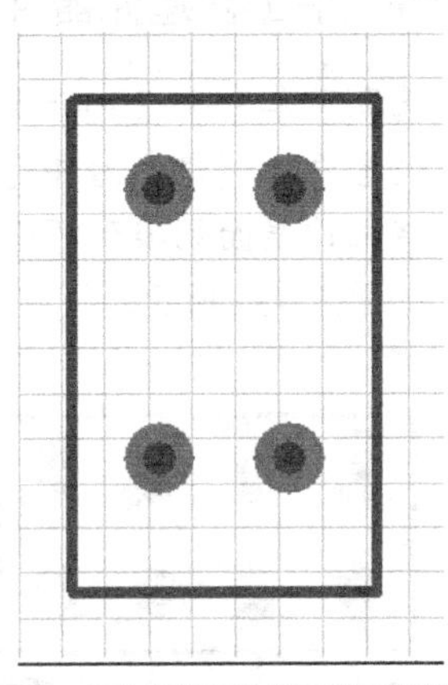

图11-30 调整好焊盘位置后的元器件封装

7. 设置元器件封装的参考点。通常将序号为 1 的焊盘作为参考点。选取菜单命令【Edit】/【Set Referance】/【Pin1】，将序号为 1 的焊盘设为元器件的参考点，如图 11-31 所示。
8. 给元器件封装重新命名。选取菜单命令【Tools】/【Rename Component...】，系统将会自动弹出给元器件封装重命名对话框。本例将指示灯的名称定义为“LEDQ”，如图 11-32 所示。

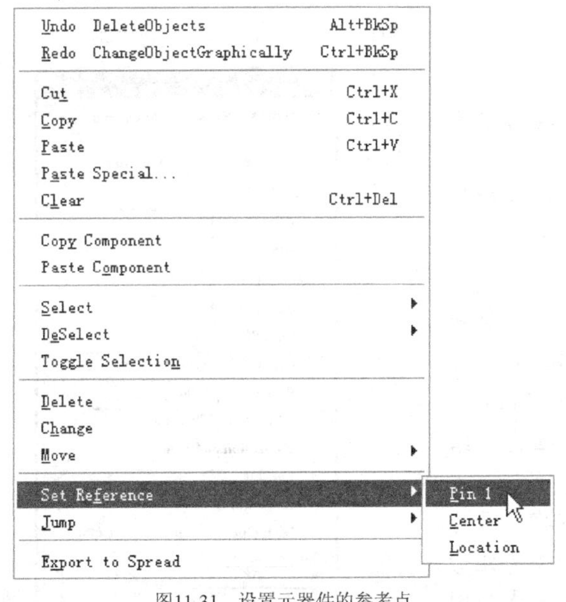

图11-31 设置元器件的参考点

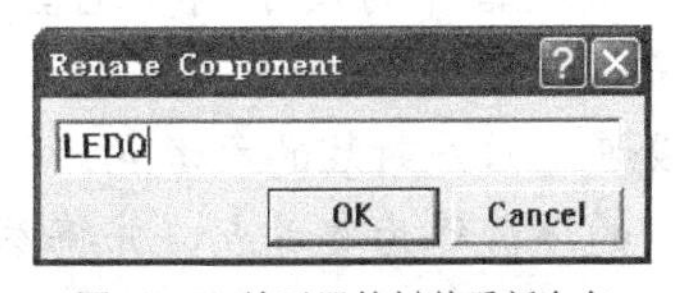


图11-32 给元器件封装重新命名

9. 这样就完成了名称为“LEDQ”的元器件封装的制作，单击按钮存储该元器件封装。

# 11.7　实例辅导

本章实例辅导将手工创建如图 11-33 所示异形接插件“CN8”的元器件封装，以巩固前面所学的知识。

## 手工创建元器件封装

1. 选取菜单命令【Tools】/【New Component】，添加一个新的元器件。
2. 设置手工创建元器件封装的环境参数。
3. 将工作层面切换到顶层丝印层，根据图 11-33 提供的数据绘制元器件封装的外形，结果如图 11-34 所示。

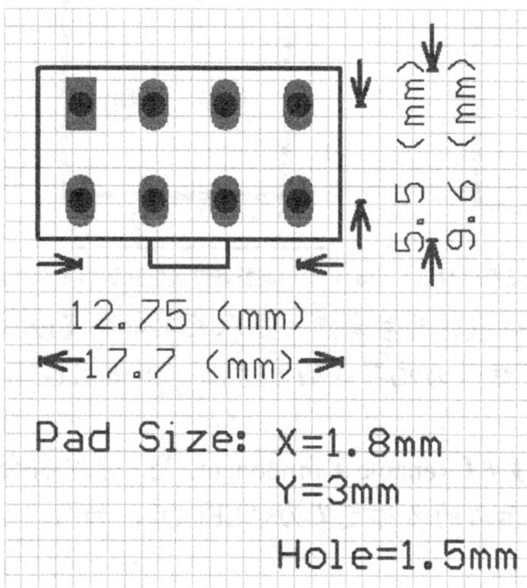


图11-33　接插件封装及尺寸

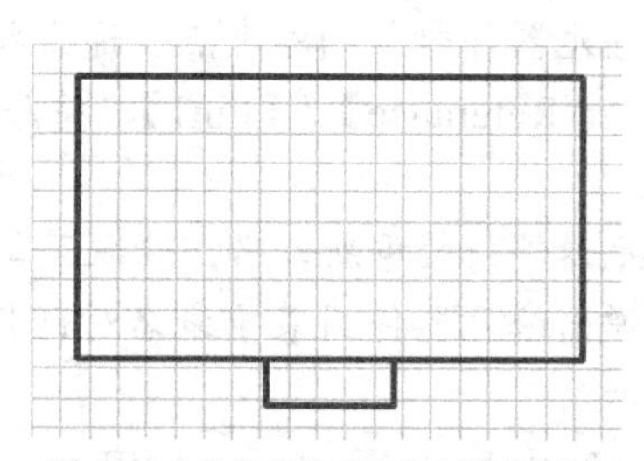

图11-34　绘制好的元器件封装的外形

4. 放置焊盘。
(1) 用鼠标左键单击 按钮，进入放置焊盘的命令状态。
(2) 按 Tab 键打开编辑焊盘属性对话框，在该对话框中修改焊盘的属性参数，结果如图 11-35 所示。
5. 单击 OK 按钮，进入放置焊盘命令状态，在工作窗口中的适当位置连续放置 6 个焊盘，其序号依次为 1～6，结果如图 11-36 所示。
6. 根据元器件的尺寸调整元器件焊盘的位置，结果如图 11-37 所示。
7. 设置元器件封装的参考点。一般情况下将序号为 1 的焊盘作为参考点，并将参考点焊盘改为矩形以示区别。设置好参考点后的元器件封装如图 11-38 所示。

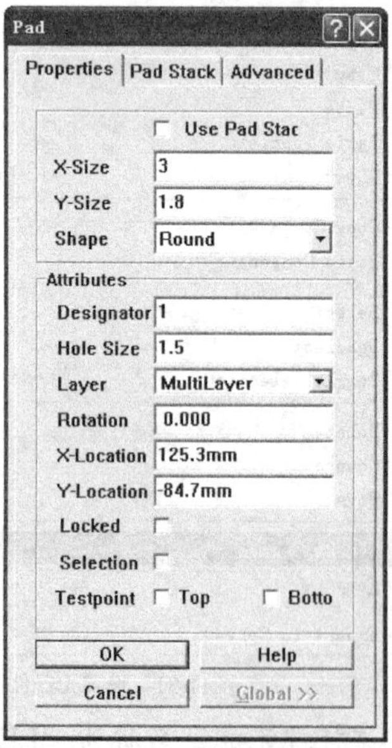

图11-35　修改焊盘的属性参数

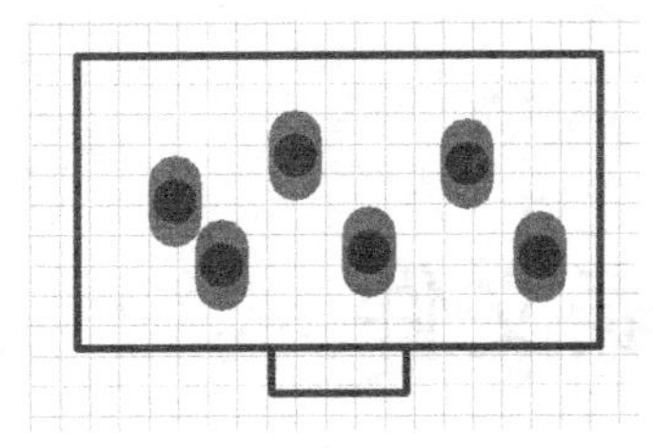
图11-36 放置焊盘后的元器件封装

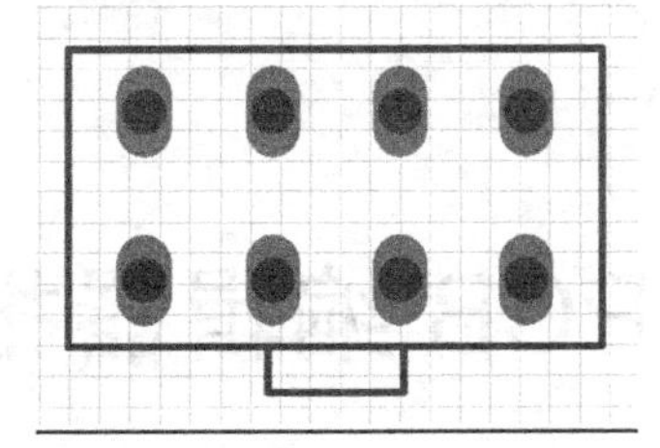
图11-37 调整好焊盘位置后的元器件封装

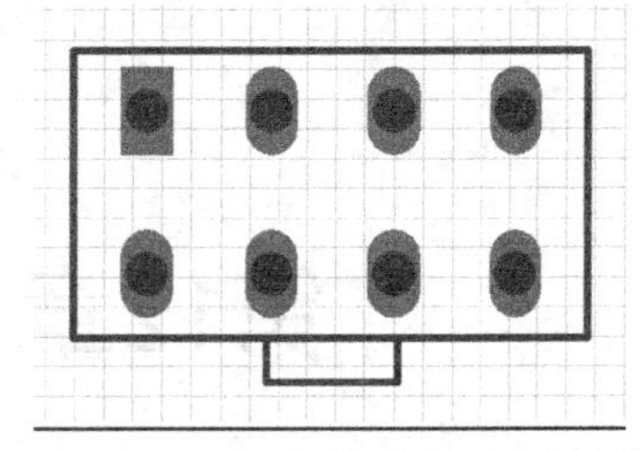
图11-38 设置好参考点后的元器件封装

8. 选取菜单命令【Tools】/【Rename Component】，给元器件重新命名。本例将接插件命名为“CN8”。
9. 单击按钮存储制作好的元器件封装。

## 11.8 小结

本章介绍了利用系统提供的生成向导创建元器件封装和手工创建元器件封装的方法。

- 概念辨析：介绍了元器件封装和元器件封装库等概念。
- 创建元器件封装库文件：制作元器件封装之前，必须先创建一个用于放置元器件封装的库文件。
- 介绍了元器件封装库编辑器中环境参数的设置方法。
- 利用生成向导创建元器件封装：详细介绍了利用生成向导创建元器件封装的具体操作步骤。
- 手工创建元器件封装：介绍了手工创建元器件封装的方法。

## 11.9 习题

1. 创建一个元器件封装库文件。
2. 利用生成向导创建的元器件封装具有什么特点？
3. 手工创建的元器件封装具有什么特点？
4. 在手工创建元器件封装的过程中，怎样快速、准确地绘制元器件的外形和调整焊盘的间距？

# 第12章　PCB 编辑器报表文件

本章主要介绍如何运用 PCB 编辑器报表文件来检查电路板设计是否正确，了解电路板上的图件信息及电路板的当前信息等。正确运用 PCB 编辑器提供的各种报表文件，不仅可以保证电路板设计准确无误，而且还能大大提高电路板设计效率，方便后续的设计工作。

## 12.1　本章学习重点和难点

- 本章学习重点。
  本章的学习重点是学会如何运用 DRC 检验报告及在载入元器件封装和网络表过程中系统提供的报表文件对电路板设计进行修改。
- 本章学习难点。
  本章的学习难点是如何灵活地运用 DRC 检验报告及在载入元器件封装和网络表过程中系统提供的报告，对电路板上的错误进行修改，以确保电路板设计准确无误。

## 12.2　DRC 设计检验报告

在电路板布线完成之后，设计者应当对电路板进行 DRC 检验，以确保 PCB 完全符合设计规则的要求、所有的网络均已正确连接等。如果通过检验发现电路板上有违反设计规则的地方，则系统会报错，以提示设计者进行修改，这时设计者就可以根据系统生成的 DRC 检验报告对电路板进行修改。

根据系统生成的 DRC 检验报告修改电路板可以分为以下两个步骤。

(1)　正确解读 DRC 检验报告。

(2)　根据系统生成的检验报告修改电路板。

下面介绍如何解读 DRC 检验报告中的内容。

### 12.2.1　解读 DRC 检验报告

要想根据系统生成的 DRC 设计检验报告修改电路板上的错误，设计者必须首先解读 DRC 检验报告。

下面是第 10 章“指示灯显示电路.PCB”设计文件的 DRC 检验报告。

```
Protel Design System Design Rule Check
（Protel 设计规则检验）
PCB File : Documents\指示灯显示电路.PCB
```

Date : 6-Jan-2006

Time : 18:32:49

Processing Rule : Width Constraint (Min=0.254mm) (Max=2mm) (Prefered=0.5mm) (On the board )

（导线宽度-On the board 设计规则检验）

Rule Violations :0

（违反导线宽度-On the board 设计规则的数目：0）

Processing Rule : Hole Size Constraint **(Min=0.0254mm) (Max=2.54mm)** (On the board )

（孔径尺寸限制设计规则检验）

Violation Pad Free-4(4mm,32mm) MultiLayer **Actual Hole Size = 4mm**

Violation Pad Free-3(80mm,32mm) MultiLayer **Actual Hole Size = 4mm**

Violation Pad Free-2(80mm,4mm) MultiLayer **Actual Hole Size = 4mm**

Violation Pad Free-1(4mm,4mm) MultiLayer **Actual Hole Size = 4mm**

Rule Violations :4

（违反孔径尺寸限制设计规则的数目：4）

Processing Rule : Clearance Constraint (Gap=0.5mm) (On the board ),(On the board )

（安全间距限制设计规则检验）

Rule Violations :0

（违反安全间距限制设计规则的数目：0）

Processing Rule : Broken-Net Constraint ( (On the board ) )

（断路限制设计规则检验）

Rule Violations :0

（违反断路限制设计规则的数目：0）

Processing Rule : Short-Circuit Constraint (Allowed=Not Allowed) (On the board ),(On the board )

（短路限制设计规则检验）

Rule Violations :0

（违反短路限制设计规则的数目：0）

Processing Rule : Width Constraint (Min=0.254mm) (Max=2mm) (Prefered=2mm) (Is on net GND )

（导线宽度-GND 设计规则检验）

Rule Violations :0

（违反导线宽度-GND 设计规则的数目：0）

Processing Rule : Width Constraint (Min=0.254mm) (Max=2mm) (Prefered=1.5mm) (Is on net VCC )

（导线宽度-VCC 设计规则检验）

Rule Violations :0

（违反导线宽度-VCC 设计规则的数目：　0）

Violations Detected : 4

（违反设计规则的总数目：　4）

Time Elapsed　　　: 00:00:02

由上述报告可以看出，DRC 设计检验之后形成的检验报告与设置的 DRC 设计检验选项是一一对应的。设计者可以根据 DRC 检验报告了解电路板上与设计规则相冲突的错误数目和出错的具体原因。比如，本例中的 4 个错误都是因为焊盘的孔径为 4mm，超过了设计规则中的最大孔径 2.54mm，因此系统报错。

对于系统指出的违反设计规则的错误，设计者应当仔细分析，然后做出正确的判断，有的错误可以不修改，比如本例中 4 个安装孔的孔径（4mm）大于设定的孔径，但这满足设计者的要求，因此可以不修改。但是对于那些本应连接而没有连接的网络和不允许短路的网络短路等错误，设计者必须根据 DRC 检验报告进行修改。

下面介绍如何根据 DRC 检验报告来修改电路板设计中的错误。

## 12.2.2　根据 DRC 检验报告修改电路板

为了方便叙述，本例对布完线后的电路板进行了处理，人为地在电路板上制造了两处错误，即短路和断路错误，如图 12-1 所示。

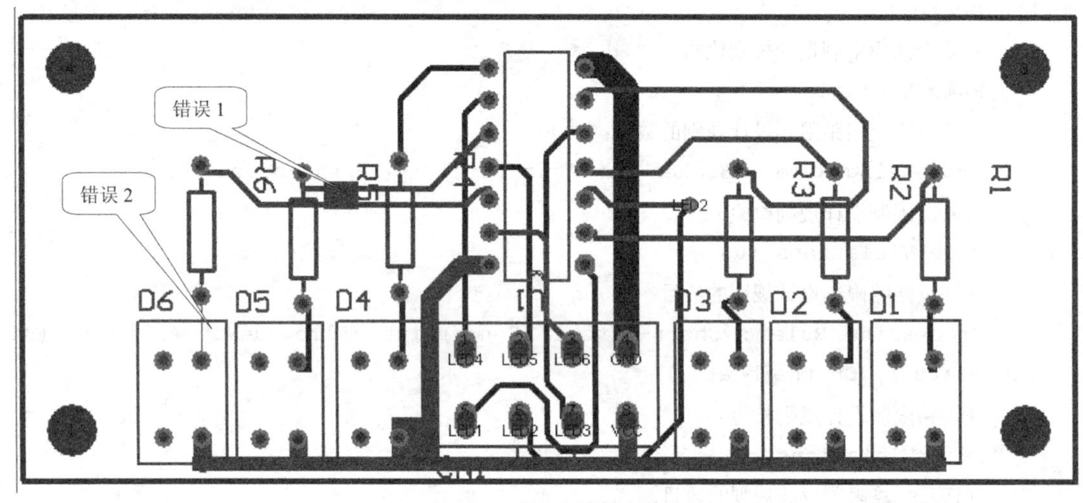


图12-1　修改电路板示例

### 根据 DRC 检验报告修改电路板

1. 设置 DRC 设计检验选项，结果如图 12-2 所示。

在该对话框中必须选中【Create Report】（生成 DRC 检验报告）和【Create Violations】（生成违反设计规则冲突报告）选项，这样系统在执行 DRC 设计检验后才能生成 DRC 检验报告和违反设计规则冲突报告。

2. 运行 DRC 设计检验，生成的 DRC 检验报告如图 12-3 所示。

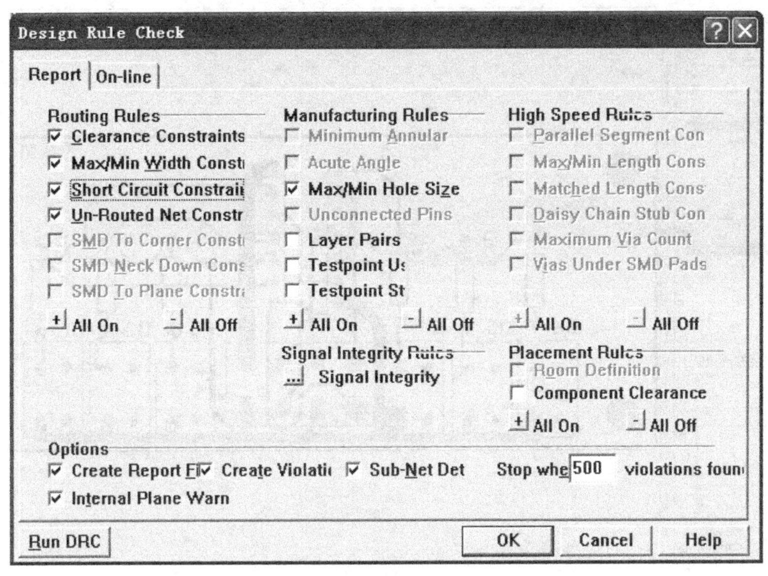


图12-2　设置 DRC 设计检验选项

指示灯显示电路.Ddb | Documents | 指示灯显示电路.PCB | 指示灯显示电路.DRC

```
Protel Design System Design Rule Check
PCB File  : Documents\指示灯显示电路.PCB
Date      : 7-Jan-2006
Time      : 17:06:26

Processing Rule : Width Constraint (Min=0.254mm) (Max=2mm) (Prefered=1.5mm) (Is on net VCC )
Rule Violations :0

Processing Rule : Width Constraint (Min=0.254mm) (Max=2mm) (Prefered=2mm) (Is on net GND )
Rule Violations :0

Processing Rule : Short-Circuit Constraint (Allowed=Not Allowed) (On the board ),(On the boar
   Violation between Area Fill (24.2mm,21.1mm) (27mm,23.2mm)  TopLayer and
                     Track (22.5mm,22.7mm)(32.7136mm,22.7mm)  TopLayer
   Violation between Area Fill (24.2mm,21.1mm) (27mm,23.2mm)  TopLayer and
                     Track (19.15mm,21.43mm)(35.66mm,21.43mm)  TopLayer
Rule Violations :2

Processing Rule : Broken-Net Constraint ( (On the board ) )
   Violation         Net NetD6_2   is broken into 2 sub-nets. Routed To 0.00%
     Subnet : D6-2
     Subnet : R6-2
Rule Violations :1

Processing Rule : Clearance Constraint (Gap=0.5mm) (On the board ),(On the board )
   Violation between Area Fill (24.2mm,21.1mm) (27mm,23.2mm)  TopLayer and
                     Track (22.5mm,22.7mm)(32.7136mm,22.7mm)  TopLayer
   Violation between Area Fill (24.2mm,21.1mm) (27mm,23.2mm)  TopLayer and
                     Track (19.15mm,21.43mm)(35.66mm,21.43mm)  TopLayer
Rule Violations :2

Processing Rule : Hole Size Constraint (Min=0.0254mm) (Max=2.54mm) (On the board )
   Violation         Pad Free-1(4mm,4mm)  MultiLayer  Actual Hole Size = 4mm
   Violation         Pad Free-2(80mm,4mm)  MultiLayer  Actual Hole Size = 4mm
   Violation         Pad Free-3(80mm,32mm)  MultiLayer  Actual Hole Size = 4mm
   Violation         Pad Free-4(4mm,32mm)  MultiLayer  Actual Hole Size = 4mm
Rule Violations :4

Processing Rule : Width Constraint (Min=0.254mm) (Max=2mm) (Prefered=0.5mm) (On the board )
Rule Violations :0
```

图12-3　生成的 DRC 检验报告

3. 将 PCB 编辑器工作窗口切换到电路板设计窗口，然后将 PCB 编辑器管理窗口切换到浏览【Violations】(违反设计规则)模式，如图 12-4 所示。

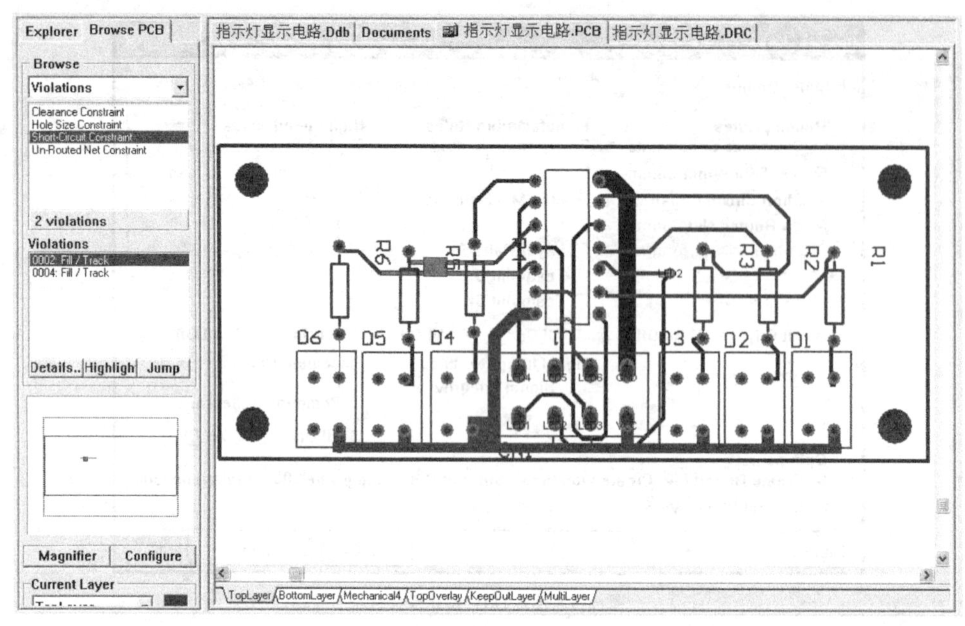

图12-4　运行 DRC 设计检验后的电路板设计窗口

从电路板设计窗口中可以看到，在电路板上短路的地方，系统以绿色显示此处违反了设计规则。同时在 PCB 编辑器管理窗口的浏览【Violations】模式下，可以看到所有违反设计规则的冲突报告。

4. 在 PCB 编辑器管理窗口中选中【Short-Circuit Constraint】选项，然后单击【Violations】栏中的一个选项，再单击 Jump 按钮，即可跳转到短路的电路处，并将其放大显示，如图 12-5 所示。

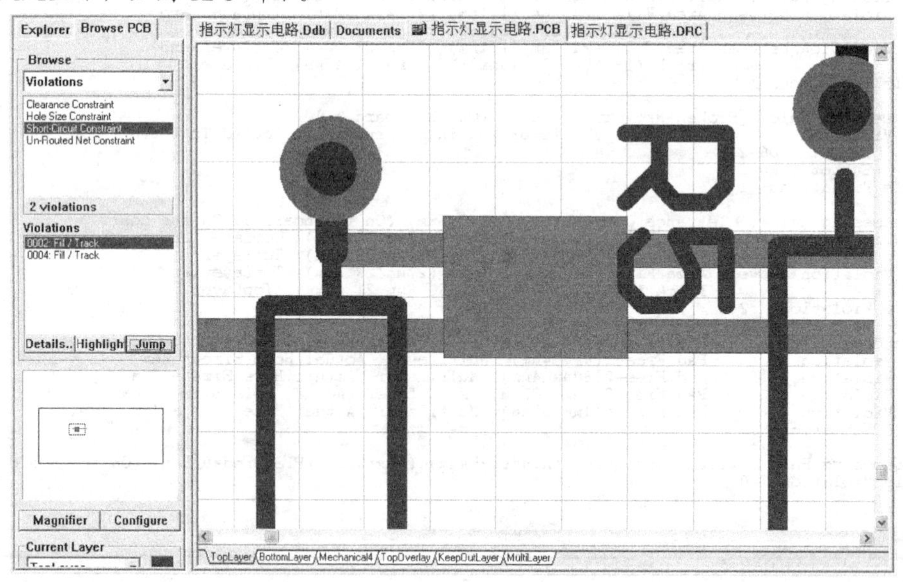

图12-5　跳转并放大显示短路的导线

5. 删除放在导线上的矩形导电块，即可消除短路错误，这时管理窗口中有关短路的错误将会自动消失，如图 12-6 所示。

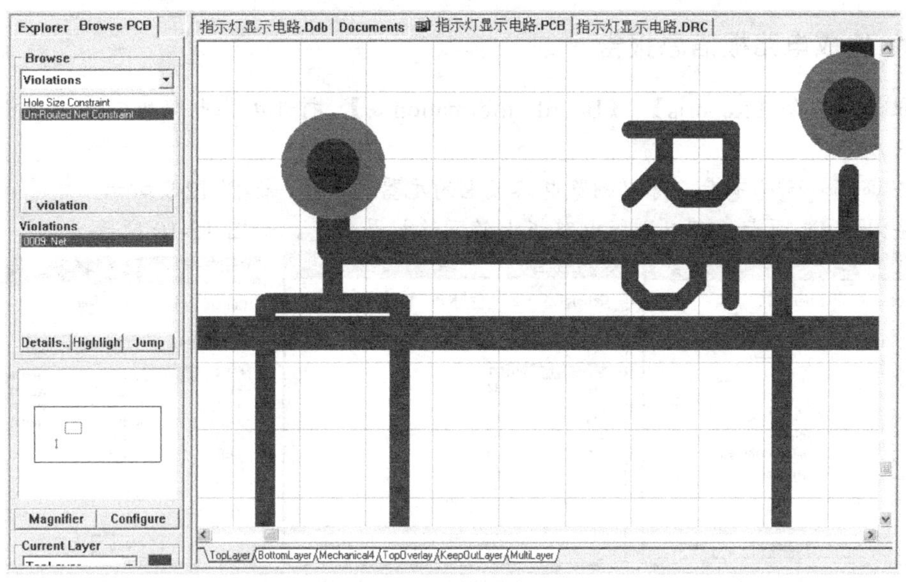


图12-6 删除短路错误

6. 重复步骤4的操作，跳转并放大显示未连接的网络，结果如图12-7所示。

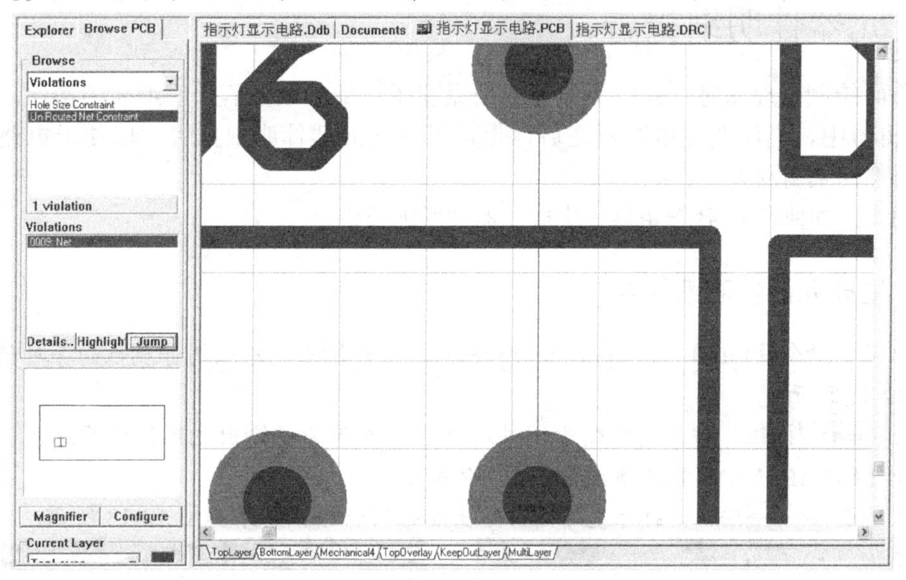


图12-7 跳转并放大显示未连接的网络

7. 对未布线的网络进行布线。
8. 为了确保电路板正确无误，再次进行DRC设计检验，直至电路板上无错误为止。

## 12.3 电路板信息报告

在电路板设计完成之后，往往需要了解电路板信息，这时可以利用系统提供的报告功能，生成电路板信息报告。

下面介绍生成电路板信息报告的操作。

### 生成电路板信息报告

1. 选取菜单命令【Reports】/【Board Information…】，打开浏览电路板信息对话框，如图 12-8 所示。
2. 单击Components选项卡，可以浏览电路板上的元器件信息，如图 12-9 所示。
3. 单击Nets选项卡，可以浏览电路板上的网络标号信息，如图 12-10 所示。

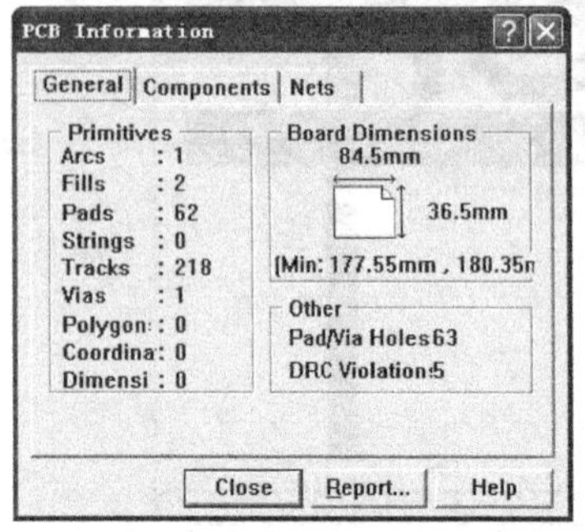


图12-8　浏览电路板信息对话框

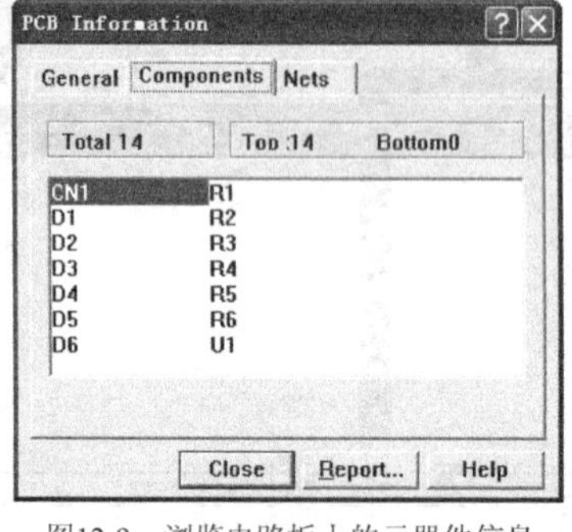


图12-9　浏览电路板上的元器件信息

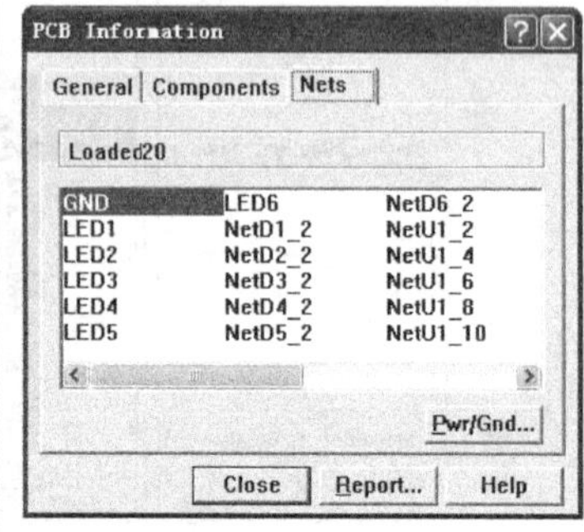


图12-10　浏览电路板上的网络标号信息

## 12.4　元器件明细报告

在前面绘制原理图时，介绍了如何根据原理图设计生成元器件明细表的操作，其实在 PCB 编辑器中，当绘制完电路板之后，也可以生成元器件明细报告，以便于电路板的装配、元器件的采购及焊接等。

下面介绍如何在 PCB 编辑器中生成元器件明细报告。

### 生成元器件明细报告

1. 选取菜单命令【Edit】/【Export to Spread】，打开输出电路板图件属性向导对话框，如图 12-11 所示。
2. 单击Next >按钮，打开选择输出图件对话框。本例为了输出元器件的明细表，因此只选中【COMPONENT】选项，如图 12-12 所示。
3. 再次单击Next >按钮，打开选择图件输出属性对话框，结果如图 12-13 所示。

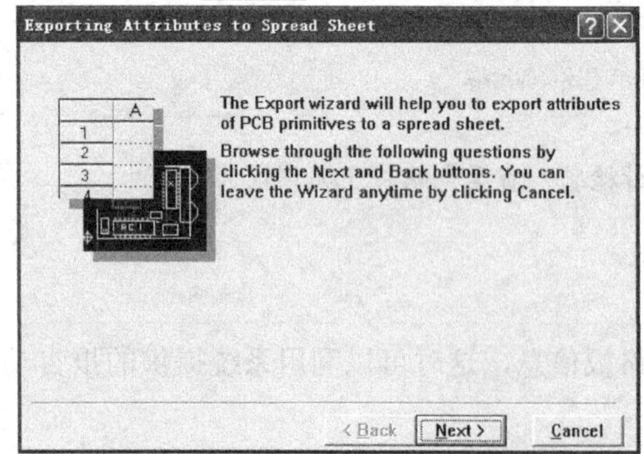


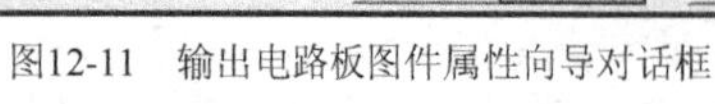

图12-11　输出电路板图件属性向导对话框

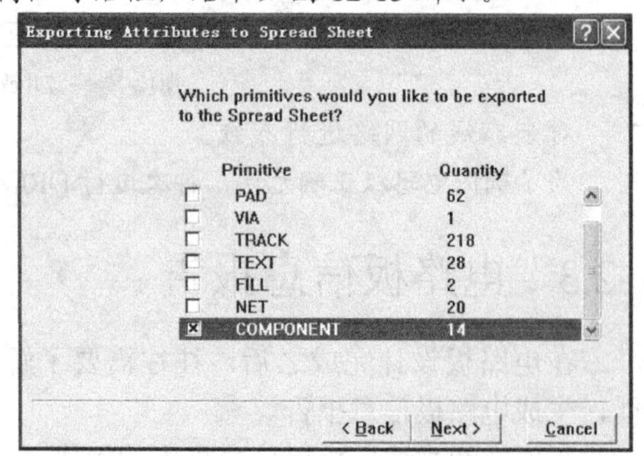


图12-12　选择输出图件对话框

4. 继续单击Next >按钮，打开结束图件输出属性设置对话框，如图 12-14 所示。

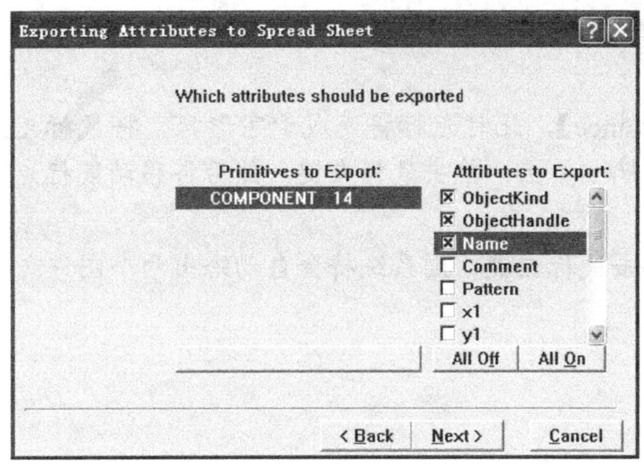


图12-13 选择图件输出属性对话框

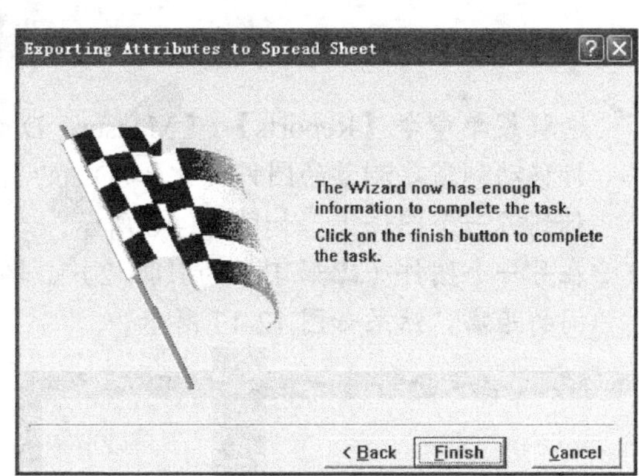


图12-14 结束图件输出属性设置对话框

5. 单击[Finish]按钮，系统将会自动生成元器件明细报告，如图 12-15 所示。

指示灯显示电路.Ddb | Documents | 指示灯显示电路.PCB | 指示灯显示电路.Sch | 指示灯显示电路.xls

C2 U1

| | A | B | C | D | E | F | G |
|---|---|---|---|---|---|---|---|
| 1 | ObjectKind | ObjectHandle | Name | | | | |
| 2 | COMPONENT | 0E17EA7C:0E141E68 | U1 | | | | |
| 3 | COMPONENT | 0E17EA7C:0E141B5C | R6 | | | | |
| 4 | COMPONENT | 0E17EA7C:0E11FADC | R5 | | | | |
| 5 | COMPONENT | 0E17EA7C:0E11F7D0 | R4 | | | | |
| 6 | COMPONENT | 0E17EA7C:0E11F588 | R3 | | | | |
| 7 | COMPONENT | 0E17EA7C:0D9086D8 | R2 | | | | |
| 8 | COMPONENT | 0E17EA7C:0D908490 | R1 | | | | |
| 9 | COMPONENT | 0E17EA7C:0D908248 | D6 | | | | |
| 10 | COMPONENT | 0E17EA7C:0D908000 | D5 | | | | |
| 11 | COMPONENT | 0E17EA7C:0E17BB70 | D4 | | | | |
| 12 | COMPONENT | 0E17EA7C:0E17B928 | D3 | | | | |
| 13 | COMPONENT | 0E17EA7C:0E17B6E0 | D2 | | | | |
| 14 | COMPONENT | 0E17EA7C:00DF5C94 | D1 | | | | |
| 15 | COMPONENT | 0E17EA7C:00DF5A4C | CN1 | | | | |
| 16 | | | | | | | |
| 17 | | | | | | | |
| 18 | | | | | | | |
| 19 | | | | | | | |
| 20 | | | | | | | |
| 21 | | | | | | | |
| 22 | | | | | | | |
| 23 | | | | | | | |
| 24 | | | | | | | |
| 25 | | | | | | | |
| 26 | | | | | | | |
| 27 | | | | | | | |
| 28 | | | | | | | |
| 29 | | | | | | | |
| 30 | | | | | | | |

Sheet1

图12-15 生成的元器件明细报告

## 12.5 测量报告

Protel 99 SE 为系统提供了两种测量工具，即【Measure Distance】（测量图件距离）和【Measure Primitives】（测量图件间距）。这两种测量工具的用法基本相同，只是测量结果稍有不同，【Measure Distance】的结果为两个被测量图件之间的坐标差，而【Measure Primitives】的测量结果为图件之间的距离差。

**测量图件距离**

1. 选取菜单命令【Reports】/【Measure Distance】，此时光标将变成十字形状。将鼠标光标移动到需要测量的图件（比如 D5 的引脚 4）上，单击鼠标左键，然后再移动鼠标光标到另一个图件上，如图 12-16 所示。
2. 在另一个图件（比如 D5 的引脚 2）上单击鼠标左键，则系统将会自动给出两个图件之间的距离，结果如图 12-17 所示。

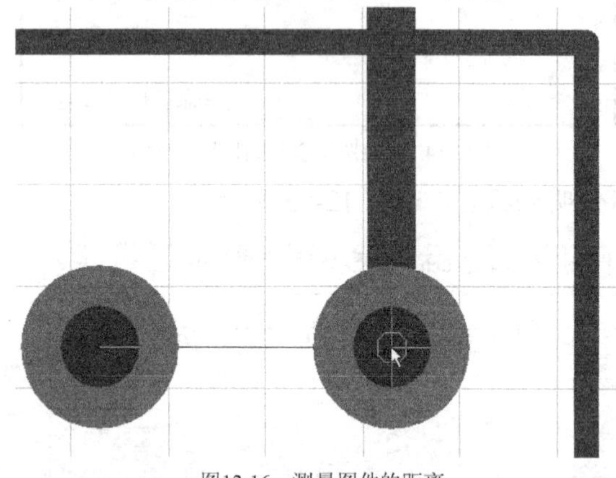

图12-16 测量图件的距离

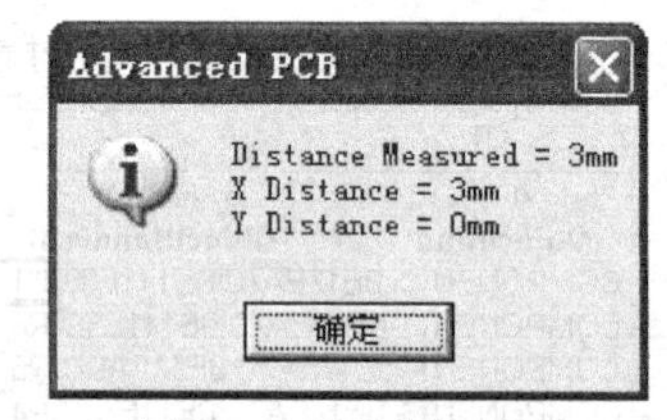


图12-17 测量结果（1）

下面介绍测量图件间距的操作。

**测量图件间距**

1. 选取菜单命令【Reports】/【Measure Primitives】，此时光标将变成十字形状。将鼠标光标移动到需要测量的图件（比如 D5 的引脚 4）上，单击鼠标左键。
2. 然后再移动鼠标光标到另一个图件（比如 D5 的引脚 2）上，单击鼠标左键，则系统将会自动给出两个图件之间的间距，结果如图 12-18 所示。

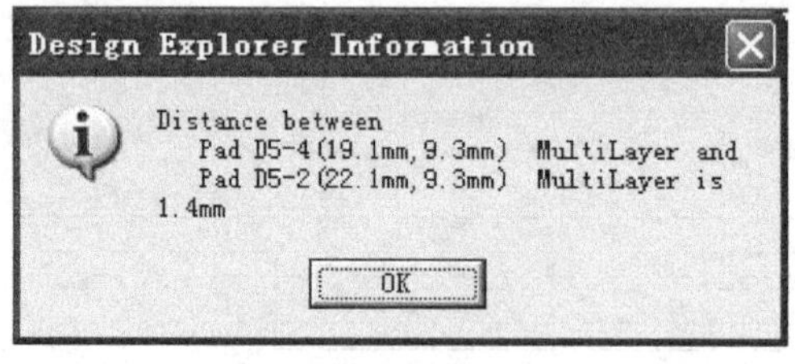


图12-18 测量结果（2）

## 12.6 实例辅导

本章实例辅导将介绍如何利用系统在载入元器件封装和网络表过程中提供的报告，对原理图设计和元器件封装中的错误进行修改。

为了方便介绍，首先对原理图设计进行修改，在元器件“CN1” 的属性对话框中删除其元器件封装，如图 12-19 所示。

此外，还将指示灯封装中序号为 1 和 2 的焊盘修改为 A 和 K，如图 12-20 所示。

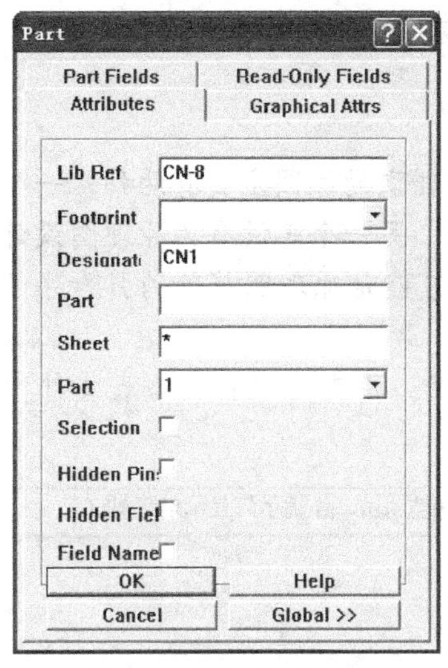

图12-19 删除元器件封装

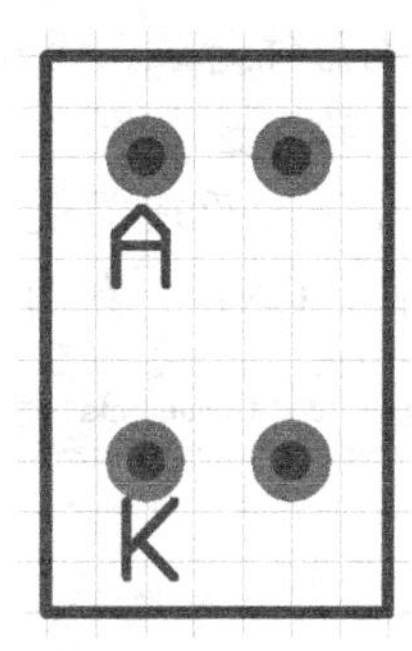

图12-20 修改焊盘序号后的元器件封装

下面介绍如何在载入元器件封装和网络表的过程中解决上述问题。

## 修改载入元器件封装和网络表过程中的错误

1. 在原理图编辑器中生成网络表文件。
2. 切换到 PCB 编辑器中，执行载入元器件封装和网络表命令，打开载入元器件封装和网络表对话框，如图 12-21 所示。
3. 浏览载入元器件封装和网络表对话框中系统提供的报告可知，系统总共出现了 21 个错误，如图 12-22 所示。

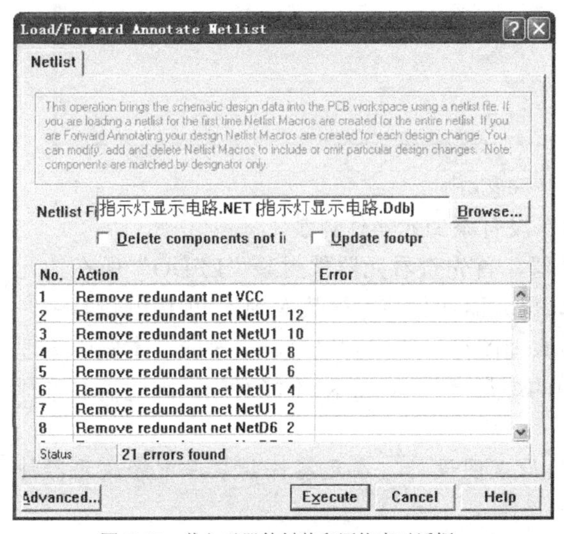


| No. | Action | Error |
|---|---|---|
| 1 | Remove redundant net VCC | |
| 2 | Remove redundant net NetU1_12 | |
| 3 | Remove redundant net NetU1_10 | |
| 4 | Remove redundant net NetU1_8 | |
| 5 | Remove redundant net NetU1_6 | |
| 6 | Remove redundant net NetU1_4 | |
| 7 | Remove redundant net NetU1_2 | |
| 8 | Remove redundant net NetD6_2 | |

图12-21 载入元器件封装和网络表对话框

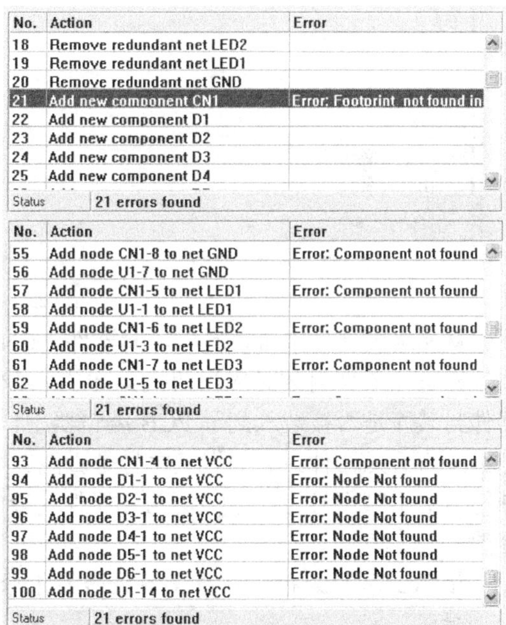

| No. | Action | Error |
|---|---|---|
| 18 | Remove redundant net LED2 | |
| 19 | Remove redundant net LED1 | |
| 20 | Remove redundant net GND | |
| 21 | Add new component CN1 | Error: Footprint not found in |
| 22 | Add new component D1 | |
| 23 | Add new component D2 | |
| 24 | Add new component D3 | |
| 25 | Add new component D4 | |

Status 21 errors found

| No. | Action | Error |
|---|---|---|
| 55 | Add node CN1-8 to net GND | Error: Component not found |
| 56 | Add node U1-7 to net GND | |
| 57 | Add node CN1-5 to net LED1 | Error: Component not found |
| 58 | Add node U1-1 to net LED1 | |
| 59 | Add node CN1-6 to net LED2 | Error: Component not found |
| 60 | Add node U1-3 to net LED2 | |
| 61 | Add node CN1-7 to net LED3 | Error: Component not found |
| 62 | Add node U1-5 to net LED3 | |

Status 21 errors found

| No. | Action | Error |
|---|---|---|
| 93 | Add node CN1-4 to net VCC | Error: Component not found |
| 94 | Add node D1-1 to net VCC | Error: Node Not found |
| 95 | Add node D2-1 to net VCC | Error: Node Not found |
| 96 | Add node D3-1 to net VCC | Error: Node Not found |
| 97 | Add node D4-1 to net VCC | Error: Node Not found |
| 98 | Add node D5-1 to net VCC | Error: Node Not found |
| 99 | Add node D6-1 to net VCC | Error: Node Not found |
| 100 | Add node U1-14 to net VCC | |

Status 21 errors found

图12-22 系统报告中提示的几种错误

由图 12-22 可知，过程中主要存在以下几类错误。

- 【Footprint not found in Library】(在元器件封装库中没有找到元器件封装)。
- 【Component not found】(没找到元器件)。
- 【Node Not found】(没找到节点)。

4. 分析产生上述错误的原因。引起第 1 类和第 2 类错误的原因主要有两种，一个是元器件封装所在的封装库没有被载入到 PCB 编辑器中，另一个是没有为原理图设计中的元器件添加元器件封装。至于第 3 类错误，则极有可能是原理图符号的引脚序号没有与元器件封装的焊盘序号一一对应。
5. 针对上述原因对原理图设计和元器件封装进行检查。检查可以在网络表文件中进行，找到元器件“CN1”，如图 12-23 所示。

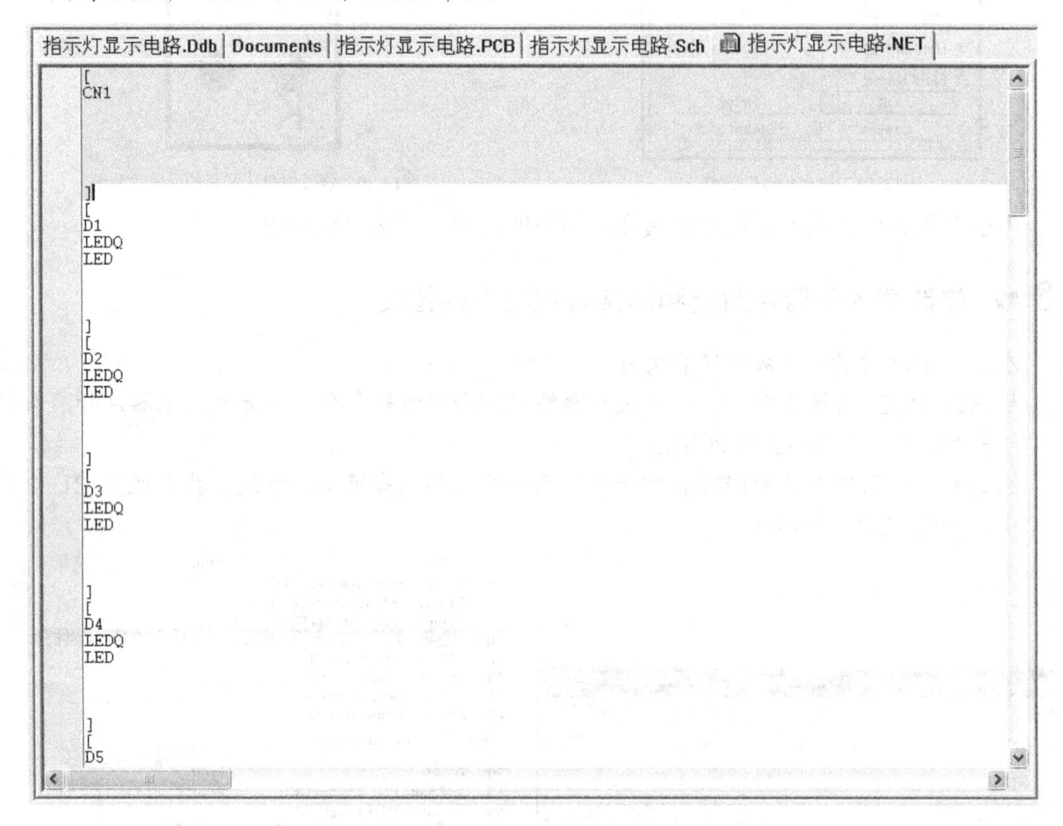


图12-23　浏览网络表文件

从网络表文件中可以看出，元器件“CN1”没有添加元器件封装。

检查元器件封装时应当切换到 PCB 编辑器，首先查看元器件封装“LEDQ”所在的元器件封装库是否被装入到了 PCB 编辑器中。如果元器件封装库被载入到了 PCB 编辑器中，则继续查看元器件封装的焊盘序号是否能够与原理图符号的引脚序号一一对应。本例中原理图符号的引脚序号为 1 和 2，与元器件封装中的焊盘序号 A 和 K 不能对应，因此需要进行修改。

6. 根据上面的分析，在原理图编辑器中修改原理图设计，在元器件封装库中修改元器件封装。
7. 再次在原理图编辑器中生成网络表文件。
8. 在 PCB 编辑器中载入网络表文件和元器件封装，当系统不再提示错误时即可执行载入网络表和元器件封装的操作。

## 12.7 小结

本章主要介绍了 PCB 设计过程中和电路板设计完成之后生成的一些报告文件，以及根据相应的报告文件对电路板进行修改等内容。

- DRC 设计检验报告：介绍了如何正确解读 DRC 设计检验报告，如何根据 DRC 设计检验报告来修改电路板等知识。
- 电路板信息报告：通过电路板信息报告可以了解电路板的大小、元器件和网络标号等信息。
- 元器件明细报告：系统提供了导出元器件明细报告的功能，大大方便了对电路板上的元器件进行统计、采购和安装等工作。
- 测量报告：利用系统提供的测量报告，可以快速查看电路板上图件之间的距离。
- 载入元器件封装和网络表过程中的报告：如果在载入元器件封装和网络表的过程中出现了错误，则系统将会提示设计者。设计者利用系统提供的报告，可以快速对电路板设计进行修改，以保证电路板设计的顺利进行。

## 12.8 习题

1. 对“指示灯显示电路.Ddb”中的电路板进行 DRC 设计检验。
2. 解读练习 1 中生成的 DRC 检验报告。
3. 生成“指示灯显示电路.Ddb”电路板设计中的元器件明细报告。

# 第13章　元器件库的管理

通过前面几章的学习，相信读者已经对元器件库有了一定的了解。元器件库包括原理图库和元器件封装库。读者在设计电路板的过程中，除了可以利用系统提供的元器件库外，还可以自己创建元器件库，制作原理图符号和元器件封装。

创建一个属于自己的元器件库，不仅可以提高设计电路板的速度，而且还可以提高电路板设计的可靠性。在这个元器件库中，根据自己的习惯定制原理图符号和元器件封装形式，在进行电路板设计的时候将会得心应手，运用自如。可以说，创建自己的元器件库是管理元器件库最好的方法。

对元器件库的管理包括对原理图库的管理和对元器件封装库的管理两种。下面具体介绍管理元器件库的方法。

## 13.1　本章学习重点和难点

- 本章学习重点。
  本章的学习重点是掌握几种管理元器件库的方法，并将其灵活运用到电路板设计过程中，从而有效地管理和利用元器件库，以便提高电路板设计效率和质量。
- 本章学习难点。
  本章的学习难点是如何结合几种元器件库的管理方法来创建一个实用的元器件库。

## 13.2　管理元器件库的方法

在电路板的设计过程中，常用的管理元器件库的方法主要有以下 3 种。

- 有效利用系统提供的常用元器件库。
- 创建自己的元器件库。
- 创建项目元器件库。

Protel 99 SE 为设计者提供了丰富的元器件库，这些元器件库是进行电路板设计的宝贵资源，一般电路板设计中所需用到的原理图符号和元器件封装都能在这些元器件库中找到。因此，合理有效地运用系统提供的元器件库，能够大幅度降低电路板设计强度，提高电路板设计效率和质量。

创建自己的元器件库比较适合个人设计 PCB 的情况，将电路板设计过程中自己制作的原理图符号和元器件封装保存起来，可以在以后的电路板设计中使用。创建项目元器件库的方法则比较适合公司和项目设计中对元器件库的管理。

下面分别对这几种管理方法进行介绍。

## 13.2.1 有效利用系统提供的常用元器件库

在电路板设计过程中，常用的原理图库包括“Miscellaneous Devices.ddb”和“Protel DOS Schematic Libraries.ddb”。通常一个“*.DDB”设计数据库文件包含多个原理图库文件，比如，“Protel DOS Schematic Libraries.ddb”设计数据库文件所包含的多个原理图库文件如图 13-1 所示。

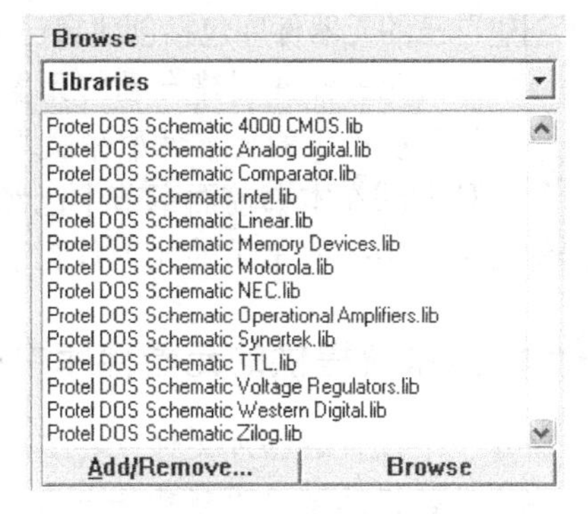


图13-1 设计数据库文件下包含的多个原理图库文件

常用的元器件封装库有“Advpcb.ddb”、“Miscellaneous.ddb”和“General IC.ddb”等。

在电路板设计过程中应当如何利用这些元器件库呢？

从多年的电路板设计经验来看，首先应当把上述常用的元器件库备份出来。备份这些常用的元器件库，对于电路板设计的延续性来说是十分重要的。一般情况下，设计者在安装 Protel 99 SE 时都是将其安装在系统盘下的，这样在重装系统时，常用的元器件库、自己长期积累的元器件封装和原理图符号都会随之被删除。因此，建议读者在安装完 Protel 99 SE 后，将上述元器件库备份放置到另外的工作盘上，在载入元器件库时也从工作盘上载入这些元器件库。

其次，将常用的元器件库备份到工作盘上后，在电路板设计过程中，设计者就可以对系统提供的常用元器件库中的元器件进行修改了。比如，为了方便原理图设计，考虑图纸的美观和方便连线等，设计者可以将库中二极管原理图符号的引脚长度变短，如图 13-2 所示。

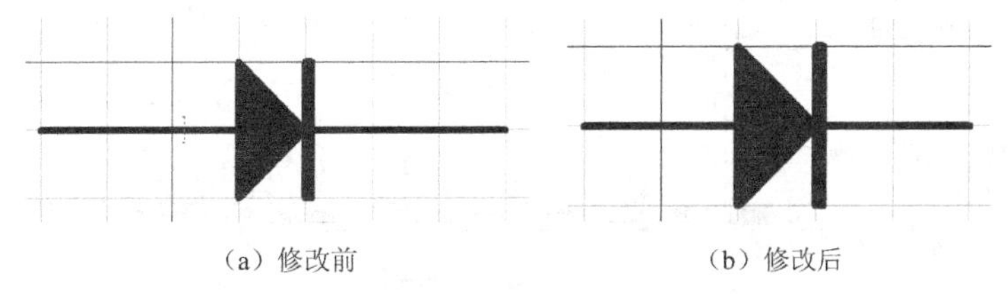

（a）修改前　　（b）修改后

图13-2 修改前后的原理图符号

另外，系统提供的二极管原理图符号的引脚序号与元器件封装的焊盘序号不具备一一对应的关系，如图 13-3（a）和图 13-3（b）所示。

当原理图符号的引脚与元器件封装的焊盘不能一一对应时，在载入元器件封装和网络表时系统就会报错，从而影响元器件封装和网络表的载入，这时就应当对原理图符号或元器件封装进行修改，使之具备正确的对应关系，如图 13-3 所示。

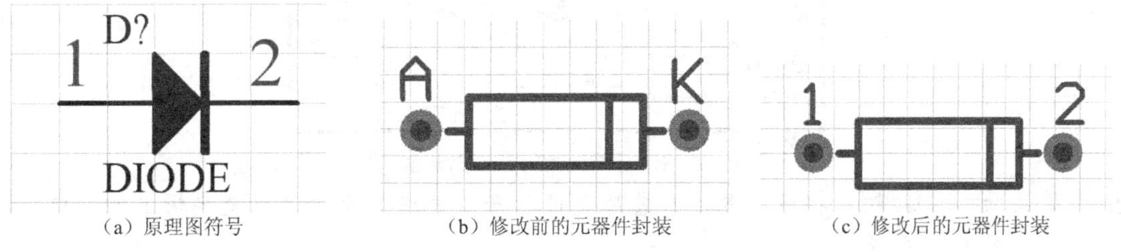


（a）原理图符号　　（b）修改前的元器件封装　　（c）修改后的元器件封装

图13-3 修改原理图符号和元器件封装的对应关系

## 13.2.2　创建自己的元器件库

创建自己的元器件库包括创建自己的原理图库和元器件封装库，创建方法有以下两种。

- 自制元器件并创建自己的元器件库。
- 从系统提供的元器件库中提取常用的元器件来创建自己的元器件库。

第一种方法在本书前面章节中已经详细介绍过了，这里不再赘述。下面以从系统提供的元器件封装库中提取常用的元器件封装为例，介绍具体操作。

### 从系统提供的元器件库中提取元器件

1. 新建一个设计数据库文件，将其命名为“diypcb.DDB”。
2. 在设计数据库文件中新建一个名为“diypcb.Lib”的元器件封装库文件。
3. 打开刚才创建的元器件封装库文件，并新建一个元器件，如图 13-4 所示。

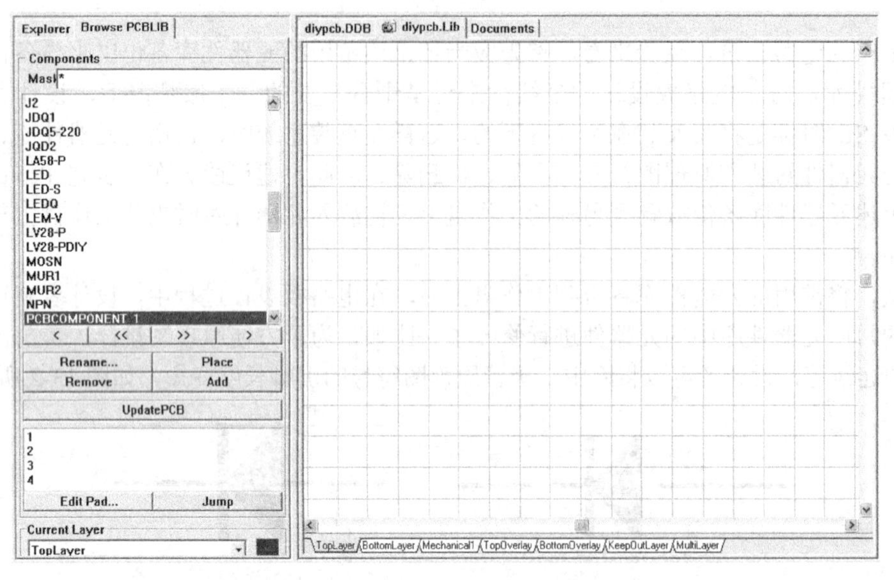


图13-4　新建一个元器件

4. 选中系统提供的元器件封装库文件，比如“Miscellaneous.ddb”，如图 13-5 所示。

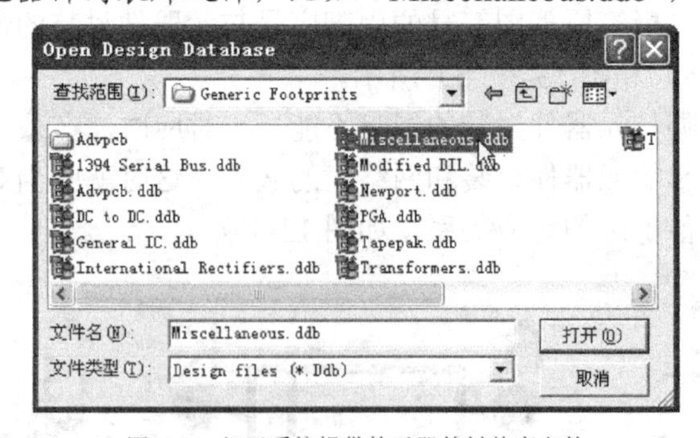


图13-5　打开系统提供的元器件封装库文件

5. 单击 打开(O) 按钮，将该元器件封装库文件打开，并进入元器件封装编辑工作窗口，结果如图 13-6 所示。

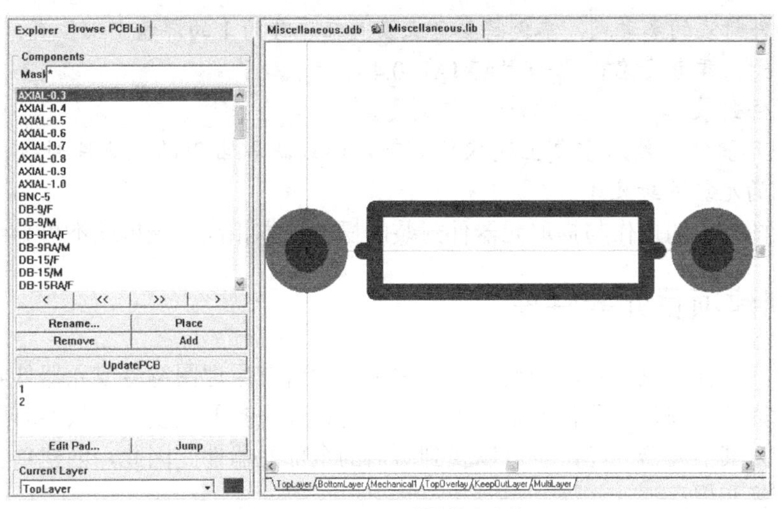


图13-6　打开元器件封装库文件

6. 下面介绍如何从系统提供的元器件封装库中提取需要的元器件封装。

(1) 在“Miscellaneous.Lib”元器件封装库编辑器中，通过元器件封装库编辑器管理窗口浏览所有的元器件封装，选择需要提取的元器件封装。

(2) 在工作窗口中选中需要提取的元器件封装，然后复制该元器件，比如复制“AXIAL-0.4”。

(3) 切换窗口，回到自己的元器件封装库编辑器工作窗口中，如图13-7所示。

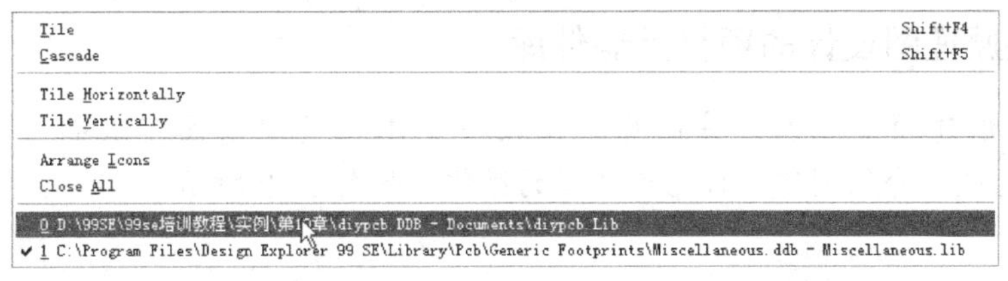


图13-7　切换工作窗口

(4) 将当前复制的元器件封装粘贴到自己创建的元器件封装库中，图13-8所示为粘贴该元器件封装后的情况。

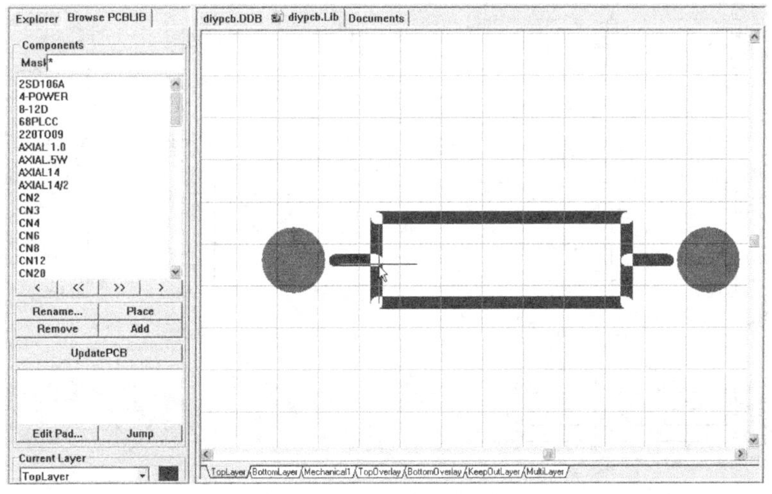


图13-8　粘贴元器件封装

(5) 设置元器件封装的参考点，本例将参考点设置在序号为 1 的焊盘中心位置。
(6) 给元器件封装重新命名，比如“AXIAL-0.4”。
(7) 保存元器件封装。
(8) 新建一个元器件，然后重复上述操作，可以继续提取常用的元器件封装，从而不断地丰富自己的元器件封装库。

提取原理图符号的操作与提取元器件封装的操作基本相同，这里就不再介绍了。

## 13.2.3　创建项目元器件库

所谓项目元器件库就是将同一设计项目中用到的所有原理图符号或元器件封装存入一个元器件库中，因此，项目元器件库是专为某个项目设计服务的。设计者只要有了项目元器件库，即使不装入其他元器件库，也可以找到所需的全部元器件。因此，创建项目元器件库将便于文件的交换和保存。

创建项目元器件库一方面可以丰富自己的元器件库，另一方面也可以加强对元器件库的管理，便于同一个项目组之间的协同设计。

创建一个项目元器件库就相当于创建了一个 PCB 设计的交互工作平台，以后的 PCB 设计都可以创建在该项目元器件库的基础之上，使对元器件的查找更加方便，这在工程实施的过程中是十分有用的。

下面介绍如何生成原理图设计的项目元器件库。

### 创建原理图设计的项目元器件库

1. 打开需要创建项目元器件库的原理图设计，本例将以前面完成的“指示灯显示电路.Sch”为例，介绍创建项目元器件库的操作，如图 13-9 所示。

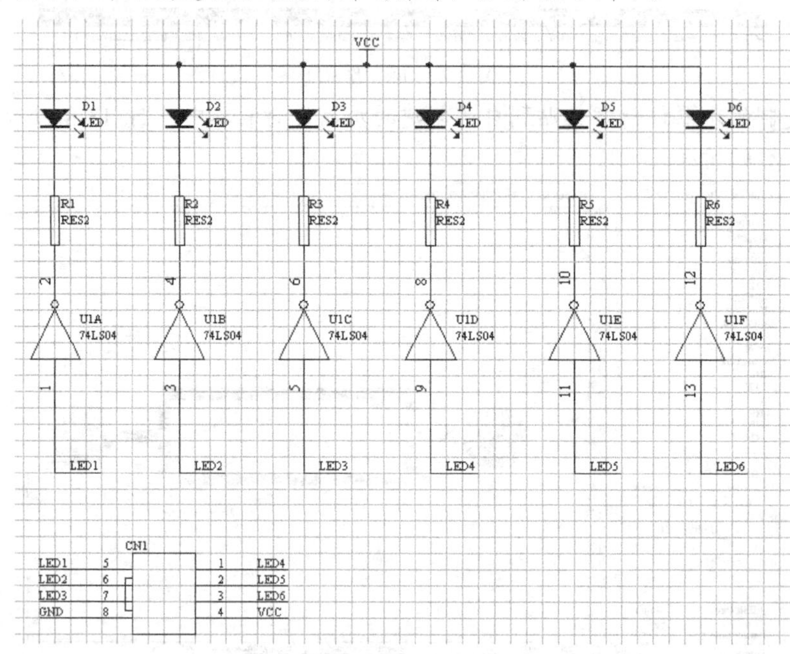


图13-9　生成原理图设计的项目元器件库示例

2. 选取菜单命令【Design】/【Make Project Library】，系统将会自动生成项目元器件库，结果如图 13-10 所示。

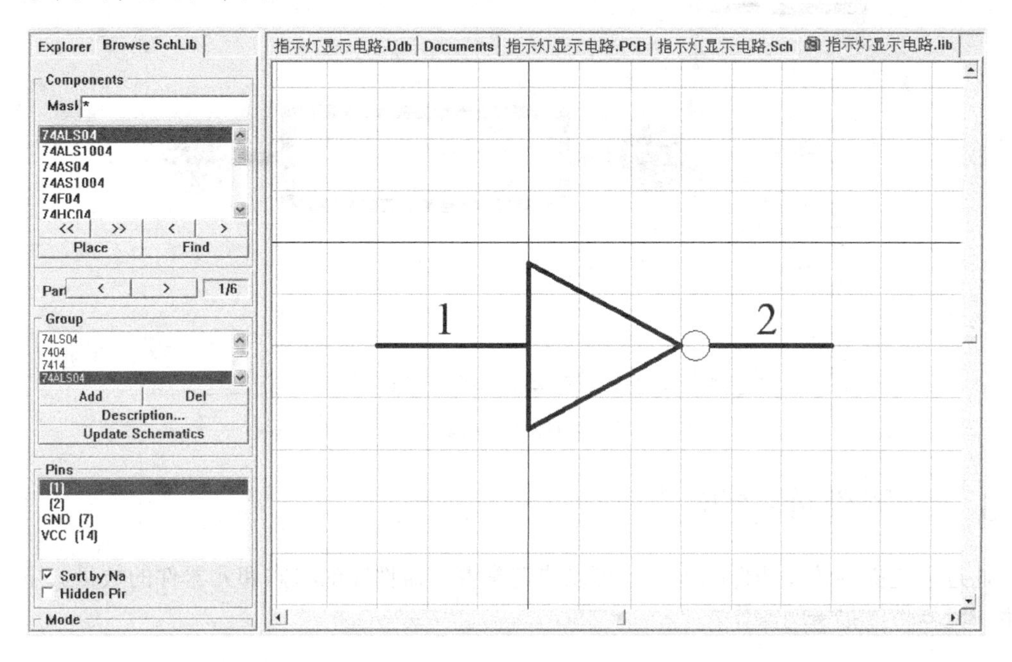


图13-10 生成的项目元器件库

接下来介绍创建 PCB 设计的项目元器件封装库的具体操作。

## 创建 PCB 设计的项目元器件封装库

1. 打开需要创建项目元器件封装库的 PCB 设计，本例以前面完成的“指示灯显示电路.PCB”为例，介绍创建项目元器件封装库的操作，如图 13-11 所示。

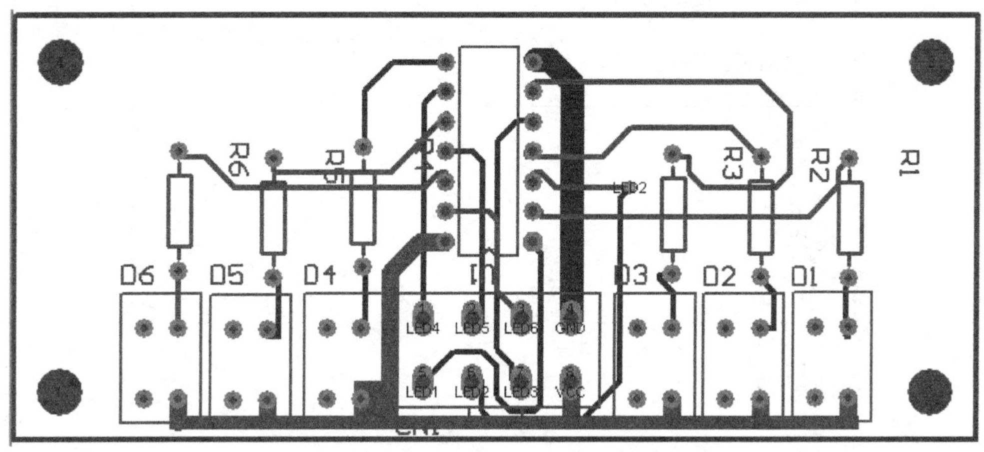


图13-11 生成项目元器件封装库的 PCB 设计示例

2. 选取菜单命令【Design】/【Make Library】，程序会自动在本设计数据库中生成相应的 PCB 元器件库，并且自动切换到 PCB 元器件库编辑器工作窗口，如图 13-12 所示。

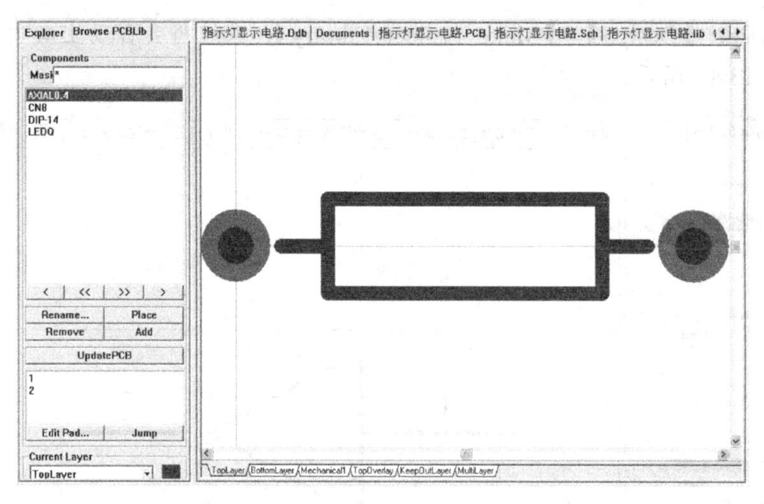


图13-12　生成项目元器件封装库后的工作窗口

# 13.3　元器件库报告

通过系统提供的元器件库报告，可以快速掌握元器件库的状态和元器件的数量。下面介绍生成元器件库报告的操作。

## 创建元器件库报告

1. 打开需要创建元器件库报告的库文件，比如打开“\光盘\实例\第 11 章\diypcb.DDB”文件。
2. 在元器件封装库编辑器中选取菜单命令【Reports】/【Library】，系统将会自动创建元器件库报告，结果如图 13-13 所示。

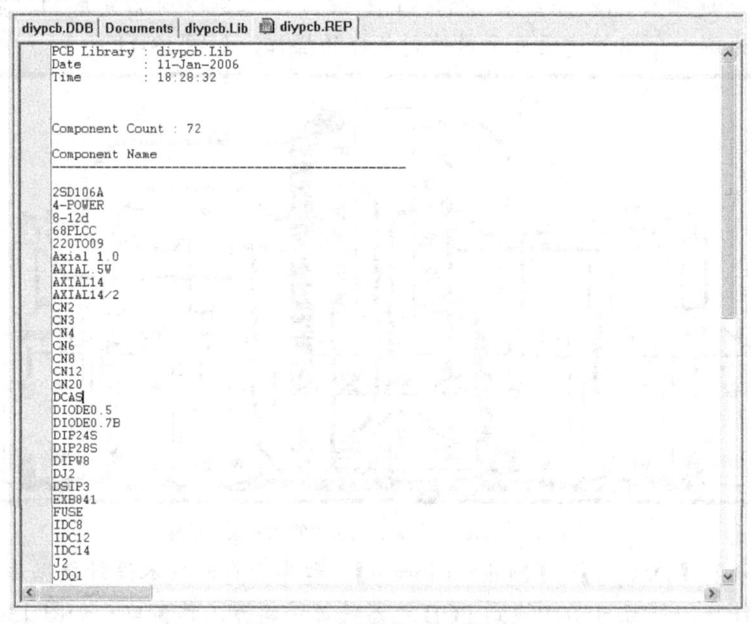

diypcb.DDB | Documents | diypcb.Lib | diypcb.REP

```
PCB Library : diypcb.Lib
Date        : 11-Jan-2006
Time        : 18:28:32



Component Count : 72

Component Name
------------------------------------------------

2SD106A
4-POWER
8-12d
68PLCC
220TO09
Axial 1.0
AXIAL.5W
AXIAL14
AXIAL14/2
CN2
CN3
CN4
CN6
CN8
CN12
CN20
DCAS
DIODE0.5
DIODE0.7B
DIP24S
DIP28S
DIPW8
DJ2
DSIP3
EXB841
FUSE
IDC8
IDC12
IDC14
J2
JDQ1
```

图13-13　生成的元器件库报告

由图 13-13 可见，通过系统创建的元器件封装库报告可以清楚地了解当前元器件库中的元器件数目，并且可以浏览所有的元器件。

## 13.4 实例辅导

本章介绍了如何创建自己的元器件库，并且介绍了几种常用的管理元器件库的方法。其实有用的元器件除了可以从系统提供的元器件库中提取外，还能从根据电路板设计创建的项目库中提取。

从项目库中提取元器件，对于沿用以前电路板设计的原理图符号和元器件封装是十分实用的。在电路板设计中只需载入自己创建的元器件库，而不必先将生成的项目元器件库导出，然后再载入到电路板设计中相应的编辑器里，这样有利于提高电路板的设计效率，并便于对元器件库进行管理。

下面简单介绍从项目库中提取有用元器件封装的操作步骤。

### 从项目库中提取元器件封装

1. 打开需要提取元器件封装的电路板设计。
2. 在 PCB 编辑器中创建电路板设计中元器件封装的项目库。
3. 打开自己创建的元器件封装库。
4. 将工作窗口切换到刚创建的元器件封装项目库工作窗口。
5. 复制有用的元器件封装。
6. 将工作窗口切换到自己创建的元器件封装库编辑工作窗口，并新建一个元器件。
7. 粘贴元器件封装到工作窗口中。
8. 重新设置该元器件的参考点。
9. 给该元器件封装重新命名，然后保存该元器件。
10. 重复步骤 4 至步骤 9 的操作，可以继续提取其他有用的元器件封装。

## 13.5 小结

本章主要介绍了几种管理元器件库的方法。

- 有效利用系统提供的常用元器件库。
- 创建自己的元器件库。
- 创建项目元器件库。

## 13.6 习题

1. 管理元器件库的方法主要有哪几种？
2. 练习创建原理图符号项目库。
3. 练习创建元器件封装项目库。
4. 创建一个自己的原理图库和元器件封装库。
5. 试从习题 2 和习题 3 创建的项目库中各提取一个原理图符号和元器件封装至习题 4 所创建的原理图库和元器件封装库中。

# 第14章 电路板设计常见问题和实用技巧

用户在进行电路板设计过程中经常会遇到一些这样的问题，比如电路原理图设计不能顺利载入到 PCB 编辑器中，或者由于某些设计规则设置不恰当而导致电路板不能正常布局和布线等。这些问题如果不能很好地解决，将会严重影响电路板设计的速度和质量。本章将对电路板设计过程中一些常见的问题进行讲解，尽量使读者在今后的学习和工作中少走弯路。

在本章最后还给出了一些电路板设计中比较实用的小技巧，对提高设计者电路板设计的效率也是十分有帮助的。

## 14.1 本章学习重点和难点

- 本章学习重点。
  PCB 设计过程中的常见问题，全局编辑功能的操作方法，绘制不同转角形式导线的方法，绘制宽度不一的导线的方法，绘制宽度不一且光滑的导线的方法，任意角度旋转元器件的方法。
- 本章学习难点。
  网络类的定义方法和使用方法。

## 14.2 常见问题

下面将对 PCB 设计过程中一些常见的问题进行解析，希望能够对设计者有所帮助。

在电路原理图设计完成后，就需要将元器件封装和网络表文件载入到 PCB 编辑器中，以进行电路板的设计。在电路原理图设计向 PCB 设计转化过程中经常会出现元器件封装和网络表不能顺利载入到 PCB 编辑器中的问题。此时，系统将会提示“没有找到元器件”、“没有找到电气节点”或者“在元器件封装库中找不到元器件封装”等错误。

当载入元器件封装和网络标的过程中出现错误而不能顺利载入时，就需要结合系统的提示信息对上述原因进行排查，直到找到出错的真正原因。

通常情况下，元器件封装和网络表不能顺利载入到 PCB 编辑器中可能由下述原因造成。

- 在电路原理图设计中没有为原理图符号添加元器件封装。
- 在 PCB 编辑器中没有载入电路设计中所需要的元器件封装库。
- 电路原理图设计中部分原理图符号与元器件封装没有形成对应关系。
- 在电路原理图设计中，由于元器件序号编号重复，在 PCB 编辑器中载入元器件封装时，造成元器件丢失。
- 电路板设计中有序号相同的元器件。

因此，在电路原理图设计完成后，首先应当仔细检查是否为每一个元器件都添加了元器

件封装，然后在 PCB 编辑器中载入需要的元器件封装库。另外进行 ERC 电气检查也很重要，通过电气检查可以发现并消除元器件序号重复的错误。

下面将通过图 14-1 所示的三端集成稳压器构成的+15V 线性电源的原理图为例对上述原因进行分析。

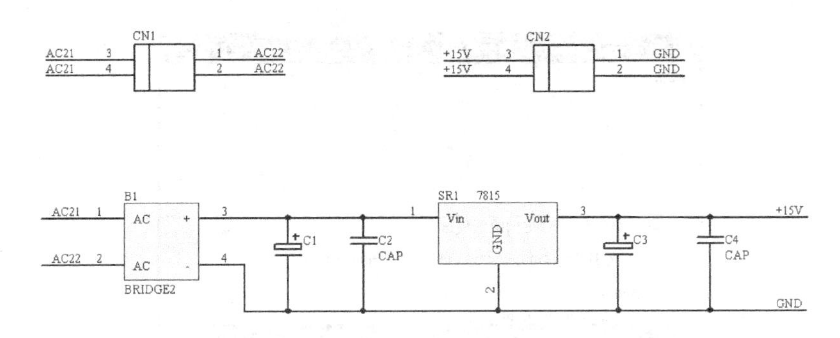


图14-1　三端集成稳压器构成的+15V 线性电源

## 一、 原理图符号没有添加元器件封装

在电路原理图设计过程中，如果用户没有为每一个元器件添加元器件封装，那么在电路原理图设计向 PCB 设计转化的过程中将会出现问题，从而导致元器件封装和网络表不能顺利载入到 PCB 编辑器中。

## 原理图符号没有添加元器件封装

为了方便叙述，首先在电路原理图设计中删除“线性电源”中三端稳压元器件 SR1 的元器件封装。

1. 打开图 14-1 所示的原理图设计文件。
2. 修改三端稳压元器件 SR1 的属性，删除元器件封装，结果如图 14-2 所示。

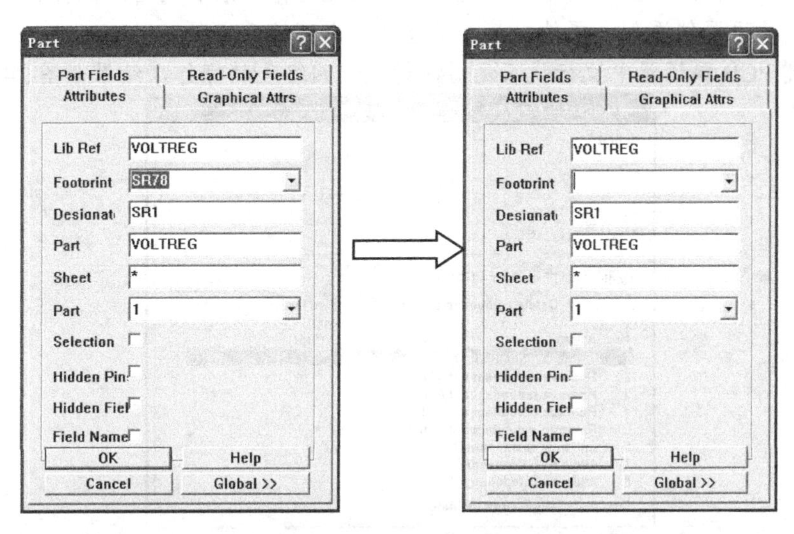


（a）原有属性　　　　（b）删除元器件封装

图14-2　删除 SR1 的元器件封装

3. 在原理图编辑器中选取菜单命令【Design】/【Create Netlist...】，更新网络表设计文件。
4. 将工作窗口切换到 PCB 编辑器，然后选取菜单命令【Design】/【Load Nets...】，系统将会打开【Load/Forward Annotate Netlist】（载入网络表文件）对话框，如图 14-3 所示。

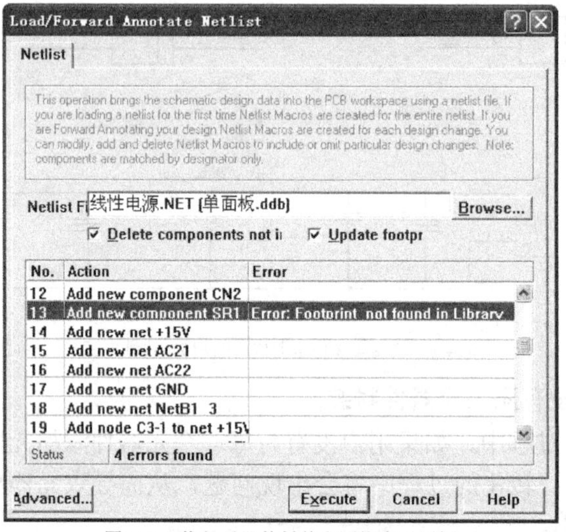


图14-3　载入元器件封装和网络表对话框

在该对话框中，系统提示有四个错误，分别是“Footprint not found in Library”（元器件封装在元器件封装库中没有找到）和“Component not found”（元器件没有找到）。出现这类错误的原因是在电路原理图设计中没有为元器件 SR1 添加元器件封装，因此相对应的元器件也就找不到了。因此，应当回到电路原理图设计中为该元器件添加上元器件封装“SR78”。

5. 在图 14-3 中单击 Cancel 按钮，取消本次载入元器件封装和网络表的操作，回到原理图设计中，为元器件添加元器件封装，并重新生成网络表文件。
6. 再次回到 PCB 编辑器中执行载入元器件封装和网络表的操作，结果如图 14-4 所示。

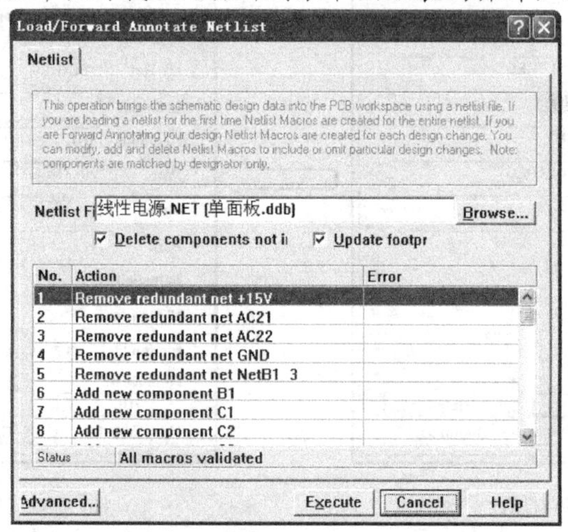


图14-4　消除错误后的载入元器件封装和网络表对话框

7. 单击 Execute 按钮即可将元器件封装和网络表载入 PCB 编辑器中。

二、 没有载入电路设计中所需要的元器件封装库

如果在电路原理图设计向 PCB 转化时，PCB 编辑器中没能载入电路板设计中所需要的元器件封装库，也会导致元器件封装和网络表的载入失败。

## 没有载入元器件封装库

1. 打开 PCB 设计文件。
2. 通过 PCB 编辑器管理窗口，将“diypcb.DDB”元器件封装库从当前电路板设计中移除，如图 14-5 所示。

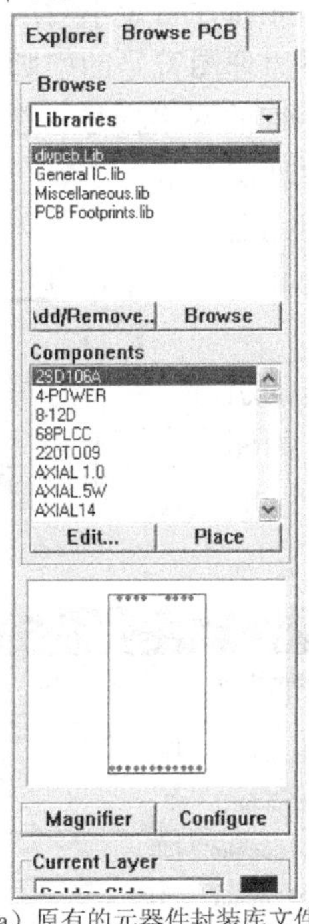


（a）原有的元器件封装库文件

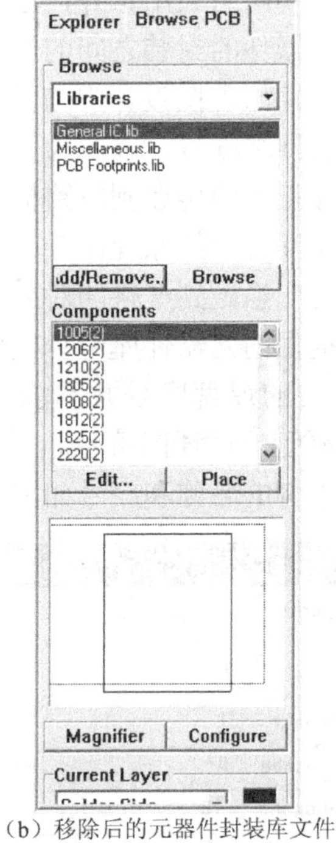


（b）移除后的元器件封装库文件

图14-5 移除元器件封装库

3. 选取菜单命令【Design】/【Load Nets...】，载入元器件封装和网络表对话框如图 14-6 所示。

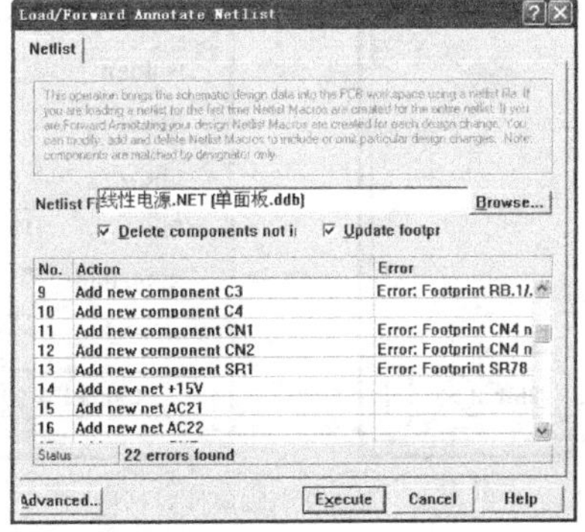


图14-6 没有载入所需元器件封装库的结果

在该对话框中，总共出现了 22 个错误，并且出现了多个元器件封装没有找到。这类错误与原理图符号没有添加元器件封装的错误提示一样，因此当出现此类错误时，应当首先回到电路原理图设计中确认是否为对应的元器件没有添加封装。如果元器件已经添加了封装，那么就可能是所需的元器件封装库没能完全载入到 PCB 编辑器中。

本例就属于这种情况，用户应当仔细检查是哪些元器件没有对应的元器件封装，然后再回到 PCB 编辑器，将元器件封装所在的元器件封装库（“diypcb.DDB”）载入就可以解决上述问题。

### 三、　原理图符号与元器件封装无对应关系

除了原理图符号没添加元器件封装和所需的元器件封装库没能添加到 PCB 编辑器中会导致载入元器件封装和网络表出错外，原理图符号和元器件封装不对应也会出错。

原理图符号和元器件的封装之间的对应关系是靠原理图符号的引脚号和元器件封装的焊盘序号来对应的。电路原理图设计中与元器件引脚相连的网络标号，在 PCB 编辑器中就变成了序号相同的焊盘网络标号。因此为了保证电路原理图设计中网络连接能够正确的传递到电路板设计中对应元器件的焊盘上，一对相互对应的原理图符号的引脚序号和元器件封装的焊盘序号应当做到严格的对应。

但是，在系统提供的元器件库中少数原理图符号的引脚序号和元器件封装的焊盘序号并不能一一对应。如图 14-7 所示为普通二极管的原理图符号。

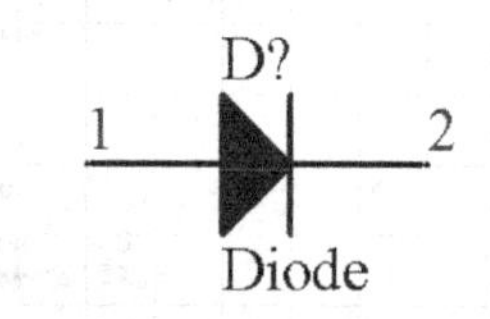


图14-7　普通二极管的原理图符号

该二极管两个引脚的名称和序号如图 14-8 所示。

| Pin | |
|---|---|
| Name | A |
| Number | 1 |
| X-Locatio | 0 |
| Y-Locatio | -10 |
| Orientatic | 180 Degrees |
| Color | |
| Dot | |
| Clk | |
| Electrical | Passive |
| Hidden | |
| Show | |
| Show | |
| Pin | 10 |
| Selection | |

| Pin | |
|---|---|
| Name | K |
| Number | 2 |
| X-Locatio | 30 |
| Y-Locatio | -10 |
| Orientatic | 0 Degrees |
| Color | |
| Dot | |
| Clk | |
| Electrical | Passive |
| Hidden | |
| Show | |
| Show | |
| Pin | 10 |
| Selection | |

OK　Help　Cancel　Global >>

图14-8　元器件引脚属性对话框

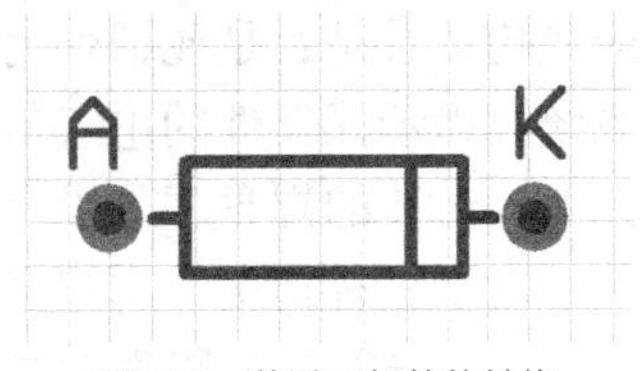

图14-9　普通二极管的封装

再来看看普通二极管对应的元器件封装的焊盘序号的情况，如图 14-9 所示为普通二极管的封装“DIODE0.4”。

由此可见系统提供的元器件封装库中，普通二极管元器件封装中的焊盘序号并不是用数字来排序的，而是用 A 和 K 来标识的。

从图 14-8 和图 14-9 可以看出，普通二极管的元器件封装的焊盘号只与原理图符号的引脚名称相对应，而并没有与引脚的序号形成一一对应的关系，这样的话用户在装载元器件封装和网络表的时候是会失败的。

## 原理图符号和元器件封装不对应

1. 在电路原理图设计中添加一个二极管，结果如图 14-10 所示。

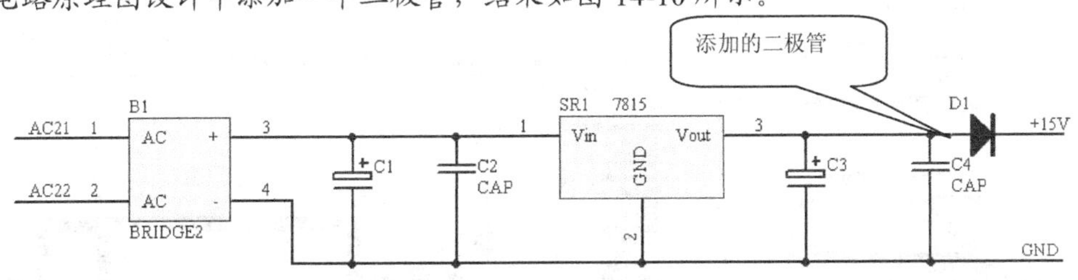

图14-10　添加二极管后的电路原理图

2. 生成网络表。
3. 在 PCB 编辑器中选取载入元器件封装和网络表的菜单命令，打开载入元器件封装和网络表对话框，如图 14-11 所示。

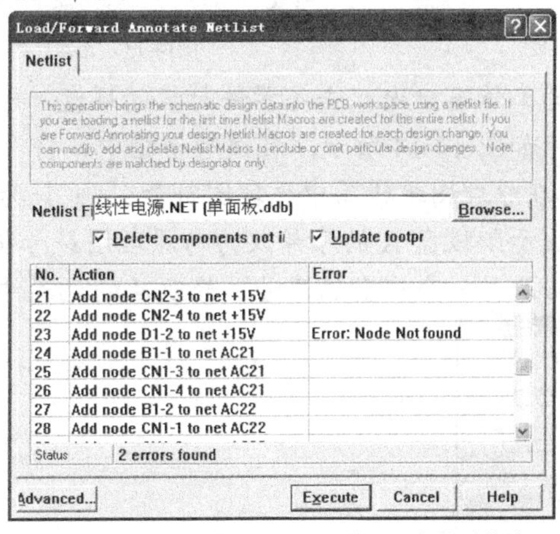

图14-11　原理图符号与元器件封装无对应关系的错误

在该对话框中，系统提示两个错误，提供的信息是元器件的电气节点没有找到，但是二极管的封装和元器件是可以找到的。对于这类错误是由于原理图符号的引脚序号和元器件封装的焊盘序号没有对应起来，因此元器件封装是可以找到的，而对应的元器件的电气节点则找不到。

因此，在今后设计电路板的时候，如果系统提供的错误信息是元器件封装没有找到，则

应该检查看是否是元器件封装库没有载入或者是元器件在电路原理图中没有添加封装。如果系统只提示元器件的电气节点没有找到，则应该查看是否是元器件的原理图符号引脚序号和元器件封装的焊盘序号没有对应关系。

对于这种情况，用户必须对元器件封装进行修改。修改元器件封装有以下两种方法。

- 进入原理图库对原理图符号的引脚序号进行修改，比如将“1、2”改为“A、K”。
- 进入元器件封装库修改元器件的焊盘序号，比如将“A、K”改为“1、2”。

本例中我们采用修改元器件封装的方法，即将“A、K”改为“1、2”。

4. 在 Protel 99 SE 的设计浏览器中找到需要修改的元器件的封装，如图 14-12 所示。
5. 在图 14-12 中单击 Edit... 按钮，打开元器件封装库编辑器，如图 14-13 所示。

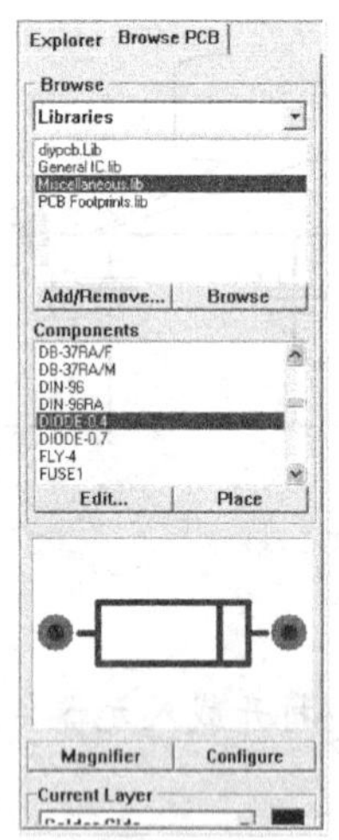


图14-12　选中待修改的元器件封装

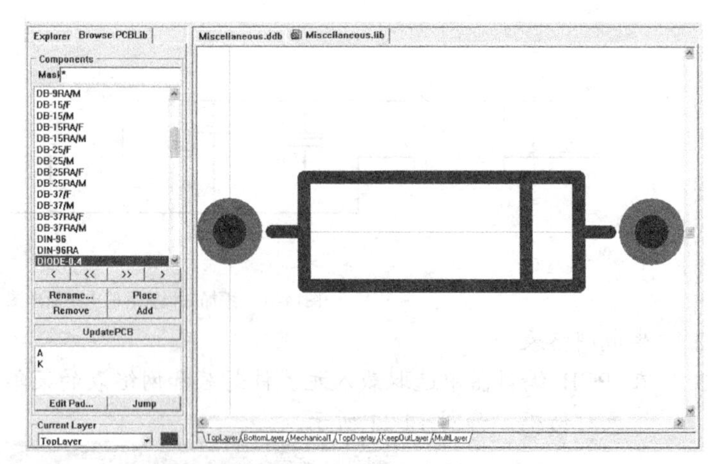


图14-13　元器件封装库编辑器

6. 在元器件封装编辑器的工作窗口内双击元器件封装的焊盘，即可打开“Designator”（焊盘属性）编辑对话框，如图 14-14 所示。在该对话框中，将“Designator”选项中“A”改为“1”即可，因为在原理图编辑器中原理图符号引脚 1 为二极管的阳极，所以将二极管的元器件封装中表示阳极盘 A 的序号改为与原理图符号阳极引脚的序号一致。
7. 根据采用同样的方法修改另一个焊盘的序号，修改后的元器件封装如图 14-15 所示。

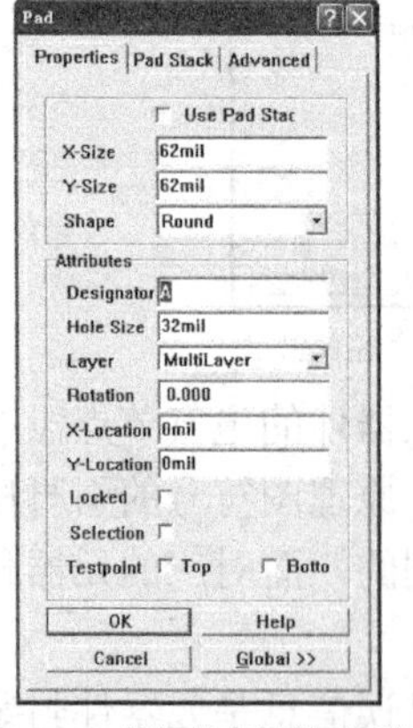


图14-14　编辑焊盘属性对话框

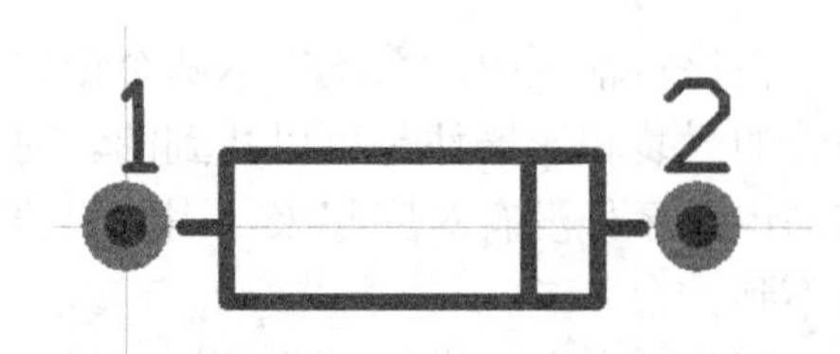


图14-15　修改焊盘后的元器件封装

8. 更新当前设计的方法非常简单，用鼠标左键单击 UpdatePCB 按钮即可。

在编辑完焊盘属性后，千万要记住更新设计图纸，否则本次修改将不会对当前设计生效。

四、 电路原理图设计中元器件序号重复

如果电路原理图设计中两个元器件的序号相同，那么在载入元器件封装和网络表时将会只有一个元器件被载入，而另一个元器件被忽略。

## 电路原理图设计中元器件序号重复

1. 为了方便叙述，将接插件 CN1 的序号该为三端稳压源的序号 SR1，使电路原理图设计中出现两个重复的元器件序号，如图 14-16 所示。

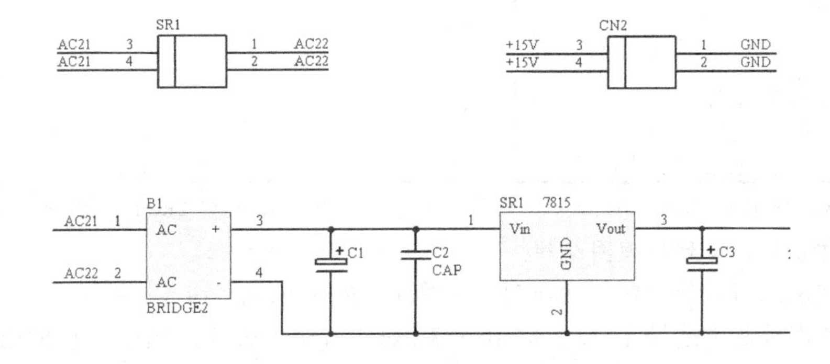


图14-16 电路设计中元器件序号重复

2. 更新网络表文件。
3. 切换到 PCB 编辑器中，执行载入元器件封装和网络表的操作，结果如图 14-17 所示。

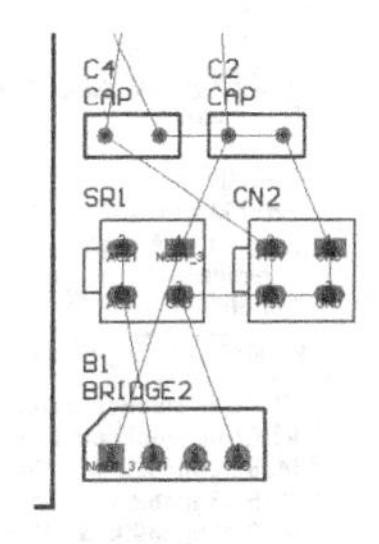


图14-17 载入元器件封装和网络表的结果

由图 14-17 可以看出，序号为 SR1 的元器件封装并非三端稳压源的封装，而是接插件的封装，并且整个电路板上都没有出现三端稳压源的封装。由此可见，电路原理图设计中序号重复的元器件只能有一个被载入到 PCB 编辑器中。

因此，如果在进行电路板设计的过程中发现电路板上有丢失的元器件，而且在载入元器件封装和网络表的过程中系统没有报错，就应当对电路原理图设计进行检查，看是否有序号重复的元器件。

## 利用 ERC 检验工具检查序号重复的元器件

检查是否有元器件的序号重复，用户可以通过原理图编辑器中的 ERC 设计检验工具进行检查。

1. 切换到原理图编辑器，选取菜单命令【Tools】/【ERC…】，即可进入设置 ERC 检验项目对话框，如图 14-18 所示。
2. 选中【Duplicate component designator】（元器件序号重复）前的复选框，然后单击

OK 按钮即可执行 ERC 设计检验。设计检验的结果将以报告的形式列出，如图 14-19 所示。

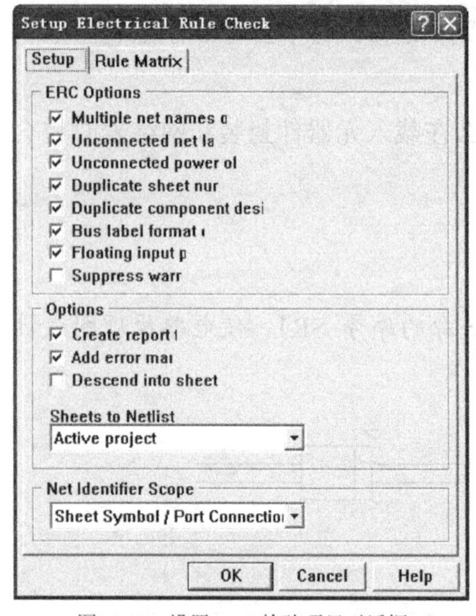


图14-18　设置 ERC 检验项目对话框

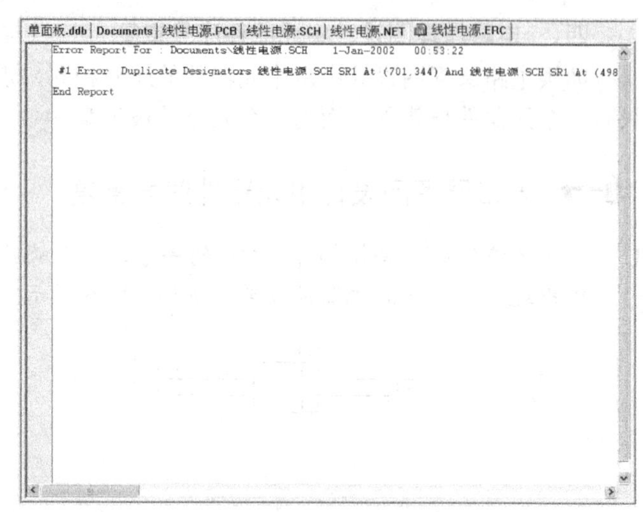


图14-19　ERC 设计检验报告

3.　将工作窗口切换到原理图编辑。

4.　将原理图编辑器管理窗口切换到浏览图件（Primitives）模式，如图 14-20 所示。

5.　在浏览图件栏中选择【Error Markers】（错误标记）选项，就可以查看 ERC 检验报告中指出的错误，如图 14-21 所示。

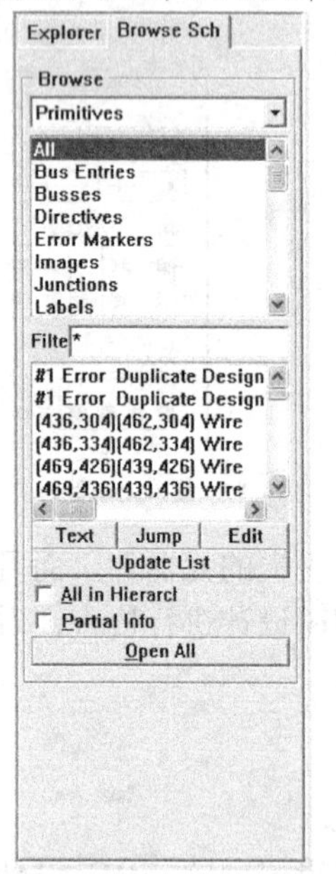


图14-20　浏览电路原理图设计中的图件

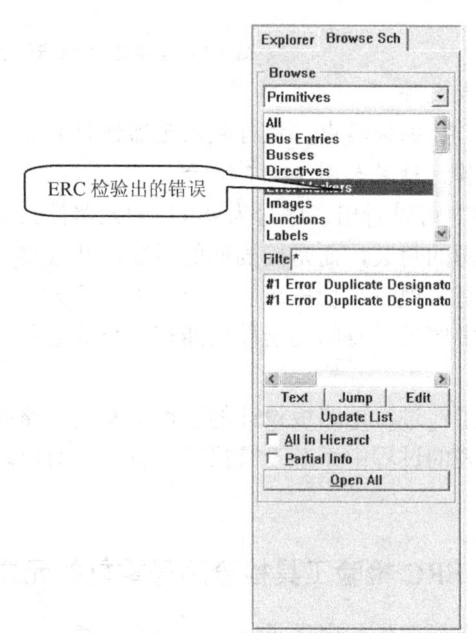


图14-21　通过原理图编辑管理窗口查看 ERC 检验出的错误

6.　在系统检出的错误上单击鼠标左键选中该项错误，然后单击 Jump 按钮就可以跳转到系统提示错误处，如图 14-22 所示。

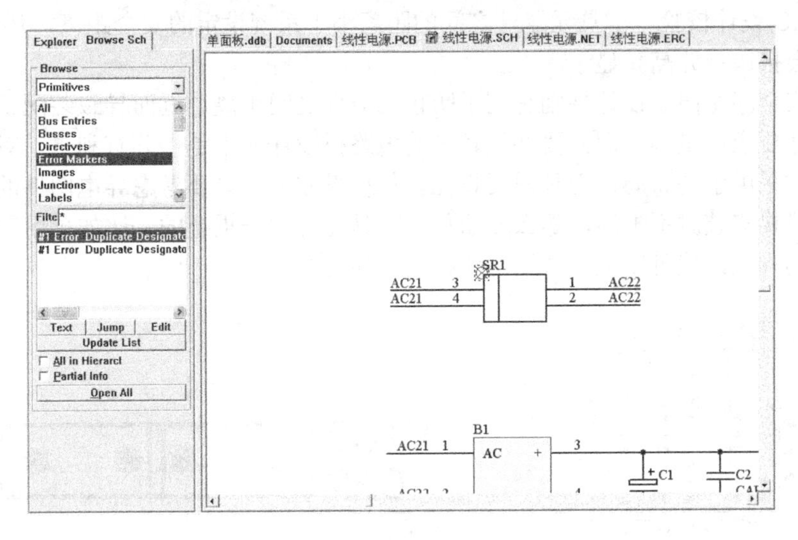


图14-22 跳转到系统提示错误处

由上述操作可见，利用系统提供的 ERC 设计检验可以轻松的查出电路原理图设计上是否有元器件的序号重复，并且利用原理图编辑器管理窗口可以快速浏览并跳转到错误处。这样设计人员就不用对整个电路原理图设计进行逐一排查，而快速找到错误并跳转到错误处进行修改。

## 电路板上元器件序号重复

如果电路板上元器件的序号与即将载入元器件的序号相同，那么在载入元器件封装和网络表时也会出错。

1. 首先在规划好的电路板上放置一个序号为 SR1 的接插件，如图 14-23 所示。
2. 执行载入元器件封装和网络表的操作，结果如图 14-24 所示。由图 14-24 可见，由于 PCB 上已有的元器件与即将载入的三端稳压源的序号相同，均为 SR1，而导致载入元器件出错，使得三端稳压源的元器件封装没能载入。

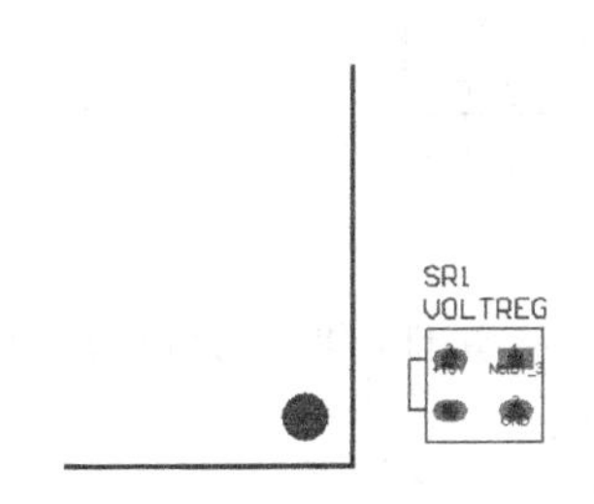


图14-23 预先放置好的元器件

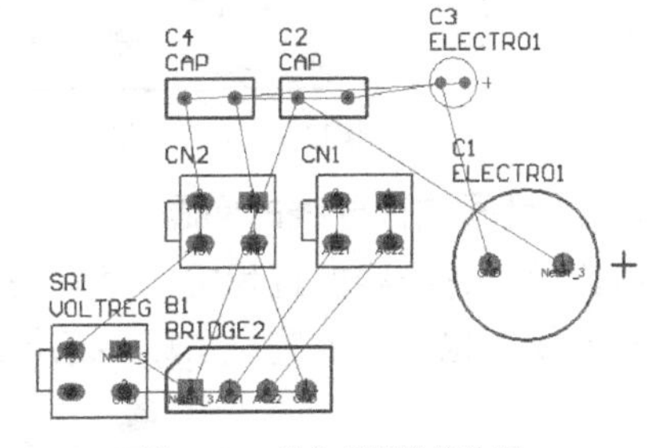


图14-24 载入元器件的结果

### 五、 元器件安全间距限制设计规则

在电路板设计过程中，经常会遇到当两个元器件距离适当靠近时，在线 DRC 立即报错，并高亮显示距离过近的元器件，如图 14-25 所示。

其实这是一个关于元器件安全间距限制设计规则的问题。元器件封装和网络表载入到 PCB 编辑器中后，系统将提供一个默认的元器件安全间距限制设计规则。因此，如果激活

了在线的 DRC 设计校验，一旦元器件之间的距离小于系统设定的安全距离，那么在线 DRC 设计校验将会报错，并高亮显示。

元器件安全间距限制设计规则有利于防止元器件之间距离过近而导致装配干涉，但是对于电路板尺寸要求尽量小，而元器件又较多的电路板设计就不是十分有利了。对于这种电路板的设计往往采用手动布局，而且需要将元器件尽量靠近，只要考虑导电图件的安全间距，而且元器件只要安装时不干涉，那么元器件外形是允许部分重叠的，比如采用图 14-26 所示的元器件布局方式，就可以大大节约电路板的空间。

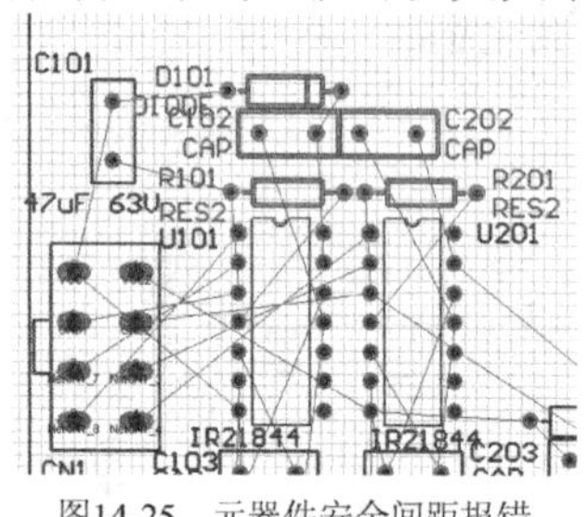

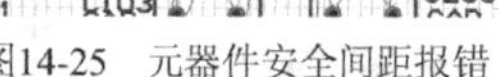
图14-25　元器件安全间距报错

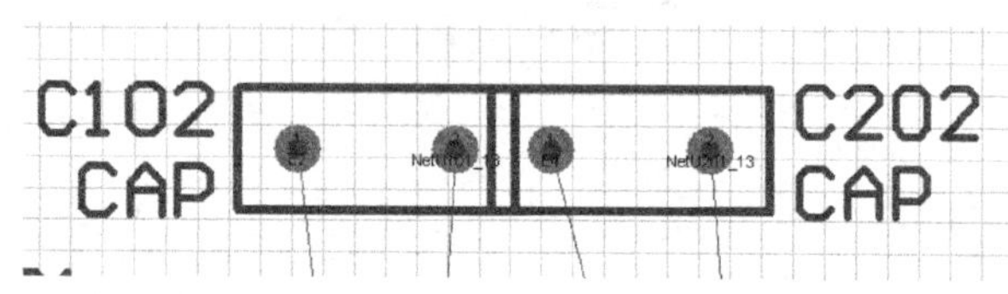

图14-26　元器件部分重叠

此时，为了保证在重叠元器件时系统不报错，用户就可以关闭在线 DRC 设计校验该检验项。关闭该检验项可以通过选取菜单命令【Tools】/【Design Rule Check…】进入 DRC 设计检验对话框，然后取消【Component Clearance】（元器件安全间距限制设计规则）选项前的复选框即可，如图 14-27 所示。

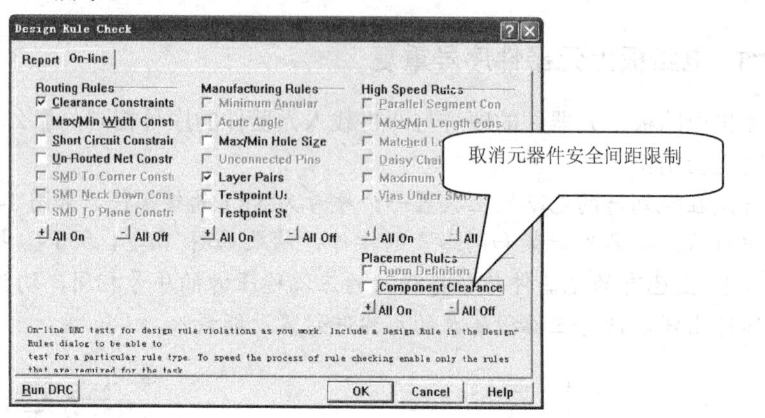

图14-27　取消元器件安全间距限制设计规则的在线 DRC 设计校验

## 六、 焊盘间放置导线的问题

在电路板进行布线的过程中，经常需要在焊盘间放置导线，并且根据需要可以在焊盘间放置一条导线，也可以放置两条或多条导线，如图 14-28 所示。

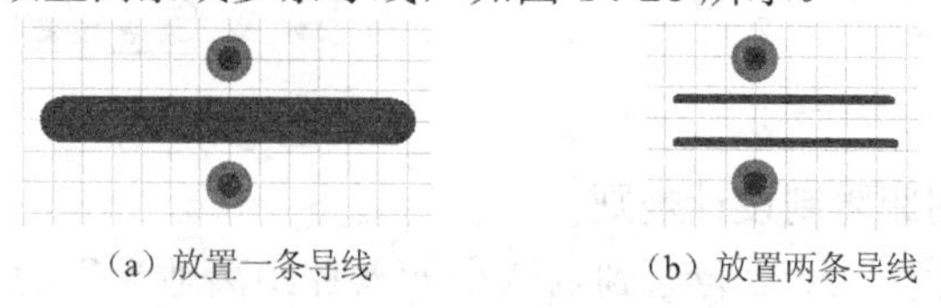
（a）放置一条导线　　（b）放置两条导线

图14-28　焊盘中间放置导线

对于某一元器件而言，焊盘间距是固定，比如常见的 DIP 双列直插元器件的焊盘间距通常为 2.54mm。在固定的空间中要通过不同数目的导线，就需要改变导线的宽度。

在焊盘之间放置导线应当满足以下关系。

焊盘间距=导线宽度×导线数目+各导电图件之间的间距之和+焊盘的直径

其中，焊盘间距指的是焊盘中心的距离，并不代表焊盘之间的空隙，而是焊盘间隙与焊盘直径之和，因此在上式的右边加上了焊盘的直径等式才成立。

由上式可见，由于元器件焊盘的间距有限，当放置多条导线时，各导线之间以及导线与相邻焊盘之间的安全间距很难保证，在正常的安全间距限制设计规则下很难放置多条导线。因此除了将导线的宽度减小外，还需要修改布线设计规则中的安全间距限制设计规则，才能顺利的放置导线。

在修改安全间距限制设计规则时，应当注意以下几点。

- 安全间距不能无限度的减小，必须保证各导电图件之间的绝缘安全。
- 放置完导线后，还应当恢复原来的安全间距限制设计规则，才能保证其他电路安全间距限制的要求。恢复安全间距限制设计规则后，焊盘间放置的导线和焊盘之间必将违反设计规则，系统将会报警提示，可不予理会。
- 为了提高电路板的抗干扰能力和自身的性能，大电流或高频信号不适宜放置在元器件的焊盘之间。

### 七、 添加网络标号

在电路板的设计过程中，有时需要在 PCB 编辑器中添加元器件和网络标号，以实现新的电气连接。

## 在电路板上添加网络标号

1. 在 PCB 编辑器中，选取菜单命令【Design】/【Netlist Manager…】，即可打开【Netlist Manager】（网络标号管理器）对话框，如图 14-29 所示。

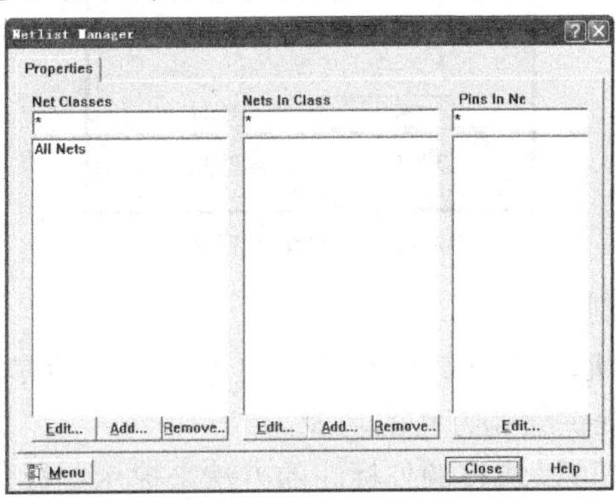


图14-29 网络标号管理对话框

2. 单击【Nets In Class】（网络类所属的网络标号）栏下的 Add... 按钮，执行添加网络标号的命令，即可打开【Edit Net】（编辑网络标号）对话框，如图 14-30 所示。
3. 在该对话框中的【Net Name】（网络标号的名称）选项后的文本框中输入需要添加的网络标号，如图 14-31 所示。
4. 单击 OK 按钮，即可将该网络标号添加到网络表文件中去。

这样，读者在电路板上放置一个焊盘或是元器件后，就可以将网络标号添加到相应的焊盘上。如图 14-32 所示，正在为焊盘添加“+5V”网络标号。

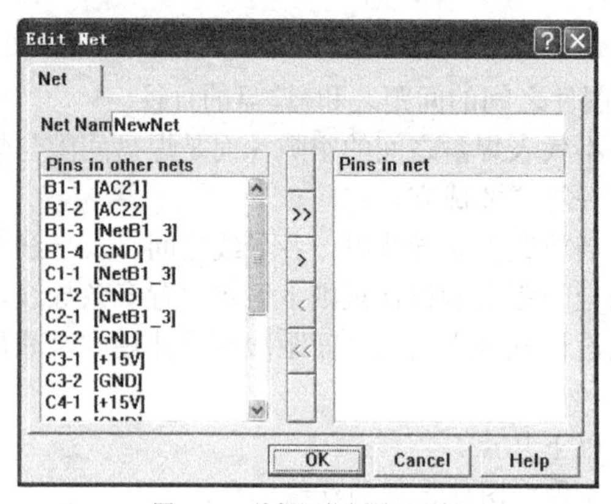


图14-30　编辑网络标号对话框

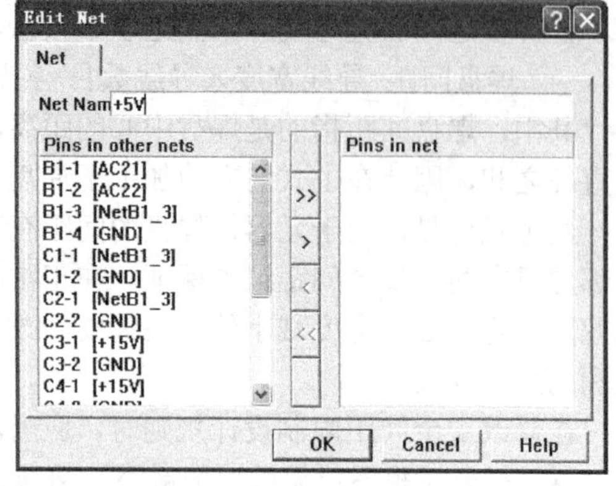


图14-31　添加网络标号对话框

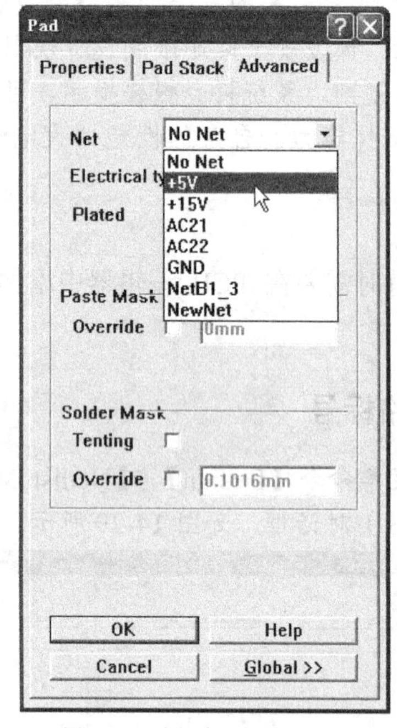


图14-32　为焊盘添加网络标号

## 八、　关于方形孔的绘制

根据元器件引脚的形状，用来安装元器件的焊盘孔可能是圆孔，也可能是方孔。在 Protel 99 SE 中，系统没有提供绘制方孔的功能。

在这种情况下，设计者可以通过额外标注的方法来提示制板商，哪些孔需要做成方孔，并且标注其具体的尺寸。如图 14-33 所示为在顶层丝印层上对一个方孔焊盘的标注。

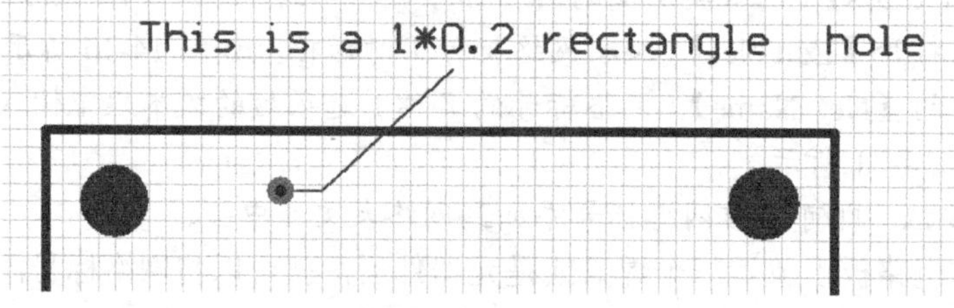


图14-33　标注方形焊盘

当然，为了稳妥起见，设计者在电路板设计移交给制板商时还可以提醒一下对方，电路板上有的焊盘需要做成方孔，具体尺寸以图上的标注为准。

## 九、 放置异形焊盘

设计者除了有时需要放置方形孔的焊盘外，还可能需要放置外形各异的焊盘。异形焊盘由焊盘形状（Shape）和外形尺寸（X-Size 和 Y-Size）共同决定，可通过如图 14-34 所示的焊盘属性对话框进行设置。

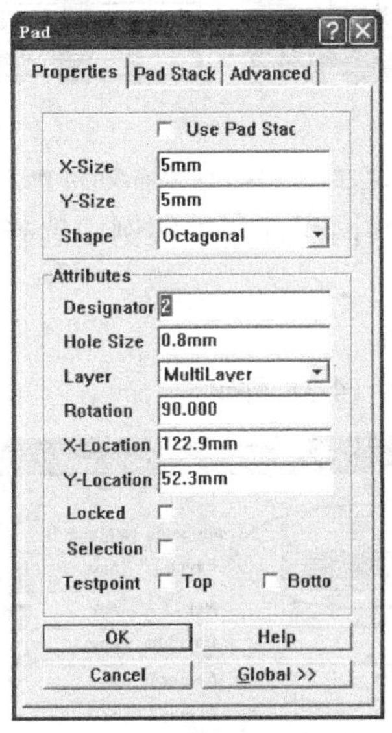


图14-34　设置焊盘属性对话框

系统提供了 Round（圆形）、Rectangle（矩形）和 Octagonal（八边形）等 3 种基本形状的焊盘，如图 14-35 所示。

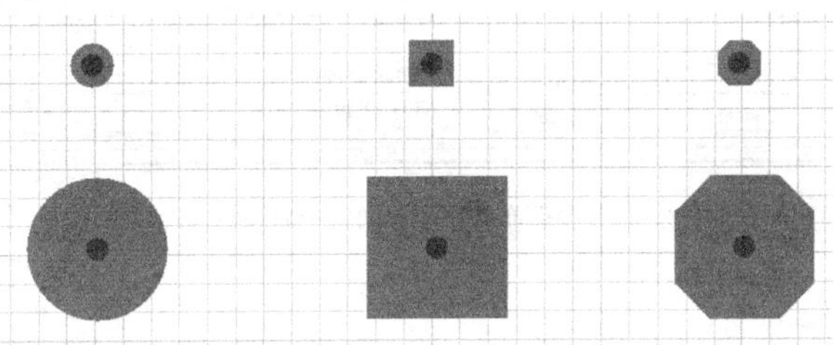

图14-35　不同形状和尺寸的焊盘

当焊盘尺寸中 X-Size 和 Y-Size 的尺寸不相等时可以得到椭圆、长方形和其他形状的多变性，如图 14-36 所示。

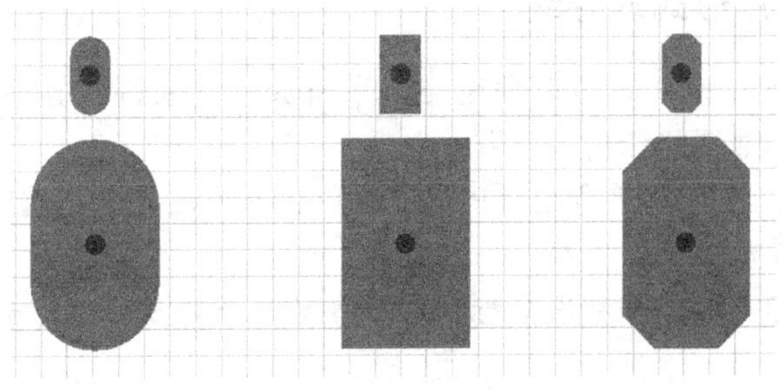

图14-36　其他形状的焊盘

### 在 PCB 编辑器中全局修改多条布线的工作层面

介绍如何在 PCB 编辑器中将多条布线的工作层面从底层修改为顶层，如图 14-37 所示。

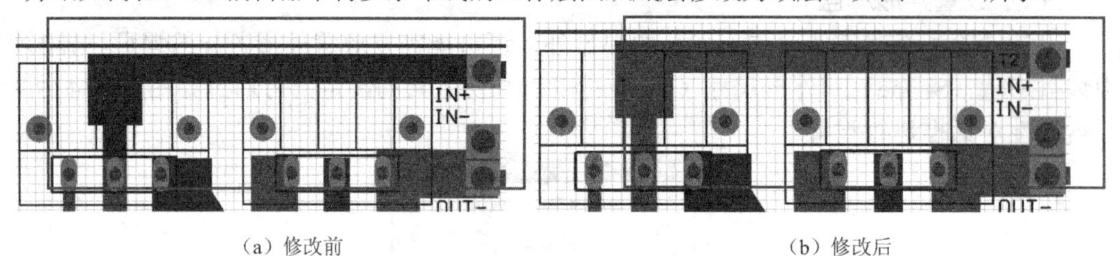


（a）修改前　　（b）修改后

图14-37　全局修改多条布线的工作层面

关键在于创造待修改图件的共同属性。本实例中选择了图件是否处于选中状态这一属性。

1. 选中需要修改工作层面的布线。
2. 设置全局编辑功能对话框如图 14-38 所示。

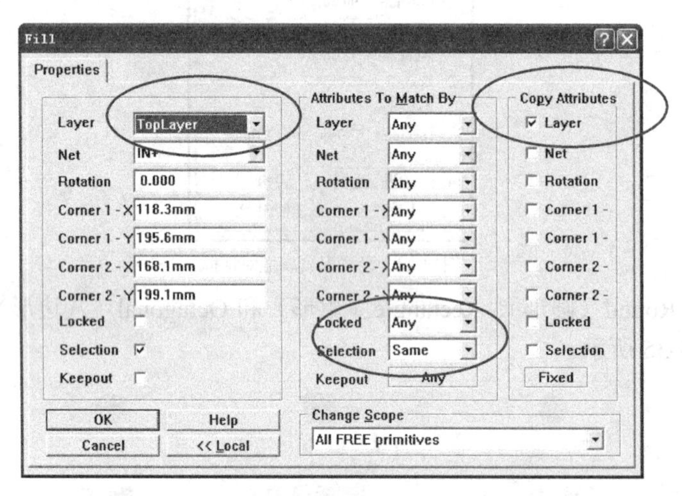


图14-38　设置修改布线工作层面的全局编辑功能对话框

## 14.3　实用技巧

下面介绍一些 PCB 设计的技巧。

### 绘制不同转角形式的导线

在手动布线的时候，设计者可以使用 Shift+Space 键来调整导线的转角形式，与此同时，还可以使用 Space 键调整转角的位置。

1. 在 PCB 编辑器中，选取菜单命令【Place】/【Interactive Routing】，或使用快捷键 P/T，在一个元器件的焊盘上开始布线。
2. 在焊盘上单击鼠标左键，并利用鼠标往右下方的一个焊盘拉线，如图 14-39 所示。

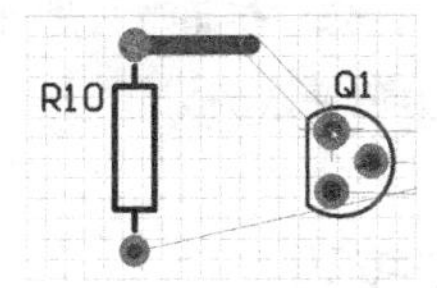


图14-39　手动布线

3. 此时，连续按 Shift+Space 键，可以得到不同的转角形式，如图 14-40 所示。

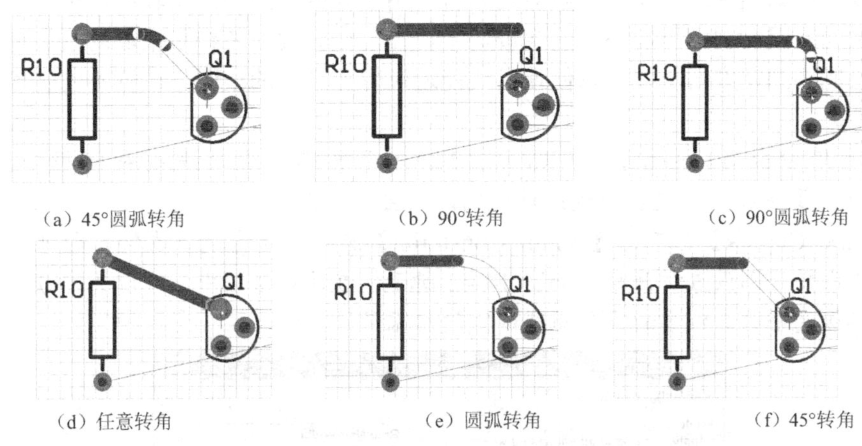


（a）45°圆弧转角　（b）90°转角　（c）90°圆弧转角

（d）任意转角　（e）圆弧转角　（f）45°转角

图14-40　导线的各种转角形式

**要点提示** 利用 Shift+Space 键来切换导线的转角形式，应当将输入法切换到英文输入状态。

4. 在此状态下，按 Space 键即可设置转角的位置，不同转角形式对应的转角位置情况如图 14-41 所示。

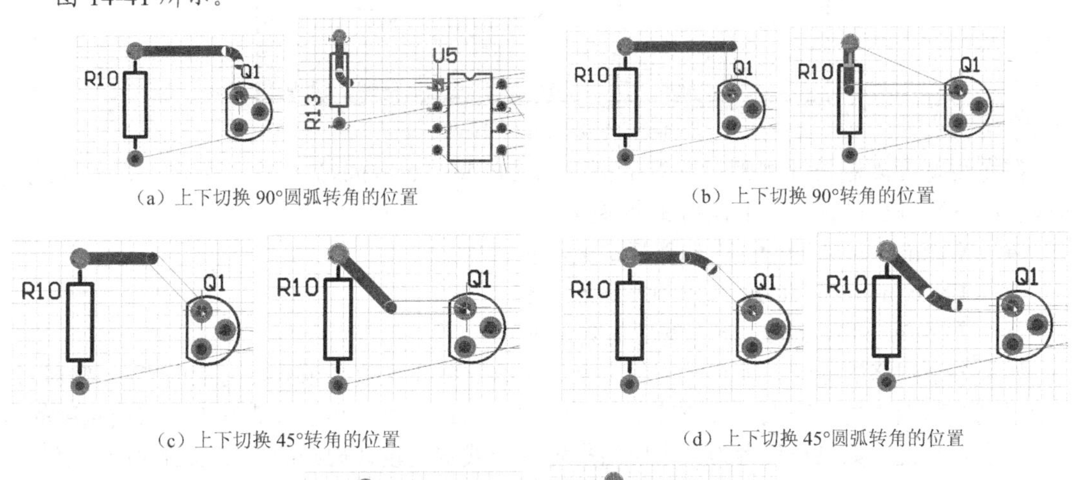


（a）上下切换 90°圆弧转角的位置　（b）上下切换 90°转角的位置

（c）上下切换 45°转角的位置　（d）上下切换 45°圆弧转角的位置

（e）上下切换圆弧转角的位置

图14-41　不同转角形式的转角位置

在电路板设计中，设计者通常采用 45° 转角形式进行电路板的布线，这样既能够满足信号反射的需要，也能满足铜箔附着能力的要求。

## 放置不同宽度导线的操作技巧

由于电路板上空间的限制或其他的特殊要求，一条连续的导线可能需要由多段不同宽度的导线构成，比如当导线穿过两个焊盘之间时，由于焊盘之间的间距较小，粗的导线在当前设定的安全间距限制规则下而不可能穿过两个焊盘。这时设计者经常采取的措施是改变导线的宽度，绘制不同宽度的导线，以便使导线能通过焊盘之间的空间。放置不同宽度导线的操作方法如下。

1. 选取菜单命令【Design】/【Rules...】，打开电路板设计规则对话框，然后单击【Routing】选项卡，进入布线设计规则设置主对话框。
2. 在【Rule Classes】栏下的【Width Constraint】选项上双击鼠标左键，即可打开导线宽度布线设计规则设置对话框，如图 14-42 所示。在该对话框中，可以为部分指定的导线或电路板的全部导线重新设置布线的宽度约束范围。

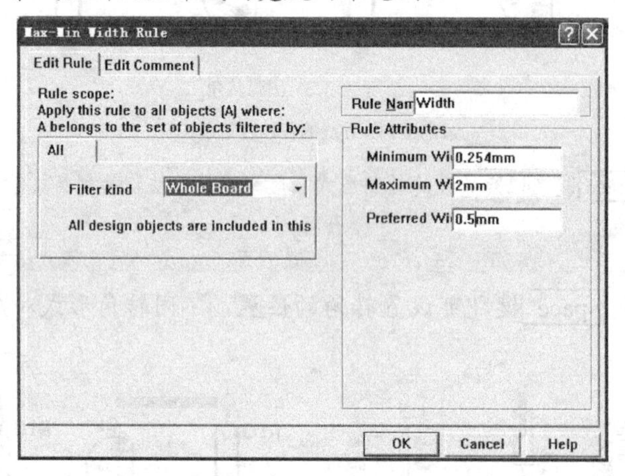


图14-42　布线宽度限制设计规则设置

在布线宽度限制设计规则设置对话框中的【Rule Attributes】栏中，用户可以对导线的布线宽度参数进行设置，其中包括 3 个参数。

- 【Minimum Width】：布线宽度的最小值。
- 【Maximum Width】：布线宽度的最大值。
- 【Preferred Width】：布线宽度的典型值。

如果某个网络的导线要求有不同的宽度，那么这些宽度值必须处在对应的布线宽度设计规则限制的范围之内，即大于（或等于）布线宽度的最小值，小于（或等于）布线宽度的最大值。也就是说，如果设计者为某个网络指定的布线宽度设计规则的限制范围的最大值与最小值相等，那么在布线时就只能采用同一宽度的导线，而不能使用下述的操作方法来放置不同宽度的导线，只能在导线放置完后，双击某段导线并修改它的宽度，但这就违反了布线宽度限制设计规则，在进行 DRC 设计校验时，系统会在布线宽度限制设计规则一栏中报错。

因此，为了方便放置不同宽度的导线，在设置布线宽度限制设计规则时，通常将导线的最大值和最小值设定为不同的值，而将典型值设定为布线过程中的常用布线宽度，比如按照

图 14-42 所示的参数进行设置。

3. 选取菜单命令【Place】/【Interactive Routing】，或使用快捷键P/T，在导线的起点位置上单击鼠标左键，移动鼠标光标开始进行导线的绘制。
4. 按Tab键，打开【Interactive Routing】（导线属性）设置对话框，如图 14-43 所示。在该对话框的【Trace Width】（导线宽度）中对导线宽度进行设置，此处设置为“1mm”。

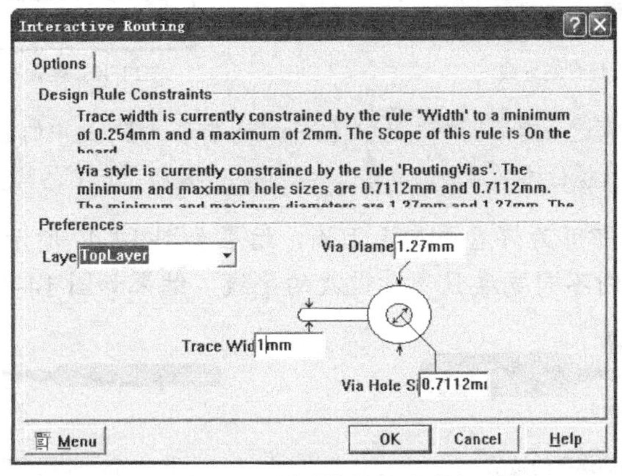

图14-43　导线属性设置对话框

5. 单击对话框中的OK按钮，将鼠标光标移动到合适的位置后，单击鼠标左键放下第 1 段导线，同时开始放置第 2 段导线。
6. 再次按Tab键，同样地，在导线属性设置对话框中，设置导线的宽度，如“0.5mm”。
7. 单击对话框中的OK按钮，将鼠标光标移动到合适的位置后，单击鼠标左键放下第 2 段导线。
8. 如果还需要继续放置不同宽度的导线，只要重复第 5、6、7 步操作即可。如果不再放置导线，双击鼠标右键或是连续两次按Esc键，即可退出放置导线的命令状态，这样就绘制完成了一条不同宽度的导线，结果如图 14-44 所示。

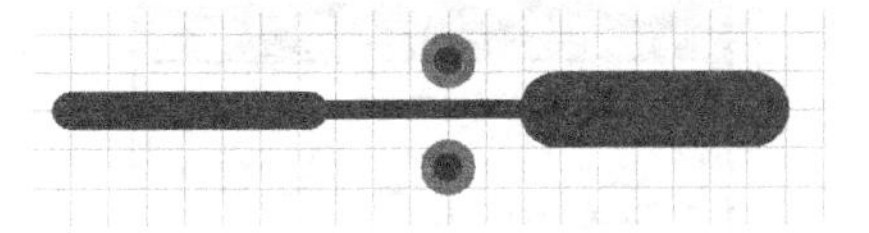
图14-44　绘制完毕的不同宽度的导线

## 放置不同宽度且光滑过渡的导线

宽度不一的导线连接在一起时会显得不连续，不利于提高电路板的抗干扰性能。这里介绍一种可以绘制出宽度不同且能光滑过渡的导线的方法。

下面将在图 14-44 的基础上介绍放置不同宽度且光滑过渡的导线的具体操作方法。

1. 放置好的不同宽度的导线如图 14-44 所示。
2. 在刚绘制好的导线上放置焊盘，焊盘的外径尺寸为最宽导线的宽度，如图 14-45 所示。
3. 选中导线和焊盘，然后选取菜单命令【Tools】/【Teardrops...】（泪滴焊盘），打开【Teardrop Options】（添加焊盘泪滴选项）设置对话框，设置好的泪滴选项对话框如图 14-46 所示。

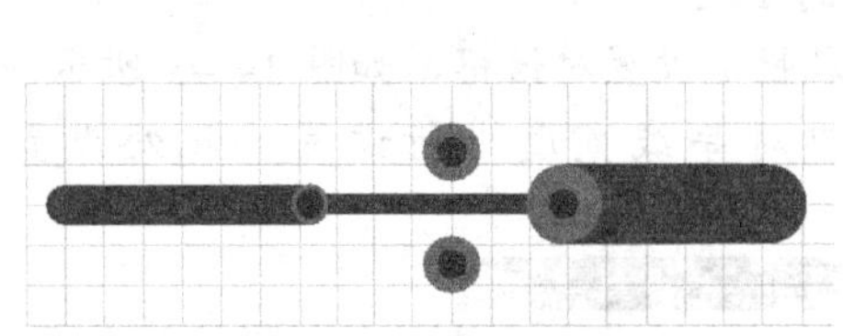

图14-45　放置好焊盘的导线

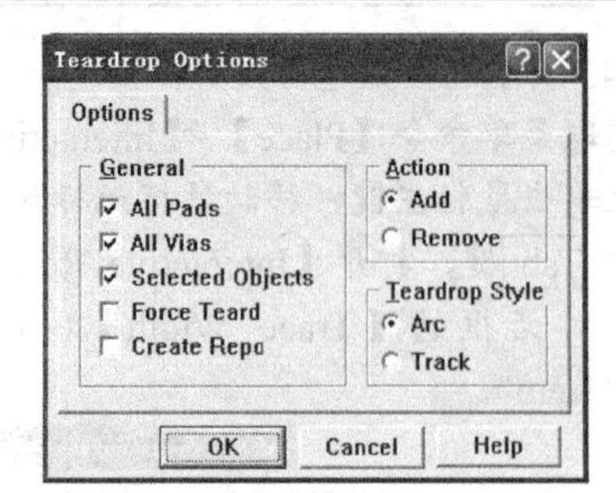


图14-46　设置好的泪滴选项对话框

在在添加焊盘泪滴选项对话框中，选中【Selected Objects】(选中的图件)复选项，可只对处于选中状态的焊盘执行添加泪滴的操作。否则将对电路板上所有的焊盘添加泪滴。

4. 单击 OK 按钮，即可为焊盘添加上泪滴，结果如图 14-47 所示。
5. 删除焊盘，即可得到不同宽度且光滑过渡的导线，结果如图 14-48 所示。

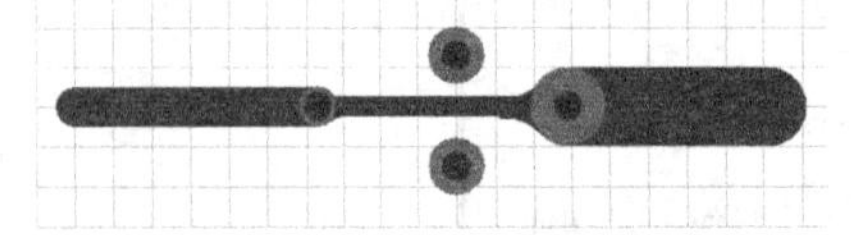

图14-47　添加泪滴焊盘的结果

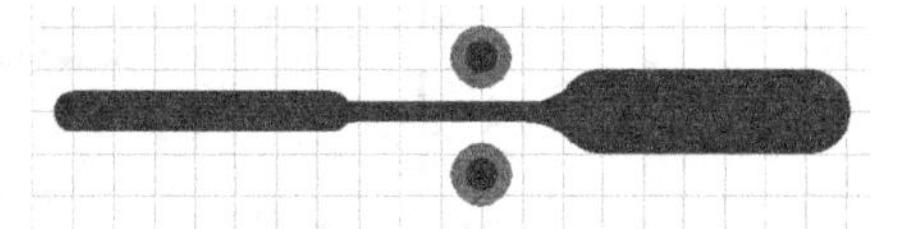

图14-48　不同宽度且光滑过渡的导线

## 任意角度旋转元器件

在电路板的手工设计中，经常会遇到这样的情况，由于电路板的尺寸大小有限，局部区域的元器件布局和电路板布线十分紧张，为了能够顺利放置导线，常常需要旋转元器件。任意角度旋转元器件对电路板上的布线尤为有利。

下面介绍任意角度旋转元器件的具体操作方法。

1. 在需要旋转的元器件上双击鼠标左键，打开编辑该元器件的属性对话框，如图 14-49 所示。

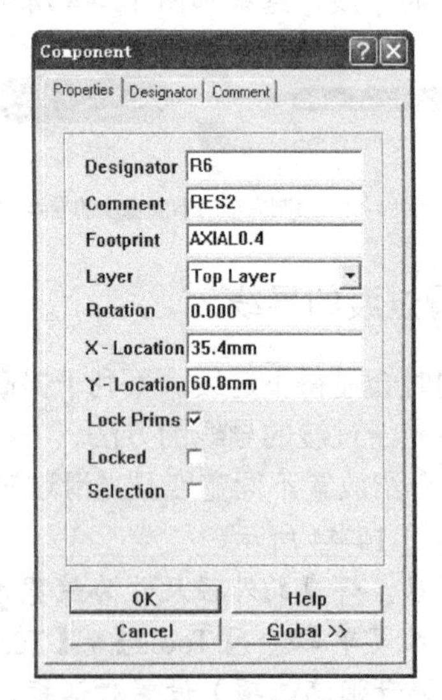


图14-49　元器件属性对话框

在该对话框的【Rotation】(旋转)文本框中输入预先设定的旋转角度，即可设定元器件旋转的任意角度。

2. 设置好元器件需要旋转的角度后，单击 OK 按钮，系统会自动旋转该元器件。设定不同角度旋转的结果如图 14-50 所示。

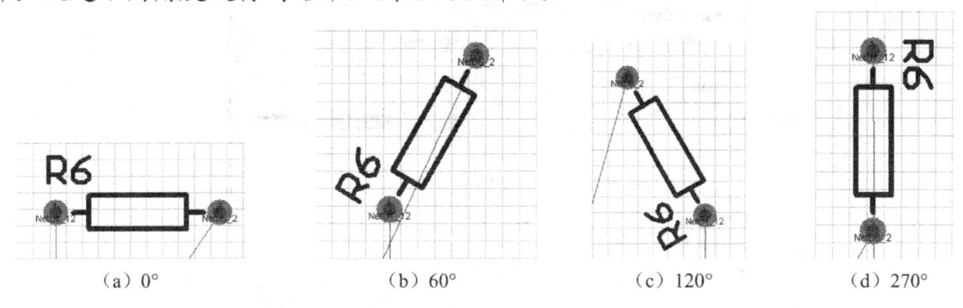

（a）0°　（b）60°　（c）120°　（d）270°

图14-50　任意角度旋转元器件

## 网络类的定义

在进行电路板设计中的布线规则设置之前，设计者常常将具有相同布线宽度的网络定义成一个网络类，这样不仅可以大大减少布线设计规则设置中的线宽限制规则的数目，也可以提高布线设计规则的设置效率。

1. 选取菜单命令【Design】/【Classes…】，打开【Objects Classes】（编辑图件类）对话框，然后单击【Net】选项卡，打开浏览网络类的对话框，如图 14-51 所示。
2. 单击 Add... 按钮，执行添加一个新网络类的命令，即可打开【Edit Net Classes】（编辑网络类）对话框，如图 14-52 所示。

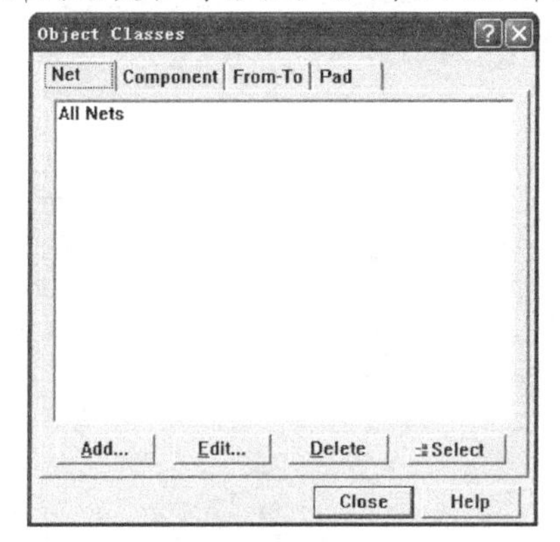

图14-51　浏览网络类对话框

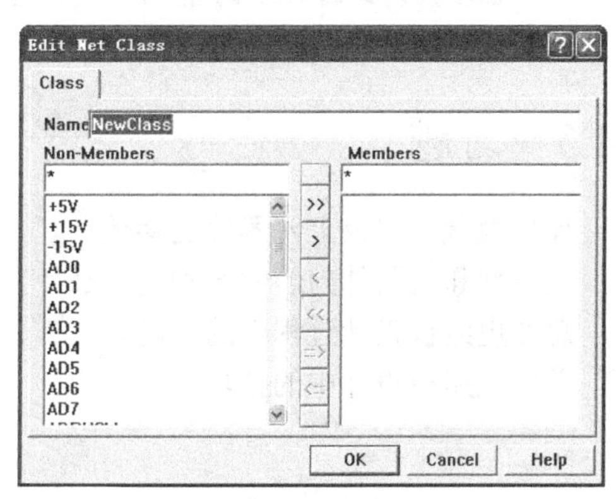

图14-52　编辑网络类对话框

在该对话框中，各选项的意义如下。

- 【Name】（网络类名称）：该文本框用于输入即将定义的网络类的名称，系统默认的名称为“NewClass”，本例中将其名称更改为“POWER”。
- 【Non-Member】（非成员）：该栏下的列表框用于罗列不属于“Name”网络类的网络标号，当新建一个网络类时，系统默认的非成员网络标号为电路板上所有的网络标号。
- 【Members】（成员）：该栏下的列表框用于罗列隶属于“Name”网络类的网络标号。

3. 选中所有的电源网络标号，然后单击 > 按钮将选中的网络标号添加至“POWER”网络

类，结果如图 14-53 所示。

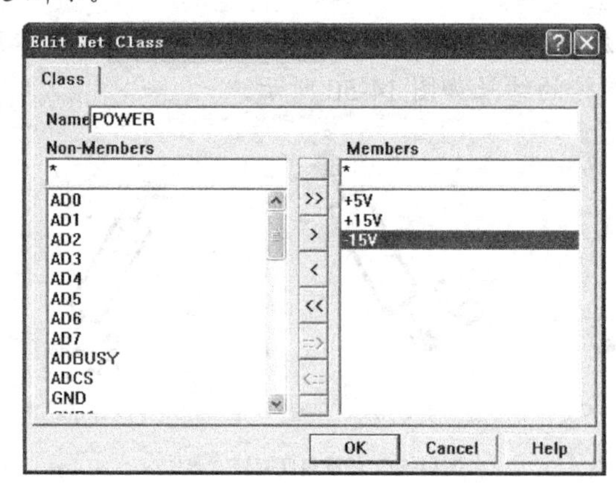


图14-53 添加网络标号后的结果

4. 单击 OK 按钮确认，即可完成一个新的网络类的编辑。这样，在设定布线宽度限制设计规则时，不用依次对各个电源网络进行设置，只需对电源网络类"POWER"进行设置即可。
5. 如果还要创建新的网络类，则重复上面的操作步骤 2、3、4 即可。

## 14.4 小结

本章主要介绍了电路板设计中的常见问题和实用技巧。

- 电路板设计过程中的常见问题。
- 电路板设计过程中的常用技巧。

## 14.5 习题

1. 如何隐藏电路板上元器件的参数？
2. 元器件和元器件封装的区别是什么？
3. 总结电路板设计过程中的问题。
4. 总结电路板设计中的技巧。

# 第15章 电路板设计实战与提高

通过前面章节的学习，相信读者已经能够较为轻松地完成电路板设计了。

为了巩固前面的学习成果，本章将介绍一套基于 PT2262 和 PT2272 收发编、解码电路的无线电收发系统的设计，使读者在实战中提高自己的电路板设计能力。

## 15.1 本章学习重点和难点

- 本章学习重点。
  本章的学习重点是巩固电路板设计的基本流程。
- 本章学习难点。
  本章的学习难点是面对一个全新的设计，学会如何从功能分析入手，然后一步步地完成电路板设计。

## 15.2 了解电路板的电气功能和机械功能

在设计电路板之前，设计人员应当对电路板的电气功能进行深入地了解，尽量做到万无一失，保证电路板的电气功能正确无误。

本章主要介绍无线电发射电路和无线电接收电路的设计，其结构示意图如图 15-1 所示。

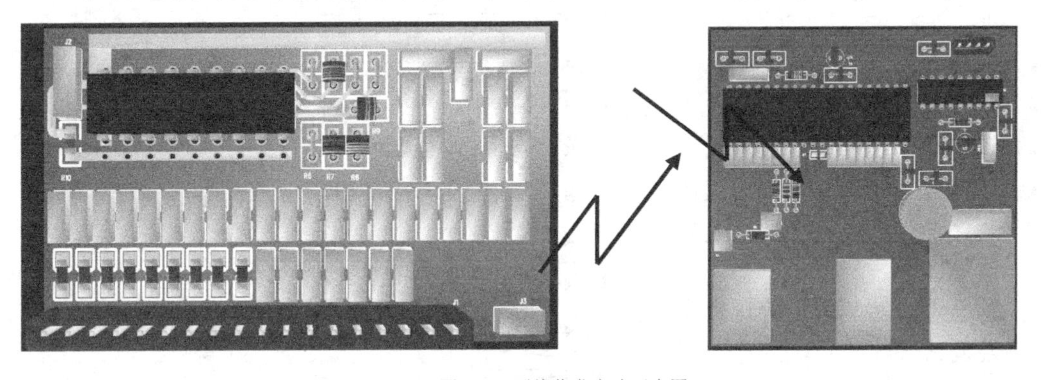

图15-1 无线收发电路示意图

下面分别介绍这两部分电路的功能。

发射电路主要包括以下几个功能模块。

- 键盘输入接口。
- 键盘编码电路。
- 无线发送编码电路。

- 无线发送模块。
- 电源接口。

发射电路机械性能要求如下。

- 电路板的尺寸应尽量小。
- 安装方式采用指定位置的单个安装孔安装。

接收电路主要包括以下几个功能模块。

- 无线接收模块。
- 无线接收解码电路。
- 单片机电路。
- 交流 220V 输入接口。
- 电源电路。
- 执行电路。
- 输出接口。

接收电路机械性能要求如下。

- 考虑高压绝缘性能。
- 电路板的尺寸和安装方式是根据指定机箱而定的。

## 15.3　芯片选型

设计者在确定了电路板的电气功能和机械功能之后，接下来就应当进行芯片选型的工作了。

芯片选型的原则如下。

- 首先要满足电气功能的要求。
- 第二考虑芯片的封装形式。
- 第三考虑芯片的成本。
- 调研芯片的市场供货情况。
- 硬件的选择应当便于后续的软件设计、电路板调试及安装等工作。
- 综合考虑芯片的性价比和安装调试。

在本例中，综合考虑芯片的性能、封装、价格、供货渠道以及现有知识等方面的因素而设计的发射电路原理图和接收电路原理图分别如图 15-2、图 15-3 所示。

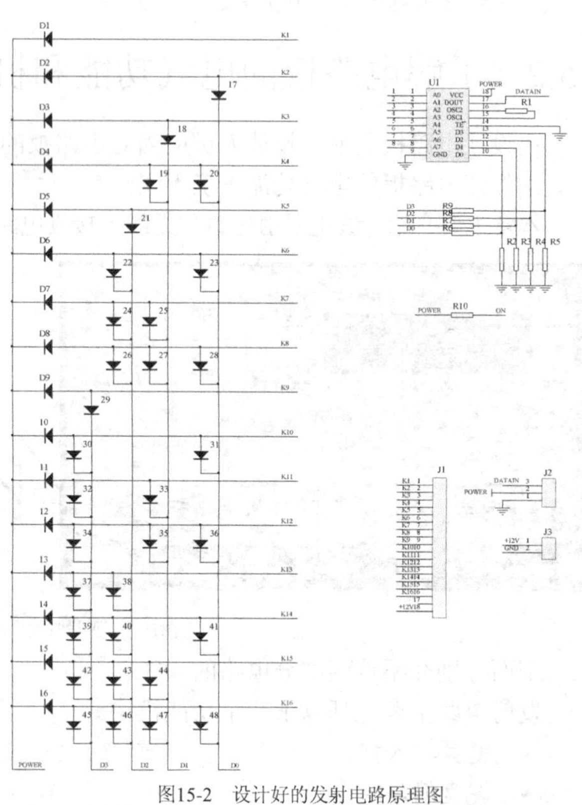

图15-2　设计好的发射电路原理图

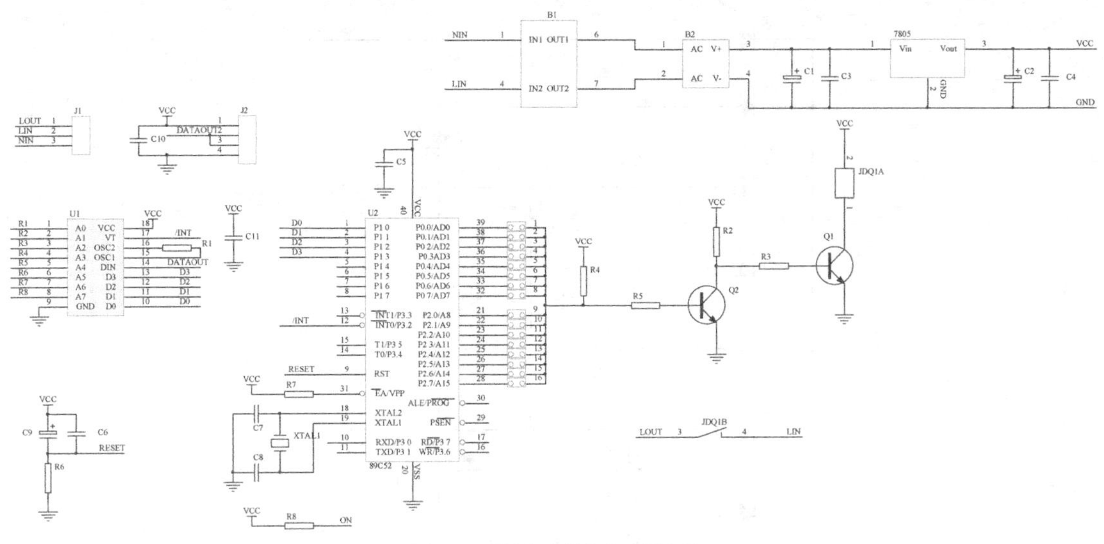

图15-3 设计好的接收电路原理图

下面分别对这两部分电路进行介绍。

## 15.3.1 发射电路

### 一、 编码电路

编码电路如图 15-4 所示。

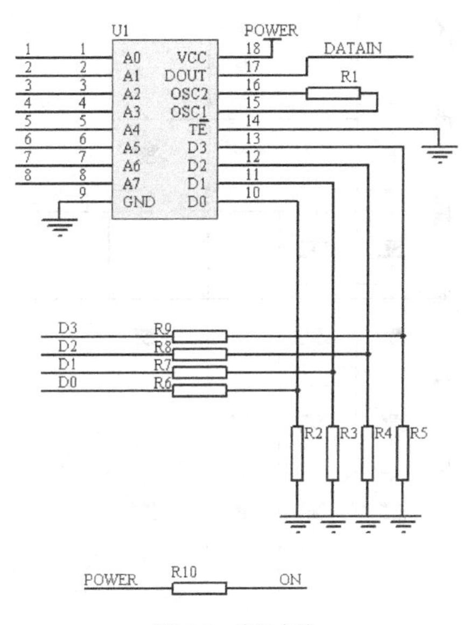


图15-4 编码电路

该编码电路选用了 PT2262。

### 二、 键盘编码电路

键盘编码电路选用二极管组成一个二极管阵列，对键盘输入进行编码，如图 15-5 所示。

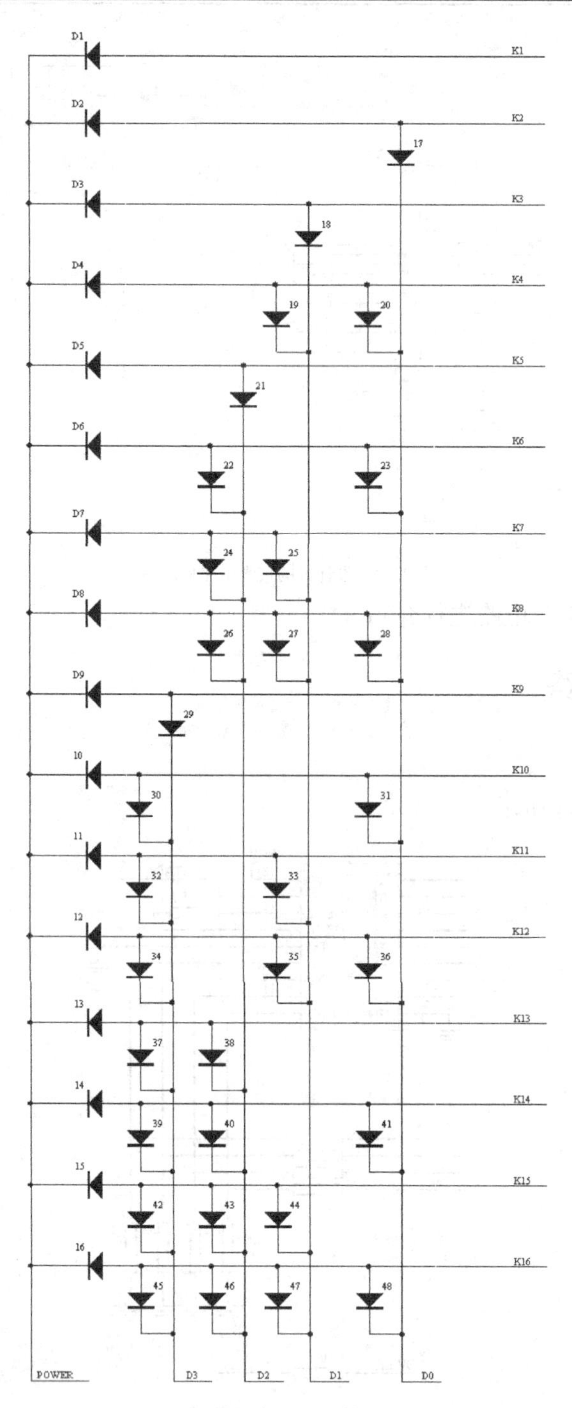


图15-5　键盘编码电路

在该图中，由多个二极管组成的阵列最多可对 16 个按键进行编码。

### 三、 发射电路模块

发射电路模块的引脚信号分布如图 15-6 所示。

键盘输入接口和电源输入接口如图 15-7 所示。

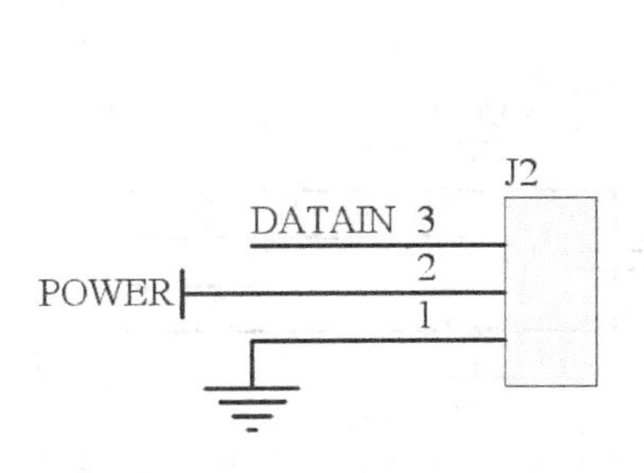


图15-6 发射电路模块的引脚信号分布图

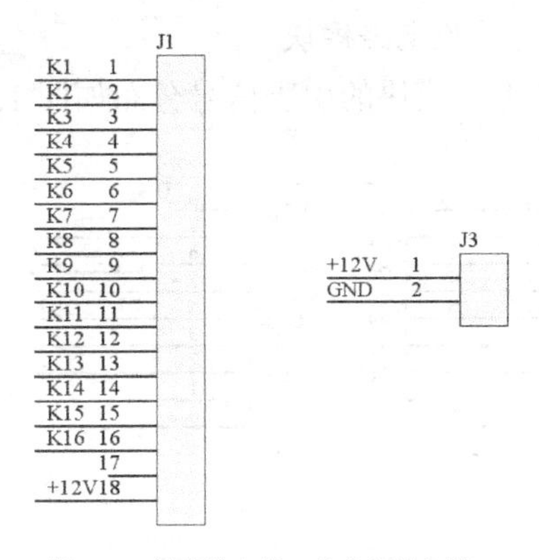


图15-7 键盘输入接口和电源输入接口

## 15.3.2 接收电路

### 一、 CPU 电路

接收电路中的 CPU 处理器选用 Atmel 公司生产的 51 系列单片机 AT89C52，其电路如图 15-8 所示。

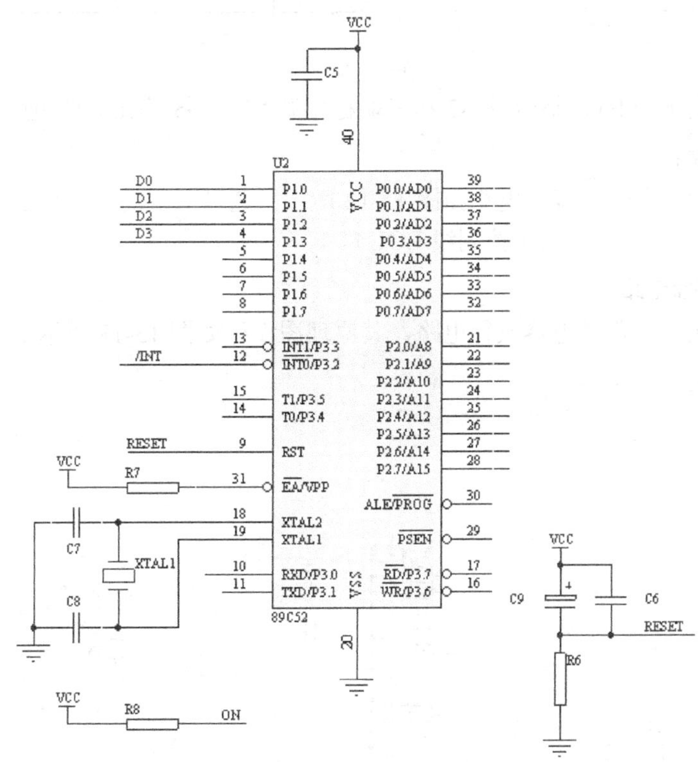


图15-8 CPU 及其外围电路

### 二、 解码电路

解码电路如图 15-9 所示。

解码电路中的解码芯片选用 PT2272-L4。

## 三、 接收电路模块

接收电路模块的引脚信号分布如图 15-10 所示。

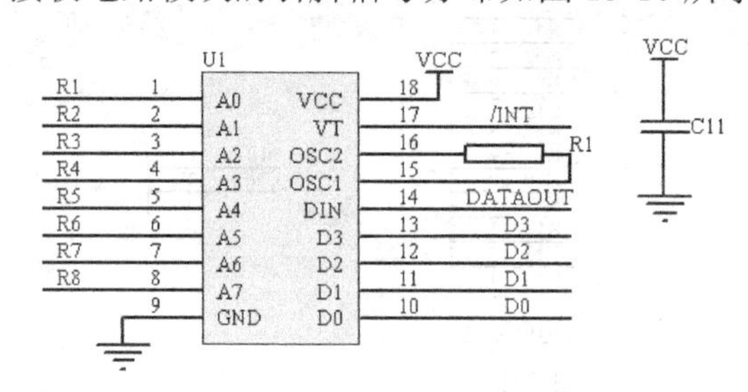


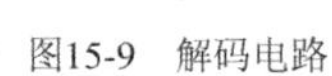
图15-9　解码电路

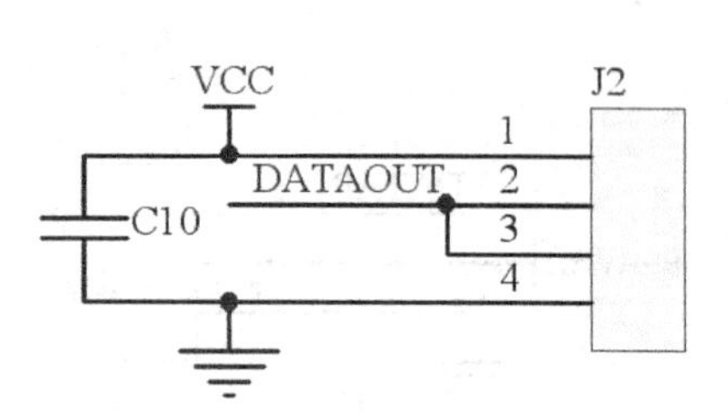


图15-10　接收电路模块的引脚信号分布图

## 四、 电源电路

电源电路如图 15-11 所示。

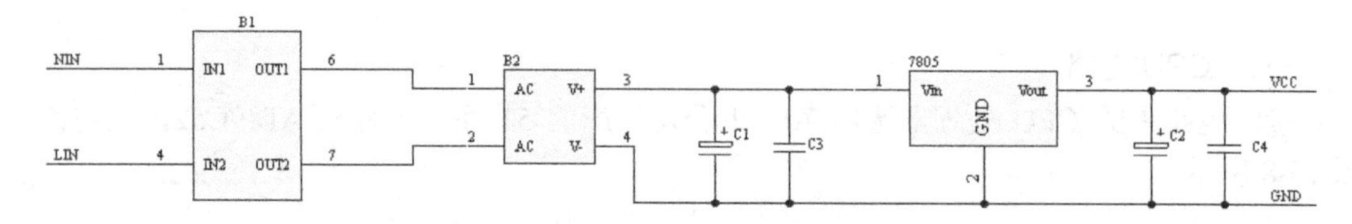


图15-11　电源电路

电源电路由变压器 B1、整流桥 B2 和三端稳压源 LM7805 等元器件组成。

## 五、 接口电路

接收电路的输入和输出接口电路如图 15-12 所示。通过引脚的接插件 J1 输入 220V 的交流电（LIN 和 NIN），并输出高压控制线 LOUT。

## 六、 驱动执行电路

接收电路中包含一路继电器执行电路，其原理图设计如图 15-13 所示。

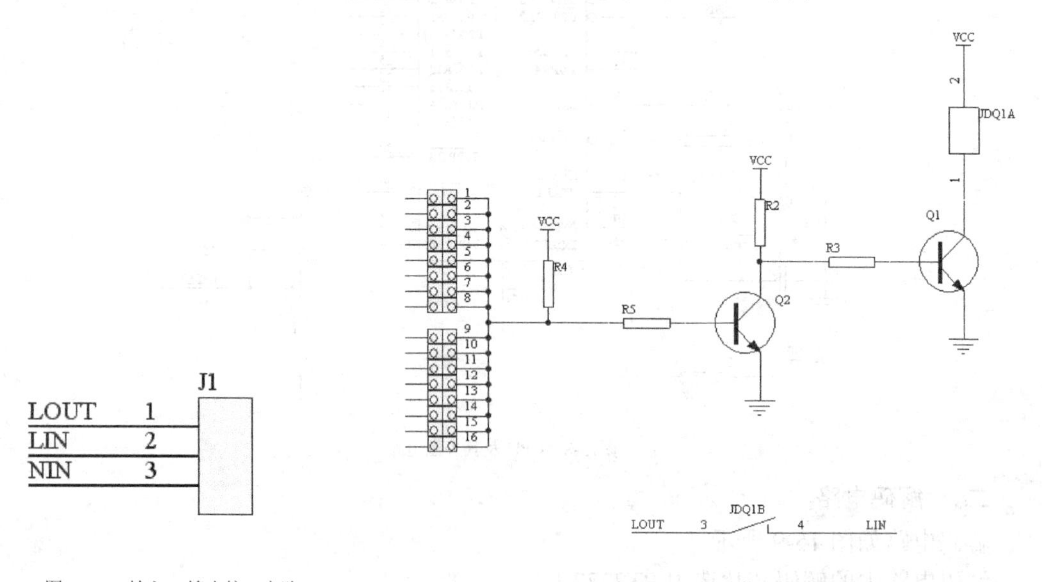


图15-12　输入、输出接口电路

图15-13　驱动执行电路

# 15.4 发射电路的电路板设计

芯片选型工作完成之后，接下来就应该进行电路板的设计了。下面分别介绍发射电路和接收电路的电路板设计。

首先介绍发射电路的电路板设计。

## 15.4.1 设计原理图符号

本例中需要绘制的原理图符号包括编码电路 PT2262 的原理图符号和发射电路模块的原理图符号，具体的绘制方法请参考本书相关章节中的内容，这里不再赘述。这里需要提醒读者注意的是，绘制原理图符号时，元器件的引脚可以不按顺序放置，但是必须使原理图符号的引脚序号与元器件封装的焊盘序号一一对应。

绘制好的原理图符号请参考附盘文件“\实例\第 15 章\发射电路.lib”。

## 15.4.2 绘制原理图

与电路板设计相比，原理图的绘制相对比较简单，只要在保证电气连接的基础上，尽量使原理图美观，易于查看即可。

绘制原理图的方法主要有两种，一种是一边放置元器件，一边进行连线；另一种是放置完元器件后再进行连线。采用第一种方法可以使电路图局部连线比较整齐，但是需要多次放置同一类元器件，操作相对繁琐一些；采用第二种方法绘制原理图往往难于估计连线的空间，需要频繁地移动元器件及调整图纸的布局。在电路板设计中经常采用第一种方法绘制原理图。

### 一、 绘制原理图的技巧

在开始绘制原理图之前，先来了解一下绘制原理图的技巧。

- 采用网络标号代替导线。当导线跨度的图纸空间较大或与其他导线交错较多时，采用网络标号代替直接的导线连接，可以简化连线操作及美化图纸。
- 旋转原理图符号的方向，找到一个最合适的方位，有助于简化连线操作及美化图纸。
- 绘制原理图时，一般先将电路图按电气功能分成几个功能块，然后再按照电气功能的主次顺序绘制功能单元块。如果设计者对电路图的结构不是特别了解，也可以按照草图的顺序进行绘制，比如按照从左至右，从上至下的顺序来绘制。

一般来说，原理图中的电路板引出线与接插件的连线较长，往往采用网络标号连接。

本例中的原理图可以分成以下几个功能块。

- 二极管阵列。
- 编码电路。
- 发射模块和输入接口电路。

### 二、 绘制原理图

根据电气功能的主次关系或信号流程来确定绘制原理图的顺序。本例先绘制编码电路，

然后绘制二极管阵列，最后再绘制接口电路。

下面介绍绘制原理图的过程。

## 绘制原理图

1. 创建一个新的设计数据库文件，将其命名为“遥控.ddb”。
2. 创建一个原理图设计文件，将其命名为“发射电路.Sch”后保存，结果如图 15-14 所示。

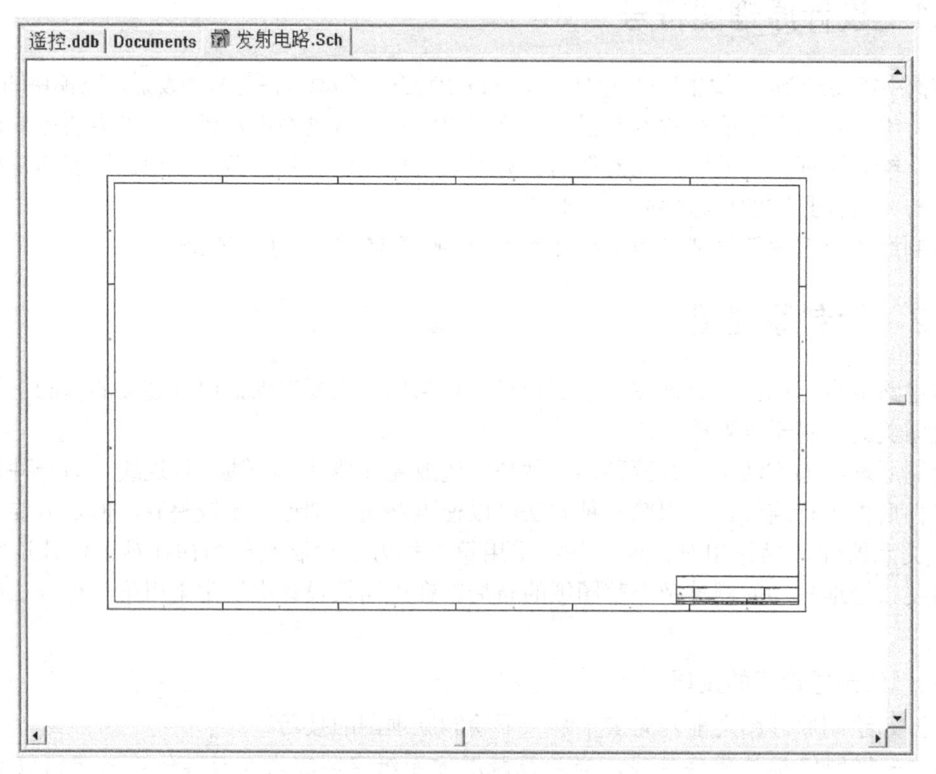


图15-14　新创建的原理图设计文件

3. 设置绘制原理图的环境参数，结果如图 15-15 所示。

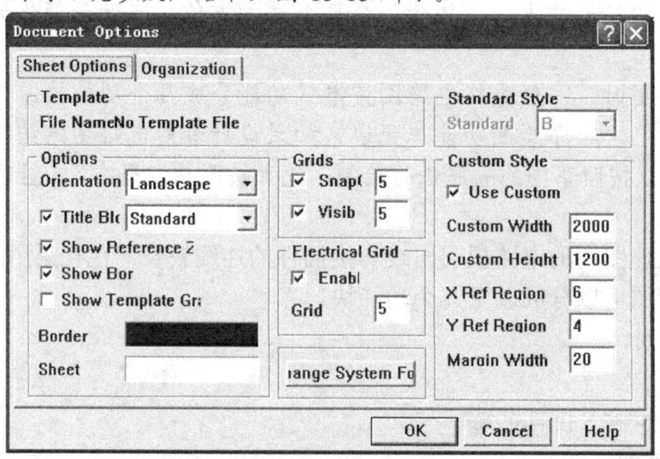


图15-15　设置好的环境参数

在如图 15-15 所示的对话框中将捕捉栅格、可视栅格和电气栅格都设置成“5”，以便于

捕捉电气节点和图纸位置。

4. 载入元器件的原理图库。本例中除了需要载入常用的原理图库外，还需要载入刚才创建的“发射电路.lib”原理图库，载入原理图库后的情况如图 15-16 所示。

5. 绘制编码电路及其外围电路。

(1) 选取菜单命令【Place】/【Part】放置编码电路的原理图符号，此时系统将会弹出放置元器件对话框。在该对话框中可以对【Lib Ref】（CPU 原理图符号的名称）、【Designator】（元器件的序号）、【Part Type】（元器件类型）和【Footprint】（元器件封装）等选项进行设置，结果如图 15-17 所示。

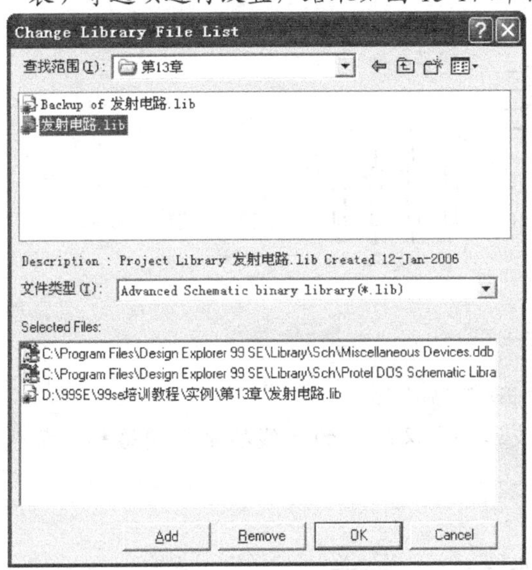


图15-16　载入原理图库

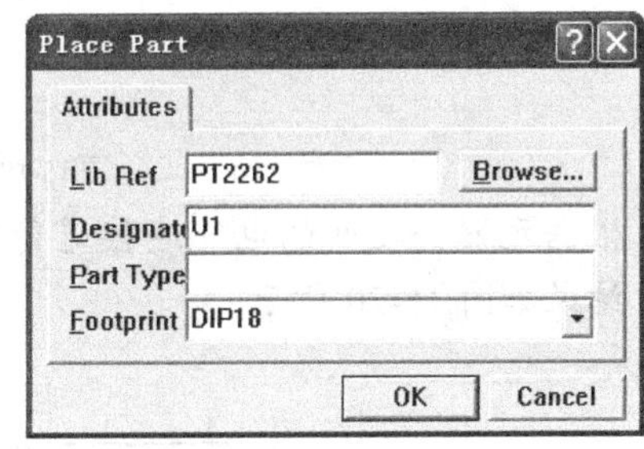


图15-17　放置元器件对话框

(2) 单击 OK 按钮，即可将原理图符号放置到工作窗口中，结果如图 15-18 所示。

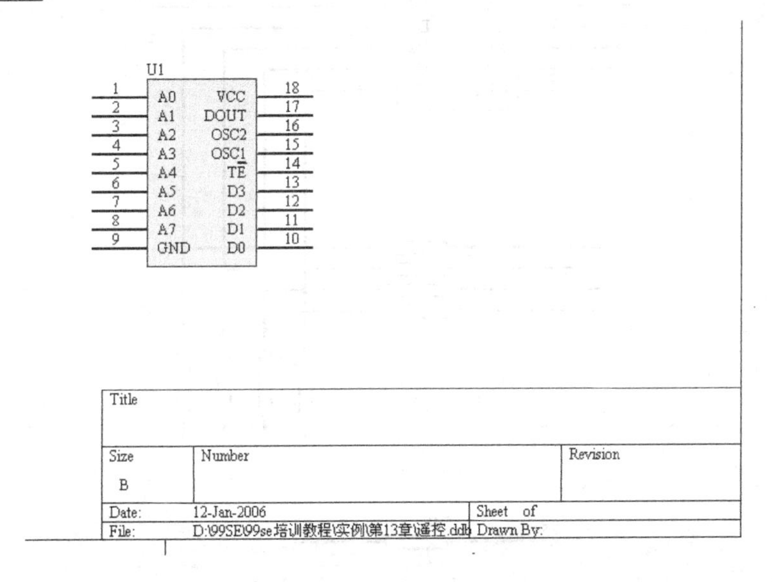


图15-18　放置原理图符号后的结果

(3) 放置外围元器件，并调整元器件的位置，尽量使各元器件之间的连线最简洁，交叉最

少，结果如图 15-19 所示。

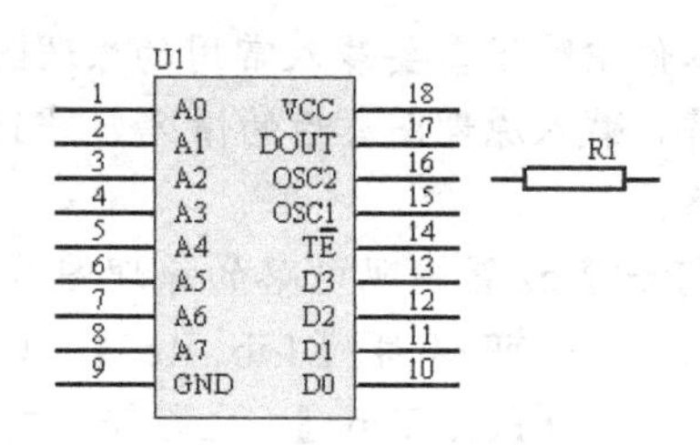


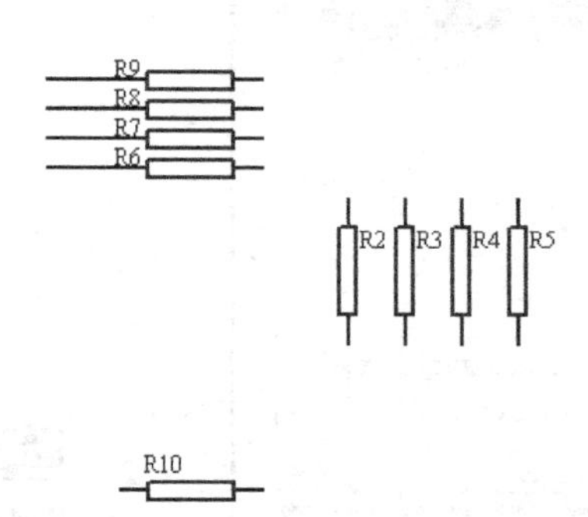


图15-19　放置好外围元器件后的结果

(4) 根据元器件之间的电气连接进行布线，较远和交叉较多的导线尽量用网络标号替代，结果如图 15-20 所示。

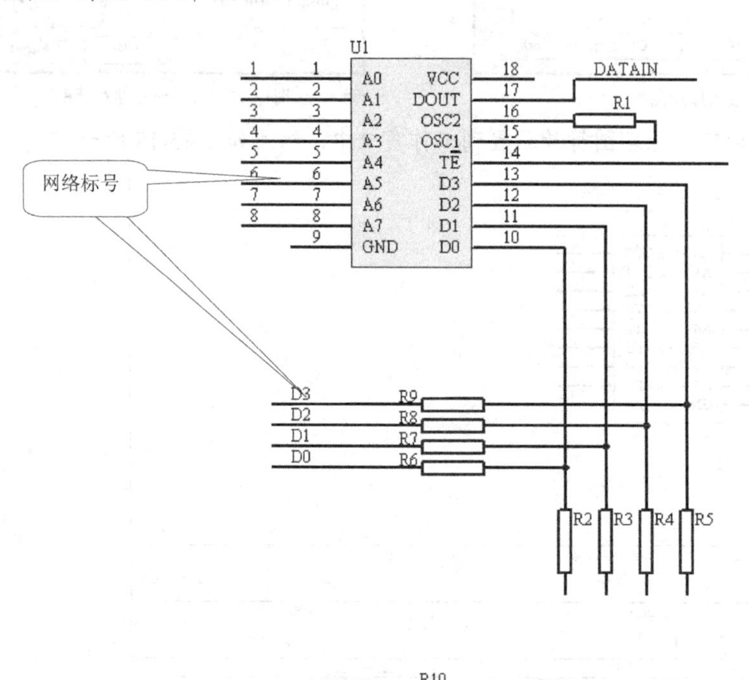


图15-20　连接好导线后的结果

(5) 放置电源和接地符号，结果如图 15-21 所示。

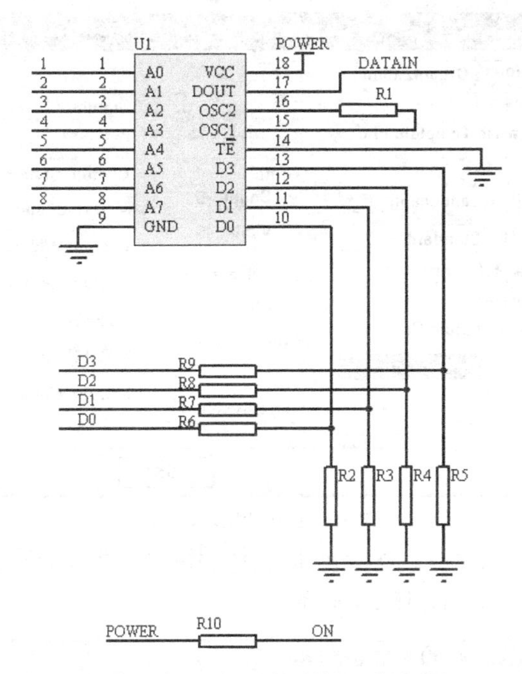


图15-21　放置好电源和接地符号后的原理图

(6) 移动已经绘制好的 CPU 电路到电路图中的适当位置，以便于后面的原理图设计。

6. 重复上面步骤 5 的操作，放置其他原理图的功能模块，最终结果如图 15-22 所示。

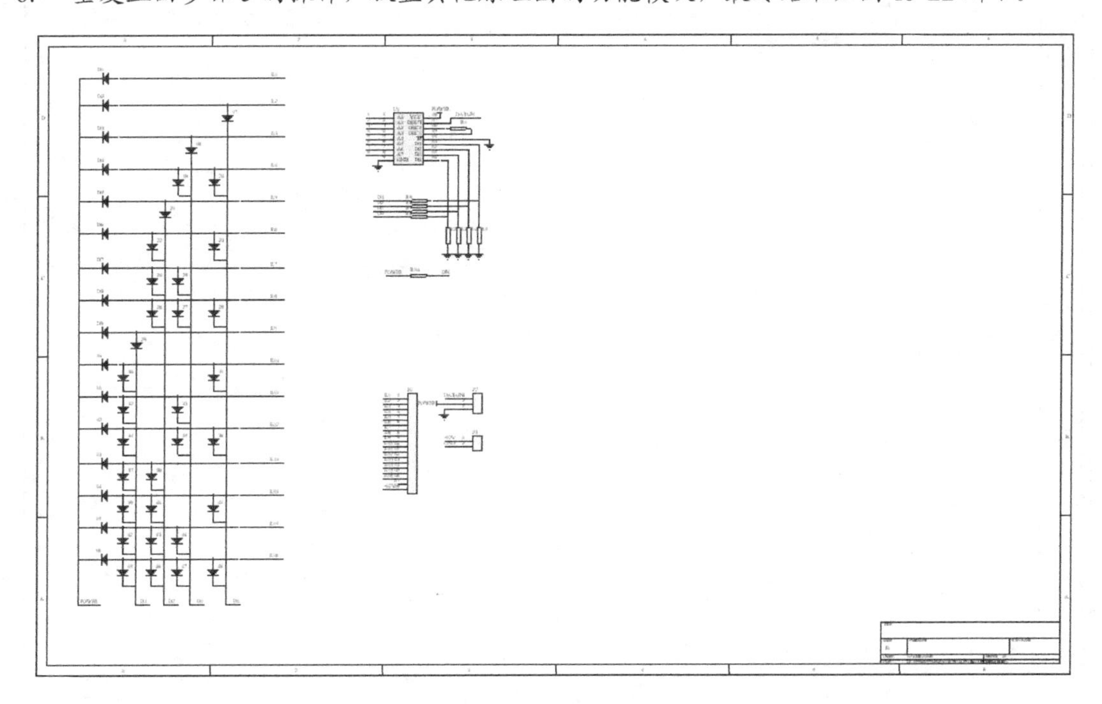

图15-22　绘制好的原理图

7. 调整图纸的大小，使之适合原理图的大小。在图纸区域外的空白区域双击鼠标左键，弹出设置图纸参数对话框，如图 15-23 所示。

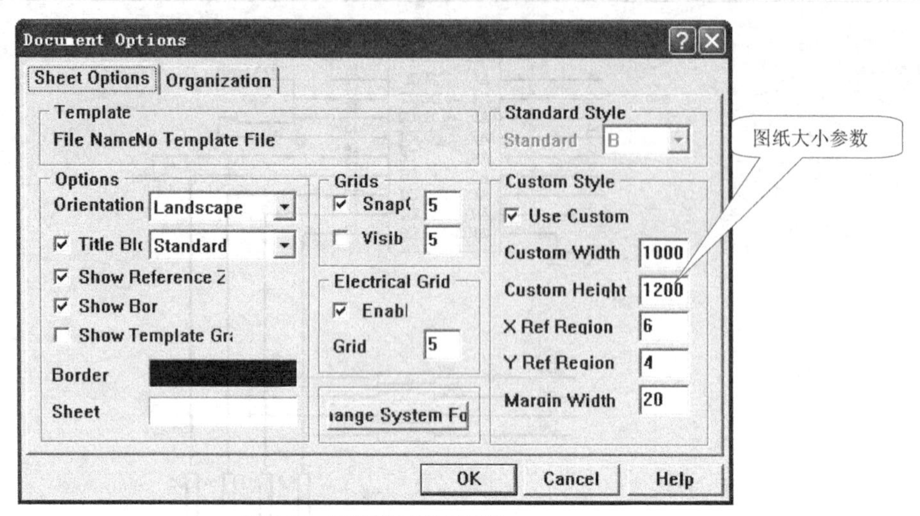


图15-23　设置图纸参数对话框

8.　在该对话框中修改图纸参数，然后单击 OK 按钮，结果如图 15-2 所示。

9.　编译原理图设计，结果如图 15-24 所示。

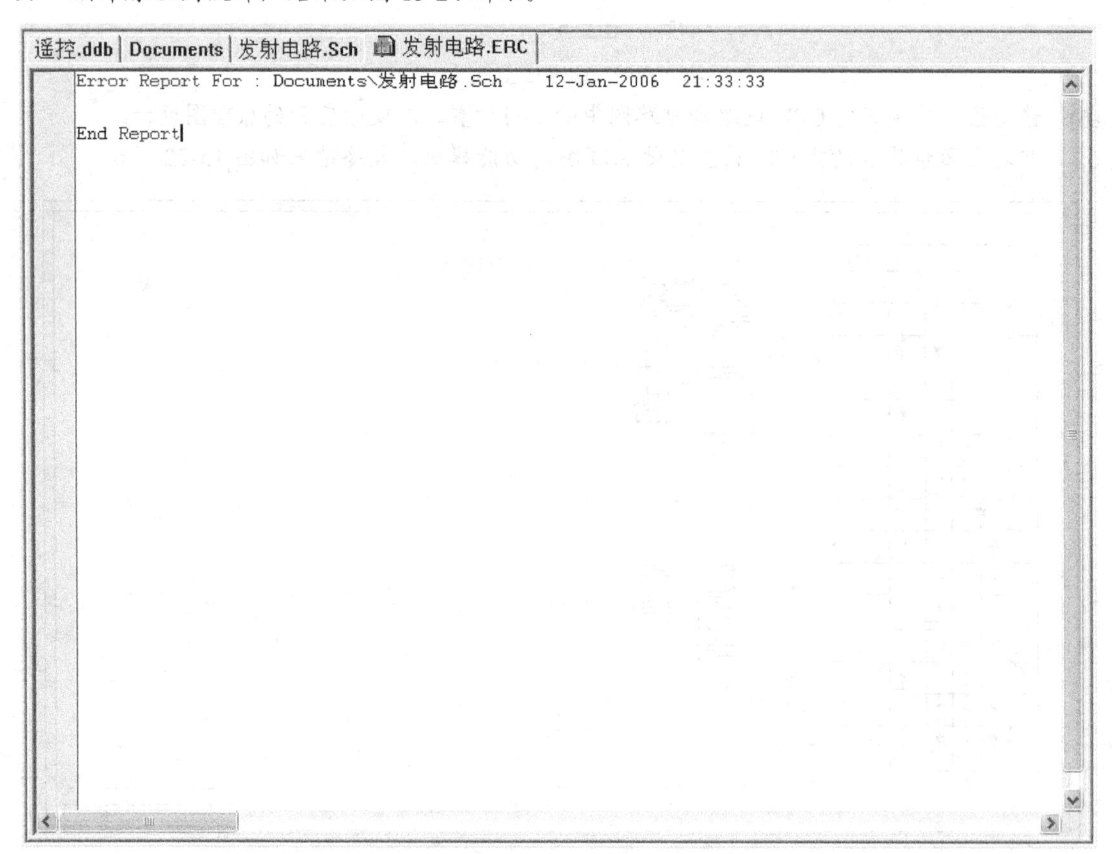


图15-24　编译原理图设计

编译结果表明，原理图设计正确无误。如果系统提示错误，则应当首先根据系统的提示对原理图设计进行修改，直至系统不再报错为止。

10. 生成网络表文件，结果如图 15-25 所示。

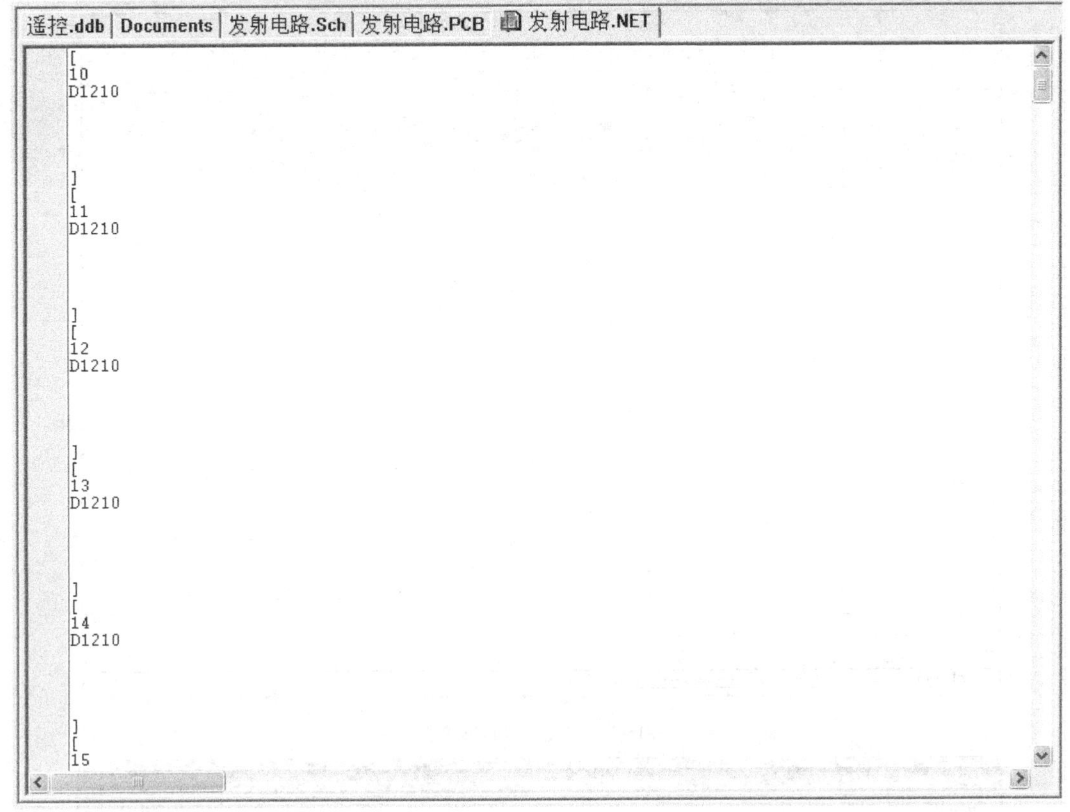


图15-25　生成网络表文件

至此，原理图设计阶段的工作基本完成，接下来介绍 PCB 设计。

## 15.4.3　制作元器件封装

在进行 PCB 设计之前，需要准备元器件封装，对于系统中没有的元器件封装，则需要设计者进行创建。在本例中，电路板设计所需的元器件封装都包含在“Advpcb.ddb\PCB Footprints.lib”文件中，因此不需要制作元器件封装。

## 15.4.4　设计电路板

元器件封装创建完成后，接下来就应当进行电路板设计了。

### 设计电路板

1. 创建一个 PCB 文件，并将文件保存为“发射电路.PCB”，结果如图 15-26 所示。
2. 设置电路板的工作层面。

(1) 选择电路板的类型，本例将电路板的类型设置为双面板，如图 15-27 所示。

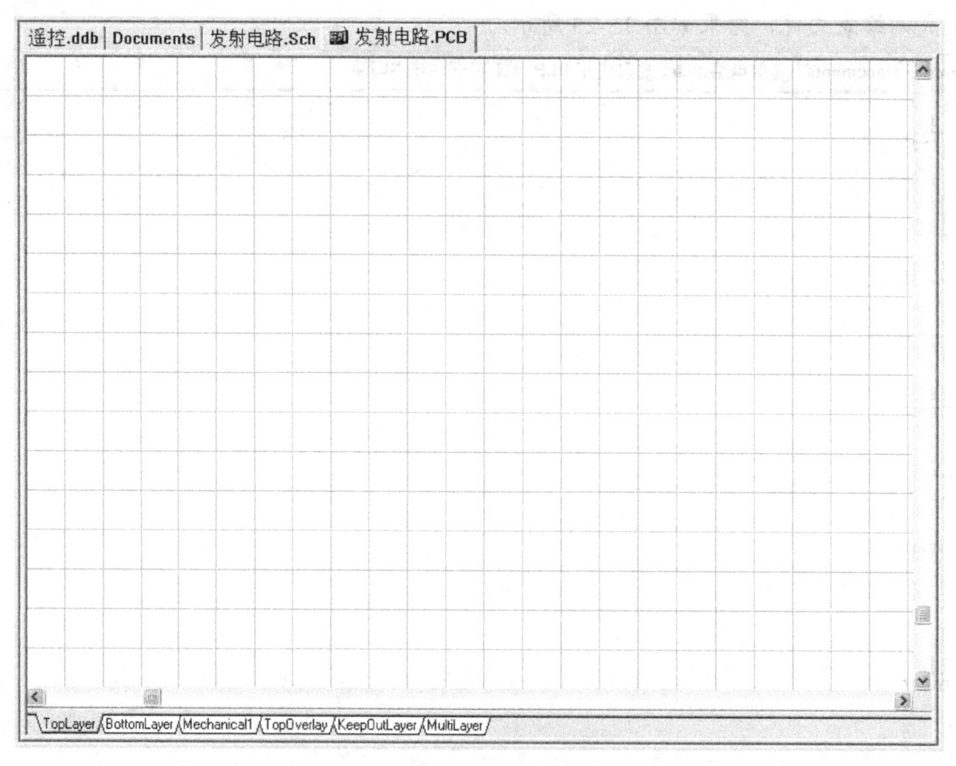


图15-26　新创建的 PCB 文件

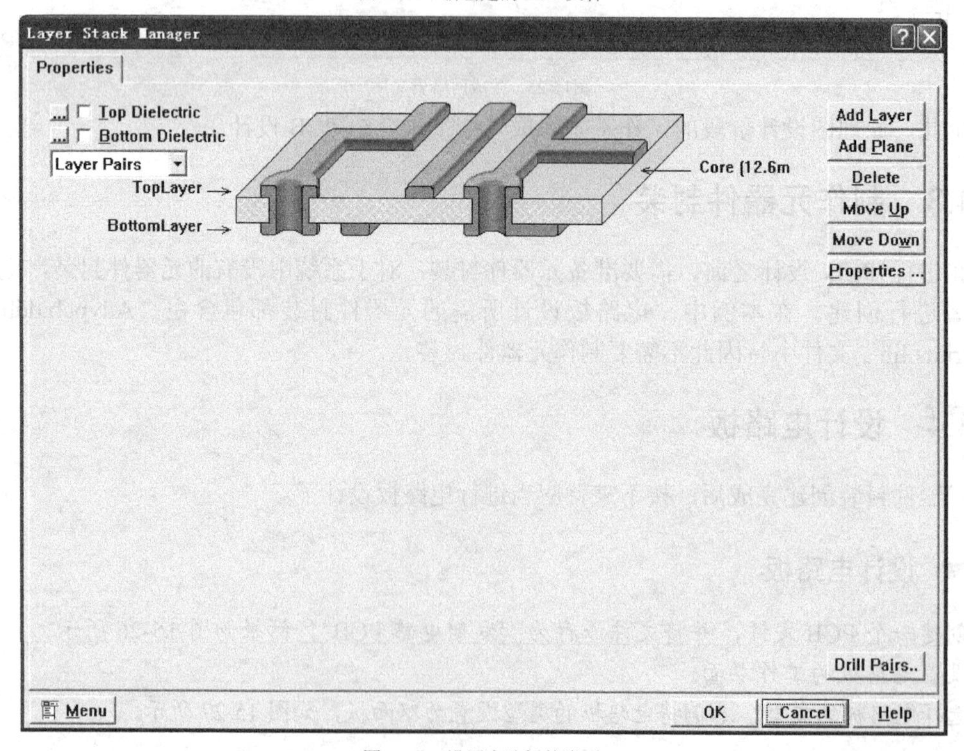


图15-27　设置电路板的类型

(2) 打开常用的工作层面，并设定工作层面的显示参数。

3. 设置 PCB 编辑器的环境参数，结果如图 15-28 所示。

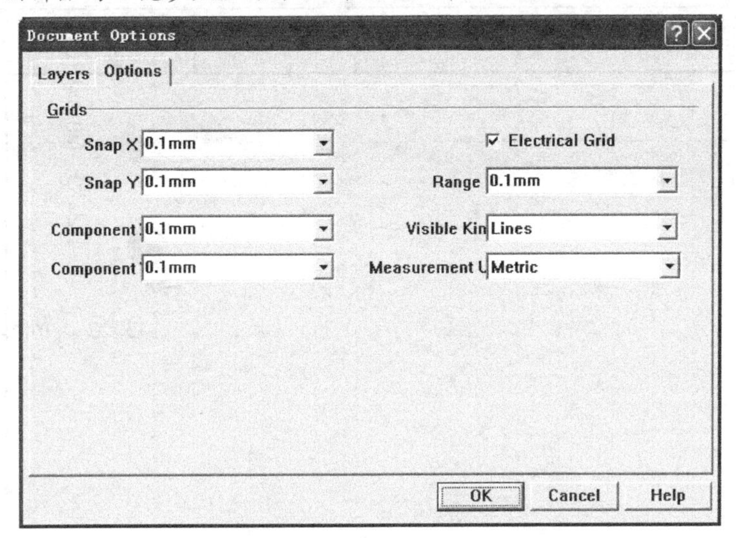


图15-28 设置 PCB 编辑器的环境参数

4. 规划电路板。

(1) 将电路板的工作层面切换到【KeepOutLayer】层，绘制电路板的电气边界，结果如图 15-29 所示。

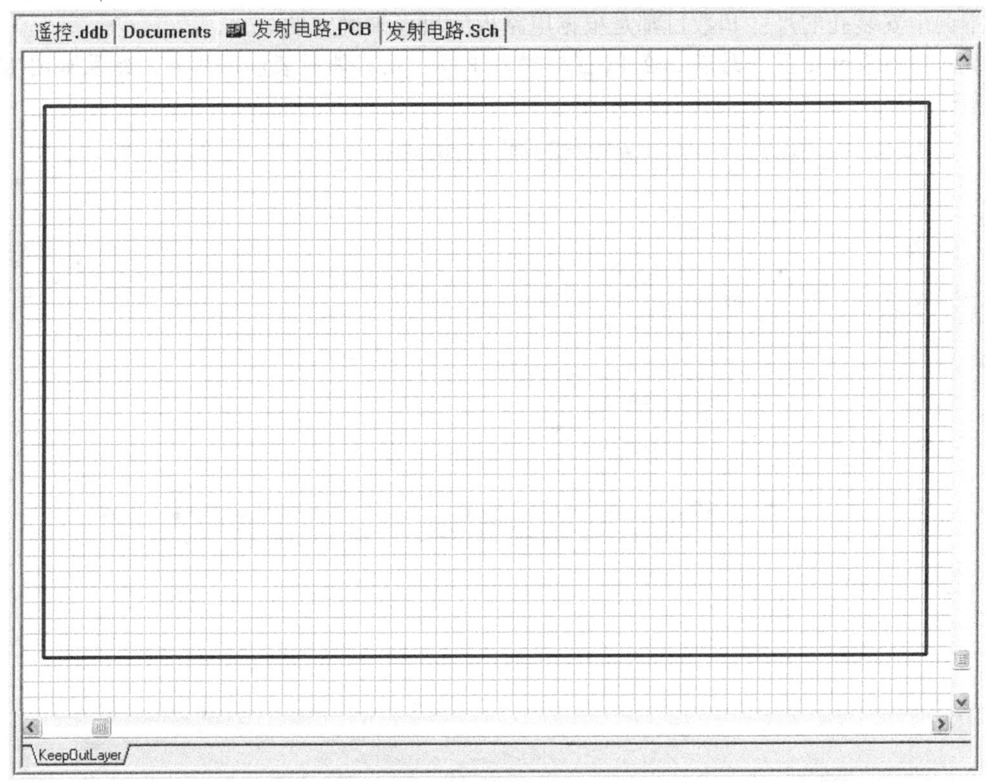


图15-29 绘制电路板的电气边界

(2) 放置安装孔，结果如图 15-30 所示。

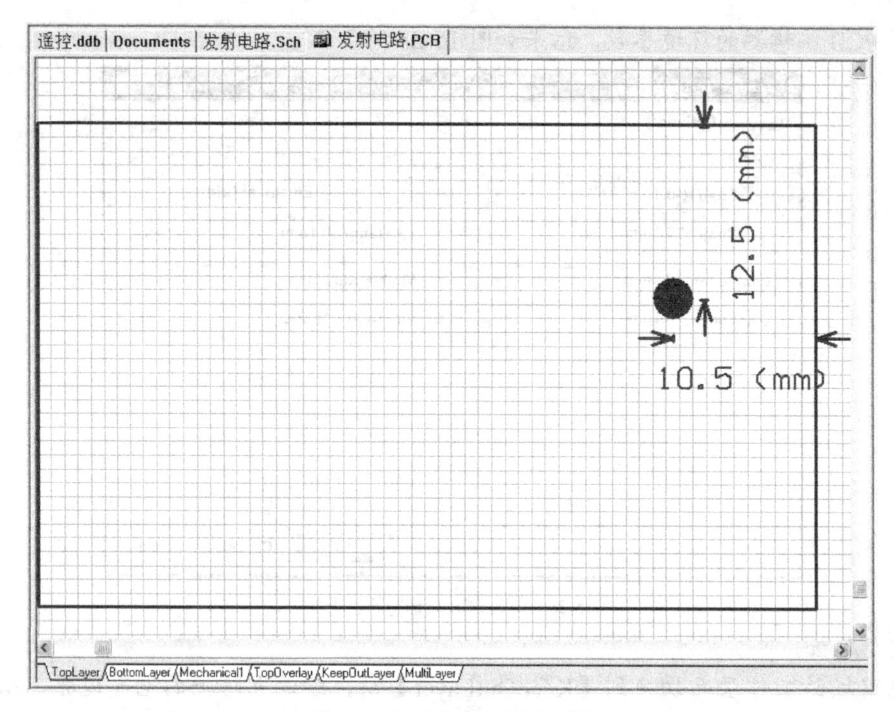


图15-30　放置安装孔后的电路板

本例中安装孔的尺寸和数目都是根据电路板的机壳来确定的。

5.　载入网络表和元器件封装。在 PCB 编辑器中载入元器件封装和网络表，结果如图 15-31 所示。

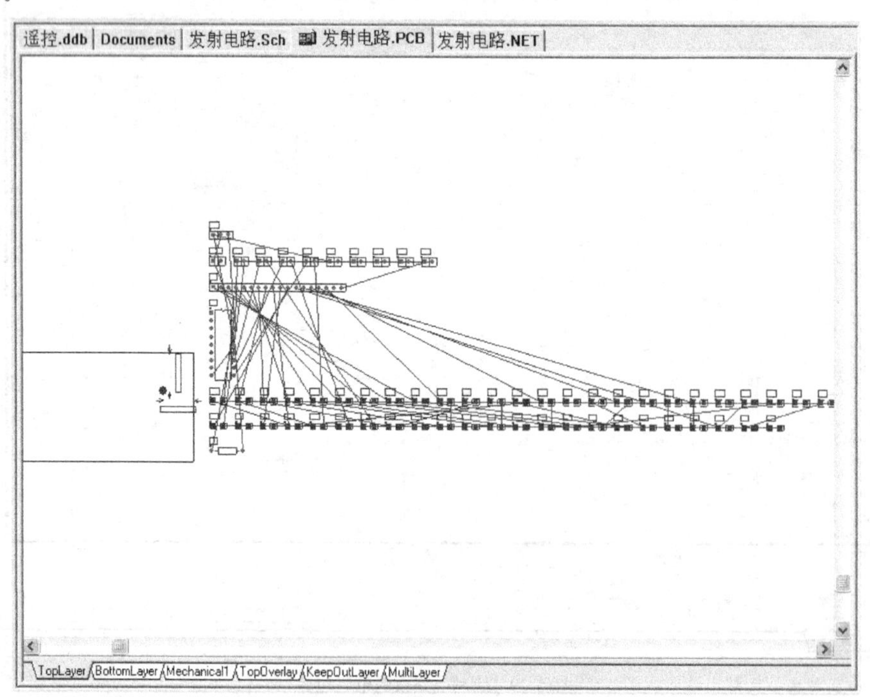


图15-31　载入元器件封装和网络表后的结果

6.　元器件布局与电路板布线。

由于本例要求电路板的尺寸要尽量小，放置元器件时在保证元器件之间互不干涉的情况下，应当尽量密布元器件，因此考虑采用手动布局，而且是使用一边布局一边布线的方法进行电路板设计。

(1) 对整个电路图进行分析，找出关键元器件。在本例中，编码电路是核心电路，因此将元器件 U1 作为关键元器件。

(2) 根据电路板设计要求设置元器件布局的设计规则，如图 15-32 所示。

(3) 根据电路板设计要求设置电路板布线的设计规则，如图 15-33 所示。

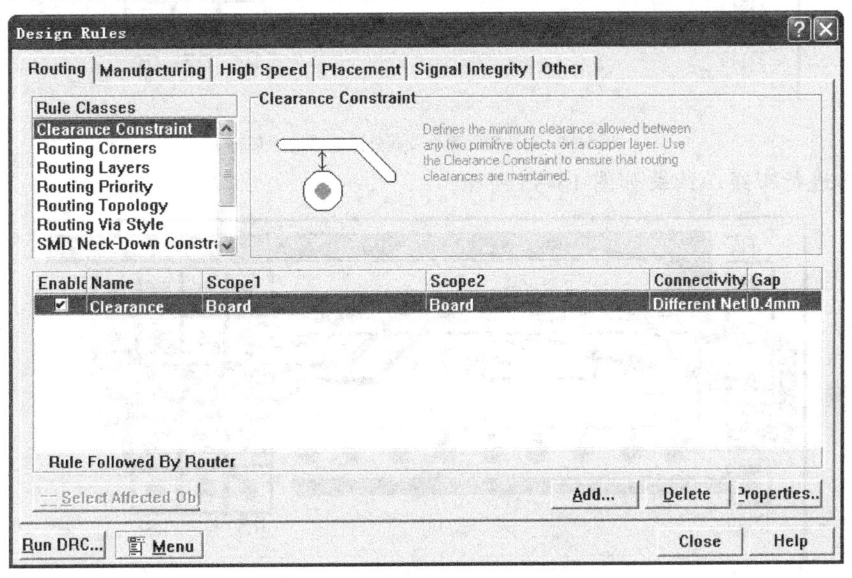


图15-32　设置好的安全间距限制设计规则

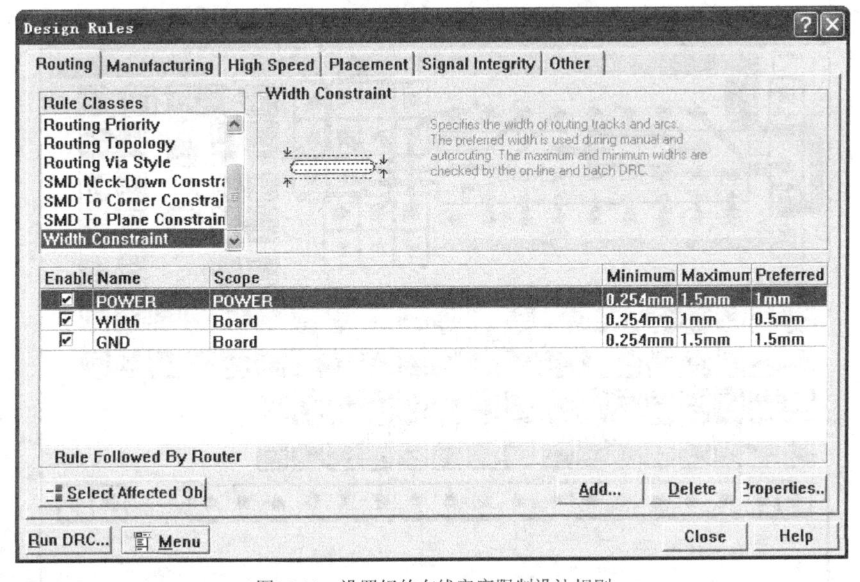


图15-33　设置好的布线宽度限制设计规则

(4) 对关键元器件及其外围电路进行布局，结果如图 15-34 所示。

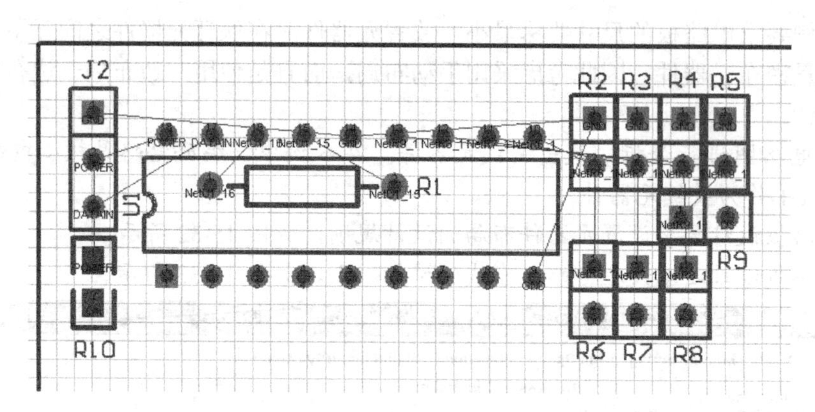


图15-34　对关键元器件及其外围电路进行布局

(5) 对电路进行布线，结果如图 15-35 所示。

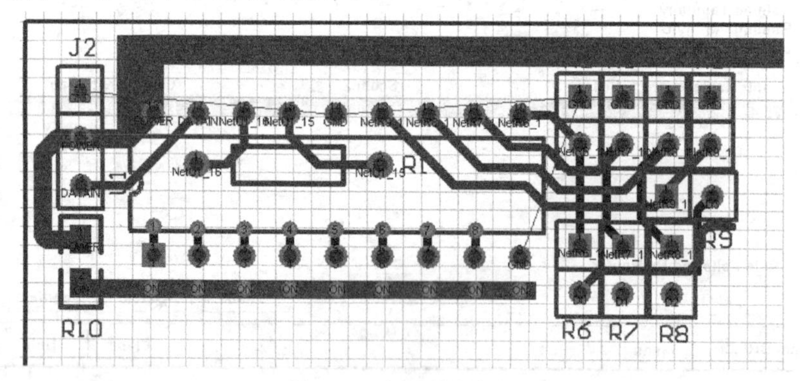


图15-35　对电路进行布线

(6) 根据元器件之间的网络链接关系对其他元器件进行布局，结果如图 15-36 所示。

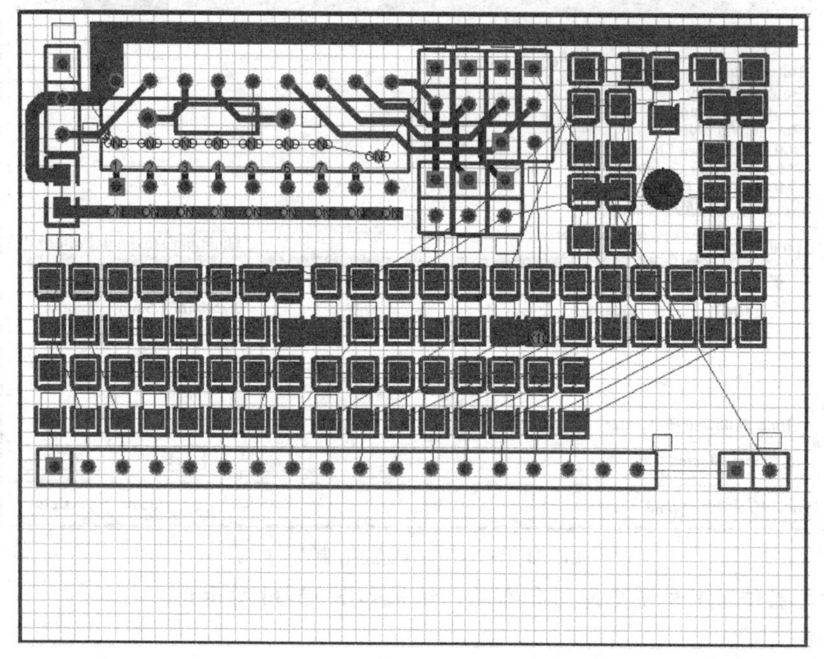

图15-36　对其他元器件进行布局

(7) 调整电路板的电气边界，结果如图 15-37 所示。

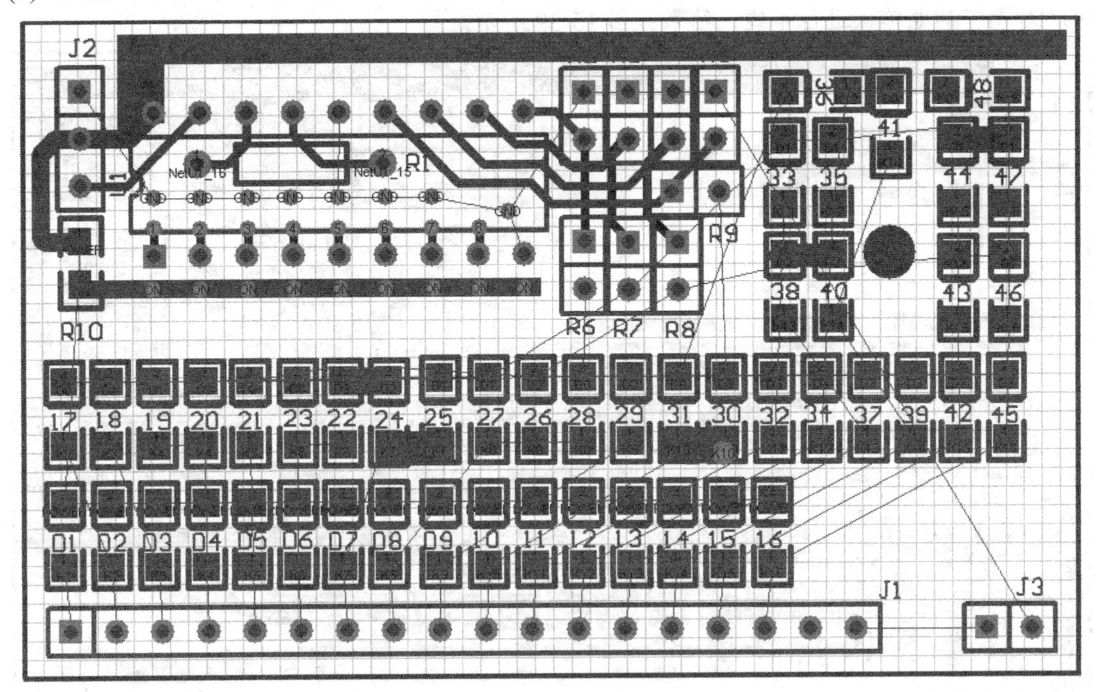

图15-37 调整电路板的电气边界

(8) 生成 3D 效果图，观察装配时元器件之间是否相互干涉，如果有，则进行调整。生成的 3D 效果图如图 15-38 所示。

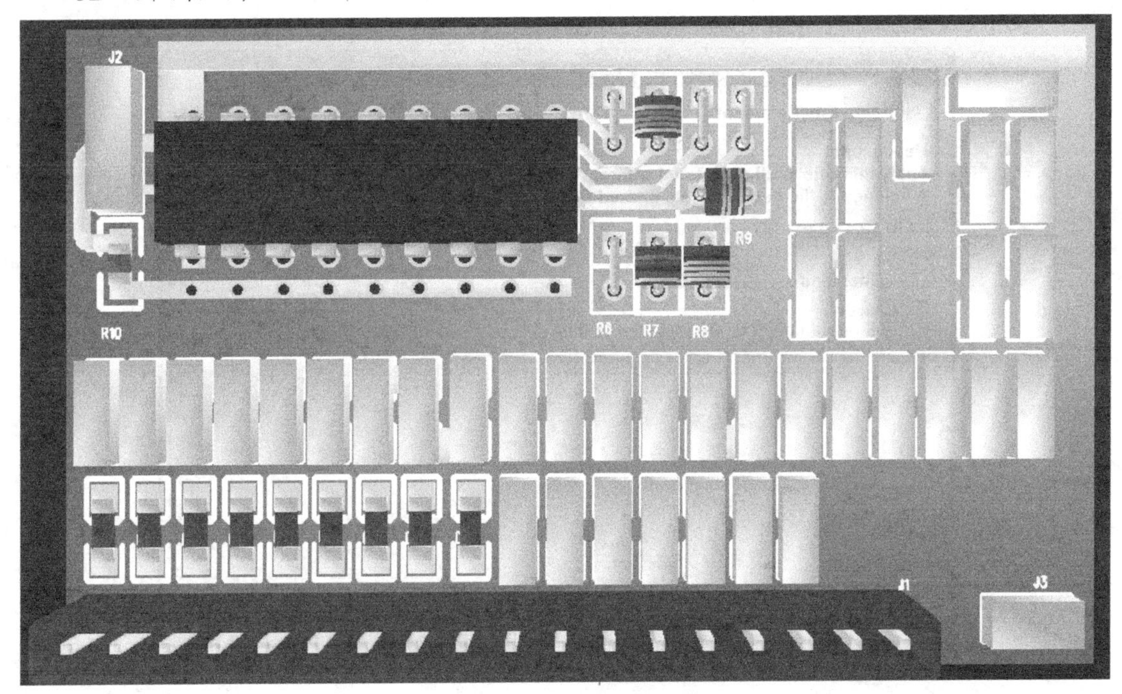

图15-38 3D 效果图

由 3D 效果图可见，电路上各元器件之间没有安装尺寸上的冲突，因此可以考虑对剩下

的电路板进行布线。

(9) 对剩下的电路板进行布线，结果如图 15-39 所示。

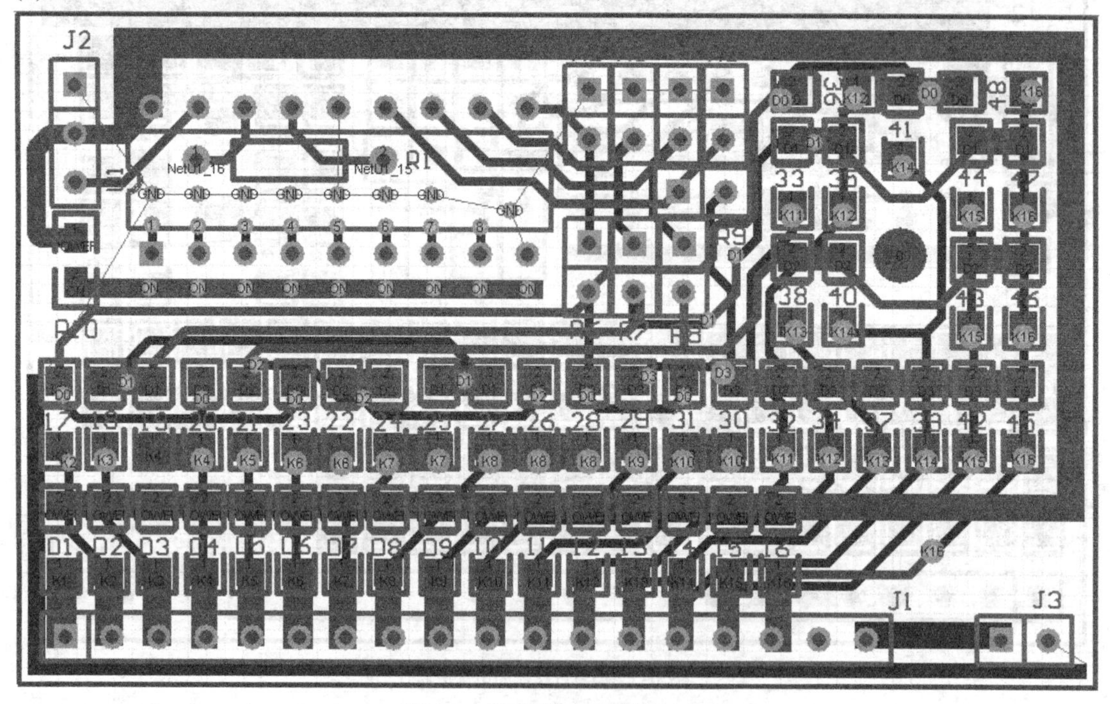

图15-39　对剩下的电路板进行布线

(10) 修改多边形填充的布线规则，使地线覆铜与具有相同网络（GND）的图件直接相连（Direct Connect），如图 15-40 所示。

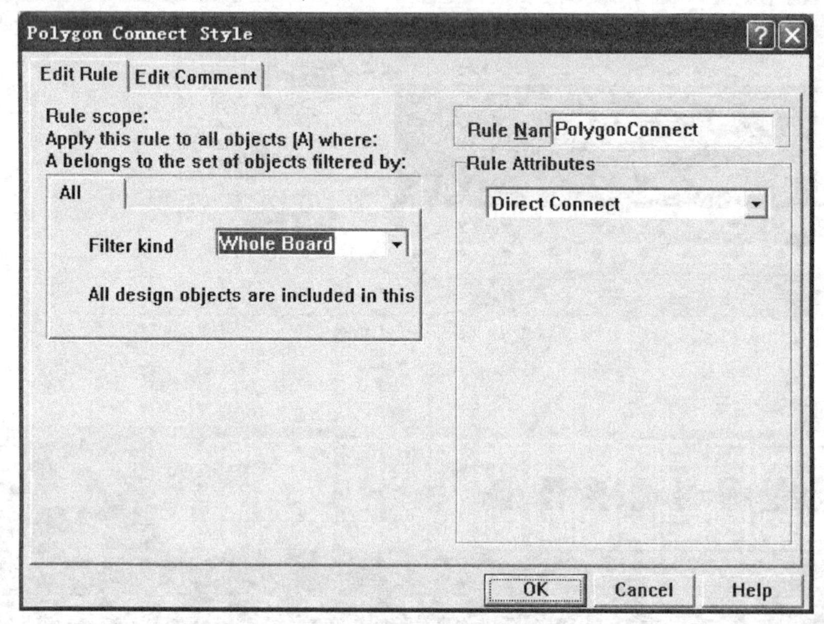


图15-40　修改多边形填充的布线规则

(11) 为地线网络“GND”覆铜，结果如图 15-41 所示。

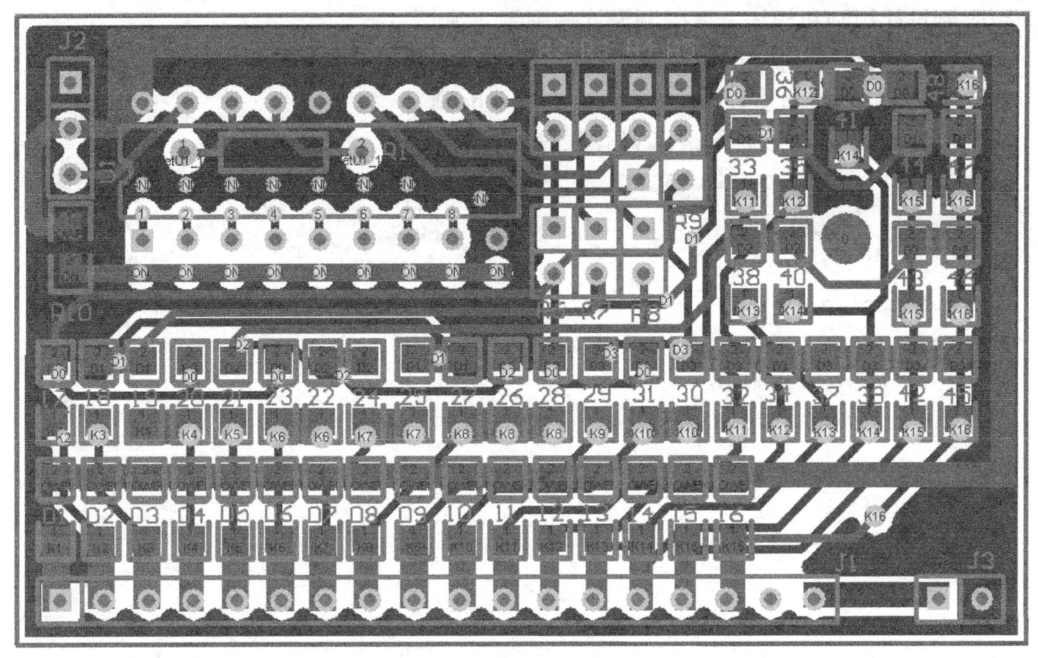

图15-41 为地线网络“GND”覆铜

## 15.4.5 DRC 设计校验

电路板设计完成之后，为了保证电路板设计正确无误，应对其进行 DRC 设计校验。

### DRC 设计校验

1. 选取菜单命令【Tools】/【Design Rule Check】，打开 DRC 设计校验规则设置对话框，如图 15-42 所示。

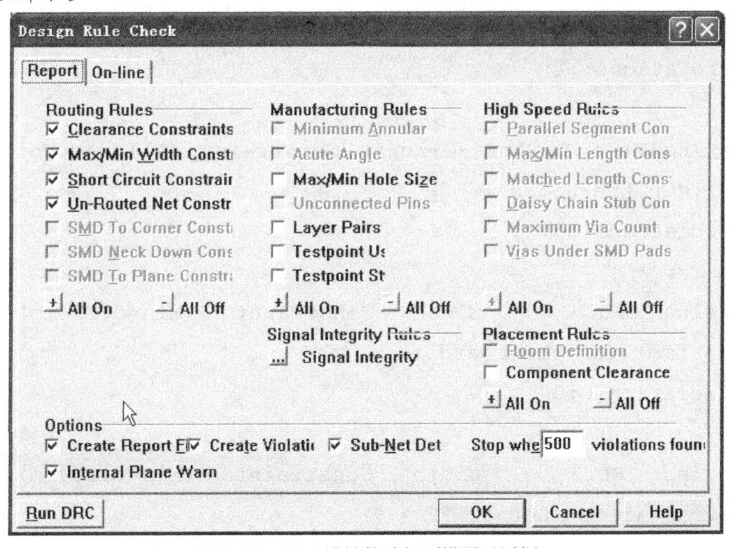


图15-42 DRC 设计校验规则设置对话框

本例中设置的 DRC 设计校验规则主要包括短路限制设计规则、断路限制设计规则、安

全间距限制设计规则和导线宽度限制设计规则等 4 项。

2. 单击 Run DRC 按钮，执行 DRC 设计校验，结果如下。

```
Protel Design System Design Rule Check
PCB File : Documents\发射电路.PCB
Date     : 12-Jan-2006
Time     : 22:33:30

Processing Rule : Width Constraint (Min=0.254mm) (Max=1mm) (Prefered=0.5mm) (On the board )
Rule Violations :0

Processing Rule : Clearance Constraint (Gap=0.3mm) (On the board ),(On the board )
Rule Violations :0

Processing Rule : Broken-Net Constraint ( (On the board ) )
   Violation        Net GND   is broken into 8 sub-nets. Routed To 0.00%
      Subnet : J2-1
      Subnet : U1-14
      Subnet : J3-2
      Subnet : U1-9
      Subnet : R2-1
      Subnet : R3-1
      Subnet : R4-1
      Subnet : R5-1
Rule Violations :1

Processing Rule : Short-Circuit Constraint (Allowed=Not Allowed) (On the board ),(On the board )
Rule Violations :0

Processing Rule : Width Constraint (Min=0.254mm) (Max=1.5mm) (Prefered=1.5mm) (On the board )
Rule Violations :0

Processing Rule : Width Constraint (Min=0.254mm) (Max=1.5mm) (Prefered=1mm) (Is on net POWER )
Rule Violations :0
```

```
Violations Detected : 1
Time Elapsed        : 00:00:00
```

3. 根据 DRC 设计校验的报告对电路板上的错误进行修改。
4. 重复上面的操作，再次执行 DRC 设计校验，直到系统不再报错为止。

## 15.5 输出元器件明细表

在电路板设计完成并经过设计校验确认正确无误后，为了便于电路板元器件的采购和装配，还应当输出元器件明细表。

输出元器件明细表的操作请参考本书相关章节中的内容，这里不再赘述，输出的元器件明细表如图 15-43 所示。

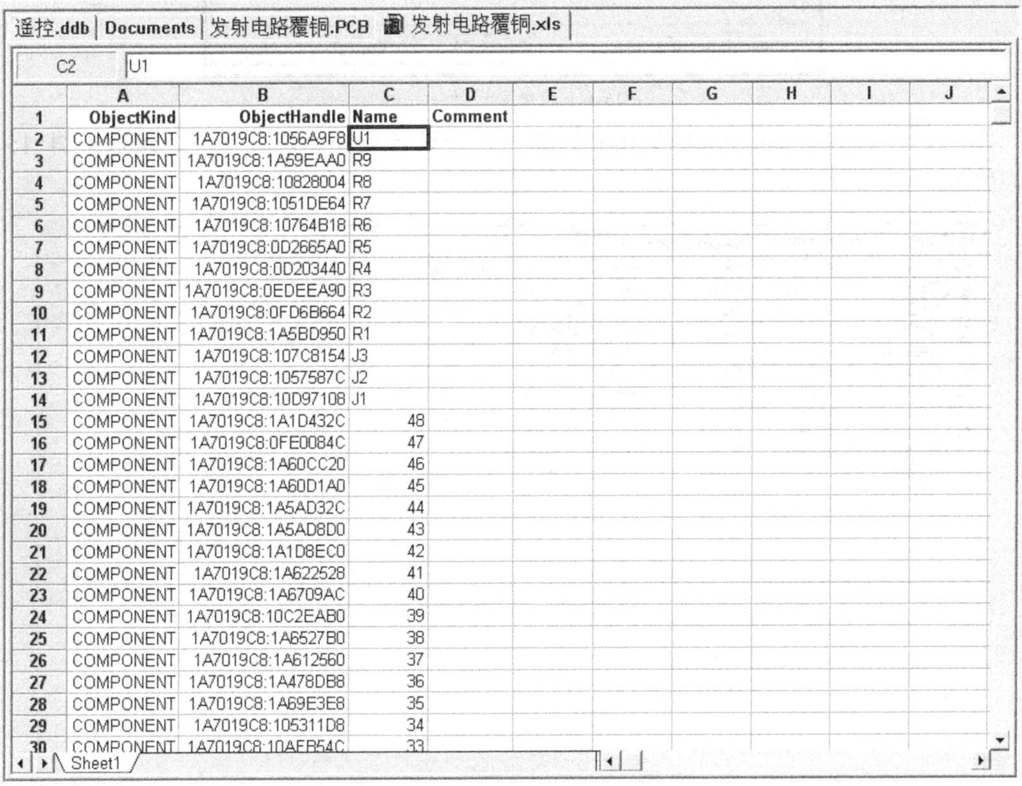

遥控.ddb | Documents | 发射电路覆铜.PCB | 发射电路覆铜.xls

C2 U1

| | A | B | C | D | E | F | G | H | I | J |
|---|---|---|---|---|---|---|---|---|---|---|
| 1 | ObjectKind | ObjectHandle | Name | Comment | | | | | | |
| 2 | COMPONENT | 1A7019C8:1056A9F8 | U1 | | | | | | | |
| 3 | COMPONENT | 1A7019C8:1A59EAA0 | R9 | | | | | | | |
| 4 | COMPONENT | 1A7019C8:10828004 | R8 | | | | | | | |
| 5 | COMPONENT | 1A7019C8:1051DE64 | R7 | | | | | | | |
| 6 | COMPONENT | 1A7019C8:10764B18 | R6 | | | | | | | |
| 7 | COMPONENT | 1A7019C8:0D2665A0 | R5 | | | | | | | |
| 8 | COMPONENT | 1A7019C8:0D203440 | R4 | | | | | | | |
| 9 | COMPONENT | 1A7019C8:0EDEEA90 | R3 | | | | | | | |
| 10 | COMPONENT | 1A7019C8:0FD6B664 | R2 | | | | | | | |
| 11 | COMPONENT | 1A7019C8:1A5BD950 | R1 | | | | | | | |
| 12 | COMPONENT | 1A7019C8:107C8154 | J3 | | | | | | | |
| 13 | COMPONENT | 1A7019C8:1057587C | J2 | | | | | | | |
| 14 | COMPONENT | 1A7019C8:10D97108 | J1 | | | | | | | |
| 15 | COMPONENT | 1A7019C8:1A1D432C | 48 | | | | | | | |
| 16 | COMPONENT | 1A7019C8:0FE0084C | 47 | | | | | | | |
| 17 | COMPONENT | 1A7019C8:1A60CC20 | 46 | | | | | | | |
| 18 | COMPONENT | 1A7019C8:1A60D1A0 | 45 | | | | | | | |
| 19 | COMPONENT | 1A7019C8:1A5AD32C | 44 | | | | | | | |
| 20 | COMPONENT | 1A7019C8:1A5AD8D0 | 43 | | | | | | | |
| 21 | COMPONENT | 1A7019C8:1A1D8EC0 | 42 | | | | | | | |
| 22 | COMPONENT | 1A7019C8:1A622528 | 41 | | | | | | | |
| 23 | COMPONENT | 1A7019C8:1A6709AC | 40 | | | | | | | |
| 24 | COMPONENT | 1A7019C8:10C2EAB0 | 39 | | | | | | | |
| 25 | COMPONENT | 1A7019C8:1A6527B0 | 38 | | | | | | | |
| 26 | COMPONENT | 1A7019C8:1A612560 | 37 | | | | | | | |
| 27 | COMPONENT | 1A7019C8:1A478DB8 | 36 | | | | | | | |
| 28 | COMPONENT | 1A7019C8:1A69E3E8 | 35 | | | | | | | |
| 29 | COMPONENT | 1A7019C8:105311D8 | 34 | | | | | | | |
| 30 | COMPONENT | 1A7019C8:10AEB54C | 33 | | | | | | | |

Sheet1

图15-43 输出的元器件明细表

## 15.6 接收电路的电路板设计

前面对发射电路的电路板设计作了较为详细的介绍，并着重介绍了电路板的手动布线方法。下面介绍接收电路的电路板设计，并着重介绍交互式的布线方法。

为了便于在同一个设计数据库文件下管理两个不同的电路板设计，在进行接收电路的电路板设计之前，应先在设计数据库文件下的【Documents】文件中新建两个文件夹，用于放置发射电路的设计文件和接收电路的设计文件。

## 创建设计文件管理文件夹

1. 选取菜单命令【File】/【New...】，打开新建设计文件对话框，如图 15-44 所示。

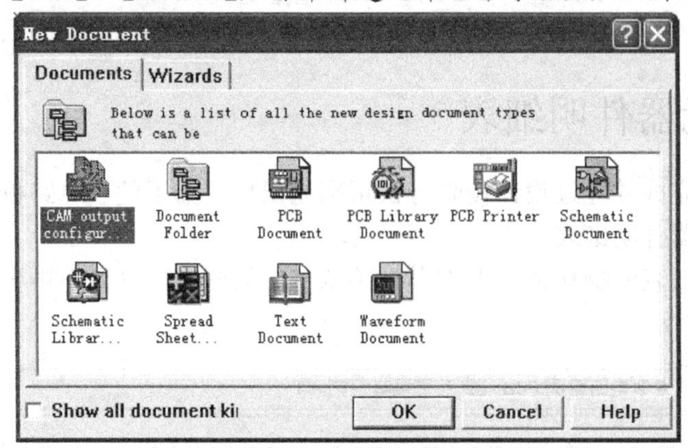


图15-44　新建设计文件对话框

2. 选择【Document Folder】图标，新建一个设计文件管理文件夹，结果如图 15-45 所示。

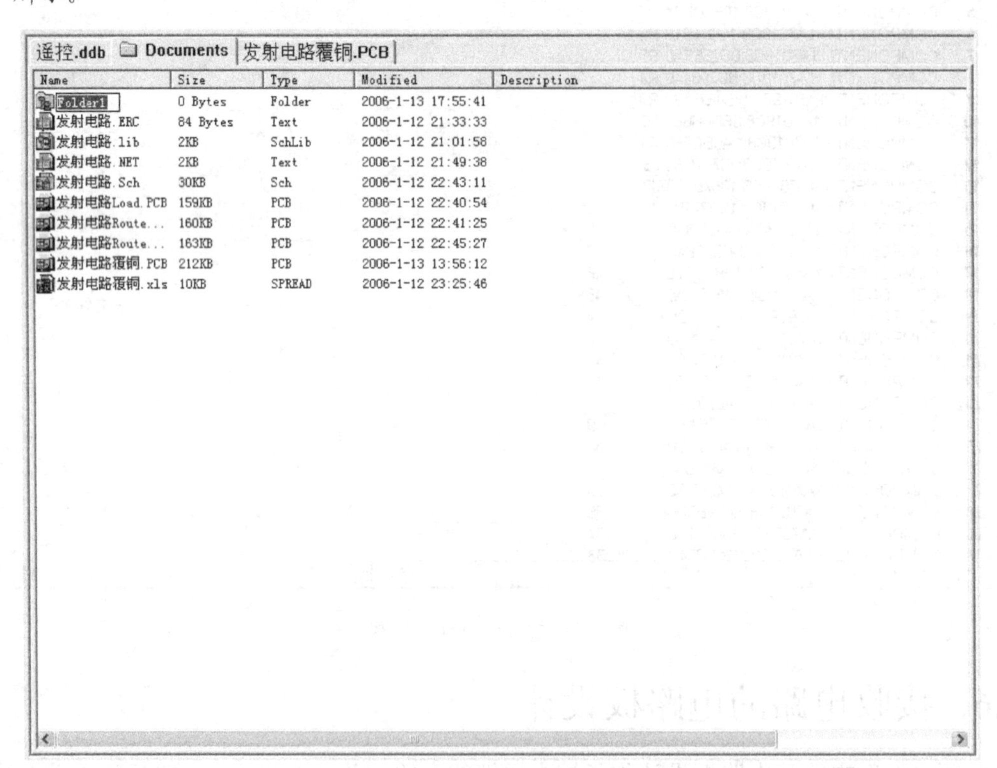


图15-45　新建的设计文件管理文件夹

3. 将该文件夹重新命名为“发射电路”，然后将所有有关发射电路的设计文件移入该文件夹中，结果如图 15-46 所示。

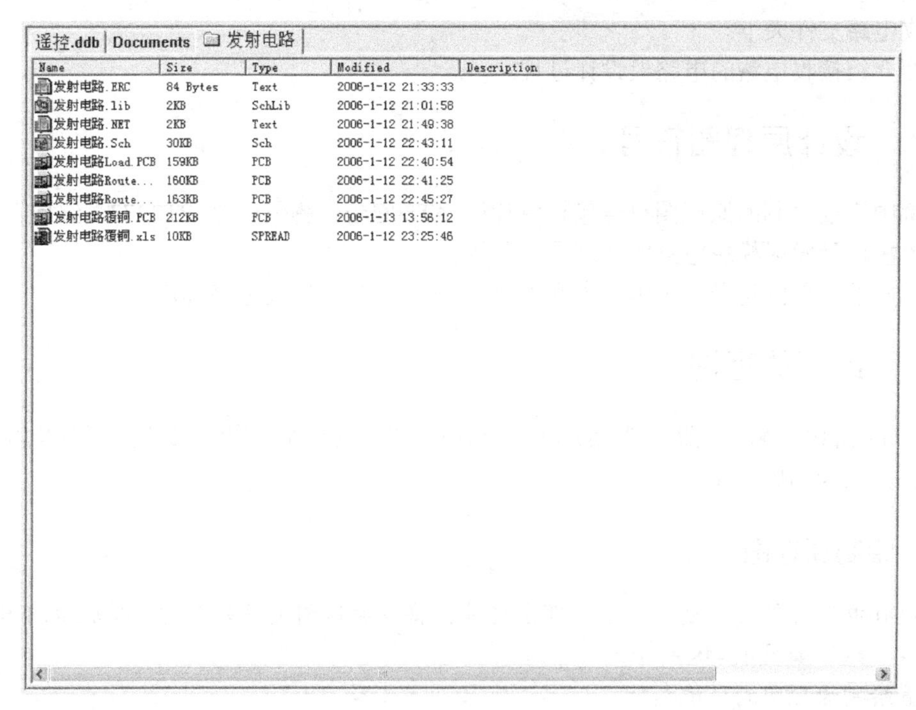


图15-46　移入设计文件后的结果

4. 重复步骤 1 至步骤 3 的操作，在【Documents】文件夹中再创建一个设计文件管理文件夹，并将其命名为“接收电路”，如图 15-47 所示。

图15-47　创建好的两个设计文件管理文件夹

此时即可开始进行接收电路的电路板设计了，注意将所有有关接收电路的设计文件都放

置在接收电路文件夹下。

下面介绍接收电路的电路板设计过程。

## 15.6.1　设计原理图符号

本例中需要绘制的原理图符号包括单片机 AT89C52、解码电路 PT2272、继电器、变压器、整流桥以及发射模块电路的原理图符号等。

绘制好的原理图符号请参考附盘文件“\实例\第 15 章\接收电路.lib”。

## 15.6.2　绘制原理图

本例先绘制接收解码电路，然后绘制单片机电路和继电器执行电路，最后再绘制电源电路。

下面介绍绘制原理图的过程。

### 绘制原理图

1. 在接收电路文件夹下创建一个原理图文件，将该原理图文件命名为“接收电路.Sch”后保存，结果如图 15-48 所示。
2. 设置绘制原理图的环境参数。
3. 载入原理图库，结果如图 15-49 所示。

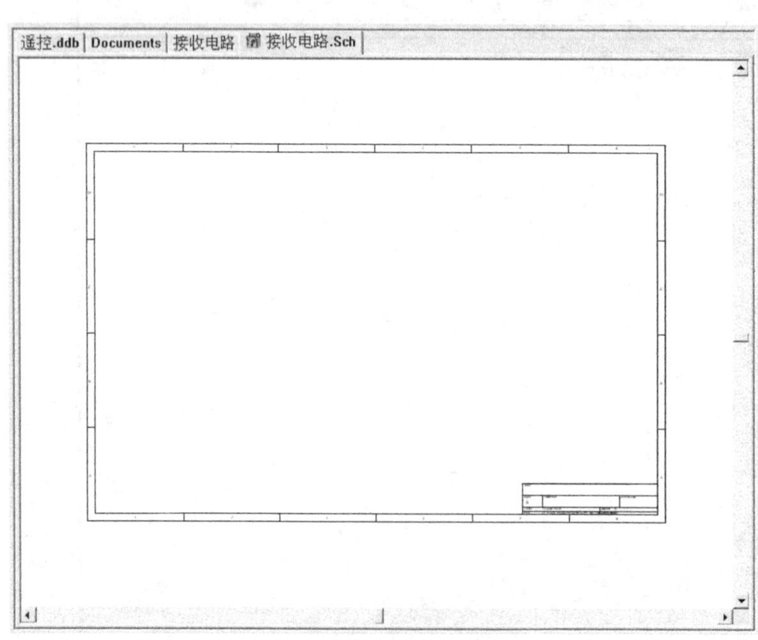


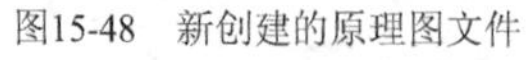

图15-48　新创建的原理图文件

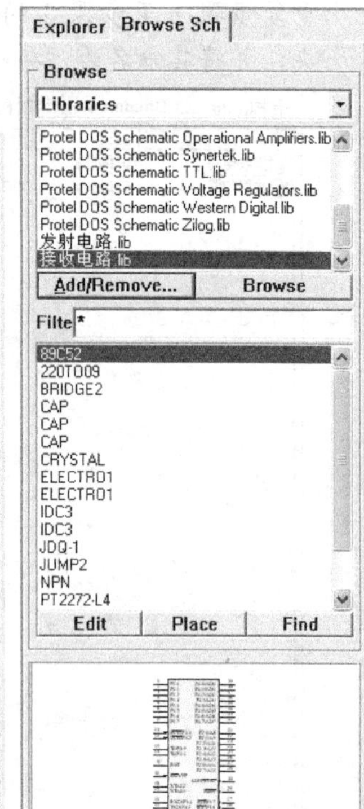


图15-49　载入原理图库

4. 绘制接收解码电路。

(1) 放置接收解码电路的原理图符号，结果如图 15-50 所示。

(2) 调整元器件的位置，尽量使各元器件之间的连线最简洁，交叉最少，然后进行布线，结果如图 15-51 所示。

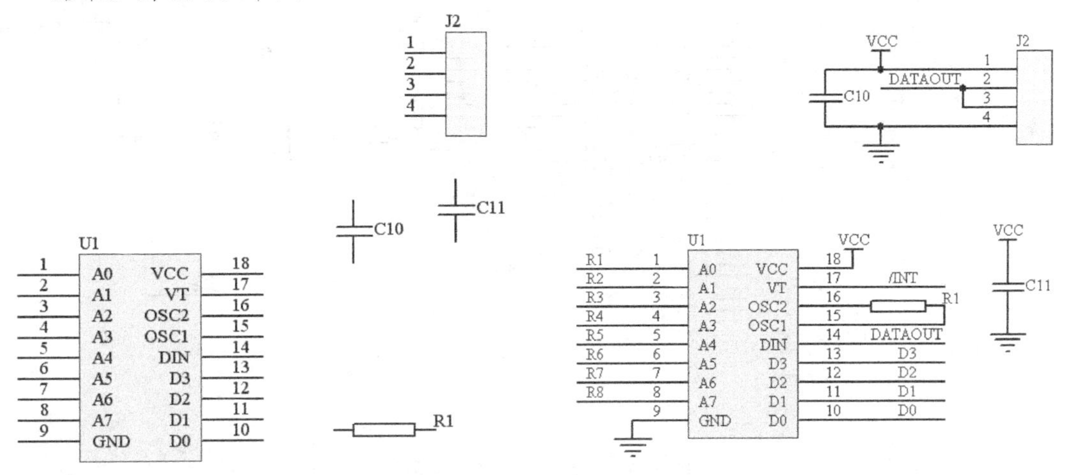


图15-50　放置接收解码电路的原理图符号　　　图15-51　连接好导线后的接收解码电路

5. 绘制 CPU 电路及继电器执行电路。

(1) 放置原理图符号，结果如图 15-52 所示。

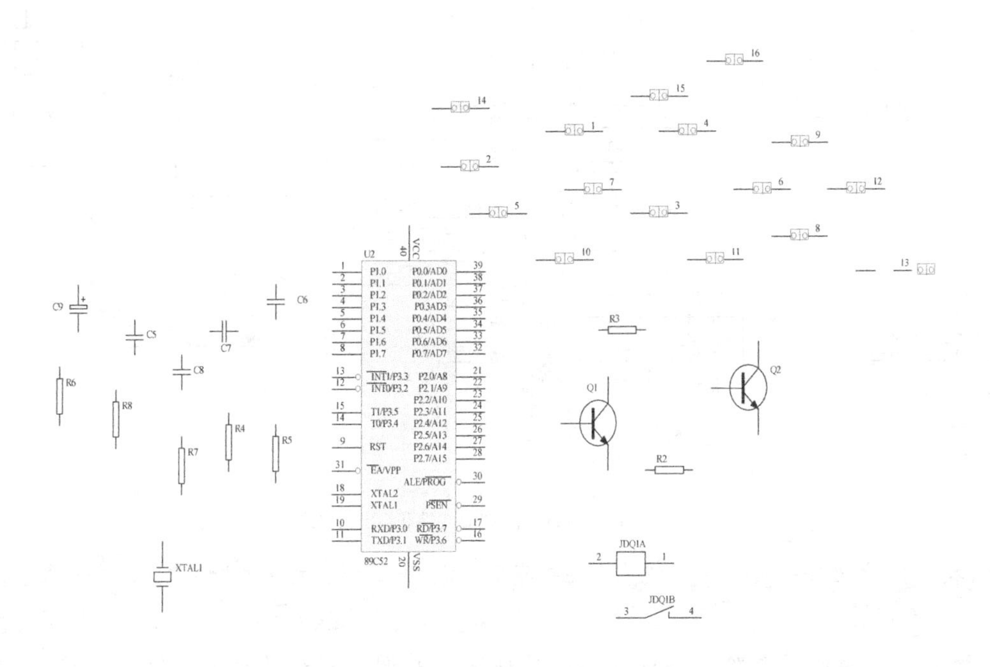


图15-52　放置好原理图符号后的结果

要点提示　可以一次性放置功能块电路中所有相同的元器件，以避免在放置不同类的元器件时重复修改元器件的序号和封装，从而提高绘制原理图的效率。

(2) 调整元器件的位置，结果如图 15-53 所示。

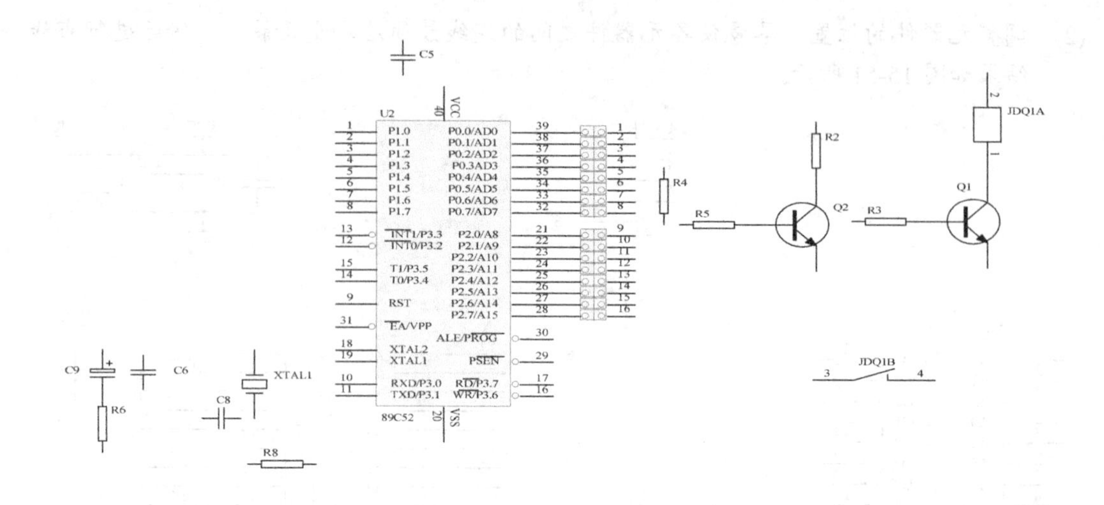


图15-53　调整元器件位置后的结果

(3) 对上述电路进行布线，结果如图 15-54 所示。

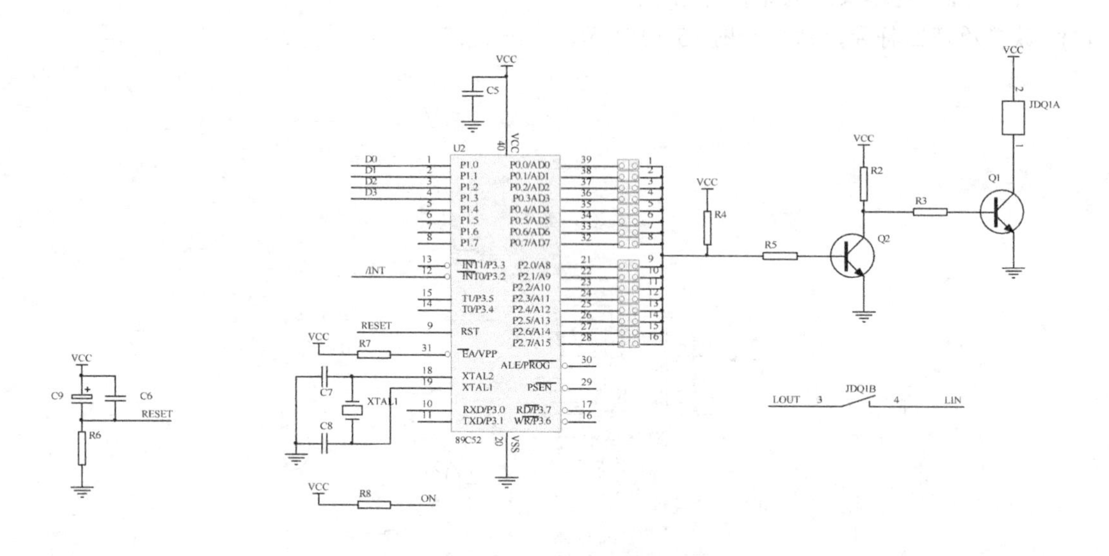


图15-54　布完线后的 CPU 电路和继电器电路

要点提示　对于元器件数量较多的功能模块电路来说，可以一边调整元器件之间的位置，一边进行布线。

6.　绘制剩下的电源电路及接口电路的原理图，并调整图纸的大小，结果如图 15-3 所示。
7.　编译原理图，并根据编译结果对原理图进行修改，直至原理图正确为止。
8.　生成网络表文件，结果如图 15-55 所示。

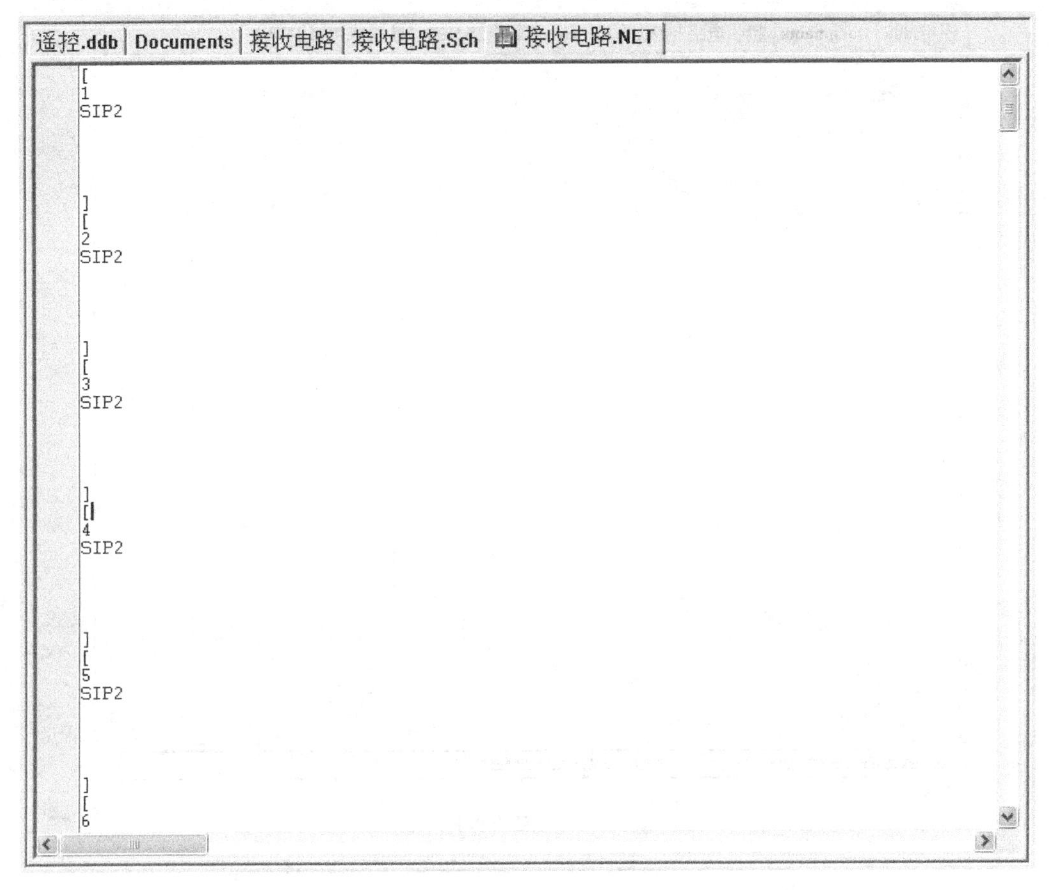


图15-55　生成网络表文件

## 15.6.3　制作元器件封装

本例中，电路板设计所需的元器件封装都包含在附盘文件“\实例\第 15 章\接收电路1.lib”中。

## 15.6.4　设计电路板

接下来进行电路板的设计。

### 设计电路板

1. 在接收电路文件夹下创建一个 PCB 文件，将其命名为“接收电路.PCB”后保存，结果如图 15-56 所示。
2. 选择电路板的类型，本例将电路板的类型设置为双面板。
3. 设置 PCB 编辑器的环境参数。
4. 规划电路板。将电路板的工作层面切换到【KeepOutLayer】层，绘制电路板的电气边界，结果如图 15-57 所示。

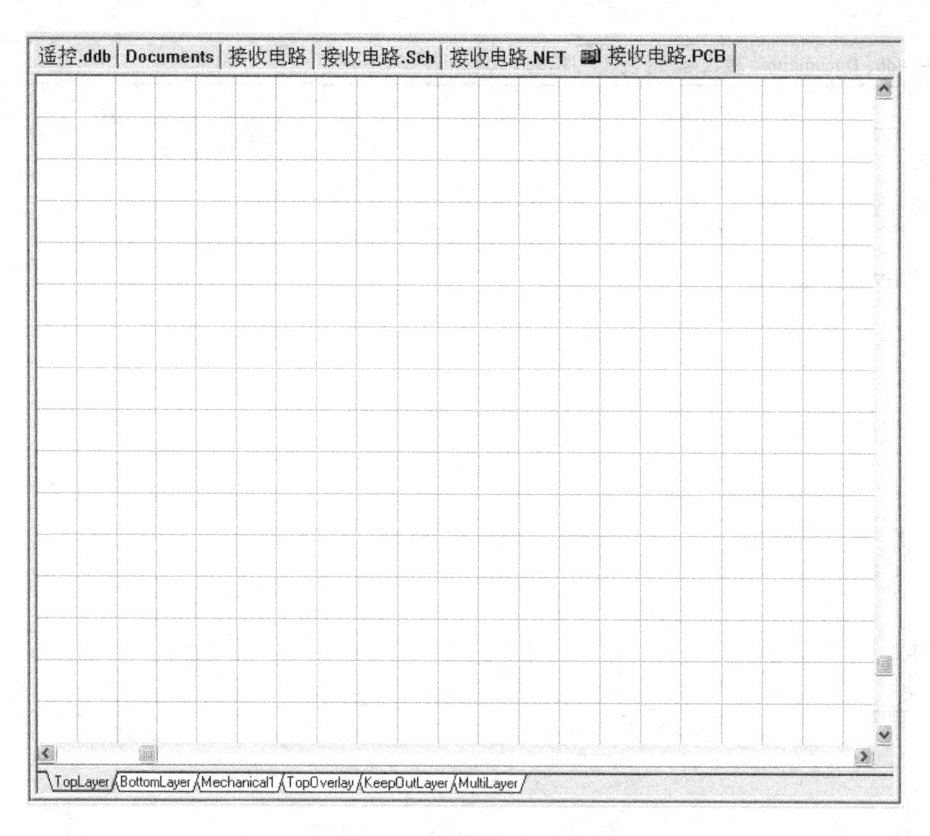


图15-56　新创建的 PCB 文件

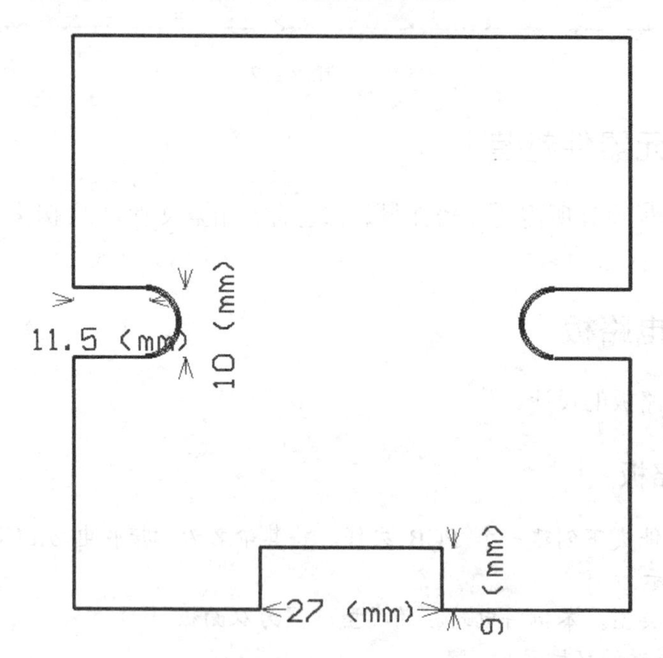


图15-57　绘制电路板的电气边界

本例中电路板的外形尺寸和安装方式要根据电路板的机壳来确定。

5. 载入网络表和元器件封装。在 PCB 编辑器中载入元器件封装和网络表，结果如图 15-58 所示。

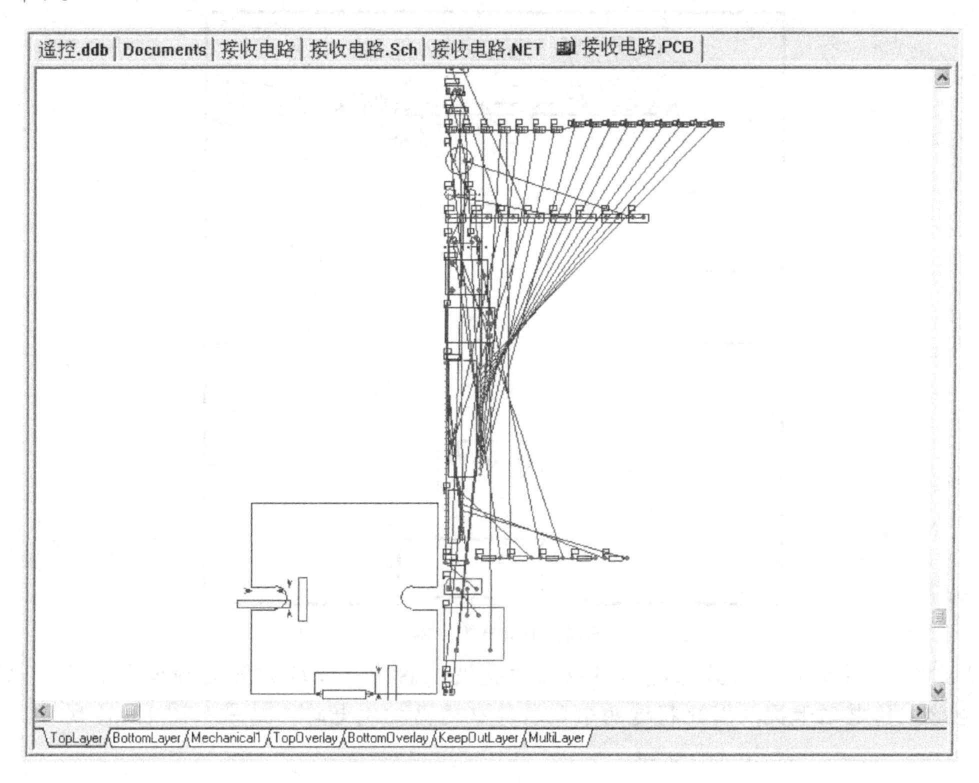


图15-58　载入元器件封装和网络表后的结果

6. 元器件布局。

(1) 对整个电路图进行分析，找出关键元器件。在本例中，接插件 J1 为关键元器件，这是由接插件与机壳的安装位置所决定的，因此应当首先放置并锁定该元器件，结果如图 15-59 所示。

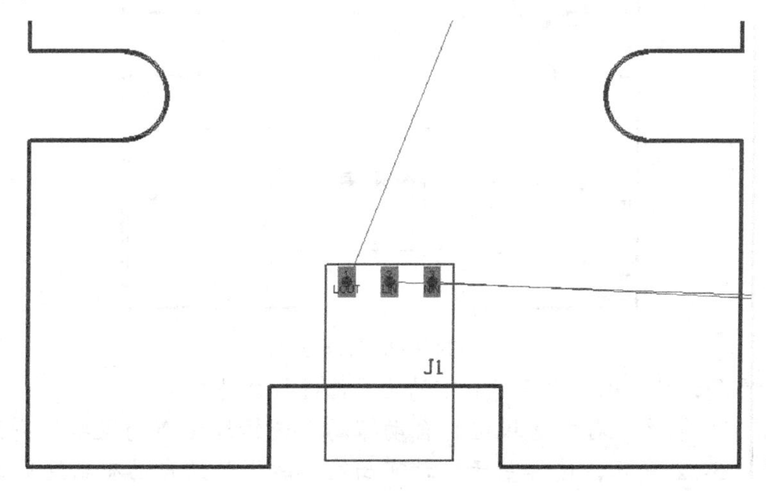


图15-59　放置并锁定接插件后的结果

(2) 由于电路板上强弱点共存，为了防止 CPU 元器件 AT89C52 受到干扰，可将其作为一关

键元器件，远离强电的输入输出接插件 J1，因此可以对 AT89C52 进行布局，布局结果如图 15-60 所示。

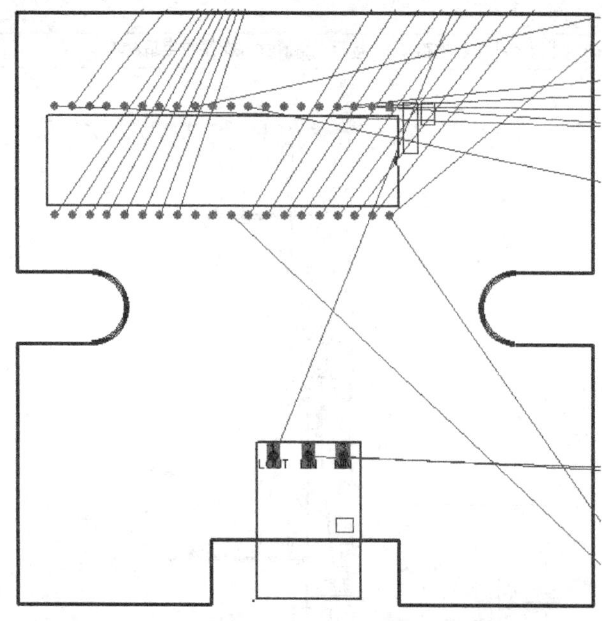

图15-60　布局 CPU 元器件 AT89C52 后的结果

(3) 此外，变压器和继电器也是电路板上的关键元器件，合理放置这两个元器件可以降低电路上的电磁干扰，因此将这两个元器件也远离控制电路，结果如图 15-61 所示。

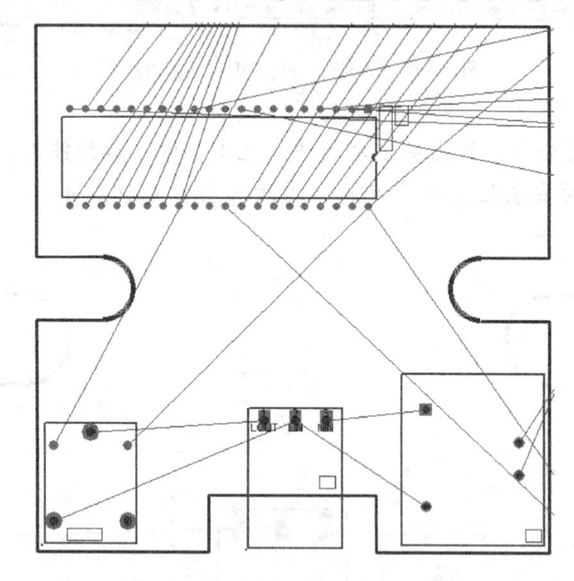

图15-61　布局完变压器和继电器后的结果

(4) 设置自动布局设计规则，准备对剩下的元器件进行自动布局。

(5) 选择自动布局策略，对电路板进行自动布局。选择成组布局策略时得到的自动布局结果如图 15-62 所示。选择基于统计布局策略时得到的自动布局结果如图 15-63 所示。

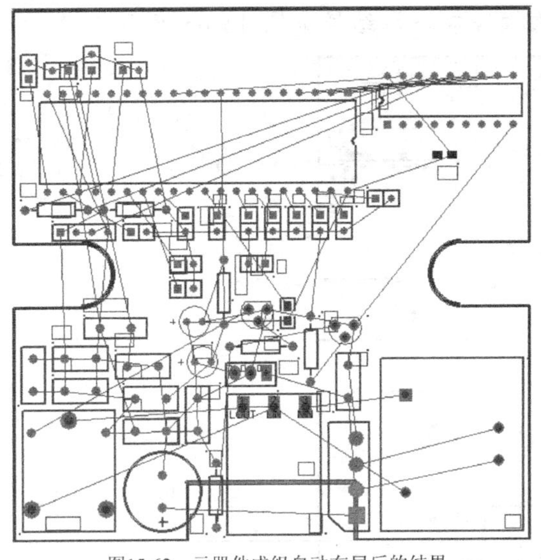

图15-62　元器件成组自动布局后的结果

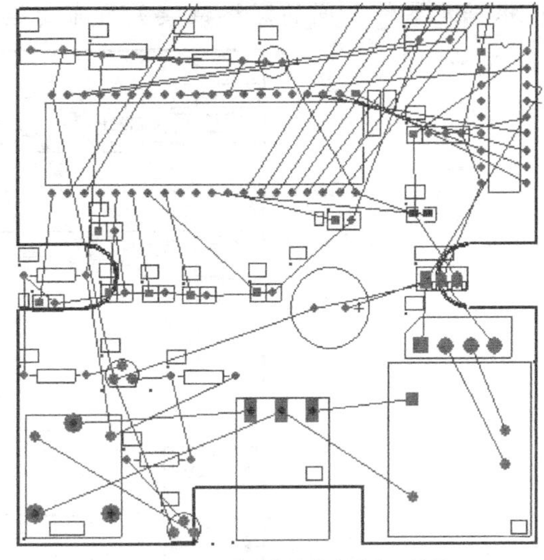

图15-63　基于统计的自动布局结果

由图 15-62 和图 15-63 可以看出，元器件自动布局后的结果并不理想，采用基于统计的布局策略自动布局时，还有许多元器件不能被放置在电路板的有效空间内，手工调整的工作量相当大。这是因为电路板的元器件数目较多，并且电路板的大小和形状受到限制，使得系统的自动布局功能相对较弱。

针对这种情况，与其采用自动布局后再进行手工调整的方式，还不如直接采用手动布局的方式对元器件进行布局。

7. 采用手动布局的方式对元器件进行布局。

(1) 分析元器件之间的网络链接关系，以便于以后从布线角度出发确定关键元器件，并对关键元器件及其外围电路进行布局，结果如图 15-64 所示。

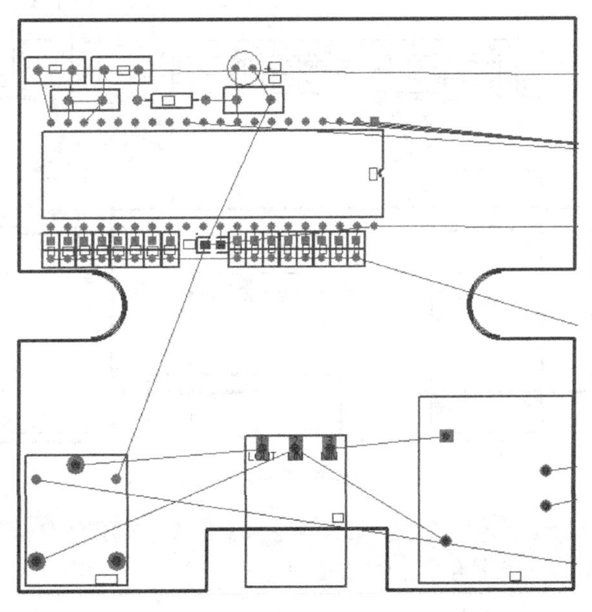

图15-64　对关键元器件及其外围电路进行布局

(2) 根据元器件之间的网络链接关系布局接收模块电路，结果如图 15-65 所示。

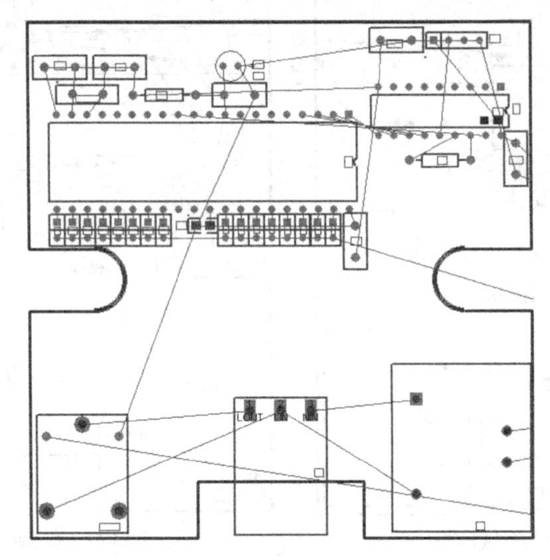

图15-65　布局完部分电路后的结果

要点提示　在对元器件进行布局时，应当考虑是否便于以后的布线操作，并使元器件之间的连线最短。

(3) 接下来对电源电路及剩下的元器件进行布局，结果如图 15-66 所示。

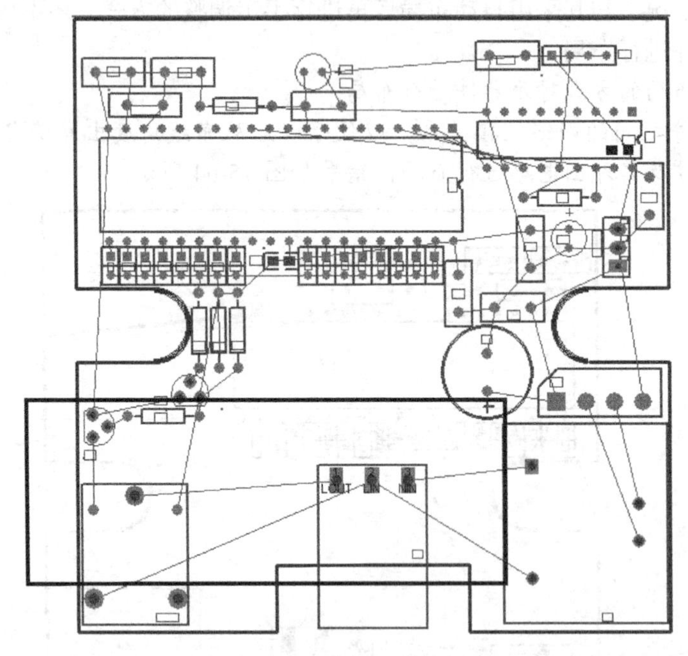

图15-66　剩余元器件的布局结果

图 15-66 中方框所包围的区域为强电区，弱电元器件及将来的布线、地线覆铜应当远离这部分元器件，以保证电路板具有一定的绝缘能力。

8. 生成网络密度图分析元器件的布局，并根据分析结果对布局进行调整。网络密度图分析结果如图 15-67 所示。

9. 生成 3D 效果图，观察装配时元器件之间是否相互干涉，如果有，则进行调整。生成的 3D 效果图如图 15-68 所示。

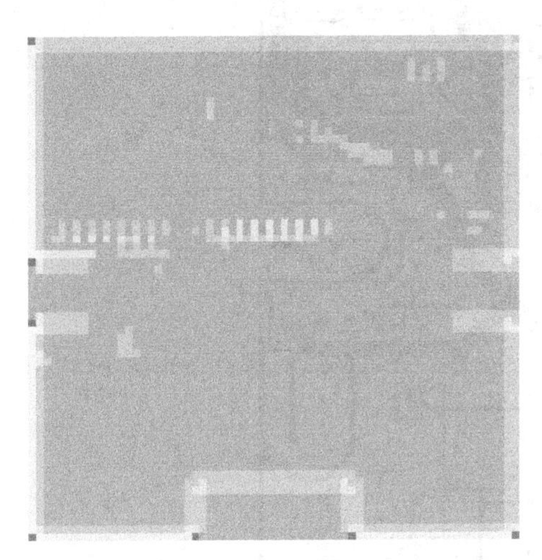

图15-67　网络密度图分析结果

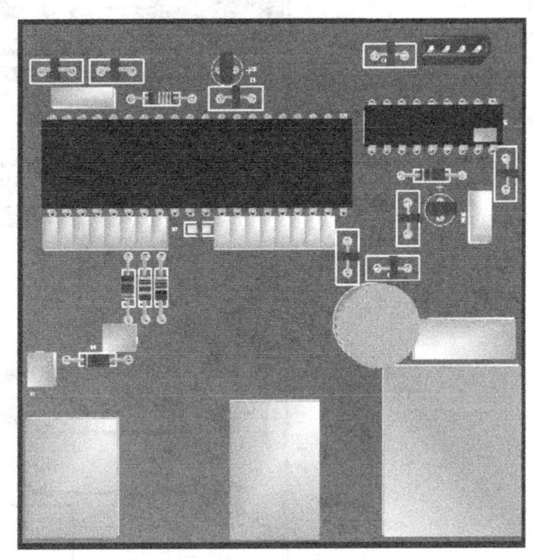

图15-68　3D 效果图

10. 电路板布线

(1) 根据电路板布线要求设置布线规则。

(2) 采用手动布线的方式对重要的布线区域进行保护，结果如图 15-69 所示。

在 CPU 的振荡电路下面覆上地线铜箔可以提高单片机的抗干扰能力。因此，本例在相应元器件的下面（底层）用矩形填充将该部分区域保护起来，以便将来在使用地线覆铜时，该部分区域能够铺上大面积的地线铜箔。

(3) 对电源网络“VCC”进行预布线，然后锁定这些预布线，结果如图 15-70 所示。

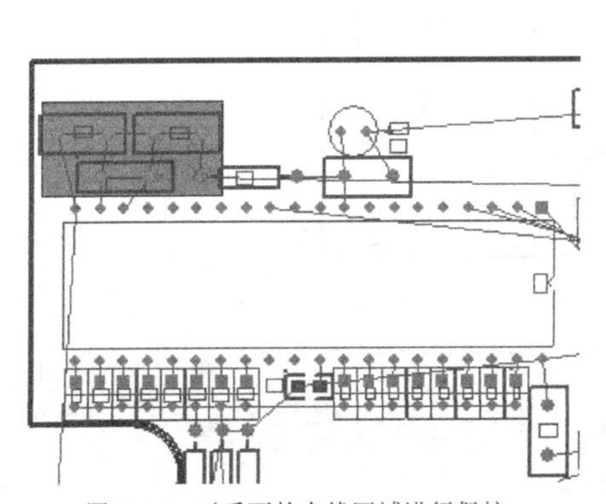

图15-69　对重要的布线区域进行保护

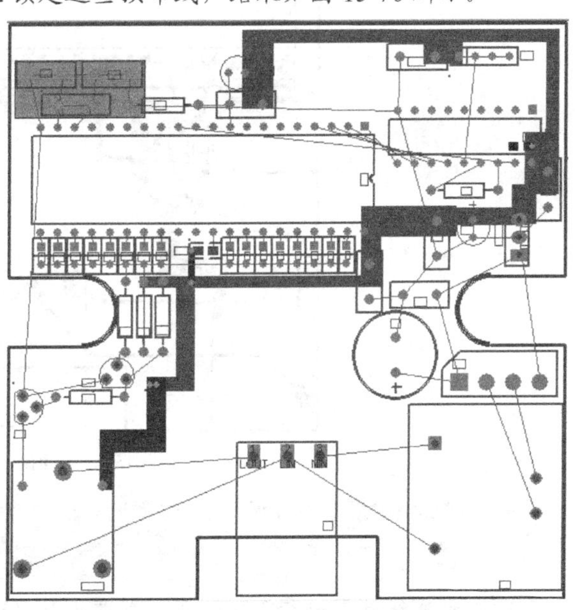

图15-70　预布线

(4) 选择自动布线策略，然后单击 Route All 按钮，对电路板进行自动布线，结果如图 15-71 所示。

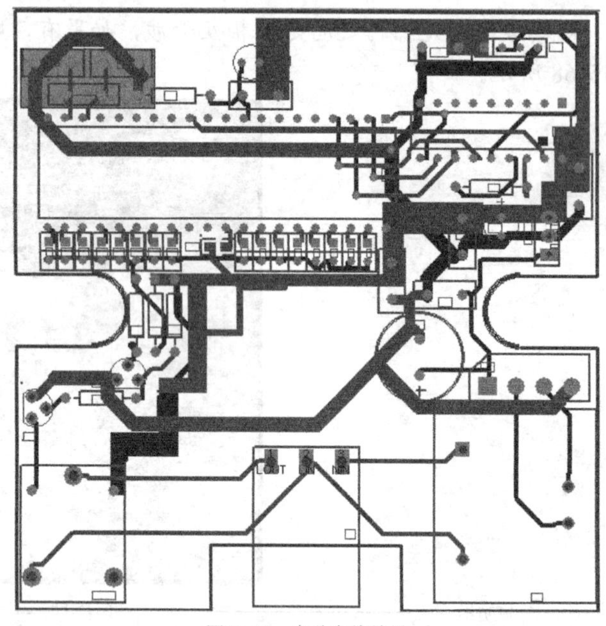

图15-71　自动布线结果

(5) 选取菜单命令【Tools】/【Un-Rout】/【Net】，取消地线网络布线，结果如图 15-72 所示。

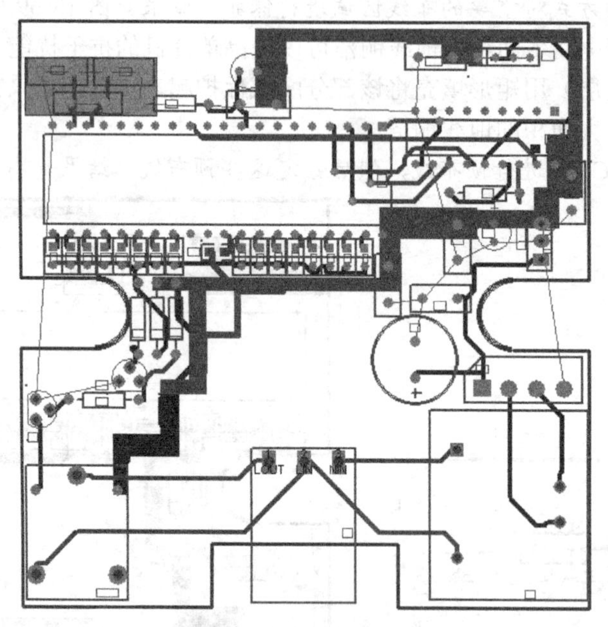

图15-72　取消地线网络布线

**要点提示** 取消地线网络布线可以更加方便地对自动布线的结果进行手工调整。

(6) 对自动布线结果进行手工调整，结果如图 15-73 所示。

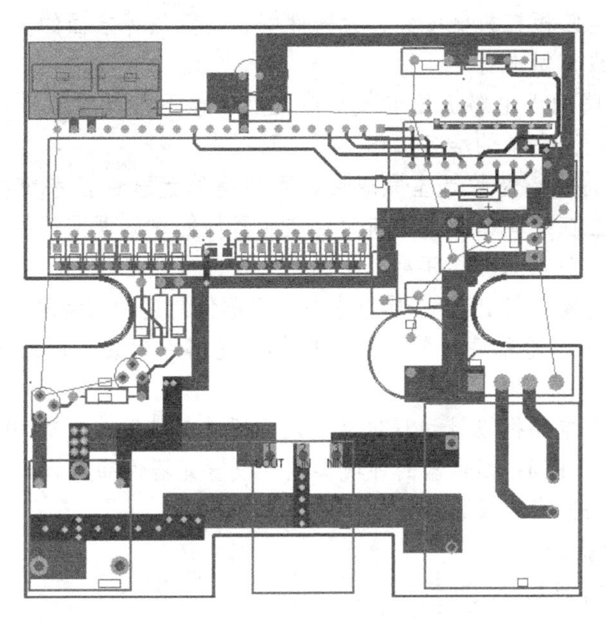

图15-73　对自动布线结果进行手工调整

此处的手工调整主要是加粗了需要过大电流的导线，并且为了保证地线覆铜的面积最大，尽量将导线放置在顶层。

(7) 取消对重要区域的预布线。
(8) 修改多边形填充的布线规则，使之与具有相同网络的图件直接相连。
(9) 为地线网络“GND”覆铜，结果如图 15-74 所示。

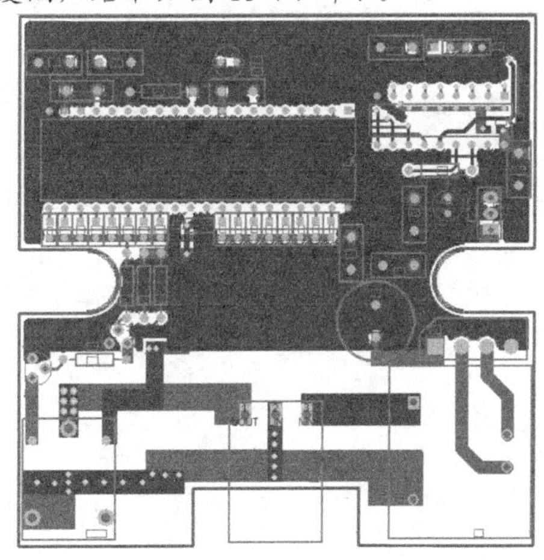

图15-74　为地线网络“GND”覆铜

11. 进行 DRC 设计校验，并根据检验报告修改电路板上的错误，然后输出元器件明细表。

# 15.7　小结

本章介绍了无线收发电路的电路板设计过程，将前面各章中所讲的知识融为一体。

- 了解电路板的电气功能和机械功能：分析电路板的设计要求，包括电路板的

电气功能和电路板在机械安装、元器件安装及散热等方面的要求，为原理图设计和电路板设计做准备。

- 芯片选型：明确了电路板的电气功能之后，接下来就应该进行芯片选型了，这是绘制原理图之前的准备工作。
- 创建原理图符号：芯片选型完成后，可能有的元器件在系统中没有原理图符号，这时应当在绘制原理图之前为这些元器件创建原理图符号。
- 绘制原理图：载入原理图库后，根据电气功能绘制原理图。
- 创建元器件封装：在 PCB 编辑器中载入元器件封装和网络表之前，应当首先创建系统中没有的元器件封装，否则在载入元器件封装和网络表的过程中会出错。
- 设计电路板：电路板设计过程包括载入元器件封装库、创建 PCB 文件、规划电路板、设置 PCB 编辑器的环境参数、设置元器件布局设计规则和元器件布局、设置电路板布线设计规则和电路板布线等。
- DRC 设计校验。
- 生成元器件明细表。

## 15.8　习题

1. 总结电路板设计的方法和步骤。
2. 如何实现一个系统设计。